CISCO™

思科网络技术学院教程
IT基础（第8版）

IT Essentials v8
Companion Guide

[美] 艾伦·约翰逊（Allan Johnson）　著
[美] 大卫·霍夫辛格（Dave Holzinger）

思科系统公司　译

人民邮电出版社

北　京

图书在版编目（CIP）数据

思科网络技术学院教程：第 8 版. IT 基础／（美）艾伦·约翰逊（Allan Johnson），（美）大卫·霍夫辛格（Dave Holzinger）著；思科系统公司译. -- 北京：人民邮电出版社，2025. -- ISBN 978-7-115-66297-2

Ⅰ. TP393

中国国家版本馆 CIP 数据核字第 2025QU3480 号

版权声明

- ◆ 著　　　　[美] 艾伦·约翰逊（Allan Johnson）
　　　　　　　大卫·霍夫辛格（Dave Holzinger）
　　译　　　　思科系统公司
　　责任编辑　王旭丹
　　责任印制　王　郁　胡　南
- ◆ 人民邮电出版社出版发行　　北京市丰台区成寿寺路 11 号
　　邮编　100164　电子邮件　315@ptpress.com.cn
　　网址　https://www.ptpress.com.cn
　　北京市艺辉印刷有限公司印刷
- ◆ 开本：787×1092　1/16
　　印张：34.75　　　　　　　　2025 年 7 月第 1 版
　　字数：1027 千字　　　　　　2025 年 7 月北京第 1 次印刷
　　著作权合同登记号　图字：01-2024-3684 号

定价：128.00 元
读者服务热线：(010)81055410　印装质量热线：(010)81055316
反盗版热线：(010)81055315

内容提要

　　思科网络技术学院项目是思科公司在全球范围内推出的一个主要面向初级网络工程技术人员的培训项目，旨在让更多的年轻人学习先进的网络技术知识。

　　本书是思科网络技术学院课程"IT 基础"（第 8 版）的配套教材，主要内容包括个人计算机硬件，计算机组装，高级计算机硬件，预防性维护和故障排除，网络概念，网络技术应用，便携式计算机和其他移动设备，打印机，虚拟化和云计算，安装 Windows，配置 Windows，移动、Linux 和 macOS 操作系统，安全，IT 专业人员的职业能力与素养等。

　　本书提供每章的复习题及其答案和解释的电子资源，以检验读者对每章知识的掌握情况。

　　本书适合作为 IT 基础课程的教材，还适合作为高等院校计算机基础课程和教材。

特约作者简介

艾伦·约翰逊（Allan Johnson）从事 10 年的创业和企业管理工作后，于 1999 年进入学术界，将全部精力投入他热爱的教学事业。他拥有 MBA 和教育学硕士学位，教授过 7 年的高中 CCNA 课程，并在得克萨斯州科珀斯克里斯蒂的 Del Mar 学院讲授 CCNA 和 CCNP 课程；从 2003 开始，他将大部分精力和时间投入 CCNA 教学支持团队，致力于向全球各地的网络技术学院讲师提供服务并制作培训材料。当前，他作为课程负责人，全职为思科网络技术学院工作。

大卫·霍夫辛格（Dave Holzinger）自 2001 年以来一直就职于亚利桑那州凤凰城思科网络技术学院，担任过课程开发人员、项目经理、作者和技术编辑。他帮助开发了众多在线课程，包括"IT Essentials"、CCNA 和 CCNP 课程；从 1981 年起就一直从事计算机软件和硬件方面的工作；拥有思科、BICSI 和 CompTIA 的认证，包括 A+。

前言

本书是思科网络技术学院课程"IT 基础"（第 8 版）的配套教材，旨在帮助读者学习有关计算机和移动设备工作原理的实用知识，涵盖信息安全等相关主题，并提供计算机组装、组网和故障排除的实战内容。

针对的读者

本书是针对思科网络技术学院课程"IT 基础"（第 8 版）的学生编写的。这些学生通常希望从事 IT 方面的工作，或者想学习计算机工作原理、计算机组装，以及计算机硬件和软件故障排除等方面的知识。

本书特色

本书内容全面、易于理解，每章都附有复习题，旨在帮助读者全面理解本书的内容。
每章都有如下内容，旨在让读者对该章内容有大致了解，进而合理地安排学习时间。

- **学习目标**：位于每章开头，指出该章涵盖的核心概念；以问题的形式列出学习目标，提醒读者在阅读过程中寻找这些问题的答案。
- **内容简介**：概括每章的内容，突出其中的重点。
- **总结**：位于每章末尾，总结该章的核心内容，可作为读者的学习大纲。
- **复习题和答案**：每章末尾都有复习题，可作为自测工具。附录提供复习题答案，并进行解析。

涵盖的内容

本书共 14 章和 1 个附录：

- **第 1 章（个人计算机硬件简介）**：简要地介绍计算机机箱内的所有组件。计算机系统由硬件和软件组成，本章讨论计算机系统中的硬件组件，以及在使用计算机时应遵守的安全指南，以免发生电器火灾或人身伤亡。你还将学习静电放电（ESD）以及不正确放电可能给计算机设备带来的损害。
- **第 2 章（计算机组装）**：介绍计算机电源及其给计算机组件提供的电压。你将学习安装在主板上的组件，包括 CPU、内存和各种适配卡；也将学习各种 CPU 架构，以及如何选购与主板和芯片组兼容的内存；还将学习各种存储驱动器，以及选购驱动器时需要考虑的因素。

- **第 3 章（高级计算机硬件）**：介绍计算机引导过程，保护计算机使其免受电压波动的影响，安装多核处理器、多个存储驱动器以实现冗余，以及保护环境使其免受计算机组件中有害物质的污染。

- **第 4 章（预防性维护和故障排除）**：介绍有关如何制订预防性维护计划和故障排除流程的通用指南，这些计划和指南有助于提高你的预防性维护和故障排除技能。故障排除是一种系统性流程，用于找出计算机系统出现故障的原因，并消除相关的硬件和软件问题。

- **第 5 章（网络概念）**：概述网络的工作原理、标准和用途。IT 专业人员必须熟悉网络概念，这样才能有的放矢，满足客户或网络用户的期望和需求。

- **第 6 章（网络技术应用）**：重点介绍网络技术的应用，并讨论 MAC 地址的格式和结构，还有用于将计算机连接到网络的互联网协议地址（包括 IPv4 地址和 IPv6 地址）。本章还介绍如何排除与网络连接相关的故障。

- **第 7 章（便携式计算机和其他移动设备）**：重点介绍移动设备的特征和功能，包括配置、同步和数据备份。

- **第 8 章（打印机）**：介绍打印机知识。你将学习打印机的工作原理、选购打印机时需要考虑的因素，以及如何将打印机连接到个人计算机或网络。

- **第 9 章（虚拟化和云计算）**：当前，大大小小的组织都在虚拟化和云计算机方面投入重金，因此 IT 技术人员和专业人员了解这两种技术十分重要。虽然它们有重叠之处，但实际上是两种完全不同的技术。虚拟化软件可使同一台物理服务器同时运行多个计算环境；而云计算是一个术语，用于描述共享计算资源（软件或数据）在互联网上作为服务和按需提供的可能性。

- **第 10 章（安装 Windows）**：重点介绍 Windows 10、Windows 8.x 和 Windows 7 操作系统，包括组件、功能、系统需求和相关的术语。本章还将详细介绍 Windows 操作系统安装步骤和 Windows 引导过程。

- **第 11 章（配置 Windows）**：介绍 Windows 操作系统的配置和维护基础。你将学习如何使用工具来优化和维护 Windows 操作系统，还有如何组织和管理网络、域和工作组中的装有 Windows 操作系统的计算机，以及如何在网络上共享本地计算机资源，如文件、文件夹和打印机。另外，本章还将探索 CLI 和命令行实用程序 PowerShell。

- **第 12 章（移动、Linux 和 macOS 操作系统）**：介绍 iOS、Android、macOS 和 Ubuntu 等操作系统及其特点。移动设备因其便携性而面临被盗和丢失的风险，因此本章还将讨论移动安全功能。

- **第 13 章（安全）**：介绍安全的重要性、安全威胁、安全规程、如何排除安全故障。

- **第 14 章（IT 专业人员的职业能力与素养）**：作为一名计算机技术人员，你不仅需要修理计算机，还需要与人打交道。事实上，对排除故障而言，知道如何与客户沟通与知道如何修理计算机一样重要。在本章中，你将学习如何得心应手地使用沟通技巧，还将学习如何在各种操作系统中编写自动执行流程和任务的脚本。

- **附录（复习题答案）**：给出每章末尾的复习题的答案。

目　　录

第 1 章

个人计算机硬件简介

为具备进入信息技术领域工作的资质，需要获取证书、接受正规教育以及通过实习获得实践经验。本章介绍个人计算机（Personal Computer，PC）的各种组件，包括用于放置所有内部组件的机箱。计算机组件和计算机外设都存在可能造成严重伤害的危险因素，因此本章首先介绍处理计算机硬件时必须遵循的安全指南，以免发生电气火灾和造成人员伤亡，还将介绍静电放电（Electrostatic Discharge，ESD）以及未正确放电时静电将如何损坏计算机设备等内容。

本章将介绍机箱内与主板有关的所有组件，包括所有与主板相连的组件，如中央处理器（Central Processing Unit，CPU）、随机存储器（Random Access Memory，RAM）、适配卡和存储驱动器，还有将设备连接到主板的端口、电缆和适配器。

对技术人员来说，熟悉计算机硬件很重要，获得实践技能同样重要，因此本章末尾将介绍如何拆卸计算机，进一步帮助你熟悉所有组件以及它们是如何连接的。

1.1 个人计算机安全

1.1.1 什么是计算机

计算机是一种根据指令执行计算的电子机器。第一台计算机有一间房间那么大，需要整个团队负责构建、管理和维护。相比于最初的计算机系统，当今的计算机系统的运行速度提高了很多个数量级，体积也小得多。

计算机系统由硬件和软件组成，其硬件属于物理装置，包括机箱、键盘、显示器、电缆、存储驱动器、音箱和打印机等，而软件包括操作系统和程序。操作系统负责管理计算机操作，如查找、访问和处理信息；程序或应用程序负责实现各种功能。不同的程序之间有天壤之别，具体情况取决于程序访问或生成的信息类型。例如，用于计算个人收支情况的指令与互联网上模拟虚拟现实世界的指令完全不同。

1.1.2 电气安全和静电放电

安全是工作场所的一个重要话题。遵守安全指南有助于保护个人免受事故和伤害，还有助于保护设备免受损坏。

1. 电气安全

遵守电气安全指南，避免电气火灾和人员伤亡。

打印机包含一些高压组件，如电源（要获悉这些高压组件的位置，请参阅打印机手册）；有些组件在打印机关闭后仍有高压。

电气设备有明确的功率要求，例如，便携式计算机大都要求使用专用交流充电器，使用其他交流充电器可能损坏充电器和便携式计算机。

电气设备必须接地。故障导致设备的金属部件带电时，接地可提供无害且电阻最小的电流传输路径。计算机产品通常通过电源插头接地。大型设备（如用于放置网络设备的服务器机架）也必须接地。

2. 静电放电

积聚了电荷（静电）的表面与另一个带不同电荷的表面接触时，可能发生静电放电（Electrostatic discbarge，ESD）。如果不妥善地放电，ESD 可能导致设备损坏。因此务必遵守正确的处理指南，注意环境方面的问题，并使用稳定电源避免设备受损和数据丢失。

静电至少积聚到 3000 V 后，人才能感觉到 ESD。例如，当你在铺设了地毯的地面上行走时，身上可能积聚静电；此时如果触摸另一个人，双方都可能受到"电击"，如果放电时人体感到了疼痛，说明电压很可能超过了 10000V。与此形成对比的是，即便静电电压低于 30V，也可能损坏计算机组件。触摸任何电子设备前，可先触摸接地的物体，将积聚的静电放掉，这被称为自接地（Self-grounding）。

ESD 可能导致电子组件永久性损坏，遵循如下建议有助于避免 ESD 损坏设备。

- 安装前将所有组件都放在防静电袋中。
- 在工作台上铺设接地的垫子。
- 在工作区域铺设接地的垫子。
- 在使用计算机时，请佩戴防静电腕带。

1.2　个人计算机组件

PC 由具有特定特征的硬件和软件组成，所有组件都必须兼容才能作为一个系统协同地工作。PC 是根据用户的工作方式和需要完成的任务组装的，当 PC 无法满足工作需求时，可能需要升级。

1.2.1　机箱和电源

计算机机箱是用于放置计算机内部组件的外壳。机箱有不同的尺寸，这里的尺寸也被称为外形规格（Form Factor）。你选择的机箱决定了可使用哪种主板，以及可安装哪些计算机组件。机箱、主板和电源的外形规格必须兼容。电源是至关重要的组件，用于将交流电插座提供的交流电转换为直流电，供计算机机箱中的众多部件使用。

1. 机箱

台式机的机箱用于放置内部组件，如电源、主板、CPU、内存、磁盘驱动器和各种适配卡。

机箱的材质通常是塑料、铁质或铝质，给内部组件提供支撑、保护，以及散热框架。

设备的外形规格指的是其物理设计和外观。台式机的机箱有各种外形规格，其中包括如下类型。

- 卧式机箱。
- 全塔式机箱。

■ 紧凑型塔式机箱。

■ 一体机。

这里没有列出所有的机箱类型，因为很多机箱制造商有自己的命名规则，如超塔、全塔、中塔、微塔、立方体机箱等。

计算机组件通常会产生大量的热量，因此需在机箱内安装风扇让空气流动起来。流动的空气经过发热的组件时，将带走热量，进而将热量排出机箱，从而避免计算机组件过热。机箱还可防止静电损坏设备，因为内部组件通过与之相连的机箱接地了。

注　意　　计算机机箱也被称为机架、机柜、机塔、机壳或机盒。

（1）卧式机箱。

如图 1-1 所示，卧式机箱被水平地放置在用户桌面上，且通常将显示器放在它上面。这种机箱常见于早期的计算机系统，且常用于家庭影院 PC（Home Theater PC，HTPC）。

（2）全塔式机箱。

如图 1-2 所示，全塔式机箱通常垂直地放置在计算机桌的下面或计算机旁边。这种机箱可提供扩展空间，可容纳额外的组件，如硬盘驱动器、适配卡等。

图 1-1　卧式机箱

图 1-2　全塔式机箱

（3）紧凑型塔式机箱。

如图 1-3 所示，紧凑型塔式机箱比全塔式机箱小一些，常用于企业环境。这种机箱也被称为微塔机箱或小尺寸（Small Form Factor，SFF）机箱，可放在用户桌面上，也可放在地上。紧凑型塔式机箱提供的扩展空间有限。

（4）一体机。

如图 1-4 所示，一体机将所有计算机组件都集成到显示器中，通常包含触摸屏输入，并内置了话筒和扬声器。一体机的扩展空间通常很小甚至没有，具体情况取决于型号。一体机通常使用外置电源。

图 1-3　紧凑型塔式机箱

图 1-4　一体机

2. 电源

插座提供的通常是交流（Alternating Current，AC）电，但所有计算机组件都只能使用直流（Direct Current，DC）电。为获得直流电，计算机使用图 1-5 所示的电源将交流电转换为低压直流电。

图 1-5 电源

以下是一些随时间推移而逐渐出现的各种台式机电源外形规格。

- **高级技术（Advanced Technology，AT）**：最初的电源外形规格，由老式计算机系统使用，现已被淘汰。
- **AT 扩展（AT Extended，ATX）**：AT 的升级版，也已被淘汰。
- **ATX12V**：当今市面上常见的电源外形规格，包括第二个主板连接器，专门用于给 CPU 供电。ATX12V 有多种不同的版本。
- **EPS12V**：最初是专为网络服务器设计的，现已广泛用于高端台式机。

（1）电源连接器。

电源有多个不同的连接器（见表 1-1），用于给各种内部组件（如主板和磁盘驱动器）供电。这些连接器是"有向的"（Keyed），即只能沿特定朝向插入。

表 1-1 连接器

类型	示例图片	描述
20 或 24 引脚的插槽式连接器		连接主板。 20 引脚连接器的引脚分成两排，每排 10 个。 24 引脚连接器的引脚分成两排，每排 12 个
SATA 有向连接器		连接硬盘驱动器、光驱或其他设备

续表

类型	示例图片	描述
Molex 有向连接器		连接磁盘驱动器。 比 Molex 连接器更宽、更薄
Berg 有向连接器		连接旧式软盘驱动器。 比 Molex 连接器小
4 或 8 引脚的辅助电源连接器		给主板的不同区域供电，引脚分为两排，每排有 2 或 4 个引脚。 形状与主连接器相同，但更小
6 或 8 引脚 PCIe 电源连接器		给内部组件供电，引脚分成两排，每排有 3 或 4 个

（2）电源电压。

不同连接器的供电电压不同，常见的供电电压为 3.3V、5V 和 12V，其中 3.3V 和 5V 电压通常供数字电路使用，而 12V 电压用于驱动电机，如磁盘驱动器和风扇中的电机。

电源可以是单导轨、双导轨或多导轨的。导轨是电源内部的印制电路板（PCB），用于连接外部电缆。在单导轨电源中，所有连接器都连接到同一个印制电路板；在双导轨电源中，在 4 个印制电路板之间分配电流，这可让操作更安全，因为可避免单个导轨承受全部电力负荷。在多导轨电源中，每个连接器连接一个印制电路板。

计算机能够承受轻微的电压波动，但强烈的电压波动可能导致电源出现故障。

1.2.2 主板

主板是计算机系统最重要的部件之一，用于放置关键计算机组件。主板类型众多，外形规格各不相同。每种主板都只支持特定类型的内存和处理器，因此这些组件都必须兼容。

1. 主板定义

主板也被称为系统板或主机板，是计算机的支柱。主板是印制电路板（Printed-Circuit Board，PCB），包含将电子组件相互连接起来的总线（或电路通路）。这些组件可能是直接焊接在主板上的，也可能是通过插口、扩展槽和端口连接的。

2. 主板组件

主板提供可连接计算机组件的接口，如图 1-6 所示。与主板相连的计算机组件的介绍如下。

图 1-6　主板的接口

- **CPU**：被认为是计算机的"大脑"。
- **RAM**：用于临时存储数据和应用程序代码。
- **扩展槽**：用于连接额外的组件。
- **芯片组**：主板上控制系统硬件与 CPU 和主板交互的集成电路，决定了可在主板上插入多少内存以及主板上连接器的类型。
- **基本输入/输出系统**（Basic Input/Output System，BIOS）芯片和统一可扩展固件接口（Unified Extensible Firmware Interface，UEFI）芯片：BIOS 用于帮助启动计算机以及管理硬盘、显卡、键盘、鼠标和其他组件之间的数据传输；近年推出的 UEFI 改善了 BIOS，UEFI 定义了一种不同的启动和运行阶段服务接口，但依然依靠传统 BIOS 进行系统配置、加电自检（Power-On Self-Test，POST）和设置。

串行先进技术总线附属接口（Serial Advanced Technology Attachment Interface，SATA）是一种磁盘驱动器接口，如图 1-7 所示，用于将光驱、硬盘驱动器和固态驱动器连接到主板。SATA 支持热插拔，即支持在不给计算机断电的情况下更换设备。

电子集成驱动器（Integrated Drive Electronics，IDE）接口是一种较老的标准接口，如图 1-8 所示，用于将磁盘驱动器连接到主板。IDE 接口使用 40 引脚的连接器；每个 IDE 接口最多支持两台设备。

使用 19 引脚的连接器将计算机机箱上的外置 USB 3 端口连接到主板，如图 1-9 所示。USB 1.1 和 USB 2 连接器都是 9 引脚的。

图 1-7　SATA

图 1-8 IDE

图 1-9 内部 USB

3. 主板芯片组

图 1-10 说明了主板是如何与各种组件连接的。

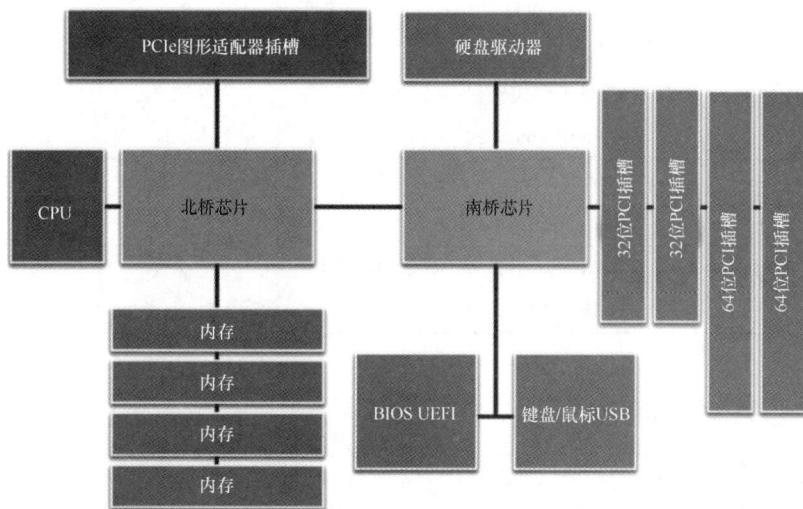

图 1-10 主板如何与各种组件连接

芯片组大都包含如下两类芯片。

■ **北桥芯片**：控制对 RAM 和显卡的高速访问，还控制 CPU 与其他所有计算机组件的通信速率。在有些情况下，北桥芯片已集成了显示功能。

■ **南桥芯片**：让 CPU 能够与通信速率较慢的设备，包括硬盘驱动器、通用串行总线（Universal Serial Bus，USB）端口和扩展槽进行通信。

4. 主板外形规格

主板的外形规格指定了主板的尺寸和形状，还描绘了各种组件和设备在主板上的物理布局。

经过多年的发展，主板外形规格众多，其中常见的是如下 3 种。

■ **ATX**：这是十分常见的主板外形规格。ATX 机箱可容纳标准 ATX 主板上的集成输入输出（Input/Output，I/O）端口；ATX 电源通过单个 20 引脚的连接器连接到主板。

■ **Micro-ATX**：较小的 ATX 版本，可以与 ATX 向后兼容。Micro-ATX 主板使用的南桥芯片组、北桥芯片组和电源连接器通常都与全尺寸 ATX 主板的相同，因此支持的组件大都与全尺寸 ATX 相同。一般而言，Micro-ATX 主板都可放入标准 ATX 机箱中，但由于 Micro-ATX 主板比 ATX 主板小得多，因此提供的扩展槽少。

■ **ITX**：由于非常小巧，ITX 外形规格大受欢迎。ITX 主板类型众多，其中较受欢迎的是微型 ITX 主板。微型 ITX 主板的功耗非常低，无须使用风扇散热。微型 ITX 主板只有一个用于连接扩展卡的 PCI 插槽。基于微型 ITX 主板的计算机适用于不方便使用体积庞大或声音很大的计算机的场合。

表 1-2 概述了主板外形规格。

注 意	务必区分不同的外形规格，这很重要。选择的主板外形规格决定了各个组件与主板的连接方式、需要使用的电源类型以及计算机机箱的形状。有些制造商还有基于 ATX 设计的专用外形规格，因此有些主板、电源和其他组件并不与标准 ATX 机箱兼容。

表 1-2 主板外形规格

外形规格	描述
ATX	十分受欢迎的外形规格。 12in × 9.6in（30.48cm × 24.38cm）
Micro-ATX	比 ATX 占用的空间小。 常见于台式机和小尺寸计算机。 9.6in × 9.6in（24.38cm × 24.38cm）
微型 ITX	为小型设备（如瘦客户端和机顶盒）设计。 6.7in × 6.7in（17.02cm × 17.02cm）
ITX	与 Micro-ATX 差不多的外形规格。 8.5in × 7.5in（21.59cm × 19.05cm）

1.2.3 CPU 和散热系统

主板被认为是计算机的支柱，而 CPU 被认为是计算机的"大脑"。从计算能力的角度来讲，CPU（有时被称为处理器）是计算机系统中最重要的部件。大多数计算都是在 CPU 中完成的，因此 CPU 会产生大量的热量。为避免 CPU 受损或性能下降，必须配置合适的散热系统，有效地确保 CPU 和其他计算机组件的温度低于安全工作温度。

1. CPU 是什么

CPU 负责解读并执行命令，它处理来自其他计算机硬件（如键盘）和软件的指令。CPU 解读指令，并将信息输出到显示器或执行请求的任务。

CPU 是位于 CPU 封装（CPU Package）内的微型芯片。CPU 封装通常被简称为 CPU，有多种不同的外形规格，每种外形规格都要求主板配备相应的插口。常见的 CPU 制造商包括 Intel 和 AMD。

CPU 插口用于连接主板和 CPU。现代 CPU 插口和 CPU 封装基于如下体系结构设计。

- **插针阵列封装**（Pin Grid Array，PGA）（见图 1-11）：在 PGA 体系结构中，引脚位于 CPU 封装的底面，使用零插力（Zero Insertion Force，ZIF）插入主板的 CPU 插口。ZIF 指的是将 CPU 安装到主板插口或插槽中所需的力度。

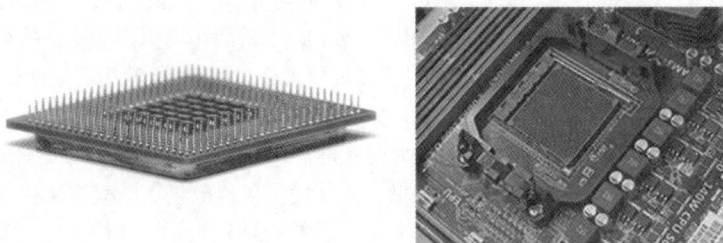

图 1-11 PGA CPU 和插口

■ **平面网格阵列封装**（Land Grid Array，LGA）（见图 1-12）：在 LGA 体系结构中，引脚位于插口内而不是处理器上。

图 1-12　LGA CPU 和插口

2. 散热系统

在电子组件之间传输的电流会产生热量。在温度不高的情况下，计算机组件的表现更出色；如果不及时将热量排出，计算机的运行速度可能变慢；如果积聚的热量太多，计算机可能崩溃或组件受损。因此，必须确保计算机的温度不高。

为避免计算机的温度过高，可使用有源或无源散热解决方案，其中有源散热解决方案需要电源，而无源散热解决方案不需要电源。无源散热解决方案通常有两种：降低组件的运行速度或增加散热片。采用机箱风扇被认为是有源散热解决方案。图 1-13 列举了有源散热解决方案和无源散热解决方案的例子。

图 1-13　有源散热解决方案和无源散热解决方案的例子

1.2.4　存储器

计算机中有不同类型的存储器，每种存储器又有不同外形规格或类型的芯片。计算机的存储器组件分为易失性的和非易失性的，易失性存储器（如 RAM）用于暂时存储信息，而非易失性存储器（如只 ROM）用于永久存储信息。

1. 存储器类型

计算机可能使用不同类型的存储器芯片，但所有的存储器芯片都以字节方式存储数据。字节是数字信息，表示诸如字母、数字和符号等信息。具体地说，1 字节是存储器芯片中的 8 位二进制数据块，其中每位要么为 0 要么为 1。

（1）ROM。

只读存储器（Read-Only Memory，ROM）芯片是一种必不可少的计算机芯片，位于主板和其他电路板上，用于存储可被 CPU 直接访问的指令。存储在 ROM 中的指令包括基本操作指令，如用于启动计算机和加载操作系统的指令。

ROM 属于非易失性存储器，这意味着即便计算机关闭，其内容也不会丢失。

（2）RAM。

RAM 属于临时性工作存储器，用于存储 CPU 当前访问的数据和程序。不同于 ROM，RAM 是易失性存储器，这意味着计算机关闭后，其内容将丢失。

在计算机中安装 RAM 可提高系统性能。例如，RAM 数量越多，计算机中可供临时存储、处理程序和文件的存储容量越大；RAM 的数量太少时，计算机必须在 RAM 和速度慢得多的硬盘之间交换数据。主板决定了可安装的 RAM 的数量。

2. ROM 类型

各种 ROM 的介绍如下。

- **ROM**（见图 1-4）：其中的信息是在制造时写入的。不可擦除或重写的 ROM 现已被淘汰，但术语 ROM 依然用于指代所有只读存储器。
- **可编程只读存储器（Programmable Read-Only Memory，PROM）**（见图 1-15）：其中的信息是制造后写入的。PROM 出厂时没有任何信息，但人们可在需要时使用 PROM 编程器进行编程。通常，PROM 中的信息是不可擦除的，因此只能编程一次。

图 1-14　ROM

图 1-15　PROM

- **可擦可编程只读存储器（Erasable Programmable Read-Only Memory，EPROM）**（见图 1-16）：这种存储器是非易失性的，但可擦除，方法是将其暴露在强烈的紫外光下。通常 EPROM 上面有个透明的石英窗口，反复擦除和重新编程可能最终导致无法使用。
- **电擦除可编程只读存储器（Electrically-Erasable Programmable Read-Only Memory，EEPROM）**（见图 1-17）：其中的信息是制造后写入的，写入信息时无须将其从设备上拆卸下来。EEPROM 也被称为闪存，因为其内容可被快速删除。EEPROM 通常用于存储计算机系统的 BIOS。

图 1-16　EPROM

图 1-17　EEPROM

3. RAM 类型

表 1-3 列出了 RAM 类型。

表 1-3   RAM 类型

类型	描述
动态 RAM（DRAM）	较旧的技术，一直流行到 20 世纪 90 年代中期。 主要用于主存储器。 会慢慢地放电，因此要保存其中存储的数据，必须不断使用电脉冲进行刷新
静态 RAM（SRAM）	要求始终保持通电状态。 常用于缓存中。 功耗较低。 速度比 DRAM 的速度快得多。 价格比 DRAM 的价格高
同步动态 RAM（SDRAM）	与存储器总线同步运行的 DRAM。 能够并行地处理重叠指令，例如，可在写入未结束时处理读取的数据。 有较高的数据传输速率
双倍数据速率 SD RAM（DDR SDRAM）	数据传输速率为 SDRAM 的两倍。 支持在每个 CPU 时钟周期内进行两次写入和两次读取。 连接器有 184 个引脚和 1 个槽口。 使用更低的标准电压（如 2.5V）。 系列：DDR2、DDR3、DDR4
第二代双倍数据速率 SD RAM（DDR2 SDRAM）	数据传输速率为 SDRAM 的两倍。 以高于 DDR 的时钟速率（553 MHz，而 DDR 为 200 MHz）运行。 减少信号线之间的噪声和串扰，从而提高性能。 连接器有 240 个引脚。 使用较低的标准电压（如 1.8V）
第三代双倍数据速率 SD RAM（DDR3 SDRAM）	时钟速率为 DDR2 的两倍，这增大了存储器带宽。 功耗（如 1.5V）低于 DDR2。 产生的热量较少。 以较高的时钟速率（最高可达 800 MHz）运行。 连接器有 240 个引脚
第四代双倍数据速率 SD RAM（DDR4 SDRAM）	最大存储容量为 DDR3 的 4 倍。 功耗（如 1.2V）低于 DDR3。 以较高的时钟速率（最高可达 1600 MHz）运行。 连接器有 288 个引脚。 有高级纠错功能

续表

类型	描述
第五代双倍数据速率同步动态 RAM（DDR5 SDRAM）	速率为最快的 DDR4 的两倍多。 最大存储容量为 DDR4 的 4 倍。 功耗比 DDR4 的稍低（如 1.1V）。 连接器有 288 个引脚，但引脚的排列模式与 DDR4 的不同，因此与 DDR4 连接器不兼容。 最大模块容量为 128 GB
图形双倍数据速率同步动态 RAM（GDDR）	专为视频图形设计的 RAM。 与专用 GPU 结合起来使用。 系列包括 GDDR、GDDR2、GDDR3、GDDR4、GDDR5。 每个系列成员的性能都比前一个系列成员的高。 每个系列成员的功耗都比前一个系列成员的低。 GDDR SDRAM 常用于处理大量数据，但不一定以最快的速度处理

4．内存模块

早期的计算机将内存芯片直接安装在主板上。这种内存芯片被称为双列直插封装（Dual In-line Package，DIP）内存芯片，不但难以安装，还容易松动。为解决这个问题，设计师将内存芯片设计在电路板上形成内存模块，再将内存模块插入主板的内存槽中。

各种不同的内存模块的介绍如下。

- **双列直插式封装（DIP）**：独立的内存芯片，如图 1-18 所示，有两排引脚，用于连接主板。
- **单列直插式内存模块（Single In-line Memory Module，SIMM）**：有多个内存芯片的小型电路板，如图 1-19 所示，有 30 引脚和 72 引脚两种配置。

图 1-18　DIP 内存

图 1-19　SIMM

- **双列直插式内存模块（Dual In-line Memory Module，DIMM）**：包含 SDRAM、DDR SDRAM、DDR2 SDRAM、DDR3 SDRAM 或 DDR4 SDRAM 芯片的电路板，如图 1-20 所示。有 168 引脚的 SDRAM DIMM、184 引脚的 DDR DIMM、240 引脚的 DDR2 和 DDR3 DIMM 以及 288 引脚的 DDR4 DIMM。
- **小型 DIMM（SODIMM）**：如图 1-21 所示，有支持 32 位传输的 72 引脚和 100 引脚配置，还有支持 64 位传输的 144 引脚、200 引脚、204 引脚和 260 引脚配置。这是一种外形更小、密度更高的 DIMM 版本，提供随机访问数据存储，非常适用于便携式计算机、打印机和其他需要节省空间的设备。

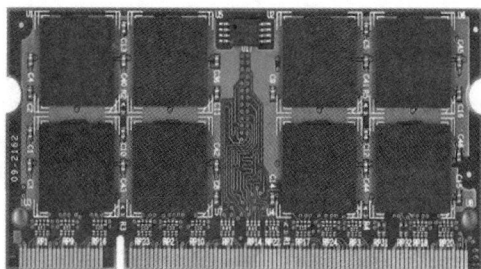

图 1-20 DIMM

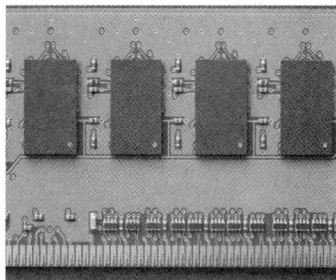

图 1-21 SODIMM

内存模块可以是单面的，也可以是双面的。单面内存模块仅有一面包含 RAM，而双面内存模块两面都包含 RAM。

存储器的读写速率会直接影响处理器在单位时间内能够处理的数据量。随着处理器的速度越来越快，存储器的读写速度也必须提高。使用多通道技术可提高存储器的吞吐量。标准 RAM 是单通道的，这意味着可同时对所有 RAM 插槽寻址。双通道 RAM 添加了第二个通道，可同时访问两个模块。

采用三通道技术可添加第三个通道，因此可同时访问 3 个模块。四通道技术给存储器控制器再添加了一个通道，从而进一步提高带宽。要使用三通道或四通道存储器，以最大限度地提高带宽，必须获得芯片组体系结构的支持，且只能使用其对应插槽中插入了内存的通道。在很多情况下，为确保所有的通道都可用，必须按特定顺序在插槽中插入内存。

处理速度最快的存储器通常是 SRAM，它是一种缓存存储器，用于存储最近使用的数据和 CPU 指令。SRAM 让处理器能够更快地访问数据，因为相比于 DRAM（即主存储器），其处理速度更快。

缓存分为如下 3 类。

- **L1 缓存**：集成在 CPU 中的内部缓存。CPU 有很多型号，每种型号的 L1 缓存都不同。
- **L2 缓存**：最初是安装在 CPU 附近的主板上外部缓存，但现已集成到 CPU 中。
- **L3 缓存**：一些高端工作站和服务器 CPU 使用的缓存。

数据未能正确地存储在芯片中时，将出现存储器错误。计算机使用多种的方法来检测和纠正存储器错误。有如下 3 种存储器错误及对应的纠正方法。

- **非奇偶校验存储器**：不检查存储器错误。非奇偶校验 RAM 是家庭和企业工作站常用的 RAM。
- **奇偶校验存储器**：包含 8 个数据位和 1 个错误检查位，其中的错误检查位被称为奇偶校验位。
- **纠错码（ECC）存储器**：能够检测存储器中的多位错误，并纠正存储器中的 1 位错误。用于金融或数据分析的服务器可能需要使用 ECC 存储器。

1.2.5 适配卡和扩展槽

适配卡是用来提高计算机系统性能和兼容性的外部硬件。主板上有各种扩展槽，可用来将各种适配卡连接到系统总线，以扩展系统的功能。有各种各样的适配卡和扩展槽。

适配卡可用于添加设备控制器或更换出现故障的端口，以增加计算机的功能。

可使用各种适配卡来增加计算机的功能。

- **声卡**：提供音频功能。
- **网卡**：使用网线将计算机连接到网络。
- **无线网卡**：使用射频技术将计算机连接到网络。

- **显卡**：提供视频功能。
- **采集卡**：将视频信号发送给计算机，以便使用视频采集软件将信号记录到存储驱动器中。
- **电视调谐卡**：连接到有线电视、卫星或天线，让用户能够通过 PC 观看和录制电视节目。
- **通用串行总线（USB）控制器卡**：提供额外的 USB 端口，用于将计算机连接到外围设备。
- **eSATA 卡**：通过单个 PCI Express 插槽，给计算机提供额外的内部和外部 SATA 端口。

图 1-22 显示了一些适配卡。需要指出的是，有些适配卡可集成到主板上。

注　意　版本较旧的计算机可能还有调制解调器适配卡、加速图形端口（Accelerated Graphics Port，AGP）适配卡、小型计算机系统接口（Small Computer System Interface，SCSI）适配卡等。

计算机的主板上有扩展槽，用于安装适配卡；适配卡的连接器必须与扩展槽匹配。表 1-4 介绍了扩展槽。

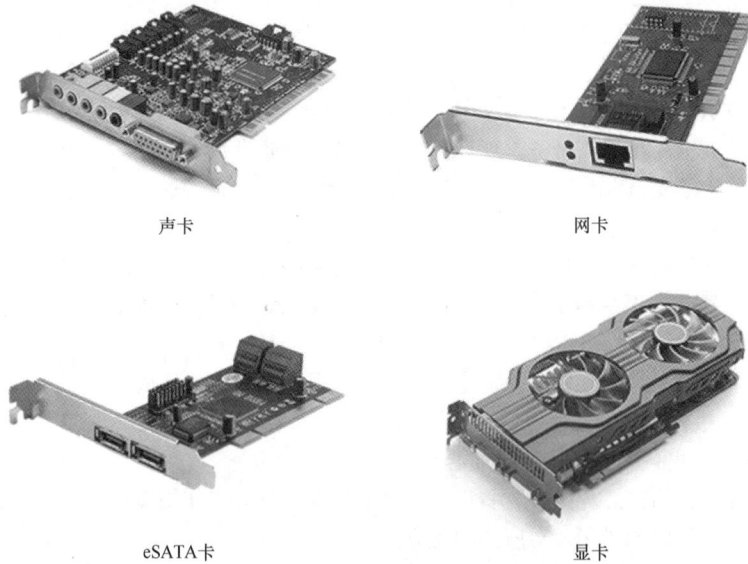

声卡

网卡

eSATA卡

显卡

图 1-22　适配卡

表 1-4　　　　　　　　　　　　　　　　　　　扩展槽

类型	示例图片	描述
外设部件互连（Peripheral Component Interconnection，PCI）		32 位或 64 位的扩展槽，当前很少有计算机使用。PCI 扩展槽几乎被淘汰了
Mini PCI		有些便携式计算机使用的小型 PCI 版本，有 3 种外形规格：Type I、Type II 和 Type III

续表

类型	示例图片	描述
PCI-Extended（PCI-X）		标准 PCI 的改进版，使用带宽比 PCI 总线高的 32 位总线。PCI-X 的运行速度可比 PCI 快 4 倍。现在，PCI-X 扩展槽几乎被淘汰了
PCI Express（PCIe）		具有 64 位的并行接口，向后与 32 位 PCI 兼容。PCIe 是串行与不同的物理接口点对点连接，设计用于取代 PCI 和 PCI-X。该接口有 4 种不同的版本：PCIe x1、PCIe x4（4 个数据通道）、PCIe x8（8 个数据通道）和 PCIe x16（16 个数据通道）
转接卡		可使用转接卡（Riser Card）来提供额外的扩展槽，以安装更多的扩展卡
AGP		用于连接 AGP 显卡的高速插槽，已被 PCI 取代。当前很少有主板使用这种技术

表 1-5 列出了各种版本的 PCIe x1 和 x16 插槽的速率，单位为 GB/s。

表 1-5　　　　　　　　　　　不同 PCIe 扩展槽版本的速率

版本	x1 的速率(GB·s^{-1})	x16 的速率(GB·s^{-1})
2	0.5	8
3	0.985	15.754
4	1.969	31.508
5	3.938	53.015

每种 PCIe 扩展槽版本都与之前的所有版本兼容。例如，如果主板支持第 4 版 PCIe 扩展槽，可安装第 3 版 PCIe 组件。总线速度取决于安装的最低版组件的速率。

PCIe 可给每个插槽提供高达 25W 的功率；对于图形显卡，可提供高达 75W 的功率；对于功能特别强大的图形显卡，可使用电源的 PCIe 连接器再提供 75W 的功率。

1.2.6　硬盘驱动器和 SSD

存储驱动器从磁性、光学或半导体存储介质中读取数据，或将数据写入其中。这些驱动器可用于永久性存储数据或从介质中检索数据。

1. 存储驱动器类型

可用于在 PC 上存储数据的驱动器类型众多，如图 1-23 所示。驱动器用于非易性数据的存储，这意味着驱动器断电后，数据不会消失，等驱动器再次通电后，依然可获取之前存储的数据。有些驱动器使用不可移动的介质，有些使用可移动的介质；有些驱动器可读取和写入数据，有些只能读取数据，而不能写入。可根据用来存储数据的介质对驱动器进行分类：磁盘驱动器（如硬盘驱动器和磁带驱动器）、固态驱动器和光驱。

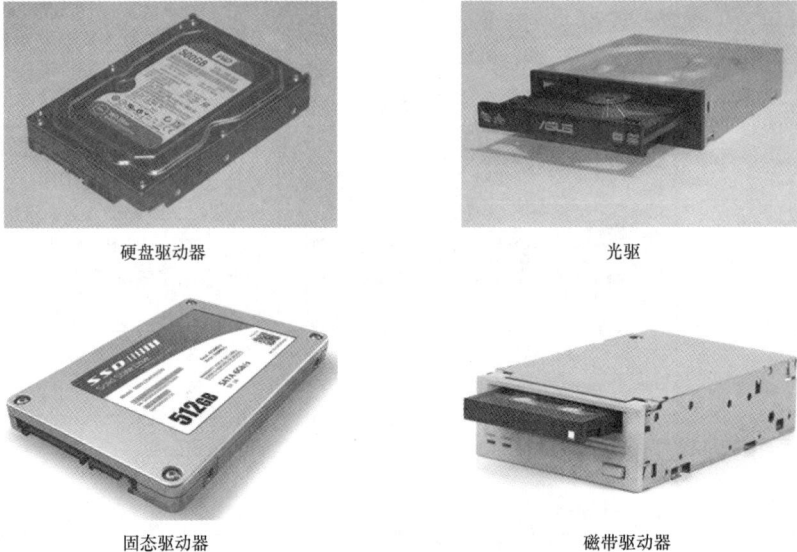

硬盘驱动器

光驱

固态驱动器

磁带驱动器

图 1-23   数据存储驱动器

2. 存储设备接口

内置存储设备通常通过 SATA 接口连接到主板。SATA 标准定义了数据传输方式、数据传输速率以及电缆和连接器的物理特征。

SATA 标准有 3 个主要版本：SATA 1、SATA 2 和 SATA 3，如表 1-6 所示。这些版本使用的电缆和连接器相同，但数据传输速率不同。SATA 1 支持的最高数据传输速率为 1.5 Gbit/s，SATA 2 可达到 3 Gbit/s，SATA 3 是最快的，可达到 6 Gbit/s。

表 1-6   存储设备接口

		IDE	8.3 Mbit/s
ATA	并行（PATA）	IDE	8.3 Mbit/s
		EIDE	16.6 Mbit/s
	串行（SATA）	SATA 1	1.5 Gbit/s
		SATA 2	3.0 Gbit/s
		SATA 3	6.0 Gbit/s

> **注 意**   传统的内部驱动器连接方式包括两种并行 ATA 标准：IDE 和增强的电子集成驱动器（Enhanced Integrated Drive Electronics，EIDE）。

主板和数据存储设备之间的另一种接口是 SCSI，这是一种较旧的接口，最初采用的是并行（而不是串行）数据传输。现已开发出新版本的 SCSI，名为串行连接 SCSI（Serial Attached SCSI，SAS）。SAS 是服务器存储设备常用的接口。

3. 磁介质存储设备

一种存储方式是使用二进制表示磁介质的磁化和非磁化区域，并使用机械系统来定位和读取。常见的磁介质存储驱动器类型的介绍如下。

- **硬盘驱动器（Hard Disk Drive，HDD）**：多年来一直使用的传统磁盘设备，其存储容量从数吉字节（GB）到数太字节（TB）不等。速度是以每分钟的转数（单位为 r/min）来度量的，这个指标表示主轴能够以多快的速度带动存储数据的盘片旋转。主轴的速度越快，硬盘驱动器在盘片上查找数据的速度就越快，传输速度就越快。常见的硬盘驱动器主轴速度为 5400 r/min、7200 r/min、10000 r/min 和 15000 r/min。HDD 的外形规格包括 1.8 in、2.5 in 和 3.5 in。个人计算机的外形规格标准为 3.5 in；2.5 in HDD 通常用于移动设备；1.8 in HDD 曾用于便携式媒体播放器和其他移动设备，但在新型设备很少使用。
- **磁带驱动器**：常用于数据归档。在备份 PC 数据方面，磁带驱动器一度发挥了重要作用，但随着 HDD 的价格不断下降，现在通常使用外置 HDD 来备份 PC 数据。然而，在企业网络中，依然使用磁带驱动器来备份数据。磁带驱动器使用读写磁头和可拆卸的磁带盒。磁带驱动器检索数据的速度很快，但定位数据的速度很慢，这是因为查找数据时使用转轴倒带。磁带的存储容量从几吉字节到数太字节不等。

注　意　在较旧的计算机中，可能有版本较旧的存储设备，如软盘驱动器。

4. 半导体存储设备

固态驱动器（Solid State Disk，SSD）在半导体闪存中以电荷的方式存储数据，这使得 SSD 的速度比磁性 HDD 快得多。SSD 的存储容量从大约 120 GB 到数太字节不等。SSD 无活动部件，不会发出噪声，且能效比 HDD 的高，产生的热量比 HDD 少。SSD 没有容易出现故障的活动部件，因此比 HDD 可靠。

SSD 的外形规格有如下 3 种。

- **磁盘驱动器外形规格**：半导体存储器被封装在密闭的外壳中，可像 HDD 那样安装到计算机机箱内；尺寸为 2.5、3.5 或 1.8 in（1.8 in 的 SSD 很少见）。
- **扩展卡**：像其他扩展卡那样直接插入计算机机箱内的主板上。
- **mSATA 或 M.2 模块**：可能使用特殊的插口。M.2 是计算机扩展卡标准系列，规范了扩展卡的物理参数等，如连接器类型和尺寸。

图 1-24 展示了 SSD 外形规格。

2.5in SSD

M.2 SSD

SSD扩展卡

图 1-24　SSD 外形规格

图 1-25 将 2.5 in 和 M.2 SSD 同 3.5 in HDD 做了比较。

为让计算机更好地利用 SSD，专门制定了非易失性快速存储器（Non-Volatile Memory Express，NVMe）规范，该规范定义了 SSD、PCIe 总线和操作系统之间的标准接口。NVMe 让符合该规范的 SSD 能够连接到 PCIe 总线，而无须安装特殊的驱动程序；这与下面的情形很像：直接将 USB 闪存插入计算机，而无须在计算机中安装专门的驱动程序。

最后，固态混合驱动器（SSHD）兼具磁性 HDD 和 SSD 的优点：速度比 HDD 快，但价格比 SSD 低。它将磁性 HDD 和板载闪存组合在一起，其中板载闪存充当了非易失性缓存。SSHD 会自动缓存经常访问的数据，从而提高某些操作（如操作系统加载）的速率。

图 1-25　比较 M.2 SSD 和 3.5 in HDD

1.2.7　光存储设备

光存储设备是一种能够读取 CD-ROM 或其他光盘的计算机外围部件，它使用激光来存储和检索数据。

光驱使用激光在光介质中读写数据，给计算机系统提供了另一种数据存储方式，旨在克服可移动磁性介质（如软盘和磁性存储盒）在存储容量方面的局限性。图 1-26 展示了内置光驱。

光驱有 3 种。

■ 光盘（Compact Disc，CD）：存储音频和数据。
■ 数字通用光盘（Digital Versatile Disc，DVD）：存储数字视频和数据。

图 1-26　内置光驱

■ 蓝光光盘（Blu-ray Disc，BD）：存储高清数字视频和数据。

CD、DVD 和 BD 介质分为预刻录（只读）、可刻录（写入一次）和可反复刻录（可写入多次）的。DVD 和 BD 介质还可以是单层（Single Layer，SL）或双层（Double Layer，DL）的。双层介质的容量大约是单层介质的两倍。

表 1-7 描绘了各种光介质及其大致存储容量。

表 1-7　　　　　　　　　　　　　　　　　　光介质类型

光介质	描述	存储容量
CD-ROM	只读 CD：预刻录的	700MB
CD-R	可刻录 CD：可刻录一次	
CD-RW	可写入 CD：可刻录、擦除再重新刻录	
DVD-ROM	只读 DVD：预刻录的	4.7GB（单层）；8.5GB（双层）
DVD-RAM	可写入 DVD：可刻录、擦除再重新刻录	
DVD+/-R	可刻录 DVD：可刻录一次	
DVD+/-RW	可写入 DVD：可刻录、擦除再重新刻录	
BD-ROM	只读 BD：预刻录电影、游戏或软件	25GB（单层）；50GB（双层）
BD-R	可刻录 BD：可刻录一次	
BD-RE	可写入 BD：可刻录、擦除再重新刻录	

1.2.8 端口、电缆和适配器

本节介绍用于在计算机内部和外部连接外围设备的常见端口、电缆和适配器。

1. 视频端口和电缆

显示器电缆将视频端口连接到计算机；视频端口和显示器电缆传输模拟信号、数字信号或两者都传输。计算机属于数字设备，生成的是数字信号；数字信号被发送给显卡，而显卡通过电缆将其传输给显示器。

（1）数字视频接口。

数字视频接口（Digital Visual Interface，DVI）通常是白色的，如图 1-27 所示。DVI 连接器包含最多 24 个（3 排，每排 8 个）传输数字信号的引脚、最多 4 个传输模拟信号的引脚和 1 个被称为接地线的平引脚（Flat Pin）。

根据对数字信号输出和模拟信号输出的支持情况以及使用单通道还是双通道，可以将 DVI 划分为 5 种类型（双通道的传输带宽比单通道高）。DVI-D 只支持数字设备和输出；DVI-A 只支持模拟输出；DVI-I 支持数字输出和模拟设备。

当前，主要有两种 DVI 连接器：DVI-I 和 DVI-D。DVI-D 只支持数字信号，而 DVI-I 支持数字信号和模拟信号。DVI 出现得快过时得也快，目前依然用于某些显示器和视频图形阵列中，但终将被 HDMI 取代。

（2）显示端口。

显示端口（见图 1-28）是一种用于连接高端图形 PC、显示器，以及家庭影院设备和显示器的接口技术。

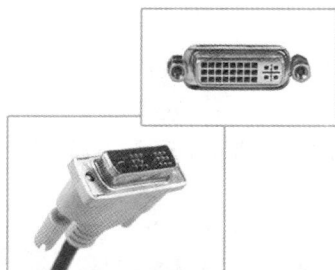

图 1-27 DVI

图 1-28 显示端口

（3）高清多媒体接口。

高清多媒体接口（High-Definition Multimedia Interface，HDMI）（见图 1-29）是专为高清电视开发的，但其数字特征使其非常适用于计算机。

（4）雷电 1 或 2 接口。

雷电（Thunderbolt）接口（见图 1-30）用于建立到外围设备（如硬盘驱动器、RAID 和网络接口）的高速连接，并可使用 DisplayPort 协议来传输高清视频。

图 1-29 HDMI

图 1-30 雷电 1 或 2 接口

（5）雷电 3 接口。

雷电 3 接口（见图 1-31）使用与 USB-C 一样的连接器，其带宽为雷电 2 接口的两倍，功耗更低，并可向两台 4K 显示器提供视频。

（6）视频图形阵列。

视频图形阵列（Video Graphic Array，VGA）（见图 1-32）是一种模拟视频连接器，包含 15 个引脚（分 3 排），有时也被称为 DE-15 或 HD-15 连接器。

图 1-31　雷电 3 接口

图 1-32　VGA

（7）美国无线电公司连接器。

如图 1-33 所示，美国无线电公司（Radio Corporation of America，RCA）连接器的中央是插头，插头周围有个环。RCA 连接器用于传输音频和视频，通常 3 个一组，其中黄色的用于传输视频，红色和白色的分别用于传输左声道和右声道的音频。

2. 其他端口和电缆

计算机上的 I/O 端口连接外围设备，如打印机、扫描仪和便携式驱动器。除前面讨论的端口外，计算机还可能有其他端口。

（1）PS/2 端口。

PS/2（Personal System 2，个人系统 2）端口（见图 1-34）用于将键盘或鼠标连接到计算机，为 6 引脚的 mini-DIN 凹式适配器。通常用不同的颜色标识连接键盘和鼠标的连接器；如果没有用颜色标识，端口旁边会有小型的鼠标或键盘图标。

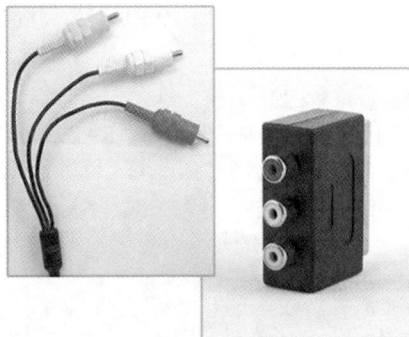

图 1-33　RCA 连接器

图 1-34　PS/2 端口

（2）音频端口和游戏端口。

图 1-35 展示了音频端口和游戏端口。音频端口用于将音频设备连接到计算机。模拟端口通常包含一个连接到外部音频源（如立体声音响系统）的输入端口、一个麦克风端口和一个连接到音箱或耳机的输出端口。游戏端口用于连接操纵杆或 MIDI 接口设备。

（3）网络端口。

网络端口（见图 1-36）也被称为 RJ-45 或 8P8C 端口，有 8 个引脚，用于将设备连接到网络。其连接速度取决于网络端口的类型。以太网电缆的长度不能超过 100m。

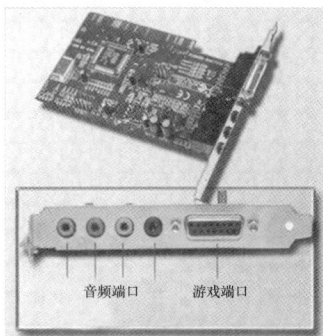

图 1-35　音频端口和游戏端口

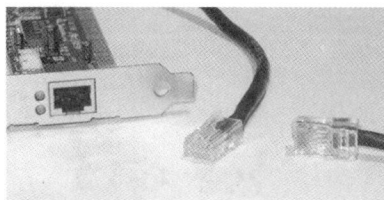

图 1-36　网络端口

（4）SATA 电缆。

SATA 电缆用于将 SATA 设备连接到 SATA 接口，这种电缆使用 7 引脚的数据线，如图 1-37 所示。SATA 连接器有 L 形凹槽，电缆必须沿特定的朝向与连接器连接。SATA 电缆不给 SATA 设备供电，因此需要使用独立的电源线给 SRTR 设备供电。

（5）IDE 电缆。

IDE 电缆是一种带状电缆，用于在计算机内部连接存储驱动器。有两种常见的 IDE 带状电缆，它们分别是用于连接软盘驱动器的 34 引脚电缆和用于连接硬盘驱动器和光驱的 40 引脚电缆。

IDE 电缆是有向的，因此只能沿特定方向插入连接器，如图 1-38 所示。

图 1-37　驱动器电源线和 SATA 电缆

图 1-38　IDE 电缆

（6）USB 接口。

USB 接口是一种标准接口，用于将外围设备连接到计算机，如图 1-39 所示。USB 设备支持热插拔，这意味着无须关闭计算机就可连接或断开设备。

3. 适配器和转换器

当前业内使用了大量的连接标准，其中很多都是具有可交互操作的，但需要专用组件——适配器和转换器。

- **适配器**：一种将两种技术连接起来的组件，如 DVI-to-HDMI 适配器。适配器可能是个组件，也可能是一条带有不同终端的电缆。

图 1-39　USB

- **转换器**：具备适配器的功能，还能将一种技术信号转换为另一种技术信号，例如，USB 3.0-to-SATA 转换器让用户能够将硬盘驱动器作为闪存驱动器使用。

图 1-40 展示了一些常见的适配器和转换器。

DVI-to-VGA适配器　　　　USB-to-Ethernet 转换器　　　　USB-to-PS/2 适配器

DVI-to-HDMI适配器　　　　Molex-to-SATA 适配器　　　　HDMI-to-VGA 转换器

图 1-40　适配器和转换器

1.2.9　输入设备

输入设备是位于机箱外面的硬件设备，用于将原始数据提供给计算机进行处理，让用户能够通过与输入设备的交互控制计算机。

1. 早期输入设备

输入设备让用户能够与计算机交互，早期输入设备的介绍如下。

- **键盘和鼠标**：这两种输入设备是最常用的。键盘通常用于写文本文档和电子邮件；鼠标用于在图形用户界面（Graphical User Interface，GUI）导航。便携式计算机还配置了触摸板，以提供内置的键盘和鼠标功能。键盘是最早出现的输入设备。
- **平板扫描仪**：图 1-41 展示了平板扫描仪。扫描仪是一种将图像和文档数字化的设备，它通过将照片或文档放在平板玻璃表面，并让扫描头在玻璃下方移动实现。数字化后的图像存储在文件中，可显示、打印、通过电子邮件发送或修改。有些平板扫描仪配置了自动送纸器（Automatic Document Feeder，ADF），以支持多页输入。
- **操纵杆和游戏手柄**：图 1-42 展示了操纵杆和游戏手柄，它们通常是方便玩游戏的输入设备。游戏手柄让玩家能够通过小摇杆和多个按钮控制角色移动和视图，很多游戏手柄还有触发器，能够记录玩家施加的压力。操纵杆通常用来玩飞行模拟游戏。

图 1-41　平面扫描仪

图 1-42　操纵杆和游戏手柄

- **KVM（Keyboard, Video and Mouse，键盘、显示器和鼠标）切换器**：如图 1-43 所示，KVM 切换器是一种硬件设备，用于通过一套键盘、显示器和鼠标控制多台计算机。在企业环境中，KVM 切换器提供经济、高效的多服务器访问方式；家庭用户可使用 KVM 切换器将多台计算机连接到一套键盘、显示器和鼠标，从而节省空间。有些 KVM 切换器还能够在多台计算机之间共享 USB 设备和音箱。

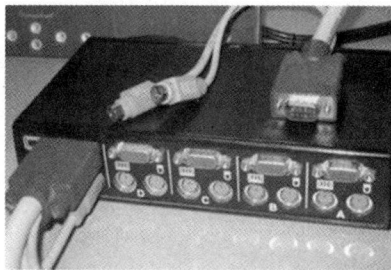

图 1-43　KVM 切换器

2. 新式输入设备

有一些相对较新的输入设备，如触摸屏、触控笔、磁条读取器和条形码扫描器。

- **触摸屏**：如图 1-44 所示，是带触摸感应或压力感应的输入设备。用户通过触摸屏幕的特定位置来向计算机发出指令。
- **触控笔**：如图 1-45 所示，是一种数字转换器。设计师或艺术家可使用触控笔在一个表面上绘制蓝图、图像或其他作品，这个表面能够检测到触控笔与之接触的位置。有些数字转换器有多个传感器，让用户能够通过使用触控笔在半空中执行操作来创建 3D 模型。

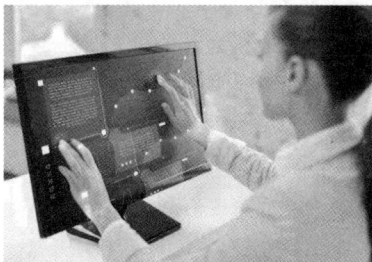

图 1-44　触摸屏

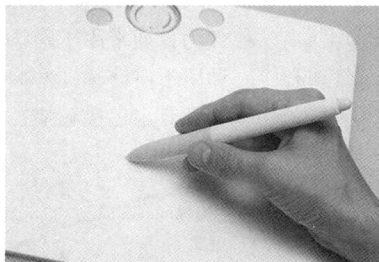

图 1-45　触控笔

- **磁条读取器**：如图 1-46 所示，用于读取塑料卡片（如身份证或信用卡）背面的磁性编码信息。图 1-46 所示的设备还包含芯片阅读器。对于带芯片的卡片，可将其插入该设备，该设备将读取芯片中的信息。芯片阅读器极大地提高了用户数据的安全性，因为每次交易都将生成独一无二且不能再次使用的代码。
- **条形码扫描器**：如图 1-47 所示，也被称为价格扫描器，它用于读取贴在商品上的条形码中的信息。条形码扫描器有手持的、无线的和固定的。条形码扫描器中光源抓取条形码图像，并将其转换为计算机能够理解的内容。这种设备通常用于商店收银或盘点库存。条形码通常是用于查找信息的数字，例如，图书馆给书贴上条形码，书被借出时，将相应的信息记录在持卡人的借书记录中；制造车间使用条形码来跟踪库存和设备。

图 1-46　磁条读取器

图 1-47　条形码扫描器

3. 其他新式输入设备

下面介绍其他新式输入设备。

- **数码相机**：如图 1-48 所示，是用于拍摄照片和视频的输入设备；拍摄照片或视频后，可存储、显示、打印或修改。
- **网络摄像头**：一种摄像机，可集成在计算机中，也可以是外置的，如图 1-49 所示。网络摄像头通常用于召开视频会议或进行网上直播。

图 1-48　数码相机　　　　　　　　　　　　　　图 1-49　网络摄像头

- **签名板**：如图 1-50 所示，是以电子方式捕获签名的设备；签名者使用触控笔在屏幕上签名。电子签名具有法律效力，通常用于确认收货以及签署协议或合同。
- **智能卡读卡器**：一种用于在计算机上验证用户身份的输入设备，如图 1-51 所示。智能卡尺寸与信用卡的相仿，一面有金色接触垫，接触垫下方有内嵌的集成电路。

图 1-50　签名板　　　　　　　　　　　　　　　图 1-51　智能卡读卡器

- **麦克风**：一种数字转换器，可以将用户的声音数字化。语音、音乐等都可存储到计算机中，进而播放、上传或通过电子邮件发送。麦克风还可用于给游戏或通信软件提供输入。图 1-52 显示了一个耳麦。

4. 最新的输入设备

最新的输入设备包括近场通信（Near Field Communication，NFC）设备与终端、面部识别扫描仪、指纹扫描仪、语音识别扫描仪和虚拟现实头戴设备，下面更深入地介绍这些设备。

- **NFC 设备与终端**：信用卡和智能手机等 NFC 轻触支付设备（见图 1-53）能够读写 NFC 芯片。NFC 终端可从借记卡余额中扣钱或给信用卡还款。两台支持 NFC 的设备还能够相互传输数据，如照片、网页链接或联系人。
- **面部识别扫描仪**：如图 1-54 所示，是一种生物特征输入设备，用于根据生物独一无二的面部特征进行识别。很多便携式计算机和智能手机都有面部识别扫描仪，用于实现登录。面部识别正日益流行，很多智能手机以及一些计算机和平板中都有它的应用。Microsoft 提倡的 Windows Hello 就使用了面部识别或指纹读取器来获取生物特征。面部识别扫描仪通常用于限制设备访问和场所进入。

图 1-52　耳麦

图 1-53　NFC 设备和终端

- **指纹扫描仪**：如图 1-55 所示，是一种生物特征输入设备，用于根据指纹识别人员。很多便携式计算机和智能手机都有指纹扫描仪，用于登录。指纹扫描仪通常用于限制设备访问和场所进入。

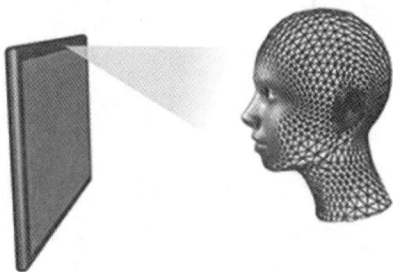

图 1-54　面部识别扫描仪

图 1-55　指纹扫描仪

- **语音识别扫描仪**：如图 1-56 所示，是一种生物特征输入设备，用于根据独特的声音识别人员，常用于限制场所进入。语音识别扫描仪还用于为个人助理应用程序（如 Apple Siri 和 Amazon Alexa）提供输入。
- **虚拟现实（Virtual Reality，VR）头戴设备**：如图 1-57 所示，通常用于计算机游戏、模拟器和训练应用程序。这种戴在头上的设备让两只眼睛看到的图像不同。大多数 VR 头戴设备都有追踪头部运动和眼睛运动的传感器。这种设备也是输出设备，可将视频和音频传送给佩戴者。

图 1-56　语音识别扫描仪

图 1-57　VR 头戴设备

1.2.10　输出设备

输出设备用于将处理后的输入数据提供给用户。用户需要用输出设备来获取可用格式的处理数据。

1. 输出设备是什么

输出设备从计算机获取二进制数据（1 和 0），并将其转换为用户易于理解的数据。图 1-58 展示了各种输出设备。

显示器

投影仪

VR头盔

打印机

音箱

耳机

图 1-58　输出设备

显示器和投影仪是为用户生成视觉信号和音频信号的输出设备；VR 头盔是另一种输出设备；打印机也是输出设备，将计算机文件以纸质文件的形式显示；音箱和耳机是只生成音频信号的输出设备。输出设备让用户能够与计算机交互。

2. 显示器和投影仪

大多数显示器使用下面 3 种技术之一：液晶显示器（Liquid Crystal Display，LCD）、发光二极管（Light Emitting Diode，LED）或有机发光二极管（Organic Light Emitting Display，OLED）。

LCD 有两个极化滤光器，滤光器之间是一层液晶。电子流重新排列液晶，让光线能够通过或受阻，从而生成图像。LED 是一种使用 LED 背光源的 LCD 显示器。与使用 LCD 背光源的标准 LCD 相比，LED 能耗更低，面板更薄、更轻、更亮，对比度更高。OLED 是一种使用有机材料的 LED 显示器，这种有机材料在电刺激下发光，且每个像素都单独发光，因此黑色层次比 LED 的深得多。

大多数投影仪使用 LCD 或数字光投影（Digital Light Projection，DLP）技术。DLP 技术使用旋转的色轮和镜片阵列。每个镜片对应一个像素，它将光反射到投影仪光学器件或使其远离投影仪光学器件，从而生成灰阶高达 1024 的图像。然后，由色轮添加颜色数据，形成最终的投影图像。光通量决定投影图像的亮度，不同投影仪的光通量不同。LCD 投影仪的光通量通常比 DLP 投影仪的高（更亮）。美国国家标准研究所（American National Standards Institute，ANSI）制定了测试投影仪的标准化流程，按流程测试的投影仪用"ANSI 流明"标识。可根据亮度规格对投影仪进行比较；亮度（白光输出）指出了投射的总光亮，单位为流明。色彩亮度规格使用与测量亮度的方法相同的方法来测量红色、绿色和蓝色。

3. VR 和 AR 头戴设备

VR 头戴设备可能有独特的硬件和软件平台，它们可能拴在控制器上，也可能是独立的或移动的。VR 头戴设备安装了各种传感器，包括运动传感器、外部视觉定位传感器、摄像头、运动跟踪传感器、加速计、陀螺仪和磁力计。VR 头戴设备的分辨率和刷新率各异。

增强现实（Augmented eality，AR）头戴设备功能众多，大都有摄像头、移动传感器、全球定位系统（Global Positioning System，GPS）、CPU、电池和控制器；很多还有存储设备、蓝牙、音箱等。Microsoft HoloLens 是一款集成了全息处理器的头戴设备。

VR 头戴设备使用计算机技术生成模拟的三维环境，用户沉浸于这种虚拟世界，并可进行操控。VR

头戴设备将用户脸部的上半部分完全包裹起来，让任何环境光都无法进入。大多数 VR 头戴设备显示三维图像，让用户感觉看到的就是实物；它们还跟踪用户的运动情况，进而相应地调整三维图像。

图 1-59　AR 头戴设备

AR 头戴设备使用类似的技术，但在现实世界的基础上实时地叠加图像和音频，让用户能够实时地获取真实环境的信息。AR 头戴设备（见图 1-59）通常不会阻止环境光进入用户的视野，这让用户能够看到真实的环境。并非所有的 AR 应用都需要使用头戴设备；有些 AR 应用可直接下载到智能手机上。《Pokémon Go》是一款早期的 AR 游戏，玩家可使用智能手机来"观看并捕捉"虚拟宝可梦。智能眼镜也属于 AR 设备，比 AR 头戴设备要轻得多，通常是为特定受众（如自行车骑手）设计的。

4. 打印机

打印机是生成文件硬复制的输出设备。硬复制可能在纸上，也可能是 3D 打印机创建的塑性造型。

图 1-60 展示了各种类型的打印机。当今的打印机可能是有线的，也可能是无线的；它们使用不同的技术来生成用户看到的图像。所有打印机都需要打印材料（如油墨、墨粉、液体塑料等），还需要将打印材料精确地放到纸上或将其挤压成所需的形状。所有打印机都有必须维护的硬件，大多数打印机还有驱动程序这种必须保持最新版本的软件。

喷墨打印机

击打式印刷机

3D打印机

热敏打印机

图 1-60　打印机

5. 音箱和耳机

音箱是一种输出设备；大多数计算机和移动设备都支持音频输出，这种功能要么集成在主板上，要么由适配卡提供。提供音频支持的硬件包括用于输入和输出音频信号的端口；声卡上有放大器，用于驱动耳机和外置音箱。

头戴式耳机、耳塞以及头戴式的耳机都是听觉输出设备，它们可能是有线的，也可能是无线的，有的还支持 Wi-Fi 或蓝牙。

1.3 拆卸计算机

本节讨论计算机拆卸，并大致了解技术人员工具包的作用。

1.3.1 技术人员的工具包

整洁、有序且工具齐全的工具包有助于技术人员安全而高效地完成工作。拥有合适的工具后，不但工作起来更安全，还可避免设备受损。要卓有成效地完成工作，工具箱不可或缺。通常，随着经验越来越丰富，工具包越来越大；职位发生变化时，工具包也将相应变化，以便满足相应的需求。

1.3.2 计算机拆卸

计算机拆卸是一项非常简单的任务，需要收集文档（如果有的话）、规划流程并使用合适的工具拆卸。务必采取安全预防措施，如关闭计算机、拔掉电源、使用防静电设备，这有助于成功地完成拆卸任务。

1.4 总结

本章首先介绍了计算机的组成，以及避免电气火灾和人身伤害的安全指南；还介绍了 ESD 以及不正确放电可能损坏计算机设备。

接着本章从容纳所有组件的机箱开始介绍了 PC 的所有组件。本章介绍了机箱的各种外形规格，还有电源及其发展历程；介绍了给主板和存储驱动器等各种内部组件供电的电源连接器（如 SATA、Molex 和 PCIe 连接器）及其电压；介绍了主板——计算机的支柱，它包含用于连接电子元件的总线（电路通路），包括 CPU、RAM、扩展槽、芯片组、BIOS 和 UEFI；还介绍了硬盘驱动器、光驱、固态驱动器等存储设备，以及用来将它们连接到主板的 PATA 和 SATA 接口的各种版本。

最后，本章介绍了计算机拆卸的相关内容。

1.5 复习题

请完成以下所有的复习题，检查你对本章介绍的主题和概念的理解程度，答案见附录。

1. 哪两种 PC 组件通过南桥芯片组与 CPU 通信（双选）？（　　　）

   A. 硬盘驱动器   B. 64 位千兆（吉比特）以太网适配器

   C. 显卡   D. 内存

2. 有位技术人员想要更换高端游戏计算机中出现了故障的电源，他应购买哪种外形规格的电源？（　　　）

   A. ATX 12V   B. ATX   C. EPS 12V   D. AT

3. 下面哪种有关 AR 技术的说法是正确的？（　　　）

   A. 总是需要头戴设备

   B. 不让用户实时地获悉有关实际环境的信息

   C. 在现实世界的基础上实时地叠加图像和音频

   D. AR 头戴设备阻断所有环境光进入用户的眼帘

4. 哪种输入设备根据声音识别用户？（　　　）

   A. 扫描仪   B. KVM 切换器

   C. 数字转换器   D. 生物特征识别设备

5. 哪种主板外形规格占用的空间最小，适用于瘦客户端？（　　　）

   A. Micro-ATX   B. ATX

   C. ITX   D. Mini-ATX

6. 在 PC 中，6/8 引脚的 PCIe 电源连接器有何用途？（　　　）

   A. 连接磁盘驱动器   B. 连接光驱

   C. 连接软盘驱动器   D. 给各种内部组件供电

7. NVMe 设备使用哪种扩展槽？（　　　）

   A. PCI   B. PCIe

   C. SATA   D. USB-C

8. 技术人员如何保护计算机内部组件，避免因 ESD 而受损？（　　　）

   A. 使用完计算机后拔掉电源   B. 使用多个风扇将热空气排到机箱外面

   C. 将内部组件连接到机箱使其接地   D. 使用塑料或铝制计算机机箱

9. 有位网络管理员管理着 3 台服务器，还需添加一台服务器，但没有足够的空间放置额外的显示器和键盘。哪种设备能让这位管理员将所有服务器连接到单套显示器和键盘？（　　　）

   A. 触摸屏显示器   B. UPS

   C. USB 切换器   D. PS/2 集线器

   E. KVM 切换器

10. 哪种连接器用于将数字信号转换为模拟信号？（　　　）

   A. Molex-to-SATA 适配器   B. USB-to-PS/2 适配器

   C. HDMI-to-VGA 转换器   D. DVI-to-HDMI 适配器

11. 操作计算机设备时，采用哪种措施可降低设备因 ESD 而受损的风险？（　　　）

   A. 让无绳电话远离工作区域   B. 将计算机连接到浪涌电压保护器

   C. 降低工作区域的湿度   D. 在接地的防静电垫子上操作

12. 哪种端口支持使用 DisplayPort 协议传输高清视频？（　　　）

   A. DVI   B. VGA   C. 雷电端口   D. RCA

13. 下面哪两种 PC 组件通过北桥芯片与 CPU 通信（双选）？（　　　）

   A. 硬盘驱动器   B. 64 位的千兆（吉比特）以太网适配器

   C. 显卡   D. 内存

14. 下面哪 3 种设备被认为是输出设备（三选）？（　　　）

   A. 耳机   B. 打印机   C. 鼠标

   D. 指纹扫描仪   E. 键盘   F. 显示器

15. 哪种磁盘驱动器包含磁性 HDD 和充当非易失性缓存的板载闪存？（　　　）

   A. SSHD   B. NVMe   C. SCSI   D. SSD

16. 下面哪两种设备被认为是较常见的输入设备（双选）？（　　　）

   A. 耳机   B. 打印机   C. 鼠标

   D. 指纹扫描仪   E. 键盘   F. 显示器

第 2 章

计算机组装

在 IT 技术人员的工作中，组装计算机是很重要的一部分。操作计算机组件时，必须以合理且有条不紊的方式进行。有时候，可能需要判断客户的计算机组件是否需要升级或更换。IT 技术人员需要熟悉安装流程、掌握故障排除技巧、深谙诊断方法，这至关重要。本章将讨论组件兼容的重要性，以及如何确保系统有充足的资源，能够高效地运行硬件和软件。计算机、计算机组件和计算机外围设备都存在危险因素，可能导致严重的事故，因此本章首先介绍操作计算机组件时需要遵守的一般性安全指南和消防安全指南。

本章将介绍如下内容：PC 电源及其为其他计算机组件提供的电压；安装在主板上的组件——CPU、内存和各种适配卡；各种 CPU 架构以及如何选择与主板和芯片组兼容的内存；各种存储驱动器以及选择驱动时需要考虑的因素。

2.1　组装计算机

组装计算机时，选择合适的计算机组件很重要，正确地为组装计算机准备好工作区也很重要。无论是组装全新的计算机，还是对计算机进行升级，都需遵循推荐的安全规程，准备好必要的工具，明白如何在机箱内工作，这至关重要。

2.1.1　一般性安全指南和消防安全指南

务必遵循一般性安全指南和消防安全指南的规则，以防划伤、烧伤、电击或视力受损等。为完成最佳实践，务必确保灭火器和急救包就在身边。安装网络时，电缆位置不当或固定不牢靠可能把人绊倒，为避免这种风险，可进行电缆安全管理，如将电缆放在导管或电缆槽中。熟悉并使用安全管理技巧有助于避免人身伤害和设备受损。

2.1.2　打开机箱及连接电源

1. 安装电源

组装或修理计算机时，务必先准备好工作区，再打开机箱，这很重要。工作区应光线充足、通风良好、温度舒适；必须能够从各个方向接近工作台；不要让工作区到处散落着工具和计算机组件；在工作台铺上防静电垫子，这有助于避免 ESD 损坏电子器件；将卸下的螺钉和其他零件放在小型容器内，将大有裨益。

技术人员可能需要更换或安装电源。大多数电源都只能沿特定的朝向放入机箱，因此务必按机箱和电源用户手册中的安装说明操作。

2. 选择机箱和风扇

选择的主板和外部组件决定了需要什么样的机箱和电源。主板的外形规格必须与机箱和电源匹配，例如，ATX 主板要求使用与 ATX 兼容的机箱和电源。

可选择较大的机箱，以便容纳未来可能添置的额外组件。也可选择较小的机箱，它占用的空间较小。一般而言，机箱必须耐用、易于维修且有足够的扩展空间。

表 2-1 所示为选择机箱时需要考虑的因素。

表 2-1　选择机箱时需要考虑的因素

因素	逻辑依据
型号	选择的主板类型决定了可使用的机箱的类型；主板和机箱的尺寸和形状都必须匹配
尺寸	如果计算机中有很多组件，就需要很大的空间，让空气能够流动以避免计算机过热
电源	电源的额定功率和连接类型必须与选择的主板等匹配
外观	对有些人来说，机箱外观根本不重要，但对另外一些人来说，这非常重要。可供选择的有设计感的机箱很多，完全可能找到自己喜爱的机箱
状态显示	知道机箱的状态非常重要。安装在机箱外面的 LED 指示灯能让你知道系统是否通电、硬盘驱动器是否被使用以及计算机是否处于休眠模式等
通风口	所有机箱都有电源通风口，还可能在背面有一个通风口，用于吸入或排出空气。有些机箱还有其他的通风口，让系统能够散出异乎寻常的热量（在机箱内紧密地安装了大量设备时，可能出现这种情况）

机箱可能自带电源。即便是在这种情况下，也需要核实该电源是否可提供足够的功率，让将在机箱内安装的所有组件都能够正常运转。

计算机有很多内部组件，这些组件在计算机运行时会产生热量。因此必须安装机箱风扇，将凉爽的空气吸入机箱，同时将热量排出机箱。选择机箱风扇时，需要考虑的因素，如表 2-2 所示。

表 2-2　选择机箱风扇时需要考虑的因素

因素	逻辑依据
机箱尺寸	机箱越大，通常需要的风扇也越大，因为小风扇可能不足以让空气流动起来
风扇旋转速度	大风扇的旋转速度比小风扇的慢，风扇噪声低
组件数量	计算机中的组件越多，产生的热量越多，因此需要更多、更大或旋转速度更快的风扇
物理环境	机箱风扇必须能够驱散足够多的热量，避免机箱内部温度过高
可安装的风扇数量	可安装的风扇数量随机箱而异
可安装风扇的位置	可安装的风扇位置随机箱而异
电气连接	有些机箱风扇直接连接到主板，有些直接连接到电源

注　意　机箱内的所有风扇必须协同工作，让空气沿特定的方向流动，以吸入较凉的空气，排出较热的空气。如果风扇装反了，或者风扇的尺寸或旋转速度与机箱不匹配，可能导致它们沿彼此相反的方向使空气流动。

3. 选择电源

电源将交流电转换为直流电，通常提供 3.3V、5V 或 12V 的电压，并以瓦为单位度量功率。电源必须为已安装的组件提供足够的功率，并留下富余空间，为未来可能增添的组件提供支持。如果选择的电源只够给当前组件供电，以后升级组件时，可能需要更换电源。

表 2-3 所示为选择电源时需要考虑的因素。

表 2-3   选择电源时需要考虑的因素

因素	逻辑依据
主板类型	电源必须与主板兼容
功率要求	将所有组件的功率相加。如果组件没有标出功率，将电压乘以电流以计算功率。如果组件有多种功率等级，以最高功率等级为准
组件数量	确保电源提供的功率足以支持所有组件，功率至少再加 25%
组件类型	确保电源提供了正确的电源连接器类型
机箱类型	确保电源能够安装到所需机箱中

将电源线连接到其他组件时务必小心。如果连接器难以插入，应尝试调整位置再插入；检查引脚是否弯曲或是否有异物阻挡。如果难以插入电缆或其他部件，肯定是哪里有问题，需找出问题并解决。电缆、连接器和组件应该能够紧密贴合。绝不要强行插入连接器和组件。如果错误地插入连接器，可能导致插口和连接器受损。请确保正确地连接了硬件。

注 意 选择电源时，务必确保其连接器类型符合待供电设备的要求。

2.1.3 安装主板组件

很多组件都直接安装在主板上，本节介绍如何安装这些组件，还有如何在机箱中安装主板。正如下文所述，计算机系统中的所有组件都以某种方式连接到了主板上。

应先将 CPU、散热器和风扇安装到主板上，再将主板安装到机箱中。这样就可以在安装这些组件时，查看并移动它们。将 CPU 安装到主板上之前，先核实它与 CPU 插槽是否兼容。

计算机运行时，内存为 CPU 提供快速的临时性数据存储空间。内存属于易失性存储器，这意味着其内容将在计算机断电后消失。

将主板安装到机箱中之前，可先将内存安装到主板上。安装内存前，先阅读主板的说明文档或访问主板制造商网站，确认内存与主板兼容。

与 CPU 一样，内存也很容易因 ESD 而受损。因此，安装或拆卸内存时，务必在防静电垫子上进行，并戴上防静电腕带或手套。

1. 选择主板

新主板通常有一些新功能或标准，它们可能与版本较旧的组件不兼容。更换主板时，务必确保它支持现有的 CPU、内存、显卡和其他适配卡。主板的插槽和芯片组必须与 CPU 兼容。重用 CPU 时，主板必须能够容纳现有的散热器和风扇套件等。要特别注意扩展槽的数量和类型，确保它们与既有适配卡匹配，并支持将使用的新卡。既有电源必须有适合新主板的连接器。最后，新主板必须能够放入现有机箱中。

组装计算机时，选择可提供所需功能的芯片组。例如，可购买芯片组支持多个 USB 端口、eSATA

连接、环绕立体声和视频接口的主板。

CPU 封装必须与 CPU 插槽类型匹配。CPU 封装包含 CPU、连接点以及 CPU 周围的散热材料。

数据通过一组导线（总线）从计算机的一部分传到另一部分。总线有两部分——数据部分和地址部分。其中数据部分被称为数据总线，用于在计算机组件之间传输数据；地址部分被称为地址总线，用于传输内存地址（CPU 读取或写入数据的位置）。

总线宽度决定了总线一次能传输多少数据，32 位总线一次能将 32 位数据从处理器传输到内存或其他主板组件，64 位总线一次能传输 64 位数据。数据通过总线传输的速率取决于时钟速率（单位为 MHz 或 GHz）。

PCI 扩展槽连接并行总线，并行总线同时通过多条导线发送多位数据。PCI 扩展槽正逐渐被 PCIe 扩展槽取代，后者连接到串行总线，这种总线每次发送一位，但速度快得多。

组装计算机时，请选择这样的主板，即其提供的插槽能够满足当前的需求和未来可能的需求。

2. 选择 CPU 和 CPU 散热系统

购买 CPU 之前，应确认它与既有主板兼容。要研究 CPU 与其他设备之间的兼容性，制造商网站是不错的参考资料平台。表 2-4 列出了各种 Intel 插槽及其支持的处理器。

表 2-4　　　　　　　　　　　　　　　Intel 插槽

Intel 插槽	体系结构
775	LGA
1155	LGA
1156	LGA
1150	LGA
1366	LGA
2011	LGA

表 2-5 列出了各种 AMD 插槽及其支持的处理器。

表 2-5　　　　　　　　　　　　　　　AMD 插槽

AMD 插槽	体系结构
AM3	PGA
AM3+	PGA
FM1	PGA
FM2	PGA
FM2+	PGA

现代处理器的速度是以 GHz 度量的。最高额定速度指的是处理器在不出错的情况下的最大运行速度。限制处理器速度的主要因素有如下两个。

- **处理器芯片**：一系列通过导线互联的晶体管。通过晶体管和导线传输数据会产生延迟；晶体管状态在开和关之间切换时，会产生少量的热量；随着处理器速度的提高，产生的热量会随之增加。当处理器过热时，它将开始出错。
- **前端总线（Front Side Bus，FSB）**：CPU 和北桥之间的通路，用于连接各种组件，如芯片组、扩展卡和内存。数据可在 FSB 中双向传输。总线频率以 MHz 度量，而 CPU 的运行频率等于 FSB 的速度乘以时钟乘数，例如，以 3200 MHz 的速度运行的处理器可能使用 400 MHz 的 FSB，3200 MHz 除以 400 MHz 的结果为 8，因此该 CPU 的速度为 FSB 的 8 倍。

处理器分为 32 位处理器和 64 位处理器，它们之间的主要差别是每次处理的指令数不同：在一个时钟周期内，64 位处理器处理的指令比 32 位处理器的多。要充分发挥 64 位处理器的功能，务必确保安装的操作系统和应用程序支持 64 位处理器。

CPU 通常是机箱内最昂贵、最脆弱的组件。CPU 可能变得很热，因此必须配备风冷或液冷散热器和散热风扇。

表 2-6 列出了选择 CPU 散热系统时需要考虑的因素。

表 2-6   选择 CPU 散热系统时需要考虑的因素

因素	逻辑依据
插槽类型	散热器和风扇类型必须与主板的插槽类型匹配
主板的物理规格	散热器和风扇不得干扰与主板相连的任何组件
机箱尺寸	散热器和风扇必须适合机箱
物理环境	散热器和风扇必须有足够的散热能力，能够确保 CPU 能正常工作

3. 选择内存

如果应用程序锁死或计算机频繁地显示错误消息，可能需要更换内存。选择新内存时，务必确保它与现有主板兼容。内存模块通常是成对购买的，以支持能够同时访问的双通道内存。另外，新内存的速度必须是芯片组支持的。选购新内存时，知道原来的内存的信息可能会有所帮助。

内存分为无缓冲内存和缓冲内存。

- **无缓冲内存**：普通计算机内存。对于无缓冲内存，计算机直接从内存中读取数据，这使得无缓冲内存的速度比缓冲内存的快，但可安装的内存量受到限制。
- **缓冲内存**：使用大量内存的服务器和高端工作站专用的内存。缓冲内存模块中有一个控制芯片，可帮助内存控制器管理大量的内存。在游戏计算机和普通工作站中，不要使用缓冲内存，因为控制芯片会降低内存的速度。

2.1.4   安装内置驱动器

本节介绍在带外部连接的内部槽位中安装各种驱动器的步骤。安装过程非常简单，对于不同的驱动器，总体安装流程是相似的，但具体步骤随驱动器类型而异。

1. 选择硬盘驱动器

内置存储设备出现故障或无法满足客户需求时，可能需要更换。昭示着内置存储设备出现了故障的信号包括异常噪声、异常震动、错误消息、数据受损或应用程序无法加载。

图 2-1 展示了硬盘驱动器。

图 2-1   硬盘驱动器

购买硬盘驱动器时，需要考虑如下因素。

- 是内置的还是外置的。
- 是 HDD、SSD 还是 SSHD。
- 是否是热插拔的。
- 是否发热。
- 是否产生噪声。
- 对功率的要求。

内置驱动器通常通过 SATA 连接到主板，而外置驱动器通过 USB、eSATA 或雷电端口连接。较老的主板可能只有 IDE 或 EIDE 接口。选择 HDD 时，务必选择与主板提供的接口兼容的。

大多数内置 HDD 的外形规格都是 3.5 in（8.89 cm），但 2.5 in（6.35 cm）驱动器正日益普及。SSD 的外形规格通常是 2.5 in（6.35 cm）。

注 意 SATA 电缆和 eSATA 电缆类似，但不可互换。

2. 选择光驱

图 2-2 展示了光驱。

图 2-2　光驱

购买光驱时，需要考虑如下因素。

- 连接器类型。
- 读取能力。
- 写入能力。
- 光介质类型。

表 2-7 所示为光学设备的功能。

表 2-7　　　　　　　　　　　光学设备的功能

光学设备	读 CD	写 CD	读 DVD	写 DVD	读 BD	写 BD	重写 BD
CD-ROM	是	否	否	否	否	否	否
CD-RW	是	是	否	否	否	否	否
DVD-ROM	是	否	是	否	否	否	否
DVD-RW	是	是	是	是	否	否	否
BD-ROM	是	否	是	否	是	否	否
BD-R	是	是	是	是	是	是	否
BD-RE	是	是	是	是	是	是	是

DVD 的数据存储容量比 CD 的大得多，而 BD 的存储容量又比 DVD 的大得多。DVD 和 BD 都可使用双层存储数据，可大致将介质的存储容量增加一倍。

3. 安装硬盘驱动器

机箱中有用于安装驱动器的槽位，表 2-8 描述了 3 种常见的驱动器槽位宽度。

表 2-8　　　　　　　　　　　　　　　　　　驱动器槽位类型

驱动器槽位宽度	描述
5.25 in（13.34 cm）	通常用于安装光驱。 大多数全塔式机箱有 2 个或 3 个槽位
3.5 in（8.89 cm）	通常用于安装 3.5 in HDD。 提供额外的 USB 端口或智能卡读卡器。 大多数全塔式机箱有 2 个或 3 个槽位
2.5 in（6.35 cm）	用于安装较小（如 2.5 in）的 HDD 和 SSD。 宽度最小的槽位。 在较新的机箱中常见

要安装 HDD，请在机箱中找到符合驱动器宽度的空硬盘驱动器槽位。对于较小的驱动器，通常可使用特殊托架或适配器安装在较宽的驱动器槽位中。

如果要在机箱中安装多个驱动器，建议在驱动器之间留下一定的空间，以便空气流通，从而改善散热效果。另外，安装驱动器时，金属面朝上，如图 2-3 所示。这个金属面有助于硬件驱动器散热。

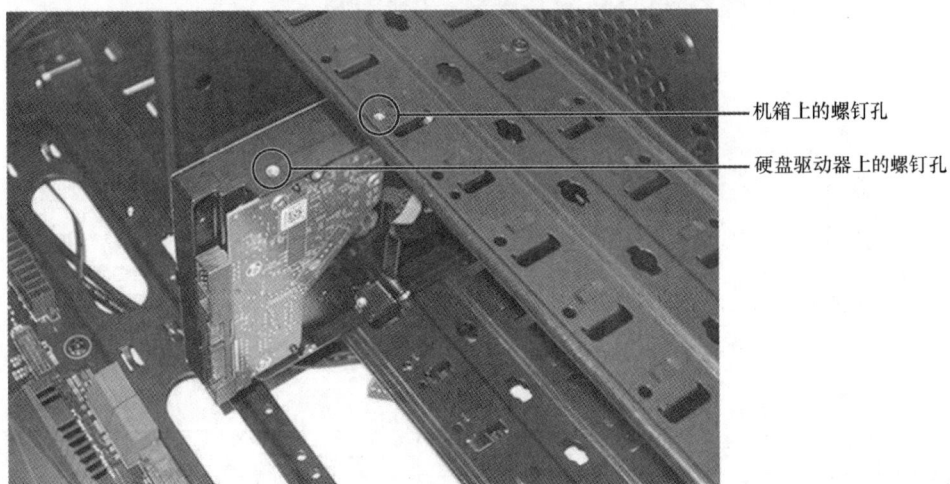

机箱上的螺钉孔

硬盘驱动器上的螺钉孔

图 2-3　将 HDD 插入驱动器槽位

安装小贴士　先用手轻轻地将所有螺钉拧紧，再用螺丝刀进一步拧紧，效果如图 2-4 所示。这样便于拧紧最后两颗螺钉。

4. 安装光驱

光驱安装在 5.25 in（13.34 cm）的驱动器槽位中。这些槽位可从机箱前面打开，用户无须打开机箱就可取放介质。未安装光驱时，这些槽位的开口被塑料片覆盖，以防灰尘进入机箱。安装光驱前，请取下塑料片。

安装光驱可采取如下步骤。

第 1 步：选择用于放置光驱的槽位，并取下机箱前面相应的塑料盖。

第 2 步：放置光驱，使其与机箱前面的 5.25 in（13.34 cm）驱动器槽位开口对齐，如图 2-5 所示。

第 3 步：将光驱插入槽位，让光驱上的螺钉孔与机箱中的螺钉孔对齐。

第 4 步：用合适的螺钉将光驱固定在机箱上。

图 2-4　固定 HDD

图 2-5　安装光驱

2.1.5　安装适配卡

本章介绍将各种适配卡安装到主板上与之兼容的扩展槽中的内容。

1. 选择适配卡

计算机硬件的很多功能都集成在主板上，如音频输出和网络连接。适配卡也被称为扩展卡或附加卡（Add-on Card），是为完成特定任务以及给计算机添加额外功能而设计的。另外，在集成的功能不管用时，可安装适配卡来实现该功能。可用来扩展和定制计算机功能的适配卡种类繁多。

下面概述可升级的扩展卡。

- **显卡**：安装的显卡类型会影响计算机的整体性能，例如，需要支持大量图形计算的显卡可能是内存密集型或 CPU 密集型的，也可能既是内存密集型又是 CPU 密集型的。计算机必须有插槽、内存和 CPU 来实现升级后显卡的全部功能。选择显卡时，既要考虑当前需求，也要考虑未来需求。例如，要玩 3D 游戏，显卡必须满足或超过最低需求。有些 GPU 被集成到 CPU 中。若 CPU 集成了 GPU，则不需要购买显卡，除非需要实现高级视频功能（如 3D 图形）或支持非常高的分辨率。

- **声卡**：安装的声卡类型决定了计算机输出音、视频的音质。要支持升级后的显卡的全部功能，计算机系统必须配备高品质扬声器和超低音音箱等。请根据当前和未来的需求选择合适的声卡，例如，如果需要欣赏特定类型的环绕立体声，声卡必须有相应的硬件解码器来实现这种效果。另外，借助于采样率更高的声卡，可获得更好的音准。

- **存储控制器**：可集成在主板上，也可使用扩展卡添加，可扩展计算机系统的内置和外置驱动器；诸如独立磁盘冗余阵列（Redundant Arrays of Independent，RAID）存储控制器等存储控制器还可提供容错功能或更高的速度。容量和数据保护等级需求决定了需要使用的存储控制器类型。请根据当前和未来需求选择合适的存储控制器，例如，如果要实现 RAID 5，就需要选择至少有 3 个驱动器的 RAID 存储控制器。

- **I/O 卡**：要添加 I/O 端口，一种快捷而简便的方式是在计算机中安装 I/O 卡。USB 端口是计算机上安装的常见端口。请根据当前和未来需求选择合适的 I/O 卡，例如，如果要添加内置读卡器，但主板没有内置 USB，就需要安装一个带内置 USB 的 USB I/O 卡。
- **网卡**：实际中常常需要升级网卡，以实现无线联网或增加带宽。
- **采集卡**：用于将视频导入计算机并存储在硬盘上。通过添加配备电视调谐器的采集卡，可在计算机上观看并录制电视节目。为满足客户的采集、录制和编辑需求，计算机系统必须有足够的 CPU 处理能力、足够的内存和高速存储系统。请根据当前和未来的需求选择合适的采集卡，例如，如果要在观看节目的同时录制另一个节目，就必须安装多个采集卡，或者安装一个配备了多个电视调谐器的采集卡。

可将适配卡插入主板上的如下两种扩展槽。

- **PCI 扩展槽**：通常用于支持版本较老的扩展卡。
- **PCIe 扩展槽**：有 4 个版本——PCIe x1 扩展槽、PCIe x4 扩展槽、PCIe x8 扩展槽和 PCIe x16 扩展槽。这些 PCIe 扩展槽长短不一，其中 PCIe x1 扩展槽最短，而 PCIe x16 扩展槽最长。

图 2-6 展示了各种扩展槽。

注 意　如果主板上没有兼容的插槽，可考虑使用外置设备。

PCIe x1扩展槽　PCI扩展槽　PCIe x16扩展槽

图 2-6　扩展槽类型

2. 选择适配卡时需要考虑的其他因素

购买适配卡之前，请考虑如下问题。

- 用户的当前和未来需求是什么？
- 主板上有未用的兼容插槽吗？
- 有哪些可能的配置选项？

图 2-7 展示了显卡。

购买显卡时请考虑如下因素。

■ 插槽类型。

■ 视频随机存储器（Video Random Access Memory，VRAM）数量和速度。

■ GPU。

■ 最高分辨率。

图 2-8 展示了声卡。

图 2-7　显卡

图 2-8　声卡

购买声卡时请考虑如下因素。

■ 插槽类型。

■ 数字信号处理器（Digital Signal Processor，DSP）。

■ 端口类型和连接类型。

■ 信噪比（Signal to Noise Ratio，SNR）。

图 2-9 展示了存储控制器卡。

购买存储控制器卡时请考虑如下因素。

■ 插槽类型。

■ 连接器数量。

■ 是内置连接器还是外置连接器。

■ 尺寸。

■ 控制器卡内存。

■ 控制器卡处理器。

■ RAID 类型。

图 2-10 展示了 I/O 卡。

图 2-9　存储控制器卡

图 2-10　I/O 卡

购买 I/O 卡时请考虑如下因素。

■ 插槽类型。

■ I/O 端口类型。

■ I/O 端口数量。

- 额外的功率需求。

图 2-11 展示了网卡。

购买网卡时请考虑如下因素。

- 插槽类型。
- 速度。
- 连接器类型。
- 无线连接还是有线连接。
- 与技术标准的兼容情况。

图 2-12 展示了采集卡。

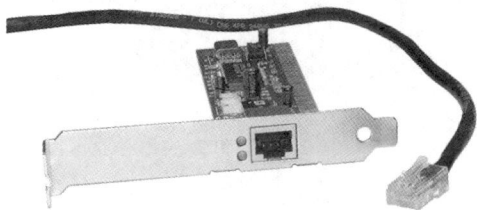

图 2-11　网卡

图 2-12　采集卡

购买采集卡时请考虑如下因素。

- 存储容量。
- 分辨率和帧率。
- I/O 端口。
- 格式标准。

3. 安装适配卡

扩展卡安装在计算机主板上合适的空插槽中。例如，无线网卡让计算机能够连接到无线（Wi-Fi）网络。无线网卡可集成到主板上，并使用 USB 连接器连接，也可通过 PCI 或 PCIe 扩展槽安装到主板上。

很多显卡都需要单独供电，它们通过 6 或 8 引脚电源连接器连接到电源。有些显卡可能需要两个这样的连接器。如果可能，在显卡和其他扩展卡之间留出一些空隙。显卡会产生大量的热量，通常使用一个风扇给它散热。

安装小贴士　购买显卡（或其他适配卡）前，请注意其长度；较长的适配卡可能与某些主板不兼容。将适配卡插入扩展槽时，可能被芯片和其他电子元件阻挡；有些机箱也可能会限制可安装的适配卡的尺寸，有些适配卡可能自带高度不等的安装支架，以满足这些机箱的要求。

安装小贴士　有些机箱在方便取下盖子的孔洞底部有一些小插槽，请将安装支架的底部滑入这种插槽，再安装适配卡。

2.1.6　选择附加存储设备

购买或组装计算机后，却发现存储空间不够用，这样的情况屡见不鲜。无论是对用户还是正常运行的计算机来说，数据存储和处理都至关重要。计算机没有足够的存储空间不仅会带来不便，还可能影响计算机性能，因此选择最佳的附加存储设备来存储和分散数据至关重要。请选择合适的附加存储设备，以满足需求。

1. 选择存储卡

很多数字设备（如相机、平板电脑）都使用存储卡来存储音乐、图片、视频等数据等。
多年来，人们开发出了多种存储卡。

- **SD（Secure Digital，安全数字）卡**：用于相机、MP3 播放器和便携式计算机等移动设备，最多可存储 2TB 数据。
- **MicroSD 卡**：SD 卡的超小型版本，通常用于智能手机和平板电脑。
- **MiniSD 卡**：尺寸介于 SD 卡和 microSD 卡之间的 SD 卡版本，是为移动电话开发的。
- **CompactFlash 卡**：一种版本较旧的卡，但其凭借高速度和高容量（容量高达 128 GB），当前依然被广泛使用。CompactFlash 卡通常用作摄像机存储设备。
- **记忆棒**：由索尼公司开发，是一种用于相机、MP3 播放器、手持电子游戏系统、智能手机和其他便携式电子设备的专用闪存。
- **xD 卡**：也被称为图像卡（Picture Card），常用于一些数码相机。

图 2-13 展示了常见存储卡。如果配备可用于读写存储卡的内置或外置设备，将很有帮助。购买或更换读卡器时，务必确认它支持要使用的存储卡类型。

SD卡　　　　　　　MicroSD卡　　　　　　　MiniSD卡　　　　　　CompactFlash卡

图 2-13　常见存储卡

图 2-14 展示了外置读卡器。

购买读卡器时请考虑如下因素。

- 支持的存储卡。
- 是内置的还是外置的。
- 尺寸。
- 连接器类型。

请根据当前和未来的需求选择合适的读卡器，例如，如果客户需要使用多种类型的存储卡，就需要多格式读卡器。

2. 选择外置存储设备

使用多台计算机时，外置存储设备具备便携性和便利性。外置 USB 闪存驱动器（有时被称为拇指驱动器），常用作可移动外置存储设备。外置存储设备连接到外置 USB、eSATA 或雷电端口。

图 2-15 展示了外置 USB 闪存驱动器。

图 2-14　外置读卡器　　　　　　　图 2-15　外置 USB 闪存驱动器

购买外置存储设备时请考虑如下因素。

■   端口类型。

■   存储容量。

■   速度。

■   便携性。

■   功率要求。

请根据需求选择合适的外置存储设备，例如，如果需要传输少量数据（如单个演示文稿），外置闪存驱动器就是不错的选择；如果客户需要备份或传输大量数据，就选择外置硬盘驱动器。

2.1.7   连接电缆

在计算机中，电缆的用途有多种。计算机电缆主要有两种：数据线和电源线。数据线为两个设备间的通信提供了一种手段，如 SATA 数据线将诸如硬盘驱动器等存储设备连接到主板，并在驱动器和其他计算机组件之间传输数据。电源线负责给设备供电，如交流电源线就是一种用于计算机的电源线。电源将交流电转换为直流电，以便给主板供电。本节将介绍前面板电缆及其连接，它与主板相连，向内部组件提供数据和供电。

在机箱的前面板上，通常有电源按钮和活动指示灯。机箱内含有前面板电缆，务必将其连接到主板上的系统面板连接器，如图 2-16 所示。在主板上的系统面板连接器附近，有文字提示应将每条电缆连接到什么地方。

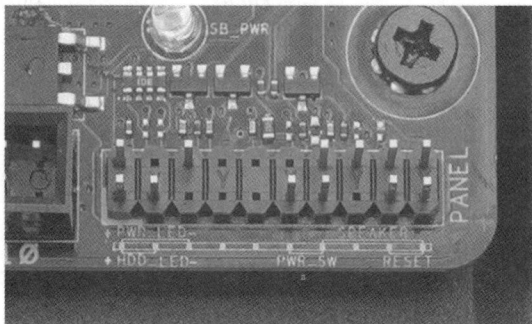

前面板电缆   系统面板连接器

图 2-16   系统面板连接器

系统面板连接器包括如下组件。

■   **电源按钮**：用于开或关计算机。如果电源按钮无法关闭计算机，请长按电源数秒（如 5s 或更长）。

■   **重置按钮**：用于（如果有的话）在不关闭计算机的情况下重启计算机。

■   **电源指示灯**：计算机处于开启状态时，电源指示灯始终是点亮的，但如果计算机处于休眠状态，该指示灯可能闪烁。

■   **驱动器活动指示灯**：系统读写硬盘时，驱动器活动指示灯是点亮的或闪烁的。

■   **系统扬声器**：用于（如果有的话）指示计算机的状态，例如，一次蜂鸣表示计算机正常启动，如果存在硬件问题，将发出一系列诊断蜂鸣来提示。需要指出的是，系统扬声器不同于计算机用来播放音乐和其他音频的扬声器。系统扬声器电缆通常占用系统面板连接器上的 4 个引脚。

■ **音频相关设备**：有些机箱外面有音频端口和插孔，用于连接麦克风和外置音频设备，如信号处理器、混音台和乐器。另外，可购买特殊的音频面板，并将其直接连接到主板。这些音频相关设备可安装到一个或多个外部驱动器槽位中，也可作为独立面板。

系统面板连接器不是有向的，但每条前面板电缆通常都有一个标识引脚 1 的小箭头，而在系统面板连接器上，使用加号（+）标识每对指示灯引脚中的引脚 1，如图 2-17 所示。

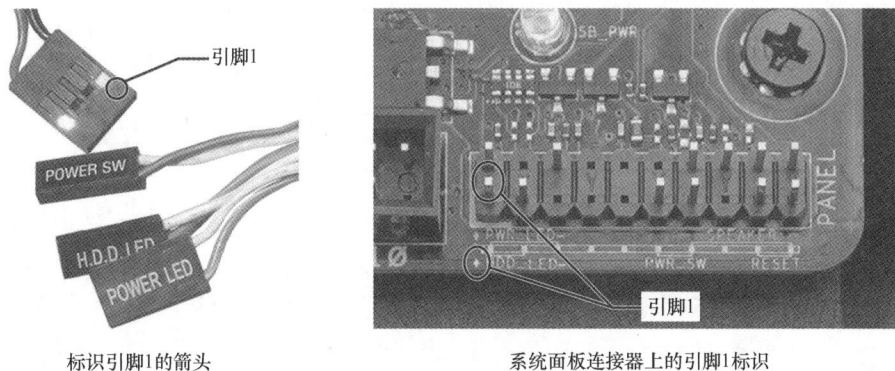

标识引脚1的箭头　　　　　　　　　　系统面板连接器上的引脚1标识

图 2-17　系统面板连接器上的引脚 1 标识

> **注　意**　在你的前面板电缆和系统面板连接器上，引脚 1 标识可能与图 2-17 所示的不同，因为在标记前面板电缆和系统面板连接器方面，没有相关的标准。务必参考主板手册中的相关图示和信息，确定连接前面板电缆的方法。

新型机箱和主板支持 USB 3.0 甚至 USB 3.1。在外观上，USB 3.0 主板连接器和 USB 3.1 主板连接器类似于 USB 连接器，但引脚更多。USB 连接器电缆通常有 9 或 10 个引脚，它们排成两排；这种电缆连接 USB 主板连接器，如图 2-18 所示。这种布局支持两个 USB 连接，因此 USB 连接器通常是成对的。有时两个连接器合在一起，并可连接到整个 USB 主板连接器。USB 连接器可能有 4 或 5 个引脚，也可能有多组的 4 或 5 个引脚。大多数 USB 连接器设备都只需要连接 4 个引脚，第 5 个引脚用于将 USB 连接器电缆的屏蔽层接地。

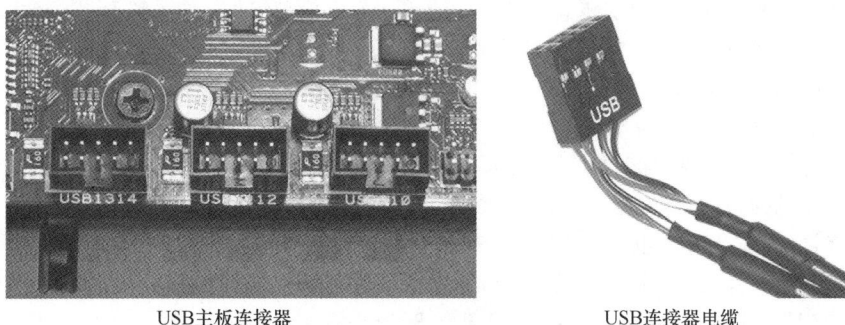

USB主板连接器　　　　　　　　　　USB连接器电缆

图 2-18　USB 主板连接器

> **警　告**　务必将 USB 电缆连接到带 USB 标记的主板连接器，火线（FireWire）连接器与 USB 连接器很像，如果将 USB 电缆连接到火线连接器，将损坏组件。

表 2-9 对如何连接前面板电缆做了说明。

表 2-9	前面板电缆连接说明
前面板	**连接说明**
电源按钮	将 2 引脚的前面板电源按钮电缆中的引脚 1 与主板上的电源按钮引脚对齐
重置按钮	将 2 引脚的前面板重置按钮电缆中的引脚 1 与主板上的重置按钮引脚对齐
电源指示灯	将前面板电源指示灯电缆的引脚 1 与主板上的电源指示灯引脚对齐
驱动器活动指示灯	将前面板驱动器活动指示灯电缆的引脚 1 与主板上的驱动器活动引脚对齐
系统扬声器	将前面板系统扬声器电缆的引脚 1 与主板上的系统扬声器引脚对齐
音频相关设备	鉴于音频硬件的多样化（请参阅主板、机箱和音频等说明文档），确定连接音频电缆的方法
USB	将 USB 电缆的引脚 1 与主板上的 USB 引脚对齐

通常，如果按钮或指示灯不管用，则说明连接器方向不正确。要解决这种问题，可关闭计算机并拔掉电源线，再打开机箱，并相应地调转连接器朝向。为避免接线不正确，有些制造商使用有向的引脚延长器将多个前面板电缆连接器（如电源按钮电缆连接器和重置按钮电缆连接器）合并成一个。

安装小贴士　面板连接器和机箱电缆的两端都很小，可通过拍摄照片来找到引脚 1。鉴于组装过程即将结束时机箱内的空间有限，可使用零件捡拾器将电缆连接到连接器。

2.2　总结

在本章中，你了解到组装计算机占据了技术人员工作的很大一部分。作为技术人员，你必须以合乎逻辑的方式有条不紊地工作，例如，选择的主板和外部组件决定了要选择什么样的机箱和电源，因为机箱和电源必须与主板的外形规格等匹配。

你了解到，PC 电源将交流电转换为直流电，它们通常提供 3.3V、5V 或 12V 的供电电压。因此，电源必须适用于对应的连接器，以便主板和各种待供电设备能够连接。

了解电源后，你学习了如何安装电源以及 CPU 和内存等内部组件。你了解到，选择主板时，必须确保它支持相应的 CPU、内存、显卡和其他适配卡，同时确保主板的插槽和芯片组与 CPU 兼容。主板插槽可能支持采用 LGA 架构的 Intel CPU，也可能支持采用 PGA 架构的 AMD CPU。

然后，你了解到选择新内存时，必须确保它与主板兼容，同时确保内存速度是主板芯片组支持的。

接下来，你学习了各种存储驱动器，包括内置驱动器、外置驱动器、硬盘驱动器、固态驱动器和光驱，还学习了选择驱动器时需要考虑的因素。

最后，你学习了适配卡（也被称为扩展卡或附加卡）。适配卡类型众多，每种都是为执行特定任务而设计的，用于给计算机添加额外的功能。你学习了显卡、声卡、存储控制器、I/O 卡和网卡，这些适配卡被插入主板上的两种扩展槽：PCI 扩展槽和 PCIe 扩展槽。

2.3　复习题

请完成以下所有的复习题，检查你对本章介绍的主题和概念的理解程度，答案见附录。

1. 下面哪两个是升级网卡的原因（双选）？（　　　）
   A. 导入视频
   B. 能够连接到无线网络
   C. 实现 RAID
   D. 提高采样率
   E. 增加带宽

2. 为组装个人计算机，订购了如下组件。
   - AMD CPU 3.7 GHz。
   - Gigawhiz GA-A239VM（不带 USB 3.1 主板连接器）。
   - HorseAir DDR3 8 GB。
   - 包含 3 个 3.5 in 驱动器槽位的 ATX。
   - Eastern Divide 1TB 7200 (r/min)。
   - Zoltz 550W。

   请问最后一项（Zoltz 550W）中的 550W 指的是什么？（　　　）
   A. 内存速度
   B. 主板速度
   C. 输入功率
   D. 输出功率

3. 哪种外形规格的 SATA 内置硬盘最常用于台式计算机中？（　　　）
   A. 2.5 in（6.35 厘米）
   B. 5.25 in（13.34 厘米）
   C. 3.5 in（8.89 厘米）
   D. 2.25 in（5.72 厘米）

4. 有位技术人员被要求去移动一台重型工业打印机，请问在这种情况下建议采取哪种安全措施？（　　　）
   A. 使用滑轮
   B. 移动前取出纸张和所有墨水
   C. 抬起打印机时双膝弯曲
   D. 戴上护目镜

5. 技术人员在操作计算机之前，应采取哪种措施？（　　　）
   A. 确保计算机没有病毒
   B. 拔掉除电源线外的所有电缆
   C. 取下手表和首饰
   D. 检查周边区域，看看是否有致人绊倒的危险因素

6. PC 中哪种适配卡提供了数据容错功能？（　　　）
   A. I/O 卡
   B. SD 卡
   C. 采集卡
   D. RAID 卡

7. 总线是一系列导线，用于在计算机的不同部分之间传输数据。请问总线由哪两部分组成（双选）？（　　　）
   A. 数据总线
   B. 控制总线
   C. 扩展总线
   D. 地址总线

8. 技术人员需要为部门的一台计算机更换适配卡，请问购买下面哪种适配卡时需要考虑它是否有 DSP？（　　　）
   A. 声卡
   B. 采集卡
   C. 存储控制器
   D. 显卡

9. 下面哪种存储卡采用较旧的格式，但依然被用于摄像机中？（　　　）
   A. xD 卡
   B. CompactFlash 卡
   C. MiniSD 卡
   D. MicroSD 卡

10. 选择电源前需要知道下面哪两项信息（双选）？（　　　）
    A. 所有组件的总功率
    B. 机箱的外形规格
    C. 外围设备的电压要求
    D. CPU 类型

　　　　E. 将安装的操作系统

11. 在主板上安装内存前，应该做什么？（　　　）

　　　　A. 查阅主板文档或访问主板制造商网站，确认内存与主板兼容

　　　　B. 先填充中央的内存插槽，再插入新内存

　　　　C. 根据内存的电压规格相应地调整电压选择器

　　　　D. 确认内存扩展槽卡处于锁定位置，再插入内存模块

12. 判断对错：安装硬盘驱动器时，建议先用手拧紧驱动器固定螺钉，再用螺丝刀进一步拧紧。
（　　　）

13. 为给智能手机增加存储空间，可采取下面哪种硬件进行升级？（　　　）

　　　　A. USB 闪存驱动器　　　　　　　　　　B. 硬盘

　　　　C. microSD 卡　　　　　　　　　　　　D. CompactFlash 卡

14. FSB 是 CPU 和什么之间的通路？（　　　）

　　　　A. 北桥　　　　　　　　　　　　　　　B. 电源按钮

　　　　C. 南桥　　　　　　　　　　　　　　　D. 系统时钟

15. 有一种内存，它内置了控制芯片，专供需要大量内存的服务器和高端工作站使用。请问这种
内存是什么？（　　　）

　　　　A. 无缓冲内存　　　　　　　　　　　　B. 缓冲内存

　　　　C. ECC 内存　　　　　　　　　　　　　D. 非易失性存储器

第 3 章

高级计算机硬件

除需知道如何组装计算机外，技术人员还需具备其他知识。技术人员需要深入了解计算机系统架构，还有每种组件的工作原理及其如何与其他组件交互，这些知识在如下情况是不可或缺的：使用与既有组件兼容的新组件来升级计算机；组装用于运行非常专业的应用程序的计算机。本章介绍如下内容：计算机引导过程；保护计算机，使其免受电力波动的影响；采用多核处理器；使用多个存储驱动器实现冗余；保护环境，使其免受计算机组件中有害物质的污染。

你将学习计算机引导过程，包括 BIOS 执行的 POST；探索各种 BIOS 和 UEFI 设置及其对计算机启动过程的影响；了解基本的电子理论和欧姆定律，计算电压、电流、电阻和功率。电力波动可能损坏计算机组件，你将学习如何使用浪涌保护器、不间断电源（Uninterrupted Power Supply，UPS）和备用电源（Standby Power Source，SPS）来降低功率波动带来的风险。你将学习如何使用独立磁盘冗余阵列（RAID）来实现存储冗余和负载均衡。你还将学习如何升级计算机组件以及如何配置专用计算机。最后，升级计算机后，技术人员必须妥善地处理更换下来的部件。很多计算机部件都存在有害材料或隐患，如电池中的汞和稀土金属，以及电源中的致命电压水平。你将了解这些组件带来的风险以及如何妥善地处理。

3.1 启动计算机

引导计算机指的是给计算机通电并开始启动过程：检查硬件并加载操作系统。对引导过程来说，ROM BIOS 是不可或缺的。计算机加电后运行诊断程序，再将控制权交给 BIOS，BIOS 搜索并启动主引导加载程序（Master Boot Loader，MBL）。主引导加载程序读取主引导记录（Master Boot Record，MBR）并运行其中的代码。至此，BIOS 将把系统控制权交给引导加载程序，而引导加载程序将在引导设备中找到并加载操作系统。

3.1.1 POST、BIOS、CMOS 和 UEFI

POST 是一个自诊断测试系统；计算机在测试过程中生成代码，帮助用户识别计算机中存在的硬件问题。生成的代码会指出导致问题的原因。POST 程序存储在 BIOS 存储器中。

BIOS 是内置在主板中的固件，负责在计算机被引导时初始化硬件。BIOS ROM 不能重写。BIOS 和互补金属氧化物半导体（Complementary Metal-Oxide Semiconductor，CMOS）协同工作，但它们所做的事情不同。

CMOS 为 RAM，属于易失性存储器。为避免 CMOS 中的设置在系统断电或处于待机状态时消失，主板上有一个 CMOS 电池。CMOS 电池向系统提供低电压，以免 CMOS 中的设置消失。BIOS ROM

不能重写，因此无法访问和修改存储在 BIOS 中的程序。在 BIOS 中配置的自定义设置，都被存储到 CMOS 中。

　　UEFI 是一种新型 BIOS，有很多优点，其中包括：提供对用户友好的 GUI；能够识别容量较大的硬盘驱动器；内置安全引导功能。安全引导禁止加载无数字签名的驱动程序，有助于阻止恶意软件运行。

1. POST

　　计算机加电后，BIOS 对主要的计算机组件执行硬件检查，这种检查被称为 POST。

　　例如，图 3-1 所示的屏幕截图显示了正在进行的 POST，注意到计算机在检查硬件是否正常。

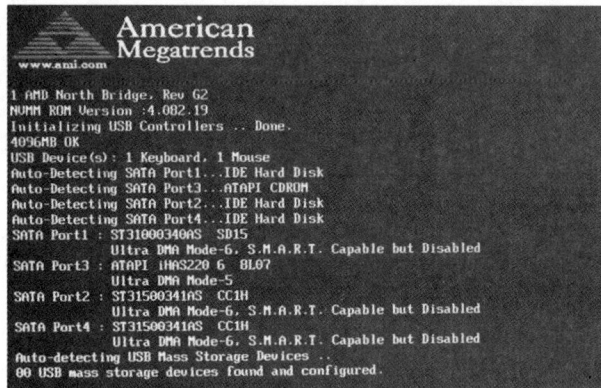

图 3-1　POST

　　如果硬件不正常，将通过错误代码或蜂鸣代码告知技术人员。存在硬件问题时，引导时可能出现黑屏，同时计算机可能发出一系列蜂鸣。

　　BIOS 制造商使用不同的代码指出硬件问题。表 3-1 列出了常用的蜂鸣代码及其含义和原因。但是，由于主板制造商可能使用不同的蜂鸣代码，所以请务必查阅主板说明文档，确定你的计算机使用的蜂鸣代码。

表 3-1　　　　　　　　　　　　　　　　常用的蜂鸣代码

蜂鸣代码	含义	原因
1 声蜂鸣（黑屏）	内存刷新失败	内存故障
2 声蜂鸣	内存奇偶校验错误	内存故障
3 声蜂鸣	Base 64 内存故障	内存故障
4 声蜂鸣	定时器不正常	主板故障
5 声蜂鸣	处理器错误	处理器故障
6 声蜂鸣	8042 Gate A2.0 故障	处理器或主板故障
7 声蜂鸣	处理器异常	处理器故障
8 声蜂鸣	VRAM 错误	显卡或 VRAM 故障
9 声蜂鸣	ROM 校验和错误	BIOS 故障
10 声蜂鸣	CMOS 校验和错误	主板故障
11 声蜂鸣	缓存故障	处理器或主板故障

安装小贴士 要判断 POST 是否正常，可卸下计算机中所有的内存模块，再通电。此时计算机应该发出相应的蜂鸣声，指出计算机没有安装内存。这样做不会损坏计算机。

---

2. BIOS 和 CMOS

所有主板都必须有 BIOS 才能正常运行。BIOS 是主板上的一个 ROM 芯片，包含一个小型程序。这个程序控制操作系统和硬件之间的通信。

除执行 POST 外，BIOS 还可确定如下信息。

- 有哪些驱动器？
- 哪些驱动器是引导盘？
- 如何配置内存及何时可以使用内存？
- 如何配置 PCIe 和 PCI 扩展槽？
- 如何配置 SATA 和 USB 端口？
- 主板提供的电源管理功能。

主板制造商将主板 BIOS 设置存储在图 3-2 所示的 CMOS 芯片中。

计算机引导时，BIOS 软件读取存储在 CMOS 芯片中的设置，以确定配置硬件的方式。

CMOS 使用图 3-3 所示的电池来避免它存储的设置消失。如果这个电池出现问题，可能丢失重要的设置。鉴于此，建议将 BIOS 设置记录下来。

注 意 要将 BIOS 设置记录下来，最简单的方法是将各种设置拍照，供以后需要时使用。

图 3-2 CMOS 芯片

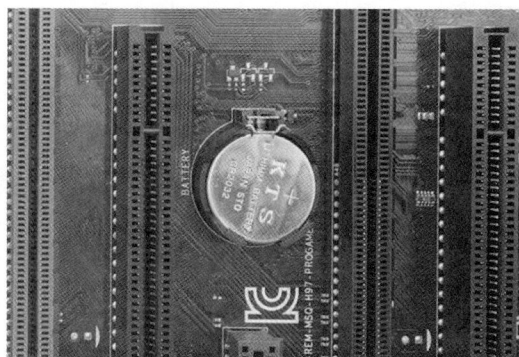

图 3-3 CMOS 电池

安装小贴士 如果计算机的时间和日期不正确，可能是因为 CMOS 电池没电或电量很低。

---

3. UEFI

当前大多数计算机使用 UEFI，如图 3-4 所示。

几乎所有新型计算机都自带 UEFI；UEFI 提供更多的功能，并解决了 BIOS 存在的安全问题。在你的 BIOS 设置中，可能会看到字样 "BIOS/UEFI"，这是因为 Intel 芯片支持向后与 BIOS 系统兼容。然而，在 2020 年，Intel 终止了对 BIOS 的支持。要获悉这方面的更详细信息，可在网上搜索 "Intel removed legacy BIOS"。

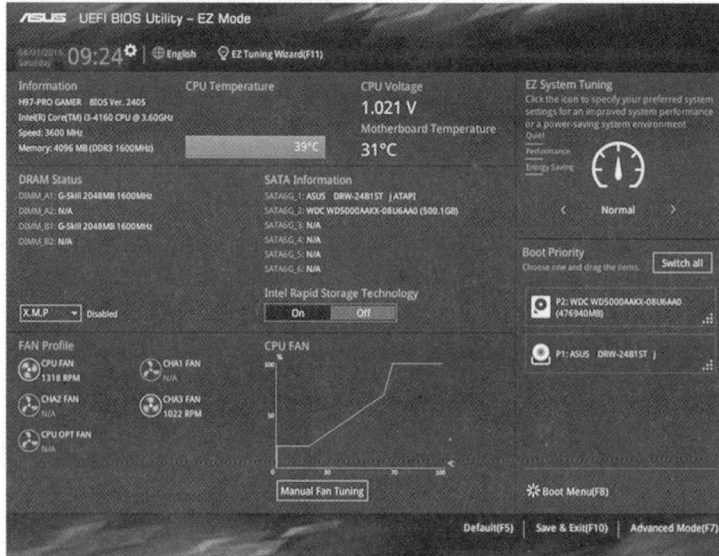

图 3-4　UEFI BIOS 实用程序

注　意　本节交替使用术语 BIOS、UEFI 和 BIOS/UEFI。制造商可能继续给 UEFI 程序加上 BIOS 标签，旨在让用户知道这些程序支持所有 BIOS 功能。

　　UEFI 包含传统 BIOS 中的所有设置，同时提供其他功能。例如，UEFI 可提供 GUI，而不是传统的 BIOS 界面。然而，大多数系统都可提供基于文本的界面，这种界面类似于传统的 BIOS 界面。

　　UEFI 可在 32 位或 64 位系统上运行，支持容量更大的引导驱动器，还可提供额外的功能，如安全启动。安全启动的作用是确保计算机加载指定的操作系统，这有助于阻止恶意软件（Rootkits）接管系统。要获悉这方面的更详细信息，可在网上搜索"安全启动和恶意软件"（Secure boot and rootkits）。

注　意　本节的 UEFI 设置界面很可能与你看到的不同；这些界面截图仅供参考，具体情况请参阅主板制造商提供的文档。

3.1.2　BIOS/UEFI 配置

　　UEFI 和 BIOS 都是低级软件，在操作系统加载前运行，但 UEFI 提供更现代的设置访问方法——使用鼠标和图形界面，它还支持容量更大的硬盘驱动器、引导时间更短、提供更多的安全功能。

1. BIOS 和 UEFI 安全

　　传统 BIOS 提供一些安全功能，以保护 BIOS 设置，但 UEFI 还提供其他的安全功能。下面是 BIOS/UEFI 系统中一些常见的安全功能。

　　■　**密码**：可使用密码授予对 BIOS 设置的不同访问权限。通常，有两个可修改的密码设置，即超级用户密码和用户密码。如果知道超级用户密码，可访问用户密码，还可访问所有 BIOS 界面和设置；如果知道用户密码，可访问 BIOS 设置，具体情况取决于指定的访问权限。表 3-2 列出了常见的 BIOS 访问权限级别。设置超级用户密码后，才能设置用户密码。

表 3-2 访问权限级别

访问权限级别	描述
全部权限	可查看并修改所有设置，但超级用户密码除外
有限权限	只能修改某些设置，如时间和日期
仅限查看	可查看所有设置，但不能修改任何设置
无权限	不能访问 BIOS 设置程序

- **驱动器加密**：可对硬盘驱动器进行加密，以防止数据被窃取。通过加密可将驱动器中的数据变成密文，即密码；如果没有密码，将无法启动计算机。即便将硬盘驱动器安装到另一台计算机，其中的数据依然是加密的，因此从硬盘驱动器中读取的数据是无法理解的。
- **LoJack**：这项安全功能由两个程序组成——持久化模块（Persistence Module）和应用程序代理（Application Agent）。持久化模块嵌入在 BIOS 中，而应用程序代理由用户安装。用户安装应用程序代理后，BIOS 中的持久化模块将激活且不能关闭。应用程序代理定期地通过互联网与监控中心联系，以报告设备信息和位置。设备所有者可执行如下功能。

① 使用 Wi-Fi 或 IP 地址查询定位设备。

② 远程锁定设备以禁止访问个人信息；在屏幕上显示定制的消息。

③ 删除设备上所有的文件，以保护个人信息、防止身份被盗用。

- **可信平台模块（Trusted Platform Module，TPM）**：用于存储加密密钥、数字证书、密码和数据，以确保硬件的安全。Windows 使用 TPM 来支持 BitLocker 全盘加密。
- **安全启动**：一项 UEFI 安全标准，用于确保计算机只能加载主板制造商信任的操作系统。安全启动禁止计算机在启动时加载“未经授权的”操作系统。

2. 更新固件

主板制造商可能发布新的 BIOS 版本，以改善系统的稳定性、兼容性等。然而，更新固件存在一定的风险。发布说明（见图 3-5）描述了如下方面：产品升级情况、兼容性改善情况以及解决的已知漏洞。有些较新的设备仅在安装更新的 BIOS 版本后才能正确运行。通常，在 BIOS/UEFI 界面的主屏幕上，可以找到当前使用版本的说明。

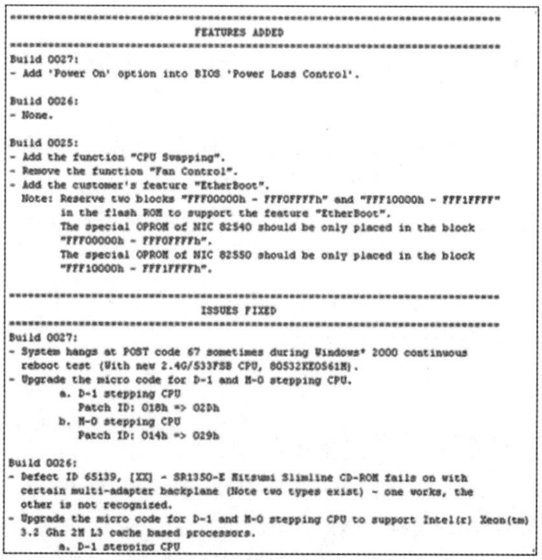
```
******************************************************************************
                               FEATURES ADDED
******************************************************************************
Build 0027:
- Add 'Power On' option into BIOS 'Power Loss Control'.

Build 0026:
- None.

Build 0025:
- Add the function "CPU Swapping".
- Remove the function "Fan Control".
- Add the customer's feature "EtherBoot".
  Note: Reserve two blocks "FFF00000h - FFF0FFFFh" and "FFF10000h - FFF1FFFF"
        in the flash ROM to support the feature "EtherBoot".
        The special OPROM of NIC 82540 should be only placed in the block
        "FFF00000h - FFF0FFFFh".
        The special OPROM of NIC 82550 should be only placed in the block
        "FFF10000h - FFF1FFFFh".

******************************************************************************
                                ISSUES FIXED
******************************************************************************
Build 0027:
- System hangs at POST code 67 sometimes during Windows* 2000 continuous
  reboot test (With new 2.4G/533FSB CPU, 80532KE0561M).
- Upgrade the micro code for D-1 and M-0 stepping CPU.
        a. D-1 stepping CPU
           Patch ID: 018h => 02Dh
        b. M-0 stepping CPU
           Patch ID: 014h => 029h

Build 0026:
- Defect ID 65139, [XX] - SR1350-E Mitsumi Slimline CD-ROM fails on with
  certain multi-adapter backplane (Note two types exist) - one works, the
  other is not recognized.
- Upgrade the micro code for D-1 and M-0 stepping CPU to support Intel(r) Xeon(tm)
  3.2 Ghz 2M L3 cache based processors.
        a. D-1 stepping CPU
```

图 3-5 BIOS 发布说明

更新主板固件前，需要将 BIOS 制造商和主板型号记录下来，再根据这些信息来确定要从主板制造商网站下载的文件。应仅当系统硬件出现问题或要给系统添加功能时，才更新固件。

早期的计算机将 BIOS 信息存储在 ROM 芯片中，要升级 BIOS 信息，必须更换 ROM 芯片，这并非总是可能的。现代的 BIOS 芯片为 EEPROM，用户无须打开机箱就可对其进行升级，这被称为刷新 BIOS。

若需要新版本的 BIOS，可参阅制造商网站，并按推荐的流程安装。要在线安装 BIOS 软件，可能需要下载新的 BIOS 文件，将文件复制和解压缩到可移动介质，再在该可移动介质中启动。安装程序时将提示用户输入必要的信息，以完成安装。

当前，很多主板制造商都提供在操作系统中刷新 BIOS 的软件，例如，实用程序 ASUS EZ Update 自动更新主板的软件、驱动程序和 BIOS 版本，它允许用户在系统进入 POST 后，手动更新到保存的 BIOS 以及选择开机画面。华硕主板自带该实用程序，用户可从华硕网站下载。

警 告 如果未能正确地安装 BIOS 更新或中断了安装过程，可能导致计算机无法使用。

3.2 电力

电功率指的是电能的传输速率。

3.2.1 功率和电压

电功率是电压和电流的乘积，单位为瓦（W）。

1. 功率和电压

电源规格通常用瓦特表示。

欧姆定律指出，电压等于电流乘以电阻：$U = IR$。在电气系统中，功率等于电压乘以电流：$P = UI$。下面介绍一些与功率相关的术语。

- 电压，单位为伏（V）。电压指的是将单位电荷从一个地方移到另一个地方需要做的功；计算机电源通常可提供多种的电压。
- 电阻，单位为欧姆（Ω）。电阻指的是电流在电路中流动时受到的阻力；电阻越低，通过电路的电流越大；优质保险丝的电阻很小，几乎为零。
- 电流，单位为安培（A）。电流指的是每秒通过电路的电量；计算机电源为每种电压提供的电流不同。
- 功率，单位为瓦（W）。功率是让电荷通过电路需要做的功（电压）与每秒通过电路的电量数（电流）的乘积；计算机用瓦数表示功率。

2. 电源的电压设置

有些电源的背面有个小开关——电压选择开关。

这个开关让你能够将电源的输入电压设置为 110V/115V 或 220V/230V；带这种开关的电源被称为双电压电源，如图 3-6 所示。具体该使用哪种电压设置取决于所在的国家；如果使用电压开关设置了错误的输入电压，可能损坏电源及其他计算机部件。如果电源没有这种开关，它将自动检测并设置合适的电压。

> **警　告**　请勿拆开电源。电源内部的电容器可以长时间储存电量。

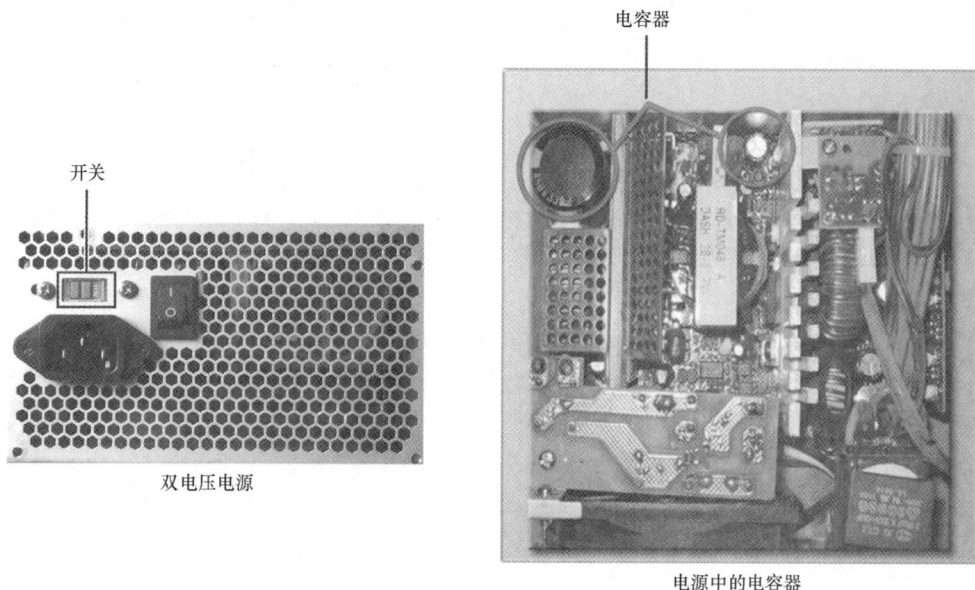

双电压电源

电源中的电容器

图 3-6　双电压电源和电容器

3.2.2　电力波动和防范

电力波动几乎无处不在，诸如雷电、电力线路中断、意外的电力中断和线路电压变化等情况都可能影响计算机。无论是在企业环境还是在个人生活中，电子设备都扮演着重要的角色，因此必须采取措施确保所有设备的安全，避免它们因电力波动而受损。

1. 电力波动类型

电压指的是将电荷从一个地方移到另一个地方所做的功；电子移动形成电流。计算机电路需要电压和电流来驱动电子元件；电压不稳定时，计算机组件可能无法正常运行。电压不稳定被称为电力波动（Power Fluctuation）。

下面几种交流电电力波动可能导致数据丢失或硬件故障。

- **断电**：完全没有交流电。保险丝熔断、变压器损坏或电力线路断开都会导致断电。
- **电压低**：持续一段时间的交流电电压降低。电压降低的原因包括电力线路电压降低到正常电压的 80%以下，以及电力线路过载。
- **噪声**：发电机和雷电带来的干扰。噪声引发供电质量下降，导致计算机系统出现错误。
- **尖峰电压**：电压在短时间内上升，超过正常电压的两倍。雷击可能导致尖峰电压的产生，电力系统在断电后恢复供电时也可能产生尖峰电压。
- **电涌**：电压急剧上升或出现过电流。电涌的持续时间为几纳秒（$1\,\text{ns} = 1 \times 10^{-9}\text{s}$）。

2. 电源保护设备

为防范电力波动带来的危害，可使用如下设备来保护数据和计算机设备。

■ **浪涌保护器**：防范电涌和尖峰电压带来损坏。浪涌保护器将线路上的额外电压分流到接地装置。浪涌保护器提供的保护量以焦耳为单位，其额定值越大，浪涌保护器能够吸收的能量越多。达到额定值后，浪涌保护器将不再提供保护，因此需要更换。

■ **UPS**：为计算机或其他设备提供稳定的电压，用于防范潜在的电压波动带来的危害。在 UPS 使用期间，将一直给电池充电。断电或电压降低时，UPS 依然能够提供稳定的电压。很多 UPS 设备能够直接与计算机操作系统通信，这让 UPS 能够在电池电量耗尽前安全地关闭计算机，从而保存数据。

■ **SPS**：在电压降低到正常水平之下前使用备用电池供电，防范潜在的电压波动带来的危害。电压在正常水平时，电池处于待命状态；电压下降时，电池给逆变器提供直流电源，逆变器将直流电源转换为交流电源，供计算机使用。这种设备没有 UPS 那么可靠，因为切换为电池供电需要时间。如果切换设备出现故障，就无法让电池给计算机供电。

警　告　UPS 制造商建议勿将激光打印机连接到 UPS，因为这种打印机可能导致 UPS 过载。

3.3　计算机高级功能

除需知道如何组装计算机外，技术人员还需具备其他知识。技术人员需要深入了解计算机系统架构，还有每种组件的工作原理及其如何与其他组件交互；这些知识在如下情况是不可或缺的：使用与既有组件兼容的新组件来升级计算机；组装用于运行非常专业的应用程序的计算机。本节介绍如下内容：CPU 体系结构和工作原理；RAID；端口、连接器和电缆；显示器。

3.3.1　CPU 体系结构和工作原理

CPU 是执行计算和操作的计算机组件，它通过引脚连接到主板上的总线，而总线用于在 CPU 和其他组件之间传输指令。CPU 根据指令来执行操作或进行计算；CPU 能够根据指令集体系结构（Instruction Set Architecture，ISA）理解并执行指令。

1. CPU 架构

程序是一系列存储的指令，CPU 按照特定指令集来执行这些指令。
可供 CPU 使用的指令集有两种。

■ **精简指令集计算机（Reduced Instruction Set Computer，RISC）体系结构使用的指令集**：该指令集较小。RISC 芯片能够以非常快的速度执行这些指令；使用 RISC 的著名 CPU 包括 PowerPC 和 ARM。

■ **复杂指令集计算机（Complex Instruction Set Computer，CISC）**：这种体系结构使用的指令集：该指令集较大，因此每个操作需要的步骤更少。使用 CISC 的 CPU 包括 Intel x86 和 Motorola 68k。

CPU 执行程序中的某个步骤时，其他指令和数据存储在附近的特殊高速存储器中，这种存储器被称为缓存。

2. 提高 CPU 的性能

各个 CPU 制造商都使用性能改善功能进一步完善其 CPU，例如，Intel 使用超线程（Hyper-

Threading）技术来改善其部分 CPU 的性能。借助于超线程技术，可在 CPU 中同时执行多个代码片段（线程）。在操作系统看来，使用超线程技术的单个 CPU 在处理多个线程时，像是有两个 CPU。AMD 处理器使用超传输（HyperTransport）技术来改善 CPU 的性能；CPU 和北桥芯片之间的高速连接使用的是超传输。

CPU 的处理能力由其数据处理速度和每次能够处理的数据量衡量。CPU 的速度为每秒的周期数，如每秒多少百万个周期即兆赫（MHz）或每秒多少十亿个周期即吉赫（GHz）。CPU 每次能够处理的数据量取决于 FSB 的宽度；FSB 也被称为 CPU 总线或处理器数据总线。FSB 越宽，性能越高，这就像公路上的车道越多，能够同时行驶的车辆越多。FSB 的宽度用位数衡量；位是计算机中最小的数据单位。当前的处理器使用 32 位或 64 位的 FSB。

超频（Overclocking）指的是处理器以高于额定速度的速度工作。不推荐使用超频来改善计算机的性能，因为这可能损坏 CPU。与超频相反的是降频（Throttling），降频指的是处理器以低于额定速度的速度运行，以节能或减少产生的热量。降频常用于便携式计算机和其他移动设备。

CPU 虚拟化是 AMD 和 Intel CPU 都支持的一种硬件功能，可使单个处理器充当多个处理器。这种硬件虚拟化技术让操作系统能够通过软件模拟更有效地支持虚拟化。借助于 CPU 虚拟化，可在一台计算机上同时运行多个操作系统，这些操作系统运行在各自的虚拟机中，就像是运行在不同的计算机中。在有些情况下，BIOS 默认禁用了 CPU 虚拟化，要使用它需要专门启用。

3. 多核处理器

CPU 制造商找到了在单个芯片中集成多个 CPU 核心的方法。多核 CPU 有多个处理器，这些处理器在同一个集成电路上。在有些体系结构中，每个 CPU 核心都有独立的 L2 缓存和 L3 缓存，而其他体系结构在不同核心之间共享缓存，以提高性能和资源利用率。表 3-3 描述了各种多核处理器。

表 3-3　　　　　　　　　　　　　　　　多核处理器类型

多核处理器	描述
单核 CPU	CPU 中只有 1 个核心，所有处理工作都由它负责。主板可能有多个处理器插槽，以支持组装功能强大的多处理器计算机
双核 CPU	CPU 中有 2 个核心，这 2 个核心可同时处理信息
三核 CPU	CPU 中有 3 个核心，这是禁用了 1 个核心的四核处理器
四核 CPU	CPU 中有 4 个核心
六核 CPU	CPU 中有 6 个核心
八核 CPU	CPU 中有 8 个核心

通过将多个处理器集成到同一个芯片中，能够让它们以非常快的速度通信。多核处理器执行指令的速度比单核处理器的快，因为可将指令分配给所有处理器。内存在处理器之间共享，因为核心位于同一个芯片上。需要运行视频编辑程序、游戏或照片处理程序时，建议使用多核处理器。

功耗越高，在机箱中产生的热量越多。相比于多个单核处理器，多核处理器的功耗更低，产生的热量更少，可提高性能和效率。

有些 CPU 集成了 GPU。GPU 是一种能够快速执行数学计算的芯片，这是渲染图形时所需要的。GPU 可以是集成的，也可以是独立的。集成 GPU 通常直接嵌入在 CPU 中，依赖于系统内存；独立

GPU 是一块独立的芯片，自带专用于图形处理的 VRAM。集成 GPU 的优势在于价格低、散热少；使用这种 GPU 可组装出价格低廉、外形小巧的计算机。需要完成的任务不太复杂（如播放视频和处理图形文档）时，集成 GPU 是不错的选择；但它不太适用于 CPU 密集型游戏。

通过使用执行禁用（Execute Disable，NX）位，CPU 的性能可得到改善。如果操作系统支持并启用这项功能，包含操作系统文件的内存区域将得到保护，使其免受恶意软件的攻击。

4. CPU 散热机制

为给计算机散热，可使用多种机制。

■ **机箱风扇**：加强机箱内的空气流动，将热量散出机箱。有源散热解决方案为在机箱内使用风扇将热空气排出，如图 3-7 所示。为加强空气流动，有些机箱有多个风扇，它们将冷气吸入，将热气排出。

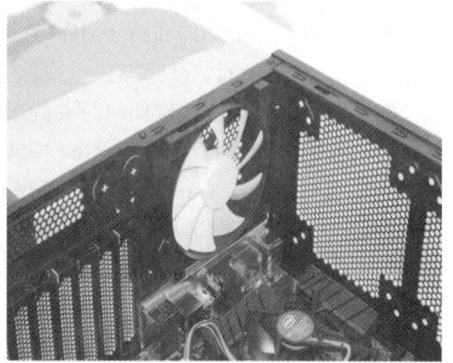

图 3-7 机箱风扇

■ **CPU 散热器**：CPU 在机箱内产生大量热量。为将热量从 CPU 核心排出，在其上方安装一个散热器，如图 3-8 所示。这个散热器表面很大，上面布满金属翅片，有助于将热量散发到周围的空气中。这种散热方式被称为无源散热。在散热器和 CPU 之间，有一种特殊的导热膏，导热膏填满了 CPU 和散热器之间的缝隙，可提高热传导效率。

■ **CPU 风扇**：CPU 有多个核心或在超频模式下运行时，通常会产生更多的热量。一种常见的做法是，在散热器上安装一个风扇，如图 3-9 所示。这个风扇将热量从散热器金属翅片散出机箱，这被称为有源散热。

图 3-8 CPU 散热器

图 3-9 CPU 风扇

■ **显卡的散热系统**：其他组件也容易因过热而受损，因此通常配备风扇。显卡自带的处理器——GPU 会产生大量热量，因此给显卡会配备一个或多个风扇，如图 3-10 所示。

■ **水冷系统**：如果计算机配置了处理速度非常快的 CPU 和 GPU，可以使用图 3-11 所示的水冷系统。其原理是在处理器上放置金属片，并将水泵送到金属片上，以吸收处理器产生的热量。这些水被泵送到散热器，以便将热量带到空气中，然后，这些水又循环到金属片上。CPU 风扇高速旋转时会发出噪声，这可能令人烦躁。可不使用风扇给 CPU 散热，而使用热导管。热导管包含被封闭的液体，并使用了循环蒸发和冷凝系统，可达到致冷效果。

图 3-10　显卡的散热系统

图 3-11　水冷系统

3.3.2　RAID

RAID 可用于提高容错能力、存储管理能力和性能。不同级别的 RAID 有不同的功能，而不同的功能决定了使用不同的配置。

1. RAID 特点

RAID 的特点如下。

- 可用性。
- 性能。
- 容量。
- 冗余性。
- 经济实惠。
- 可靠性。

请思考下面 6 个场景中描述的问题，能否选用合适的功能来解决这些问题。

（1）场景。

场景 1：用户担心 HDD 故障会导致重要数据丢失。

场景 2：经理想要确保员工能够在需要时访问所需的数据。

场景 3：HDD 的数据传输速率被确定为工作延迟的罪魁祸首。

场景 4：一家小型企业最近已发展壮大，面临着数据存储空间不足的问题。

场景 5：一家公司想购买容量更大的 HDD，但发现它们太贵了。

场景 6：数据受损导致应用程序出现问题。

（2）答案。

场景 1：冗余性。需要有备用设备，以便能够快速更换出现故障的设备，以及快速恢复丢失的数据和中断的连接。

场景 2：可用性。这意味着随时都能够访问需要的数据。

场景 3：性能。这里指的是完成任务的速度。对存储设备来说，通常指读写速率，单位为 Mbit/s。

场景 4：容量。这里指的是能够存储的数据量。

场景 5：经济实惠。这里指的是解决方案的性价比。在提供相同功能的情况下，可选择经济实惠的产品。

场景 6：可靠性。这里指的是设备能够在可预测的时间内像预期的那样工作。

2. RAID 的概念

借助于 RAID，可对存储设备编组、管理，以提供冗余性和很大的存储容量。RAID 让你能够将数据存储到多个存储设备中，从而提高可用性、可靠性、容量、冗余性等。另外，与购买容量和 RAID 总容量相同的单台设备（尤其是超大型驱动器）相比，搭建小型设备阵列更为经济实惠。在操作系统看来，RAID 就像是单个驱动器。

下面的术语描述了 RAID 将数据存储到各种磁盘中的方式。

- **条带化**：此 RAID 类型将数据分散在多个驱动器中，可极大地提高性能。然而，由于数据分散在多个驱动器中，其中一个驱动器出现故障就意味着所有数据都将丢失。
- **镜像**：此 RAID 类型将数据复制、存储到另外一个或多个驱动器中，可实现冗余性，使得其中一个驱动器出现故障时数据不会丢失。要重建镜像，可更换驱动器并从正常驱动器那里恢复数据。
- **奇偶校验**：此 RAID 类型将校验和与数据分开存储，从而提供基本的错误检查和容错功能。这让用户能够重建丢失的数据，同时不会像使用镜像时那样牺牲速度和容量。
- **双奇偶校验**：此 RAID 类型提供了容错功能——允许最多两个驱动器驱动故障。

大型驱动器机箱可以在实施一个或多个 RAID 的数据中心中使用。驱动器机箱是一种专用机箱，用于放置磁盘驱动器并给它们供电，同时允许其中的驱动器与一台或多台独立的计算机通信。驱动器机箱可使用热插拔驱动器，这意味着无须给整个 RAID 断电就可更换出现故障的驱动器。给 RAID 断电可能导致用户长时间无法访问数据。并非所有驱动器和 RAID 都支持热插拔。

3. RAID 级别

有多个 RAID 级别，这些级别表示以不同的方式使用镜像、条带化和奇偶校验。级别较高的 RAID（如 RAID 5）结合使用条带化和奇偶校验等来实现高速和大容量。表 3-4 详细说明了各种 RAID 级别。高于 10 的 RAID 级别是对低级别 RAID 的组合使用，例如，RAID 10 组合了 RAID 1 和 RAID 0。

表 3-4　　　　　　　　　　　　　　　　RAID 级别

RAID 级别	至少需要多少个驱动器	功能	优点	缺点
0	2	条带化	性能好和容量大	只要有一个驱动器出现故障，所有的数据都将丢失
1	2	镜像	性能好和可靠性高	容量为驱动器总容量的一半
5	3	条带化和奇偶校验	性能好、容量大和可靠性高	一个驱动器出现故障时，需要时间重建阵列
6	3	条带化和双奇偶校验	与 RAID 5 相同，但能容许两个驱动器出现故障	一个或多个驱动器出现故障时，需要时间重建阵列
10（0+1）	4	镜像和条带化	性能好、容量大和可靠性高	容量为驱动器总容量的一半

3.3.3　端口、连接器和电缆

用于将设备连接到计算机（以便它们能够通信）的端口、连接器和电缆众多。计算机端口的主要作用是充当连接点，以便连接从外围设备的电缆，从而让数据能够在设备之间传输。

1. 传统端口

计算机有很多不同类型的端口，它们用于连接外围设备。随着计算机技术的发展，用于连接外围设备的端口在不断变化。传统端口通常出现在较旧的计算机中，它们几乎被使用较新的技术的端口

（如 USB 端口）取代。下面介绍各种传统端口。

（1）串行端口。

串行端口用于连接各种外围设备，如打印机、扫描仪和调制解调器。当前，串行端口偶尔被用于建立到网络设备的控制台连接，以完成初始配置。串行端口有两种外形规格：9 引脚的 DB-9 端口和 25 引脚端口。图 3-12 展示了 9 引脚的 DB-9 端口。

（2）并行端口。

并行端口有一个 25 引脚的插座（见图 3-13），用于连接各种外围设备。在并行通信中，并行端口能够同时发送多位数据。由于这种端口通常用于连接打印机，因此也被称为打印机端口。

图 3-12　串行端口

图 3-13　并行端口

（3）游戏端口。

15 引脚的游戏端口（见图 3-14）用于连接操纵杆。游戏端口最初位于专用游戏控制器扩展卡上，后来与声卡集成在一起，并设置在 PC 主板上。

（4）PS/2 端口。

PS/2 端口是一个 6 引脚的 DIN 连接器，用于连接键盘和鼠标。图 3-15 展示了两个不同颜色的 PS/2 端口，其中紫色的用于连接键盘，而绿色的用于连接鼠标。在图 3-15 中，用于连接鼠标的绿色端口在上方。

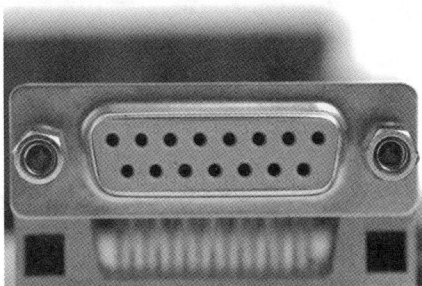

图 3-14　游戏端口

图 3-15　PS/2 端口

（5）音频端口。

音频端口（见图 3-16）用于将音频设备连接到计算机。模拟端口通常包含一个输入端口、一个麦克风端口和一个输出端口，其中输入端口用于连接外部音频源（如立体声音响系统），输出端口用于连接扬声器或耳机。

2. 视频与图形端口

视频与图形端口用于将显示器和外部视频显示器连接到台式计算机和便携式计算机，下面详细介绍这些端口。

（1）VGA 端口。

VGA 端口（见图 3-17）是一种模拟端口，是较早诞生的、还可能被 PC 使用的图形端口，但正逐渐被淘汰。VGA 端口用蓝色标识，可插入 15 引脚的连接器，这些引脚分成 3 排。

图 3-16　音频端口

图 3-17　VGA Port

（2）DVI。

液晶显示器和液晶电视等数字显示器的出现催生了 DVI，它用于传输未压缩的数字视频。DVI 有多种变种，用于支持多种传输模式：DVI-A（模拟）仅支持模拟传输模式；DVI-D（数字）仅支持数字传输模式；DVI-I（集成）支持数字和模拟传输模式。图 3-18 展示了 DVI-I 端口。有两种 DVI 连接。

- **单链路连接**：使用单个 TMDS（Transition Minimized Differential Signaling，最小传输差分信号）发送器。
- **双链路连接**：使用两个 TMDS 发送器，向更大的显示器提供更高的分辨率。

（3）HDMI。

HDMI（见图 3-19）传输与 DVI 端口一样的视频信息，但能够提供数字音频和控制信号。HDMI 使用 19 引脚连接器。便携式电子设备配备的是较小的 19 引脚 mini-HDMI 端口。HDMI 支持非常高的分辨率，还能够调整显示器的刷新率，使其与源设备输出的刷新率匹配。

有两类 HDMI：1（标准）和 2（高速）。HDMI 标准有很多版本，如 1.4 版。较新的 HDMI 标准版本支持最新的功能，如高刷新率以及 4K 和 8K 分辨率。2.0 版和 2.1 版的速度非常高：2.0 版支持 Premium High Speed（最高可达 18 Gbit/s），而 2.1 版支持 Ultra High Speed（最高可达 48 Gbit/s）。要传输 4K 信号，必须使用至少支持 HDMI 1.4 的高速 HDMI 电缆。

图 3-18　DVI-I 端口

HDMI 连接器有 3 种尺寸：标准、Mini 和 Micro。当前使用的主要 HDMI 连接器为 A 型（标准）、C 型（Mini）和 D 型（Micro）。

（4）DisplayPort。

DisplayPort（见图 3-20）是一种较新的技术，旨在取代 DVI 端口和 VGA 端口用以连接计算机显示器。DisplayPort 使用 20 引脚连接器，可传输高带宽视频和音频信号。与 HDMI 一样，DisplayPort 也有小型版本——Mini DisplayPort，主要用于苹果计算机。

DisplayPort 2.0 支持的速度高达 20 Gbit/s，还支持使用单条电缆将多个显示器连接到同一个视频源。

图 3-19　HDMI

图 3-20　DisplayPort

3. USB 连接器

多年来，USB 协议在不断发展；USB 标准繁多，可能令人迷惑。USB 1.0 有两个版本：传输速率为 1.5 Mbit/s 的 Low Speed（低速），用于连接键盘和鼠标；传输速率为 12 Mbit/s 的 Full Speed（全速）。USB 2.0 实现了重大飞跃，将传输速率提高到了 480 Mbit/s（High Speed，高速）。USB 3.0 将传输速率提高到了 5 Gbit/s（Super Speed，超高速），而最新的 USB-C 规范支持的传输速率高达 20 Gbit/s（Super Speed+）。下面介绍并展示各种 USB 连接器。

（1）USB A 型连接器。

USB A 型连接器是一种矩形连接器（见图 3-21），几乎每个台式计算机、便携式计算机、电视、游戏控制台和多媒体播放器中都有它的身影。从外形规格上说，USB 1.1、2.0 和 3.0 A 型连接器和插口是兼容的。

（2）USB Mini-B 连接器。

USB Mini-B 连接器（见图 3-22）呈矩形，上下两面都有小凹槽。USB Mini-B 也被称为 mini-USB；这种连接器正逐渐被淘汰并被 Micro-USB 连接器取代。

图 3-21　USB A 型连接器

图 3-22　USB Mini-B 连接器

（3）Micro-USB 连接器。

Micro-USB 连接器（见图 3-23）用于智能手机、平板和其他设备。除苹果公司外，大多数制造商都采用 Micro-USB 连接器。USB 2.0 Micro-B 连接器的两侧是斜的。

（4）USB B 型连接器。

USB B 型连接器（见图 3-24）常用于连接打印机和外置硬盘驱动器。这种连接器呈正方形，四角为圆角，向上的那面有凹槽。

（5）USB C 型连接器。

USB C 型连接器（见图 3-25）是最新的 USB 接口，它比 USB A 型连接器小，形状为矩形，四角为圆角。雷电 3 连接器和 USB C 型连接器都是多用途接口，可用于将不同类型的外围设备连接到 PC。USB C 型中的 C 指的是连接器的形状。雷电 3 连接器兼具 USB 连接器、雷电连接器和 DisplayPort 连接器的功能，能够通过电缆向设备供电。

图 3-23 Micro-USB 连接器

图 3-24 USB B 型连接器

（6）闪电连接器。

闪电（Lightning）连接器（见图 3-26）是苹果移动设备（如 iPhone、iPad 和 iPod）使用的一种小型 8 引脚专用连接器，可用于充电和传输数据。闪电连接器的外形类似于 USB C 型连接器。

图 3-25 USB C 型连接器

图 3-26 闪电连接器

4．SATA 电缆和连接器

SATA 连接器用于将 SATA 硬盘和其他存储设备连接到主板。SATA 电缆细而长（最长可达 1 m），两端都有一个又平又薄的 7 引脚连接器。下面介绍 SATA 电缆和连接器的类型和特征。

（1）SATA 电缆和连接器。

图 3-27 展示了一条 SATA 电缆。SATA 电缆一端插入主板上的 SATA 端口，另一端插入内置存储设备（如 SATA 硬盘驱动器）的背面。SATA 连接器带 "L" 形键，因此只能沿一个朝向插入。

（2）SATA 数据线和电源线。

SATA 数据线不能供电，因此需要使用额外的电缆给 SATA 驱动器供电，如图 3-28 所示。

图 3-27 SATA 电缆

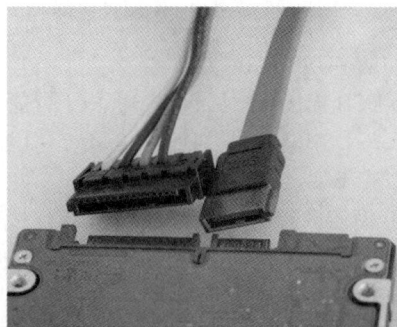

图 3-28 SATA 数据线

（3）eSATA 电缆。

eSATA 电缆（见图 3-29）用于连接外置 SATA 驱动器。不同于 SATA 连接器，eSATA 连接器不带

"L"形键。然而，eSATA 端口提供了定位（Key）功能，可防止用户不小心将形状和尺寸与 eSATA 连接器类似的 USB 连接器插入其中。

（4）eSATA 适配卡。

经常需要在计算机中安装 eSATA 适配卡（见图 3-30），以提供 eSATA 端口。

图 3-29　eSATA 电缆

图 3-30　eSATA 适配卡

5. 双绞线和连接器

双绞线用于有线以太网和老式电话网。双绞线因其内部的线对被绞合在一起而得名。通过将线对绞合在一起，可降低串扰和电磁感应。下面介绍双绞线电缆和连接器的类型和特征。

（1）双绞线。

双绞线分为两大类，即非屏蔽双绞线（Unshielded Twisted Pair，UTP）和屏蔽双绞线（Shielded Twisted Pair，STP），其中常用的是 UTP，如图 3-31 所示。UTP 由铜线组成，铜线外面包裹着不同颜色的绝缘层，但不像 STP 那样再在外面包裹箔或编织物。

（2）RJ-45 连接器。

UTP 的两端都必须端接连接器。在以太网中，用 RJ-45 连接器（见图 3-31）端接电缆，并将其插入以太网端口。

（3）RJ-11 连接器。

早期的电话网络使用 4 线（两个线对）的 UTP，并端接 6 引脚的 RJ-11 连接器（见图 3-32）。RJ-11 连接器很像 RJ-45 连接器，但更小。

图 3-31　RJ-45 连接器

图 3-32　RJ-11 连接器

6. 同轴电缆和连接器

同轴电缆内部是一条中心导线，通常由铜或包钢铜制成；导线外面包裹着不导电的绝缘材料，绝缘材料外面包裹着锡箔屏蔽层，该锡箔屏蔽层形成外导体并屏蔽电磁干扰（Electromagnetic Interference，EMI）。外导体/屏蔽层外面是聚氯乙烯（Polyvinylchloride，PVC）外层护套。下面介绍同轴电缆和连接器的类型和特征。

（1）同轴电缆的构造。

图 3-33 展示了同轴电缆：剥开了外层护套，露出了编织物屏蔽层和铜芯导线。

（2）RG-6 电缆。

RG-6 电缆（见图 3-34）较粗，绝缘层和屏蔽层是专为传输高带宽、高频率信号（如互联网信号、有线电视信号和卫星电视信号）而定制的。

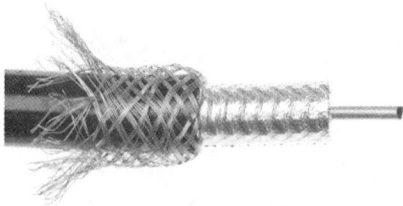

图 3-33　同轴电缆

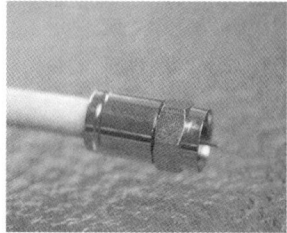

图 3-34　RG-6 电缆

（3）RG-59 电缆。

RG-59 电缆较细，推荐用于传输低带宽、低频率信号，如模拟视频信号和闭路电视信号。例如，可使用这种电缆来连接监控摄像头，如图 3-35 所示。

（4）BNC 连接器。

BNC（Bayonet Neill-Concelman）连接器（见图 3-36）采用直角回转连接方式，用于将同轴电缆连接到设备。BNC 连接器用于传输数字或模拟音频和视频信号。

图 3-35　RG-59 电缆

图 3-36　BNC 连接器

7. SCSI 电缆和连接器及 IDE 电缆和连接器

SCSI 是一种外围设备和存储设备连接标准，是一种总线技术，所有设备都连接到中央总线，并通过"菊花链"的方式连接在一起。布线/连接器需求取决于 SCSI 总线的位置。

IDE 接口是一种标准接口，用于将硬盘驱动器和光驱互连以及将它们连接到主板。

下面介绍 SCSI 和 IDE 电缆和连接器的类型和特点。

（1）外部 SCSI 电缆。

外部 SCSI 电缆使用并口连接器（见图 3-37），用于连接较老的外部 SCSI 设备，如扫描仪和打印机。这种连接器有两种类型：36 引脚和 50 引脚。引脚分成两排，中间有一个固定触点引脚的塑料杆。位于连接器两侧的挤压闩锁和锁扣用于将连接器固定到位。

图 3-37　外部 SCSI 电缆

（2）内部 SCSI 电缆。

连接内置硬盘驱动器时，一种常用的连接器是 50 引脚的内部 SCSI 连接器。这种连接器有 50 个引脚，引脚分成两排并连接到带状电缆，如图 3-38 所示。

（3）IDE 电缆。

IDE 电缆（见图 3-39）的外形很像内部 SCSI 电缆，但使用 40 引脚连接器。IDE 电缆上通常有 3 个连接器，其中一个连接 IDE 端口，其他两个连接 IDE 驱动器。

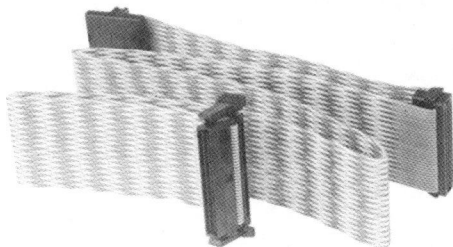

图 3-38　内部 SCSI 电缆　　　　　　　　　图 3-39　IDE 电缆

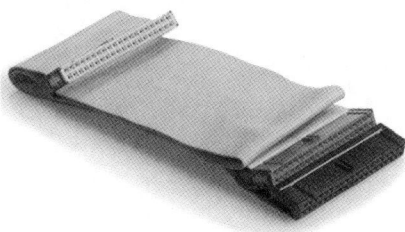

3.3.4　显示器

显示器是一种输出设备，通过电缆连接到显卡上的端口，用于显示用户输入的结果。有多种不同的显示器，主要有 LCD 显示器和 LED 显示器。

1. 显示器特点

计算机显示器种类繁多，有些适合日常使用，有些旨在满足特殊需求，如供建筑师、图形设计人员或游戏玩家使用。

显示器的用途、尺寸、质量、清晰度、亮度等各异，明白地讨论显示器使用的各种术语对选购大有裨益。对于计算机显示器，通常使用如下术语来描述。

■ **屏幕尺寸**：屏幕对角线（如从左上角到右下角）的长度，单位为英寸。常见屏幕尺寸为 19～24 in，但也有屏幕尺寸极大的显示器，高达 30 in 甚至更大。显示器屏幕尺寸通常越大越好，但显示器屏幕尺寸越大，价格越高，占据的桌面空间越大。

■ **分辨率**：水平和垂直方向的像素数，例如，一种常见的分辨率是 1920 像素×1080 像素（1080p），表示显示器的水平方向有 1920 个像素，垂直方向有 1080 个像素。

■ **显示器分辨率（Monitor Resolution）**：这与可在屏幕上显示的信息量相关。显示器分辨率越高，在屏幕上显示的信息越多；即便对两个屏幕尺寸相同的显示器来说，情况亦如此。

■ **原始分辨率（Native Resolution）**：对特定显示器来说最佳的分辨率。在 Windows 10 中，用关键字"Recommended"（推荐）标识原始分辨率。例如，在图 3-40 中，显示器的原始分辨率为 1920 像素×1080 像素。

■ **原始模式（Native Mode）**：表示显卡发送给显示器的图像的分辨率与显示器的原始分辨率匹配。

■ **连接方式**：老式显示器使用 VGA 或 DVI 连接器；较新的显示器可支持 HDMI 和 DisplayPort 端口。显示端口是新式显示器常用的连接方式，它支持更高的分辨率和较高的刷新率。

注　意　如果要在屏幕上显示较多的内容，请选择分辨率较高的显示器；如果希望显示的内容大些，请选择屏幕尺寸较大的显示器。

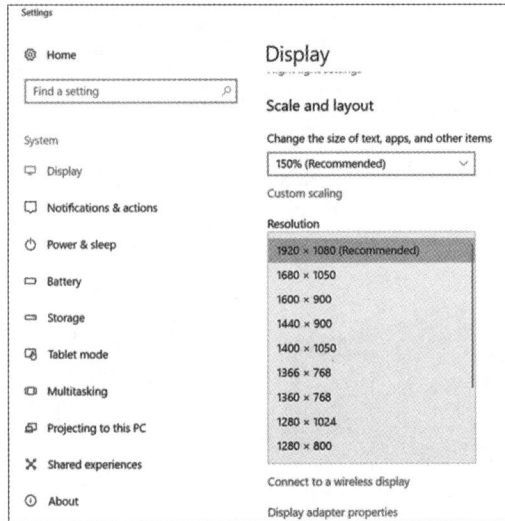

图 3-40 最佳分辨率

2. 显示器术语

表 3-5 列出了与显示器相关的常见术语。

表 3-5 　　　　　　　　　　　　　与显示器相关的常见术语

术语	描述
像素	"图像元素"的简称，指的是能够显示 RGB（红、绿、蓝）值的小点。像素越多，显示器能够显示的细节越多
点距	屏幕上相邻像素之间的距离。点距越小（即像素间距离越小），生成的图像质量越高
亮度	显示器的亮度，单位为坎德拉每平方米（cd/m^2）。通常建议亮度设置不超过 250 cd/m^2，但在光线充足的房间内，可将亮度最高调到 350 cd/m^2。注意，亮度太高可能导致眼睛疲劳
对比度	指的是显示器能够显示到多白和多黑。与对比度 4500∶1 相比，对比度为 1000∶1 时，显示的白色更暗，显示的黑色更淡
宽高比	显示器可视区域的水平尺寸与垂直尺寸的比值。例如，QSXGA 在水平方向的像素数为 2560，垂直方向的像素数为 2048，因此宽高比为 5∶4；如果可视区域的宽度为 16 in、高度为 12 in，则宽高比为 4∶3；可视区域宽 24 in、高 18 in 时，宽高比也为 4∶3
刷新率	显示器在每秒钟内能够重绘屏幕多少次，单位为赫兹（Hz）
响应时间	像素改变属性（如颜色或亮度）所需的时间。显示高速动作时，响应时间越短画面越流畅
帧每秒（Frames Per Second，FPS）	计算机每秒生成的帧数。FPS 值越高越好，但 FPS 值越高，显示器必须能够以越快的速度显示帧
隔行/逐行扫描	显示器使用的扫描方式。隔行显示器通过扫描屏幕两次来生成图像，第一次扫描奇数行（从上到下），第二次扫描偶数行。逐行显示器以（从上往下）每次一行的方式扫描屏幕，以生成图像

3. 显示标准

多年来，人们开发出了众多显示标准，如表 3-6 所示。

表 3-6　　　　　　　　　　　　　　老式显示器和常见的显示器显示标准

显示标准	分辨率	宽高比	说明
CGA	320 像素×200 像素	16：10	彩色图形适配器。 由 IBM 于 1981 年推出。 已淘汰
VGA	640 像素×480 像素	4：3	视频图形阵列。 于 1987 年推出。 已过时
SVGA	800 像素×600 像素	4：3	高级视频图形阵列。 于 1989 年推出。 有些平台依然支持
HD	1280 像素×720 像素	16：9	高清。 也被称为 720p
FHD	1920 像素×1080 像素	16：9	全高清。 也被称为 1080p。 对普通用户来说是不错的选择
QHD	2560 像素×1440 像素	16：9	四倍高清。 也被称为 1440p。 推荐高端用户和游戏玩家使用的分辨率
UHD	3840 像素×2160 像素	16：9	超高清。 也被称为 4K

4. 使用多个显示器

增加显示器可增大可视桌面区域，提高工作效率。在新增的显示器中，可显示其他窗口或复制桌面，让用户看到更多的窗口。例如，在图 3-41 中，用户使用了多个显示器：使用右边的显示器修改网站，并使用左边的显示器查看修改结果，还使用便携式计算机显示图库，以便从中选择要在网站中使用的图像。

图 3-41　使用多个显示器

很多计算机都支持使用多个显示器。要将多个显示器连接到同一台计算机，需要有提供这种支持的电缆，还需在计算机中启用多显示器支持。

例如，在 Windows 10 主机上，可在桌面的任何地方单击鼠标右键，再选择 "Display settings"（显示设置），Windows 将打开 "Display"（显示）窗口，如图 3-42 所示。在显示的配置中，连接了两个显示器；当前选择的显示器呈高亮显示，分辨率为 1920 像素×1080 像素，它是主显示器。通过单击 1 或 2，可查看相应显示器的分辨率。

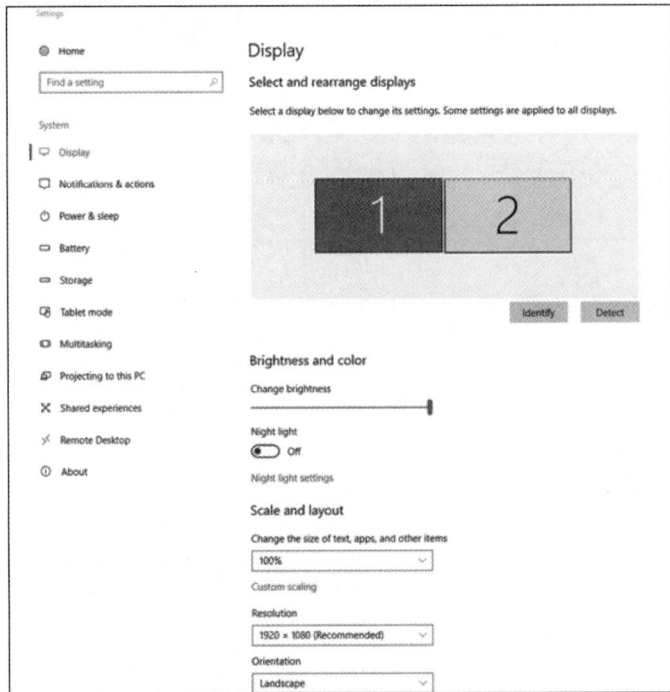

图 3-42　在 Windows 10 主机上启用双显示器

3.4　计算机配置

需求发生变化后，可能需要升级或更换组件和外设，因此需要研究更换和升级的效果和费用。要升级或组装计算机使其满足需求，技术人员必须知道系统的用途和用户需求，还有计算机组件是如何协同工作的。

升级计算机时，组件兼容性很重要。在既有计算机中添加组件时，为确保系统升级后依然能够高效地运行，添加的组件必须是合适的。软件兼容性与硬件兼容性一样重要。

1．主板升级

计算机需要升级的原因多种多样，包括如下原因。

- 用户需求发生了变化。
- 升级后的软件包要求更换硬件。
- 为改善性能而更换硬件。

需求发生变化后，可能需要升级或更换组件和外设，因此需要研究升级或更换的效果和费用。

升级或更换主板时，可能还需要更换其他组件，如 CPU、散热器与风扇套件以及内存。新主板必须与现有机箱配套，同时现有电源必须能够支持它。

升级主板时，如果要重复利用 CPU 以及散热器与风扇套件，可将它们移到新主板上。在机箱外操作这些组件要容易得多；为避免损坏 CPU，请在防静电垫子上操作，并戴上防静电手套或防静电腕带。

将 CPU 和散热片之间的散热膏清理掉，再重新涂抹散热膏。

着手升级前，确保知道各个组件之间是如何连接的，并将当前的连接情况记录下来。为此，一种快速方法是用手机将重要的连接情况拍摄下来，如各个组件是如何连接到主板的。重新组装计算机时，拍摄的照片可能会提供极大的帮助。

要升级主板，请按如下步骤操作。

第 1 步：记录电源、机箱风扇、机箱指示灯和机箱按钮是如何连接到旧主板的。

第 2 步：从旧主板上拔下电缆连接器。

第 3 步：从机箱上卸下扩展卡。卸下每个扩展卡，并将其放到防静电袋中，或放在防静电垫子上。

第 4 步：详细记录旧主板是如何固定到机箱上的。有些螺钉起支撑作用，有些螺钉提供从主板到机箱的重要接地连接。要特别留意非金属螺钉和支架，因为它们可能是绝缘体；如果将绝缘螺钉和支架更换为导电的金属元件，可能损坏电子元件。

第 5 步：将旧主板从机箱上卸下来。

第 6 步：仔细研究新主板，并确定各种连接器的位置，如 SATA 连接器、风扇连接器、USB 连接器、音频连接器、前面板连接器等。

第 7 步：仔细研究机箱背面的 I/O 盖片，并用新主板自带的 I/O 盖片替换旧的 I/O 盖片。

第 8 步：将主板插入并固定到机箱中。务必查阅机箱和主板制造商提供的用户手册。固定时使用合适的螺钉；勿将螺纹螺钉换成自攻金属螺钉，因为后者会损坏螺纹螺孔，而且可能固定得不牢靠。确保螺纹螺钉的长度以及每英寸的螺纹数都正确无误；在螺纹数正确的情况下，螺钉很容易装上；如果强行安装螺钉，可能损坏螺纹孔，导致无法牢靠地固定主板。使用不合适的螺钉还可能产生金属刨花，进而可能导致短路。

第 9 步：连接电源、机箱风扇、机箱指示灯、前面板和其他电缆。如果 ATX 电源连接器的尺寸不合适（有的引脚多，有的引脚少），可能需要使用适配器。参阅主板文档，了解连接布局图。

第 10 步：安装好新主板并连接好电缆后，安装并固定扩展卡。

现在该检查所做的工作了：确认没有松动的部件，也没有未连接的电缆。连接键盘、鼠标和显示器后再通电，如果检测到了问题，立即关闭电源。

2. CPU 升级

要改善计算机的性能，方法之一是提高 CPU 的处理速度，为此可升级 CPU，安装新 CPU，如图 3-43 所示。新 CPU 必须满足如下条件。

- 与现有的 CPU 插槽配套。
- 与主板芯片组兼容。
- 与现有主板和电源配套。

图 3-43　安装新 CPU

新 CPU 可能与原来的散热器和风扇套件不配套，在这种情况下，需要购买新的散热器和风扇套件，并确保其外形与 CPU 和 CPU 插槽配套，且散热能力能够满足新 CPU 的需求。

警　告　必须在新 CPU 与散热器和风扇套件之间涂抹散热膏。

要确定 CPU 与散热器和风扇套件之间是否存在不配套的问题，可查看 BIOS 中的温度信息。有些第三方软件以易于阅读的方式提供有关 CPU 温度的信息。要确定当前的 CPU 温度是否在合适的范围内，可参阅主板或 CPU 用户文档。

要在机箱中安装额外的风扇给计算机散热，请按如下步骤操作。

第 1 步：让风扇朝向正确的方向——要么吸入外面的空气，要么将热空气排出。

第 2 步：使用机箱上钻好的孔洞安装风扇。通常将风扇安装到机箱顶部附近，以便将热空气排出去，或者将风扇安装在机箱底部附近，以便将空气吸进来。不要将两个往相反方向吹的风扇安装在一起。

第 3 步：根据风扇电源线插头的类型，将风扇连接到电源或主板。

3. 存储设备升级

为提高速度并增加存储空间，你可能想添加一个硬盘驱动器（见图 3-44），而不是购置新的计算机。

图 3-44　安装新驱动器

添加新驱动器的目的很多，包括如下目的。

- 增加存储空间。
- 提高硬盘驱动器的速度。
- 再安装一个操作系统。
- 存储系统交换文件。
- 提供容错功能。
- 备份原来的硬盘驱动器。

为计算机选择合适的硬盘驱动器后，请按以下原则进行安装。

第 1 步：将硬盘驱动器插入一个空的驱动器槽位，并拧紧螺钉以固定硬盘驱动器。

第 2 步：使用正确的电缆将驱动器连接到主板。

第 3 步：将电源线连接到驱动器。

4. 外围设备升级

经常需要升级外围设备，例如，如果设备不管用，或者想要改善性能、提高工作效率就可能必须进行升级。

下面是几个需要升级鼠标和/或键盘的原因。

- 可能想使用符合人体工程学的鼠标和键盘，如图 3-45 所示。符合人体工程学的设备使用起来更舒服，有助于避免反复性动作损伤。
- 可能想更换键盘，以方便完成某种特殊任务，如输入另外一种语言的文字，这种语言包含更多的字符。
- 可能需要满足残障人士的需求。

然而，有时使用现有扩展槽或插槽无法实现升级。在这种情况下，使用 USB 连接或许能够达到目的。如果计算机没有多余的 USB 连接，就必须安装 USB 适配器或购买 USB 集线器，如图 3-46 所示。

5. 电源升级

升级计算机硬件后，其电力需求很可能发生变化。如果是这样，就可能需要升级电源。网上有相关的计算器，可用来确定是否需要升级电源。要使用这样的计算器，可搜索"电源功率计算器"。

除升级电源外，计算机可能支持安装两个电源，其中一个用作备用电源，以防另一个电源出现故障。要采用这种配置，必须使用特殊的主板。这种配置在台式机中很少见，但在服务器中很常见。计算机有两个电源时，两个电源都是可热插拔的；这样可在不断电的情况下更换出现故障的电源。

图 3-45 符合人体工程学的键盘和鼠标

图 3-46 USB 集线器

3.5 保护环境

计算机技术人员需要知道如何保护环境，其中的原因有多个，如遵守国家和地方性法规以免受到处罚、避免破坏生态系统。

妥善处置设备和耗材对保护环境至关重要。请熟悉国家和地方性法规，并寻找信誉良好的回收商。回收设备前，务必清除其中的数据，并研究处置各种设备的最佳方式。处置不当不仅会危害环境，还可能给企业带来严重的后果。

1. 安全处置方式

升级计算机或更换损坏的设备后，该如何处置遗留的部件呢？如果这些部件依然完好，可捐赠或出售；对于无法再使用的部件，必须以负责任的方式加以处置。

对于有害的计算机组件，如何加以妥善处置或回收利用呢？这是一个全球性问题。请务必遵守有关如何处置的法规，违反这些法规的组织可能受到罚款或面临代价高昂的诉讼。有关物品的处置法规随不同的国家和地方而异，详情请咨询当前的环境监管机构。

（1）电池。

电池通常包含可能危害环境的稀土金属，这些金属不会降解，会在环境中保留很多年。制造电池时通常会用到汞，汞对人类极为有害。

将电池回收是标准做法；对于所有电池，都必须以符合当地环保法规的方式加以处置。

（2）显示器。

请谨慎处置阴极射线管（Cathode Ray Tube，CRT）显示器。即便在断电后，CRT 显示器内也可能有极高的电压。

显示器内含玻璃、金属、塑料、铅、钡和稀土金属，据美国环境保护署（EPA）的说法，显示器包含大约 1.8 kg 的铅。因此，对于显示器，必须以符合环保法规的方式加以处置。

（3）碳粉盒、墨盒和显影剂。

对于用过的打印机碳粉盒和打印机墨盒，必须以符合环保法规的方式妥善处置，也可加以回收利用。有些碳粉盒供应商和制造商回收空盒并重新灌注；市面上有用于重新灌注喷墨打印机墨盒的工具包销售，但不建议使用，因为油墨可能泄漏到打印机中，造成无法修复的损坏。另外，使用重新灌注的墨盒可能违反喷墨打印机保修条款。

（4）化学溶剂和喷雾罐。

联系当地的环卫公司，咨询如何处置用来清洁计算机的化学溶剂。千万不要将化学溶剂倒入水槽，或将其排入与公共下水道相连的排水管。

（5）手机和平板电脑。

EPA 建议个人向当地的卫生保健机构咨询，了解手机、平板电脑和计算机等电子产品的首选处置方式。大多数计算机设备和移动设备都含有害物质（如重金属），不能倒入垃圾填埋场，否则会污染土壤。当地社区可能有回收计划。

2. 安全数据表

有害物质有时被称为有毒废料，这些物质的重金属（如镉、铅或汞）含量可能很高。有害物质处置法规随国家和地方而异，请联系当地的回收机构或废物清除机构，了解处置流程和相关服务。

安全数据表（Safety Data Sheet，SDS）的正规叫法是物料安全和数据表（MSDS），这是一个情况说明书，汇总了有关材料识别的信息，包括可能危害个人健康的有害成分、火灾隐患和急救要求。SDS 包含有关化学反应和不相容性方面的信息，还包含确保物料得以安全存储的保护性措施以及溢出和泄漏处置规程。要确定某种物质是否属于有害物质，可参阅制造商的 SDS；在美国，职业安全与健康管理局（OSHA）规定，将物质交付给新的所有者时，必须提供 SDS。

SDS 阐述了处置潜在有害物质的最安全的方式。处置任何电子设备之前，务必查阅当地的有关法规，了解有哪些允许的处置方式。

在欧盟地区，《化学品注册、评估、授权和限制》（REACH）法规已于 2007 年生效，它取代了各种相关的条例和法规。

3.6 总结

在本章中，你学习了计算机引导过程，以及 BIOS 扮演的角色——对主要计算机组件进行 POST。你了解到主板 BIOS 设置保存在 CMOS 内存芯片中；计算机启动时，BIOS 读取 CMOS 中的设置，以确定如何配置硬件。

然后，你学习了功率和电压，还有欧姆定律：电压等于电流乘以电阻（$U = IR$）；功率等于电压乘以电流（$P = UI$）。你学习了可能导致数据丢失或硬件故障的交流电电压波动类型，如断电、电压降低、噪声、尖峰电压和电涌。你还学习了防范电压波动引发的危害，从而保护数据和计算机装置的设备，这些设备包括浪涌保护器、UPS 和 SPS。

接下来，你学习了多核处理器（从包含两个核心的双核 CPU，到包含 8 个核心的八核 CPU），以及各种 CPU 散热机制——风扇、散热器和水冷系统。你还学习了如何使用 RAID 技术将多个驱动器编组并加以管理，以提供很大的存储容量和很强的冗余性，还有条带化、镜像、奇偶校验和双奇偶校验等 RAID 类型。

你学习了很多不同类型的计算机端口和连接器。首先，你学习了通常出现在老式计算机中的老式端口，如串行端口、并行端口、游戏端口、PS/2 端口和音频端口，这些端口大都已被更新的技术（如 USB 端口）取代。你还学习了各种视频端口和游戏端口，如 VGA 端口、DVI、HDMI 和 DisplayPort，这些端口用于连接显示器和外部视频显示器。你还学习了 USB 端口，包括 USB A 型端口、Mini-USB、Micro-USB、USB B 型端口、USB C 型端口和闪电端口。

你学习了计算机显示器的特点。你了解到，显示器的用途、尺寸、质量、清晰度和亮度各异；还了解到显示器是用屏幕尺寸（对角线长度）、屏幕分辨率（像素数）等指标描述的。你还学习了 CGA、VGA、SVGA、HD、FHD、QHD 和 UHD 等显示标准。

最后，你学习了安全处置计算机组件以保护环境的方式。你了解到，在如何处置诸如电池、碳粉盒、墨盒、手机和平板电脑等，都有相关的法规。你还学习了 SDS，它阐述了处置潜在有害物质的最安全方式。你了解到，在处置任何电子设备之前，务必查阅当地的有关法规，了解有哪些允许的处置方式。

3.7 复习题

请完成以下所有的复习题，检查你对本章介绍的主题和概念的理解程度，答案见附录。

1. 哪种设备可提供稳定的电压，从而保护计算机设备，使其免受电压降低的影响？（　　）
    A. SPS
    B. 浪涌保护器
    C. 交流适配器
    D. UPS

2. 哪种单位用于度量电流在电路中受到的阻力？（　　）
    A. 欧
    B. 伏
    C. 瓦
    D. 安

3. 保存的 BIOS 设置数据存储在什么地方？（　　）
    A. CMOS
    B. 硬盘驱动器
    C. 缓存
    D. 内存

4. 有位网络管理员正为一家广告代理商搭建 Web 服务器，他很担心数据可用性，想用尽可能少的磁盘实现磁盘容错功能。请问这位管理员该选择哪种 RAID 级别？（　　）
    A. RAID 0
    B. RAID 6
    C. RAID 5
    D. RAID 1

5. 组装用于编辑音频和视频的工作站时，哪种专用计算机组件最重要？（　　）
    A. 高速无线适配器
    B. CPU 冷却系统
    C. 电视调谐卡
    D. 专用显卡

6. 下面哪个术语指的是提高处理器的速度，使其超过制造商指定的值？（　　）
    A. 多任务
    B. 超频
    C. 降频
    D. 超线程

7. 具有超线程功能的双核 CPU 可同时处理多少条指令？（　　）
    A. 4 条
    B. 8 条
    C. 6 条
    D. 2 条

8. 要让游戏计算机提供最佳的游戏性能，可采用下面哪种硬件升级方式？（　　）
    A. 大量的快速内存
    B. 高容量的外置硬盘驱动器
    C. 冷却系统
    D. 快速 EIDE 驱动器

9. 在 BIOS 设置程序中，可修改下面哪两项（双选）？（　　）
    A. 引导顺序
    B. 驱动器分区大小
    C. 交换文件的大小
    D. 设备驱动程序
    E. 启用和禁用设备

10. 有位技术人员不小心将清洁溶液洒到了地面上，请问他应该到哪里查找有关妥善清理和处置的说明？（　　）
    A. 公司的保险单
    B. 安全数据表
    C. 当地职业卫生和安全机构提供的法规文件
    D. 当地的有害物质处置小组

11. 下面哪项表明 CMOS 电池的电量很低？（　　）
    A. 访问硬盘驱动器中文件的速度非常慢
    B. POST 期间出现了蜂鸣错误代码

C. 计算机启动不了

D. 计算机上的时间和日期不正确

12. 要获悉有关更新计算机上 BIOS 的说明，技术人员该访问哪个网站？（　　）

A. CPU 制造商网站

B. 操作系统开发商网站

C. 机箱制造商网站

D. 主板制造商网站

13. 下面哪个术语用于描述显示器的最佳分辨率？（　　）

A. 原始模式

B. 屏幕分辨率

C. 显示器分辨率

D. 原始分辨率

14. 升级 CPU 时，新 CPU 必须满足下面哪两个条件（双选）？（　　）

A. 必须与主板芯片组兼容

B. 必须使用新电缆来连接

C. 必须使用不同的散热器和风扇套件

D. 必须与现有主板和电源兼容

15. 下面哪个是苹果公司生产的移动设备（如 iPhone、iPad 和 iPod）用来充电和传输数据的专用 8 引脚小型连接器？（　　）

A. USB C 型连接器

B. DisplayPort 连接器

C. 雷电连接器

D. 闪电连接器

第 4 章

预防性维护和故障排除

预防性维护经常被忽视，但出色的 IT 专业人员都知道下面一点很重要：定期地进行全面检查和清理，并更换损坏的零件、材料和系统。有效的预防性维护可减少零件、材料和系统故障，从而确保硬件和软件处于良好的运行状态。

预防性维护并非仅关乎硬件。通过执行一些基本任务（如检查计算机启动时运行了哪些程序、扫描恶意软件、卸载未使用的程序），有助于确保计算机更高效地运行，避免其性能逐渐下降。出色的 IT 专业人员深谙故障排除的重要性；而要排除故障，必须采取组织有序且合乎逻辑的方法来解决计算机和其他组件存在的问题。

本章将介绍制订预防性维护计划和故障排除流程时需要遵循的一般性指导原则；这些指导原则有助于培养预防性维护和故障排除技能，还将介绍为计算机系统提供适宜的操作环境的重要性，即确保环境干净整洁、不存在潜在的污染物且温度和湿度都在制造商要求的范围之内。

最后，本章将介绍故障排除过程中的 6 个步骤，以及各种计算机组件可能出现的常见问题及其解决方案。

4.1 预防性维护

预防性维护可能是避免计算机系统出现严重问题（如数据丢弃和硬件故障）的关键所在，它还有助于延长系统的使用寿命。本节介绍为何需要对计算机系统进行预防性维护：通过执行良好的预防性维护计划，可避免计算机产生的问题带来太大的麻烦。

1. 预防性维护的好处

制订预防性维护计划时，至少需要考虑如下两个因素。

- **计算机所处的位置或环境**：相比于办公环境，多尘环境（如建筑工地）需要更加引起重视。
- **计算机的使用情况**：在高流量网络（如校园网）中，可能还需要进行额外的扫描，进而删除恶意软件和不需要的文件。

通过定期地执行预防性维护计划，可减少潜在的软件与硬件问题、计算机停机时间、维修费用和设备故障，还可强化数据保护、延长设备使用寿命、提高稳定性、节省开支。

2. 预防性维护之防尘

为避免灰尘损坏计算机组件，需要注意如下事项。

- 定期清理/更换空气过滤器，以减少空气中的灰尘。
- 使用抹布或除尘器清理计算机机箱外部。如果要使用清洁剂，在抹布上滴上少量清洁剂，再用抹布擦拭机箱外部。

- 机箱外部的灰尘可能通过散热风扇进入机箱内部。
- 灰尘过多可能阻碍空气流动，影响组件散热。
- 组件越热越容易出现故障。
- 结合使用压缩空气罐、低气流 ESD 吸尘器和小块无绒抹布来清除计算机内部的灰尘。
- 将压缩空气罐保持直立，以防液体泄漏到计算机组件上。
- 在压缩空气罐与敏感设备和组件之间保持安全距离。
- 使用无绒抹布清除组件上残留的灰尘。

警　告　使用压缩空气罐清洁风扇时，务必固定住风扇叶片，以免转子转动速度过快或沿错误的方向转动风扇。

---

3. 预防性维护之内部组件

需要检查如下组件，确定它们没有积聚灰尘或受损。

- **CPU 散热器和风扇套件**：风扇能够自由地转动；风扇电源线是牢靠的；通电后风扇会旋转。
- **内存模块**：内存模块牢固地安装在内存插槽中；固定夹没有松动。
- **存储设备**：所有电缆都连接牢靠；检查跳线是否松动、缺失或设置不正确；驱动器没有发出咔嚓声、震动声或摩擦声。
- **螺钉**：机箱内的螺钉松动可能导致短路。
- **适配卡**：确保适配卡在扩展槽中放置到位，并用螺钉固定好。松动的适配卡可能导致短路。如果扩展槽盖子没盖好，可能导致灰尘、污垢或小虫子进入计算机内部。
- **电缆**：检查所有的电缆连接，确认所有引脚都未断裂或弯曲，电缆没有出现皱褶、尖角式弯曲或严重变形，并用手拧紧固定螺钉。
- **电源设备**：检查插线板、浪涌保护器和 UPS 设备，确认这些设备运行正常且通风良好。
- **键盘和鼠标**：使用压缩空气罐清洁键盘、鼠标和鼠标传感器。

4. 预防性维护之环境

对计算机来说，最佳的运行环境是整洁、没有潜在的污染物，且温度和湿度在制造商要求的范围内，如图 4-1 所示。

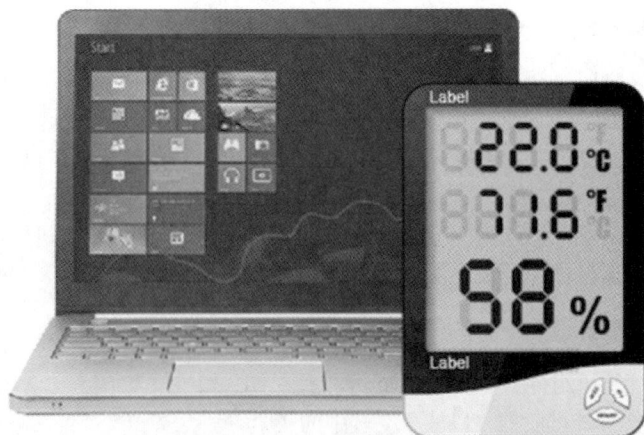

图 4-1　温度和湿度

遵循如下指导原则有助于确保计算机性能是最佳的。

- 不要堵塞通风口或阻碍气流进入内部组件。
- 保持室温为 7℃～32℃。
- 保持湿度为 10%～80%。
- 推荐的温度和湿度范围随计算机制造商而异。请研究极端条件下的计算机的温度和湿度推荐范围。

5. 预防性维护之软件

确认安装的软件是最新的；安装操作系统、进行安全更新和程序更新时，并遵循企业政策。制订软件维护计划，以达成如下目标。

- 检查并核实安装的安全更新、软件更新和驱动程序更新。
- 更新病毒库定义文件，并扫描病毒和间谍软件。
- 卸载不需要或未使用的程序。
- 扫描硬盘驱动器以消除错误，对硬盘驱动器进行碎片整理。

4.2 故障排除步骤

故障排除是一个系统性过程，常用于找出导致计算机系统故障的原因，并解决相关的硬件和软件问题。要成功地解决问题，必须采取系统而合乎逻辑的方法。虽然经验对解决问题很有用，但遵循故障排除模型将提高有效性和速度。

4.2.1 故障排除步骤

本节介绍快速而有效地解决问题的方法。故障排除是一个找出导致问题的原因并加以消除的过程。

1. 故障排除简介

要排除计算机和其他组件出现的故障，必须采取合乎逻辑且有条不紊的方法。有些问题是在预防性维护期间发现的，有些问题是客户主动告知的。采取合乎逻辑的故障排除方法可系统地排除变量，进而确定导致问题的原因。提出适宜的问题并检查相关的硬件和数据，有助于搞清楚问题，进而制定正确的解决方案。

一般，故障排除经验越多，水平就越高；每次解决问题都将增加经验，进而提高故障排除水平。通过解决问题，你将学会在什么情况下结合使用不同的步骤，在什么情况下可跳过某些步骤，从而快速找到解决方案。故障排除流程只是指导原则，可以根据需求进行调整。

本节介绍的故障排除方法既适用于硬件，也适用于软件。

注 意 在本书中，术语"客户"指的是任何需要给予计算机技术方面帮助的用户。

着手排除故障之前，务必采取必要的预防措施，对计算机上的数据加以保护。有些修理措施（如更换硬盘驱动器或重装操作系统）可能将计算机上的数据置于危险的境地。务必竭尽所能地避免修理措施导致数据丢失；如果因为你的原因导致客户数据丢失，你或你的公司可能需要承担法律责任。

数据备份指的是将计算机硬盘驱动器上的数据复制到另一个存储设备或进行云存储。云存储是可通过互联网访问的在线存储；在企业环境中，备份可能每天、每周或每月进行一次。

如果不确定是否备份了数据，务必先与客户确认，再开始故障排除工作。向客户确认备份情况时，需要确定如下内容。

- 上一次备份的日期。
- 备份包含的内容。
- 备份的数据完整性。
- 是否所有备份介质都可用于恢复数据。

如果客户没有最新的备份，而你又无法创建备份，应要求客户签署免责声明。免责声明至少需要包含如下内容。

- 授权在没有最新备份的情况下操作计算机。
- 免除承担数据丢失或受损的责任。
- 有关要执行的操作的说明。

2. 故障排除步骤

故障排除包含如下步骤。

步骤 1：确定问题。

步骤 2：制定原因查找流程。

步骤 3：按制定的流程确定原因。

步骤 4：制订解决问题的行动计划，并实施解决方案。

步骤 5：全面检查系统功能，并在必要时采取预防措施。

步骤 6：记录问题、措施和结果。

步骤 7：与客户验证解决方案

故障排除过程的第一步是**确定问题（步骤 1）**。在这一步，应从客户和计算机那里收集尽可能多的信息。

（1）交谈礼仪。

与客户交谈时，请遵循如下原则。

- 直接提出旨在收集信息的问题。
- 不要使用行话。
- 不要居高临下地与客户交谈。
- 不要侮辱客户。
- 不要将问题归咎于客户。

表 4-1 列出了需要从客户那里收集的一些信息。

表 4-1	第 1 步：确定问题
客户信息	公司名称；联系人姓名；地址；电话号码
计算机配置	制造商和型号；操作系统；网络环境；连接类型
问题描述	开放性问题；封闭性问题
错误消息	
蜂鸣代码	
LED	
POST	

（2）开放性问题和封闭性问题。

开放性问题是指让客户用自己的语言详细描述问题。请通过提出开放性问题来获得一般性信息。

根据客户提供的一般性信息，再提出封闭性问题。封闭性问题通常要求做出肯定或否定回答。

（3）记录回答。

将客户提供的信息记录到工单、维修日志和维修日记中。务必记录你认为对你或其他技术人员来说很重要的信息，细节常常有助于为棘手或复杂的问题找到解决方案。

（4）蜂鸣代码。

每家 BIOS 制造商都使用独特的蜂鸣（不同的长蜂鸣和短蜂鸣组合）来表示硬件故障。排除故障时，请给计算机通电并聆听蜂鸣声。在 POST 过程中，大多数计算机都会发出一声蜂鸣，指出系统引导正常。如果出现错误，可能听到多个蜂鸣声。请将蜂鸣代码记录下来，并通过研究蜂鸣代码确定具体问题。

（5）BIOS 信息。

如果计算机引导在 POST 后停止，请检查 BIOS 设置。可能有设备没有检测到或配置不正确，请参阅主板文档，确保 BIOS 设置正确无误。

（6）事件查看器。

当 Windows 计算机出现系统错误、用户错误或软件错误时，事件查看器将更新，显示有关错误的信息。如图 4-2 所示，事件查看器记录了如下有关信息。

- 出现的问题。
- 问题出现的日期和时间。
- 问题的严重程度。
- 问题的来源。
- 事件 ID 号。
- 问题出现时登录的是哪个用户。

虽然事件查看器列出了有关错误的详细信息，但可能需要对问题做进一步研究，以确定解决方案。

（7）设备管理器。

设备管理器（见图 4-3）显示了计算机上配置的所有设备；对于运行不正常的设备，操作系统使用错误图标进行标识。含惊叹号的黄色三角形表明设备状态不正常；红色 X 表明设备被禁用、删除或 Windows 无法找到它；向下的箭头表明设备被禁用；黄色问号表明系统不知道该给硬件安装哪个驱动程序。

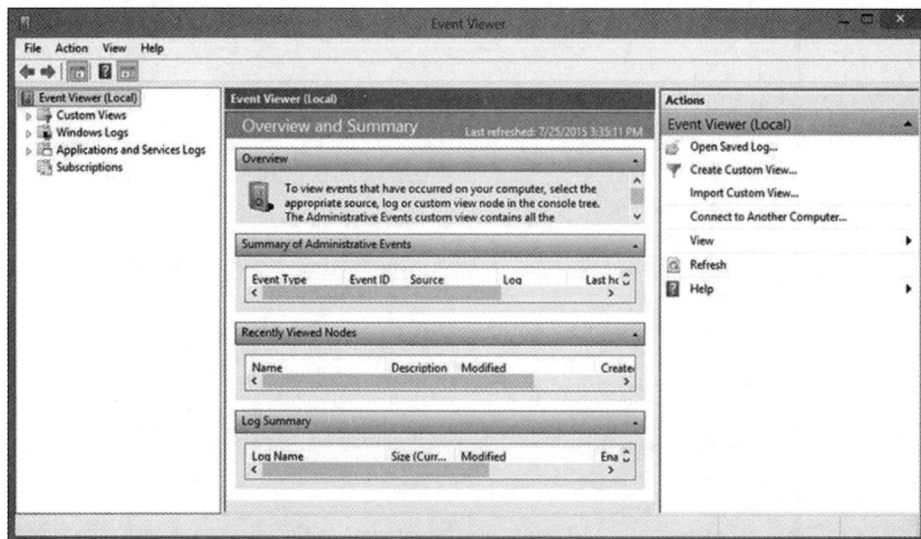

图 4-2 事件查看器

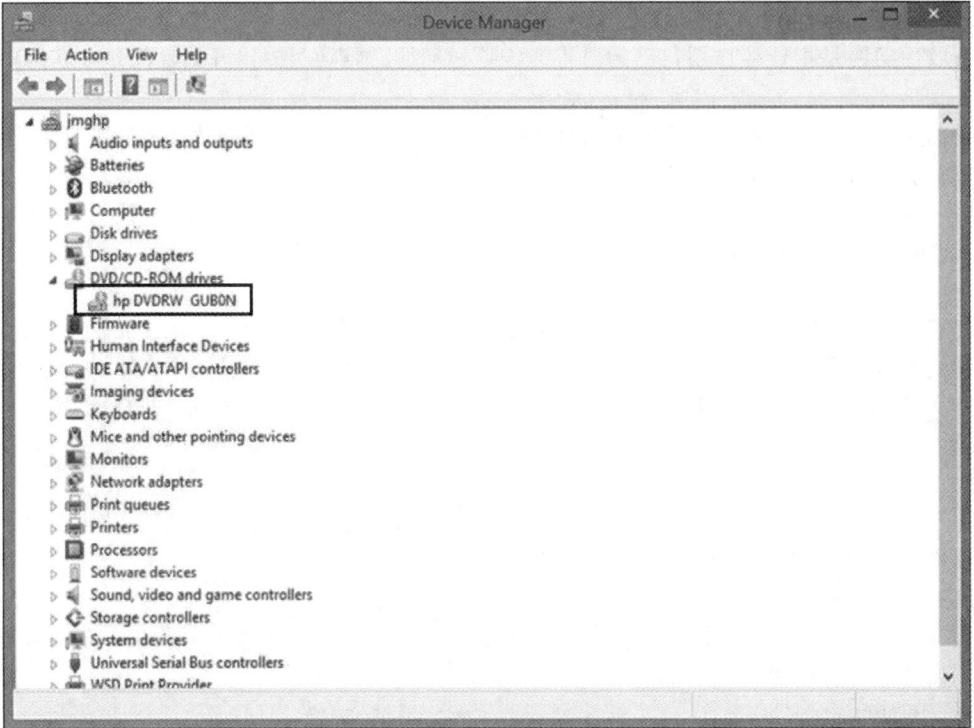

图 4-3 设备管理器

（8）任务管理器。

任务管理器（见图 4-4）显示了当前正在运行的应用程序和后台进程，可用来关闭没有反应的应用程序、获悉 CPU 性能和虚拟内存、查看当前正在运行的所有进程以及有关网络连接的信息。

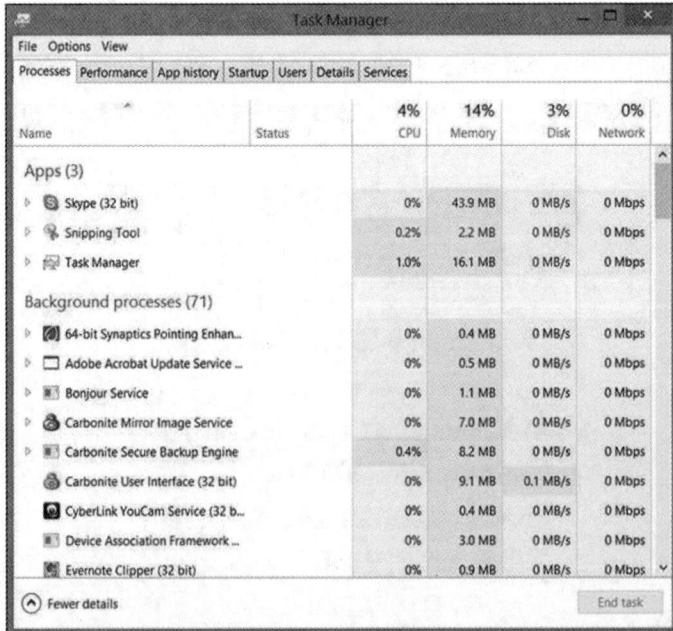

图 4-4 任务管理器

（9）诊断工具。

请研究确定有哪些软件可帮助诊断并解决问题。很多程序都可帮助排除硬件故障；系统硬件的制造商也提供诊断工具。例如，硬盘驱动器制造商可能提供相关的工具，让你能够引导计算机并诊断硬盘驱动器没有启动操作系统的原因。

故障排除过程的第二步是**制定原因查找流程（步骤 2）**。即便客户认为存在重大问题，也要先从导致错误的最常见的原因开始查找，再做更复杂的诊断。

① 检查设备是否通电。

② 确定插座的电源开关是否处于关闭状态。

③ 检查浪涌保护器是否关闭。

④ 确认所有的外部电缆连接是否松动。

⑤ 检查指定的引导驱动器中是否有非引导盘。

⑥ 检查 BIOS 设置中的引导顺序是否正确。

在开头列出最明显的原因，在后面列出更复杂的原因。如果有必要，根据症状进行内部（如日志、日记）研究或外部（如网络）研究。故障排除过程的下一步是**按制定的流程查找原因（步骤 3）**。

要找出导致问题的真正原因，可以每次一个的方式检查所有可能的原因——从最明显的原因开始。确定问题原因的常见步骤如下。

① 确保设备通电。

② 确保插座的电源开关处于开启状态。

③ 确保浪涌保护器开启。

④ 确保外部电缆连接没有松动。

⑤ 确保指定的引导驱动器是可引导的。

⑥ 核实 BIOS 设置中的引导顺序。

找出导致问题的原因后，就可确定解决问题的步骤。随着计算机故障排除经验越来越丰富，你将能够以更快的速度完成上述步骤。现在请完成这些步骤，加深对故障排除过程的理解。

如果检查所有可能的原因后，依然没有找出导致问题的确切原因，请研究可能导致问题的其他原因，并检查这些原因。如果有必要，可将问题交给经验更丰富的技术人员去处理；但在这样做之前，务必将你做过的所有检查都记录下来，如图 4-5 所示。

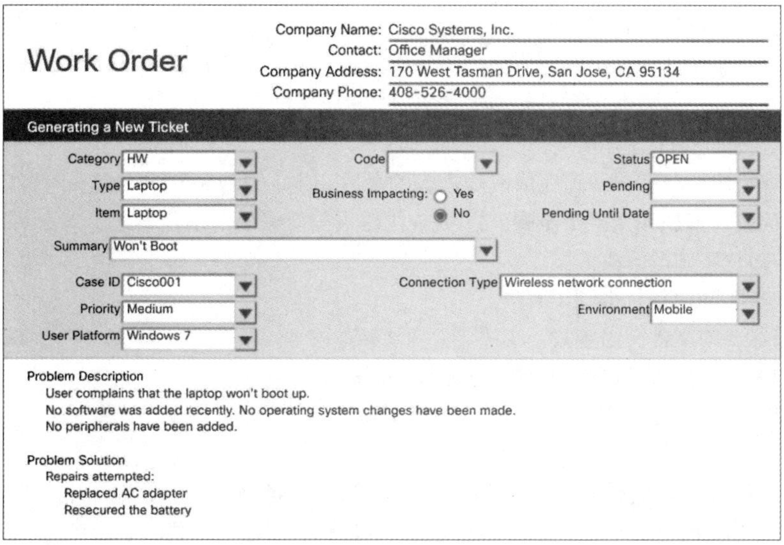

图 4-5 工单

确定导致问题的确切原因后，**制订解决问题的行动计划，并实施解决方案（步骤 4）**。有时通过简单的流程就能解决问题，如果确实如此，请全面检查系统功能，并在必要时采取预防措施。如果通过简单的流程无法解决问题，就需要进一步研究问题，并回到第 2 步，确定其他可能导致问题的原因。

注 意 实施任何变更前，务必考虑公司的策略和规程以及变更可能带来的影响。

制订行动计划后，应通过如下信息源找出可能的解决方案。
- 服务台维修日志。
- 其他技术人员。
- 制造商提供的常见问题解答（Frequently Asked Questions，FAQ）。
- 技术网站。
- 新闻组。
- 计算机手册。
- 设备手册。
- 在线论坛。
- 互联网搜索。

将大问题分解成可分别进行分析和解决的小问题；确定解决方案的优先顺序，优先考虑实施起来最容易、所需时间最短的解决方案。列出所有可能的解决方案，并逐个实施。实施一种可能的解决方案后，如果问题没有解决，撤销实施该解决方案时执行的所有操作，再尝试使用下一个解决方案。不断重复这个过程，直到找到合适的解决方案。

维修好计算机后，接着往下执行故障排除流程，**全面检查系统功能，并在必要时采取预防措施（步骤 5）**，具体步骤如下。
① 重新启动计算机。
② 启动多个应用程序，并确认它们运行正常。
③ 检查网络和互联网连接。
④ 在一个应用程序中打印文档。
⑤ 确认所有连接的设备都运行正常。
⑥ 确认没有出现任何错误信息。

通过全面检查系统功能，可确定原来的问题均得到了解决，且在修理过程中没有引入新问题。在可能的情况下，让客户检查解决方案和系统功能。

步骤 6：记录问题、措施和结果

维修好计算机后，与客户一道完成故障排除的最后一步，以口头和书面形式向客户阐述问题和解决方案，**记录问题、措施和结果（步骤 6）**。完成维修后需要采取的步骤如下。
① 与客户讨论实施的解决方案。
② 让客户核实问题是否得到了解决。
③ 将所有必要的文件交给客户。
④ 在工单和技术人员日记中记录解决问题的步骤。
⑤ 记录维修中使用的所有组件。
⑥ 记录为解决问题花费了多长时间。

与客户验证解决方案（步骤 7）。如果客户在你身边，向客户证明这个解决方案解决了计算机存在的问题，让客户测试解决方案，并尝试重现问题。客户确认问题得到解决后，在工单和日记中填写维修文档，包括如下信息。

- 问题描述。
- 解决问题的步骤。
- 维修时使用的组件。

4.2.2 常见的问题及其解决方案

技术人员在日常工作中肯定会遇到问题。遇到问题时，花点时间搞明白导致问题的原因，并执行可能的解决方案。务必将你采取的措施都记录在案。

本节讨论一些常见的 PC 问题及其解决方案。

计算机问题可归因于硬件、软件、网络或这三者的组合。有些问题很常见。

下面是一些常见的问题。

- **存储设备**：导致存储设备问题的常见原因包括电缆连接松动或不正确、驱动器或介质格式不正确、跳线或 BIOS 设置不正确。
- **主板和内部组件**：导致主板和内部组件问题的常见原因包括电缆不正确或松动、组件故障、驱动程序不正确、更新不正确。
- **电源**：导致电源问题的常见原因包括电源故障、电缆连接松动、功率不足。
- **CPU 和内存**：导致处理器和内存问题的常见原因包括没安装好、BIOS 设置不正确、散热或通风效果不佳、兼容性问题。
- **显示器**：导致显示器问题的常见原因包括设置不正确、电缆连接松动、驱动程序不正确或受损。

1. 常见的存储设备问题及其解决方案

表 4-2 列出了常见的存储设备问题及其解决方案。

表 4-2　　　　　　　　　常见的存储设备问题及其解决方案

确定的问题	可能原因	可能的解决方案
计算机无法识别存储设备	电源线松动	将电源线插牢靠
	数据线松动	将数据线插牢靠
	跳线设置不正确	重置跳线
	存储设备故障	更换存储设备
	BIOS 中的存储设备设置不正确	在 BIOS 中重置存储设备
计算机无法识别光盘	光盘插反了	正确地插入光盘
	光驱中插入了多张光盘	确保在光驱中只插入一张光盘
	光盘已损坏	更换光盘
	光盘格式不正确	使用格式正确的光盘
	光驱故障	更换光驱
计算机无法弹出光盘	光驱卡住了	在弹出按钮旁边的小孔中插入大头针，打开光驱
	光驱被软件锁定了	重启计算机
	光驱故障	更换光驱

续表

确定的问题	可能原因	可能的解决方案
计算机无法识别可移动外置驱动器	可移动外置驱动器电缆没插好	拔出驱动器电缆，再重新插好
	在 BIOS 设置中禁用了外部端口	在 BIOS 设置中启用外部端口
	可移动外置驱动器故障	更换可移动外置驱动器
读卡器无法读取运行正常的存储卡	读卡器不支持当前使用的存储卡类型	使用另一种类型的存储卡
	未正确地连接读卡器	确保读卡器正确地连接到计算机
	在 BIOS 设置中没有正确地配置读卡器	在 BIOS 设置中重新配置读卡器
	读卡器故障	安装没有问题的读卡器
读写 USB 闪存的速度很慢	主板不支持 USB 3.0 或 USB 3.1	更换支持 USB 3.0 或 USB 3.1 的主板或添加 USB 3.0 或 USB 3.1 扩展槽
	USB 闪存驱动器连接的 USB 端口的额定速度较低，或者配置不正确	在 BIOS 设置中，将端口设置为全速

2. 常见的主板和内部组件问题及其解决方案

表 4-3 列出了常见的主板和内部组件问题及其解决方案。

表 4-3　　　　　　　　　常见的主板和内部组件问题及其解决方案

确定的问题	可能原因	可能的解决方案
计算机上的时间不正确，或者计算机重启后 BIOS 设置变了	CMOS 电池松动	紧固电池连接
	CMOS 电池电量不足	更换电池
更新 BIOS 固件后，计算机启动不了	没有正确地安装 BIOS 固件更新	联系主板制造商，获取新的 BIOS 芯片（如果主板有两个 BIOS 芯片，可使用第二个 BIOS 芯片）
计算机启动时显示的 CPU 信息不正确	高级 BIOS 设置中的 CPU 设置不正确	正确地设置 CPU 的高级 BIOS 设置
	BIOS 不能正确地识别 CPU	更新 BIOS
计算机前面的硬盘驱动器 LED 不亮	硬盘驱动器 LED 电缆未连接或松动	将硬盘驱动器 LED 电缆重新连接到主板
	硬盘驱动器 LED 电缆连接到机箱前面板的方向不对	沿正确的方向将硬盘驱动器 LED 电缆连接到机箱前面板
集成网卡不工作	网卡硬件故障	在未占用的扩展槽中插入一个新网卡
安装新的 PCIe 显卡后，计算机不显示图像	BIOS 设置被设置为使用集成显卡	在 BIOS 设置中禁用集成显卡
	显示器电缆连接的还是集成显卡	将显示器电缆连接到新显卡
	新显卡需要辅助电源	将显卡连接到必要的电源连接器
	新显卡出现故障	安装新显卡

续表

确定的问题	可能原因	可能的解决方案
新声卡不工作	没有将扬声器连接到正确的插孔	将扬声器连接到正确的插孔
	音频被设置为静音	取消音频静音
	声卡故障	安装声卡
	BIOS 设置被设置为使用集成声卡	在 BIOS 设置中禁用集成声卡
系统试图使用错误的设备进行引导	有介质留在可移动驱动器中	检查可移动驱动器，确认其中没有影响引导过程的介质；确认正确地配置了引导顺序
	引导顺序配置不正确	检查可移动驱动器，确认其中没有影响引导过程的介质；确认正确地配置了引导顺序
用户听到风扇在旋转，但计算机无法启动，且扬声器没有发出蜂鸣声	没有执行 POST 过程	更换有问题的电缆、CPU 或其他与主板相连的组件
主板电容器膨胀、表面有残渣或凸起	因过热、ESP、电涌或尖峰电压而受损	更换主板

3. 常见的电源问题及其解决方案

表 4-4 列出了常见的电源问题及其解决方案。

表 4-4 常见的电源问题及其解决方案

确定的问题	可能原因	可能的解决方案
计算机不能通电	没有将计算机连接到交流电插座	将计算机插入交流电插座
	交流电插座出现故障	将计算机插入交流电插座
	电源线出现故障	使用没有问题的电源线
	没有打开电源开关	打开电源开关
	电源开关设置的电压不正确	将电源开关的电压设置为正确的
	没有将电源按钮正确地连接到前面板连接器	沿正确的方向将电源按钮连接到机箱前面板连接器
	电源出现故障	安装电源
计算机无缘无故地重启或关闭；出现烟雾或者有电子元件烧毁的气味	电源出现故障	更换电源

4. 常见的 CPU 和内存问题及其解决方案

表 4-5 列出了常见的 CPU 和内存问题及其解决方案。

表 4-5 常见的 CPU 和内存问题及其解决方案

确定的问题	可能原因	可能的解决方案
计算机无法启动或锁定	CPU 过热	重新安装 CPU
	CPU 风扇故障	更换 CPU 风扇

续表

确定的问题	可能原因	可能的解决方案
计算机无法启动或锁定	CPU 故障	在机箱中添加风扇； 更换 CPU 风扇； 更换 CPU
CPU 风扇发出异常的噪声	CPU 风扇故障	更换 CPU 风扇
计算机无缘无故地重启、锁定或显示错误消息	FSB 设置得太高	重置为主板的出厂设置
		降低 FSB
	CPU 倍频设置得太高	降低倍频
	CPU 电压设置得太高	降低 CPU 电压
从单核 CPU 升级到双核 CPU 后，计算机的速度反而更慢，且任务管理器中只显示了一个 CPU	BIOS 未能识别双核 CPU	更新 BIOS 固件，以支持双核 CPU
CPU 无法安装到主板上	CPU 类型不正确	更换为与主板插槽类型匹配的 CPU
计算机无法识别新添加的内存	新内存出现故障	更换内存
	安装的内存类型不正确	安装类型正确的内存
	新安装的内存与原来的内存不是同一种类型	安装类型正确的内存
	新内存在内存槽中没有插紧	在内存槽中插紧内存
升级 Windows 后，计算机的运行速度非常慢	计算机内存不足	添加内存
	显卡的 VRAM 不足	安装 VRAM 更多的显卡

5. 常见的显示器问题及其解决方案

表 4-6 列出了常见的显示器问题及其解决方案。

表 4-6　　　　　　　　　常见的显示器问题及其解决方案

确定的问题	可能原因	可能的解决方案
显示器有电，但没有图像	显卡电缆松动或损坏	重新连接或更换显卡电缆
	计算机未将视频信号发送给外置显示器	结合使用 Fn 键和多功能键切换到外置显示器
显示器闪烁	显示器上图像的刷新速度不够快	调整显示器刷新率
	显示逆变器损坏或出现故障	拆卸显示单元并更换逆变器
显示器上的图像看起来有些暗淡	LCD 背光灯调整不正确	查看维修手册中有关显示器校准 LCD 背光灯的说明，再正确地调整 LCD 背光灯
显示器上的像素坏了，不生成颜色	像素电源被切断	联系制造商

续表

确定的问题	可能原因	可能的解决方案
显示器上的图像显示为闪烁的线条或不同颜色和尺寸的图案（伪像）	未正确连接显示器	拆卸显示器并检查连接
	GPU 过热	拆卸并清洁计算机，检查是否有灰尘或碎屑
	GPU 故障	更换 GPU
显示器上的颜色模式不正确	未正确连接显示器	拆卸显示器并检查连接
	GPU 过热	拆卸并清洁计算机，检查是否有灰尘或碎屑
	GPU 出现故障	更换 GPU
显示器上显示的图像失真	修改了显示器设置	将显示器设置恢复到出厂设置
	未正确连接显示器	拆卸显示器并检查连接
	GPU 过热	拆卸并清洁计算机，检查是否有灰尘或碎屑
	GPU 故障	更换 GPU
显示器上有"鬼影"图像	显示器正在老化	关闭显示器电源，将电源线从插座断开几个小时
		使用消磁功能（如果有的话）
		更换显示器
显示器上图像的几何形状失真	驱动程序已损坏	在安全模式下更新或重装驱动程序
	显示器设置不正确	使用显示器设置校正几何形状
显示器上有超大尺寸图像和图标	驱动程序已损坏	在安全模式下更新或重装驱动程序
	显示器设置不正确	使用显示器设置校正几何形状
投影机过热，进而关闭	风扇出现故障	更换风扇
	通风孔堵塞	清洁通风孔
	投影机在外壳内	拆掉外壳或保持适当通风
使用多台显示器时，显示器上图像未对齐或朝向不正确	显示器的设置不正确	使用显示器控制面板找出每台显示器，并设置其对齐方式和方向
	驱动程序已损坏	在安全模式下更新或重装驱动程序
显示器处于 VGA 模式	计算机处于安全模式	重启计算机
	驱动程序已损坏	在安全模式下更新或重装驱动程序

4.2.3 对计算机组件和外围设备执行故障排除过程

要排除故障，必须制订行动计划。无论是内部组件故障还是外围设备故障，提出正确的问题，缩小可能的原因范围，再重新提出问题并尝试根据计划解决问题都是不错的流程。开始排除故障后，将采取的行动的每个步骤都记录下来，供自己和其他技术人员参考。

1. 个人参考工具

优质的客户服务包括向客户详细地描述问题和解决方案。技术人员必须将所有的服务和维修工作记录在文档中，并确保其他所有的技术人员都可获得该文档。这样该文档便可作为解决类似问题的参考资料。

个人参考工具包括故障排除指南、制造商提供的用户手册、快速参考指南和修理日记。除收据外，技术人员还应记录升级和修理的情况。

- **笔记**：在故障排除和维修过程中，务必做好笔记。以后通过参考这些笔记，可在不重复相关步骤的情况下确定接下来要采取的措施。
- **日志**：包含问题描述、为解决问题尝试过的解决方案以及为修复问题采取的步骤。如果在修理过程中修改了设备的配置或更换了零件，务必将这些内容记录下来。以后遇到类似的情形时，这些笔记和日志极具参考价值。
- **维修记录**：详细描述问题和采取的维修措施，包括日期、更换的零件以及客户信息。维修记录让技术人员能够确定以前对特定计算机做了哪些维修工作。

2. 互联网参考工具

互联网重要的信息源，提供特定硬件问题和可能解决方案的信息。请通过如下方式获取有帮助的信息。

- 互联网搜索引擎。
- 新闻组。
- 制造商提供的常见问题解答。
- 在线计算机用户手册。
- 在线论坛。
- 技术网站。

3. 硬件的高级问题及其解决方案

表 4-7 列出了硬件的高级问题及其解决方案。

表 4-7　　　　　　　　　　硬件的高级问题及其解决方案

确定的问题	可能原因	可能的解决方案
找不到 RAID	外置 RAID 控制器未加电	检查到 RAID 控制器的电源连接
	BIOS 设置不正确	重新配置 RAID 控制器的 BIOS 设置
	RAID 控制器故障	更换 RAID 控制器
RAID 不工作	外置 RAID 控制器未加电	检查到 RAID 控制器的电源连接
	RAID 控制器故障	更换 RAID 控制器
计算机运行速度缓慢	计算机内存不足	安装额外的内存
	计算机过热	清洁风扇或安装额外的风扇
计算机无法识别可移动外置驱动器	操作系统没有适用于可移动外置驱动器的驱动程序	下载适用于驱动器的驱动程序
	USB 端口连接的设备太多，无法提供足够的功率	将设备连接到外置电源，或拆掉一些 USB 设备
更新 BIOS 固件后，计算机无法启动	未能正确地安装 BIOS 固件更新	使用板载备份（如果有的话）恢复到原始固件
		如果主板有两个 BIOS 芯片，可使用第二个 BIOS 芯片
		联系主板制造商，获取新的 BIOS 芯片

续表

确定的问题	可能原因	可能的解决方案
计算机无缘无故地重启、锁定、显示错误消息或蓝屏、死机	内存出现故障	检查每个内存模块，确定它是否运行正常
	FSB 设置太高	重置到主板的出厂设置。降低 FSB
	CPU 倍频设置得太高	降低倍频。降低 CPU 电压
从单核 CPU 升级到多核 CPU 后，计算机的运行速度反而更慢，且任务管理器只显示了一个 CPU	BIOS 无法识别多核 CPU	更新 BIOS 固件，以支持多核 CPU

4.3 总结

通过本章的学习，你了解到预防性维护有很多好处，如减少潜在的硬件和软件问题、缩短计算机停机时间、降低设备出现故障的频率。你学习了如何避免灰尘损坏计算机组件：保持空气过滤器干净整洁、清洁机箱外部、使用压缩空气罐清除计算机内部的灰尘。

你了解到，有些组件需要定期地检查，看看是否受损或积聚了灰尘。这些组件包括 CPU 散热器与风扇、内存模块、存储设备、适配卡、电缆与电源、键盘和鼠标。你还学习了确保计算机处于最佳运行状态的指导原则，如不要堵塞通风口或影响空气流动、确保温度和湿度适宜。

除学习了如何维护计算机硬件外，你还了解到定期地维护计算机软件至关重要。为此，最佳的方式是制订软件维护计划并执行，这种计划涉及安全软件、病毒定义文件、不需要或未用的程序以及硬盘驱动器碎片整理。

另外，本章介绍了故障排除过程中的 6 个步骤。

4.4 复习题

请完成以下所有的复习题，检查你对本章介绍的主题和概念的理解程度，答案见附录。

1. 用户注意到计算机前面板上的硬盘驱动器 LED 不工作，但计算机似乎可以运行正常。请问这种问题很可能是哪个原因导致的？（　　）
   - A. 主板 BIOS 需要更新
   - B. 电源未能给主板提供足够的电压
   - C. 硬盘驱动器 LED 电缆已从主板脱落
   - D. 硬盘驱动器的数据线出现了故障

2. 故障排除流程中，"确定问题"的下一步是什么？（　　）
   - A. 记录问题
   - B. 制定原因查找流程
   - C. 实施解决方案
   - D. 验证解决方案
   - E. 确定确切的原因

3. 要确定 CPU 风扇是否正常旋转，最佳的方式是什么？（　　）
   - A. 通电后目视检查电源，确认风扇在旋转

    B. 用手指快速旋转风扇的叶片

    C. 在风扇上喷压缩空气，让叶片旋转起来

    D. 通电后注意听，看看能否听到风扇旋转的声音

4. 下面哪项是电源要出现故障的征兆？（　　　）

    A. 电源线没有妥善地连接到电源、墙面插座或两者

    B. 计算机有时无法通电

    C. 计算机显示 POST 错误码

    D. 显示器上只有不断闪烁的光标

5. 在故障排除过程的哪一步，技术人员为解决问题必须利用互联网或计算机用户手册做进一步的研究？
（　　　）

    A. 记录问题、措施和结果

    B. 确定问题

    C. 制订解决问题的行动计划并实施解决方案

    D. 全面检查系统功能并在必要时采取预防措施

    E. 按制定的流程查找原因

6. 用户发现计算机上的时间不正确，请问导致这种问题的原因很可能是下面哪一项？（　　　）

    A. 操作系统需要打补丁　　　　　　　　　B. CPU 需要超频

    C. CMOS 电池松动或电量很低　　　　　　D. 主板上的时钟晶体受损

7. 科考队的成员都使用便携式计算机工作。在这些科学家工作的地方，气温范围为−25～27℃，湿度大约为 40%，噪声很低，但地面崎岖，风速可高达 73 km/h。必要时这些科学家会停止前行，并使用便携式计算机输入数据。请问哪种情况最有可能对这种环境中使用的便携式计算机带来不利影响？
（　　　）

    A. 风速　　　　　　　　　　　　　　　　B. 湿度

    C. 地面崎岖　　　　　　　　　　　　　　D. 温度

8. 公司必须预防性地维护计算机，其中最重要的原因是什么？（　　　）

    A. 预防性维护让 IT 经理能够检查计算机资产的位置和状态

    B. 预防性维护让 IT 部门能够定期地监视用户硬盘驱动器的内容，确定用户遵守计算机使用规则

    C. 预防性维护有助于避免计算机设备将来出现故障

    D. 预防性维护给初级技术人员在非威胁或问题环境中获得更多经验的机会

9. 要清除机箱内组件上的灰尘，应使用哪种清洁工具？（　　　）

    A. 压缩空气罐　　　　　　　　　　　　　B. 湿布

    C. 棉签　　　　　　　　　　　　　　　　D. 除尘器

10. 将问题上报给更高一级的技术人员前，应完成下面哪项任务？（　　　）

    A. 重做每项检查，确保结果的准确性　　　B. 记录尝试过的每项检查

    C. 让客户重新发出支持请求　　　　　　　D. 将所有硬件组件都替换为没有问题的组件

11. 对用户和组织来说，没有预防性维护计划会带来哪两种影响（双选）？（　　　）

    A. 定期更新次数增多　　　　　　　　　　B. 管理任务增多

    C. 停机时间更长　　　　　　　　　　　　D. 维修费用更高

    E. 文档需求更高

12. 清洁计算机内部时，建议采用下面哪种方法？（　　　）

    A. 使用棉签清洁硬盘驱动器磁头

    B. 按住 CPU 风扇以防它旋转，并用压缩空气罐吹

    C. 吹的时候将压缩空气罐倒过来

    D. 将 CPU 卸下来再清洁

13. 在预防性维护计划中,应对硬盘驱动器执行下面哪项任务?(　　)

    A. 使用压缩空气罐吹驱动器内部,以清除灰尘

    B. 确保磁盘能够自由地旋转

    C. 确保电缆连接牢固

    D. 使用棉签清洁读写头

14. 客户报告说最近无法访问多个文件,技术人员决定检查硬盘状态和文件系统结构。技术人员询问客户最近是否对磁盘进行了备份,客户回答说备份是一周前做的,且存储在磁盘的另一个逻辑分区中。请问对磁盘执行诊断流程前,技术人员应该做什么?(　　)

    A. 使用逻辑分区中的备份恢复文件

    B. 安装一个新硬盘,将其作为主磁盘,并将原来的磁盘作为从盘

    C. 运行磁盘检查实用程序 CHKDSK

    D. 将用户数据备份到可移动驱动器

15. 硬件维护计划应包含下面哪项任务?(　　)

    A. 检查安全更新   B. 更新病毒定义文件

    C. 清除硬盘驱动器内部的灰尘   D. 检查并固定松动的电缆

    E. 将显示器的分辨率调到最佳

16. 在故障排除过程的哪一步,技术人员向客户证明解决方案将问题解决了?(　　)

    A. 记录问题、措施和结果

    B. 制定原因查找流程

    C. 全面检查系统功能并在必要时采取预防措施

    D. 制订解决问题的行动计划并实施解决方案

第 5 章

网络概念

计算机网络让用户能够共享资源和通信。想象一下，如果没有电子邮件、网络报纸、博客和其他依赖于互联网的服务，世界将会怎样？网络让用户能够共享资源，如打印机、应用程序、文件、目录和存储驱动器等资源。本章概述网络的原理、标准和用途；IT 专业人员必须熟悉网络概念，这样才能满足客户和网络用户的期望和需求。

你将学习网络设计基础知识，以及网络设备如何影响数据传输。网络设备包括集线器、交换机、接入点、路由器和防火墙。你将学习不同的 Internet 连接类型（如 DSL、有线电视、蜂窝技术和卫星），TCP/IP 模型的 4 个层以及与每层相关联的功能和协议。你还将学习无线网络标准（如无线局域网标准 IEEE 802.11）、近距离无线协议（如 RFID 和 NFC）、智能家居协议标准（如 ZigBee 和 Z-Wave）。这些知识有助于你成功地设计和实现网络以及排除网络故障。最后，本章将讨论网络电缆类型，其中包括双绞线、光纤和同轴电缆。你将了解每种电缆的构造、传输数据的方式和使用场景。

5.1 网络组件和类型

计算机网络让计算机和其他设备能够通信以及共享资源。所有网络都有共同的组件、功能和特性；对网络进行分类的方法之一是基于网络的范围或规模。

5.1.1 网络类型

对网络进行分类的方式有很多，如根据规模、地理范围或用途进行分类。本节介绍各种网络类型以及用于标识网络组成部分的图标。

1. 网络图标

网络是由链路构成的系统。计算机网络用于将设备和用户连接起来。在计算机网络中，使用各种图标来标识其组成部分。

（1）主机设备。

在各种网络设备中，大家最熟悉的无疑是终端设备（也被称为主机设备），常见终端设备的图标如图 5-1 所示。它们为何被称为终端设备呢？因为它们位于网络末端或边缘。它们为何又被称为主机设备呢？因为它们通常运行着诸如 Web 浏览器、电子邮件客户端等网络应用程序，这些网络应用程序通过网络向用户提供服务。

（2）中间设备。

在计算机网络中，有很多位于终端设备之间的设备，叫作中间设备。这些中间设备确保数据能够从一台终端设备传输到另一台终端设备。图 5-2 展示了常见中间设备的图标。

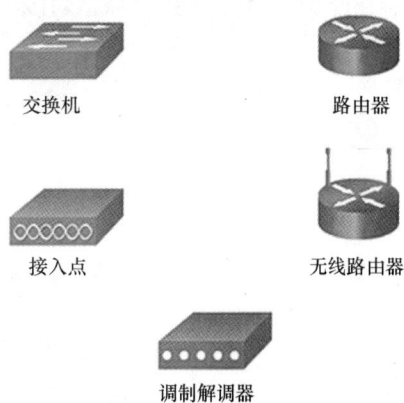

台式计算机	笔记本电脑	服务器	交换机	路由器
平板电脑	智能手机	打印机	接入点	无线路由器
摄像头	IP电话	扫描仪		调制解调器

图 5-1 常见终端设备的图标　　　　　　　　　　图 5-2 常见中间设备的图标

- **交换机**：将多台设备连接到网络。
- **路由器**：在网络之间转发流量。
- **无线路由器**：将多台无线设备连接到网络，并且可能包含用于连接有线主机的交换机。
- **接入点（Access Point，AP）**：连接到无线路由器，用于扩大无线网络的覆盖范围。
- **调制解调器**：将家庭或小型办公室的设备连接到互联网。

（3）网络介质。

网络通信是通过网络介质进行的。网络介质提供通道，让消息能够从信源传输到目的地。图 5-3 展示了用于表示不同网络介质的图标：局域网（Local Area Network，LAN）、广域网（Wide Area Network，WAN）和无线网络将在本章后面更详细地介绍；网络云通常用于表示网络拓扑中到互联网的连接；互联网通常是不同网络进行通信时常用的通信介质。

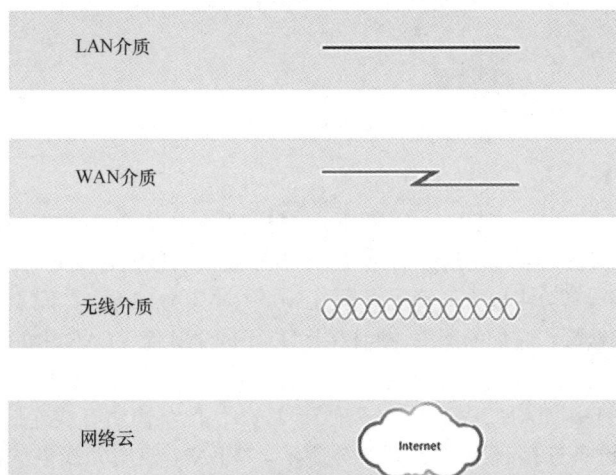

LAN介质	——————————
WAN介质	～
无线介质	∿∿∿∿∿∿∿
网络云	Internet

图 5-3 网络介质图标

2. 网络拓扑和描述

网络可采用不同的配置，这种配置被称为拓扑。下面介绍各种网络拓扑。

（1）PAN。

个人区域网（Personal Area Network，PAN）是将个人使用的设备（如鼠标、键盘、打印机、智能手机和平板电脑）连接起来的网络，如图 5-4 所示。这些设备通常是使用蓝牙技术连接的；蓝牙是一种让设备能够短距离通信的无线技术。

图 5-4　PAN

（2）LAN。

传统上，LAN 指的是使用有线电缆将较小地理区域内的设备连接起来的网络，如图 5-5 所示。当今 LAN 具有如下显著特征：通常归个人所有（如家庭或小型办公室中的局域网）或者由 IT 部门全面管理（如学校或公司的局域网）。

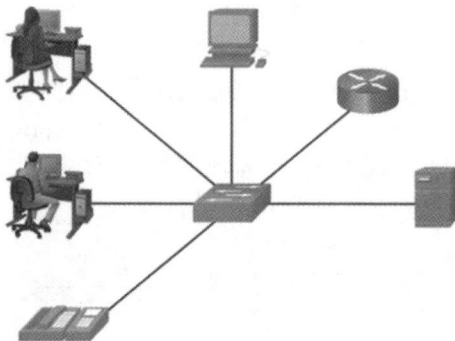

图 5-5　LAN

（3）VLAN。

虚拟局域网（Virtual LAN，VLAN）让管理员能够将同一台交换机的端口划分为多个交换机，如图 5-6 所示。这确保了流量只被转发到必要的端口，从而提高了数据转发效率。

VLAN 支持将终端设备分组以方便管理。在图 5-6 中，VLAN 2 是 IT 部门计算机所属的 VLAN，这些计算机位于不同的楼层，它们的网络访问权限可以不同于其他 VLAN 中的计算机。

（4）WLAN。

无线局域网（Wireless LAN，WLAN）类似于 LAN，但不使用有线连接，而以无线方式将小地理区域内的用户和设备连接起来，如图 5-7 所示。WLAN 使用无线电波在无线设备之间传输数据。

（5）WMN。

无线网状网（Wireless Mesh Network，WMN）使用多个 AP 来扩大 WLAN 的覆盖范围。在图 5-8 所示的拓扑中，有一台无线路由器，还有两个无线 AP，它们扩大了家用 WLAN 的覆盖范围。同理，企业和市政当局也可使用 WMN 来快速扩大网络覆盖范围。

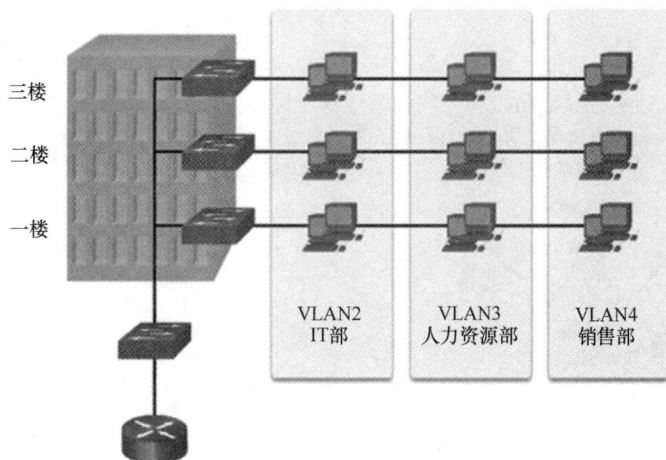

图 5-6 VLAN

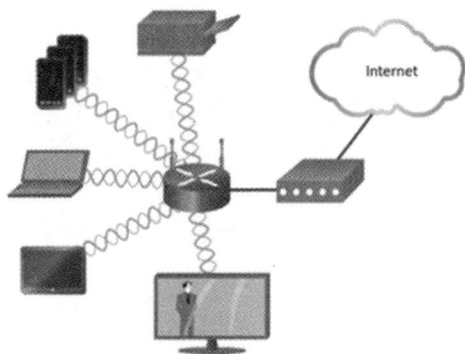

图 5-7 WLAN

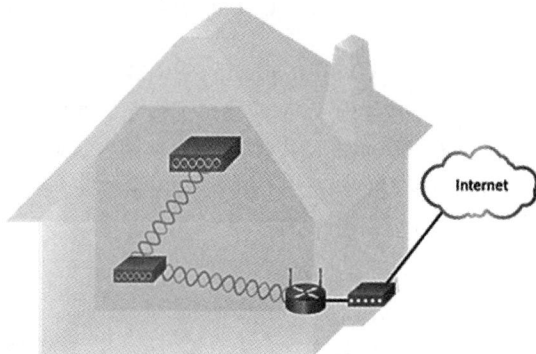

图 5-8 WMN

（6）MAN。

城域网（Metropolitan Area Network，MAN）是横跨大型园区或城市的网络，如图 5-9 所示。这种网络由通过无线或光纤介质相连的各种建筑物组成。

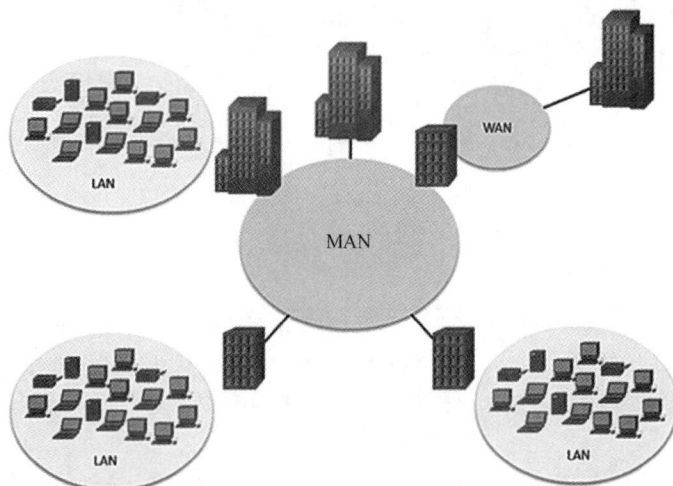

图 5-9 MAN

（7）WAN。

WAN 将多个位于不同地理区域的网络连接起来。为使用 WAN，个人、组织与服务提供商签订 WAN 接入服务合同；服务提供商负责将家用设备或移动设备连接到最大的 WAN——Internet。在图 5-10 中，东京和莫斯科的网络通过 Internet 相连。

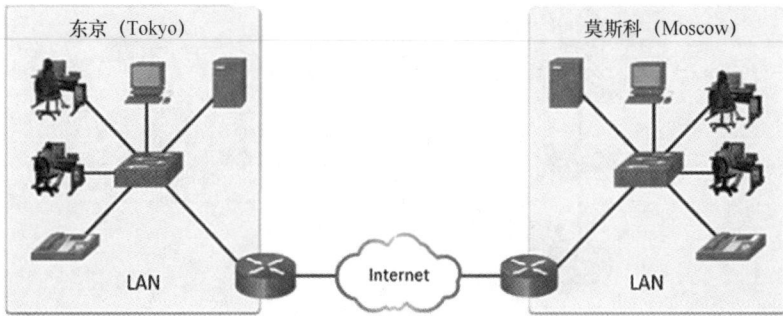

图 5-10　WAN

（8）VPN。

虚拟专用网（Virtual Private Network，VPN）用于通过不安全的网络（如 Internet）安全地连接到另一个网络。常见的 VPN 类型是远程办公人员用来访问公司网络的 VPN；所谓远程办公人员，指的是不在现场（即远程）的网络用户。在图 5-11 中，远程办公人员 1 与公司总部路由器之间的粗线表示 VPN 连接；远程办公人员 1 使用 VPN 软件安全地连接公司网络。远程办公人员 2 的连接方式不安全，因此不能访问公司内部资源。

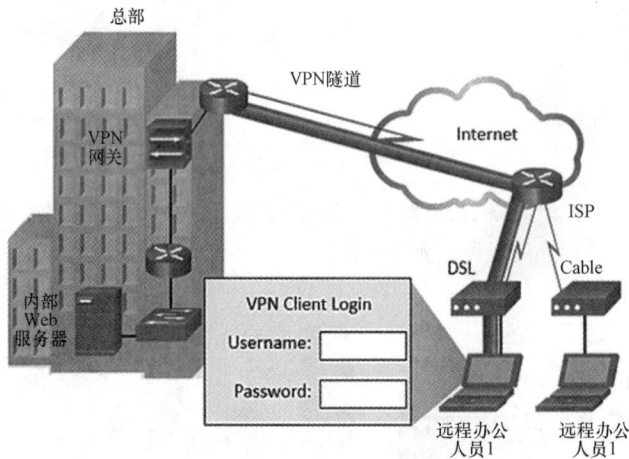

图 5-11　VPN

3. VLAN

在交换型网络中，VLAN 提供了网段划分和组织方面的灵活性。位于同一个 VLAN 中的设备相互通信时，就像是它们连接的是同一台交换机一样。VLAN 是基于逻辑连接而不是物理连接的；管理员可根据诸如职能、团队或使用的应用程序等因素划分 VLAN，而不用考虑用户或设备的物理位置。

例如，在图 5-12 所示的 VLAN 拓扑中，一位教职工的计算机（PC1）连接的是 S1，且属于 VLAN 10。PC1 可与另一位教职工通信，后者使用的是与 S3 相连的 PC4。请注意，这两台主机都属于网络 192.168.10.0/24。

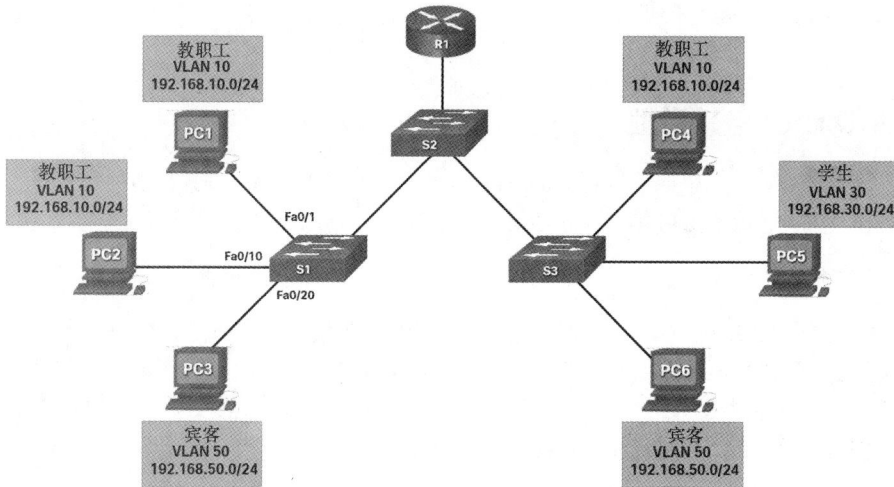

图 5-12　VLAN 拓扑

默认情况下，所有交换机端口都被划分到 VLAN 1，但可通过配置 PC 连接的端口，将其划归到不同的 VLAN。

例如，下面显示了交换机 S2 的配置。注意到首先创建了 VLAN，并给它们指定了名称，这可简化处理 VLAN 的工作。接下来，配置了与 PC 相连的端口，将它们划分到相应的 VLAN。

```
S2(config)# vlan 10
S2(config-vlan)# name Faculty
S2(config-vlan)# exit
S2(config)#
S2(config)# vlan 30
S2(config-vlan)# name Students
S2(config-vlan)# exit
S2(config)#
S2(config)# vlan 50
S2(config-vlan)# name Guest
S2(config-vlan)# exit
S2(config)#
S2(config)# interface fastethernet 0/1
S2(config-if )# switchport mode access
S2(config-if )# switchport access vlan 10
S2(config-if )# exit
S2(config)#
S2(config)# interface range fa0/10
S2(config-if )# switchport mode access
S2(config-if )# switchport access vlan 20
S2(config-if )# exit
S2(config)#
S2(config)# interface range fa0/20
S2(config-if )# switchport mode access
S2(config-if )# switchport access vlan 50
S2(config-if )# exit
S2(config)#
```

在其他交换机上配置 VLAN 信息后，使用 PC1 的教职工将能够与 PC4 通信，因为它们位于同一个 VLAN 中。如果这位教职工要向属于 VLAN 30 的 PC5 发送信息，就必须在网络中添加路由器。

VLAN 有助于减少广播流量，以及在用户组之间实现访问和安全策略。

5.1.2 Internet 连接类型

要将不同的场点连接起来或连接到 Internet，可供使用的 WAN 解决方案有多种。不同的 WAN 连接服务可提供不同的速度和服务等级；你必须知道连接到 Internet 的技术以及不同连接类型的优缺点。

1. 连接技术简史

当前的带宽可传输语音、视频和数据，但在 20 世纪 90 年代，Internet 连接的速度很慢，使用的技术主要是拨号连接。拨号连接要求计算机内置了调制解调器或通过 USB 连接了外置调制解调器，而调制解调器的拨号端口通过 RJ-11 连接器连接到电话插座。调制解调器安装好后，必须将其连接到计算机的软件组件对象模型（Component Object Model，COM）端口。另外，必须给调制解调器配置本地拨号属性，如外线前缀和区号。

在 Windows 中，使用"设置连接"或"网络向导"来配置到互联网服务提供商（Internet Service Provider，ISP）服务器的链路。连接到 Internet 的技术从使用模拟电话发展到使用宽带。

（1）模拟电话。

使用模拟电话接入 Internet 可以通过标准语音电话线路传输数据。此类服务使用模拟调制解调器发起到远程场点调制解调器的电话呼叫；这种连接技术被称为拨号。

（2）综合业务数字网。

综合业务数字网（Integrated Services Digital Network，ISDN）使用多个信道，可承载不同类型的服务，因此被视为宽带。ISDN 是一种标准，通过普通电话线使用多条信道发送语音、视频和数据。ISDN 的带宽高于传统拨号。

（3）宽带。

宽带使用不同的频率在同一个介质上发送多个信号。例如，同轴电缆用于将有线电视信号传输到家庭，这种电缆可在传输数百个电视频道的同时传输计算机网络信号；移动电话可在使用 Web 浏览器的同时接听语音电话。

一些常见的宽带连接包括有线电视电缆、数字用户线（Digital Subscriber Line，DSL）、ISDN、卫星和蜂窝技术。图 5-13 展示了用于连接或传输宽带信号的设备。

卫星接收器

有线电视调制解调器

DSL调制解调器

图 5-13　用于连接或传输宽带信号的设备

2. DSL、有线电视和光纤

DSL 和有线电视都使用调制解调器通过 ISP 连接到 Internet，如图 5-14 所示。DSL 调制解调器将用户的网络直接连接到电话公司的数字基础设施；有线电视调制解调器将用户的网络连接到有线电视服务提供商。

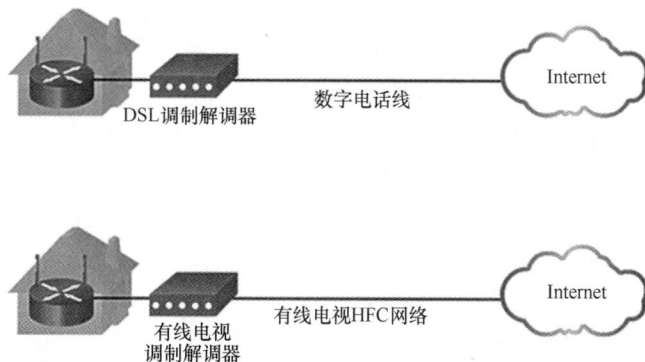

图 5-14 DSL 调制解调器和有线电视调制解调器

（1）DSL。

DSL 是一种始终在线的服务，这意味着无须在每次要连接到 Internet 时拨号。在铜质电话线上，使用不同的频率承载语音和数据信号，并使用滤波器防止 DSL 信号干扰电话信号。

超高速 DSL（Very high-speed DSL，VDSL）的传输速度比 DSL 的高得多：在对称链路模式下，两个方向的传输速度都可高达 26 Mbit/s；在非对称链路模式下，下载速度高达 52 Mbit/s，上传速度高达 6 Mbit/s。VDSL2 在两个方向的传输速度都可高达 100 Mbit/s。

（2）有线电视。

有线电视 Internet 连接不使用电话线，而使用最初为传输有线电视信号而设计的同轴电缆。有线电视调制解调器将计算机连接到有线电视公司；可将计算机直接连接到有线电视调制解调器，但采用通过路由设备连接到调制解调器的方式时，可让多台计算机共享 Internet 连接。

（3）光纤。

光纤由玻璃或塑料制成，使用光来传输数据。光纤的带宽非常高，可传输大量的数据。在连接到 Internet 的某一时刻，数据将通过光纤网络。光纤用于主干网络、大型企业环境和大型数据中心。Internet 主干网络由众多归属于不同公司的网络组成；光纤主干线（Internet 主干的核心）由众多光纤捆绑而成，旨在提高容量（带宽）。

在家庭和企业中，较旧的铜线正逐渐被光纤取代。例如，在图 5-14 中，有线电视连接为混合光纤同轴电缆（Hybrid Fiber/Coax，HFC）网络，其中到用户的"最后一公里"使用的是光纤。入户后，HFC 网络转而使用铜质同轴电缆。这被称为光纤到路边（Fiber To The Curb，FTTC）。

光纤到户（Fiber To The Home，FTTH）指的是将光纤铺设到用户大楼；在街边的机柜中分路器上有光线路终端（Optical Line Terminal，OLT），提供到每个用户的连接。铺设到大楼的光纤被连接到用户大楼内的光网络终端（Optical Network Terminal，ONT），该终端将光信号转换为电信号，并通过标准以太网跳线连接到一台路由器。

具体选择使用哪种 Internet 连接取决于所处的地理位置，还有可供选择的服务提供商。

3. 视距无线互联网服务

视距无线互联网服务是一种始终在线的服务，使用射频信号接入 Internet，如图 5-15 所示。发射塔向接收器发送射频信号，而接收器与计算机或网络设备相连。在发射塔和接收器之间的路径上，不能有障碍物；发射塔可能连接到其他发射塔，也可能直接连接到 Internet 主干网络。射频信号的频率决定了它传输多远后依然足够强，能够提供清晰的信号：在频率较低，如为 900 MHz 时，传输距离可高达 65 km；在频率较高，如为 5.7 GHz 时，只能传输 3 km。极端天气、树木和高大建筑物都可能影响信号强度和传输性能。

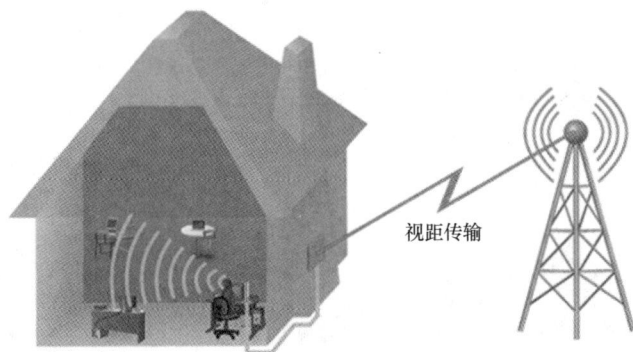

图 5-15　视距无线

4. 卫星

在无法实现有线电视连接和 DSL 连接的情况下，一种替代解决方案是使用卫星连接。卫星连接不需要电话线或电缆，而使用卫星天线实现双向通信。卫星天线向卫星发射信号并接收来自卫星的信号，而卫星将信号传送给服务提供商，如图 5-16 所示。卫星连接的下行速度可高达 10 Mbit/s，上行速度大约为下行速度的 1/10。信号从卫星天线发出，由绕地球轨道运行的卫星传送给 ISP，这需要一定的时间。由于这种延迟，卫星连接难以支持对时间敏感的应用程序，如视频游戏、IP 电话（Voice over Internet Protocol，VoIP）和视频会议。

有一种新的卫星服务，它使用了大量绕地球轨道运行的卫星，这些卫星处于近地轨道上。这种服务支持的传输速率高达 100 Mbit/s，延迟比标准卫星服务的短得多，为 100～200 ms。卫星天线配备了电机，让天线能够与绕地球运行的卫星重新对齐。

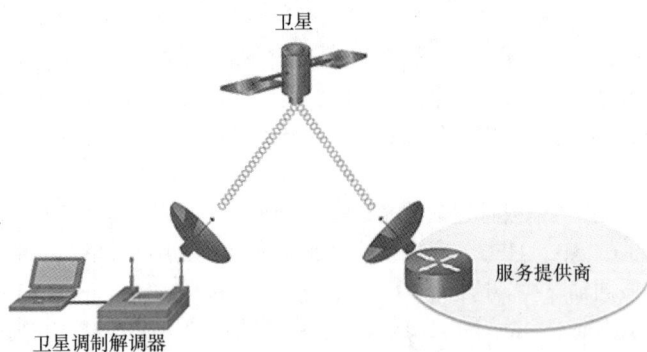

图 5-16　卫星连接

5. 蜂窝技术

蜂窝技术依赖于手机信号塔；信号塔遍布服务覆盖区，让用户能够无缝地接入移动电话服务和 Internet，如图 5-17 所示。第 3 代（3G）蜂窝技术面世后，智能手机便可接入 Internet。移动电话技术每次更新换代后，下行速度和上行速度都得到了进一步提高。

在有些地区，接入 Internet 的唯一方式是使用智能手机。在美国，用户越来越依赖于使用智能手机接入 Internet；根据皮尤研究中心（Pew Research Center）发布的数据，在 2021 年，美国 23% 的成人即便是在家里也不使用宽带，而使用智能手机接入 Internet。

6. 移动热点和网络共享

很多移动电话都能够连接到其他设备。这种连接被称为网络共享，可使用 Wi-Fi、蓝牙或 USB 电缆来实现。连接到移动电话后，设备就可使用蜂窝技术接入 Internet。移动电话允许其他 Wi-Fi 设备连接并使用移动数据网络时，就被称为移动热点，如图 5-18 所示。

图 5-17 用于接入 Internet 的蜂窝技术

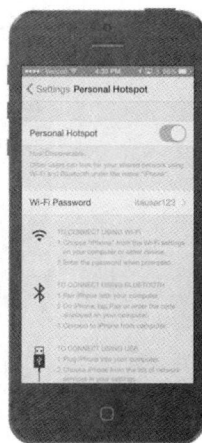

图 5-18 移动热点

5.2 网络协议、标准和服务

已开发出来的计算机网络协议数以百计，每种协议都是针对特定用途和环境设计的。协议定义了网络中的两台设备如何相互通信；设备使用这些规则就如何发送和接收数据达成一致，以便能够有效地通信。标准化的网络协议为网络设备提供了一种通用语言。标准是有关特定协议将如何运行的指南；每个人都知道并遵守通用标准，这让来自不同厂商的设备能够通信，即便这些设备运行的操作系统不同。网络终端用户依靠协议建立连接，并依靠服务来提高工作效率。

5.2.1 传输层协议

端口和协议让设备、应用程序和网络能够相互通信。协议定义了如何通信，而端口用于跟踪各种通信。本节介绍数据网络中常用的传输层协议和端口。传输层负责在两个应用程序之间建立临时性通信会话，并在它们之间传输数据。传输层是应用层和负责网络传输的底层之间的"桥梁"。

1. TCP/IP 模型

TCP/IP 模型由多层组成，这些层执行必要的功能，准备好要通过网络传输的数据。TCP/IP 模型是使用它包含的两种重要协议命名的：传输控制协议（Transmission Control Protocol，TCP）和互联网协议（Internet Protocol，IP）。TCP 负责跟踪用户设备和多个目的地之间的所有网络连接；IP 负责添加地址，让数据能够被路由到目的地。

有两个运行在传输层的协议——TCP 和用户数据包协议（User Datagram Protocol，UDP），如图 5-19

所示。TCP 是一种可靠的、功能齐备的传输层协议，负责确保所有数据都能到达目的地；UDP 是一种非常简单的传输层协议，不提供任何可靠性。

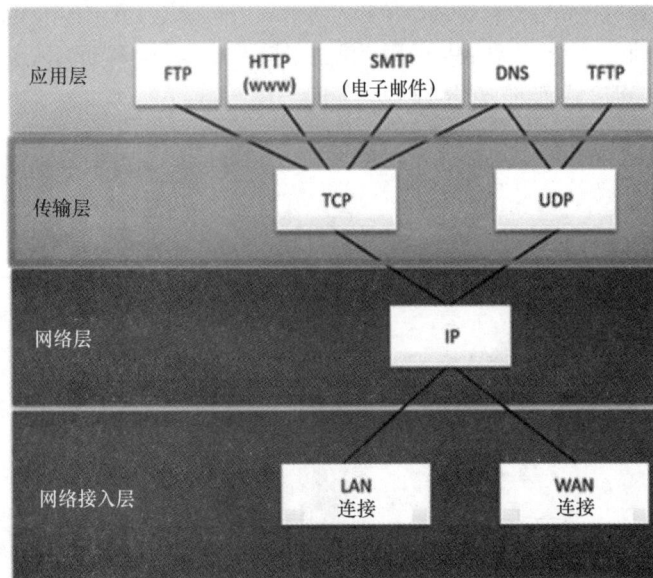

图 5-19   两种传输层协议

图 5-20 展示了 TCP 和 UDP 的特征。

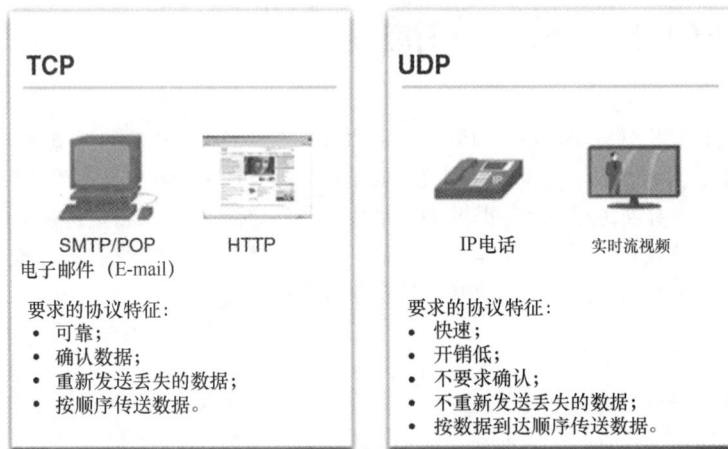

图 5-20   TCP 和 UDP 的特征

2. TCP

TCP 类似于发送全程跟踪的包裹。如果订单分成了多个数据包，客户可在线查看送达顺序。在 TCP 中，有 3 项确保可靠性的基本操作。

■   对特定应用程序发送给特定设备的数据段进行编号和跟踪。

■   确认数据已收到。

■   如果在指定时间内没有收到确认信息，就重新发送数据。

图 5-21～图 5-24 说明了 TCP 数据段和确认是如何在发送方和接收方之间传输的。

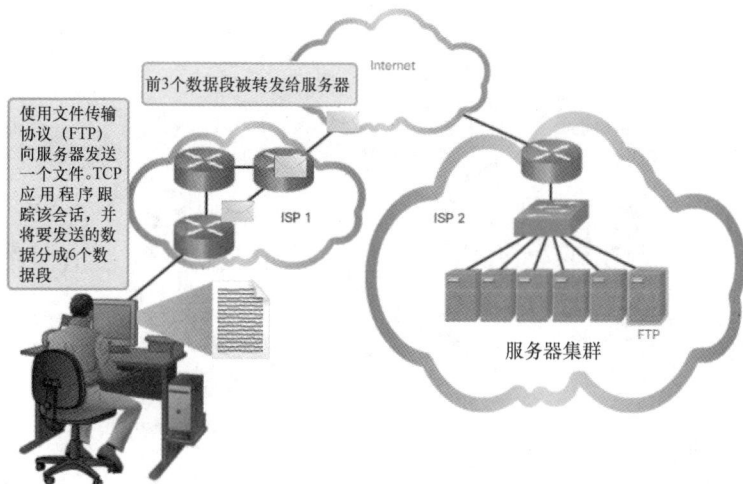

图 5-21　使用 TCP 应用程序发送数据

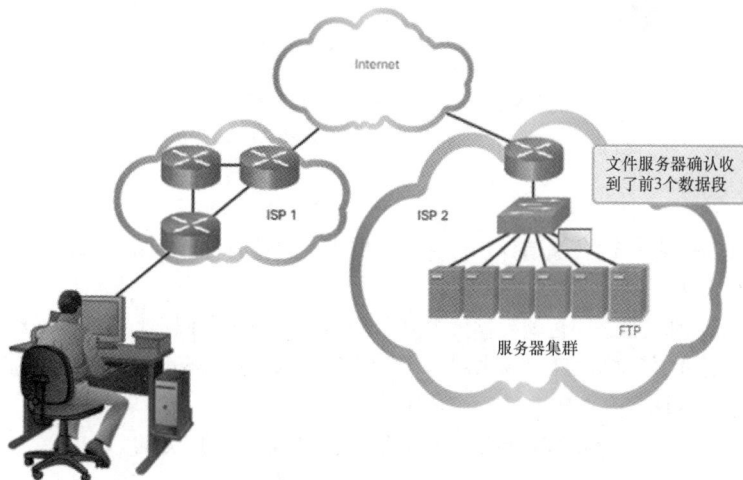

图 5-22　确认收到了 TCP 应用程序的数据

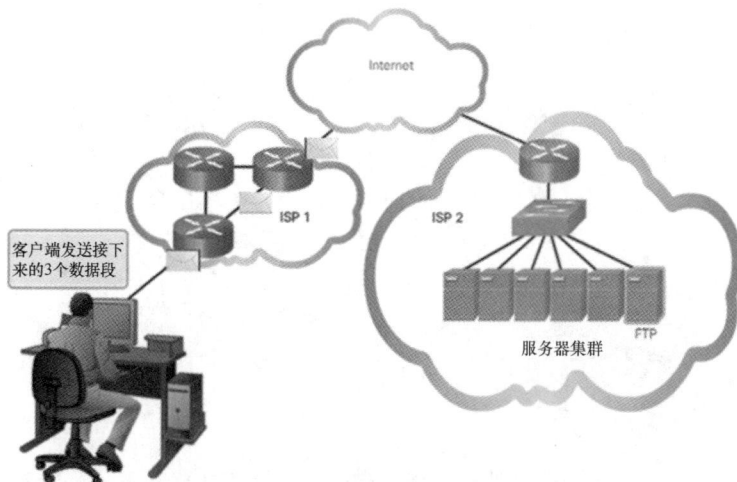

图 5-23　使用 TCP 发送更多数据

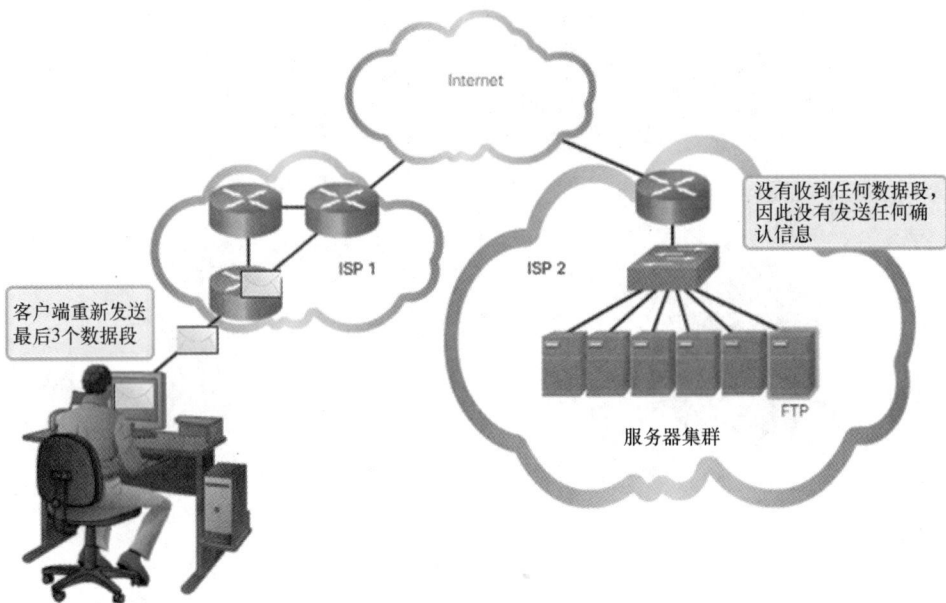

图 5-24 接收方未收到任何数据段

3. UDP

UDP 类似于邮寄未挂号的普通信件：信件发送方不确定接收方能否收到信件；邮局不跟踪信件，即便信件没有最终送达，邮局也不会告知发送方。

UDP 提供了在应用程序之间传输数据段的基本功能，开销非常低，且几乎不对数据做任何检查。UDP 是一种尽力而为的传输协议。在网络中，"尽力而为"就是"不可靠"的代名词，因为收到数据后接收方不对其进行确认。

图 5-25～图 5-26 说明了 UDP 数据段是如何从发送方传输到接收方的。

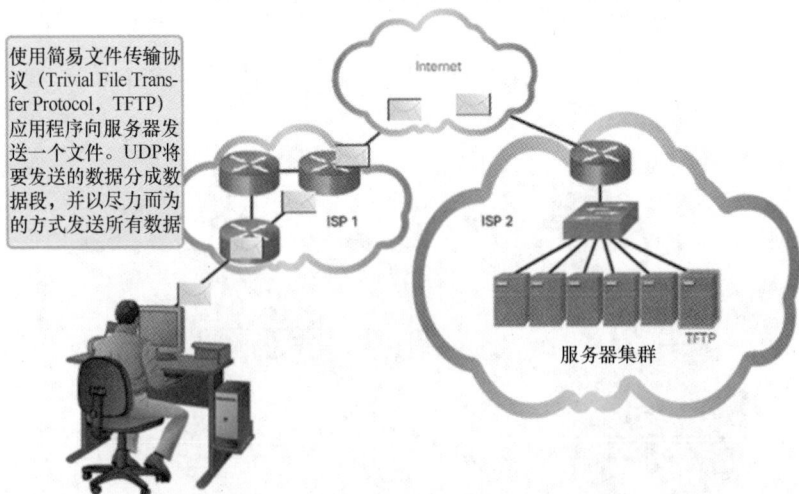

图 5-25 使用 UDP 应用程序 TFTP 发送数据

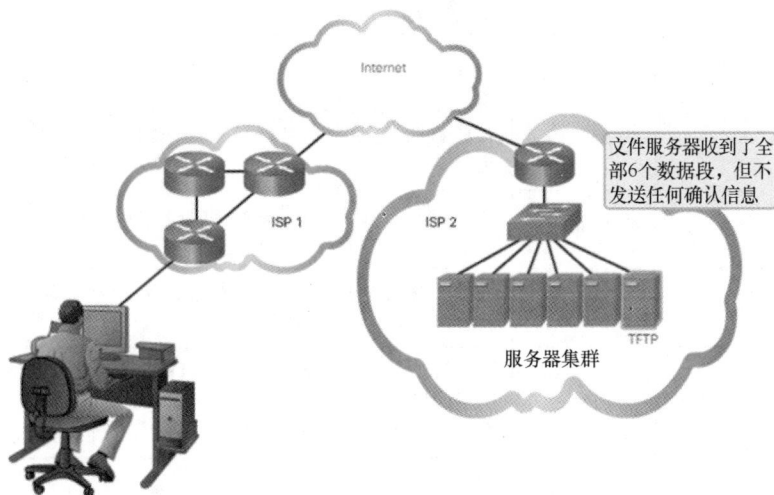

图 5-26 接收方不发送任何确认信息

5.2.2 应用程序端口号

在用于标识消息发送方和接收方的地址信息中，包含应用程序端口号，这让同一台计算机上的不同的应用程序能够共享网络资源。应用程序端口是逻辑端口，不同于用于插入电缆和连接硬件设备的物理端口。

TCP 和 UDP 使用一个源端口号和一个目标端口号来跟踪应用程序会话。源端口号与本地设备的始发应用程序相关联，而目标端口号与远程设备上的目标应用程序相关联。这些端口号都不代表物理端口，而是 TCP 和 UDP 用来标识负责处理数据的应用程序的数字。

源端口号是发送设备动态生成的，这让同一个应用程序可同时建立多个会话。例如，你使用 Web 浏览器时，可同时打开多个选项卡。对于普通 Web 流量，目标端口号为 80；而对于安全 Web 流量，目标端口号为 443。这些端口号被称为著名端口号，因为 Web 浏览器大都使用它们。每个打开的选项卡的源端口号都不同，这让计算机知道该将 Web 内容传送给哪个浏览器选项卡。同理，对于其他网络应用程序，如电子邮件和文件传输，也给它们分配了端口号。

应用层协议类型众多，在传输层使用 TCP（UDP）端口号进行标识。

■ 与万维网（World Wide Web）相关的协议（见表 5-1）。

表 5-1 与万维网相关的协议

端口号	传输层协议	应用层协议	描述
53	TCP、UDP	DNS	域名系统（Domain Name System，DNS）为 Web 服务、电子邮件服务和其他 Internet 服务查找与注册的 Internet 域相关联的 IP 地址。它使用 UDP 在 DNS 服务器之间传输请求和信息，并在要求的情况下使用 TCP 传输 DNS 响应
80	TCP	HTTP	超文本传输协议（Hypertext Transfer Protocol，HTTP）定义了一组规则，用于在万维网上交换文本、图形或图像和其他多媒体文件
443	TCP、UDP	HTTPS	浏览器使用加密技术，并对 Web 服务器连接请求进行身份验证

■ 电子邮件和身份管理协议（见表 5-2）。

表 5-2 电子邮件和身份管理协议

端口号	传输层协议	应用层协议	描述
25	TCP	SMTP	简单邮件传输协议（Simple Mail Transfer Protocol，SMTP）用于从客户端向电子邮件服务器发送电子邮件，还可能用于将电子邮件从源电子邮件服务器转发到目标电子邮件服务器
110	TCP	POP3	电子邮件客户端使用邮局协议版本 3（Post-Office Protocol version 3，POP3）从电子邮件服务器检索邮件
143	TCP	IMAP	互联网消息访问协议（IMAP）用于从服务器检索电子邮件，它比POP3 更高级，有很多优点
389	TCP、UDP	LDAP	轻量目录访问协议（Lightweight Directory Access Protocol，LDAP）用于维护可跨网络和系统共享的用户身份目录信息，还可用于管理有关用户和网络资源的信息，以及在多台计算机上验证用户的身份

- 文件传输和管理协议（见表 5-3）。

表 5-3 文件传输和管理协议

端口号	传输层协议	应用层协议	描述
20	TCP	FTP	文件传输协议（File Transfer Protocol，FTP）用于在计算机之间传输文件。FTP 不安全，因此应使用 SSH 文件传输协议（SFTP，TCP端口号为 22）
21	TCP	FTP	FTP 使用 TCP 端口 21 在客户端和 FTP 服务器之间建立连接，以便开始数据传输会话
69	UDP	TFTP	简易文件传输协议（Trivial File Transfer Protocol，TFTP）的开销比FTP 的少
445	TCP	SMB/CIFS	服务器消息块（SMB）和通用互联网文件系统（CIFS）让网络上的节点能够共享文件、打印机和其他资源
548	TCP、UDP	AFP	苹果文件协议（AFP）是苹果公司开发的一种专用协议，让 macOS和经典的苹果操作系统能够支持文件服务

- 远程访问协议（见表 5-4）。

表 5-4 远程访问协议

端口号	传输层协议	应用层协议	描述
22	TCP	SSH	安全外壳（Secure Shell，SSH）也被称为安全套接字外壳，提供强身份验证，支持在客户端和远程计算机之间传输经过加密的数据。与 Telnet 一样，它在远程计算机上提供命令行
23	TCP	Telnet	Telnet 是一种不安全的远程访问协议，负责在远程计算机上提供命令行。出于安全考虑，应首选 SSH
3389	TCP、UDP	RDP	远程桌面协议（RDP）由 Microsoft 开发，旨在支持远程访问计算机的图形桌面。在需要提供技术支持的情况下，它很有用，但务必谨慎使用，因为它让远程用户能够完全控制目标计算机

- 网络运维协议（见表 5-5）。

表 5-5   网络运维协议

端口号	传输层协议	应用层协议	描述
67/68	UDP	DHCP	动态主机配置协议（Dynamic Host Configuration Protocol，DHCP）自动给网络主机提供 IP 地址，并提供管理这些地址的途径。DHCP 服务器使用 UDP 端口 67，而客户端注释使用 UDP 端口 68
137～139	TCP、UDP	NetBIOS（NetBT）	NetBIOS over TCP/IP 提供了一个系统，让较旧的计算机应用程序能够通过大型 TCP/IP 网络进行通信。不同的 NetBT 功能使用不同的协议以及位于该范围内的不同端口
161/162	UDP	SNMP	简单网络管理协议（Simple Network Management Protocol，SNMP）让网络管理员能够从中央监控工作站监视网络的运行情况
427	TCP、UDP	SLP	服务定位协议（SLP）让计算机和其他设备能够查找 LAN 上的服务，而无须预先进行配置。SLP 通常使用 UDP，但也可使用 TCP

表 5-6 总结了这些应用协议——按端口号顺序列出。

表 5-6   按端口号顺序排列的应用协议

端口号	传输层协议	应用层协议
20	TCP	FTP（数据）
21	TCP	FTP（控制）
22	TCP	SSH
23	TCP	Telnet
25	TCP	SMTP
53	TCP、UDP	DNS
67	UDP	DHCP（服务器）
68	UDP	DHCP（客户端）
69	UDP	TFTP
80	TCP	HTTP
110	TCP	POP3
137～139	TCP、UDP	NetBIOS（NetBT）
143	TCP	IMAP
161/162	UDP	SNMP
389	TCP、UDP	LDAP
427	TCP、UDP	SLP
443	TCP	HTTPS
445	TCP	SMB/CIFS
548	TCP	AFP
3389	TCP、UDP	RDP

5.2.3 无线协议

无线信号是使用最广泛的通信方式之一。无线网络支持不同的协议，因为没有任何一种协议为所有的无线技术都提供了最佳解决方案。不同的无线协议旨在满足不同用户的需求，因此它们在速度、距离、可靠性和针对移动设备所做的优化等方面也不同。无线协议和无线技术在不断变化，这影响着我们的通信方式。

1. WLAN 协议

电气电子工程师学会（Institute of Electrical and Electronics Engineers，IEEE）制定了一系列 Wi-Fi 标准，这些标准统称为 802.11 标准，对 WLAN 的无线电频率、速度和其他功能等做了规定。多年来，人们制定了各种 IEEE 802.11 标准，表 5-7 比较了这些 802.11 标准。

802.11a、802.11b 和 802.11g 标准已过时，新的 WLAN 应遵循 802.11ac 标准，既有 WLAN 应遵循 802.11ac 标准。

表 5-7　　　　　　　　　　　　　比较各种 802.11 标准

IEEE 标准	最高速度	最大室内覆盖范围	频率	向后兼容
802.11a（Wi-Fi 2）	54 Mbit/s	115 ft（35 m）	5 GHz	无
802.11b（Wi-Fi 1）	11 Mbit/s	115 ft（35 m）	2.4 GHz	无
802.11g（Wi-Fi 3）	54 Mbit/s	125 ft（38 m）	2.4 GHz	802.11b
802.11n（Wi-Fi 4）	600 Mbit/s	230 ft（70 m）	2.4 GHz、5 GHz	802.11a/b/g
802.11ac（Wi-Fi 5）	1.3 Gbit/s	115 ft（35 m）	5 GHz	802.11a/n
802.11ax（Wi-Fi 6）	9.6 Gbit/s	150 ft（46 m）	2.4 GHz、5 GHz	802.11a/b/g/n/ac
802.11ax（Wi-Fi 6e）	9.6 Gbit/s	150 ft（46 m）	1 GHz、6 GHz	802.11a/b/g/n/ac

2. 蓝牙、NFC 和 RFID

用于近距离连接的无线协议包括蓝牙、射频识别（Radio Frequency Identification，RFID）和 NFC。

（1）蓝牙。

一个蓝牙设备最多可连接 7 台蓝牙设备，如图 5-27 所示。IEEE 标准 802.15.1 规定，蓝牙使用的无线频率范围为 2.4～2.485 GHz，通常用于 PAN。蓝牙标准支持自适应跳频（AFH），让信号能够跳转——使用范围为 2.4～2.485 GHz 的不同频率，从而降低多台蓝牙设备相互干扰的可能性。

（2）RFID。

RFID 使用 125～960 MHz 范围内的频率来识别物品，适用于发货部门等场景，如图 5-28 所示。有源 RFID 标签带有电池，能够将其 ID 广播到 100 m 开外的地方；无源 RFID 标签依靠 RFID 阅读器使用无线电波激活并读取标签。无源 RFID 标签通常用于近距离扫描场景，支持的最远扫描距离可达 25 m。

（3）NFC。

NFC 使用 13.56 MHz 的频率，是 RFID 标准的一个子集。设计 NFC 旨在提供一种安全的交易方法，例如，消费者只需在支付系统旁边轻触智能手机，就能支付商品或服务费用，如图 5-29 所示。支付系统根据 ID，从相应的预付账款账户或银行账户中收取支付金额。NFC 还被用于公共交通服务、公共停车场和众多其他的消费领域。

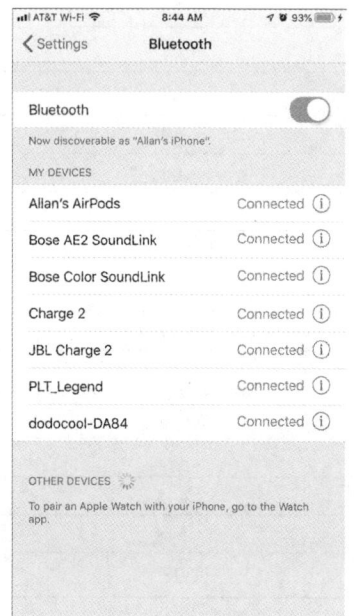

图 5-27　iPhone 蓝牙设置

图 5-28　RFID 条形码阅读器

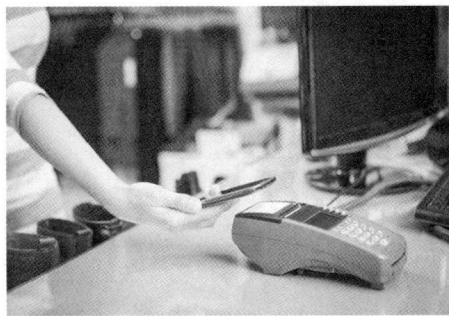

图 5-29　NFC 支付

3. ZigBee 和 Z-Wave

ZigBee 和 Z-Wave 是两种智能家居标准，让用户能够连接无线网状网中的多台设备，进而使用智能手机应用管理这些设备。

（1）ZigBee。

ZigBee 使用低功耗数字广播，基于针对低速无线个域网（LR-WPAN）制定的 IEEE 802.15.4 无线标准，主要供低成本的低速设备使用。ZigBee 的工作频率范围为 868 MHz～220.4 GHz，传输距离范围为 10～20 m。ZigBee 的数据传输速率范围为 40～250 kbit/s，可支持大约 65000 台设备。

ZigBee 规范依赖于被称为 ZigBee 协调器的主设备，这种设备的任务是管理所有的 ZigBee 客户端设备，并负责创建和维护 ZigBee 网络。

虽然 ZigBee 为开放标准，但软件开发人员必须是 ZigBee 联盟的付费成员才能使用该标准或为该标准做贡献。

（2）Z-Wave。

Z-Wave 是一种专用标准，归 Silicon Labs 所有。然而，Z-Wave 互通层的公开版本已于 2016 年开源，Z-Wave 开源标准包括 Z-Wave 的 S2 安全性、用于通过 IP 网络传输 Z-Wave 信号的 Z/IP 以及 Z-Ware 中间件。

Z-Wave 的工作频率随所在国家和地区而异，在印度为 865.2 MHz，在日本为 922～926 MHz，在北美为 908.42 MHz。Z-Wave 的传输距离高达 100 m，但数据传输速度低于 ZigBee，为 9.6～100 kbit/s。Z-Wave 可在一个无线网状网中支持多达 232 台设备。

要获悉有关这两种智能家居标准的最新信息，可在网上搜索 ZigBee 和 Z-Wave。

智能家居产品市场在不断增大。据调查，2021 年的智能家居数量为 2.5854 亿。智能家居市场还将继续增大，给个人和企业提供了极佳的经济机会。

4. 蜂窝网络发展

蜂窝网络使用移动电话技术连接到 Internet，性能受制于手机及其连接的信号塔的功能。蜂窝技术经历了几代（简称为 G）的演变过程，如表 5-8 所示。

表 5-8　　　　　　　　　　　　　　　　蜂窝网络发展

移动电话技术	描述
1G/2G	■　第 1 代（1G）移动电话只能处理模拟语音呼叫。 ■　2G 引入了数字语音、电话会议和来电显示。 ■　速率：低于 9.6 kbit/s

续表

移动电话技术	描述
2.5 G	■ 2.5G 支持 Web 浏览、短音频和视频剪辑、游戏以及应用程序和铃声下载。 ■ 速率：9.6～237 kbit/s
3G	■ 3G 提高了数据传输速度，支持全动态视频、流式音乐和 3D 游戏，Web 浏览速度更快。 ■ 速率：144 kbit/s～2 Mbit/s
3.5G	■ 3.5G 支持高质量流式视频、高质量视频会议和 VoIP。 ■ VoIP 是一种将互联网编址应用于语音数据的技术。 ■ 速率：400 kbit/s～16 Mbit/s
4G	■ 4G 支持基于 IP 的语音、游戏服务、高质量流式多媒体和 IPv6（最新版的互联网编址）。 ■ 发布于 2008 年，当时没有任何手机运营商符合 4G 速度标准。 ■ 速率：5.8～672 Mbit/s
LTE	■ 长期演进（Long Term Evolution，LTE）是一种符合 4G 速度标准的 4G 技术。 ■ 在用户快速移动的情况下（如在高速公路上行驶的汽车中），LTE 高级版可显著提高速度。 ■ 速率：移动时 50～100 Mbit/s；静止时可高达 1 Gbit/s
5G	■ 5G 标准于 2018 年 6 月获批，当前正在全球很多市场中实施。 ■ 5G 支持各种应用场景，包括 AR、VR、智能家居、智能汽车以及任何在设备之间传输数据的场景。 ■ 速率：下行速度为 400 Mbit/s～3 Gbit/s；上行速度为 500 Mbit/s～1.5 Gbit/s
6G	■ 6G 当前还在开发中，截至 2023 年初，还没有相关的标准。 ■ 6G 将支持更快的速度，以满足 AR、VR、人工智能（Artificial Intelligence，AI）和瞬时通信等应用场景的需求。 ■ 速率：目前的预测是 1Tbit/s

5.2.4　网络服务

网络服务器是为客户端提供所需服务的组件。网络服务是根据请求的服务类型使用协议提供的服务。在用户请求时提供的网络服务类型众多，如访问 Internet 和电子邮件、共享文件等。

1. 客户端-服务器模型

网络中直接参与网络通信的计算机都是主机；主机也被称为终端设备。网络中的主机扮演着特定的角色，有些执行安全任务，有些提供 Web 服务；还有很多提供特定服务（如文件服务或打印服务）的传统系统或嵌入式系统。提供服务的主机被称为服务器，而使用服务的主机被称为客户端。

每项服务都需要使用独立的服务器软件来提供，例如，要提供 Web 服务，服务器必须安装 Web 服务器软件。安装了服务器软件的计算机可同时向众多客户端提供服务；同一台计算机可运行多种服务器软件。在家庭或小型企业中，可能需要让一台计算机同时充当文件服务器、Web 服务器和电子邮件服务器。

要向服务器请求信息并显示获得的信息，客户端需要安装相应的软件；一种客户端软件是 Web 浏览器，如 Chrome 和 Firefox。在同一台计算机上，可运行多种客户端软件。例如，用户在收发即时消息和收听互联网广播的同时，可查收邮件和浏览网页。

常见的客户端-服务器模型如下。

- **文件客户端和服务器**（见图 **5-30**）：文件服务器集中存储公司文件和用户文件，而客户端使用客户端软件（如 Windows 资源管理器）访问这些文件。
- **Web 客户端和服务器**（见图 **5-31**）：Web 服务器运行 Web 服务器软件，而客户端使用浏览器软件（如 Windows Internet Explorer）访问服务器上的网页。

图 5-30　文件客户端和服务器

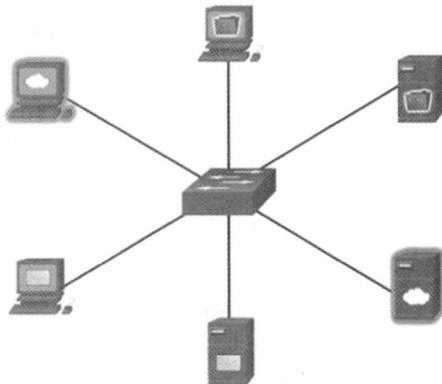

图 5-31　Web 客户端和服务器

- **电子邮件客户端和服务器**（见图 **5-32**）：电子邮件服务器运行电子邮件服务器软件，而客户端使用电子邮件客户端软件（如 Microsoft Outlook）访问服务器上的电子邮件。

2. DHCP 服务器

主机需要有 IP 地址信息才能在网络上发送数据。有两种重要的 IP 地址服务——DHCP 和 DNS。

DHCP 是一种服务，由 ISP、网络管理员和无线路由器自动给主机分配 IP 地址信息，如图 5-33 所示。

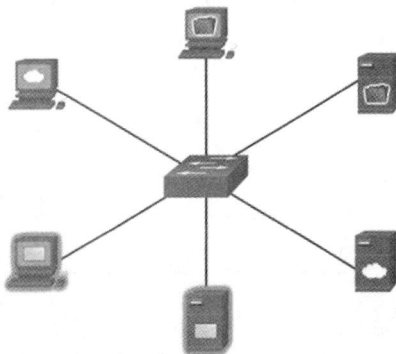

图 5-32　电子邮件客户端和服务器

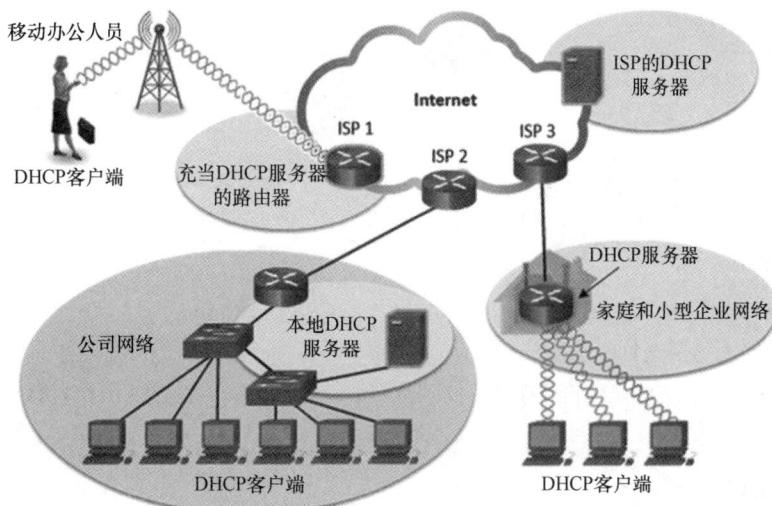

图 5-33　DHCP 服务

3. DNS 服务器

计算机使用 DNS 将域名转换为 IP 地址。相比于 IP 地址（如 72.163.4.185），域名（如 http://www.）更好记。如果思科修改 www.cisco.com 对应的 IP 地址，用户很可能根本意识不到，因为域名没变，只是将其关联到了不同的 IP 地址，而这不影响用户访问思科官网。

图 5-34～图 5-38 展示了 DNS 解析过程包含的步骤。

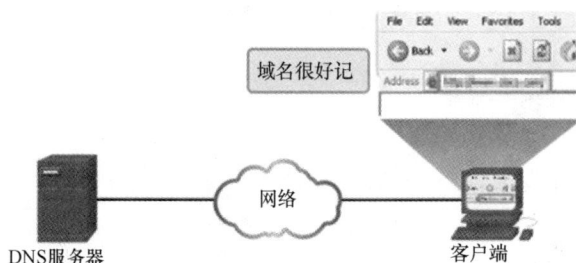

图 5-34　DNS 解析过程的第 1 步

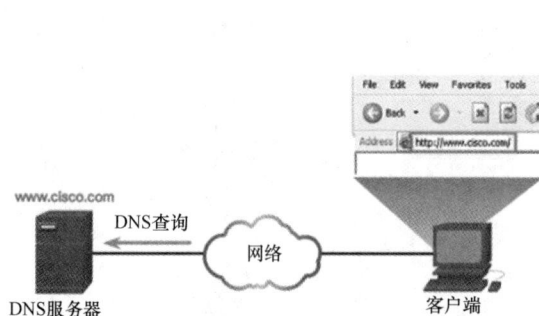

图 5-35　DNS 解析过程的第 2 步

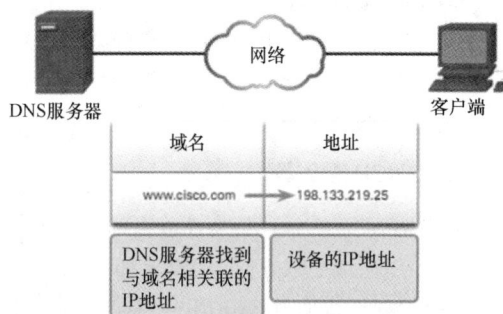

图 5-36　DNS 解析过程的第 3 步

图 5-37　DNS 解析过程的第 4 步

图 5-38　DNS 解析过程的第 5 步

4. 打印服务器

打印服务器让多位用户能够使用同一台打印机，它有如下 3 项功能。

- 让客户端能够访问打印资源。
- 管理打印作业，方法是将打印作业存储到队列中，等打印机准备就绪后，再将打印信息提供给它。
- 向用户提供反馈。

5. 文件服务器

FTP 提供了在客户端和服务器之间传输文件的功能。FTP 客户端是计算机上运行的一个应用程序，用于从运行 FTP 服务器的服务器那里获取文件以及将文件推送给服务器。

如图 5-39 所示，要使用 FTP 传输文件，需要在客户端和服务器之间建立两个连接：一个用于传输命令和应答，另一个用于传输文件。

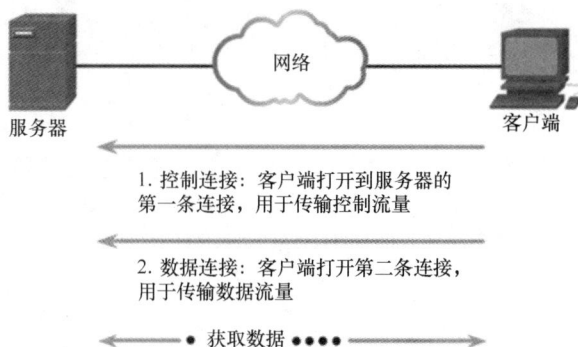

图 5-39　FTP 过程

FTP 存在很多安全漏洞，因此应使用更安全的文件传输服务，如下。

- **安全文件传输协议（File Transfer Protocol Secure，FTPS）**：FTP 客户端可请求建立加密的文件传输会话，服务器可能接受，也可能拒绝。
- **SSH 文件传输协议（SSH File Transfer Protocol，SFTP）**：SSH 协议的一个扩展协议，可用于建立更安全的文件传输会话。
- **安全复制（Secure Copy，SCP）**：使用 SSH 来确保文件传输安全。

6. Web 服务器

Web 服务器提供 Web 资源，主机使用 HTTP 或超文本安全传输协议（Hypertext Transfer Protocol，Secure，HTTPS）访问 Web 资源。HTTP 是一组有关如何在万维网上交换文本、图形或图像、音频和视频的规则；HTTPS 增加了加密和身份验证服务，这是使用安全套接字层（Secure Sockets Layer，SSL）或较新的传输层安全协议（Transport Layer Security，TLS）实现的。HTTP 运行在端口 80 上，而 HTTPS 运行在端口 443 上。

为更深入地认识 Web 服务器和 Web 浏览器是如何交互的，我们以统一资源定位符（Uniform Resource Locator，URL）http://www.cisco.com/ index.html 为例，看看浏览器是如何打开网页的。

首先，浏览器对该 URL 的 3 部分进行解读（见图 5-40）。

（1）http（协议或方案）。

（2）www.cisco.com（服务器名）

（3）index.html（请求的文件名）。

图 5-40　HTTP 示例拓扑

然后，浏览器请求 DNS 服务器将 www.cisco.com 转换为 IP 地址，再使用该地址连接到 Web 服务器。根据 HTTP 的要求，浏览器向 Web 服务器发送 GET 请求，请求提供 index.html 文件，如图 5-41 所示。

服务器将该网页的超文本标记语言（Hypertext Markup Language，HTML）代码发送给客户端浏览器，如图 5-42 所示。

最后，浏览器解读 HTML 代码并根据浏览器窗口调整网页格式，如图 5-43 所示。

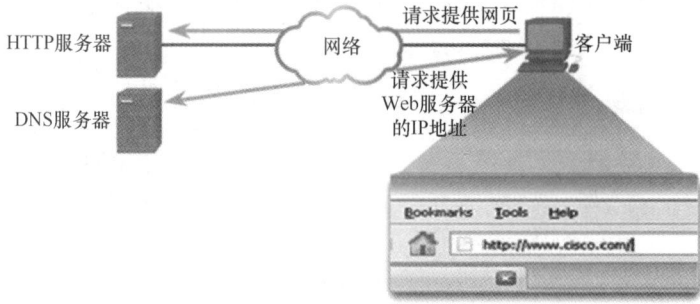

图 5-41 HTTP 过程的第 1 步

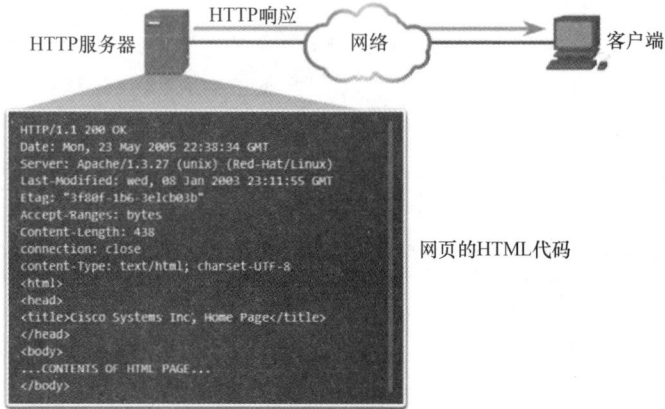

图 5-42 HTTP 过程的第 2 步

图 5-43 HTTP 过程的第 3 步

7. 邮件服务器

要收发邮件，需要使用多种应用程序和服务，如图 5-44 所示。邮件服务是通过网络发送、存储和检索电子邮件来实现存储并转发的方法。电子邮件存储在邮件服务器的数据库中。

为收发邮件，邮件客户端与邮件服务器通信；为将邮件从一个域传输到另一个域，邮件服务器与其他邮件服务器通信。发送邮件时，邮件客户端不直接与另一个邮件客户端通信；相反，这两个邮件客户端都依靠邮件服务器来传输邮件。

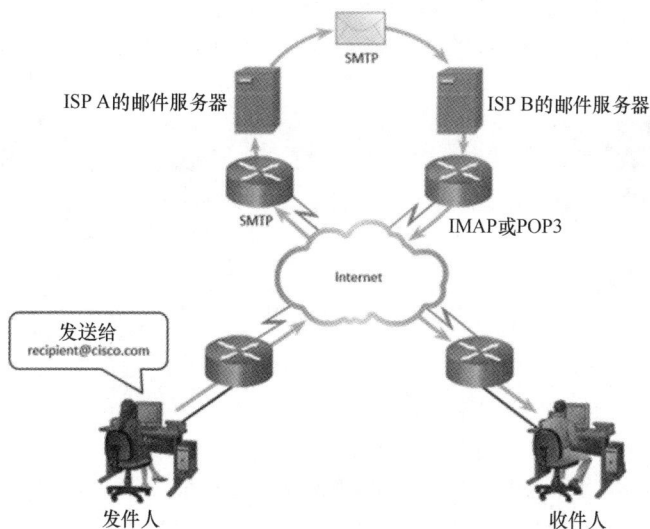

图 5-44　邮件收发过程

邮件服务支持 3 种不同的协议：SMTP、POP 和 IMAP。发送邮件的应用层进程使用 SMTP、客户端使用两种应用层协议之一来检索邮件：POP 和 IMAP。

8. 代理服务器

代理服务器可充当另一台计算机。代理服务器的一种常见用途是，存储或缓存内部网络中设备经常访问的网页，例如，图 5-45 中的代理服务器存储了网站 www.cisco.com 的网页。

当内部主机向 www.cisco.com 发送 HTTP GET 请求时，该代理服务器将完成如下步骤。

① 拦截请求。

② 检查网页内容是否发生了变化。

③ 如果网页内容没变，就将缓存的网页发送给主机。

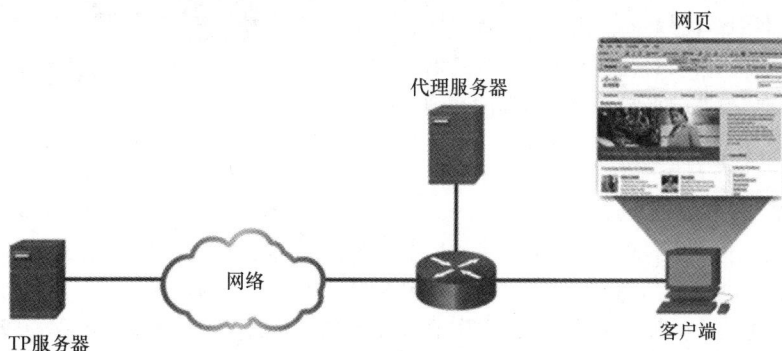

图 5-45　缓存网页的代理服务器

另外，代理服务器能够有效地隐藏内部主机的 IP 地址，因为所有发送给 Internet 的请求都将代理服务器的 IP 地址作为源地址。

9. AAA 服务器

通常通过鉴权、授权和结算（AAA）服务器来控制网络设备的访问。AAA（3A）服务器提供了在网络设备上设置访问控制的基本框架，让你能够控制谁可访问网络（鉴权）以及用户进入网络后能做什么（授权），并跟踪用户在访问网络期间执行的操作（结算）。

在图 5-46 中，远程客户端通过 4 个步骤向 AAA 服务器证明身份，进而获得网络访问权。

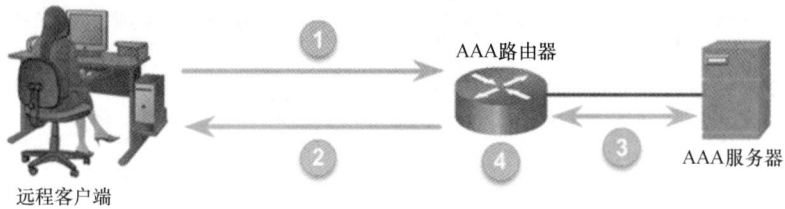

图 5-46　AAA 身份验证过程

图 5-46 所示的步骤如下。

① 远程客户端建立到 AAA 路由器的连接。

② AAA 路由器提示用户输入用户名和密码。

③ 路由器使用 AAA 服务器根据用户名和密码进行身份验证。

④ 根据 AAA 服务器上的信息，用户被允许访问网络。

10. 系统日志服务器

很多网络设备都支持系统日志，包括路由器、交换机、应用程序服务器、防火墙和其他网络设备，系统日志示例如图 5-47 所示。系统日志协议让网络设备能够通过网络将其系统日志信息发送给系统日志服务器。

系统日志服务提供如下 3 项主要功能。

- 收集日志信息，用于监控和排除故障。
- 选择要采集的系统日志信息类型。
- 指定将采集的系统日志信息发送到什么地方。

11. 负载均衡器

有些网络服务器的负载可能非常高，包括流媒体服务器、Web 服务器和邮件服务器。为及时地提供内容，通常使用多台服务器提供同一项服务。为在这些服务器之间分配请求，可使用负载均衡器，它位于服务器前面，确保每台服务器的负载都差不多。这可避免诸如网络超时和响应缓慢等问题。

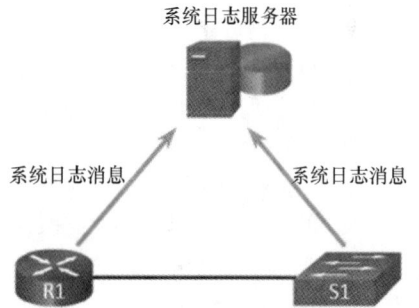

图 5-47　系统日志示例

12. SCADA

数据采集与监控（Supervisory Control and Data Acquisition，SCADA）系统可在工业控制系统（Industrial Control System，ICS）中实现重要服务自动化，被应用于国家安全、水处理和电力供应等领域。SCADA 软件运行在远程计算机上，它从 ICS 使用的设备那里收集数据并远程管理这些设备，这通常是使用卫星通信或蜂窝技术实现的。

5.3　网络设备

IT 技术人员必须知道常见网络设备的用途和特征。网络设备是一种硬件，用于将计算机或其他电子设备连接起来，让它们能够共享文件或资源。网络设备通过本地网络或远程网络安全地传输数据。

本节讨论各种网络设备。

5.3.1　基本网络设备

计算机网络中使用的设备类型众多，每种都扮演着不同的角色。基本网络设备指的是将设备和终端系统连接起来的物理组件，如网卡、中继器、集线器、网桥等。

1. 网卡

网卡提供从 PC 或其他终端设备到网络的物理连接。如图 5-48 所示，有多种类型的网卡。以太网网卡用于连接以太网；无线网卡用于连接 802.11 无线网络。在大多数台式计算机中，网卡集成在主板上或连接到扩展槽，还有 USB 网卡。

网卡还有一项重要功能：使用其介质访问控制（Medium Access Control，MAC）地址给数据编址，再以比特方式将数据发送到网络上。当今的计算机使用的网卡大都是千兆（1000 Mbit/s）以太网网卡。

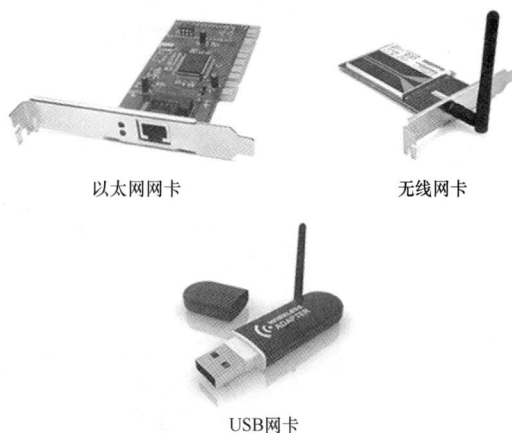

以太网网卡　　　无线网卡

USB网卡

图 5-48　网卡类型

注　意　在当今的计算机中，网卡通常集成在主板上，并具有无线功能。有关网卡的更详细信息，请参阅制造商提供的规格参数。

---

2. 中继器、集线器和网桥

在计算机网络刚面世时，使用中继器、集线器和网桥将设备添加到网络中。

（1）中继器。

中继器的主要用途是再生微弱信号，如图 5-49 所示。中继器也被称为扩展器，因为它增大了信号能够传输的距离。在当今的网络中，中继器主要用于再生光纤中的信号；另外，每个收发数据的设备都会再生信号。

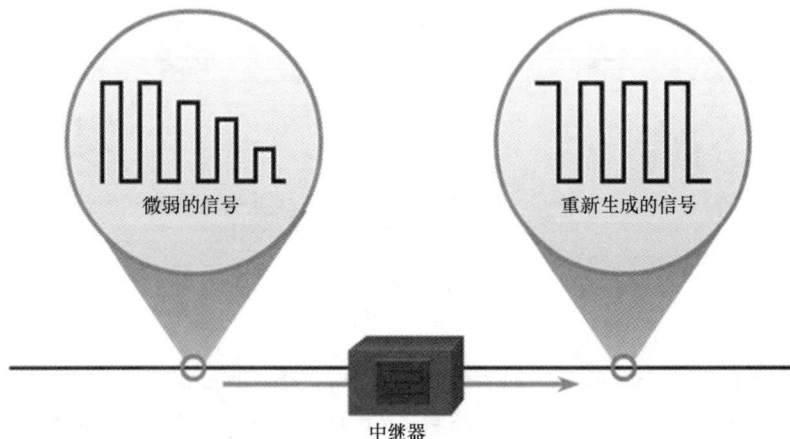

微弱的信号　　　　　重新生成的信号

中继器

图 5-49　中继器再生信号

（2）集线器。

集线器将其在一个端口上收到的数据从其他所有端口发送出去，如图 5-50 所示。集线器再生电子信号，从而扩大了网络的覆盖范围。集线器还可连接另一个网络设备，如交换机或路由器，而该网络设备连接网络的另一部分。

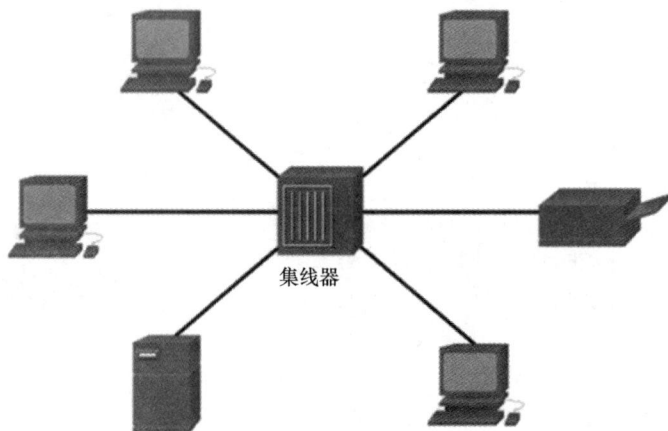

图 5-50 集线器连接 LAN 中的设备

集线器属于传统设备，一般不在当今的网络中使用。集线器不能隔离网络流量，对于与之相连的设备发送的流量，集线器将其泛洪到与之相连的其他所有设备，因此其带宽由所有设备共享。

（3）网桥。

网桥用于将 LAN 分成多个网段，它记录了每个网段中所有的设备，因此能够在网段之间过滤网络流量，这有助于减少在设备之间传输的流量。例如，在图 5-51 中，如果 PC-A 向打印机发送作业，这些流量不会被转发到网段 2，但服务器会收到这个打印作业。

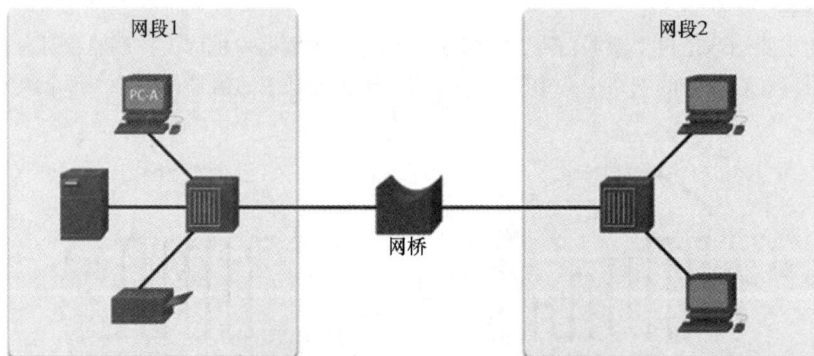

图 5-51 网桥将 LAN 分成多个网段

3. 交换机

鉴于交换机的优势，现在网桥和集线器都被视为过时设备。如图 5-52 所示，交换机对 LAN 进行微分段；所谓微分段指的是只将网络流量发送到它要前往的设备，这个网络上的每台设备都提供更高的专用带宽。PC-A 向打印机发送打印作业时，只有打印机会收到相关的流量。交换机和网桥都进行微分段，但交换机使用硬件执行相关过滤和转换操作，同时提供其他功能。

（1）交换机的工作原理。

网络上的每台设备都有独一无二的 MAC 地址，这种地址由网卡制造商指定。设备发送数据时，交换机将设备的 MAC 地址加入交换表中。交换表记录了与交换机相连的每台设备的 MAC 地址，还记录了前往具有给定 MAC 地址的设备时，应使用的交换机端口。收到前往特定 MAC 地址的流量后，交换机根据交换表确定要使用哪个端口，进而将流量从该端口转发出去。由于只从前往目的地的端口将流量发送出去，因此其他端口不受影响。

（2）管理型交换机和非管理型交换机。

在大型网络中，管理员通常会安装管理型交换机。管理型交换机提供额外的功能，管理员可通过配置这些功能来改善网络的功能和安全性。例如，在管理型交换机中，可配置 VLAN 和端口安全。

在家庭或小型企业网络中，可能不想使用管理型交换机，以免带来额外的复杂性和增加费用。相反，应考虑使用非管理型交换机，这种交换机通常没有管理接口，只需将其加入网络并连接网络设备，就可获得其微分段功能带来的好处。

4. 无线 AP

无线 AP 让无线设备（如便携式计算机和平板电脑）能够接入网络，如图 5-53 所示。无线 AP 使用无线电波与设备中的无线网卡和其他无线 AP 通信，但覆盖范围有限，因此在大型网络中，需要使用多个 AP，以提供足够的无线覆盖范围。无线 AP 只将设备连接到网络，而无线路由器还提供其他功能。

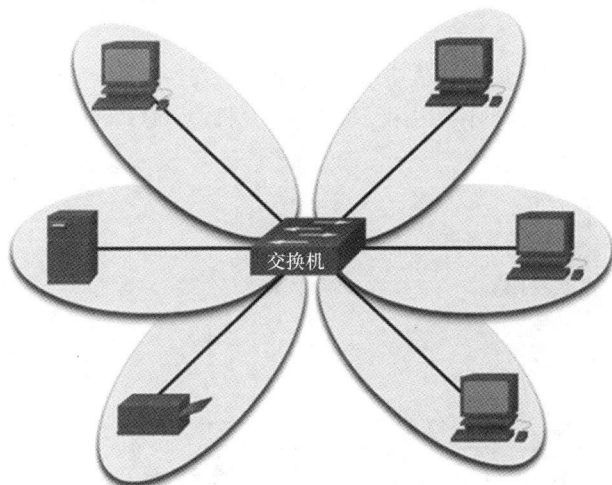

图 5-52　交换机对 LAN 进行微分段

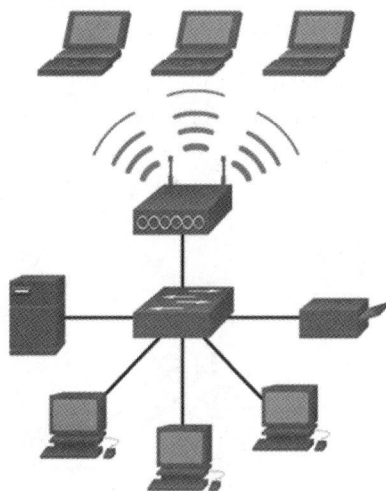

图 5-53　无线 AP

5. 路由器

交换机和无线 AP 都在网段内转发数据，路由器具备交换机和无线 AP 的全部功能，同时能够将不同的设备连接起来，如图 5-54 所示。交换机根据 MAC 地址在单个网络内转发流量，而路由器根据 IP 地址将流量转发到其他设备。在大型网络中，路由器与交换机相连，而交换机与 LAN 相连，如图 5-54 右半部分所示。在图 5-54 中，路由器充当了通往外部网络的网关。

图 5-54 左半部分的路由器也被称为多用途设备或集成路由器，它包含一个交换机和一个无线 AP。对有些场景来说，与购买多台提供单一功能的设备相比，更方便的做法是购买并配置一台能够满足所有需求的设备；对家庭或小型办公室来说尤其如此。多用途设备可能还包含用于连接到 Internet 的调制解调器。

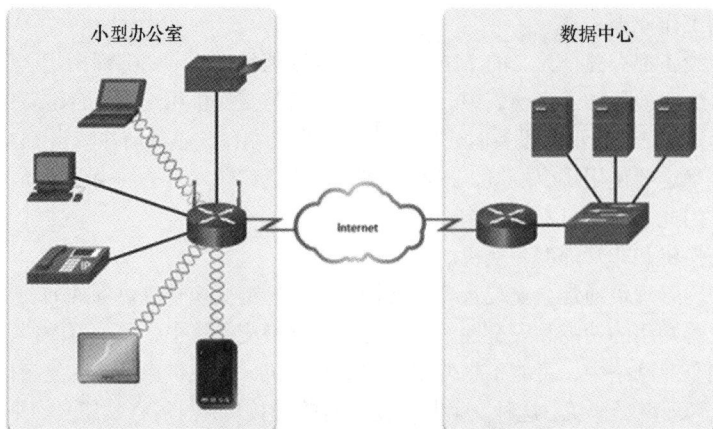

图 5-54 路由器连接不同的设备

5.3.2 网络安全设备

网络安全设备专注于网络设备交互以及网络设备之间的连接，对网络予以保护，可防范未经授权的访问、滥用或基础设施受损。终端安全专注于加固各个系统或终端。使用合适的设备和解决方案有助于保护网络。本节介绍一些常见的网络安全设备，它们可帮助保护网络，使其免受外部攻击。

1. 防火墙

集成路由器通常包含交换机、路由器和防火墙，如图 5-55 所示。防火墙负责保护网络中的数据和设备，防止未经授权的访问。防火墙部署在网络之间，不会占用受保护的计算机的资源，因此不会影响计算机处理性能。

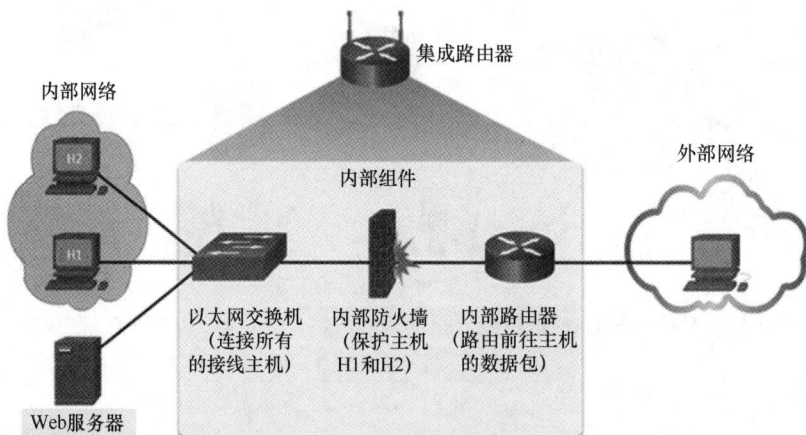

图 5-55 集成路由器的功能

防火墙使用访问控制列表（Access Control List，ACL）等技术来确定禁止还是允许访问特定的网段。ACL 是文件，包含对网络之间的流量进行控制的规则。

注　意　在采取了安全措施的网络中，如果无须考虑计算机的性能，可启用内部的操作系统防火墙，以进一步提高安全性。例如，在 Windows 10 中，这种防火墙名为 Windows Defender。除非正确地配置了防火墙，否则有些应用程序可能无法正常运行。

2. IDS 和 IPS

入侵检测系统（Intrusion Detection System，IDS）被动地监视网络中的流量。当前，独立的 IDS 几乎消失，而入侵防范系统（Intrusion Prevention System，IPS）越来越常见，但在所有的 IPS 实现中，都包含 IDS 检测功能。在图 5-56 中，一台具备 IDS 功能的设备复制流量，并对复制的流量（而不是被转发的数据包）进行分析。这台设备以离线方式工作，它将采集的流量与已知的恶意签名进行比较，与病毒检查软件很像。

IPS 基于 IDS 技术，但 IPS 设备是以内联模式下实现的，这意味着所有入站和出站流量都必须流经 IPS 设备，以便能够对其进行处理。如图 5-57 所示，IPS 禁止未经分析的数据包进入目标系统。

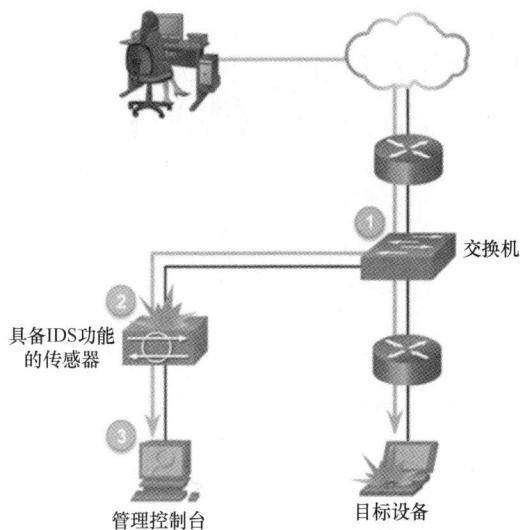

图 5-56　IDS 的工作原理　　　　　　　图 5-57　IPS 的工作原理

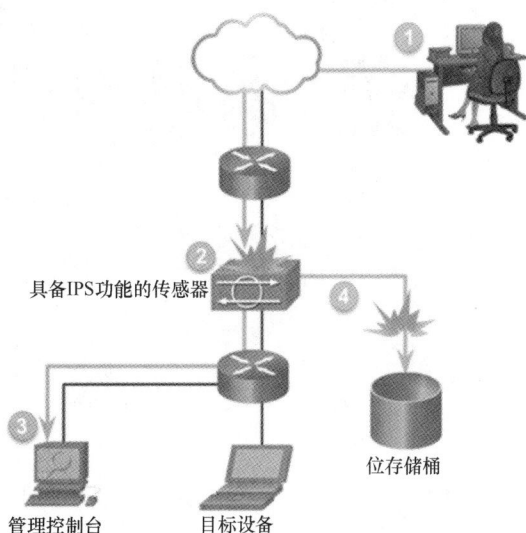

IDS 和 IPS 之间最大的不同在于，IPS 会立即采取措施，禁止恶意流量通过，而 IDS 会暂时允许恶意流量通过。然而，配置不当的 IPS 可能给在网络中传输的流量带来负面影响。

3. UTM

统一威胁管理（Unified Threat Management，UTM）是多功能安全设备的统称。UTM 具备 IDS/IPS 和有状态防火墙服务的所有功能。有状态防火墙使用状态表中的连接信息实现有状态数据包过滤；有状态防火墙跟踪每条连接，这是通过记录连接的源地址和目标地址以及源端口号和目标端口号实现的。

除 IDS/IPS 和有状态防火墙服务外，UTM 通常还提供如下其他安全服务。

- 零日保护。
- 拒绝服务（Denial of Service，DoS）和分布式拒绝服务（Distributed Denial of Service，DDoS）保护。
- 应用程序代理过滤。
- 过滤电子邮件以防范垃圾邮件和钓鱼攻击。
- 反间谍软件。
- 网络访问控制。
- VPN 服务。

这些功能因 UTM 厂商的不同而差别很大。

在当今的防火墙市场，UTM 通常被称为下一代防火墙。例如，图 5-58 所示的 Cisco 自适应安全设备（Adaptive Security Appliance，ASA）提供了最新的下一代防火墙功能。

图 5-58　采用 FirePOWER Services 的 Cisco ASA 5506-X

4. 终端管理服务器

终端管理服务器通常负责监视网络中所有的终端设备，包括台式计算机、便携式计算机、服务器、平板电脑和其他连接到网络的设备。如果终端设备不符合某些预定义的条件，终端管理服务器可禁止它连接到网络。例如，终端管理服务器可检查设备是否安装了最新的操作系统和反病毒更新软件。

思科 DNA（Digital Network Architecture，数字网络架构）Center 就是一种提供了终端管理的解决方案，但其功能远不止于此：它是一种用于对网络中所有设备进行管理的综合性管理解决方案，让网络管理员能够优化网络性能，从而提供最佳的用户和应用程序体验。图 5-59 展示了思科 DNA Center 的界面。

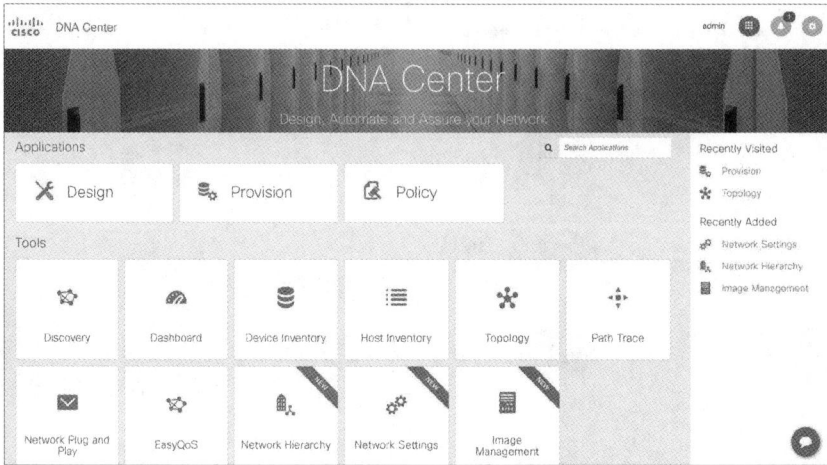

图 5-59　DNA Center 的界面

5. 垃圾邮件管理

DNS 服务器常被威胁行为者（Threat Actor）用来帮助发送垃圾邮件，有鉴于此，现在的 DNS 服务器使用 TXT 资源记录实现了反垃圾邮件安全功能。表 5-9 详细介绍其垃圾邮件管理功能。

表 5-9　　　　　　　　　　　　　　DNS 服务器的垃圾邮件管理功能

垃圾邮件管理功能	描述
发件人策略框架（Sender Policy Framework，SPF）	SPF 是一种特殊的 TXT 资源记录功能，标识了被授权用来向组织发送邮件的 SMTP 邮件服务器。 资源记录（Resource Record，RR）包含 IP 地址和邮件服务器域名，接收邮件的服务器根据这些信息来确定邮件是否合法。 每个域只能有一个 SPF RR。 SPF 还可指出如何处理来自未知服务器的邮件，包括拒收、进行标记或接收
域名密钥识别邮件（DomainKeys Identified Mail，DKIM）	DKIM 比 SPF 更高级，因为它利用了使用数字签名的加密身份验证，而不是使用获得授权的 SMTP 服务器列表。 TXT RR 包含发送域的公钥，供外部邮件服务器用来验证邮件发送服务器身份的真实性。 DKIM 可替代 SPF，也可与 SPF 结合起来使用
基于域的邮件身份验证、报告和一致性（Domain-based Message Authentication，Reporting and Conformance，DMARC）	DMARC 是一种进一步改善了 SPF 和 DKIM 的 TXT RR，针对不合规的 SPF 和 DKIM DNS 查询指定了额外的策略信息

5.3.3 其他网络设备

除前面讨论的网络设备外，可能还需要其他网络设备，以完善网络基础设施，从而保证连通性和内容传递。

1. 传统系统和嵌入式系统

传统系统指的是不再得到支持还依然运行在网络中的计算机和网络系统，其范围非常广泛（从ICS到大型计算机系统），还包括各种网络设备，如集线器和网桥。传统系统很容易受到安全攻击，因为无法对它们进行升级或打补丁。为降低安全风险，一种解决方案是对这些系统进行物理隔离。所谓物理隔离，指的是将传统系统与其他网络（尤其是 Internet）隔离开来。

嵌入式系统与传统系统相关，因为很多传统系统都有嵌入式微芯片。这些嵌入式微芯片通常被编程为向专用设备提供专用输入/输出指令。家庭中的采用嵌入式系统包括恒温器、冰箱、炉灶、洗碗机、洗衣机、游戏机和智能电视。越来越多的嵌入式系统被连接到 Internet，技术人员在推荐和安装嵌入式系统时，必须将安全放在首位。

2. 插线面板

插线面板常用于归置连接到场所内各种网络设备的电缆，在 PC 和交换机（路由器）之间提供连接点。插线面板分为有源插线面板和无源插线面板；有源插线面板能够再生微弱信号，再将其发送到下一台设备。

安全起见，务必使用电缆扎带或电缆管理产品将所有电缆固定好，且不要让电缆穿过走廊、桌子下方等可能被人踢到的地方。

3. 以太网供电和电力以太网

以太网供电（Power over Ethernet，PoE）是一种给没有电池或无法连接到电源插座的设备供电的方法，例如，PoE 交换机（见图 5-61）可通过以太网电缆向 PoE 设备传输数据，同时给它们提供直流电。

图 5-60　插线面板

图 5-61　思科 PoE 管理型交换机

对于支持 PoE 的低压设备，如无线 AP、监控视频设备和 IP 电话，可在 100 m 开外通过以太网连接给它们远程供电。

PoE 交换机、PoE 供电器、IP 摄像头、VoIP 和无线 AP 是 5 种常见的设备。还可在电缆线路中间使用 PoE 供电器（见图 5-62）给 PoE 设备供电。

有多种针对 PoE 的 IEEE 标准。

- **802.3af**：功率最高为 13 W，相应的电流和电压分别是 350mA 和 48V。
- **802.3at（PoE+）**：功率最高为 25 W，电流为 600 mA。
- **802.3bt（PoE++或 4PPoE）**：功率最高为 51 W（Type 3）或 73 W（Type 4）。

电力以太网（Ethernet over Power）常被称为电力线组网，它使用现有的电线来连接设备，如图 5-63 所示。

图 5-62   PoE 供电器

图 5-63   电力以太网

"无须敷设新线"的概念指的是只要有电源插座，就可将设备连接到网络，这省却了安装数据线的费用，同时不会增加电费。电力线组网使用供电线路以特定的频率发送数据，在图 5-63 中，一个电力线组网适配器插入了电源插座。

4. 基于云的网络控制器

基于云的网络控制器是一种云端设备，让网络管理员能够管理网络设备。例如，有多个场点的中型企业可能有数百个无线 AP，如果不使用某种控制器，这些设备管理起来可能非常麻烦。

Cisco Meraki 是一个基于云的网络管理工具，让管理员能够在仪表面板界面中集中管理、查看和控制所有的 Meraki 设备。网络管理员只需使用鼠标就可管理多个场点的无线设备。

5.4   网络电缆

网络电缆用于将设备连接到网络。要选择正确的电缆，首先需要确定网络在速度、覆盖范围和性能方面的需求。网络电缆类型众多，如同轴电缆、光纤和双绞线，具体选择使用哪种取决于网络的物理层、拓扑和规模。

5.4.1   网络工具

要组建和维护有线网络和无线网络，购买质量上乘的工具很重要。要完成诸如电缆测试、电缆维修和电缆制作等任务，必须有合适的工具。

1. 网络工具及其描述

安装和测试网络以及排除网络故障时，网络工程师和技术人员需要用到各种工具，下面介绍这些工具。

（1）剪线钳。

剪线钳用于剪线。图 5-64 所示的剪线钳也被称为侧切剪，是专为剪切铝线和铜线设计的。

（2）剥线钳。

剥线钳（见图 5-65）用于去除电线上的绝缘层，以便连接到其他电线，或者压接到连接器上以制作电缆。剥线钳通常有适用于不同线规的槽口。

图 5-64　剪线钳

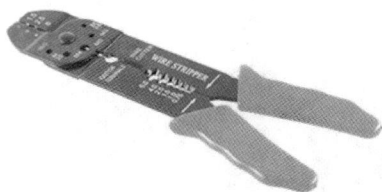

图 5-65　剥线钳

（3）压接钳。

压接钳用于将电线连接到连接器。图 5-66 所示的压接钳可用于将以太网电缆连接到 RJ-45 连接器，还可用于将固定电话使用的电话线连接到 RJ-11 连接器。

（4）打线工具。

打线工具（见图 5-67）用于将电线连接到端子块。

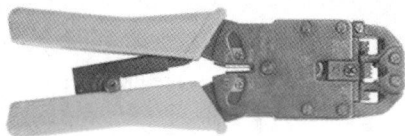

图 5-66　压接钳

图 5-67　打线工具

（5）万用表。

万用表（见图 5-68）是一种可进行众多测量的设备，它可测量交流或直流电压、电流和其他电气特性，以测试电路的完整性以及计算机组件的通电质量。

（6）电缆测试仪。

电缆测试仪（见图 5-69）用于检查导线是否短路、存在故障或连接的引脚不正确。

（7）环回适配器。

环回适配器（见图 5-70）也被称为环回插头，用于测试计算机端口的基本功能。需要使用的环回适配器随要测试的端口而异。在网络中，可将环回适配器插入计算机网卡中，以测试端口的收发功能。

图 5-68 万用表

图 5-69　电缆测试仪

图 5-70　环回适配器

（8）音频发生器和探测器。

音频发生器和探测器（见图 5-71）是一种由两部分组成的工具，用于在测试和排除故障时找出导线的远程端。音频发生器将音频施加于要测试的导线；在远程端，使用探测器确定被测试导线的远端。探测器靠近生成器连接的导线时，可通过探测器中的扬声器听到声音。

（9）Wi-Fi 分析仪。

Wi-Fi 分析仪（见图 5-72）是一种移动工具，用于检查无线网络和排除故障。

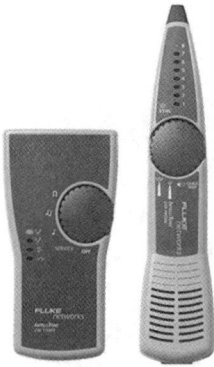

图 5-71　音频发生器和探测器

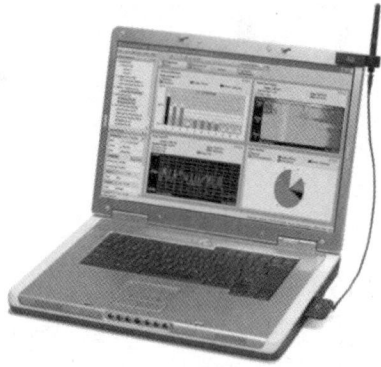

图 5-72　Wi-Fi 分析仪

很多 Wi-Fi 分析仪（如应用程序 Cisco Spectrum Expert Wi-Fi）都是为规划和维护企业网络以及确保其安全性和合规性而设计的强大工具，但也可用于规模较小的 WLAN。技术人员可使用 Wi-Fi 分析仪来查看给定区域内所有的无线网络、确定信号强度以及调整接入点位置以改变无线覆盖范围。

有些 Wi-Fi 分析仪能够发现配置错误、接入点故障以及射频干扰（Radio-Frequency Interference，RFI）问题，从而帮助排除无线网络故障。

2. 网络分流器

有时需要采集网络流量，以便对其进行分析；这种任务通常可使用 Wireshark 等软件来完成。如果这种方法不可行，可使用网络分流器采集电缆信号，并将其发送给分析软件。网络分流器分为无源分流器和有源分流器。

- **无源分流器**：带网络端口的盒子，网络端口用于输入和输出信号。里面有一个电感器或光分路器，用于复制信号并将其发送给监视端口。监视端口将收到电缆上的所有信号。
- **有源分流器**：可再生信号。由于千兆信号的复杂性，不能使用无源分流器。另外，使用光分路器时，有些光纤链路可能受损，因此必须使用有源分流器。

也可使用网络交换机上的特殊端口来进行网络监听，这被称为交换端口分析器（SPAN）/镜像端口。在镜像端口上，将收到前往特定端口或所有端口的流量的副本。

5.4.2　铜质电缆和连接器

本节将介绍在计算机和网络中用于将数据传输给设备或给设备供电的电缆，还将介绍连接器。连接器是电缆的组成部分，用于将电缆插入端口，从而将设备连接起来。有不同类型的电缆和不同外形规格的连接器。

1. 电缆类型

有多种类型的网络电缆，如图 5-73 所示。同轴电缆和双绞线使用铜导线中的电信号来传输数据；光纤使用光信号来传输数据。网络电缆的带宽、尺寸和价格各不相同。

2. 同轴电缆

同轴电缆通常用铜或铝制成，有线电视公司和卫星通信系统都使用这种电缆。同轴电缆由护套或表皮包裹，可用多种连接器端接，如图 5-74 所示。

同轴电缆使用电信号来传输数据，其屏蔽能力强于 UTP，因此信噪比高，能够传输更多的数据。然而，在 LAN 中，双绞线已取代同轴电缆，因为相比于 UTP，同轴电缆更难安装、价格更高、更难以排除故障。

双绞线

同轴电缆

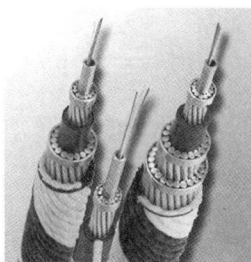
光缆

图 5-73 网络电缆

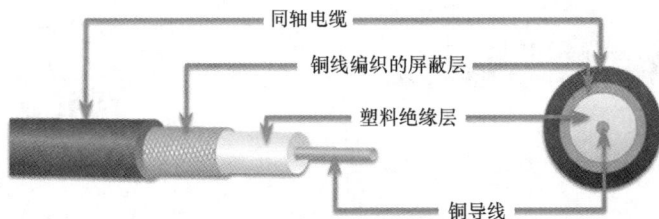

BNC

N型

F型

图 5-74 同轴电缆及其连接器

3. 双绞线

双绞线是一种铜质电缆，用于电话通信和大多数以太网。为防止串扰，将线对绞合在一起；所谓串扰，指的是电缆中相邻线对产生的噪声。常用的双绞线是 UTP。

如图 5-75 所示，UTP 由 4 对用不同颜色标识的导线组成（每对导线都绞合在一起），外面用塑料护套包裹，以防物理损坏。UTP 不能防止 EMI 和 RFI。造成 EMI 和 RFI 来源众多，包括电机和荧光灯。

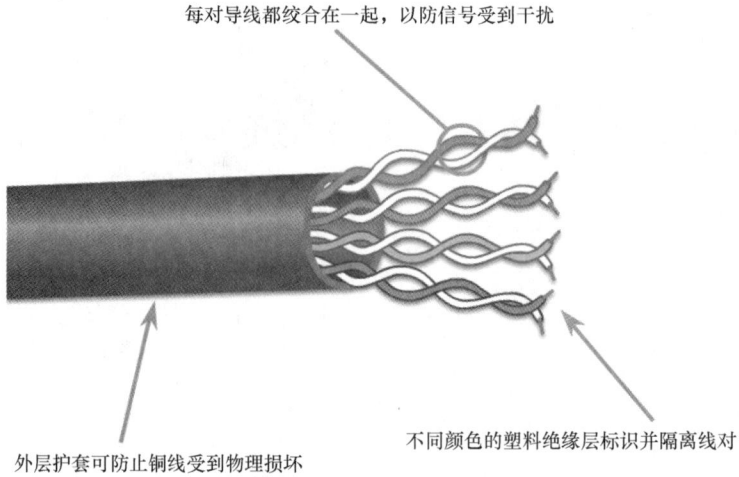

每对导线都绞合在一起，以防信号受到干扰

外层护套可防止铜线受到物理损坏

不同颜色的塑料绝缘层标识并隔离线对

图 5-75　UTP

STP 是为更好地防止 EMI 和 RFI 而设计的。如图 5-76 所示，每个线对都用锡箔屏蔽层包裹，再用金属编织网或锡箔包裹全部 4 个线对。

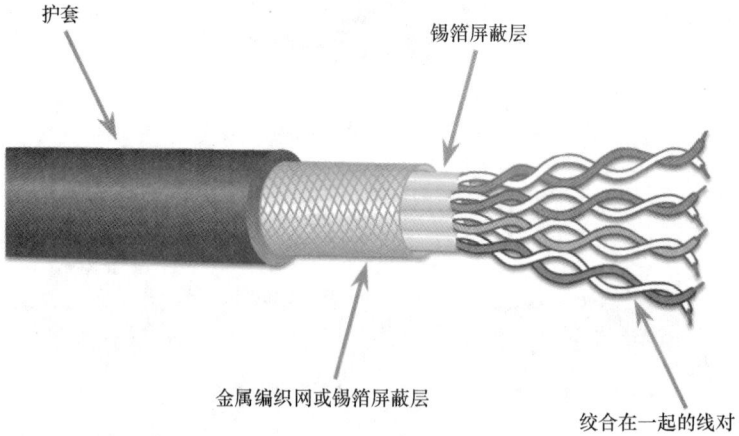

护套

锡箔屏蔽层

金属编织网或锡箔屏蔽层

绞合在一起的线对

图 5-76　STP

UTP 和 STP 都用 RJ-45 连接器端接，并插入 RJ-45 插口，如图 5-77 所示。相比于 UTP，STP 价格高得多，且难以安装。为充分发挥屏蔽的作用，使用具有屏蔽效果的 STP RJ-45 数据连接器（图 5-77 中未展示）端接 STP 电缆。如果电缆没有妥善地接地，屏蔽层可能变成天线，进而接收不想要的信号。

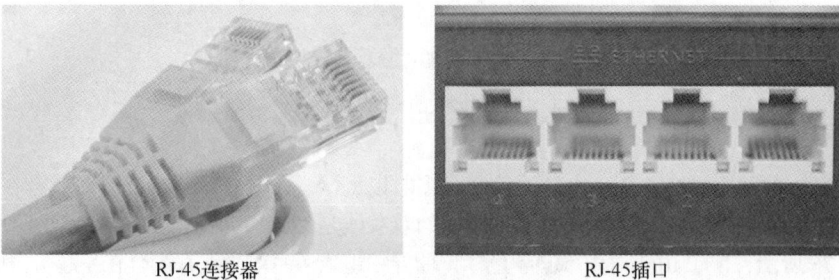

RJ-45连接器

RJ-45插口

图 5-77　RJ-45 连接器和插口

4. 双绞线类别

新建或翻新的办公大楼通常使用某种 UTP 电缆连接到所有办公室。UTP 的数据传输距离最大为 100 m。

每类 UTP 都有增压级（Plenum-rated）版本，用于建筑物的增压区域（Plenum Area）。所谓增压区域指的是用于通风的区域，如天花板和吊顶之间的区域。增压级电缆由特殊塑料制成，能够阻燃且产生的烟雾比其他类型的电缆更少。

表 5-10 列出了 5 类 UTP、超 5 类 UTP 和 6 类 UTP 的详细信息。

表 5-10 双绞线类别

类别	速度	特征
5 类 UTP	100 Mbit/s（100 MHz 频率带宽）	第 1 种被广泛使用的 4 线对 UTP，在以太网 LAN 中取代了 3 类 UTP。采用比 3 类 UTP 更高的制造标准，以支持更高的数据传输速率
超 5 类 UTP	1 Gbit/s（100 MHz 频率带宽）	采用比 5 类 UTP 更高的制造标准，以支持更高的数据传输速率。单位长度的绞合次数更多，以更好地防止来自外部的 EMI 和 RFI
6 类 UTP	1 Gbit/s（250 MHz 频率带宽，6a 类 500 MHz）	采用比 5 类 UTP 更高的制造标准，以支持更高的数据传输速率。单位长度的绞合次数更多，以更好地防止来自外部的 EMI 和 RFI。可能在电缆内部使用塑料隔板分隔线对，以更好地防止来自外部的 EMI 和 RFI。使用的应用程序（如视频会议或游戏）需要大量带宽时，6 类 UTP 是不错的选择。6a 类的绝缘性和性能都高于 6 类

5. 双绞线接线方式

双绞线有两种不同的接线方式——T568A 和 T568B。每种接线方式都定义电缆末端的引脚分配，即线序。T568A 和 T568B 之间的唯一不同是，对调了橙色线对和绿色线对的位置，如图 5-78 和图 5-79 所示。

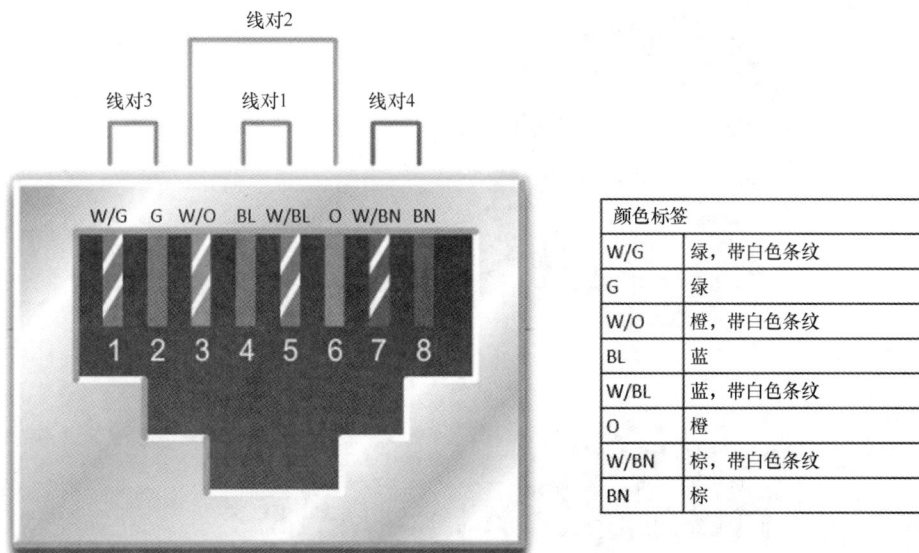

图 5-78 T568A 接线方式

线对2

线对3   线对1   线对4

W/O O W/G BL W/BL G W/BN BN

1 2 3 4 5 6 7 8

颜色标签	
W/O	橙，带白色条纹
O	橙
W/G	绿，带白色条纹
BL	蓝
W/BL	蓝，带白色条纹
G	绿
W/BN	棕，带白色条纹
BN	棕

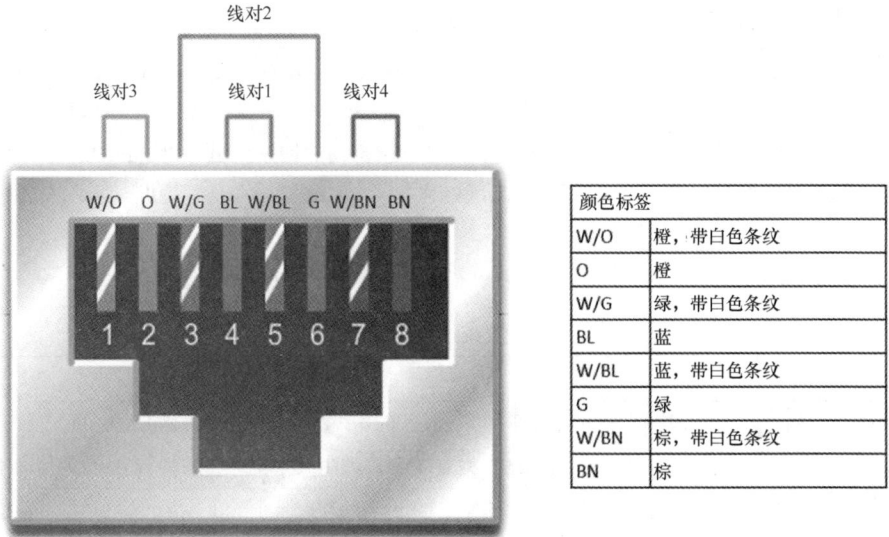

图 5-79 T568B 接线方式

在网络中，必须采用两种接线方式（T568A 和 T568B）中的一种，并严格遵守。在同一个项目中，必须使用同一种接线方式，这很重要。在既有的网络中，必须使用既有的接线方式。

5.4.3 光纤和连接器

光纤中央是玻璃束，外面包裹着绝缘材料，这种网络电缆支持高带宽、长距离的数据传输。

光纤连接器用于端接光纤，有多种不同的类型。不同类型连接器之间的主要差别在于尺寸和耦合方式，具体使用哪种连接器取决于现有的设备。

1. 光纤

光纤由两种玻璃（纤芯和涂层）和起保护作用的屏蔽层（护套）组成，如图 5-80 所示。

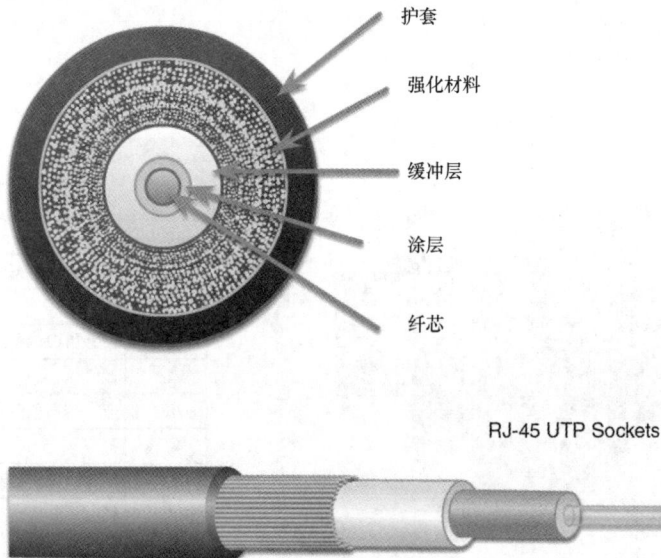

护套

强化材料

缓冲层

涂层

纤芯

RJ-45 UTP Sockets

图 5-80 光纤的构造

下面介绍光纤的各个组成部分。

- **护套**：通常是 PVC 护套，用于防止光纤磨损、受潮和其他影响。护套的成分随光纤的用途而异。
- **强化材料**：包裹着缓冲层，防止光纤因牵拉而变形，其材质与防弹背心的材质相同。
- **缓冲层**：用于防止纤芯和涂层受损。
- **涂层**：其材质与纤芯的材质略有不同，作用类似于镜子，将光反射回纤芯内，确保光沿光纤向前传播。
- **纤芯**：光纤中央的光传输部件，通常为硅或玻璃。光脉冲在纤芯内向前传播。

光纤使用光来传输信号，因此不受 EMI 和 RFI 的影响。进入光纤时，所有信号都被转换为光脉冲，而离开光纤时，光脉冲被转换为电信号。这意味着与铜缆或其他金属电缆相比，光纤的传输距离更远、带宽更大、传输的信号更清晰。虽然光纤很细，弯曲时容易折断，但由于纤芯和涂层的特征，光纤非常坚固、耐用，被广泛用于处于恶劣环境的网络中。

2. 光纤类型

光纤分为两大类。

- **单模光纤（Single-Mode Optical Fiber，SMF）**：纤芯极小，使用激光传播单束光，如图 5-81 所示。SMF 通常用于跨越数千米的长距离传输场景，如长途电话网和有线电视网。

单条笔直的光路

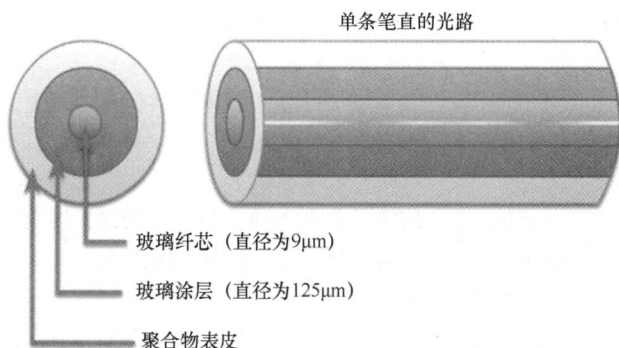

玻璃纤芯（直径为9μm）

玻璃涂层（直径为125μm）

聚合物表皮

图 5-81　SMF

- **多模光纤（Multi-Mode Optical Fiber，MMF）**：纤芯较大，使用 LED 发射器发射光脉冲。具体地说，从 LED 发射出的光从不同的角度进入多模光纤，如图 5-82 所示。MMF 通常用于 LAN，因为可使用价格低廉的 LED。MMF 的带宽高达 10 Gbit/s，链路长度最大为 550 m。

多条光路

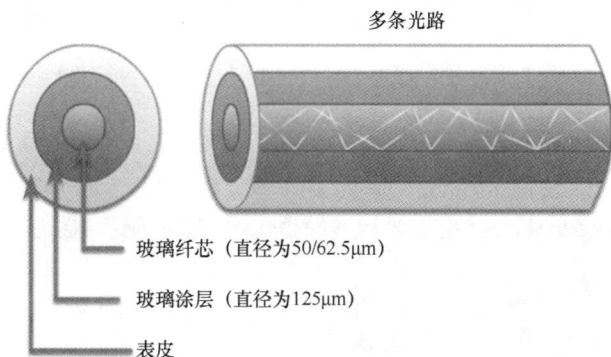

玻璃纤芯（直径为50/62.5μm）

玻璃涂层（直径为125μm）

表皮

图 5-82　MMF

SMF 具有如下特征。

- 纤芯小。
- 散射弱。
- 适合长距离传输。

- 使用激光作为光源。
- 通常用于横跨数千米的园区主干网络。

MMF 具有如下特征。

- 纤芯大。
- 散射强，容易丢失信号。
- 适合长距离传输，但传输距离比 SMF 短。
- 使用 LED 作为光源。
- 通常用于 LAN 或横跨距离只有几百米的园区网络中。

3. 光纤连接器

光纤连接器用于端接光纤，有多种不同的类型，不同类型之间的主要差别在于尺寸和耦合方式，企业应根据其设备选择要使用的连接器类型。

在名称包含 FX 或 SX 的光纤标准中，光在光纤内沿一个方向传播，因此需要两条光纤来支持全双工操作。光纤跳线将两条光纤电缆捆绑在一起，并用一对标准单光纤连接器端接。

在名称包含 BX 的光纤标准中，光在单股光纤内沿两个方向传播，这是通过波分复用（Wave Division Multiplexing，WDM）实现的。WDM 是一种在光纤内将发送信号和接收信号分开的技术。

要更深入地了解光纤标准，可在网上搜索"千兆以太网光纤标准"。

（1）直通式连接器。

直通式（Straight-Tip，ST）连接器（见图 5-83）是最先采用的连接器类型之一。这种连接器使用"转扭开关"的卡销式机制进行固定。

（2）用户连接器。

用户连接器（Subscriber Connector，SC）有时被称为方形连接器或标准连接器，如图 5-84 所示。SC 是一种被广泛使用的 LAN 和 WAN 连接器，使用推拉机制确保正向插入（Positive Insertion）。这种连接器适用于 SMF，也适用于 MMF。

图 5-83　ST 连接器

图 5-84　SC

（3）朗讯连接器。

朗讯连接器（Lucent Connector，LC）是 SC 的小型版本（见图 5-85），有时被称为小型连接器或本地连接器（Local Connector）。这种连接器因其尺寸更小而越来越受到欢迎。

（4）双工多模 LC。

有些光纤连接器能够同时端接发送光纤和接收光纤，被称为双工连接器，如图 5-86 所示。双工多模 LC 类似于单工 LC，但使用的是双工连接器。

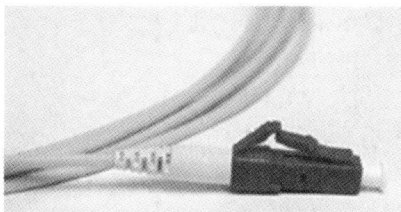

图 5-85　朗讯连接器

图 5-86　双工多模 LC

5.5　总结

本章介绍了网络中的各种组件、设备、服务和协议；通过排列组合这些元素，形成了不同的网络拓扑，如 PAN、LAN、VLAN、WLAN 和 VPN。将计算机和网络连接到 Internet 时，有多种的技术。例如，有 DSL、有线电视和光纤等有线连接技术，有卫星和蜂窝技术等无线连接技术，还可使用网络共享通过移动电话将网络设备连接到 Internet。

你学习了 4 层的 TCP/IP 模型：网络接入层、网络层、传输层和应用层。每层都实现必要的功能，以便能够通过网络传输数据；每层还有用于在对等设备间进行通信的协议。

本章介绍了各种无线技术和标准——首先比较了各种 WLAN 协议和 IEEE 802.11 标准。这些标准使用两个无线频段——2.4 GHz（802.11b、802.11g 和 802.11n）和 5 GHz（802.11a 和 802.11ac）。本章讨论了用于近距离连接的无线协议，如蓝牙和 NFC，还有智能家居标准，如 ZigBee（一种基于 IEEE 802.15.4 的开放标准）和 Z-Wave（一种专用标准）。你还学习了蜂窝技术的发展历程，从只支持模拟语音的 1G，到速度比 5G 快得多、足以支持 AR 和 VR 的 6G。

本章讨论了种类繁多的网络硬件设备。网卡负责给终端设备提供物理连接（可以是有线的，也可以是无线的），安装在计算机内的扩展槽中，或通过 USB 连接到计算机（外置）。你了解到，中继器和集线器在第 1 层工作，它们再生网络信号；交换机在第 2 层工作，根据 MAC 地址转发帧；路由器在第 3 层工作，根据 IP 地址转发数据包。

网络中还有安全设备，如防火墙、IDS、IPS 和 UTM。防火墙负责保护网络中的数据和设备，以防未经授权的访问；IDS 被动地监视网络流量，而 IPS 主动地监视流量，并立即采取措施，禁止恶意流量通过；UTM 是一体式安全设备，具备 IDS/IPS 和有状态防火墙服务的所有功能。

最后，本章介绍了网络技术人员用来检测和修理电缆和连接器的工具，以及网络电缆和连接器。电缆的尺寸、价格以及支持的最大带宽和传输距离各不相同。同轴电缆和双绞线使用电信号来传输数据，而光纤使用光信号传输数据；双绞线使用两种不同的接线方式——T568A 和 T568B，它们定义了电缆末端的线序。

5.6　复习题

请完成以下所有的复习题，检查你对本章介绍的主题和概念的理解程度，答案见附录。

1. 有位技术人员被要求协助完成 LAN 布线工作。在项目开始前，这位技术人员应研究哪两种标准（双选）？（　　）

A. T568A

B. T568B

C. 802.11n

D. Z-Wave

E. ZigBee

F. 802.11c

2. 哪种网络的覆盖范围很小，用于将打印机、鼠标和键盘连接到主机？（　　）

    A. MAN   B. PAN

    C. LAN   D. WLAN

3. 某公司正将业务扩展到其他国家，要求所有分支机构都必须始终连接到公司总部，为支持这种场景，必须使用下面哪种网络？（　　）

    A. WLAN   B. MAN

    C. LAN   D. WAN

4. 哪 3 个 Wi-Fi 标准使用频段 2.4 GHz（三选）？（　　）

    A. 802.11g   B. 802.11ac

    C. 802.11a   D. 802.11b

    E. 802.11n

5. 哪种智能家居技术要求使用被称为协调器的设备来组建无线 PAN？（　　）

    A. 802.11ac   B. ZigBee

    C. 802.11n   D. Z-Wave

6. 哪种网络设备再生数据信号，但不将网络划分成多个网段？（　　）

    A. 集线器   B. 交换机

    C. 调制解调器   D. 路由器

7. 哪种安全技术被动地监视网络流量，旨在发现可能的攻击？（　　）

    A. 代理服务器   B. IDS

    C. 防火墙   D. IPS

8. 哪种网络服务自动给网络上的设备分配 IP 地址？（　　）

    A. DHCP   B. traceroute

    C. Telnet   D. DNS

9. 哪两种协议运行在 TCP/IP 模型的传输层（双选）？（　　）

    A. IP   B. UDP

    C. FTP   D. ICMP

    E. TCP

10. 从一个网络中访问 Internet 时，速度一直很慢，因此技术人员采集了该网络中的数据包。要找出 HTTP 数据包，技术人员应在采集的流量中查找哪个端口号？（　　）

    A. 80   B. 21

    C. 110   D. 53

    E. 20

11. 常用的网络介质有哪两种（双选）？（　　）

    A. 水   B. 光纤

    C. 尼龙   D. 铜质电缆

    E. 木材

12. 交换机这种网络设备对入站的每个数据帧进行检查，以记录什么地址？（　　）

    A. IP 地址   B. TCP/IP 地址

    C. MAC 地址   D. SVI 地址

    E. 交换地址

13. 有线电视公司使用哪种网络电缆以电信号的方式传输数据？（　　）

    A. 光纤   B. 非屏蔽双绞线

    C. 屏蔽双绞线   D. 同轴电缆

第 6 章

网络技术应用

当前，几乎所有计算机和移动设备都连接到了某种网络中。这意味着对 IT 专业人员来说，计算机网络配置和故障排除是至关重要的技能。本章专注于网络技术应用，将讨论用于将计算机连接到网络的 MAC 地址和 IP 地址（包括 IPv4 地址和 IPv6 地址）的格式和结构；如何在计算机上配置静态和动态地址；如何配置有线网络和无线网络、防火墙和物联网（Internet of Things，IoT）设备。

你将学习如何配置网卡、如何将设备连接到无线路由器以及如何配置无线路由器；将学习如何配置无线网络，包括完成基本无线网络配置、网络地址转换（Network Address Translation，NAT）、防火墙配置和服务质量（Quality of Service，QoS）配置；还将学习 IoT 设备和网络故障排除。最后，你将学习包含 6 个步骤的故障排除流程以及常见的计算机网络故障及其解决方案。

6.1 设备到网络的连接

要建立网络连接，离不开网络设备、介质和配置，本节介绍网络组件，包括硬件和软件。你可以深入了解可用的网络设备和正确的配置有助于组建并维护可满足组织需求的网络。

6.1.1 网络地址

网络设备依靠两种地址来快速且高效地传输消息；MAC 地址和 IP 地址都是网络的重要组成部分，但用途不同。MAC 地址为硬件地址，而 IP 地址是为将设备连接到网络而分配的。同一台计算机可能有两种 IP 地址——IPv4 地址和 IPv6 地址，这种情况很常见。本节讨论网络地址。

1. 两种网络地址

指纹让人能够识别你，而邮寄地址让人能够找到你。不管你身处何方，指纹通常不会变，因此可用来识别你；邮寄地址是你当前的位置，它不同于指纹，是有可能变化的。

网络中的设备有两种地址——MAC 地址和 IP 地址，它们类似于人的指纹和邮寄地址，如图 6-1 所示。

MAC 地址由制造商硬编码到以太网或无线网卡中，这种地址是固定的，不管设备连接到哪个网络，它都不会变。MAC 地址长 48 位，可使用表 6-1 所示的 3 种十六进制格式之一来表示。

MAC地址类似于指纹   IP地址类似于邮寄地址

图 6-1 两种网络地址

表 6-1   MAC 地址的格式

地址格式	描述
00-50-56-BE-D7-87	每 2 个十六进制位为一组，组间用连字符分隔
00:50:56:BE:D7:87	每 2 个十六进制位为一组，组间用冒号分隔
0050.56BE.D787	每 4 个十六进制位为一组，组间用句点分隔

　　IP 地址是由网络管理员根据设备在网络中的位置分配的，设备从一个网络移动到另一个网络时，其 IP 地址很可能发生变化。IPv4（第 4 版 IP）地址长 32 位，用点分十进制格式表示；IPv6（第 6 版 IP）地址长 128 位，用十六进制格式表示，如表 6-2 所示。

表 6-2   IP 地址的格式

地址格式	描述	示例
IPv4	长 32 位，用点分十进制格式表示	192.168.200.9
IPv6	长 128 位，用十六进制格式表示	2001:0db8:cafe: 0200:0000:0000:0000:0008
IPv6	长 128 位，用压缩格式表示	2001:db8:cafe:200::8

　　在图 6-2 所示的网络拓扑中，有两个 LAN；这个拓扑表明，移动设备时，其 MAC 地址不变，但 IP 地址会变。在图 6-2 中，便携式计算机被移动 LAN 2 中，注意到其 MAC 地址没变，但 IP 地址变了。

注　意　在十进制、二进制和十六进制之间进行转换不在本书的讨论范围之内。要更深入地了解进制转换，可在网上搜索。

2. 显示地址

　　当今的计算机可能同时有 IPv4 地址和 IPv6 地址，图 6-2 中的便携式计算机就是这样的。在 20 世纪 90 年代初，考虑到 IPv4 地址即将耗尽，因特网工程任务组（Internet Engineering Task Force，IETF）开始寻找替代方案，这催生了 IPv6 地址。当前，IPv6 地址与 IPv4 地址并存，但已经开始取代 IPv4 地址。

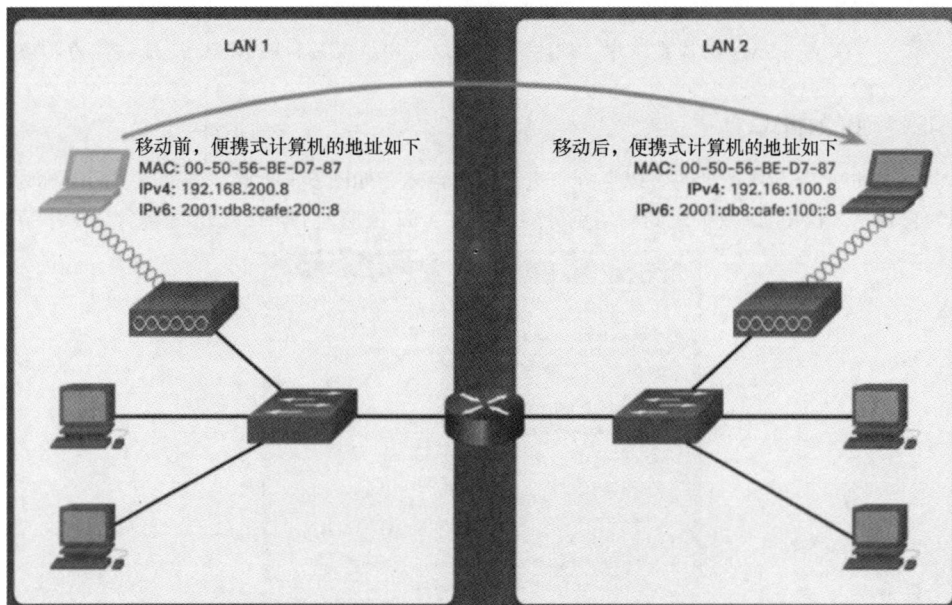

图 6-2 包含两个 LAN 的网络拓扑

示例 6-1 显示了在图 6-2 所示的便携式计算机上执行 ipconfig /all 命令得到的输出，其中突出 MAC 地址和两个 IP 地址。

示例 6-1 便携式计算机的地址信息

```
C:\> ipconfig /all

Windows IP Configuration

   Host Name............................ : ITEuser
   Primary Dns Suffix .................. :
   Node Type............................ : Hybrid
   IP Routing Enabled ................... : No
   WINS Proxy Enabled ................... : No

Ethernet adapter Local Area Connection:

   Connection-specific DNS Suffix ....... :
   Description .......................... : Intel(R) PRO/1000 MT Network Connection
   Physical Address ..................... : 00-50-56-BE-D7-87
   DHCP Enabled ......................... : No
   Autoconfiguration Enabled ........... : Yes
   IPv6 Address ......................... : 2001:db8:cafe:200::8(Preferred)
   Link-local IPv6 Address .............. : fe80::8cbf:a682:d2e0:98a%11(Preferred)
   IPv4 Address ......................... : 192.168.200.8(Preferred)
   Subnet Mask .......................... : 255.255.255.0
   Default Gateway ....... : ............ : 2001:db8:cafe:200::1
192.168.200.1

C:\>
```

注　意　在 Windows 操作系统中，网卡被称为以太网适配器，而 MAC 地址被称为物理地址。

---

3. IPv4 地址的格式

给设备手动配置 IPv4 地址时，以点分十进制格式输入，如图 6-3 所示。每个数字都被称为一个字节（因为它表示 8 位组），数字之间用句点分隔。因此，32 位地址 192.168.200.8 包含 4 个字节。

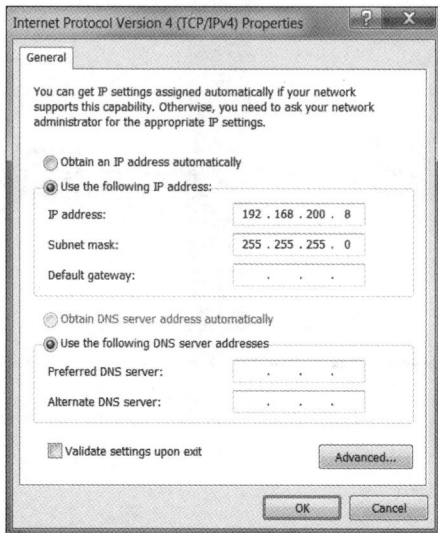

图 6-3　IPv4 属性显示

IPv4 地址由两部分组成，其中第一部分标识网络，第二部分标识网络中的设备。设备根据子网掩码来确定网络，例如，采用图 6-3 所示配置的计算机根据子网掩码 255.255.255.0 来确定 IPv4 地址，192.168.200.8 属于网络 192.168.200.0。.8 部分是设备在网络 192.168.200 中独一无二的主机部分；IPv4 地址包含前缀 192.168.200 的设备都在这个网络中，但主机部分的值不同。IPv4 地址包含其他前缀的设备位于别的网络中。

要从二进制角度检视，可将 32 位的 IPv4 地址和子网掩码都转换为二进制表示，如表 6-3 所示。在子网掩码中，值 1 表示相应的位属于网络部分，因此地址 192.168.200.8 的开头 24 位为网络位，最后 8 位为主机位。

表 6-3　　　　　　　　　　　　　　　子网掩码的作用

地址	网络位	主机位
192.168.200.8	11000000.10101000.11001000	00001000
255.255.255.0	11111111.11111111.11111111	00000000
192.168.200.0	11000000.10101000.11001000	00000000

设备准备数据以便将其发送到网络上时，必须确定将其直接发送给接收方还是路由器。如果接收方在当前网络中，就将数据直接发送给接收方，否则就将数据发送给路由器，路由器再根据目标 IP 地址的网络部分将流量路由到相应的网络。

例如，如果采用图 6-3 所示配置的 Windows 计算机向地址为 192.168.200.25 的主机发送数据，它将把数据直接发送给该主机，因为它们的 IP 地址前缀相同，都是 192.168.200。如果目标 IPv4 地址为 192.168.201.25，这台 Windows 计算机将把数据发送给路由器。

4. IPv6 地址的格式

IPv6 地址解决了 IPv4 地址空间有限的问题。32 位的 IPv4 地址空间提供大约 4294967296 个不同的地址，而 128 位的 IPv6 地址空间提供 340282366920938463463374607431768211456（340×10^{36}）个地址。

128 位的 IPv6 地址可表示为一系列十六进制值（字母用小写形式）。每个十六进制位表示 4 个二进制位，因此 IPv6 地址可表示为 32 位的十六进制值。下面是一些完整的 IPv6 地址：

```
2001:0db8:0000:1111:0000:0000:0000:0200
fe80:0000:0000:0000:0123:4567:89ab:cdef
ff02:0000:0000:0000:0000:0000:0000:0001
```

下面介绍两个规则，它们可帮助减少表示 IPv6 地址所需的十六进制位数。

（1）规则 1：省略开头的 0。

第一个简化 IPv6 地址表示的规则是，对于每部分（16 个二进制位），都省略开头的 0。例如，对于前面列举的 IPv6 地址，可做如下处理。

- 对于第 1 个 IPv6 地址中的 0db8，可表示为 db8。
- 对于第 2 个 IPv6 地址中的 0123，可表示为 123。
- 对于第 3 个 IPv6 地址中的 0001，可表示为 1。

注　意　在 IPv6 地址中，字母必须为小写形式，但可将它们视为大写形式的。

（2）规则 2：省略全为 0 的部分。

第二个简化 IPv6 地址表示的规则是，对于多个相连的部分，如果它们都是 0，可将它们替换为双冒号（::）。在同一个地址中，双冒号只能使用一次，否则将存在多种解读方式。

表 6-4～表 6-6 演示了如何使用这两条规则来压缩 IPv6 地址。

表 6-4　　　　　　　　　　　　　　　　IPv6 地址压缩示例 1

完整地址	2001:0db8:0000:1111:0000:0000:0000:0200
省略开头的 0	2001: db8: 0:1111: 0: 0: 0: 200
压缩后	2001:db8:0:1111::200

表 6-5　　　　　　　　　　　　　　　　IPv6 地址压缩示例 2

完整地址	fe80:0000:0000:0000:0123:4567:89ab:cdef
省略开头的 0	fe80: 0: 0: 0: 123:4567:89ab:cdef
压缩后	fe80::123:4567:89ab:cdef

表 6-6　　　　　　　　　　　　　　　　IPv6 地址压缩示例 3

完整地址	ff02:0000:0000:0000:0000:0000:0000:0001
省略开头的 0	ff02: 0: 0: 0: 0: 0: 0: 1
压缩后	ff02::1

5. 静态地址分配

在小型网络中，可手动给每台设备配置合适的 IP 地址：给网络中的每个主机分配独一无二的 IP 地址，这被称为静态 IP 地址分配。

在 Windows 计算机中，可给主机指定如下 IPv4 地址配置信息（见图 6-4）。

- **IP 地址**：用于在网络中标识设备。

- **子网掩码**：用于确定设备所在的网络。
- **默认网关**：用于标识当前设备访问 Internet 或其他网络的路由器。
- **可选值**：用于配置首选 DNS 服务器的地址和备用 DNS 服务器的地址。

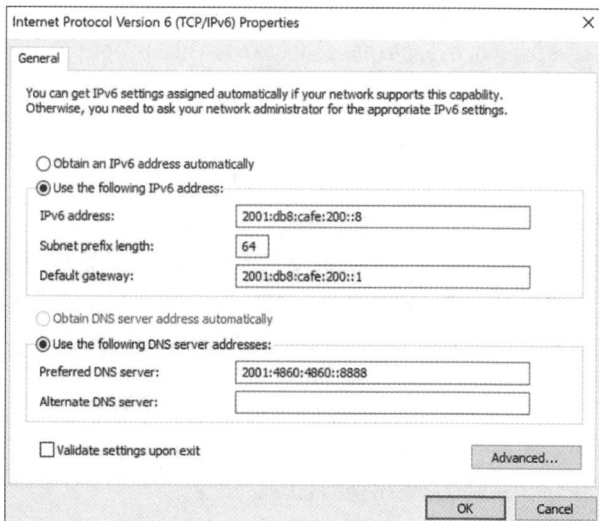

图 6-5 显示了类似的 IPv6 地址分配信息。

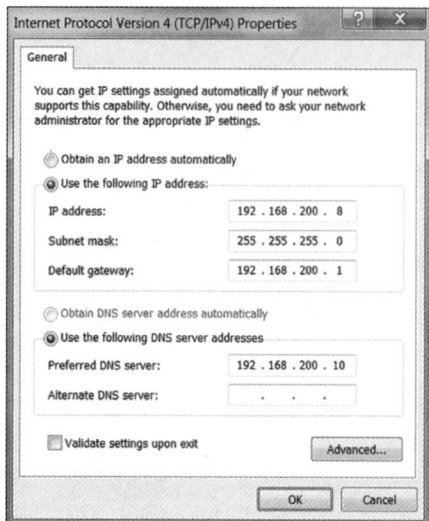

图 6-4　静态 IPv4 地址分配　　　　　　　图 6-5　静态 IPv6 地址分配

6. 动态地址分配

可不手动配置每台设备，而使用 DHCP 服务器动态地分配地址。DHCP 服务器自动分配 IP 地址，简化了地址分配过程。自动配置一些 IP 地址参数会降低分配重复或非法 IP 地址的可能性。

默认情况下，大多数主机都被配置成向 DHCP 服务器请求 IP 地址，图 6-6 显示了 Windows 计算机的默认配置。计算机被配置成自动获取 IP 地址时，所有其他 IP 寻址配置的复选框都不可用。无论是有线网卡还是无线网卡，配置过程都是相同的。

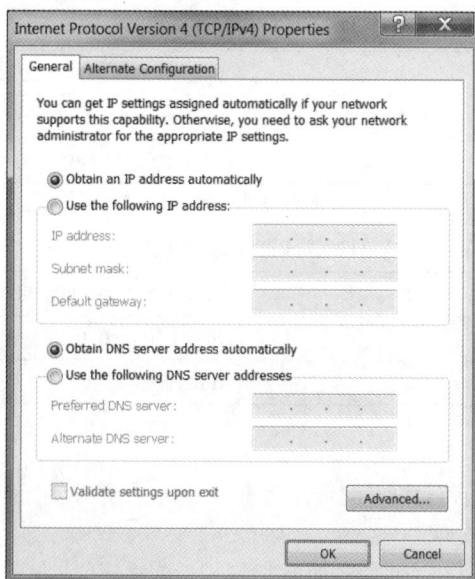

图 6-6　默认的 DHCP 配置

DHCP 服务器可自动给主机指定如下 IPv4 地址配置信息。

- IPv4 地址。
- 子网掩码。
- 默认网关。
- 可选值，如 DNS 服务器地址

DHCP 服务器还可用于自动指定 IPv6 地址信息。

注　意　配置 Windows 操作系统的步骤不在本书的讨论范围之内。

---

7. DNS

客户端不知道 Web 域名或电子邮件域名对应的 IP 地址时，将向其 IP 地址配置信息中指定的 DNS 服务器发送 DNS 查询。

DNS 查询可能向 DNS 服务器提出如下问题。

- 域名 xyz.com 对应的 IPv4 地址是什么？
- 域名 xyz.com 对应的 IPv6 地址是什么？
- 域名@xyz.com 的 IP 地址是什么？
- 你有与邮件域@xyz.com 有关的其他信息吗？

为回答这些问题，DNS 服务器存储一个包含域名和 IP 地址信息的 RR 列表，这个 RR 列表存储在 DNS 服务器上的 DNS 区域数据库中。

服务器收到 DNS 查询后，在其区域数据库中查找匹配的 RR。如果找到匹配的 RR，就将相关的信息提供给发出请求的主机；如果没有找到匹配的 RR，就向更高一级的 DNS 服务器查询。

DNS RR 类型众多，表 6-7 列出了一些常见的。

表 6-7　　　　　　　　　　　　　常见的 DNS RR 类型

RR 类型	描述
A	地址（A）记录用于将域名解析为 IPv4 地址
AAAA	用于将域名解析为 IPv6 地址
MX	邮件交换（MX）资源记录用于标识一个或多个邮件交换服务器，这些服务器代表特定的域名接收邮件。 为提供冗余而指定了多个邮件服务器时，MX 记录包含优先级值（整数值，越小优先级越高）
TXT	文本（TXT）记录用于提供有关主机、服务器、网络等的文本信息。 这种记录很有用，可帮助区分合法邮件的服务器和生成垃圾邮件的服务器

8. DHCP 的工作原理

DHCP 以客户端/服务器模式工作，其中 DHCP 客户端向 DHCP 服务器请求 IP 配置。在 DHCP 服务器上，配置一个地址范围（地址池），其中包含可租借给 DHCP 客户端的地址。

注　意　DHCP 服务器可以是专用服务器，也可以是被配置成提供 DHCP 服务的路由器。在 DHCP 地址池中，不应包含手动分配或保留的 IP 地址，如默认网关地址、交换机管理地址和打印机地址。

如图 6-7 所示，DHCP 客户端启动（或想要加入网络）时，将发起包含 4 步的过程来获取 IP 配置。

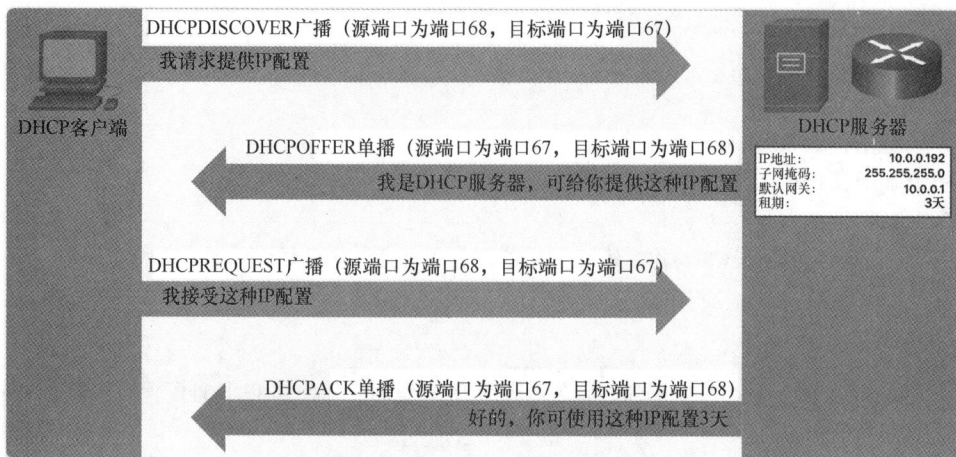

图 6-7　包含 4 步的 IP 配置获取过程

第 1 步：DHCP 客户端广播一条 DHCPDISCOVER 消息，请求 DHCP 服务器提供 IP 配置。

第 2 步：DHCP 服务器从其配置的 IP 地址范围内选择一个可用的 IP 配置，并向客户端的 MAC 地址发送 DHCPOFFER 单播。IP 配置可包含 IP 地址、子网掩码、默认网关、DNS 服务器以及主机可在多长时间（即租期）内使用该 IP 配置。

第 3 步：客户端向 DHCP 服务器发送 DHCPREQUEST 广播消息，获取该 IP 配置。

第 4 步：服务器将该 IP 配置从其可用 IP 配置池中删除，并向 DHCP 客户端发送 DHCPACK 单播，确认 DHCP 客户端可以使用该地址，直到租期到期。

注　意　　DHCP 消息是使用 UDP 端口 67（服务器）和 UDP 端口 68（客户端）发送的。DHCP 服务器在 UDP 端口 67 上侦听客户端消息，而 DHCP 客户端在 UDP 端口 68 上侦听来自服务器的消息。

如图 6-8 所示，Wireshark 显示了这个 DHCP 过程。

收到服务器发送的 DHCPACK 消息后，客户端向提供的 IP 地址发送一条地址解析协议（Address Resolution Protocol，ARP）消息，确保该地址没有被分配出去。ARP 是一种网络协议，用于获悉使用特定 IP 地址的设备的 MAC 地址。如果没有对 ARP 请求的响应，主机便可使用提供的 IP 配置；如果主机收到 ARP 应答，将重新启动 DHCP 过程，以获取不同的 IP 配置。

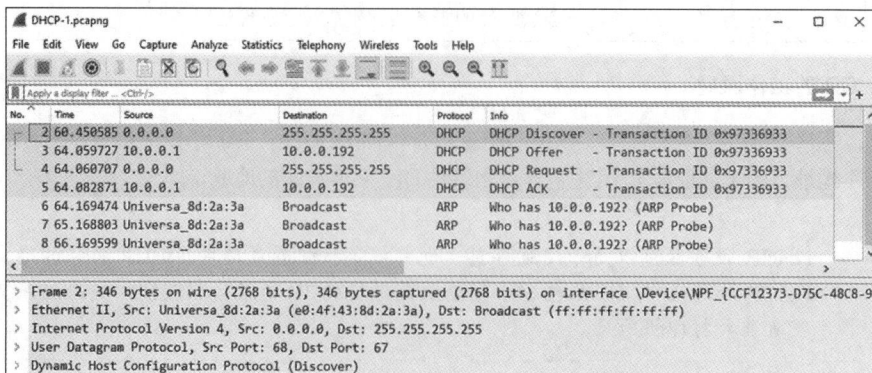

图 6-8　Wireshark 捕获的 DHCP 过程

（1）DHCP 租期。

客户端必须定期地与 DHCP 服务器联系，以延长租期，如图 6-9 所示。这种续约机制可避免移走或关闭的客户端占用它们不再需要的地址。租期到期后，DHCP 服务器把地址归还到地址池中，以便必要时将其重新分配出去。

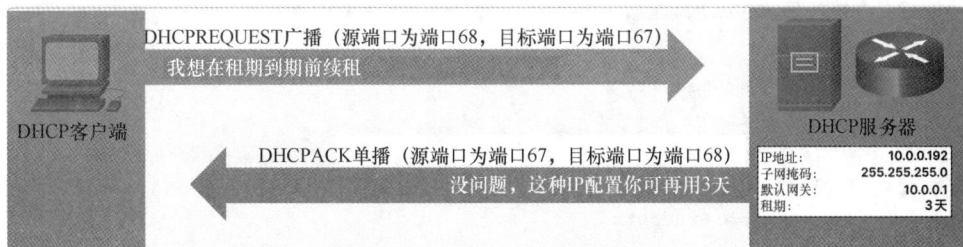

图 6-9　DHCP 地址续租过程

（2）DHCP 预留。

可确保主机（如特定服务器或打印机）连接到网络时，总是给它分配同一个 IP 地址。要给主机预留 IP 地址，管理员可在 DHCP 服务器上配置一个预留 IP 地址的列表，其中的 IP 地址被映射到特定 DHCP 客户端的 MAC 地址。这样，当主机发送 DHCPDISCOVER 消息时，DHCP 服务器将在预留地址列表中查找该主机的 MAC 地址。如果找到了，就发送一条 DHCPOFFER 消息，其中包含相应的预留 IP 地址。

9. VLAN

在交换型网络中，VLAN 提供了网段划分和组织方面的灵活性。位于同一个 VLAN 中的设备相互通信时，就像它们连接的是同一台交换机一样。VLAN 是基于逻辑连接而不是物理连接的；管理员可根据诸如职能、团队或使用的应用程序等因素划分 VLAN，而不用考虑用户或设备的物理位置。

例如，在图 6-10 所示的 VLAN 拓扑中，PC1 连接的是 S1，且属于 VLAN 10。PC1 可与 PC4 通信，后者与 S3 相连。请注意，这两台主机都属于网络 192.168.10.0/24。

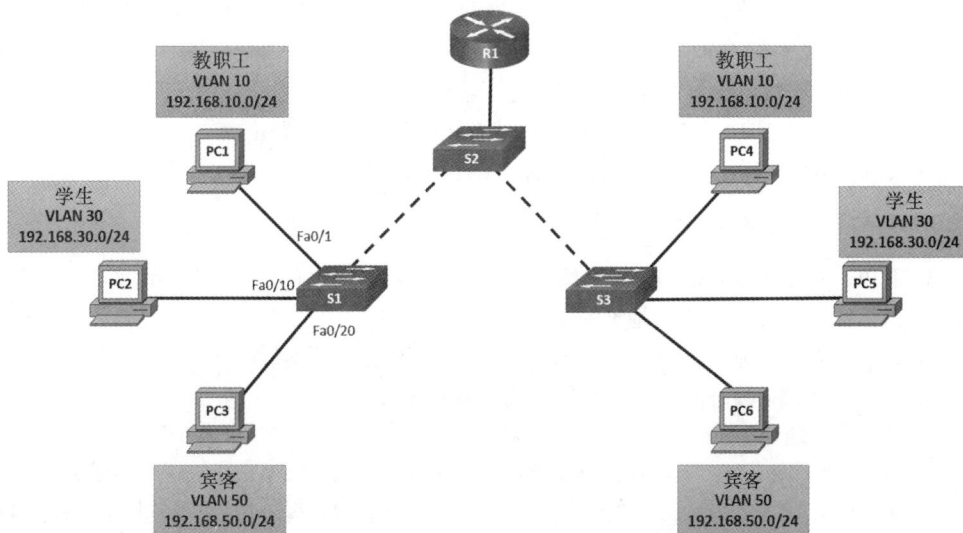

图 6-10　VLAN 拓扑

默认情况下，所有交换机端口都被划归到 VLAN 1，但可通过配置 PC 连接的端口，将其划归到不同的 VLAN。

例如，示例 6-2 显示了交换机 S2 的配置。注意到首先创建了 VLAN，并给它们指定了名称，这可简化处理 VLAN 的工作。接下来，配置了与 PC 相连的端口，将它们划归到相应的 VLAN。

示例 6-2　交换机 S2 的 VLAN 配置

```
S2(config)# vlan 10
S2(config-vlan)# name Faculty
S2(config-vlan)# exit
S2(config)#
S2(config)# vlan 30
S2(config-vlan)# name Students
S2(config-vlan)# exit
S2(config)#
S2(config)# vlan 50
S2(config-vlan)# name Guest
S2(config-vlan)# exit
S2(config)#
S2(config)# interface fastethernet 0/1
S2(config-if )# switchport mode access
S2(config-if )# switchport access vlan 10
S2(config-if )# exit
S2(config)#
S2(config)# interface fa0/10
S2(config-if )# switchport mode access
S2(config-if )# switchport access vlan 20
S2(config-if )# exit
S2(config)#
S2(config)# interface fa0/20
S2(config-if )# switchport mode access
S2(config-if )# switchport access vlan 50
S2(config-if )# exit
S2(config)#
```

在其他交换机上配置 VLAN 信息后，PC1 将能够与 PC4 通信，因为它们处于同一个 VLAN 中。如果 PC1 要向属于 VLAN 30 的 PC5 发送信息，就必须在网络中添加路由器。

VLAN 有助于减少广播流量，以及在用户组之间实现访问和安全策略。

10. IPv4 和 IPv6 链路本地地址

设备使用 IPv4 和 IPv6 链路本地地址来同与它位于相同网络和相同 IP 地址范围内的其他设备通信。IPv4 链路本地地址和 IPv6 链路本地地址的主要差别如下。

■　在无法获得 IPv4 地址的情况下，IPv4 设备将使用链路本地地址。

■　必须给 IPv6 设备动态或手动配置 IPv6 链路本地地址。

（1）IPv4 链路本地地址。

如果 Windows 计算机无法与 DHCP 服务器通信以获取 IPv4 地址，Windows 将使用自动专用 IP 编址（Automatic Private IP Addressing，APIPA）分配一个地址。这种链路本地地址的范围为 169.254.0.0～169.254.255.255。

（2）IPv6 链路本地地址。

与 IPv4 链路本地地址一样，IPv6 链路本地地址也让设备能够与当前网络（且只有该网络）中的 IPv6 设备通信。不同于 IPv4 的是，每个 IPv6 设备都必须有一个链路本地地址。IPv6 链路本地地址的范围为 fe80::~febf::。在图 6-11 中，X 表示到其他网络的链路断开了（没有连接到其他网络），但当前 LAN 中的所有设备依然可以使用 IPv6 链路本地地址相互通信。

| 注意 | 不同于 IPv4 链路本地地址，IPv6 链路本地地址被用于各种进程中，其中包括网络发现协议和路由选择协议，但这方面的内容不在本书的讨论范围之内。 |

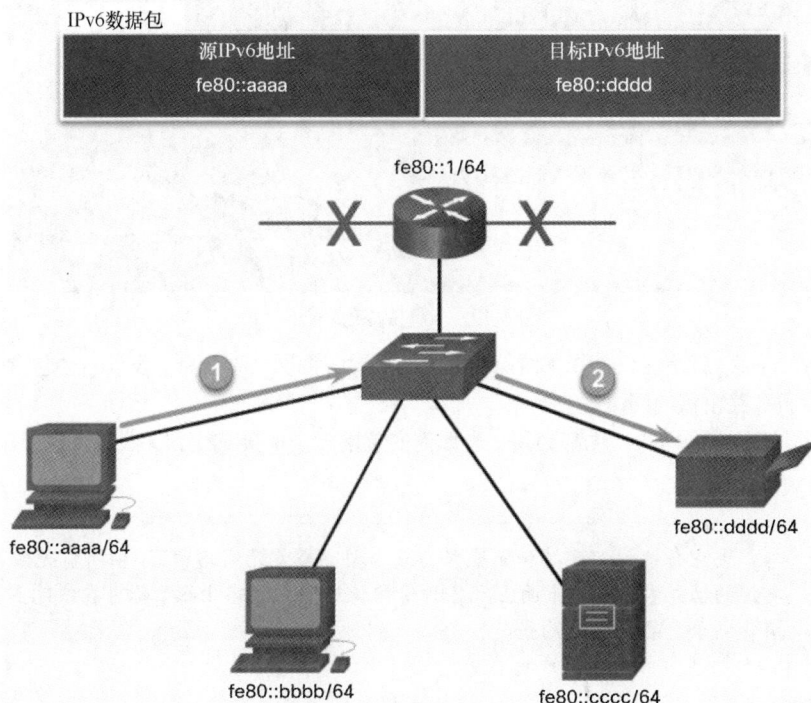

图 6-11　使用 IPv6 链路本地地址相互通信

6.1.2　配置网卡

网卡是一种计算机硬件，包含使用有线或无线连接进行通信所需的电子电路，也被称为网络接口控制器、网络适配器或 LAN 适配器。为让网卡能够将网络设备连接起来，需要给它配置 TCP/IP 和其他内容，如 DHCP 或静态地址。

1. 网络设计

计算机技术人员必须能够满足客户的联网需求，因此必须熟悉如下方面的知识。
- **网络组件**：包括有线网卡和无线网卡以及交换机、无线 AP、路由器和多用途设备等网络设备。
- **网络设计**：了解网络的互联方式，以满足企业的需求。小型企业和大型企业的需求有天壤之别。

假设有一家只有 10 名员工的小型企业，该企业与你签订了合同，由你负责将其员工使用的计算机连接起来。为此，可使用家庭或小型办公室无线路由器，如图 6-12 所示。这种路由器是多用途的，通常提供路由器、交换机、防火墙和 AP 的功能。

另外，这种路由器通常还提供包括 DHCP 在内的各种服务。

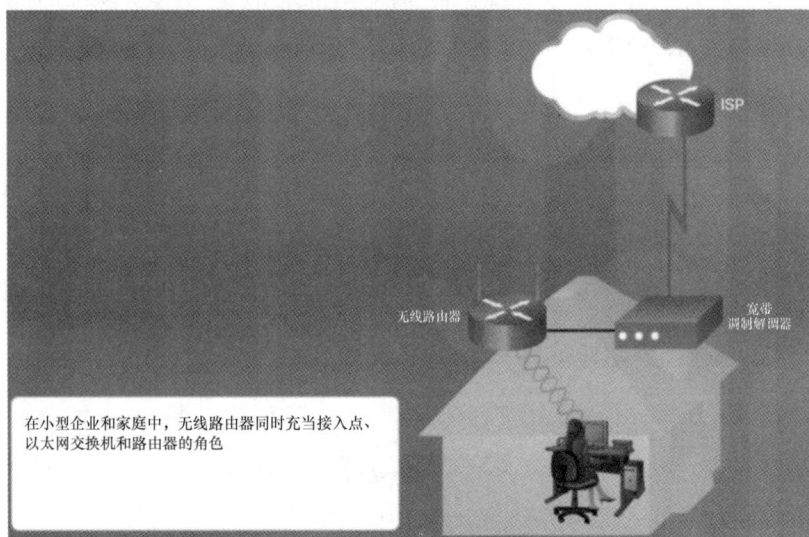

图 6-12   典型的家庭网络

如果企业大得多，就不能仅使用无线路由器，而需要咨询网络架构师，设计一个包含专用交换机、AP、防火墙设备和路由器的网络。

无论网络设计是什么样的，你都必须知道如何安装网卡、连接有线和无线设备以及配置基本的网络设备。

注 意   本章重点介绍如何连接和配置家庭或小型办公室无线路由器，但所有无线路由器都有类似的功能和 GUI。市面上有各种价格低廉的无线路由器，你可在线购买，也可前往消费电子产品实体店购买。

2. 选择网卡

要连接网络，必须要有网卡。有多种类型的网卡，如图 6-13 所示。以太网网卡用于连接以太网，而无线网卡用于连接 802.11 无线网。在大多数台式计算机中，网卡集成在主板上或连接到扩展槽，但还有 USB 网卡。

图 6-13   网卡

当今的很多计算机都在主板上集成了有线网卡和无线网卡。

3. 安装和更新网卡

如果要在计算机中安装网卡，请阅读用户手册，并按其中的步骤做。用于台式计算机的无线网卡有外置天线，该天线直接连接在网卡背面，或通过电缆连接到网卡，这让你能够调整其位置以获得最佳的信号接收效果。

有时，制造商会发布新的网卡驱动程序，这可能是为了改善网卡的功能或提高其与操作系统的兼容性。在制造商网站上，可下载适用于各种操作系统的最新驱动程序。

安装新驱动程序时，请禁用防病毒软件，确保驱动程序正确地安装，这是因为有些防病毒软件可能将驱动程序更新视为病毒攻击。不要同时安装多个驱动程序，因为有些更新过程可能相互冲突。一种最佳实践是关闭所有正在运行的应用程序，因为它们可能使用与驱动程序更新相关联的文件。

注　意　图 6-14 展示了如何使用 Windows 设备管理器来更新网卡驱动程序，但本书不详细介绍如何在各种操作系统中更新各种设备的驱动程序。

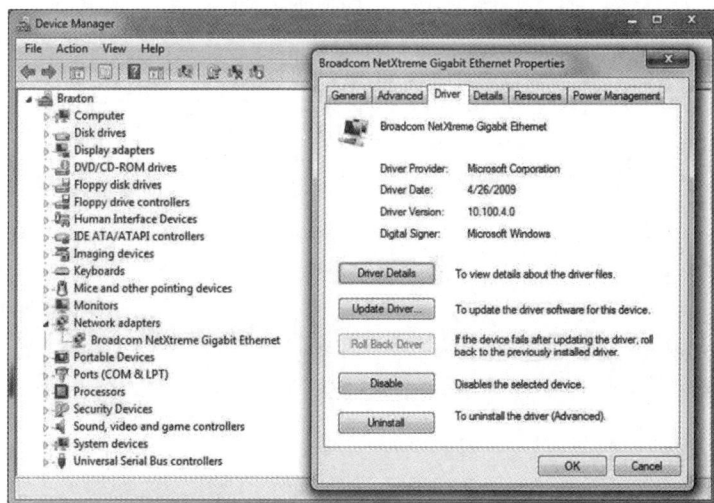

图 6-14　更新网卡驱动程序

4. 配置 IP 地址

安装好网卡驱动程序后，必须配置 IP 地址。在 Windows 计算机中，默认动态地获取 IP 地址：将 Windows 计算机连接到网络后，它将自动发送请求，请求 DHCP 服务器提供 IP 地址；如果有 DHCP 服务器，计算机将收到一条消息，其中包含所有 IP 地址信息。

注　意　也可使用 DHCP 实现 IPv6 地址动态分配，但这不在本书的讨论范围之内。

智能手机、平板电脑、游戏控制台和其他终端用户设备默认动态地获取 IP 地址。手动配置 IP 地址通常是网络管理员的职责，但作为技术人员，你必须知道如何访问需要管理的设备的 IP 地址配置。

要获悉如何配置 IP 地址，可在网上使用"IP 地址配置"和设备名称（如 iPhone）进行搜索。图 6-15 显示了一个对话框，它用于查看和修改 Windows 计算机的 IPv6 地址配置。

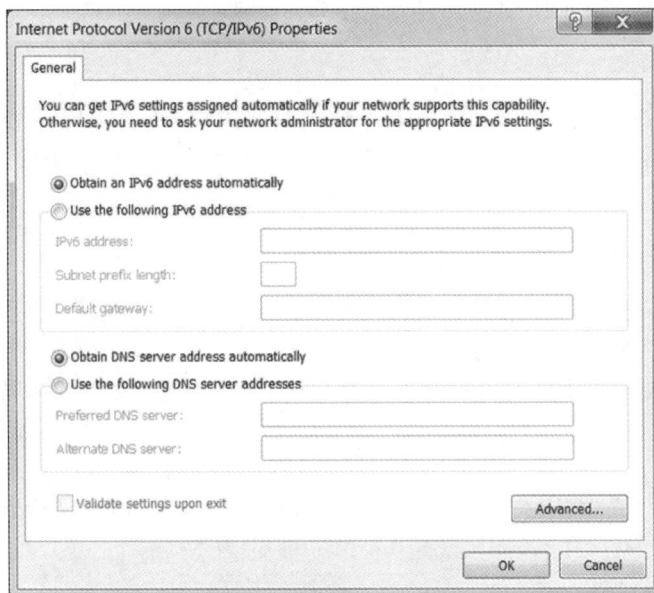

图 6-15 配置 IPv6 地址

图 6-16 显示了 iPhone 上自动配置和手动配置 IPv4 地址的界面。

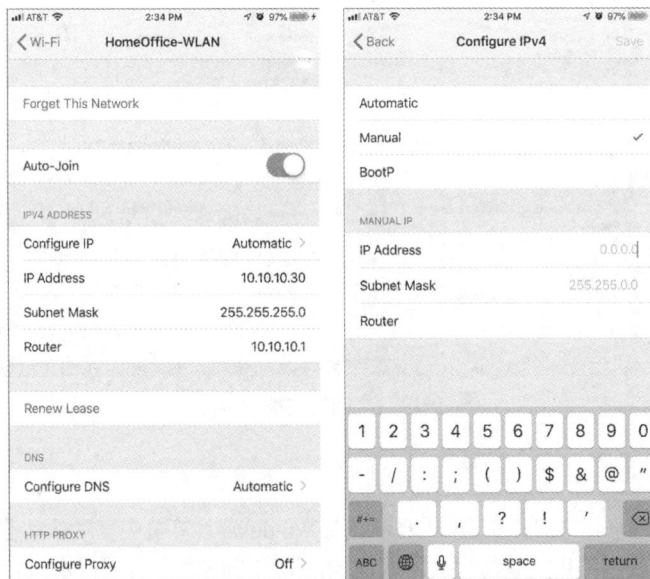

图 6-16 iPhone 的 IP 地址配置

5. ICMP

网络中的设备使用互联网控制报文协议（Internet Control Message Protocol，ICMP）来发送控制和错误消息。ICMP 有多种用途，如网络错误通告、网络拥塞通告和故障排除。

ping 命令常用于测试计算机之间的连接。要查看可在 ping 命令中指定的选项，可在命令提示符窗口中输入 ping /?并按 Enter 键，如示例 6-3 所示。

示例 6-3 显示 ping 命令的帮助信息

```
C:\> ping /?

Usage: ping [-t] [-a] [-n count] [-l size] [-f ] [-i TTL] [-v TOS]
            [-r count] [-s count] [[-j host-list] | [-k host-list]]
            [-w timeout] [-R] [-S srcaddr] [-4] [-6] target_name

Options:
    -t                  Ping the specified host until stopped.
                        To see statistics and continue - type Control-Break;
                        To stop - type Control-C.
    -a                  Resolve addresses to hostnames.
    n count             Number of echo requests to send.
    -l size             Send buffer size.
    -f Set              Don't Fragment flag in packet (IPv4-only).
    -i TTL              Time To Live.
    -v TOS              Type Of Service (IPv4-only. This setting has been deprecated
                        and has no effect on the type of service field in the IP
                        Header).
    -r count            Record route for count hops (IPv4-only).
    -s count            Timestamp for count hops (IPv4-only).
    -j host-list        Loose source route along host-list (IPv4-only).
    -k host-list        Strict source route along host-list (IPv4-only).
    -w timeout          Timeout in milliseconds to wait for each reply.
    -R                  Use routing header to test reverse route also (IPv6-only).
    -S srcaddr          Source address to use.
    -4                  Force using IPv4.
    -6                  Force using IPv6.

C:\>
```

ping 命令向指定的 IP 地址发送 ICMP 回应请求，如果该 IP 地址可访问，拥有该地址的设备将发回 ICMP 回应应答消息，以确认连接。

还可使用 ping 命令来测试网站的连接性，为此可在该命令中指定网站的域名。例如，如果你执行 ping cisco.com 命令，当前计算机将使用 DNS 来获悉相应的 IP 地址，再向该 IP 地址发送 ICMP 回应请求，如示例 6-4 所示。

示例 6-4 使用 ping 命令检查连通性

```
>C:\> ping cisco.com

Pinging e144.dscb.akamaiedge.net [23.200.16.170] with 32 bytes of data:
Reply from 23.200.16.170: bytes=32 time=25ms TTL=54
Reply from 23.200.16.170: bytes=32 time=26ms TTL=54
Reply from 23.200.16.170: bytes=32 time=25ms TTL=54
Reply from 23.200.16.170: bytes=32 time=25ms TTL=54

Ping statistics for 23.200.16.170:
    Packets: Sent = 4, Received = 4, Lost = 0 (0% loss),
```

```
Approximate round trip times in milli-seconds:
    Minimum = 25ms, Maximum = 26ms, Average = 25ms

C:\>
```

6.1.3   配置有线和无线网络

有线和无线网络让计算机和其他设备能够相互通信，这让用户能够连接到 Internet 并共享文件、软件、打印机和其他设备。网络可以是有线的、无线的或有线和无线结合的。

有线网络使用物理介质（如铜质电缆）在相连的设备之间传输数据；无线网络使用无线电信号在网络设备之间通信，被称为 Wi-Fi 网络或 WLAN。

无线网络在网络接入和移动性方面提供了便利，搭建起来比有线网络容易。随着无线网络技术的发展，有线网络和无线网络在速度和安全性方面的差距越来越小。

1. 将有线设备连接到 Internet

在家庭或小型办公室中，将有线设备连接到 Internet 的步骤如下。

第 1 步：将网络电缆连接到设备。要连接到有线网络，应将以太网电缆连接到网卡端口，如图 6-17 所示。

第 2 步：将设备连接到交换机端口。将电缆的另一端连接到无线路由器的以太网端口，即图 6-18 所示的 4 个黄色交换机端口之一。在小型办公室或家庭办公室（Small Office Home Office，SOHO）网络中，便携式计算机很可能连接到一个墙面插座，该插座连接到网络交换机。

图 6-17   将网络电缆连接到设备

图 6-18   将设备连接到交换机端口

第 3 步：将网络电缆连接到无线路由器的 Internet 端口。将以太网电缆连接到无线路由器的 Internet 端口（图 6-18 中的蓝色端口），这个端口可能被标记为 WAN。

第 4 步：将无线路由器连接到调制解调器。图 6-18 中的蓝色端口是一个以太网端口，用于将路由器连接到服务提供商设备，如 DSL 或有线电视调制解调器，如图 6-19 所示。

第 5 步：连接到服务提供商的网络。

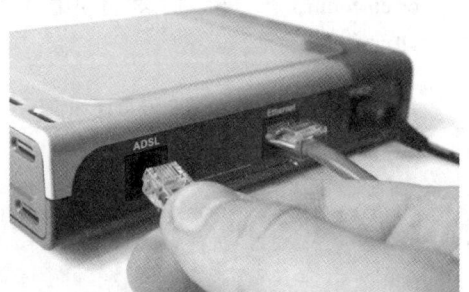

图 6-19   将无线路由器连接到调制解调器

注 意   如果无线路由器组合了路由器和调制解调器，就不需要单独的调制解调器。

第 6 步：给所有设备通电并检查物理连接。开启宽带调制解调器，并将电源线插入路由器。调制解调器建立到 ISP 的连接后，将开始与路由器通信。便携式计算机、路由器和调制解调器的 LED 指示灯都将点亮，表明它们正在通信。调制解调器让路由器能够从 ISP 获取必要的网络信息，以便能够接入 Internet；这些信息包括公有 IPv4 地址、子网掩码和 DNS 服务器地址。鉴于公有 IPv4 地址即将耗尽，很多 ISP 还提供 IPv6 地址。

图 6-20 所示的拓扑描绘了家庭或小型办公室网络中一台台式计算机的物理连接。

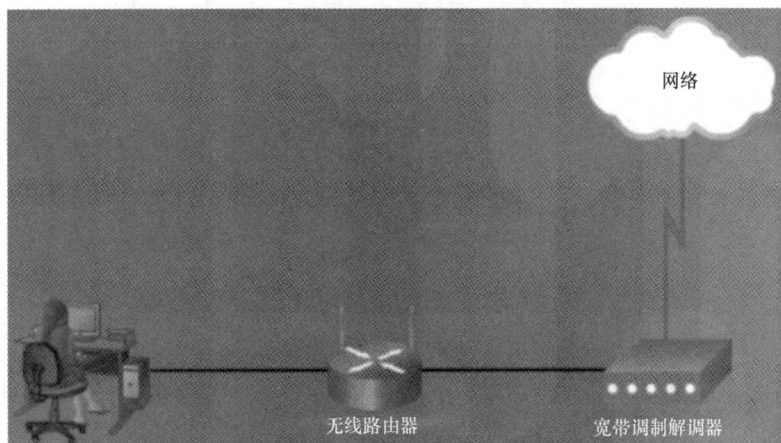

图 6-20 家庭或小型办公室的有线网络

注 意 有线电视或 DSL 调制解调器通常由服务提供商的客户代表负责配置，这可能是现场完成的，也可能是通过电话远程指导你完成的。购买的调制解调器附带了说明书，其中包含如何将调制解调器连接到服务提供商的信息，还很可能有服务提供商的联系信息，供你用来获取更多的信息。

2. 登录路由器

家庭和小型办公室无线路由器大都是开箱即用的，它们包含必要的配置，连接到网络后就能提供必要的服务。例如，无线路由器使用 DHCP 自动给与之相连的设备提供地址信息。然而，无线路由器出厂设置的 IP 地址、用户名和密码很容易在网上找到；只需使用"无线路由器默认 IP 地址"或"无线路由器默认密码"进行搜索，就可找到大量提供这种信息的网站。出于安全考虑，你首先要做的就是修改这些默认配置。

要进入无线路由器的配置界面，可打开 Web 浏览器，在地址栏中输入无线路由器的默认 IP 地址。要获悉无线路由器的默认 IP 地址，可查看无线路由器附带的说明书，或者在网上搜索。在图 6-21 中，无线路由器的 IPv4 地址为 192.168.0.1，这是很多制造商使用的默认 IP 地址。访问无线路由器时，将出现一个安全窗口，要求你提供访问路由器 GUI 所需的凭证。常用的默认用户名和密码都是 admin，但要获悉准确的用户名和密码，请参阅无线路由器附带的说明书，或者在网上搜索。

3. 基本网络配置

要完成基本的网络配置，请完成以下 6 个步骤。

第 1 步：从 Web 浏览器登录路由器。登录后将看到一个 GUI，其中包含帮助导览各种路由器配置的选项卡或菜单，如图 6-22 所示。通常，切换到其他窗口前，需要保存在当前窗口中所做的配置。一种最佳实践是，更改所有的默认配置。

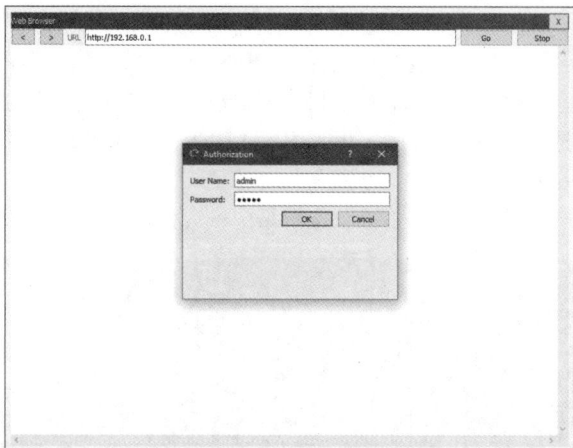

图 6-21　登录路由器

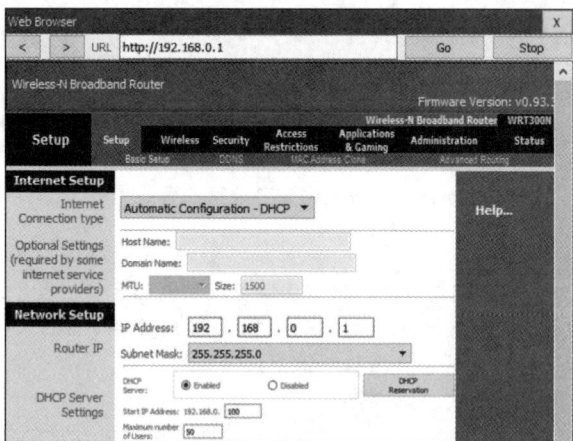

图 6-22　使用浏览器登录路由器

第 2 步：修改默认的管理密码。要修改默认的登录密码，请找到路由器 GUI 的管理部分。图 6-23 所示的示例中，选择"Administration"选项卡，在其中可以修改路由器密码。在有些设备（如这个示例中的设备）上，只能修改密码，用户名始终为 admin 或其他默认用户名。

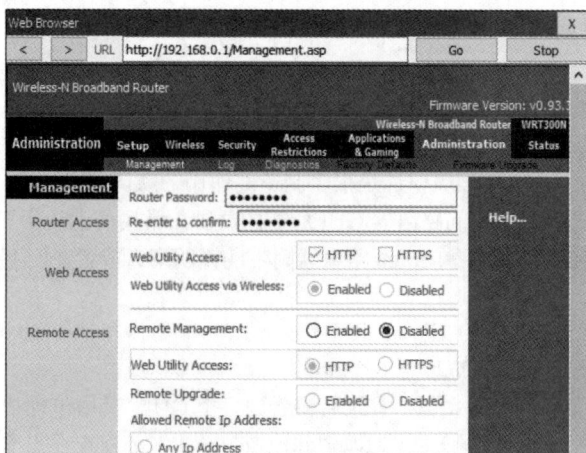

图 6-23　修改默认密码

第 3 步：使用新密码登录。你保存新密码后，无线路由器将要求重新登录。请输入用户名和新密码，如图 6-24 所示。

第 4 步：修改默认的 IPv4 地址。在你的网络内部，最好使用私有 IPv4 地址。在图 6-25 中，使用的 IPv4 地址为 10.10.10.1，但可使用任何私有 IPv4 地址。要更深入地了解私有 IP 地址，可在网上搜索"私有 IP 地址"。

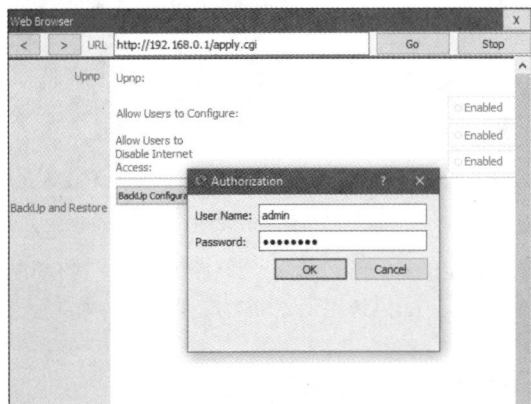

图 6-24 使用新密码登录

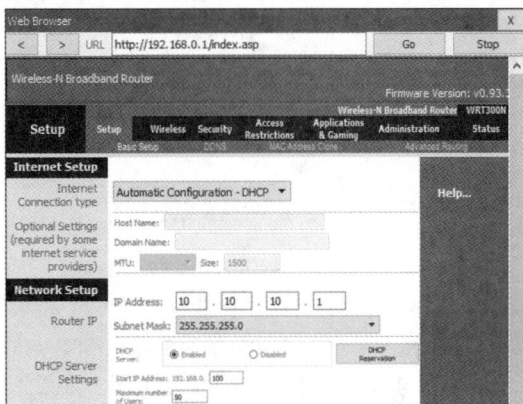

图 6-25 修改 IPv4 地址

第 5 步：当你保存配置时，将暂时无法访问无线路由器；要解决这个问题，需要刷新 IP 地址。为此，打开一个命令提示符窗口，并使用 ipconfig /renew 命令刷新 IP 地址，如图 6-26 所示。

第 6 步：在浏览器的地址栏中输入路由器的新 IP 地址，重新进入路由器的配置 GUI，如图 6-27 所示。现在可以继续进行路由器的无线配置了。

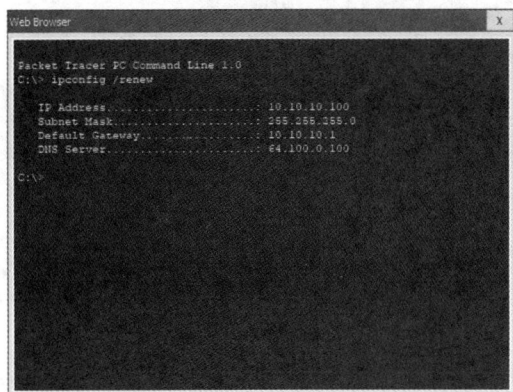

图 6-26 刷新 IP 地址

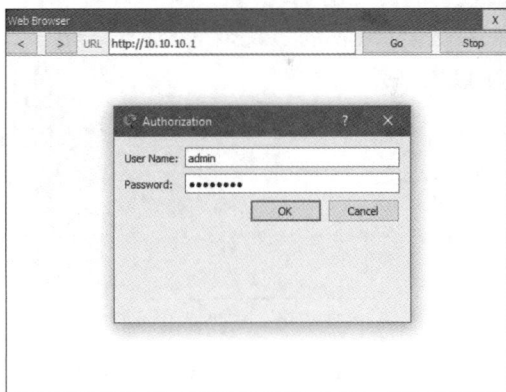

图 6-27 使用新 IP 地址登录

4. 基本无线配置

要完成基本的无线配置，可完成以下 6 个步骤。

第 1 步：查看 WLAN 默认配置。无线路由器出厂时，包含默认的无线网络名称和密码，让设备能够接入无线网络。无线网络名称为服务集标识符（Service Set Identifier，SSID）。请找到路由器的基本无线配置，并修改这些默认配置，如图 6-28 所示。

第 2 步：修改网络模式。有些无线路由器允许你选择要遵循哪个 802.11 标准，图 6-29 所示的示例中，选择了 Mixed（混合模式），这意味着使用各种无线网卡的无线设备都可连接到该无线路由器。当前，被配置为混合模式的无线路由器很可能支持 802.11a、802.11n 和 802.11ac 网卡。

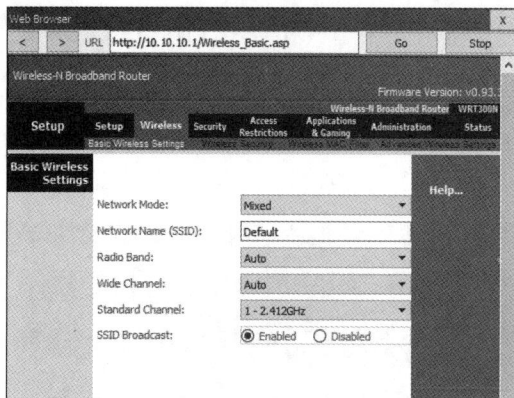

图 6-28　查看 WLAN 默认配置

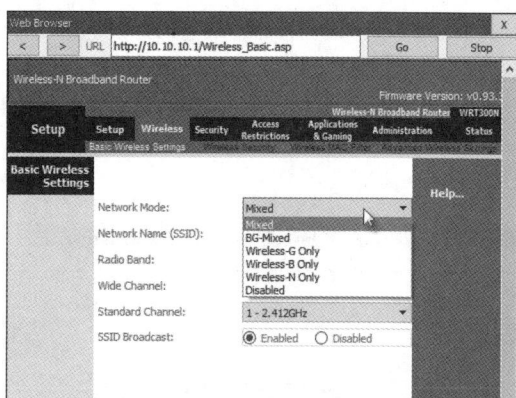

图 6-29　修改网络模式

第 3 步：给 WLAN 指定 SSID，如图 6-30 所示（这里指定的是 OfficeNet）。无线路由器广播其 SSID，以宣告其存在；这让无线主机能够自动发现无线网络的名称。如果禁用了 SSID 广播，就必须在要连接到 WLAN 的每台无线设备中手动输入 SSID。

第 4 步：配置信道，如图 6-31 所示。如果给两台设备配置了 2.4GHz 频段内的相同信道，它们的信号可能相互干扰而失真，进而降低无线传输的性能、导致网络连接中断。为避免干扰，解决方案是在相隔不远的无线路由器和接入点上配置不重叠的信道；具体地说，信道 1、6 和 11 是不重叠的。在图 6-31 所示的示例中，将无线路由器配置为使用信道 6。

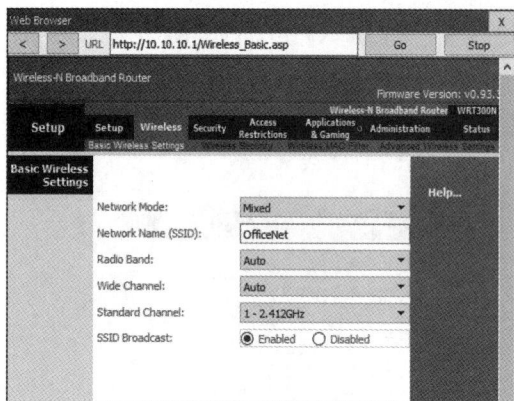

图 6-30　配置 SSID

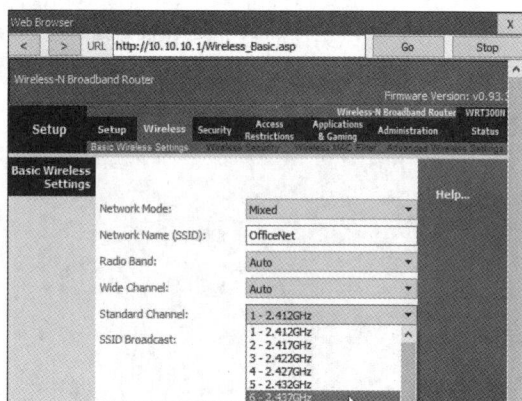

图 6-31　配置信道

第 5 步：配置安全模式。无线路由器在出厂时可能没有进行 WLAN 安全配置。图 6-32 所示的示例中，选择了 WPA2 Personal（Wi-Fi 安全访问第二版个人版）。当前，最强的安全模式是使用高级加密标准（Advanced Encryption Standard，AES）的 WPA2。

第 6 步：配置口令，如图 6-33 所示。WPA2 Personal 使用口令来验证无线客户端的身份。在小型办公室或家庭环境中，使用 WPA2 Personal 更方便，因为它不需要身份验证服务器。大型企业应使用 WPA2 Enterprise，要求无线客户端使用用户名和密码进行身份验证。

5. 配置无线网状网

在小型办公室或家庭网络中，可能一台无线路由器就足以让所有客户端都能够接入无线网络。然而，如果要将覆盖范围扩大到室内超过 45 m 或室外超过 90 m，可添加无线接入点。在图 6-34 所示的无线网状网中，给两个接入点配置了与前面相同的 WLAN，但选择的信道分别是 1 和 11，以免接入点干扰无线路由器（前面给无线路由器配置了信道 6）。

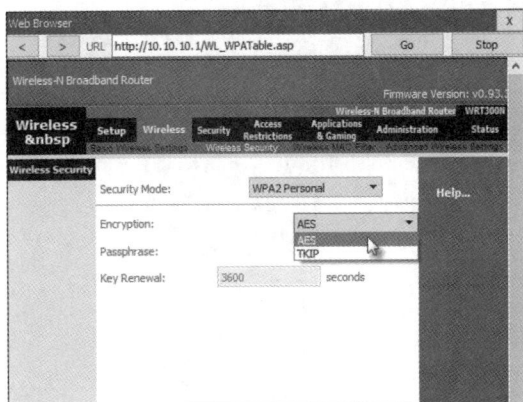

图 6-32 配置安全模式

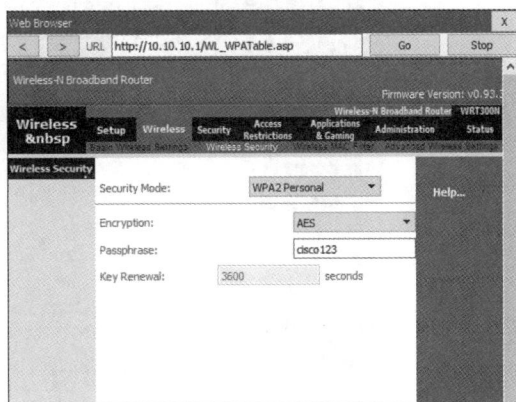

图 6-33 配置口令（Passphrase）

在小型办公室或家庭中，扩大 WLAN 的覆盖范围越来越容易。在制造商的努力下，现在只需通过智能手机应用就可组建无线网状网：购买一个无线网状网系统，将接入点分散开来，连接好接入点，下载应用并使用它来配置无线网状网。

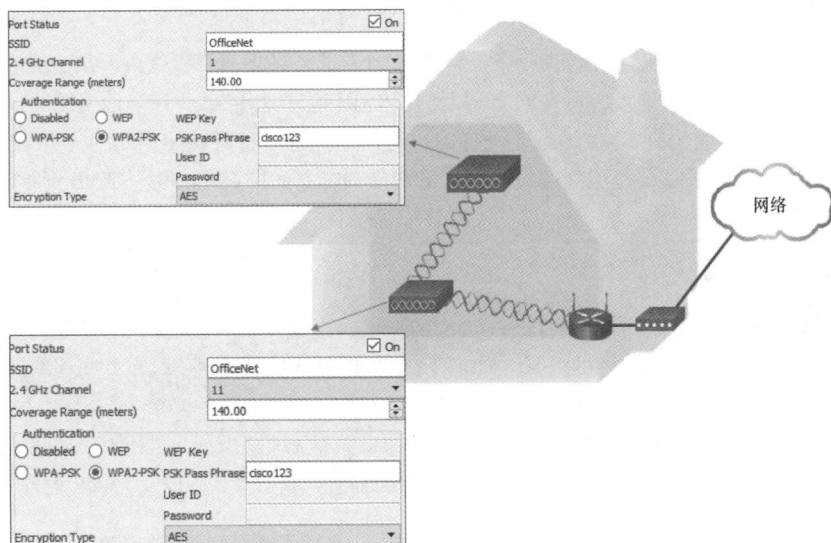

图 6-34 家庭中的无线网状网

6. IPv4 NAT

在无线路由器的配置 GUI 中，如果切换到类似于图 6-35 所示的 Status（状态）选项卡，将看到该路由器用来将数据发送到 Internet 的 IPv4 地址信息。注意到这里的 IPv4 地址为 209.165.201.11，而路由器 LAN 接口的 IPv4 地址为 10.10.10.1，这两个地址属于不同的网络。对于路由器 LAN 中的所有设备，分配的 IPv4 地址的前缀都是 10.10.10。

IPv4 地址 209.165.201.11 是在 Internet 上可路由的公有地址；第 1 个字节为 10 的地址都是 IPv4 私有地址，在 Internet 上不可路由。对于私有地址 10.10.10.1，路由器使用 NAT 将其转换为可在 Internet 上路由的公有 IPv4 地址。借助 NAT 可将私有（本地）的源 IPv4 地址转换为公有（全局）地址；传入数据包的过程则与之相反。通过使用 NAT，路由器能够将很多内部 IPv4 地址转换为公有地址。

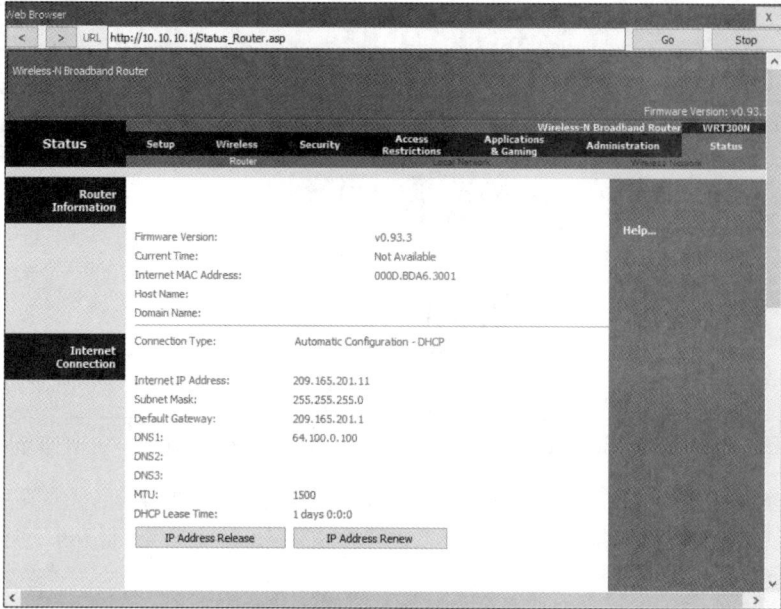

图 6-35　IPv4 NAT

有些 ISP 使用私有地址来连接客户设备，但客户的流量最终将离开提供商网络，并在 Internet 中传输。要获悉当前设备的 IP 地址，可在网上搜索"我的 IP 地址是什么"；对当前网络中的其他设备也这样做，你将发现它们的公有 IPv4 地址是一样的。为何不同的设备可使用相同的公有 IPv4 地址呢？这都是拜 NAT 所赐，它跟踪设备建立的每个会话的源端口号。如果 ISP 启用了 IPv6，你将发现每台设备都有不同的 IPv6 地址。

7．QoS

很多家庭和小型办公室路由器都有配置 QoS 的选项。配置 QoS 可确保某些类型的流量（如语音和视频）优先于对时间不那么敏感的流量（如电子邮件和 Web 浏览信息）。在有些无线路由器中，还可指定基于端口的优先级。

图 6-36 显示了 Netgear 路由器的 QoS 配置界面。如果你有无线路由器，可研究其 QoS 设置，为此可参考无线路由器附带的说明书，或在网上使用该路由器的制造商和型号名称以及"QoS 设置"进行搜索。

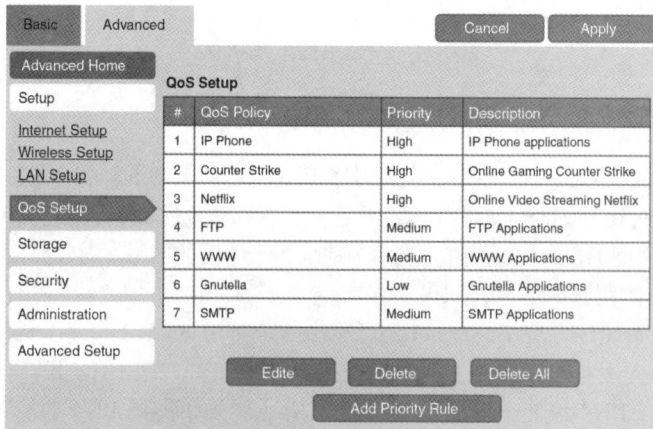

图 6-36　Netgear 路由器的 QoS 配置界面

6.1.4 配置防火墙

在大多数网络基础设施中，防火墙都提供了不可或缺的安全层。防火墙是重要的安全应用程序，它禁止未经授权者访问网络，同时允许获得授权的数据进出计算机。防火墙可以是网络防火墙，也可以是基于主机的防火墙。

网络防火墙运行在网络硬件上，在网络之间过滤流量。基于主机的防火墙运行在主机上，控制着进出主机的网络流量；它们配置了适用于入站和出站流量的规则等，这些规则是根据多个条件来应用的。

1. UPnP 协议

UPnP（Universal Plug and Play，通用即插即用）协议让设备能够动态地接入网络，而不需要用户干预或预先配置。UPnP 协议虽然提供了便利，但不安全。UPnP 协议没有提供对设备进行身份验证的方法，将每台设备都视为可信任的。另外，UPnP 协议存在很多安全漏洞，例如，恶意软件可利用 UPnP 协议将流量重定向到当前网络外部的其他 IP 地址，从而将敏感信息发送给黑客。

很多家庭和小型办公室无线路由器都默认启用了 UPnP 协议，因此你需要找到这个配置并禁用它，如图 6-37 所示。

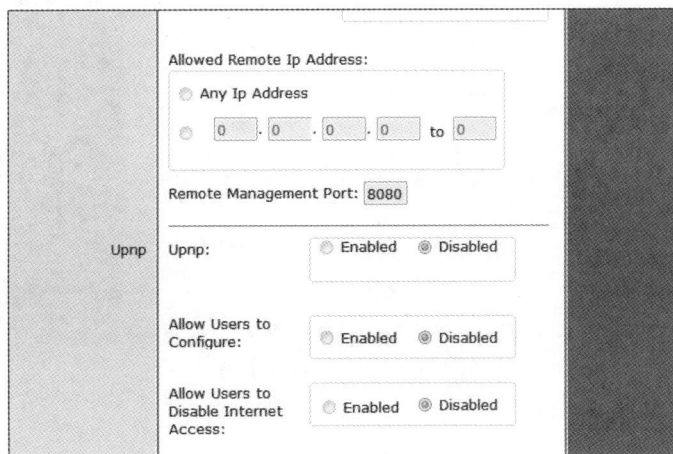

图 6-37　禁用 UPnP 协议

请在网上搜索"漏洞分析工具"，确定你的无线路由器是否存在 UPnP 协议的安全漏洞。

2. DMZ

隔离区（Demilitarized Zone，DMZ）是为不可信网络提供服务的网络。邮件、Web 和 FTP 服务器通常都放在 DMZ，以防使用服务的流量进入本地网络，这可保护内部网络，防止它受到这种流量的攻击，但无法保护 DMZ 的服务器。有鉴于此，通常使用防火墙来管理进出 DMZ 的流量。

在无线路由器上，可将来自 Internet 的流量都转发到特定的 IP 地址或 MAC 地址，从而创建 DMZ。服务器、游戏机和 Web 摄像头都可放在 DMZ，任何人都可访问它们。例如，在图 6-38 中，将 Web 服务器放在了 DMZ，并静态地给它分配了 IPv4 地址 10.10.10.50。

图 6-39 显示了一种典型配置，它将来自 Internet 的流量都重定向到 Web 服务器的 IPv4 地址 10.10.10.50。然而，Web 服务器面临着从 Internet 发起的攻击，因此必须安装防火墙软件。

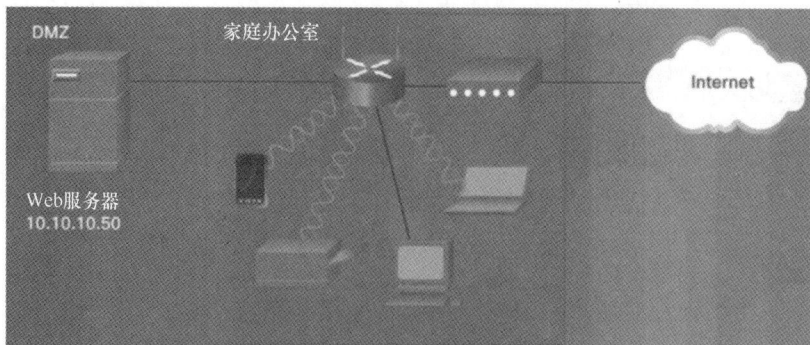

图 6-38   简单的 DMZ 场景

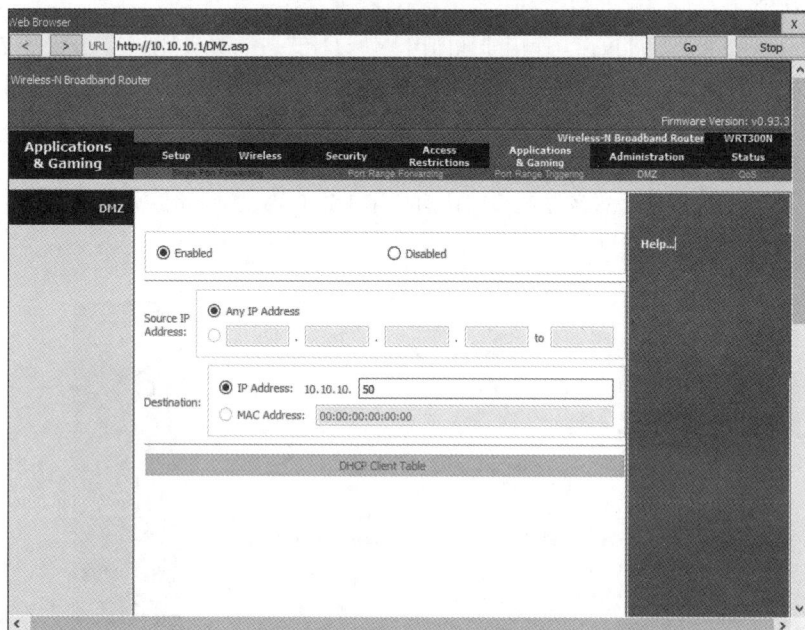

图 6-39   DMZ 配置示例

3. 端口转发和端口触发

可使用硬件防火墙来阻断 TCP 和 UDP 端口，从而防止未经授权的流量进出 LAN。然而，在有些情况下，必须打开特定的端口，让某些程序能够与其他网络中的设备通信。端口转发是一种基于规则的方法，用于引导在不同网络中设备之间传输的流量。

流量到达路由器后，路由器根据流量的端口号决定是否要将流量转发到目标设备。端口号与特定服务（如 FTP、HTTP、HTTPS 和 POP3）相关联；配置的规则决定了哪些流量将被转发到 LAN。例如，路由器可能被配置为转发与 HTTP 相关的端口 80 的流量。路由器收到目的端口为 80 的数据包时，路由器将把它转发给网络中提供网页的服务器。在图 6-40 中，对端口 80 启用了端口转发，并将其关联到了 IPv4 地址为 10.10.10.50 的 Web 服务器。

端口触发让路由器暂时将经特定端口入站的流量转发给特定设备。通过使用端口触发，可仅在满足如下条件时将数据转发给计算机：指定范围内的端口被用来向外发送请求。例如，视频游戏可能使用端口 27000～27100 连接到其他玩家；可将这些端口指定为触发端口。聊天客户端可能使用端口 56 连接到前述玩家，以便能够与他们交互。在这个示例中，如果有使用触发端口范围内端口的出站游戏流量，就将端口 56 上的入站聊天流量转发给用来玩视频游戏或聊天的那台计算机。游戏或聊天结束后，将不再使用触发端口，因此不再允许通过端口 56 将任何类型的流量发送给这台计算机。

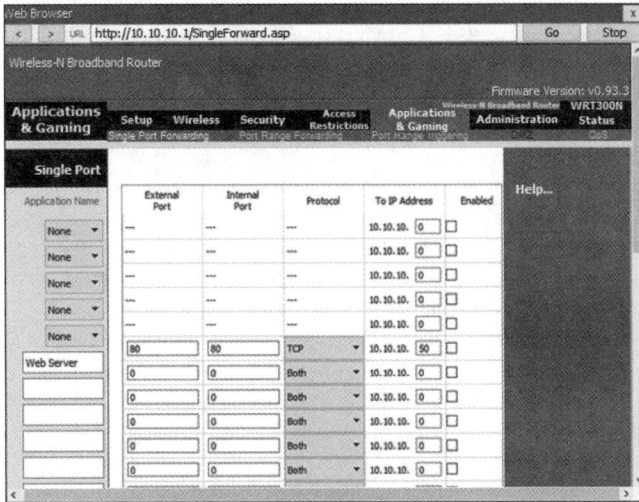

图 6-40　使用端口转发将流量转发给 Web 服务器

4. MAC 地址过滤

MAC 地址过滤明确地指定了哪些 MAC 地址被允许/禁止发送数据。很多无线路由器只提供了禁止或允许特定 MAC 地址发送数据的选项，而没有同时提供这两个选项。技术人员通常配置允许发送数据的 MAC 地址。要获悉 Windows 计算机的 MAC 地址，可使用 ipconfig /all 命令，如示例 6-5 所示。

示例 6-5　便携式计算机的地址信息

```
C:\> ipconfig /all

Windows IP Configuration

    Host Name ........................ : ITEuser
    Primary Dns Suffix.............. :
    Node Type........................ : Hybrid
    IP Routing Enabled................ : No
    WINS Proxy Enabled................ : No

Ethernet adapter Local Area Connection:

    Connection-specific DNS Suffix... :
    Description........................ : Intel(R) PRO/1000 MT Network Connection
Physical Address.................... : 00-50-56-BE-D7-87
    DHCP Enabled....................... : No
    Autoconfiguration Enabled.......... : Yes
IPv6 Address...................... :    2001:db8:cafe:200::8(Preferred)
    Link-local IPv6 Address............ : fe80::8cbf:a682:d2e0:98a%11(Preferred)
IPv4 Address...................... :    192.168.200.8(Preferred)
    Subnet Mask........................ : 255.255.255.0
    Default Gateway.................... : 2001:db8:cafe:200::1
                                          192.168.200.1

C:\
```

要确定特定设备的 MAC 地址，可能需要在网上搜索，以了解到哪里去查找。确定 MAC 地址并非总是那么容易，因为并非所有设备都称之为 MAC 地址，例如，Windows 称之为物理地址（Physical Address），如示例 6-5 所示。iPhone 称之为 Wi-Fi 地址（Wi-Fi Address），而 Android 设备称之为 Wi-Fi MAC 地址（Wi-Fi MAC address），如图 6-41 所示。

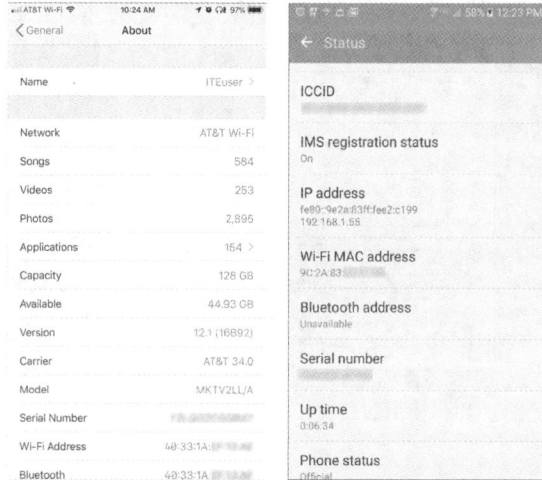

图 6-41 iPhone 和 Android 设备中的 MAC 地址

另外，一台设备可能有多个 MAC 地址，例如，PlayStation 4 有两个 MAC 地址，一个用于有线网络，另一个用于无线网络，如图 6-42 所示。

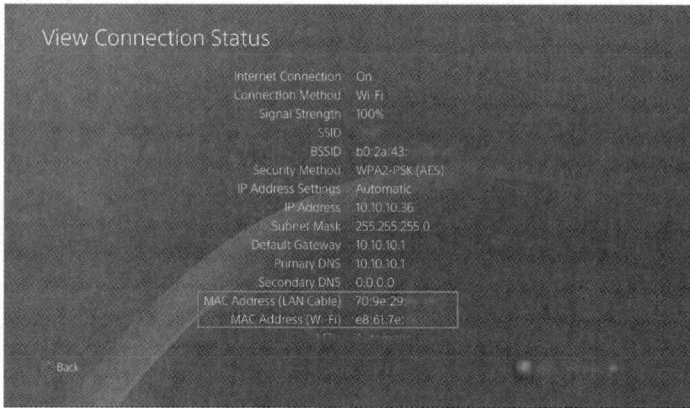

图 6-42 PlayStation 4 的 MAC 地址

同样，Windows PC 也可能有多个 MAC 地址，例如，示例 6-6 中的 PC 有 3 个 MAC 地址，分别用于有线网络、无线网络和虚拟网络。

示例 6-6 Windows PC 的多个 MAC 地址

```
C:\> ipconfig /all

Windows IP Configuration
<output omitted>

Ethernet adapter Ethernet:
```

```
<output omitted>
    Physical Address................... : 44-A8-42-XX-XX-XX
    DHCP Enabled...................... : Yes
    Autoconfiguration Enabled........ : Yes

Ethernet adapter VirtualBox Host-Only Network:

    Connection-specific DNS Suffix.    :
    Description....................     : VirtualBox Host-Only Ethernet Adapter
    Physical Address................... : 0A-00-27-XX-XX-XX
<output omitted>

Wireless LAN adapter Wi-Fi:

    Connection-specific DNS Suffix... : lan
    Description....................... : Intel(R) Dual Band Wireless-AC 3165
    Physical Address.................. : E0-94-67-XX-XX-XX
<output omitted>

C:\>
```

注 意　在图 6-41 和图 6-42 中，对 MAC 地址的后半部分和其他标识信息做了模糊处理；在示例 6-6 中，将最后 6 个十六进制位替换成了 X。

由于随时都可能有新设备加入网络，因此负责手动输入所有 MAC 地址的技术人员可能不堪重负。想象一下，技术人员可能必须在类似于图 6-43 所示的界面中手动输入并维护数十个 MAC 地址。

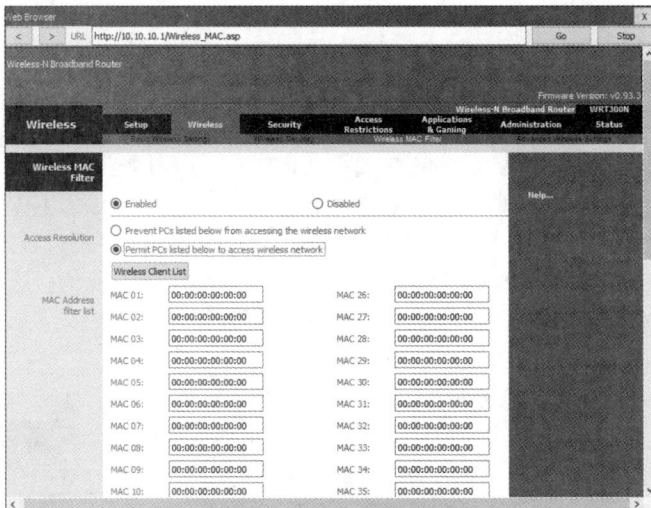

图 6-43　MAC 地址过滤器配置 GUI

然而，在有些情况下可能别无选择，只能使用 MAC 地址过滤。因为要使用更佳的解决方案，如端口安全，必须添置更昂贵的路由器或防火墙设备（这些不在本书的讨论范围之内）。

5. 白名单和黑名单

配置白名单和黑名单指的是允许或禁止特定的 IP 地址。与 MAC 地址过滤一样，可手动配置禁止或允许的 IP 地址；在无线路由器上，这通常是使用访问列表或访问策略实现的，如图 6-44 所示。有关具体的步骤，请参阅无线路由器附带的说明书，或在网上搜索教程。

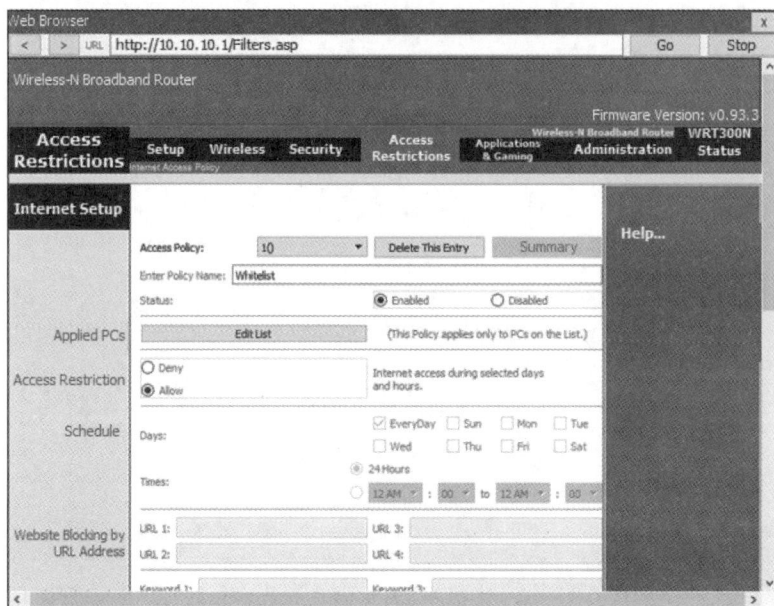

图 6-44　白名单配置

要只允许用户（如儿童或员工）访问你批准的 IP 地址，白名单是一个不错的工具；你还可使用黑名单明确地禁止访问特定网站。然而，与 MAC 地址过滤一样，配置黑名单或白名单的工作可能让人不堪重负。

6.1.5　配置 IoT 设备

拜 IoT 所赐，日用设备已成为互联网的一部分。IoT 扩大了联网范围，使其不再仅限于计算机和智能手机等标准设备，而将冰箱和电视等设备也囊括进来了，这些设备嵌入了传感器，使用了其他技术，成为网络的一部分。IoT 中的“物”可以是常见物品，但能够成为联网设备的物品数不胜数。IoT 设备让我们能够洞察到消费者和企业是如何与设备、服务和应用程序交互的。这种设备将各种物品都连接到互联网，从而实时地提供与用户及其环境相关联的数据。

几十年来，互联网发生了翻天覆地的变化，当今互联网的用途不再限于发送邮件、浏览网页以及在计算机之间传输文件。互联网正在不断向 IoT 发展。连接到互联网的设备不再仅限于计算机、平板电脑和智能手机，各种安装了传感器的设备（从汽车和生物化学设备到家用器械和自然生态系统）都可连接到互联网。

你家里可能有一些 IoT 设备，市面上有各种可联网设备，如恒温箱、照明开关、安保摄像头、门锁和语音数字助理（Amazon Alexis 和 Google Home）。这些设备都可连接到网络。另外，很多设备还可直接通过智能手机应用进行管理，如图 6-45 所示。

图 6-45　IoT

6.2 基本的网络故障排除流程

网络故障可能很简单，也可能很复杂，它们可能是硬件、软件和连接性问题的综合结果。

6.2.1 网络故障排除流程

要解决网络问题，计算机技术人员必须能够分析问题，进而确定导致问题的原因，这个流程被称为故障排除。

故障排除过程包含 6 个步骤。

第 1 步：确定问题。

第 2 步：制定原因查找流程。

第 3 步：按制定的流程确定原因。

第 4 步：制订解决问题的行动计划并实施解决方案。

第 5 步：全面检查系统功能并在必要时采取预防措施。

第 6 步：记录问题、措施和结果。

1. 确定问题

技术人员制定合理且一致的网络故障排除流程，以每次一个的方式解决问题。

例如，要对问题进行评估，需要确定问题涉及多少设备。如果只涉及一台设备，就从这台设备着手；如果涉及多台设备，就从这些设备都连接到的布线间着手。

故障排除流程的第一步是确定问题。为此，首先提出一系列开放性问题和封闭性问题（见表 6-8），从客户那里收集信息。

表 6-8	第 1 步：确定问题
开放性问题	设备出现了哪些问题？ 最近在设备上安装了哪些软件？ 发现问题时你正在做什么？ 出现了哪些错误消息？ 设备使用的是哪种类型的网络连接
封闭性问题	最近是否有其他人使用过你的设备？ 能看到共享的文件或打印机吗？ 你最近是否修改过密码？ 能否访问 Internet？ 当时是否登录了网络？ 是否有其他人也遇到了这种问题？ 是否对网络做了环境或基础设施方面的更改

2. 制定原因查找流程

与客户交谈后，就可制定原因查找流程了。表 6-9 列出了一些导致网络问题的常见原因。

表 6-9	第 2 步：制定原因查找流程
导致网络问题的常见原因	电缆连接松动。 未能正确地安装网卡。 ISP 出现故障。 无线信号太弱。 IP 地址无效。 DNS 服务器故障。 DHCP 服务器故障

3. 按制定的流程确定原因

制定原因查找流程后，就可按流程确定导致问题的原因了。找到原因后，就需要确定为解决问题要采取的措施。表 6-10 列出了一些常采取的措施，这些措施让你能够快速确定原因甚至解决问题。如果利用这些措施解决了问题，可接着全面检查系统功能；如果没有解决问题，就需要进一步研究问题，找到导致问题的确切原因。

表 6-10	第 3 步：按制定的流程确定原因
确定原因的常用措施	确认所有电缆都连接到了正确的位置。 拆卸并重新连接电缆和连接器。 重启计算机或网络设备。 以另一名用户的身份登录。 修复或重新启用网络连接。 联系网络管理员。 ping 设备的默认网关。 访问远程网页

4. 制订解决问题的行动计划并实施解决方案

确定导致问题的确切原因后，需要制订解决问题的行动计划并实施解决方案。表 6-11 列出了一些信息源，你可用来收集额外的信息以帮助解决问题。

表 6-11	第 4 步：制订解决问题的行动计划并实施解决方案
如果前一步未能解决问题，需要做进一步研究，以寻找解决方案	服务台维修日志。 其他技术人员。 制造商提供的常见问题解答。 技术网站。 新闻组。 计算机手册。 设备手册。 在线论坛。 互联网搜索

5. 全面检查系统功能并在必要时采取预防措施

解决问题后，全面检查系统功能并在必要时采取预防措施。表 6-12 列出了一些预防措施。

表 6-12	第 5 步：全面检查系统功能并在必要时采取预防措施
全面检查系统功能并在必要时采取预防措施	使用 ipconfig /all 命令显示所有网络适配器的 IP 地址信息。 使用 ping 命令向特定地址发送数据包并获取响应信息，以检查网络连接性。 核实设备能够访问获得授权的资源，如公司邮件服务器和 Internet。 研究可供执行检查的其他命令，或者向主管询问还有哪些测试工具可使用

6. 记录问题、措施和结果

故障排除过程的最后一步是记录问题、措施和结果，如表 6-13 所示。

表 6-13	第 6 步：记录问题、措施和结果
记录问题、措施和结果	与客户讨论实施的解决方案。 让客户核实问题是否得到了解决。 将所有必要的文件交给客户。 在工单和技术人员日记中记录解决问题的步骤。 记录维修中使用的所有组件。 记录为解决问题花费了多长时间

6.2.2　网络问题及其解决方案

要应用网络技术，需要将学到的网络原则和技术付诸实践，并研究真实的网络故障排除案例。

1. 常见网络问题及其解决方案

网络问题可归因于硬件、软件、配置或这三者的共同作用。有些网络问题比其他网络问题更常见，表 6-14 列出了一些常见网络问题及其解决方案。

表 6-14	常见网络问题及其解决方案	
问题	可能原因	可能的解决方案
网卡的 LED 指示灯不亮	网络电缆没插或已损坏	重新连接或更换到计算机的网络电缆
	网卡已损坏	更换网卡
用户无法使用 SSH 来访问远程设备	远程设备未配置成支持 SSH 访问	配置远程设备，使其支持 SSH 访问
	用户或网络被禁止使用 SSH 访问远程设备	允许用户或网络使用 SSH 访问远程设备
设备没有检测到无线路由器	无线路由器/接入点配置的 802.11 协议不同	给无线路由器配置与设备兼容的协议
	没有广播 SSID	配置无线路由器，使其广播 SSID
	设备的无线网卡被禁用	启用设备的无线网卡

续表

问题	可能原因	可能的解决方案
Windows 计算机的 IPv4 地址为 169.254.x.x	网络电缆没插好	重新连接网络电缆
	路由器未通电或连接故障	确保路由器通电了,且正确地连接到了网络,再在计算机上释放并重新获取 IPv4 地址
	网卡已损坏	更换网卡
远程设备没有响应 ping 请求	Windows 防火墙默认阻断了 ping 请求	设置防火墙,允许 ping 请求通过
	远程设备被配置成不响应 ping 请求	配置远程设备,使其响应 ping 请求
用户能够访问本地网络,但不能访问 Internet	网关地址不正确或未配置	确定给网卡配置了正确的网关地址
	ISP 故障	致电 ISP,报告故障
网络运行正常,但无线设备无法连接到网络	设备的无线功能已禁用	启用设备的无线功能
	设备不在无线网络的覆盖范围内	让设备离无线路由器/接入点更近
	受到使用相同频段的其他无线设备的干扰	修改无线路由器的配置,使用其他信道
无法访问本地资源,如共享的文件和打印机	可能的原因很多,包括电缆故障、交换机或路由器不正常、防火墙阻断流量、DNS 不能解析名称或服务有问题	确定问题的影响范围,如尝试从其他主机进行连接

2. 复杂的网络连接问题及其解决方案

表 6-15 列出了一些复杂的网络连接问题及其解决方案。

表 6-15　　　　　　　　　　**复杂的网络连接问题及其解决方案**

问题	可能原因	可能的解决方案
可使用 IP 地址连接到网络设备,但使用主机名无法连接	主机名不正确	重新设置主机名
	DNS 服务器地址设置不正确	重新设置 DNS 服务器地址
	DNS 服务器不正常	重启 DNS 服务器
设备无法获得或续租 IP 地址	计算机使用的是属于其他网络的静态 IP 地址	让计算机自动获取 IP 地址
	防火墙阻断 DHCP 流量	修改防火墙设置,允许 DHCP 流量通过
	DHCP 服务器不正常	重启 DHCP 服务器
	无线网卡被禁用	启用无线网卡
将新设备连接到网络时,出现有关 IP 地址冲突的消息	将同一个 IP 地址分配给网络中的两台设备	给每台设备配置不同的 IP 地址
	给另一台计算机配置了静态 IP 地址,但该 IP 地址已被 DHCP 服务器分配出去	配置 DHCP 服务器,让它不要分配该静态 IP 地址,再重启所有受影响的设备
设备能够访问网络,但不能访问 Internet	网关 IP 地址不正确	在设备或 DHCP 服务器上,配置正确的网关 IP 地址
	路由器配置不正确	重新配置路由器
	DNS 服务器不正常	重启 DNS 服务器

续表

问题	可能原因	可能的解决方案
无线网络传输速度慢、信号弱、连接时断时续	未实施无线安全，允许未经授权的用户访问	实施无线安全计划
	连接到接入点的用户太多	添加一个接入点或中继器，提高信号强度
	用户离接入点太远	移动接入点，确保它位于中心位置
	无线信号受到外部干扰	更换无线网络使用的信道

3. 复杂的 FTP 和安全 Internet 连接问题及其解决方案

表 6-16 列出了一些复杂的 FTP 和安全 Internet 连接问题及其解决方案。

表 6-16 复杂的 FTP 和安全 Internet 连接问题及其解决方案

问题	可能原因	可能的解决方案
用户无法访问 FTP 服务器	FTP 流量被路由器上的防火墙阻断	确保端口 20 或 21 的流量被允许通过路由器的出站防火墙
	FTP 流量被 Windows 防火墙阻断	确保端口 20 或 21 的流量被允许通过 Windows 出站防火墙
	已达到允许的最大用户数量	增大可同时连接到 FTP 服务器的最大 FTP 用户数量
FTP 客户端软件找不到 FTP 服务器	FTP 客户端的服务器/域名或端口设置不正确	在 FTP 客户端中指定正确的服务器/域名和端口设置
	FTP 服务器不正常或已关闭	重新启动 FTP 服务器
	DNS 服务器不正常或不能解析域名	重新启动 DNS 服务器
设备无法访问特定的 HTTPS 网站	该网站不在计算机浏览器的可信网站列表中	确定是否要在浏览器的可信网站列表中添加安全证书

4. 使用网络工具时出现的复杂问题及其解决方案

表 6-17 列出了一些使用网络工具时出现的复杂问题及其解决方案。

表 6-17 使用网络工具时出现的复杂问题及其解决方案

问题	可能原因	可能的解决方案
一个网络中的设备无法 ping 另一个网络中的设备	两个网络之间的链路断开了	使用 tracert 找出并修复断开的链路
	路由器阻断了 ICMP 消息	配置路由器，使其允许 ICMP 回应请求和回应应答通过
	Windows 防火墙阻断了 ICMP 消息	配置 Windows 防火墙，使其允许 ICMP 回应请求和回应应答通过

续表

问题	可能原因	可能的解决方案
计算机无法 Telnet 到远程计算机	远程计算机未配置为接受 Telnet 连接	配置远程计算机，使其接受 Telnet 连接
	在远程计算机上未启动 Telnet 服务	在远程计算机上启动 Telnet 服务
执行 nslookup 命令时显示消息 "Can't find server name for address{ip-address}: timed out"（找不到地址 {ip-address}对应的服务器名称: 超时），其中{ip-address}可以是任何 IP 地址	DNS 服务器没有反应	解决到 DNS 服务器的连接性问题并/或重启 DNS 服务器
	DNS 记录不正确	在 DNS 服务器中配置正确的记录
执行 ipconfig/release 或 ipconfig/ renew 命令时，出现如下消息: "No operation can be performed on the adapter while the media is disconnected"（介质未连接，无法在适配器上执行任何操作）	网络电缆没插好	重新连接网络电缆
	给计算机配置了静态 IP 地址	重新配置网卡以自动获取 IP 地址
执行 ipconfig/release 或 ipconfig/ renew 命令时，出现如下消息: "The operation failed as no adapter is in the state permissible for this operation"（操作失败，因为没有适配器处于允许执行该操作的状态）	给计算机配置了静态 IP 地址	重新配置网卡以自动获取 IP 地址

6.3 总结

本章介绍了如何配置网卡、如何将设备连接到无线路由器，以及如何配置无线路由器以实现网络连接；还介绍了防火墙、IoT 设备和网络故障排除。你学习了标识以太网 LAN 中设备的 48 位 MAC 地址，还有两种 IP 地址——IPv4 地址和 IPv6 地址。IPv4 地址长 32 位，用点分十进制格式表示，而 IPv6 地址长 128 位，用十六进制格式表示。

要给设备分配 IP 地址，可手动完成，也可使用 DHCP 动态地完成。你了解到，手动（静态）编址适用于小型网络，而 DHCP 适用于大型网络。除 IP 地址外，DHCP 还可自动分配子网掩码、默认网关和 DNS 服务器地址。

接下来，你学习了如何配置无线网络，包括给无线路由器进行基本无线配置、NAT 配置、防火墙配置和 QoS 配置。

当前，连接到互联网的不仅有计算机、平板电脑和智能手机，还有汽车、生物化学设备、家用器械和自然生态系统。

最后，本章介绍了网络故障排除流程包含的 6 个步骤。

6.4 复习题

请完成以下所有的复习题，检查你对本章介绍的主题和概念的理解程度，答案见附录。

1. 有用户报告说他无法访问公司的 Web 服务器，但技术人员发现，使用该 Web 服务器的 IP 地址

能够访问。请问导致这种问题的可能原因有哪两个（双选）？（　　　）

    A.　工作站上配置的默认网关地址不正确

    B.　DNS 服务器上配置的 Web 服务器信息不正确

    C.　工作站上配置的 DNS 服务器地址不正确

    D.　网络连接有问题

    E.　Web 服务器的配置不正确

2.　给一台计算机分配了 IP 地址 169.254.33.16，根据这个 IP 地址，下面哪种有关该计算机的说法是正确的？（　　　）

    A.　它不能与其他网络中的设备通信

    B.　它能够与当前网络中的设备通信，还能与 Internet 中的设备通信

    C.　它有一个公有 IP 地址，但这个地址被转换为私有 IP 地址

    D.　它能够与其他包含子网的网络中的设备通信

3.　给一台计算机分配了 IP 地址 169.254.33.16，要让这台计算机请求新 IP 地址，可使用哪个命令？（　　　）

    A.　net computer   B.　ipconfig

    C.　tracert   D.　nslookup

4.　有家小型企业，它使用 Linksys WRT300N 路由器组建了有线网络和无线网络，且在网络中搭建了一台 Web 服务器。为让人能够远程访问该 Web 服务器，需要启用防火墙的哪个选项？（　　　）

    A.　WPA2   B.　端口转发

    C.　端口触发   D.　WEP

    E.　MAC 地址过滤

5.　一台无线路由器显示的 IP 地址为 192.168.0.1，请问这意味着什么？（　　　）

    A.　无线路由器的 NAT 功能运行不正常

    B.　该无线路由器配置的是出厂默认 IP 地址

    C.　该无线路由器被配置成使用信道 1

    D.　在该路由器上配置了动态 IP 地址分配，并正常工作

6.　哪种过滤方法使用 IP 地址来指定网络上允许哪些设备？（　　　）

    A.　端口转发   B.　MAC 地址过滤

    C.　黑名单   D.　端口触发

    E.　白名单

7.　ping 命令使用哪种协议来检查网络主机之间的连接性？（　　　）

    A.　TCP   B.　ARP

    C.　DHCP   D.　ICMP

8.　如果一台计算机自动配置了 169.254.x.x 地址范围内的一个 IP 地址，说明存在哪种问题？（　　　）

    A.　DHCP 服务器不可达   B.　这台计算机上配置的默认网关不正确

    C.　DNS 服务器不可达   D.　这台计算机的网卡被禁用

9.　技术人员想更新计算机的网卡驱动程序，请问去哪里获取新的网卡驱动程序最合适？（　　　）

    A.　网卡制造商的网站   B.　Windows 操作系统安装介质

    C.　Microsoft 的网站   D.　网卡附带的安装介质

    E.　Windows 更新

10.　网络中的 DHCP 服务器运行不正常时，结果将是什么样的？（　　　）

    A.　分配给工作站的 IP 地址位于网络 169.254.0.0/16 中

    B.　分配给工作站的 IP 地址为 127.0.0.1

　　C.　分配给工作站的 IP 地址位于网络 10.0.0.0/8 中

　　D.　分配给工作站的 IP 地址为 0.0.0.0

11.　无线路由器使用哪个过程将内部私有 IP 地址转换为可在 Internet 上路由的地址？（　　）

　　A.　NAP

　　B.　NAT

　　C.　TCP 握手

　　D.　私有地址修改

12.　一台设备的 IPv6 地址为 2001:0db8:cafe:4500:1000:00d8:0058:00ab/64，请问该设备的网络标识符是什么？（　　）

　　A.　2001:0db8:cafe:4500:1000

　　B.　2001

　　C.　2001:0db8:cafe:4500

　　D.　2001:0db8:cafe:4500:1000:00d8:0058:00ab

　　E.　1000:00d8:0058:00ab

13.　哪个命令可用来排除域名解析故障？（　　）

　　A.　tracert

　　B.　nslookup

　　C.　net

　　D.　ipconfig /displaydns

14.　在小型办公室中安装了一台新计算机，使用该计算机的用户可利用 LAN 中的网络打印机打印文档，但无法访问 Internet。请问下面哪个可能是导致这种问题的原因？（　　）

　　A.　TCP/IP 栈不正常

　　B.　配置的 DHCP 服务器 IP 地址不正确

　　C.　这台计算机配置了静态 IP 地址

　　D.　网关 IP 地址配置不正确

第 7 章
便携式计算机和其他移动设备

最初的便携式计算机主要供商务人士在出差时用来访问或输入数据。那时的便携式计算机价格昂贵而笨重，相比于台式计算机功能有限，因此使用范围有限。随着技术的进步，便携式计算机变得轻便、功能强大且价格便宜，因此几乎现在到处都能见到便携式计算机的身影。便携式计算机运行的操作系统与台式计算机相同，大都内置了 Wi-Fi、网络摄像头、麦克风、扬声器，以及用于连接外部组件的端口。

移动设备指的是可手持的轻便设备，通常配备了用于输入的触摸屏。与台式计算机和便携式计算机一样，移动设备也使用操作系统来运行应用、游戏，以及播放电影和音乐等。移动设备的处理器不同于便携式计算机和台式计算机的处理器，其拥有更精简的指令集。随着人们的移动性需求日益增长，便携式计算机和其他移动设备越来越普及。本章介绍便携式计算机和其他移动设备的特点和功能。

你将学习便携式计算机和其他移动设备（如智能手机和平板电脑）的特点和功能，还有如何拆卸和安装内部和外部组件。最后，你将学习为便携式计算机和其他移动设备制订预防性维护计划的内容，以及便携式计算机和其他移动设备的故障排除过程包含的 6 个步骤等。

7.1 便携式计算机和其他移动设备的特点

便携式计算机具备移动性，很容易从一个地方移到另一个地方。凭借这种特性，便携式计算机常取代台式计算机，但它们比其他移动设备更大、更重。便携式计算机用于执行其他移动设备因受制于其操作系统而难以完成的任务。相比于其他移动设备，便携式计算机的存储容量更大，更容易使用外部设备来扩展功能，屏幕更大，使用的软件功能更强大，并配备了方便的输入设备。

移动设备可在移动中使用，是当前用于在线访问和 Web 相关通信的主要设备。移动设备的尺寸更小，通过配备多个摄像头可改善视频功能，因此越来越普及。便携式计算机和其他移动设备适合不同的用途和用户群体，它们相互补充。

7.1.1 移动设备概述

移动设备多种多样，具体选择哪种在很大程度上取决于使用方式。从本质上说，移动设备就是具有无线通信功能的手持计算机；很多用户有多种移动设备，如智能手机、智能手表、便携式计算机等。随着自带设备办公（BYOD）计划的推广，移动设备已成为企业环境中的常客。无论身处何方，移动设备都可使用无线连接功能访问网络，并使用移动应用高效地工作。移动设备电池体积小、续航时间长，这进一步提高了其移动性。

1．你了解移动设备吗

你对移动设备的认识有多深呢？请看下面的 5 个场景，在这些场景中，最适合使用列出的哪种移动设备呢？

■ 智能手表。　■ 便携式计算机。　■ 平板电脑。　■ 智能手机。　■ 电子阅读器。

（1）场景。

场景 1：你处于离线状态，但需要使用功能齐备的电子表格程序和字处理器。

场景 2：有一个人在公园散步，他没戴智能手表，但想要将健身跟踪器中的数据上传到 Internet。

场景 3：父母要在使用智能手机与朋友交流的同时，让孩子玩游戏。

场景 4：你想在海滩上看书，但又不想携带昂贵的计算设备。

场景 5：有位体育迷想在外出跑步时获悉足球比赛的比分，但不想带智能手机。

（2）答案。

场景 1：便携式计算机通常可运行功能齐全的操作系统，并且能够运行功能齐全的商用办公应用程序。

场景 2：智能手机可充当其他设备的 Internet 网关，条件是这些设备能够通过蓝牙连接到智能手机。

场景 3：平板电脑体积小巧且配备了触摸屏，深受孩子的喜爱。有很多适合在平板电脑上运行的儿童游戏和教育应用程序。

场景 4：电子阅读器非常适用于阅读文本，如图书和报纸。

场景 5：在这种场景，智能手表是最佳的替代品。智能手表能够接收更新信息，体育迷可轻松地查看，因此无须携带手机。

2．移动性

在信息技术领域，移动性指的是能够在家庭或办公室以外的各种地方以电子方式访问信息。只要有蜂窝网络（数据网络），就可建立移动连接。移动设备自带电源（可充电的电池），通常小巧而轻便，并且不依赖于其他外围设备，如鼠标和键盘。

移动设备包括便携式计算机、智能手机、平板电脑、电子阅读器和可穿戴设备。

3．便携式计算机

便携式计算机通常运行功能齐全的操作系统，如 Microsoft Windows、macOS 或 Linux。

便携式计算机的计算能力和内存容量可与台式计算机媲美。如图 7-1 所示，便携式计算机集屏幕、键盘和指针设备（如触摸板）等于一身。便携式计算机可使用内置电池或由电源插座供电，并支持有线（如以太网）和无线（如蓝牙）联网方式。

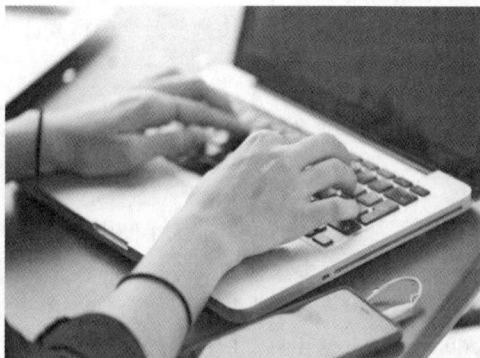

图 7-1　便携式计算机

便携式计算机支持使用 USB 和 HDMI 连接外部设备——通常可连接音响和麦克风。有些便携式计算机还支持使用各种图形标准连接外部图形设备，就像台式计算机一样。然而，为确保便携式计算机的便携性，连接有些外围设备时，可能需要添置额外的硬件，如扩展坞。

为提高便携性，便携式计算机可能不具备台式计算机的某些优势。例如，便携式计算机可能不会使用市面上最快的处理器，因为它们能耗高，对散热要求也高。便携式计算机在内存升级方面可能受到限制，同时有些类型的便携式计算机内存比同类台式计算机内存更贵。便携式计算机的扩展能力也没法与台式计算机相比；在便携式计算机中，通常无法安装专用扩展卡或大容量存储器。例如，可能无法升级便携式计算机的图形子系统。

4. 智能手机

智能手机不同于便携式计算机，它们运行专为移动设备设计的特殊操作系统，如谷歌的 Android 或苹果的 iOS。智能手机可能因不能升级操作系统而过时，需要购买新手机才能使用操作系统的新功能以及要求操作系统为更高版本的应用。在智能手机上，可使用的软件通常仅限于可从 Google Play 或苹果的 App Store 等应用商店下载的应用。

智能手机外形小巧，但功能强大。它们配备了小型触摸屏，但没有物理键盘——在屏幕上显示软键盘。由于智能手机外形小巧，通常只能连接一两种外围设备，如 USB 设备和耳机。

智能手机使用蜂窝技术来支持语音、文本和数据业务，还可使用蓝牙和 Wi-Fi 等进行数据连接。

智能手机的一项额外功能是位置服务。大多数智能手机都具备 GPS 功能：智能手机中的 GPS 接收器使用卫星来确定设备的地理位置，这让应用能够将设备位置用于各种用途，如社交媒体位置更新或附近企业优惠信息推送。有些应用将智能手机用于 GPS 导航，为用户提供驾驶、骑行或步行指南。即便 GPS 关闭了，大多数智能手机依然能够定位，这是使用来自附近移动服务天线或 Wi-Fi 接入点的信息实现的，但精度没有 GPS 定位的高。

有些智能手机还能够与其他设备共享数据连接，如图 7-2 所示。可对智能手机进行配置，使其充当调制解调器，让其他设备能够通过 USB、蓝牙或 Wi-Fi 访问移动数据网络，但并非所有智能手机运营商都允许共享数据连接。

5. 平板电脑和电子阅读器

平板电脑（见图 7-3）类似于智能手机，也使用特殊的操作系统，如 Android 或 iOS。虽然很多平板电脑都不能访问蜂窝网络，但有些高端型号的平板电脑能够访问蜂窝网络。

图 7-2　共享数据连接的智能手机

图 7-3　平板电脑

相比于智能手机，平板电脑的触摸屏通常更大，渲染的图像通常栩栩如生。平板电脑通常支持 Wi-Fi 和蓝牙，并且大都有 USB 端口和音频端口。另外，有些平板电脑配备了 GPS 接收器，激活后可像智能手机那样提供位置服务。适用于智能手机的应用大都适用于平板电脑。

电子阅读器（如亚马逊的 Kindle）是针对文本阅读进行了优化的专用设备，配备的显示器可能是黑白的，也可能是彩色的。电子阅读器看起来像平板电脑，但缺乏平板电脑的很多功能，例如，在 Web 访问方面，仅限于访问电子阅读器制造商运营的电子书商店。很多电子阅读器都配备了触摸屏，让用户能够轻松地翻页、修改设置，以及访问在线电子书商店。很多电子阅读器能够存储 1000 本甚至更多的图书。在网络连接方面，有些电子阅读器可免费使用蜂窝数据连接从特定商店下载图书，但大都依赖于 Wi-Fi。另外，大多数电子阅读器都支持蓝牙，并可连接耳机，支持有声读物。电子阅读器的续航时间通常比平板电脑的长，用户可在不充电的情况下连续阅读 15～20h，甚至更长的时间。

6. 可穿戴设备：智能手表和健身跟踪器

可穿戴设备是可穿戴在身上或附在衣服上的智能设备，其中常见的是智能手表和健身跟踪器。

（1）智能手表。

智能手表包含微处理器、特殊的操作系统和应用。智能手表内置的传感器能够收集有关身体各个方面的数据（如心率），并使用蓝牙将这些数据传递给另一台设备，如智能手机。智能手机再通过 Internet 将这些信息转发给应用程序进行分析和存储。有些智能手表还能够直接连接到蜂窝网络，显示来自应用的通知（包括 GPS 位置服务通知），并播放音乐等。

（2）健身跟踪器。

健身跟踪器（见图 7-4）类似于智能手表，但功能仅限于监测身体状况，以及跟踪身体活动、休眠情况和体育锻炼情况。一种常见的健身跟踪器是 Fitbit，它能够监测心率和行走步数。与健身跟踪器类似的是更高端的健康监测设备，能够检测心脏病、监测空气质量、检测血氧饱和度，这些设备能够向医护人员提供医疗质量的数据。

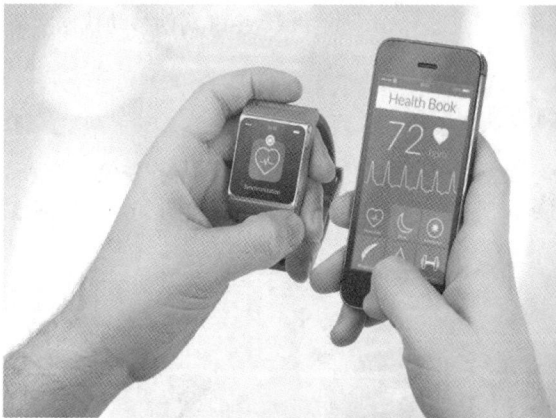

图 7-4　与智能手机同步的健身跟踪器

7. 可穿戴设备：AR 设备和 VR 设备

AR 将计算机图形与现实景象集成，而现实景象通常是通过设备的摄像头（如图 7-5 中的平板电脑）拍摄的。

AR 设备图形覆盖层类型众多，从游戏应用程序中的卡通人物，到急救人员应急管理培训信息等。AR 的潜在用途众多，是极具发展前景的领域之一。

一个与 AR 相关的领域是 VR。在 VR 中，用户佩戴一种特殊的头戴设备，该头盔显示来自一台独立计算机的图形，如图 7-6 所示。这些图形是沉浸式的 3D 图形，能够营造出非常逼真的虚拟环境。传感器能够检测到 VR 用户的动作，从而支持 VR 用户与虚拟环境交互，以及在虚拟环境中移动。VR 常用于游戏和教育培训领域。

图 7-5 AR 设备

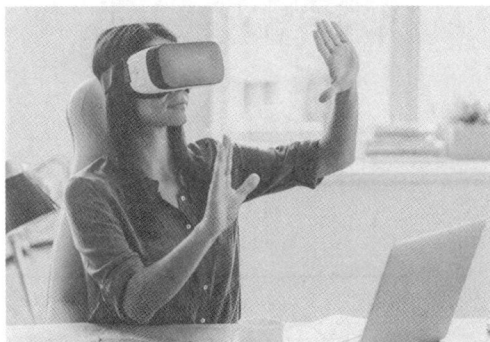

图 7-6 VR 头盔

7.1.2 便携式计算机组件

本节详细介绍便携式计算机的内部组件和外部组件。组件所在的位置随便携式计算机的型号而异。你必须熟悉各种组件，这样才能在选购和升级组件时做出明智的决策；要排除便携式计算机组件故障，也必须熟悉它们。

1. 主板

鉴于便携式计算机体型小巧，必须在很小的空间中安装大量组件。由于尺寸方面的限制，很多便携式计算机组件（如主板、内存、CPU 和存储设备）都有不同的外形规格。有些便携式计算机组件（如 CPU）被设计成低功耗的，以便在使用电池供电的情况下，也能支持系统运行较长的时间。

台式计算机的主板采用标准外形规格。标准化的尺寸和形状让来自不同制造商的主板能够安装到常见的台式计算机机箱中，而便携式计算机主板的外形规格是专用的，随制造商而异。修理便携式计算机时，如果要更换主板，通常必须使用来自便携式计算机制造商的主板。图 7-7 比较了台式计算机主板和便携式计算机主板的不同。

鉴于便携式计算机主板和台式计算机主板的设计不同，设计用于便携式计算机的组件通常不能用于台式计算机。

2. 内部组件

便携式计算机内部组件如下，它们是为适合便携式计算机有限的空间而设计的。

- 内存。
- CPU。
- SATA 驱动器。
- 固态驱动器。

（1）内存。

鉴于便携式计算机内的空间有限，便携式计算机使用的内存比台式计算机使用的内存小得多。便携式计算机使用 SODIMM，如图 7-8 所示。

台式计算机主板 便携式计算机主板

组件	台式计算机	便携式计算机
主板外形规格	ATX、Micro-ATX、Mini-ITX、ITX	制造商专用
扩展槽	PCI、PCI-X、PCIe、miniPCI	Mini-PCI
内存插槽类型	DIMM	SODIMM

图 7-7 便携式计算机主板和台式计算机主板的不同

（2）CPU。

图 7-9 展示了一款便携式计算机 CPU。相比于台式计算机 CPU，便携式计算机 CPU 的功耗更低，产生的热量更少，因此便携式计算机的散热设备无须像台式计算机中的那样大。便携式计算机处理器还根据需要使用 CPU 降频来修改时钟速度，以降低功耗、减少产生的热量。这导致其性能稍稍下降。这些专门设计的处理器让便携式计算机使用电池供电时能够运行更长的时间。

图 7-8 便携式计算机内存

图 7-9 便携式计算机 CPU

注 意 有关兼容处理器和更换说明，请参阅便携式计算机用户手册。

（3）SATA 驱动器。

便携式计算机存储设备的宽度为 1.8 in（4.57 cm）或 2.5 in（6.35 cm），而台式计算机存储设备的宽度通常为 3.5 in（8.9 cm）。1.8 in 驱动器通常用于超便携式计算机中，因为它们更小巧轻便、功耗更低。然而，这种驱动器的转速通常比 2.5 in 驱动器的低，后者的转速可高达 10000 转/分。

便携式计算机体型小巧，使用多种不同的存储驱动器外形规格和技术，图 7-10 展示了其中一种。SATA 2.5 是一种 SATA 驱动器规范，其外壳紧凑，封装的是 2.5 in 驱动器盘片。

（4）固态驱动器。

M.2 是一种超小型固态驱动器外形规格，尺寸相当于一块口香糖，如图 7-11 所示。M.2 的速度非常快，专为供电受限的小型高性能设备设计。另一种紧凑而速度非常快的固态驱动器标准是 NVMe，其读写速度为 SATA 驱动器的数倍。

图 7-10　SATA 驱动器　　　　　　　　图 7-11　M.2 固态驱动器

3. 特殊功能键

功能键（Fn 键）用于激活双用途键的第二项功能。双用途键上的文字较小或颜色不同，要激活第二项功能，可同时按 Fn 键和双用途键。功能键随便携式计算机型号而异，下面是使用功能键可实现的一些功能。

- 显示器切换。
- 音量设置。
- 媒体选项，如快进或后退。
- 键盘背光。
- 屏幕朝向。
- 屏幕亮度。

- 开/关 Wi-Fi、蜂窝网络和蓝牙。
- 媒体选项，如播放或后退。
- 开/关触摸板。
- 开/关 GPS。
- 飞行模式。

注　意　有些便携式计算机有专用功能键，用户只需按它们（而无须同时按 Fn 键）就可实现相应的功能。

便携式计算机显示器为内置的 LCD 或 LED 屏幕。用户无法调整高度和距离，因为它被集成到了机箱盖中。通常，可将外置显示器或投影仪连接到便携式计算机。要在内置显示器和外置显示器之间切换，可同时按 Fn 键和相应的功能键。

Fn 键为修饰键，只有与其他键结合使用才能发挥作用：通常和图标颜色与它相同的键结合起来使用，还可与 F1～F12 结合起来使用。功能键 F1～F12 通常位于键盘最上面一排，请不要将它们与 Fn 键混为一谈。这些键的作用随操作系统及当前正在运行的应用程序而异。如果按下某个键时再同时按住 Shift、Ctrl 和 Alt 键可执行多达 7 种操作。

7.1.3　便携式计算机显示器

便携式计算机显示器是一种输出设备，用于显示所有屏幕内容，是便携式计算机中最昂贵的组件之一。有 3 种不同的显示器，它们的尺寸和分辨率各不相同。选购或维修便携式计算机时，熟悉显示器类型和内部显示组件很重要。便携式计算机显示器和台式计算机显示器的相似之处在于，用户可使用软件或按钮来调整其分辨率、亮度和对比度。可将台式计算机显示器连接到便携式计算机，向用户提供多个屏幕和额外的功能。

本节介绍各种显示器及其内部组件。

1. LCD、LED 显示器和 OLED 显示器

便携式计算机显示器有 3 种。

- **LCD**：制造 LCD 时，常用的 3 种技术是扭曲向列（Twisted Nematic，TN）、平面转换（In-Plane Switching，IPS）和垂直配向（Vertical Alignment，VA）。TN 显示器亮度高、功耗比 IPS 显示器低、造价低廉；IPS 显示器颜色重现效果更佳、视角更大，但对比度低、响应时间长。当前，制造商正以合理的造价生成 Super-IPS（S-IPS）面板，这种面板的响应速度更快、对比度更高。VA 显示器使用倾斜的液晶，对比率相对其他类型的 LCD 高得多。所谓对比率指的是黑色像素和白色像素的灰阶差。VA 显示器的缺点是视角小、响应速度慢，可能出现鬼影和运动模糊。
- **LED 显示器**：相比于 LCD，LED 显示器的功耗更低、使用寿命更长，因此很多便携式计算机制造商都选择使用 LED 显示器。
- **OLED 显示器**：OLED 显示器通常用于移动设备和数码相机，但在一些便携式计算机中能见到它的身影。LCD 和 LED 屏幕使用背光灯来照亮像素，但 OLED 像素本身会发光。

2. 便携式计算机显示器的特点

本节讨论便携式计算机显示器的一些常见特点。

（1）可拆卸屏幕。

便携式计算机配备的触摸屏可能是可拆卸的，如图 7-12 所示。将触摸屏拆卸下来后，可像平板电脑那样使用它。还有些便携式计算机支持将键盘折叠到显示器后面，让用户能够像使用平板电脑那样使用便携式计算机。为满足这些便携式计算机的要求，Windows 自动将显示器画面旋转 90°、180° 或 270°，用户也可手动旋转，方法是按住 Ctrl + Alt 组合键及指向想要的便携式计算机朝向的箭头键。

（2）采用触摸屏。

采用触摸屏的便携式计算机（见图 7-13）的屏幕正面有一块被称为数字转换器的特殊玻璃。该数字转换器将触摸操作（如点按、轻扫等）转换为数字信号，供便携式计算机进行处理。

图 7-12   拆卸屏幕

图 7-13   触摸屏

（3）采用电源切断开关。

很多便携式计算机的外壳上都有一个小触点，合上机盖时这个小触点将接通一个开关，如图 7-14 所示。这个开关被称为电源切断开关，它用于关闭显示器以减少能耗。如果这个开关损坏或变脏了，打开便携式计算机机盖后显示器不会亮。在这种情况下，请仔细清洁这个开关，让它正常发挥作用。

3. 背光灯和逆变器

LCD 本身并不发光，而由背光灯照射屏幕来点亮显示器。两种常用的背光灯是冷阴极荧光灯（Cold Cathode Fluorescent，CCFL）和 LED。使用 CCFL 时，荧光管被连接到逆变器，并用来将直流电转换为交流电。

（1）荧光背光灯。

荧光背光灯位于 LCD 屏幕后方，如果需要更换背光灯，必须将显示器拆开。

（2）逆变器。

逆变器位于屏幕后方且靠近 LCD。

（3）LED 背光灯。

图 7-14　合上便携式计算机以激活电源切断开关

LED 显示器使用基于 LED 的背光灯，没有荧光管和逆变器。LED 技术的功耗低，可延长显示器的使用寿命。另外，LED 更环保，因为 LED 不含汞。汞是 LCD 使用的荧光背光灯中的重要成分。

4. Wi-Fi 天线连接器

Wi-Fi 天线可传输和接收通过无线电波传输的数据。在便携式计算机中，Wi-Fi 天线通常位于屏幕顶部，通过天线导线和天线引线连接到无线网卡。天线导线由屏幕两侧的导线导轨固定在显示器上。

5. 网络摄像头和麦克风

图 7-15　网络摄像头和麦克风特写

当今的便携式计算机很可能内置了网络摄像头和麦克风。网络摄像头通常位于显示器顶端中央，如图 7-15 所示。内置麦克风通常位于网络摄像头旁边，但有些制造商将麦克风放在键盘旁边或便携式计算机的侧面。

7.2　配置便携式计算机

鉴于便携式计算机就是为方便用户使用而设计的，因此便携式计算机的节能和电源管理功能是必须考虑的重要方面。在没有连接外部电源的情况下，便携式计算机将电池作为电源。

7.2.1　配置电源

可使用软件来延长便携式计算机电池的续航时间，最大限度地发挥其作用。本节介绍电源管理方法，以及如何在便携式计算机上使用软件和 BIOS 调整设置，以优化电源管理。

1. 电源管理

随着电源管理和电池技术的进步，便携式计算机能够依靠电池运行很长的时间：很多电池都能够给便携式计算机供电 10 h 甚至更长的时间。为提高电池的使用效率，必须配置便携式计算机以更好地进行电源管理，这至关重要。

电源管理控制着流向计算机组件的电流。高级配置与电源接口（Advanced Configuration and Power Interface，ACPI）在硬件和操作系统之间搭建了一座"桥梁"，让技术人员能够制定电源管理方案，最大限度地提高便携式计算机的性能。表 7-1 列出的 ACPI 电源状态适用于大多数计算机，在便携式计算机电源管理中尤其重要。

表 7-1　　　　　　　　　　　　　　ACPI 电源状态

状态	描述
S0	计算机处于开启状态，CPU 正在运行
S1	CPU 和内存都处于通电状态，但未用的设备处于断电状态
S2	CPU 关闭，但依然刷新内存，系统功耗低于 S1 状态
S3	CPU 关闭且降低了内存的刷新率（这种模式通常被称为"保存到内存"），这种状态被称为挂起模式
S4	CPU 和内存都关闭。内存的内容已保存到硬盘上的临时文件中（这种模式也被称为"保存到磁盘"），这种状态被称为休眠模式
S5	计算机关闭

2. 管理 BIOS 中的 ACPI 设置

技术人员经常需要修改 BIOS 或 UEFI 中的设置来配置电源。配置电源将影响如下方面。

- 系统状态。
- 电池和交流模式。
- 温度管理。
- CPU PCI 总线电源管理。
- 局域网唤醒（Wake-on-LAN，WOL）。

> **注　意**　要实现 WOL，可能需要在计算机内部使用电缆将网卡连接到主板。

要让操作系统配置电源管理状态，必须在 BIOS 或 UEFI 中启用 ACPI 电源管理模式，如图 7-16 所示。

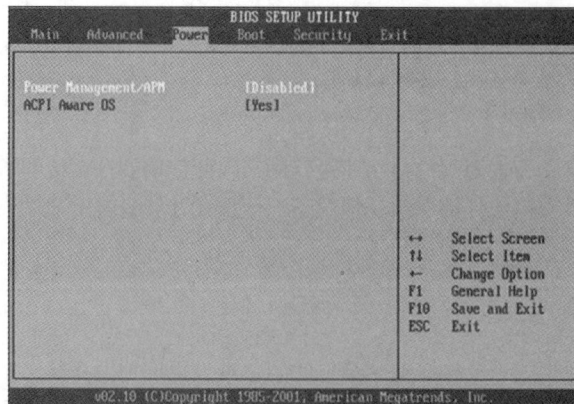

图 7-16　BIOS 中的电源管理设置

启用 ACPI 电源管理模式的步骤如下。

第 1 步：进入 BIOS 或 UEFI 设置。

第 2 步：找到并选择设置菜单项"Power Management"（电源管理）。

第 3 步：使用合适的快捷键启用 ACPI 模式。

第 4 步：保存并退出。

注 意	以上步骤适用于大多数便携式计算机，但务必查看便携式计算机说明书，以了解具体的配置方法。每种电源管理状态都没有标准名称。对于同一个状态，不同的制造商可能使用不同的名称。

7.2.2 无线配置

便携式计算机的主要优点是便携，通过使用无线技术，改善了便携式计算机的功能（而不管用户身处何方）：便携式计算机用户可连接到 Internet、无线外围设备和其他便携式计算机。大多数便携式计算机内置了无线设备，进一步提高了其灵活性和便携性。本节介绍便携式计算机使用的各种无线技术。

1. 蓝牙

蓝牙规范是由 IEEE 802.15.1 标准定义的。蓝牙设备能够处理音频、视频等数据。

蓝牙 PAN 的覆盖范围取决于 PAN 中设备的功率。蓝牙设备分为 3 类，常见的蓝牙网络是 2 类蓝牙，覆盖范围大约为 100 m，如表 7-2 所示。

表 7-2　　　　　　　　　　　　　　蓝牙分类

类别	最大允许功率	覆盖范围
1 类蓝牙	100mW	大约 100 m
2 类蓝牙	22.5mW	大约 10 m
3 类蓝牙	1mW	大约 1 m

目前，有 5 种蓝牙规范，它们的传输速率、覆盖范围和功耗各不相同，如表 7-3 所示。每个后续版本都对旧版本进一步改善了功能，例如 1.2～3.0 版本是较旧的技术，功能有限且功耗高，较新的版本（如 4.0 版本和 5.0 版本）适用于功率有限且无须高数据传输率的设备。另外，5.0 版本有 4 种不同的传输速率，它们对应于不同的覆盖范围。

蓝牙规范还定义了安全措施。连接蓝牙设备时，使用 PIN 对设备进行身份验证，该过程被称为配对。蓝牙支持 128 位加密和 PIN 身份验证。

表 7-3　　　　　　　　　　　　　　蓝牙规范

规范	版本	数据传输速率
蓝牙规范 1.0	v1.2	1 Mbit/s
蓝牙规范 2.0	v2.0 + EDR	3 Mbit/s
蓝牙规范 3.0	v3.0 + HS	24 Mbit/s
蓝牙规范 4.0	v4.0 + LE	1 Mbit/s
蓝牙规范 5.0	v5.0 + LE	125 kbit/s、500 kbit/s、1 Mbit/s、2 Mbit/s

Windows 默认启用到蓝牙设备的连接，如果连接处于非激活状态，请在便携式计算机的正面或侧面找到并打开相应的开关。有些便携式计算机的键盘上有一个特殊的功能键，用于启用蓝牙连接。如果便携式计算机不支持蓝牙技术，可购买通过 USB 端口连接的蓝牙适配卡。

安装并配置设备前，务必在 BIOS 中启用蓝牙。

启用设备并使其进入可发现模式。如何让设备进入可发现模式，请参阅设备帮助文档。要搜索并发现处于可发现模式的蓝牙设备，可使用蓝牙向导（Bluetooth Wizard）。

2. 蜂窝 WAN

在集成了蜂窝 WAN 的便携式计算机中，无须安装相关的软件，也无须安装额外的天线或附件：这种便携式计算机启动后，就可使用集成的 WAN 功能。如果连接处于非激活状态，请在便携式计算机的正面或侧面找到并打开相应的开关。有些便携式计算机的键盘上有一个特殊的功能键，用于启用 WAN 连接。

很多移动电话都能够连接到其他设备，这种连接被称为网络共享，可使用 Wi-Fi、蓝牙或 USB 来建立。设备连接到移动电话后，就可使用其蜂窝 WAN 连接来访问 Internet。移动电话允许 Wi-Fi 设备连接到它并使用其移动数据网络时，便被称为热点。

还可使用蜂窝热点设备来访问蜂窝网络，图 7-17 显示了个人热点和蜂窝热点设备。

还有用于便携式计算机的 Mini-PCIe 和 M.2 无线网卡，它们支持 Wi-Fi、蓝牙和/或蜂窝数据连接（5G/4G/LTE）。在这些网卡中，有些要求安装新的天线套件，其导线通常敷设在便携式计算机机盖中的屏幕周围。安装具备蜂窝功能的网卡时，还需插入 SIM 卡。

个人热点　　　　　　　　　蜂窝热点设备

图 7-17　个人热点和蜂窝热点设备

3. Wi-Fi

便携式计算机通常使用无线网卡来访问 Internet。无线网卡可以是便携式计算机内置的，也可通过扩展端口连接到便携式计算机。用于便携式计算机的无线网卡有三大类。

- **Mini-PCI 卡**：有 124 个引脚，支持无线 LAN 连接标准 802.11a、802.11b 和 802.11g，如图 7-18 所示。
- **Mini-PCIe 卡**：有 54 个引脚，支持无线 LAN 连接标准 802.11a、802.11b、802.11g、802.11n 和 802.11ac，如图 7-19 所示。
- **PCI Express Micro 卡**：用于较新和较小的便携式计算机（如 Ultrabook）中，大小只有 Mini-PCIe 卡的一半。PCI Express Micro 卡（见图 7-20）有 54 个引脚，支持的无线标准与 Mini-PCIe 卡相同。

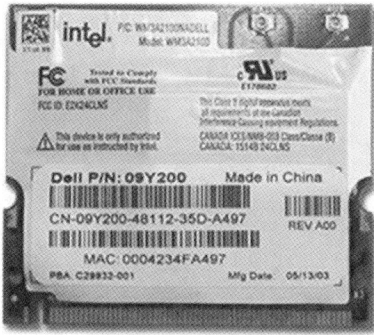

图 7-18 Mini-PCI 卡　　　图 7-19 Mini-PCIe 卡　　图 7-20 PCI Express Micro 卡

7.3 安装和配置便携式计算机硬件和组件

外形小巧、方便携带是便携式计算机深受欢迎的两个主要原因，但这也导致便携式计算机无法采用用户希望它支持的技术。本节讨论如何安装和配置扩展设备，以改善便携式计算机的性能。

7.3.1 扩展槽

扩展槽是便携式计算机上的各种连接端口，用于连接外围设备到系统。扩展槽类型众多，其中包括 USB 端口和 ExpressCard 扩展槽。

1. 扩展卡

相比于台式计算机，便携式计算机的缺点之一是，紧凑的设计导致其无法提供某些功能。为解决这个问题，很多便携式计算机都包含扩展槽，可用于添加功能。图 7-21 和图 7-22 展示了两个型号的 ExpressCard 扩展卡——ExpressCard/34 和 ExpressCard/54，它们的宽度分别为 34 mm 和 54 mm。

图 7-21 ExpressCard/34　　　　　　　图 7-22 ExpressCard/54

ExpressCard/34 具有如下特点。

- **尺寸**：75 mm ×34 mm。
- **厚度**：5 mm。
- **接口**：PCI Express、USB 2.0 或 USB 3.0。
- **示例**：FireWire、电视调谐卡、无线网卡。

ExpressCard/54 具有如下特点。

- **尺寸**: 75 mm ×54 mm。
- **厚度**: 5 mm
- **接口**: PCI Express、USB 2.0 或 USB 3.0
- **示例**: 智能卡读卡器、紧凑型闪存卡读卡器、1.8 in 硬盘驱动器。

下面是一些使用 ExpressCard 可添加的功能示例。

- 附加的存储卡读卡器。
- 外置硬盘驱动器。
- 电视调谐卡。
- USB 和 FireWire 端口。
- Wi-Fi 连接。

要安装扩展卡,可将其插入扩展槽并推到底;要拆卸扩展卡,可按弹出按钮将其释放。

如果 ExpressCard 是可热插拔的,请按下面的步骤安全地拆卸。

第 1 步:单击 Windows 系统托盘中的 "Safely Remove Hardware"(安全地移除硬件)图标,确保设备未被使用。

第 2 步:单击要移除的设备。将弹出一条消息,可安全地移除设备。

第 3 步:从便携式计算机拆卸该可热插拔的设备。

警 告 ExpressCard 和 USB 设备通常是可热插拔的。然而,如果设备不支持热插拔,在计算机未断电的情况下移除它可能会损坏数据和设备。

---

2. 闪存

常见闪存驱动器、闪存卡和读卡器(见图 7-23)。

闪存驱动器 闪存卡

MiniSD读卡器

图 7-23 闪存驱动器、闪存卡和读卡器

- **闪存驱动器**：一种可移动存储设备，可连接到 USB、eSATA 或 FireWire 端口。闪存驱动器可以是 SSD 驱动器或更小的设备。闪存驱动器的数据访问速度很快、可靠性很高且功耗很低。操作系统访问这些驱动器的方式与访问其他类型驱动器的方式相同。
- **闪存卡**：一种使用闪存存储信息的数据存储设备，外形小巧、携带方便且断电后数据不会丢失，常用于便携式计算机、移动设备和数码相机中。闪存卡型号众多，尺寸和形状各异。
- **MiniSD 读卡器**：现代便携式计算机大都配备了闪存卡读卡器，可读取 SD 闪存卡和高容量安全数字（Secure Digital High Capacity，SDHC）闪存卡。

> **注 意** 闪存卡都是可热插拔的，移除时必须采用标准的可热插拔设备移除流程。

3. 智能卡读卡器

智能卡类似于信用卡，但嵌入了可加载数据的微处理器。智能卡可用于拨打电话、电子现金支付和其他场景。智能卡中的微处理器提供安全保障，能够存储的信息比信用卡中的磁条多得多。

智能卡读卡器用于读写智能卡，可通过 USB 端口连接到便携式计算机。智能卡读卡器有两种。

- **接触式智能卡读卡器**：要求将智能卡插入读卡器，以实现物理连接，如图 7-24 所示。
- **非接触式智能卡读卡器**：这种读卡器使用射频技术与接近的智能卡通信。

很多智能卡读卡器同时支持接触式读取和非接触式读取。这些卡以一个椭圆形徽标标识，徽标上有无线电波图案，无线电波指向一只拿着卡的手。

4. SODIMM

便携式计算机的品牌和型号决定了它使用的是哪种内存。更换内存时，必须选购与便携式计算机兼容的内存。大多数台式计算机都使用可插入 DIMM 插槽的内存，而大多数便携式计算机都使用外形更小的内存模块——SODIMM。SODIMM 有 72 引脚和 100 引脚的，它们支持 32 位数据传输，还有144 引脚、200 引脚和 204 引脚的，它们支持 64 位数据传输。

> **注 意** 可按 DDR 版本对 SODIMM 做进一步分类。不同型号的便携式计算机使用不同类型的 SODIMM。

购买并安装额外的内存前，务必查看便携式计算机帮助文档或制造商网站，确定便携式计算机使用的内存的外形规格。另外，参阅便携式计算机帮助文档，确定内存的安装位置；在大多数便携式计算机中，内存都被插入机箱底盖后面的插槽中，如图 7-25 所示。在有些便携式计算机上，必须拆下键盘才能看到内存插槽。

图 7-24 接触式智能卡读卡器

图 7-25 安装在便携式计算机中的 SODIMM

请向便携式计算机制造商咨询，确认每个插槽可支持的最大内存量。要获悉当前安装的内存量，可查看 POST 屏幕、BIOS 设置或"System Properties"（系统属性）窗口。

图 7-26 显示了实用程序"System"（系统）显示的内存量。

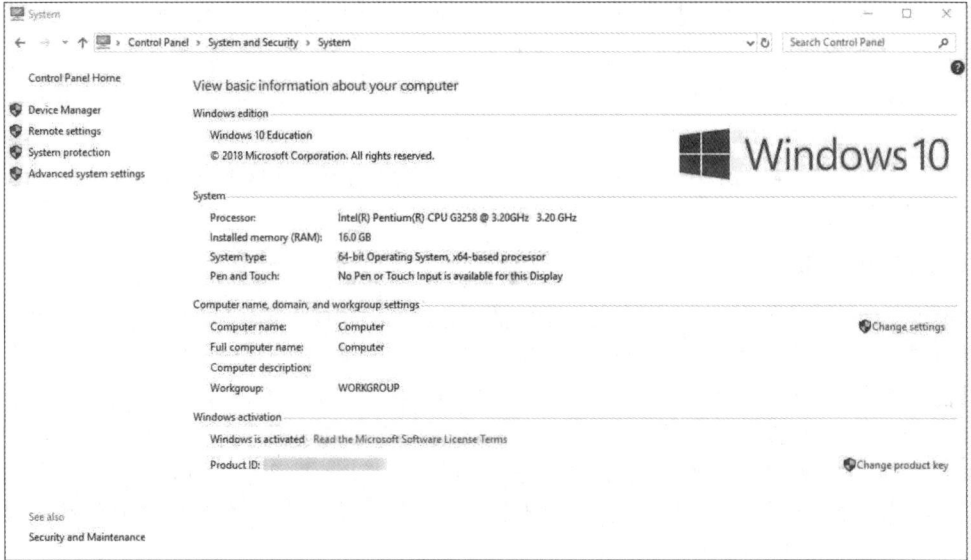

图 7-26 实用程序"System"显示的内存信息

要更换或添加内存，务必核实便携式计算机有未用的插槽，并确认插槽支持你打算添加的内存量和类型。在有些便携式计算机中，可能没有可供安装新 SODIMM 的插槽。

7.3.2 更换便携式计算机组件

你可能需要更换或升级便携式计算机的某些组件。更换或升级便携式计算机组件与更换或升级台式计算机组件有天壤之别。便携式计算机通常使用的是定制的机箱，这种机箱很小，里面的空间很小。因此，务必使用正确的工具，并确保有制造商推荐的替换组件和帮助文档。

1. 组件更换概述

便携式计算机的有些组件是用户可更换的，这些组件通常被称为用户可更换单元（Customer-replaceable Units，CRUs）。CRUs 包括便携式计算机电池和内存等组件。用户不能更换的组件被称为现场可更换单元（Field-replaceable Units，FRUs）。FRUs 包括主板、LCD 和键盘等组件，更换 FRUs 通常需要专业技能。在很多情况下，可能需要将设备送到购买地点、经过认证的维修中心或制造商。在有些特殊情况下，虽然用户能够进行维修，如更换显卡，但由于电源、散热要求、空间限制，必须送到维修中心进行维修。维修便携式计算机或其他移动设备时，务必将零件码放整齐并对电缆进行标记，以方便重新安装。

维修中心可能会为不同制造商生产的便携式计算机提供维修服务，也可能只维修特定品牌的便携式计算机（如制造商授权的保修和维修服务经销商）。下面是维修中心提供的常见维修服务。

- 硬件和软件诊断。
- 数据传输和恢复。
- 键盘和风扇更换。
- 便携式计算机内部清洁。
- 屏幕维修。
- LCD 逆变器和背光灯维修。

大多数显示器维修工作都必须在维修中心进行，包括更换屏幕、背光灯或逆变器。

如果当地没有维修中心，可能需要将便携式计算机送到区域维修中心或制造商。如果便携式计算机损坏严重或需要专用软件、工具，制造商可能决定更换而不进行维修。

警　告	维修便携式计算机或其他移动设备前，务必查看保修单，确定在保修期间是否必须由授权的维修中心进行维修，以免违反保修条款。如果你自己维修，维修前务必备份数据，并断开设备电源。着手维修便携式计算机之前，务必查阅维修手册。

2. 电源

以下迹象表明可能需要更换便携式计算机的电池。

- 电池无法充电。
- 电池过热。
- 电池泄漏。

如果怀疑出现的问题与电池有关，请将电池更换为与便携式计算机兼容且没有问题的电池，如图 7-27 所示。如果找不到替代电池，可将电池送到授权的维修中心进行检测。

替代电池必须符合或高于便携式计算机制造商的规格要求，并且外形规格必须与原来电池的相同。另外，电压、额定功率和交流适配器也必须符合制造商的规格要求。

图 7-27　更换便携式计算机的电池

注　意	给新更换的电池充电时，务必参照制造商提供的说明。初次充电期间可以使用便携式计算机，但不要拔下交流适配器。

警　告	务必谨慎地使用电池。如果短路、处理不当或没有正确地充电，电池可能会爆炸。务必确保充电器是专门针对电池的化学成分、尺寸和电压设计的。电池属于有毒垃圾，必须按照当地法规妥善处置。

3. 内部存储器和光驱

相比于台式计算机内置存储设备，便携式计算机内置存储设备更小，通常宽度为 1.8 in（4.57 cm）或 2.5 in（6.35 cm）。大多数存储设备都是 CRUs，除非保修单明确要求必须由技术人员更换。

购置新的内置或外置存储设备前，务必查看便携式计算机文件或制造商网站，以了解兼容性方面的要求。文件通常包含可能会有帮助的常见问题解答。另外，务必使用互联网资源对确定的便携式计算机组件问题加以研究。

在大多数便携式计算机中，内置硬盘驱动器和内置光驱都插入由机箱上可拆卸的外壳保护的槽位中，如图 7-28 所示。在有些便携式计算机上，可能需要拆卸键盘才能看到这些驱动器。有些便携式计算机的光驱不能更换，还有些便携式计算机根本就没有光驱。

图 7-28　插入光驱

要获悉当前安装的存储设备，可查看 POST 屏幕或 BIOS 设置。安装新的硬盘驱动器或光驱后，务必在设备管理器（Device Manager）中确认该设备旁边没有报错图标。

7.4 其他移动设备硬件概述

随着人们的移动性需求日益增加，移动设备越来越普及。与便携式计算机一样，移动设备也使用操作系统来运行应用、游戏，播放电影和音乐。Android 和 iOS 都是移动操作系统。

7.4.1 其他移动设备硬件

对移动设备来说，附加的移动设备硬件并不是必不可少的，但可增添额外的功能和定制选项，从而提高移动设备的效率和便利性。

1. 手机部件

由于尺寸很小，移动设备通常没有 FRUs。移动设备由多个集成在一起的紧凑组件构成，因此移动设备出现故障时，可将其送到制造商处进行维修或更换。

手机包含一个或多个 FRUs：存储卡、用户标志模块（Subscriber Identify Module，SIM）卡和电池，如图 7-29 所示。

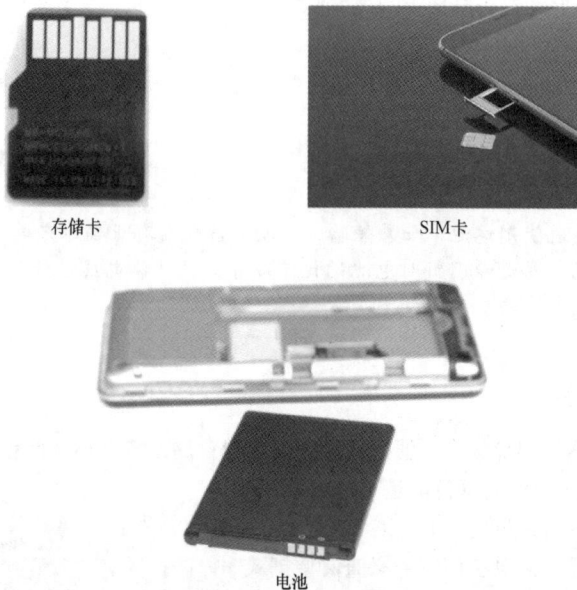

存储卡　　　　　　　SIM卡

电池

图 7-29　手机部件

很多移动设备都使用 SD 卡来增加存储容量。

SIM 卡是一种小型卡，包含用于向移动业务运营商和数据业务提供商证明身份的信息。SIM 卡还可存储用户数据，如联系人信息和短信。有些设备可安装两个 SIM 卡，这种设备被称为双 SIM 卡设备。双 SIM 卡设备可以使用两个电话号码，通常其中一个为个人号码，另一个为工作号码。在双 SIM 卡设备中，还可安装不同运营商的 SIM 卡。

有些移动设备的电池是可以更换的，例如图 7-29 所示的外置手机电池。务必检查电池是否有鼓包，同时不要将移动设备置于阳光直射之处。

2. 有线连接

移动设备使用各种电缆和端口与外部设备连接。

（1）Mini-USB 电缆。

Mini-USB 电缆（见图 7-30）可用于将移动设备连接到充电器或其他设备，以便充电和/或传输数据。

（2）USB-C 电缆。

USB-C 电缆（见图 7-31）可沿任意方向插入。USB-C 电缆可用于将移动设备连接到充电器或其他设备（如将智能手机连接到便携式计算机），以便充电和/或传输数据。

图 7-30　Mini-USB 电缆

图 7-31　USB-C 电缆

（3）Micro-USB 电缆。

Micro-USB 电缆（见图 7-32）用于将移动设备连接到充电器或其他设备，以便充电和/或传输数据。

（4）闪电电缆和端口。

闪电电缆（见图 7-33）用于将苹果的一些设备连接到计算机或其他外围设备，如 USB 充电器、显示器或相机。

（5）专用电缆和端口。

有些移动设备使用专用（厂商特定）电缆（见图 7-34）和端口。这些电缆不与其他厂商的端口兼容，但通常与同一厂商的其他产品兼容。

图 7-32　Micro-USB 电缆

图 7-33　闪电电缆和端口

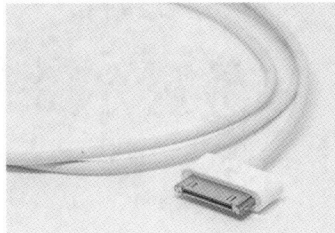

图 7-34　专用电缆

3. 无线连接和共享 Internet 连接

除 Wi-Fi 外，移动设备还可使用如下无线连接。

- **NFC**：NFC 让移动设备能够使用无线电与附近或接触到的其他设备通信。
- **红外线（IR）通信**：如果移动设备支持红外线通信，就可使用它来遥控其他红外设备，如电视、机顶盒或音频设备。

■ **蓝牙**：这种无线技术让蓝牙设备能够近距离地交换数据，还可让蓝牙设备连接蓝牙外部设备，如蓝牙音箱和蓝牙耳机。

智能手机可将其 Internet 连接与其他设备共享。共享 Internet 连接的方式有两种。

■ **网络共享**：将手机作为另一台设备（如平板电脑或便携式计算机）的调制解调器，而到手机的连接是通过 USB 电缆或蓝牙建立的。

■ **移动热点**：设备使用 Wi-Fi 连接到热点，并共享蜂窝数据连接。

能否共享 Internet 连接取决于使用的移动运营商和手机套餐。

7.4.2 智能设备

移动设备的类型越来越多，每种类型的设备也在不断变化。一般而言，不同类型设备的数量在增长，而有些设备的尺寸越来越小。专用移动设备能够与用户交互，还能够连接到其他智能设备并共享信息。专用移动设备通常使用蓝牙、ZigBee 和 NFC 等无线协议连接到其他设备或网络。

智能设备包括智能恒温器、智能手表、智能手环、智能钥匙链和智能音箱。

1. 可穿戴设备

可穿戴设备是带微型计算设备的服饰或配饰，如健身监测器、智能手表和智能头盔。

（1）健身监测器。

健身监测器（见图 7-35）可夹在衣物上或佩戴在手腕上，用于跟踪日常活动和收集身体指标数据，确定用户是否达到了健身目标。这些设备可测量或收集活动数据，并可将数据上传到服务器供以后检查。有些健身监测器还有基本的智能手表功能，如显示来电号码和短信。

（2）智能手表。

智能手表（见图 7-36）兼具手表和移动设备的功能，有些还配备了传感器，能够测量身体和环境指标，如心率、体温、海拔和气温。智能手表带有触摸显示屏，能够独立地发挥作用，也可与智能手机结合起来使用。这些手表能够显示短信和来电通知以及社交媒体更新信息，有些还能够收发短信和接打电话。智能手表可直接运行应用，也可通过智能手机运行应用，还可让用户控制智能手机的某些功能，如音乐播放器和相机。

图 7-35　健身监测器

图 7-36　智能手表

（3）VR/AR 头盔。

一种常见的误解是，VR 和 AR 是一码事，但实际上它们是两个截然不同的概念。VR 头盔（见图 7-37）"屏蔽"了现实世界，让穿戴者获得一种沉浸式体验。VR 头盔开启后，内部的显示面板将完全覆盖穿戴者的视野。AR 头盔在实时的现实世界景象（通常是使用智能手机的摄像头拍摄的）之上覆盖数字元素，换言之，AR 头盔将数字图像投射到现实世界中。*Pokémon Go* 是一款典型的 AR 游戏。除游戏外，AR 还有很多其他的用途，例如，神经外科医生可使用三维大脑 AR 投影来帮助手术的进行。

2. 专用设备

还有很多其他类型的智能设备，这些设备受益于网络连接和技术升级。

（1）GPS。

GPS 是一种基于卫星的导航系统。GPS 卫星位于太空中，负责将信号传回地球，如图 7-38 所示。

图 7-37　VR 头盔

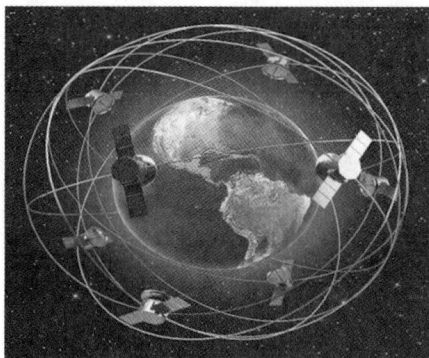

图 7-38　GPS

（2）GPS 接收器。

GPS 接收器（见图 7-39）锁定 GPS 信号，并不断地计算自己相对于卫星的位置。确定自己的位置后，GPS 接收器再计算其他信息，如行进速度、与预定目标的距离和到达预定目标需要的时间。

（3）电子阅读器。

电子阅读器是为阅读电子图书、报纸、杂志和其他文档进行了优化的设备，如图 7-40 所示。电子阅读器可使用 Wi-Fi 或蜂窝网络下载内容，外形尺寸与平板电脑相当，但其屏幕提供了更佳的阅读体验，在阳光下尤其如此。这是使用电子纸张技术实现的，这种技术让文本和图像看起来类似于纸张上的文本和图像。相对于普通平板电脑，电子阅读器通常更轻便，电池的续航时间要长得多。

图 7-39　GPS 接收器

图 7-40　电子阅读器

7.5　网络连接和电子邮件

借助于网络连接，可使用各种类型的硬件设备和软件设备进行通信。连接是使用有线技术或无线技术和协议建立的。连接到网络后，便可使用各种服务，其中之一是电子邮件，它使用了大量的协议。

7.5.1 无线数据网络

蜂窝网络和 Wi-Fi 网络的作用基本相同：让用户能够连接到网络。Wi-Fi 网络使用无线电波提供高速 LAN 连接，通常对数据传输量没有限制；蜂窝网络覆盖的区域更大，访问这些网络时，通常需要根据移动运营商提供的带宽套餐付费。蜂窝网络连接的速度通常比 Wi-Fi 网络连接的低。

1. 无线数据网络

便携式计算机、平板电脑和智能手机能够连接到 Internet，这让人们能够随时随地地工作、学习、交流和娱乐。

移动设备通常有两种连接到 Internet 的无线方式。

- **Wi-Fi 网络**：一种涉及本地 Wi-Fi 设置的无线网络连接方式。
- **蜂窝网络**：使用蜂窝数据以收费的形式提供的无线网络连接方式。为打造覆盖全球的蜂窝网络，需要蜂窝基站和卫星。如果没有合适的服务套餐，蜂窝数据网络连接的费用可能非常高。

要使用蜂窝网络，可能需要向运营商注册设备或提供某种独一无二的标识符。每台移动设备都有一个独一无二的 15 位数字——国际移动设备标志（International Mobile Equipment Identity，IMEI），这个数字用于在运营商网络中识别设备。要获得 IMEI，可查看设备的配置设置或电池仓（如果电池是可拆卸的）。

另外，还可使用另一种独一无二的数字——国际移动用户标志（International Mobile Subscriber Identity，IMSI）来识别设备用户。IMSI 通常被刻录到 SIM 卡或手机中，具体刻录到哪里取决于网络类型。

通常，优先使用 Wi-Fi 网络（而不是蜂窝网络连接），因为 Wi-Fi 网络是免费的。Wi-Fi 无线电的功耗比蜂窝无线电的功耗低，因此使用 Wi-Fi 时，设备电池的续航时间更长。

当前，很多企业、组织或场所提供免费的 Wi-Fi 网络连接，旨在吸引用户。例如，咖啡馆、餐馆、图书馆甚至公交车都可能提供 Wi-Fi 网络，供用户免费使用。教育机构通常也提供 Wi-Fi 连接，例如，在大学校园，学生可将其移动设备连接到大学的网络，以便使用 Wi-Fi 学习课程、观看讲座和提交作业。

对于家庭 Wi-Fi 网络，确保其安全至关重要。为保护移动设备上的 Wi-Fi 通信，务必采取如下预防措施。

- 在家庭网络中启用安全功能。务必启用尽可能高的 Wi-Fi 安全框架，当前 WPA2 是最安全的。
- 绝不要以未经加密的明文方式发送用户名或密码等信息。
- 尽可能使用安全的 VPN 连接。

可自动连接设备到 Wi-Fi 网络，也可手动连接设备到 Wi-Fi 网络。在 Android 设备上，要连接到 Wi-Fi 网络，可采取如下步骤。

第 1 步：选择 "Settings" → "Add network"。

第 2 步：输入网络 SSID。

第 3 步：点击 "Security" 并选择所需的安全类型。

第 4 步：点击 "Password" 并输入密码。

第 5 步：点击 "Save"。

在 iOS 设备上，要连接 Wi-Fi，可采取如下步骤。

第 1 步：选择 "Settings" → "Wi-Fi" → "Other"。

第 2 步：输入网络 SSID。

第 3 步：点击 "Security" 并选择所需的安全类型。

第 4 步：点击 "Other Network"。

第 5 步：点击"Password"并输入密码。

第 6 步：点击"Join"。

2. 蜂窝通信标准

移动电话是在 20 世纪 80 年代中期面世的，那时的移动电话又大又笨重，给其他蜂窝网络中的用户打电话很难且费用很高。由于没有蜂窝技术行业标准，移动电话制造商之间很难互通。

行业标准简化了移动电话服务提供商之间的互联工作，同时降低了蜂窝技术的使用费用。然而，现在世界各地没有采用统一的蜂窝标准，因此有些移动电话只能在一个国家使用，而在其他国家使用不了。有些移动电话支持多种标准，可在很多国家使用。

蜂窝技术大约每 10 年就更新换代一次，下面列出了主要的蜂窝标准。

- **1G**：于 20 世纪 80 年代推出，使用模拟系统。模拟系统容易出现噪声及受到干扰，因此难以传输清晰的语音信号。当前几乎找不到还在使用的 1G 设备。
- **2G**：于 20 世纪 90 年代推出，从模拟信号转向数字信号。2G 的速度最高可达 1 Mbit/s 并可提高通话质量。2G 引入了短信服务（Short Message System，SMS）和彩信服务（Multimedia Messaging Service，MMS），其中前者用于收发文本消息，而后者用于收发照片和视频。
- **3G**：于 20 世纪 90 年代末推出，速度高达 2 Mbit/s，支持移动 Internet 接入、网页浏览、视频通话、视频流和照片共享。
- **4G**：于 21 世纪 10 年代末推出，速度范围为 100 Mbit/s～1 Gbit/s。4G 支持游戏服务、高质量视频会议和高清电视。4G 技术通常使用 LTE 标准，该标准进一步改善了 4G。
- **5G**：于 2019 年推出，效率比以前的标准都高，速度最高可达 20 Gbit/s。
- **6G**：在本书编写期间，6G 还在开发中，它支持的速度可能比 5G 高得多，可满足 AR、VR 等需要更高数据吞吐量的高级应用场景的需求。

很多移动电话支持多种标准，因此能够向后兼容。例如，很多移动电话支持 4G 和 5G 标准，它们在有 5G 网络时使用 5G 网络，没有 5G 网络时自动切换到 4G 网络，且不会因切换导致连接中断。

3. 飞行模式

有时可能需要禁用蜂窝网络访问，例如，航空公司通常要求搭乘航班的旅客禁用蜂窝网络访问。为简化这个过程，大多数移动设备都有一个被称为"Airplane Mode"（飞行模式）的设置，这个设置用于关闭蜂窝、蓝牙和 Wi-Fi 等所有无线功能。

搭乘飞机出行，或者身处禁止访问数据或数据访问费用高昂的场所时，飞行模式提供了极大的便利。在这种模式下，移动设备的大多数功能依然可用，但不能通信。

图 7-41 显示了 iOS 设备上用于开/关飞行模式的界面。

还可以禁用/启用蜂窝访问。图 7-42 显示了 iOS 设备上用于启用/禁用蜂窝网络访问的界面。

在 Android 设备上，要启用/禁用蜂窝网络访问，可采取如下步骤。

第 1 步：选择"Settings"。

第 2 步：点击"Wireless and Networks"下的"More"。

第 3 步：点击"Mobile Networks"。

第 4 步：点击"Data"以禁用或启用它。

在 iOS 设备上，要启用/禁用蜂窝网络访问，可采取如下步骤。

第 1 步：选择"Settings"。

第 2 步：点击"General"。

第 3 步：点击"Cellular Data"以启用或禁用它。

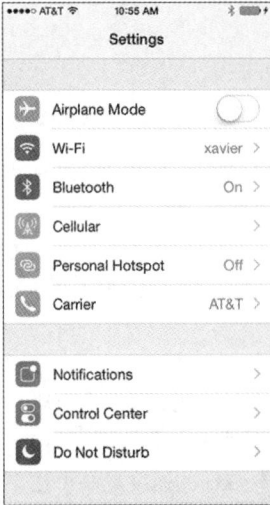

图 7-41　iOS 设备上用于开/关飞行模式的界面　　图 7-42　iOS 设备上用于启用/禁用蜂窝网络访问的界面

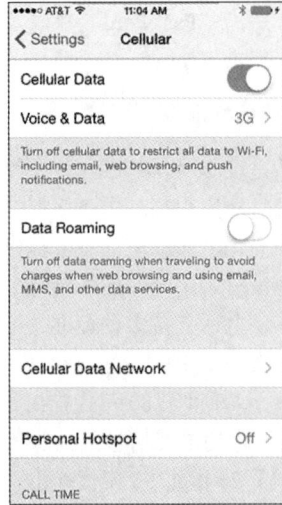

4．热点

　　另一个很有用的蜂窝网络功能是，将蜂窝设备用作热点，给其他设备提供 Internet 连接。其他 Wi-Fi 设备可利用蜂窝设备实现 Wi-Fi 连接。例如，用户可能需要将计算机连接到 Internet，但又没有 Wi-Fi 连接或有线连接可用，在这种情况下，可将移动电话作为"桥梁"，经由移动运营商网络连接 Internet。

　　要将 iOS 设备作为个人热点，可点击"Personal Hotspot"，如图 7-43 所示。

　　这将打开图 7-44 所示的"Personal Hotspot"界面。请注意，iOS 个人热点功能也可用于将通过蓝牙或 USB 电缆与 iPhone 相连的设备连接到 Internet。

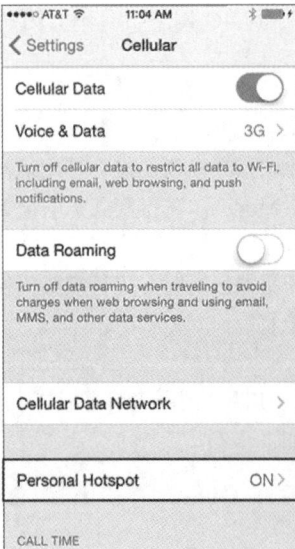

图 7-43　在 iOS 设备上打开个人热点　　　　图 7-44　iOS 设备的 Personal Hotspot 界面

> **注　意**　使用热点有时也被称为共享网络。

　　诊断移动设备射频问题时，有些移动应用是很有用的工具。例如，可使用 Wi-Fi 分析器来显示有关无线网络的信息，可使用手机信号塔分析器来诊断蜂窝网络。

7.5.2 蓝牙

蓝牙是一种低功耗无线技术标准，使用射频技术来连接设备。它是一种短距离无线通信技术标准，很多产品都支持它。蓝牙设备可自动检测并连接其他蓝牙设备，最多可以有 8 台设备同时通信。它们不会相互干扰，因为每对设备都使用不同的信道（总共有 79 个信道可用）。两台设备想要通信时，它们随机地选择一个信道，如果该信道已被占用，就随机地选择另一个信道。

1. 蓝牙设备

蓝牙设备包括无线音箱、无线耳机、无线键盘、无线鼠标以及无线游戏控制器。

（1）无线音箱。

图 7-45 展示了一个无线音箱，它与移动设备相连，旨在在不使用立体声系统的情况下提供高品质音频。

（2）无线耳机。

图 7-46 展示了一款用于欣赏音乐的高品质无线耳机。有些无线耳机还带麦克风，可作为免提耳机用于拨打或接听电话。

图 7-45　无线音箱

图 7-46　无线耳机

（3）无线键盘和鼠标。

有些移动设备能够与无线键盘和鼠标配对，以方便输入，如图 7-47 所示。

（4）无线游戏控制器。

无线游戏控制器（见图 7-48）可与移动设备配对。

图 7-47　无线键盘和无线鼠标

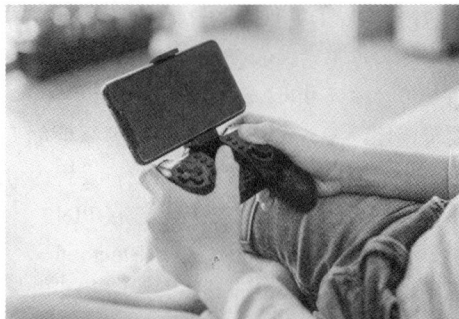

图 7-48　无线游戏控制器

2. 蓝牙配对

蓝牙是一种联网标准，由两个层级（Level）组成：物理层级和协议层级。蓝牙的物理层级为射频标准。蓝牙设备在协议层级连接到其他蓝牙设备，这被称为蓝牙配对。在协议层级，设备就何时发送内容以及如何发送达成一致，并确定收到的内容是否与发送的内容一致。

具体地说，蓝牙配对指的是两台蓝牙设备建立连接以共享资源。设备要配对，必须开启蓝牙功能，然后一台设备开始搜索其他设备。其他设备必须设置为可发现模式（也被称为可见模式），这样才能被检测到。

处于可发现模式时，蓝牙设备发送蓝牙信息和设备信息，如设备名、可使用的服务、蓝牙类别等。

在配对过程中，可能请求提供 PIN，进行身份验证，如图 7-49 所示。PIN 通常是数字，但也可以是数字代码或密钥。PIN 将被配对服务存储，这样设备下次尝试连接时无须再输入 PIN。这在需要结合使用耳麦和智能手机时很方便：因为耳麦开启后，如果它在蓝牙覆盖范围内，智能手机和耳麦将自动配对。

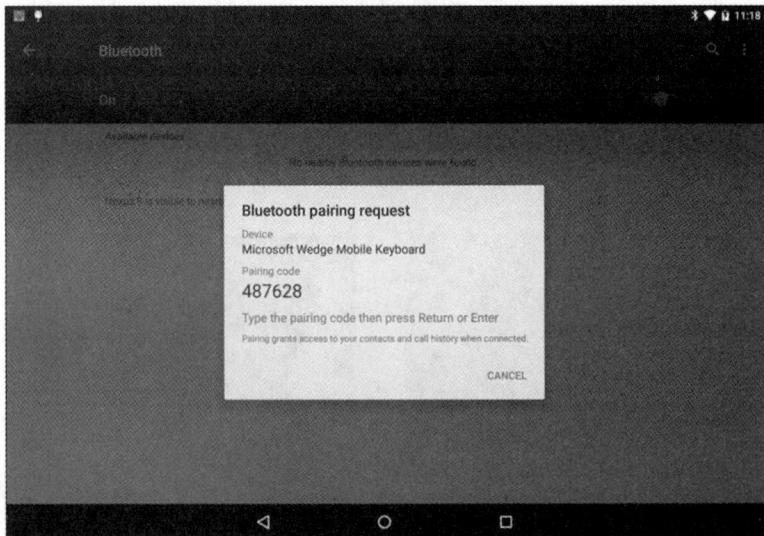

图 7-49　Android 设备上的蓝牙配对

要将蓝牙设备与 Android 设备配对，可采取如下步骤。

第 1 步：按设备说明书说的将设备设置为可发现模式。

第 2 步：在设备说明书中找到连接 PIN。

第 3 步：选择"Settings"→"Bluetooth"（位于 Wireless & Networks 部分）。

第 4 步：点击"Bluetooth"开关将其开启。

第 5 步：等待 Android 设备扫描并发现前面将其置于可发现模式的蓝牙设备。

第 6 步：点击发现的设备以选择它。

第 7 步：输入 PIN。

要将蓝牙设备与 iOS 设备配对，可采取如下步骤。

第 1 步：按设备说明书说的将设备设置为可发现模式。

第 2 步：在设备说明书中找到连接 PIN。

第 3 步：选择"Settings"→"Bluetooth"。

第 4 步：点击"Bluetooth"开关将其开启。

第 5 步：点击发现的设备以选择它。

第 6 步：输入 PIN。

7.5.3　配置电子邮件

电子邮件是使用 Internet 收发的消息。有很多不同的电子邮件服务（其中不少是免费的），它们让你能够注册电子邮件账户，进而收发电子邮件和附件。电子邮件通信采用客户端/服务器网络模型，并使用 3 种协议——POP、SMTP 和 IMAP。在客户端系统上，用户使用被称为电子邮件客户端的应用程序创建并发送电子邮件；服务器使用服务端电子邮件协议将电子邮件转发给合适的设备和协议，直到电子邮件送达指定的收件人。

1.　电子邮件简介

几乎人人都使用电子邮件，但大都从未认真思考过电子邮件的工作原理。电子邮件的结构取决于电子邮件服务器和电子邮件客户端的功能（见表 7-4）。

表 7-4　　　　　　　　　　　电子邮件服务器和客户端

服务器	客户端
负责转发用户发送的电子邮件	连接到电子邮件服务器以检索电子邮件
将邮件转发给其他电子邮件服务器	用于创建、阅读和管理电子邮件
存储电子邮件，等待用户检索	可以是基于 Web 的，也可以是独立的应用程序。独立的电子邮件客户端依赖于平台

> **注　意**　　本节主要介绍用于移动设备的电子邮件客户端。

电子邮件客户端和服务器使用各种协议和标准来交换电子邮件，表 7-5 描述了常见的协议和标准。

表 7-5　　　　　　　　　　　电子邮件协议和标准

协议或标准	描述
POP3	这是一种邮件客户端协议，用于通过 TCP/IP 从远程服务器检索邮件。 它让客户端能够连接到电子邮件服务器，从服务器下载电子邮件，再断开连接。 POP3 通常不在服务器上保留电子邮件副本。 POP3 使用 TCP 端口 110。 请将其与 IMAP 进行比较
IMAP	这是一种电子邮件客户端协议，类似于 POP3，但在服务器和客户端之间同步电子邮件文件夹，并从电子邮件服务器下载电子邮件副本。 IMAP 的速度比 POP3 的快，但占用的磁盘空间和 CPU 资源更多。 它通常用于大型网络中，如大学园区网。 最新版本为 IMAP4，使用 TCP 端口 143。 请将其与 POP3 进行比较
STMP	电子邮件客户端使用 SMTP 将电子邮件发送到服务器。 电子邮件服务器也使用 SMTP 将电子邮件发送给其他电子邮件服务器。 识别并验证收件人后才发送电子邮件。 SMTP 是基于文本的，只使用 ASCII 编码；要发送其他类型的文件，必须使用多用途互联网邮件扩展（Multipurpose Internet Mail Extensions，MIME）。 SMTP 使用 TCP 端口 25

协议或标准	描述
MIME	MIME 通常与 SMTP 结合起来使用。 MIME 扩展了基于文本的电子邮件格式，以支持其他格式，如图片和字处理器文档
SSL	SSL 是为安全地传输文件而开发的。 大多数电子邮件客户端和服务器都支持电子邮件加密

　　电子邮件服务器需要安装电子邮件软件，如 Exchange。Exchange 同时是联系人管理器和日历软件，它使用一种专用的消息收发架构——消息应用程序编程接口（MAPI）。作为电子邮件客户端的 Microsoft Office Outlook 使用 MAPI 连接到 Exchange 服务器，以提供电子邮件、日历和联系人管理功能。

　　在移动设备上，必须安装电子邮件客户端。很多客户端都可使用向导进行配置，但你必须知道设置电子邮件账户所需的关键信息。表 7-6 列出了设置电子邮件账户所需的信息。

表 7-6　　　　　　　　　　　　设置电子邮件账户所需的信息

电子邮件账户信息	描述
电子邮件地址	别人给你发送电子邮件时指定的收件人地址。电子邮件地址由用户名、符号 @ 和电子邮件服务器域名组成，如 user@ example.net
显示名称	可以是真实姓名、昵称或任何你想让人看到的名称
电子邮件协议	电子邮件接收服务器使用的协议，不同的协议可提供不同的电子邮件服务
电子邮件接收服务器和发送服务器的名称	这些名称由网络管理员或 ISP 提供
账户凭证	凭证包括用户登录电子邮件服务器的用户名和密码，务必使用强密码

2. 在 Android 设备上配置

　　Android 设备能够使用高级通信应用和数据服务，而这些应用和服务很多都需要使用 Google 提供的 Web 服务。

　　首次配置 Android 设备时，系统会提示你使用 Gmail 地址和密码登录 Google 账户。登录 Gmail 账户后，就可访问应用商店 Google Play、使用数据与设置备份以及其他 Google 服务。设备将同步联系人、电子邮件、应用、下载的内容以及 Google 服务提供的其他信息。如果没有 Gmail 账户，可使用 Google 登录页面创建一个。

　　要在 Android 设备上添加电子邮件账户，可采取如下步骤。

　　第 1 步：点击应用 Email 或 Gmail 的图标。

　　第 2 步：选择账户类型（即 Google/GMAIL、Personal 或 Exchange），再点击 "Next"。

　　第 3 步：必要时输入设备的密码。

　　第 4 步：输入要使用的电子邮件地址和密码。

　　第 5 步：点击 "Create New Account"。

　　第 6 步：输入你的名字、姓氏、电子邮件地址和密码。

　　第 7 步：提供用于恢复账户的电话号码（可选）。

　　第 8 步：检查账户信息，确定无误后点击 "Next"。

注　意　如果希望将平板电脑恢复到以前备份的 Android 设置，必须在首次设置平板电脑时登录账户；如果首次设置后再登录，将无法恢复到该 Android 设置。

完成初始设置后，可点击 Gmail 的应用图标访问你的邮箱。Android 设备上还有另一个电子邮件应用，用于连接到其他电子邮件账户，但在较新的 Andriod 版本中，它将用户重定向到应用 Gmail。

3. 在 iOS 设备上配置电子邮件

iOS 设备自带能够同时处理多个电子邮件账户的应用 Mail，这个应用支持众多不同类型的电子邮件账户，其中包括 iCloud、Yahoo、Gmail、Outlook 和 Exchange。

设置 iOS 设备时，需要提供 Apple ID，以访问 App Store、iTunes Store 和 iCloud。iCloud 提供电子邮件功能，还提供将内容存储到远程服务器的服务。iCloud 电子邮件服务是免费的，还支持远程存储备份、邮件和文档。

你的所有 iOS 设备、应用和文档都与你的 Apple ID 相关联。iOS 设备首次开启时，设置助理（Setup Assistant）将引导你完成如下过程：连接设备并使用 Apple ID 登录（或创建 Apple ID）。设置助理还会引导你创建 iCloud 电子邮件账户。在设置过程中，可从 iCloud 备份中的其他设备上恢复设置、内容和应用。

要在 iOS 设备上设置电子邮件账户，可采取如下步骤。

第 1 步：选择"Settings"→"Mail, Contacts, Calendars"→"Add Account"。

第 2 步：点击账户类型：iCloud、Exchange、Google、Yahoo、AOL 或 Outlook。

第 3 步：如果没有列出你要选择的账户类型，点击"Other"。

第 4 步：输入账户信息。

第 5 步：点击"Save"。

4. Internet 电子邮件

很多人都有多个电子邮件账户，例如，你可能有个人电子邮件账户，还有学校账户或工作账户。电子邮件服务通常使用下面两种方式提供。

- **本地电子邮件**：电子邮件服务器由本地网络（如学校网络、企业网络或组织网络）的 IT 部门管理。
- **Internet 电子邮件**：电子邮件服务器位于 Internet，由服务提供商（如 Gmail）管理。

要访问在线邮箱，用户可使用下述任何方式。

- 使用操作系统自带的电子邮件移动应用，如 iOS Mail。
- 使用基于浏览器的电子邮件客户端，如 Mail、Outlook、Windows Live Mail 或 Thunderbird。
- 使用移动版电子邮件客户端，如 Gmail 或 Yahoo。

相比于 Web 页面，移动版电子邮件客户端提供了更佳的用户体验。

7.5.4　移动设备同步

移动设备同步指的是让数据在不同的平台和不同的设备上可用，并确保所有设备都有相同的数据和设置，且没有丢失数据。同步通常与一个通用账户相关联，而同步的数据包括联系人和日历数据以及存储的图像、歌曲、电影和业务文件等。

1. 要同步的数据类型

很多人都使用台式计算机、便携式计算机、平板电脑和智能手机等设备来访问和存储信息。在多台设备上的某些信息相同时，同步很有帮助。例如，如果不借助于同步，在使用日历程序安排面谈时间时，为确保所有设备上的信息都是最新的，必须在每台设备上修改。而使用数据同步，无须在每台设备上进行修改。

数据同步指的是在多台设备之间交换数据，同时确保这些设备上的数据一致。

同步方法包括同步到云端、同步到台式计算机和同步到汽车。

可同步的数据类型很多，包括如下类型。

- 联系人。
- 应用。
- 电子邮件。
- 图片。
- 音乐。
- 视频。
- 日历。

- 书签。
- 文档。
- 位置数据。
- 社交媒体数据。
- 电子书。
- 密码。

2. 启用同步

同步通常意味着数据同步，但在 Android 设备和 iOS 设备中，同步的含义存在细微的差别。

Android 设备能够同步联系人和其他数据，如来自 Facebook、Google 和 Twitter 的数据。因此，使用相同 Google 账户的设备能够访问相同的数据，这让用户能够更轻松地更换受损的设备，而不会丢失数据。Android 同步允许用户选择要同步的数据类型。

Android 设备还支持使用"Auto Sync"（自动同步）功能进行自动同步，这将自动使设备与服务提供商的服务器同步，而不需要用户干预。为延长电池的续航时间，可对所有数据或部分数据禁用自动同步。

在 Android 设备上，要查看哪些数据被同步，可采取如下步骤。

第 1 步：在设备上启动应用 Settings。

第 2 步：点击"Accounts"；如果没有看到 Accounts，就点击"Users & accounts"。

第 3 步：如果设备上有多个账户，点击要查看的账户。

第 4 步：点击"Account sync"。

第 5 步：查看被同步的数据以及最后一次同步的时间。可禁用或启用要同步的应用程序。

在 Android 设备上，要禁用自动同步，可采取如下步骤。

第 1 步：在设备上启动应用 Settings。

第 2 步：点击"Accounts"；如果没有看到 Accounts，就点击"Users & accounts"。

第 3 步：禁用 Automatically sync data。

在 Android 设备上，要手动同步账户，可采取如下步骤。

第 1 步：在设备上启动应用 Settings。

第 2 步：点击"Accounts"；如果没有看到 Accounts，就点击"Users & accounts"。如果设备上有多个账户，点击要同步的账户。

第 3 步：点击"Account sync"。

第 4 步：点击"More"，再点击"Sync now"。

图 7-50 展示了 Android 设备的同步界面。

iOS 设备支持两种类型的同步。

- **备份**：将手机中的个人数据（如应用设置、短信、语音邮件和其他类型数据）复制到计算机。备份保存用户和应用生成的所有数据的副本。
- **同步**：在 iTunes 和手机之间复制新的应用、音乐、视频和图书，让手机和 iTunes 完全同步。同步只复制通过移动应用 iTunes Store 下载并在 iTunes 同步定义中指定了的内容。例如，如果用户不使用手机看电影，可禁止将电影同步到手机。

一般而言，将 iOS 设备连接到 iTunes 时，务必先运行备份，再运行同步。这种顺序可在 iTunes 首选项中指定。

在 iOS 设备上执行同步或备份时，还可指定其他很有用的选项。

- **备份的存储位置**：iTunes 允许将备份存储到本地计算机硬盘驱动器或 iCloud。
- **直接从 iOS 设备备份**：除通过 iTunes 将数据从 iOS 设备备份到本地硬盘驱动器或 iCloud 外，用户还可配置 iOS 设备，使其将数据副本直接上传到 iCloud，这很有帮助，因为备份是自动进行的，且无须连接到 iTunes。与在 Android 设备上一样，用户可指定要将哪些类型的数据备份到 iCloud，如图 7-51 所示。
- **通过 Wi-Fi 进行同步**：iTunes 能够扫描并连接到当前 Wi-Fi 网络中的 iOS 设备。连接后，便可在 iOS 设备和 iTunes 之间自动启动备份过程，这很有帮助，因为每当 iTunes 和 iOS 设备位于同一个 Wi-Fi 网络中时，都将自动执行备份，因此不需要有线 USB 连接。

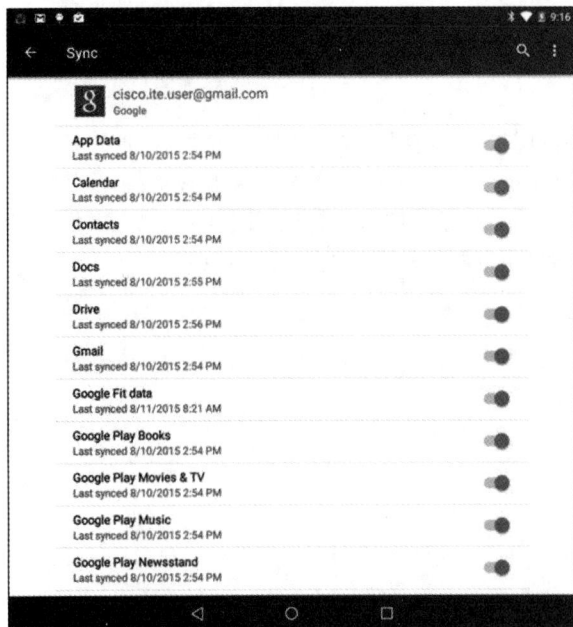

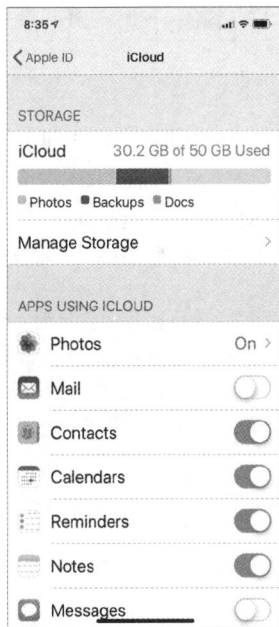

图 7-50　在 Android 设备上指定要同步的数据类型　　图 7-51　在 iOS 设备上指定要备份的数据类型

新 iOS 设备连接到计算机时，iTunes 将主动询问是否要使用来自另一台 iOS 设备的最新数据备份（如果有的话）来恢复它。图 7-52 显示了计算机上的 iTunes 界面。

3. 用于同步的连接类型

要在设备之间同步数据，设备可使用 USB 连接或 Wi-Fi 连接。

大多数 Android 设备都没有用于执行数据同步的台式计算机程序，因此大多数用户都选择与 Google 的各种 Web 服务同步，即便是要与台式计算机或便携式计算机同步时亦如此。使用这种方法同步数据的一个优点是，可在任何计算机或移动设备中随时访问这些数据，为此只需登录 Google 账户。这种方法的缺点是，可能很难与计算机本地安装的程序（如电子邮件程序 Outlook、日历和联系人）同步数据。

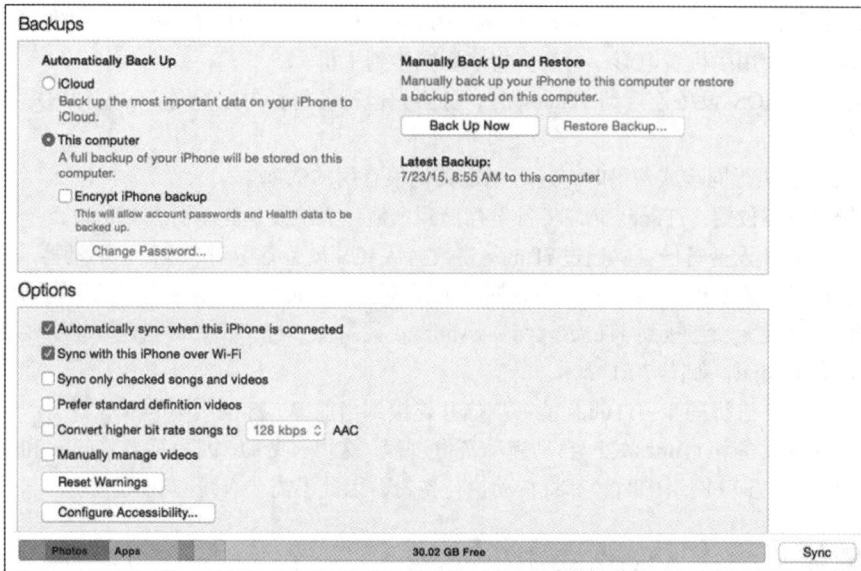

图 7-52　在 iTunes 上同步数据

　　iOS 设备也可使用"Wi-Fi 同步"功能与 iTunes 同步。要使用"Wi-Fi 同步"功能，iOS 设备必须先使用 USB 电缆与 iTunes 同步；另外，必须在 iTunes 的"Summary"窗格中启用 Wi-Fi 同步数据，如图 7-53 所示。这样做后，就可使用"Wi-Fi 同步"功能或使用 USB 电缆进行同步了。当 iOS 设备与运行 iTunes 的计算机处于同一个无线网络，且连接到了电源时，将自动与 iTunes 同步。

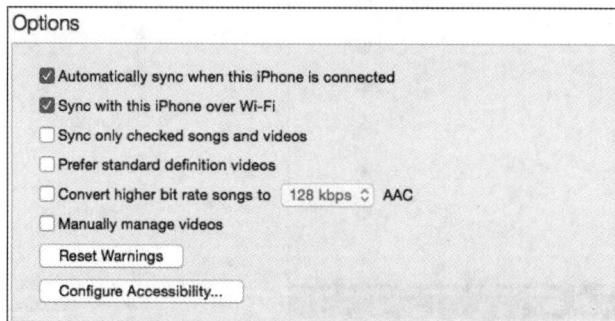

图 7-53　在 iTunes 上通过 Wi-Fi 同步数据

　　Microsoft 也提供云存储服务 OneDrive，可用于在设备之间同步数据。OneDrive 还能够在移动设备和 PC 之间同步数据。

7.6　便携式计算机和其他移动设备的预防性维护

　　必须定期进行预防性维护，以确保便携式计算机和移动设备正常运行。务必保持这些设备整洁，并确保它们处于最佳的环境中。本节介绍预防性维护便携式计算机和移动设备的技巧。

移动设备很容易受损，因此必须制订设备维护计划，将问题扼杀在摇篮中。对移动设备来说，预防性维护必不可少，这样才能确保能够安全、有效地使用它们，并延长其使用寿命。

1. 你熟悉预防性维护吗

对于便携式计算机和其他移动设备的预防性维护，你了解多少呢？请判断下面每种说法是对还是错。

① 相比于台式计算机，移动设备更容易接触到有害物质和环境。

② 要清洁移动设备的触摸屏，可使用氨水或酒精。

③ 可使用压缩空气罐来清洁便携式计算机的散热通风口和风扇。

④ 清洁移动设备的触控板时，应使用湿抹布。

答案如下。

① 正确。移动设备方便携带，可在不同的环境中使用。它们还经常放在口袋和手提包内。因此，可能因掉落、空气湿度过高、气温过高或过低而受损。

② 错误。诸如酒精和氨水等刺激性化学物质可能损坏移动设备组件，如触摸屏。因此，清洁触摸屏时，应使用专用清洁剂和无绒布。

③ 正确。要清理通风口和通风口后面的风扇上的灰尘，可使用压缩空气罐或非静电吸尘器。

④ 错误。要清洁触摸板，应使用合适的清洁剂浸润柔软的无绒布，再轻轻地擦拭。

2. 为何要维护

便携式计算机和移动设备都方便携带，常常在不同的环境中使用，因此相比于台式计算机，它们更有可能因有害因素受损，包括灰尘、污染物、液体泼溅、掉落、气温过高或过低以及空气湿度过高。在便携式计算机中，很多组件都位于键盘下方的狭小空间内，如果液体泼溅在键盘上，可能导致这些内部组件严重受损。另外，保持便携式计算机干净整洁很重要。恰当的保养和维护有助于便携式计算机组件高效地运行，还可延长它们的使用寿命。

3. 便携式计算机预防性维护计划

为预防灰尘、污染、掉落以及其他与便携式计算机相关的问题，务必制订预防性维护计划，并确保其中包含定期维护措施。另外，需根据具体情况采取临时性维护措施。

便携式计算机的预防性维护计划可能包含组织特有的措施，但同时必须包含如下标准措施：清洁、硬盘驱动器维护和软件更新。

让便携式计算机保持干净整洁，需要采取主动维护方式：让液体和食物远离便携式计算机；不用时将便携式计算机合上；清洁便携式计算机时，绝不使用刺激性清洁剂或含氨水的溶液，而是使用非腐蚀性材料，如压缩空气、温和的清洁液、棉签和柔软的无绒布。

警　告　清洁便携式计算机前，务必断开电源并取出电池。

定期维护包括每月对如下便携式计算机组件清洁一次。

- **机身外部**：用水或温和清洁液润湿柔软的无绒布，再擦拭机身。
- **散热通风口和 I/O 端口**：使用压缩空气罐或非静电吸尘器清理通风口及其后面的风扇上的灰尘。如果发现碎屑，用镊子将其清除。
- **显示器**：用专用清洁剂润湿柔软的无绒布，再擦拭显示器。

- **键盘**：用水或温和清洁液润湿柔软的无绒布，再擦拭键盘。
- **触摸板**：用合适的清洁剂润湿柔软的无绒布，再轻轻地擦拭触摸板表面。千万不要使用湿抹布擦拭。

注 意 如果便携式计算机明显需要清洁，就立即清洁，不要等到下次维护时再清洁。

---

4. 移动设备预防性维护计划

移动设备通常放在口袋或手提包内，可能因掉落、空气湿度太高、气温太高或太低而受损。虽然移动设备屏幕能够抵御轻微的刮擦，但还是应该尽可能地用屏幕保护膜加以保护。

对于移动设备，预防性维护只需涵盖如下 3 个基本方面。

- **清洁**：使用柔软的无绒布和触摸屏专用清洁液擦拭，确保触摸屏干净整洁。不要使用氨水或酒精来清洁触摸屏。
- **备份数据**：在其他地方（如云存储器中）存储移动设备中数据（如联系人、音乐、照片、视频、应用和自定义设置）的备份。
- **更新系统和应用**：每当有操作系统或应用的新版本发布时，都更新设备，确保设备处于最佳的工作状态。更新可能包含新功能、原功能修复或性能和稳定性方面的改善。

7.7　便携式计算机和其他移动设备基本故障排除

故障排除是一项依靠经验培养出来的技能，通过积累经验并采用组织有序的问题解决方法，技术人员可进一步提高故障排除技能。

7.7.1　便携式计算机和其他移动设备故障排除流程

本节概述系统性故障排除方法，并详细说明如何解决便携式计算机和移动设备特有的问题。

故障排除过程包含 6 个步骤。

第 1 步：确定问题。

第 2 步：列出可能的原因。

第 3 步：逐个检查可能的原因，找出确切原因。

第 4 步：制订解决问题的行动计划并实施解决方案。

第 5 步：全面检查系统功能并在必要时采取预防措施。

第 6 步：记录问题、措施和结果。

1. 确定问题

便携式计算机和移动设备出现问题可能是硬件、软件和网络方面的原因共同作用的结果。要修理设备，技术人员必须能够分析问题并确定原因，这个过程被称为故障排除。

故障排除过程的第 1 步是确定问题。表 7-7 列出了一些可向便携式计算机和移动设备用户提出的开放性问题和封闭性问题。

表 7-7	确定问题
确定便携式计算机存在的问题	
开放性问题	你在使用该便携式计算机时遇到了哪些问题？ 最近安装了哪些软件？ 问题发生时你在做什么？ 出现了什么样的错误消息
封闭性问题	该便携式计算机还在保修期内吗？ 该便携式计算机是否是使用电池供电？ 使用交流适配器供电时该便携式计算机运行正常吗？ 该便携式计算机能否启动并显示操作系统桌面
确定其他移动设备存在的问题	
开放性问题	遇到了什么问题？ 移动设备是哪种品牌和型号的？ 使用的是哪个服务提供商
封闭性问题	这种问题以前出现过吗？ 是否有其他的人用过这台移动设备？ 该移动设备还在保修期内吗

2. 列出可能的原因

与客户交流后，可列出可能的原因。表 7-8 列出了一些导致便携式计算机和移动设备出现问题的常见原因。

表 7-8	列出可能的原因
导致便携式计算机出现问题的常见原因	电池没电了。 电池充不进电。 电缆连接松动。 键盘不管用。 开启了数字锁定键。 内存模块松动
导致移动设备出现问题的常见原因	电源按钮损坏。 电池不能蓄电。 音箱端口、麦克风端口或充电端口积聚大量灰尘。 移动设备掉落过。 移动设备进过水

3. 逐个检查可能的原因，找出确切原因

列出可能的原因后，逐个检查以找出确切原因。表 7-9 列出了一些简单措施，它们可帮助你确定导致问题的确切原因甚至解决问题。如果这些简单措施不管用，就需要更深入地研究问题，找出导致问题的确切原因。

表 7-9	逐个检查可能的原因，找出确切原因
确定导致便携式计算机出现问题的确切原因的常用措施	使用交流适配器给便携式计算机供电。 更换电池。 重启便携式计算机。 检查 BIOS 设置。 拆卸并重新连接电缆。 断开外围设备。 切换数字锁定键。 拆卸并重新安装内存。 检查是否开启了大写锁定键。 检查引导设备中是否有不可引导的介质
确定导致移动设备出现问题的确切原因的常用措施	重启移动设备。 将移动设备连接到交流电源插座。 更换移动设备的电池。 拆卸并重新安装电池（如果电池是可拆卸的）。 清洁音箱端口、麦克风端口、充电端口和其他连接端口

4. 制订解决问题的行动计划并实施解决方案

确定导致问题的确切原因后，就可制订解决问题的行动计划并实施解决方案了。表 7-10 列出了一些信息源，可从中获取解决问题所需的额外信息。

表 7-10	制订解决问题的行动计划并实施解决方案
如果前一步未能解决问题，需要做进一步研究，以寻找解决方案	服务台维修日志。 其他技术人员。 制造商提供的常见问题解答。 技术网站。 新闻组。 计算机手册。 设备手册。 在线论坛。 互联网搜索

5. 全面检查系统功能并在必要时采取预防措施

解决问题后，全面检查系统功能并在必要时采取预防措施。表 7-11 列出了一些验证解决方案的措施。

表 7-11	全面检查系统功能并在必要时采取预防措施
全面检查便携式计算机的功能，以验证解决方案	重启便携式计算机。 连接所有的外围设备。 在仅使用电池供电的情况下运行便携式计算机。 在应用程序中打印文档。 键入文档以检查键盘是否管用。 打开事件查看器，看看其中的警告和错误

续表

全面检查移动设备的功能，以验证解决方案	重启移动设备。 使用 Wi-Fi 访问 Internet。 使用 4G 网络、3G 网络或其他类型的移动运营商网络访问 Internet。 拨打电话。 发送短信。 打开各种应用。 在只使用电池供电的情况下运行移动设备

6. 记录问题、措施和结果

故障排除过程的最后一步是记录问题、措施和结果，表 7-12 列出了为此必须完成的任务。

表 7-12　　　　　　　　　　　　　　记录问题、措施和结果

记录问题、措施和结果	与客户讨论实施的解决方案。 让客户核实问题是否得到了解决。 将所有必要的文件交给客户。 在工单和技术人员日记中记录解决问题的步骤。 记录维修中使用的所有组件。 记录为解决问题花费了多长时间

7.7.2　便携式计算机和其他移动设备常见问题及其解决方案

本节介绍便携式计算机和其他移动设备可能出现的问题。要维修设备，技术人员必须能够分析问题并确定导致问题的原因。

便携式计算机和其他移动设备出现的问题可归因于硬件、软件或网络这三者的共同作用。

1. 便携式计算机的常见问题及其解决方案

表 7-13 列出了便携式计算机的常见问题及其解决方案。

表 7-13　　　　　　　　便携式计算机的常见问题及其解决方案

常见问题	可能原因	可能的解决方案
便携式计算机不能通电	没插电源	将便携式计算机连接到交流电源
	电池不能充电	拆卸并重新安装电池
	电池不能蓄电	更换电池
便携式计算机电池的续航时间比以前短	未采用正确的充电和放电方法	按用户手册描述的方式给电池充电
	新增外围设备消耗了电池中的电量	拆卸不需要的外围设备，并在可能的情况下禁用无线网卡
	未正确地配置电源计划	修改电源计划以降低耗电量
	电池不能长时间蓄电	更换电池

续表

常见问题	可能原因	可能的解决方案
外置显示器通电了，但屏幕上没有图像	视频电缆松动或损坏	重新连接或更换视频电缆
	便携式计算机未向外置显示器发送视频信号	结合使用 Fn 键和多用途键切换到外置显示器
便携式计算机通电了，但重新打开机盖后显示器上什么都没有	屏幕电源切断开关脏了或损坏	查看便携式计算机维修手册，了解如何清洁或更换 LCD 电源切断开关
	便携式计算机处于休眠模式	按键盘上的任意键，唤醒便携式计算机
便携式计算机屏幕上的图像暗淡无光	未正确地调整 LCD 背光灯	查看便携式计算机维修手册，了解如何校准 LCD 背光灯
便携式计算机显示器上的图像像马赛克	显示属性不正确	将显示器的分辨率设置为原始分辨率
便携式计算机显示器闪烁	屏幕上图像的刷新速度不够快	调整屏幕刷新率
	逆变器损坏或出现故障	拆开显示器并更换逆变器
出现自行移动的重影光标	触控板脏了	清洁触控板
	同时使用触控板和鼠标	断开鼠标连接
	输入时手或手指触碰了触控板	输入时不要触碰触控板
屏幕上的像素坏了或不生成颜色	切断了像素的电源	联系制造商
屏幕上的图像呈现为颜色和尺寸不同的线条或图案（伪影）	显示器未连接好	拆开便携式计算机，检查显示器连接
	GPU 过热	拆开并清洁便携式计算机，检查是否有灰尘和碎屑
	GPU 出现故障	更换 GPU
屏幕上图像的颜色不正确	显示器未连接好	拆开便携式计算机，检查显示器连接
	GPU 过热	拆开并清洁便携式计算机，检查是否有灰尘和碎屑
	GPU 出现故障	更换 GPU
显示器上的图像失真	修改了显示设置	恢复到出厂时的默认显示设置
	显示器未连接好	拆开便携式计算机，检查显示器连接
	GPU 过热	拆开并清洁便携式计算机，检查是否有灰尘和碎屑
	GPU 出现故障	更换 GPU
网络本身完全正常，无线连接也启用了，但便携式计算机无法连接到网络	关闭了 Wi-Fi	通过配置无线网卡属性启用 Wi-Fi，也可结合使用 Fn 键和合适的多功能键来启用 Wi-Fi
	便携式计算机不在无线网络覆盖范围内	将便携式计算机移到离无线接入点更近的地方
使用蓝牙连接的输入设备无法正常工作	关闭了蓝牙	使用蓝牙设置小程序启用蓝牙，也可结合使用 Fn 键和合适的多功能键来启用蓝牙
	输入设备的电池不管用	更换电池
	输入设备不在蓝牙的覆盖范围内	将输入设备移到离便携式计算机的蓝牙接收器更近的地方，并确认启用了蓝牙

续表

常见问题	可能原因	可能的解决方案
按键盘键输入的是数字而不是字母	开启了数字锁定键	按数字锁定键将其关闭，或结合使用 Fn 键和合适的多功能键
电池出现鼓包	过度充电	更换为便携式计算机制造商推荐的电池
	使用的充电器与之不兼容	
	电池质量不合格	

2. 其他移动设备的常见问题及其解决方案

表 7-14 列出了其他移动设备的常见问题及其解决方案。

表 7-14　　　　　　　　　　其他移动设备的常见问题及其解决方案

常见问题	可能原因	可能的解决方案
移动设备无法连接到 Internet	Wi-Fi 不可用	移到 Wi-Fi 网络的覆盖范围内
	不在移动运营商数据网络的覆盖范围内	移到移动运营商数据网络的覆盖范围内
移动设备不能开机	电池没电	给移动设备充电或将电池更换为充好电的电池
	电源开关损坏	联系客户支持，寻求解决方案
	移动设备故障	
连接到交流电源时，平板电脑不能充电或充电速度很慢	充电时正在使用平板电脑	充电时关闭平板电脑
	交流适配器的电流不够大	使用平板电脑自带的交流适配器
		使用电流符合要求的交流适配器
智能手机无法连接到运营商网络	没有安装 SIM 卡	安装 SIM 卡
移动设备无法开机	电池没电	将设备连接到交流电源，给电池充电
	电池不能蓄电	更换状态良好的电池
		使用额定电流符合要求的交流适配器
	电源按钮损坏	联系客户支持，寻求解决方案
移动设备电池的续航时间变短	设备设置错误	修改电源计划，降低耗电量
	电池不能蓄电	更换电池
移动设备无法连接到 Internet	Wi-Fi 不可用	开启 Wi-Fi
		确保禁用了飞行模式
	禁用了 Wi-Fi 功能	启用 Wi-Fi 功能
	Wi-Fi 设置不正确	正确地配置 Wi-Fi
	不在运营商数据网络覆盖范围内	移到运营商数据网络覆盖范围内
移动设备无法连接蓝牙设备	关闭了蓝牙	开启蓝牙
	设备没配对	配对设备
	设备不在蓝牙的覆盖范围内	将设备移到蓝牙的覆盖范围内

续表

常见问题	可能原因	可能的解决方案
电池出现鼓包	过度充电	更换为设备制造商推荐的电池
	使用了不兼容的充电器	
	电池质量不合格	
触摸屏没有反应	触摸屏脏了	清洁触摸屏
	触摸屏因损坏或进水而短路了	更换触摸屏
	触摸屏故障	
设备的续航时间很短	电池反复充电了很多次，蓄电能力不强	更换电池
	电池质量不合格	
设备过热	设备充电的同时运行耗电量很大的应用	关闭所有不需要的应用，或将设备与充电器断开
	给设备充电时，开启了很多射频信号	关闭所有不需要的射频信号，或将设备与充电器断开
	电池质量不合格	更换电池

7.8 总结

本章介绍了便携式计算机和其他移动设备（如智能手机和平板电脑）的特点和功能，还有如何拆卸和安装内部和外部组件。便携式计算机方便携带，通常运行功能齐全的操作系统，如 Windows、macOS 或 Linux；而智能手机和平板电脑运行专为移动设备设计的特殊操作系统。常见的其他小型移动设备包括智能手表、健身跟踪器、VR 头盔和 AR 头盔。

你了解到，便携式计算机使用的端口类型与台式计算机使用的相同，因此用于台式计算机的外围设备也可用于便携式计算机，有些还可用于移动设备。为提供类似于台式计算机的功能，便携式计算机内置了必不可少的输入设备，如键盘和触控板。有些便携式计算机和移动设备将触摸屏用作输入设备。便携式计算机的内置组件通常比台式计算机组件小，因为便携式计算机被设计得紧凑而节能。移动设备的内部组件通常集成在一个电路板上，旨在确保移动设备小巧而轻便。

便携式计算机的键盘上有可与 Fn 键结合起来使用的功能键，这些功能键的作用随便携式计算机型号而异。扩展坞和端口复制器提供了类型与台式计算机端口相同的端口，用于增强便携式计算机的功能。移动设备可使用扩展坞来充电或连接外围设备。便携式计算机和移动设备大都配备了 LCD 或 LED 屏幕，这些屏幕很多都是触摸屏。背光灯用于照亮便携式计算机的 LCD 或 LED 显示器；OLED 显示器不需要背光灯。

便携式计算机和移动设备支持多种无线技术，如蓝牙、红外通信和 Wi-Fi，还能够接入蜂窝 WAN。

便携式计算机提供了很大的扩展空间，用户可添加内存以提高性能、使用闪存增加存储容量或使用扩展槽添加功能。对于有些移动设备，可通过升级或增加闪存（如 MicroSD 卡）来增大存储容量。

接下来，你学习了给便携式计算机和其他移动设备制订预防性维护计划的重要性。便携式计算机和移动设备的使用环境多种多样，因此相比于台式计算机，它们容易因有害因素受损，包括灰尘、污染、液体泼溅、掉落、气温过高或过低、空气湿度过高等。

最后，你学习了便携式计算机和其他移动设备的故障排除过程包含的 6 个步骤。

7.9 复习题

请完成以下所有的复习题，检查你对本章介绍的主题和概念的理解程度，答案见附录。

1. 在会议上，演示者无法让便携式计算机通过投影仪显示内容，因此找来了一名技术人员。请问这位技术人员应首先尝试如何做？（   ）
   - A. 更换投影仪或提供另一台投影仪
   - B. 结合使用 Fn 键和合适的多功能键将输出切换到外置显示器
   - C. 将便携式计算机连接到一个交流适配器
   - D. 重启便携式计算机
2. 便携式计算机的 CRU 指的是什么？（   ）
   - A. 一种网络连接器
   - B. 一种处理器
   - C. 一种存储设备
   - D. 用户可更换的部件
3. 哪种技术可用来将无线耳机连接到计算机？（   ）
   - A. 蓝牙
   - B. NFC
   - C. Wi-Fi
   - D. 4G/LTE
4. 技术人员要确定导致便携式计算机出现问题的原因，下面哪项是技术人员为找出确切原因而采取的措施？（   ）
   - A. 技术人员使用交流适配器给便携式计算机供电
   - B. 技术人员怀疑电缆松动了
   - C. 技术人员确定键盘不管用
   - D. 技术人员询问用户在什么时候发现了问题
5. 与便携式计算机相连的读卡器读写下面哪种介质？（   ）
   - A. DVD
   - B. CD-R
   - C. BD
   - D. SD 卡
6. 下面哪种有关便携式计算机主板的说法是正确的？（   ）
   - A. 大多采用 ATX 外形规格
   - B. 采用的外形规格因制造商而异
   - C. 可与大多数台式计算机的主板互换
   - D. 采用标准外形规格，以便能够互换
7. 一位出差的销售代表使用手机与总部和客户交互、跟踪样品、拨打销售电话、记录差旅费，并在宾馆上传/下载数据。请问使用移动设备时，下面哪种连接到 Internet 的方式费用低廉，因此是首选方式？（   ）
   - A. 有线电视
   - B. 蜂窝
   - C. Z-Wave
   - D. Wi-Fi
   - E. DSL
8. 哪种协议让电子邮件客户端能够从电子邮件服务器下载邮件，并将其从服务器中删除？（   ）
   - A. SMTP
   - B. IMAP
   - C. POP3
   - D. HTTP
9. 为何 SODIMM 非常适用于便携式计算机？（   ）
   - A. 它们不会产生热量
   - B. 它们连接到外部端口
   - C. 它们外形小巧
   - D. 它们可与台式计算机内存互换
10. 哪种便携式计算机显示器使用 CCFL 或 LED 背光灯，且有可能含汞的组件？（   ）

A. LED 显示器   B. LCD 显示器

C. 等离子显示器   D. OLED 显示器

11. 下面哪个用于向智能设备提供位置信息？（　　　）

A. GPS   B. 智能集线器

C. ZigBee 协调器   D. 电子阅读器

12. 哪种便携式计算机组件通过降频降低功耗、减少产生的热量？（　　　）

A. 光盘驱动器   B. 主板

C. CPU   D. 硬盘驱动器

13. 在 Android 和 iOS 设备上，哪两个信息源用于支持地理缓存、地理标记和设备追踪（双选）？
（　　　）

A. 集成摄像头拍摄的环境图像   B. 用户配置文件

C. 蜂窝网络或 Wi-Fi 网络   D. GPS 信号

14. 在哪种 ACPI 电源状态下，给 CPU 和内存供电，但不给未用的设备供电？（　　　）

A. S3   B. S0

C. S1   D. S2

E. S4

15. 哪种便携式计算机部件是通过向外按压固定夹将其取下的？（　　　）

A. SODIMM   B. 电源

C. 读卡器   D. 无线天线

第 8 章

打印机

打印机用于生成电子文件的纸质副本。近年来掀起了"无纸化革命",但鉴于政府法规和企业策略要求保留实物记录,这次革命并未降低数字文档的纸质副本的重要性。本章介绍有关打印机的基本信息。你将学习打印机的工作原理、购买打印机时需要考虑哪些因素,以及如何将打印机连接到计算机或网络;你还将学习各种打印机的工作原理、如何安装和维护各种打印机,以及如何排除常见故障;最后,你将学习为打印机制订预防性维护计划的重要性,以及打印机故障排除过程包含的 6 个步骤等。

8.1 打印机概述

打印机类型和型号众多,必须根据具体需求进行选择,为此必须熟悉各种打印机的特征。选择合适的打印机可节省时间、降低成本、高效地使用公司资源。你是要大批量地打印文件,还是要打印图片以制作小册子呢? 针对这两种完全不同的需求,可做出完全不同的购买决策。

8.1.1 特征和功能

需要根据用途决定购买什么型号、什么价位和什么类型的打印机。购买、维修和维护打印机时,需要考虑很多因素,其中包括打印速度、单色还是彩色、墨盒的价格与易得性、驱动程序的兼容性、功耗、网络类型和总拥有成本等。

1. 打印机类型

计算机技术人员经常需要为用户选择、购买并安装打印机,因此需要知道如何配置常见的打印机,以及如何维修和排除故障。当前使用的大多数打印机要么是使用成像鼓的激光打印机,要么是使用静电喷涂技术的喷墨打印机。击打式打印机使用击打技术,用于需要复写的应用场景;热敏打印机主要供零售行业打印收据;3D 打印机用于设计与制造行业。图 8-1 展示了这 5 种打印机。

2. 打印机的速度、质量和颜色

选购打印机时需要考虑的因素之一是打印速度。打印速度用每分钟打印的页数(Pages Per Minute,PPM)来衡量,随打印机品牌和型号而异。另外,要打印的图像的复杂程度和用户要求的打印质量也会影响打印速度。打印质量用每英寸的点数(dpi)衡量,dpi 值越大,打印出来的图像的分辨率越高,文本和图像越清晰。要打印出最佳的高分辨率图像,需要使用高品质油墨(碳粉)和高品质纸张。

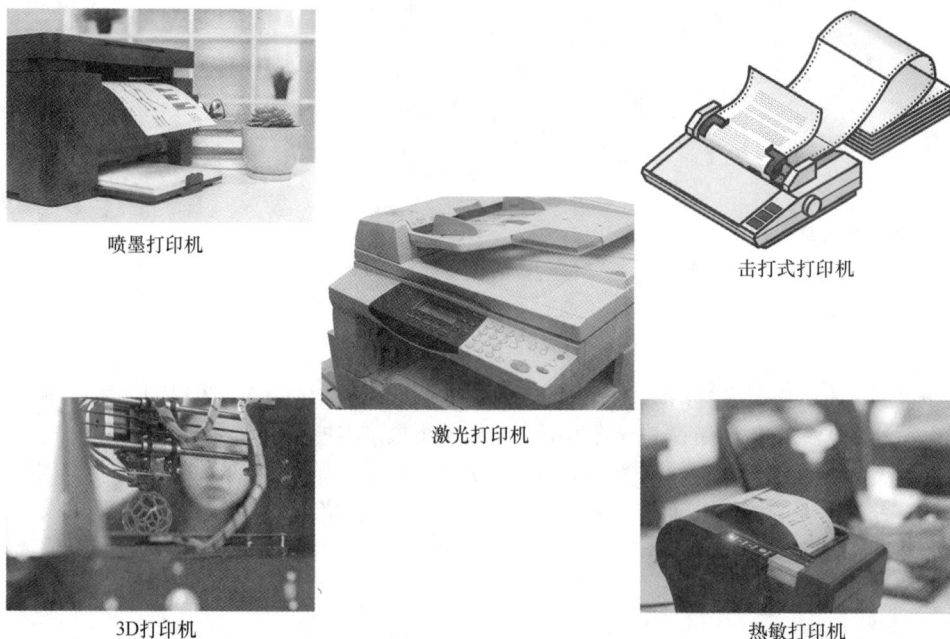

图 8-1 打印机类型

彩色打印使用青色、品红色和黄色（CMY）这 3 种原色。在喷墨打印中，将黑色用作底色（基调色），因此缩略语 CMYK 指的是喷墨彩色打印工艺。图 8-2 展示了一个 CMYK 色轮。

3. 可靠性和总拥有成本

打印机必须可靠。市面上的打印机类型众多，选购前务必研究多款打印机的规格。下面是选择制造商时需要考虑的因素。

- **保修条款**：指定保修范围。
- **定期保养**：定期保养基于预期的使用情况，这方面的信息可在打印机说明书或制造商网站找到。
- **平均故障间隔时间（Mean Time Between Failures，MTBF）**：打印机持续正常工作的平均时间，这方面的信息可在打印机说明书或制造商网站找到。

购买打印机时，除需考虑初始购买价格外，还需考虑其他因素。总拥有成本（Total Cost of Ownership，TCO）受众多因素的影响，如下。

- 初始购买价格。
- 诸如纸张和油墨等耗材（见图 8-3）的成本。
- 每月需要打印的页数。
- 纸张价格。
- 维护成本。
- 保修成本。

计算 TCO 时，务必考虑打印量和打印机的预期使用寿命。

4. 自动送纸器和网络扫描

有些具备复印功能的激光或喷墨打印机配备了 ADF，这种打印机被称为多功能设备（Multi Function Device，MFD）。ADF 有一个槽位，用户将文档放入其中（见图 8-4）后，设备便可开始复印文档。

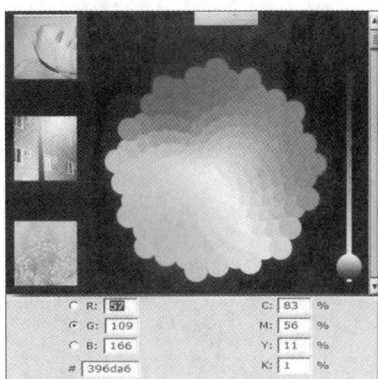

图 8-2 CMYK 色轮

图 8-3 耗材

图 8-4 ADF

开始复印后，ADF 将一页文档推送到压纸板的玻璃表面上，扫描并复印后，该页将被自动移走，而 ADF 将把文档的下一页推送到压纸板上。这个过程不断重复，直到整个文档都复印完毕。有些设备能够复印多份文档，还会将各份文档整理好。

根据设备的具体情况，将文档放入 ADF 时，可能需要确保它正面朝上或朝下。另外，每次可放入 ADF 的页数也可能有限制。

可将 MFD 配置成网络设备（就像联网打印机一样），将文档扫描并复制到网络位置，而不仅仅是打印或复制到纸张上。下面是 3 种常见的网络扫描方式。

- **扫描到云端**：将扫描结果上传到云端的存储位置，如 Google Drive 或 Apple iCloud。MFD 可能有预先配置的默认云端位置，也可能允许用户自定义云端位置。用户可使用软件中或 MFD 屏幕（如果有的话）上的提示来登录云端账户。
- **扫描到文件夹**：将扫描结果发送到 LAN 中的网络文件夹。扫描提示会要求用户指定将扫描结果存储到哪个文件夹。
- **扫描到电子邮件**：将扫描结果作为电子邮件附件。扫描提示要求用户提供 SMTP 服务器的主机名（或 IP 地址）以及电子邮件账户凭证。

8.1.2 打印机连接

打印机有很多连接方式，这给技术人员在选择和安装打印机方面提供了极大的灵活性。例如，可将打印机连接到特定 PC，供单个用户使用；也可将打印机作为网络打印机，让众多设备乃至 Internet 中的远程设备都能够使用。

打印机必须有与计算机兼容的接口。打印机通常使用 USB 或无线接口连接到计算机，也可使用网络电缆或无线接口直接连接到网络，如图 8-5 所示。

（1）串行连接。

串行连接可用于点阵打印机，因为这种打印机不要求很高的数据传输速度。打印机的串行连接（见图 8-6）通常被称为 COM。串行端口通常只能在较旧的计算机系统中找到。

（2）并行连接。

相比于串行连接，并行连接的数据传输路径更宽，传输数据的速度更快。

图 8-5 打印机连接

并行打印机端口标准为 IEEE 1284，其中的两种运行模式——增强并行端口（EPP）和增强功能端口（ECP）都支持双向通信。打印机并行连接通常被称为 LPT。并行端口（见图 8-7）通常只能在较旧的计算机系统中找到。

图 8-6 串行连接

图 8-7 并行连接

（3）USB 连接。

USB 是打印机和其他设备常用的接口，如图 8-8 所示。给支持即插即用的计算机系统添加 USB 设备时，计算机系统能够检测到设备，并自动启动驱动程序。

（4）FireWire 连接。

FireWire 也被称为 i.LINK 或 IEEE 1394，它是一种独立于平台的高速通信总线（见图 8-9），用于连接打印机、扫描仪、相机和硬盘驱动器等设备。

图 8-8 USB 连接器

图 8-9 FireWire 连接器

（5）以太网连接。

将打印机连接到网络时，必须使用与网络和打印机网络端口都兼容的电缆，为此可采用以太网连接。大多数网络打印机都使用 RJ-45 接口连接到网络，如图 8-10 所示。

（6）无线连接。

很多打印机都具备无线功能，能够连接到 Wi-Fi 网络，如图 8-11 所示。有些打印机能够通过蓝牙配对连接到设备。

图 8-10　以太网连接

图 8-11　无线连接

8.2　打印机类型

打印机分为两大类——击打式打印机和非击打式打印机，其中每类都包含多种类型，本节将介绍这些打印机的特征。并非所有打印机都能提供你想要的所有功能，因此必须熟悉每种打印机的功能和特征，这样才能根据预期用途做出最佳的选择。选购打印机时，需要考虑的因素包括：用于家庭还是企业环境；在本地使用还是作为网络打印机；需要专用的还是通用的。

8.2.1　喷墨打印机

喷墨打印机属于非击打式打印机，通过在打印材料上喷墨来生成文档。这种打印机常用于少量打印，是家庭和小型企业的不二之选。

1. 喷墨打印机的特征

喷墨打印机易于使用，价格通常比激光打印机低。图 8-12 展示了一款喷墨打印机。

喷墨打印机的优点包括初始成本低、分辨率高、预热时间短，缺点包括喷头容易堵塞、墨盒可能很贵、刚打印出来时油墨是湿的。

2. 喷墨打印机的部件

下面介绍并展示喷墨打印机的主要部件。

（1）墨盒。

图 8-12　喷墨打印机

喷墨打印机的主要耗材是墨盒（见图 8-13）。墨盒是针对特定品牌和型号的喷墨打印机设计的。有关需要使用的墨盒，请参阅打印机用户手册。

如果喷墨打印机的打印质量下降，请使用打印机软件校准打印机。

（2）打印头。

喷墨打印机使用墨盒通过小孔在纸张上喷墨，这些小孔被称为喷头，位于打印头中，如图 8-14 所示。

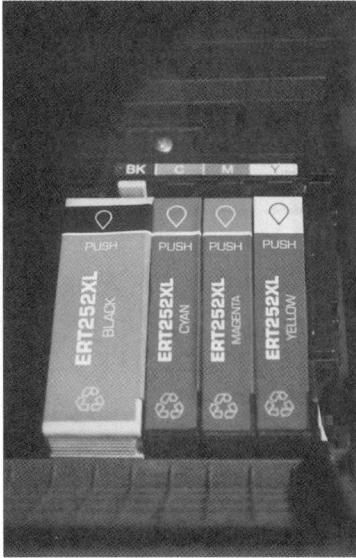

图 8-13 墨盒

图 8-14 打印头

喷头分为两类。

- **热敏式喷头**：对喷头周围的加热室施加电流脉冲，在加热室内产生蒸汽气泡，将油墨通过喷头喷射在纸张上。
- **压电式喷头**：每个喷头后面的油墨槽中都有压电晶体，通过施加电压让晶体震动，从而控制油墨流向纸张。

（3）轧辊。

轧辊（见图 8-15）用于将进纸器中的纸张送入打印机。

（4）进纸器。

进纸器（见图 8-16）用于将空白纸张放在托盘或卡带中。有些喷墨打印机也是复印机，另外，喷墨打印机可能有自动送纸器。自动送纸器用于放置文档，文档被逐页送入扫描仪平台进行复印。

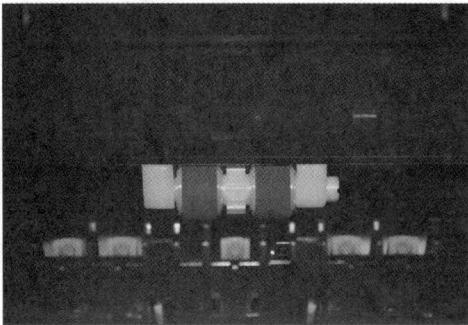

图 8-15 轧辊

图 8-16 进纸器

（5）双面打印组件。

有些喷墨打印机能够双面打印，这需要有双面打印组件（见图 8-17），它用于将打印过的纸张翻面并送入打印机，以便在另一面上打印。

（6）托架和皮带。

打印头和墨盒位于托架上，而托架与皮带和电机相连，如图 8-18 所示。皮带用于将托架前后移动，以便将油墨喷射到纸张的不同位置。

图 8-17 双面打印组件

图 8-18 托架和皮带

8.2.2 激光打印机

激光打印机也属于非击打式打印机，使用激光和碳粉来生成文档。购买激光打印机时，通常前期投入很高，但总拥有成本较低。

1. 激光打印机的特征

激光打印机（见图 8-19）是一种高质量快速打印机，使用激光束来生成图像。

激光打印机的优点包括纸张价格低、每分钟打印的页数多、容量大、打印件是干燥的；缺点包括前期投入高、碳粉盒价格高。

2. 激光打印机的部件

下面介绍并展示激光打印机的主要部件。

（1）成像鼓。

激光打印机的核心部件是成像鼓，如图 8-20 所示。成像鼓是个金属圆柱体，表面涂有光敏绝缘材料。激光束照射成像鼓时，被照射的地方将变成导体。

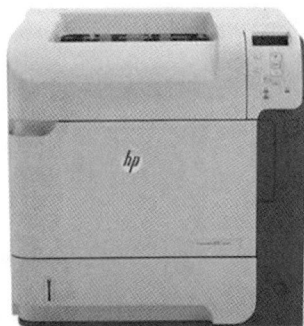

图 8-19 激光打印机

图 8-20 成像鼓

随着成像鼓不断旋转，激光束在成像鼓上绘制出静电图像。碳粉被施加到未显影的图像上（碳粉由带负电荷的塑料和金属颗粒混合制成，静电电荷将碳粉吸引到图像上），成像鼓转动并将曝光的图像与纸张接触，纸张则从成像鼓上吸附碳粉。

（2）碳粉盒。

碳粉盒（见图8-21）是激光打印机的主要部件。碳粉盒可能包含其他部件，有关这方面的详细信息，请参阅打印机用户手册。

（3）定影组件。

纸张通过定影组件（见图8-22），其中的热辊将碳粉熔化，使其渗入纸中。

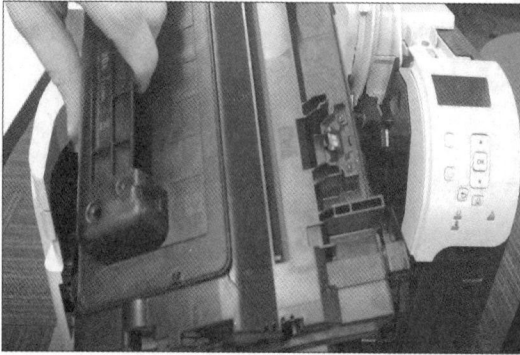

图 8-21　碳粉盒

图 8-22　定影组件

（4）转印辊。

转印辊（见图8-23）用于将成像鼓上的碳粉传送到纸上。

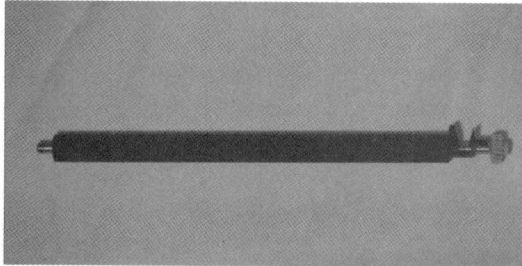

图 8-23　转印辊

（5）取纸辊。

取纸辊（见图8-24）可能出现在打印机的多个地方，它用于在打印过程中将纸张从托盘或卡带中移出并送入打印机。

（6）双面打印组件。

双面打印组件（见图8-25）用于将已打印的纸张翻过来，以便能够在另一面打印。

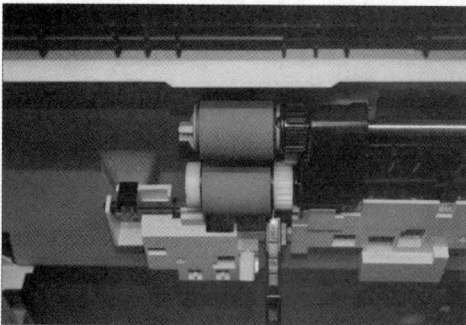

图 8-24　取纸辊

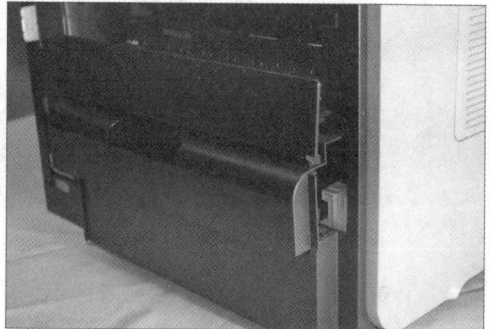

图 8-25　双面打印组件

8.2.3 激光打印流程

激光打印机使用激光将图像印在成像鼓上，然后使图像被转印到纸上。激光打印机中大量的活动部件必须协同工作，才能生成最终的打印件。每个部件都发挥着重要作用。激光打印机的关键部件包括碳粉盒、成像鼓、转印辊、定影组件、激光和反射镜。

需要快速而大量地打印时，激光打印机是非常高效且经济的选择。

使用激光打印机将信息打印到一张纸上，将经过 7 个步骤。

第 1 步：处理（见图 8-26）。必须将来自打印源的信息转换为可打印的格式。打印机使用通用语言，如 PS（Adobe PostScript）或 PCL（HP 打印机命令语言）将表示的信息转换为位图，并存储在打印机内存中。有些激光打印机支持图形设备接口（Graphic Device Interface，GDI），而 Windows 应用程序使用 GDI 在显示器上显示要打印的图像，因此不需要将输出转换为另一种格式。

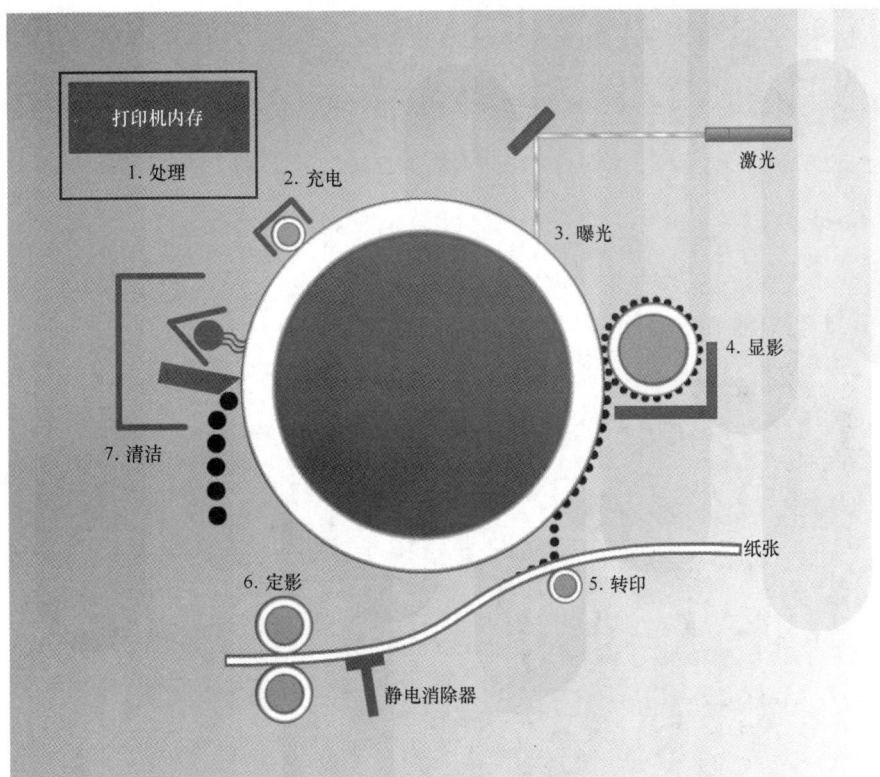

图 8-26 第 1 步：处理

第 2 步：充电（见图 8-27）。将成像鼓上的图像删除，为生成新图像做好准备。电极丝、栅极网或充电辊在成像鼓表面均匀地形成大约-600 V 的直流电；充电的电极丝或栅极网被称为初次电晕充电装置，而充电辊被称为调节辊。

第 3 步：曝光（见图 8-28）。为写入图像，使用激光束让成像鼓曝光。激光在成像鼓上扫描过的地方，其表面电荷的电压将降低到大约-100 V；这些地方的负电压比成像鼓的其他地方低。随着成像鼓转动，成像鼓上将形成一个未显影图像。

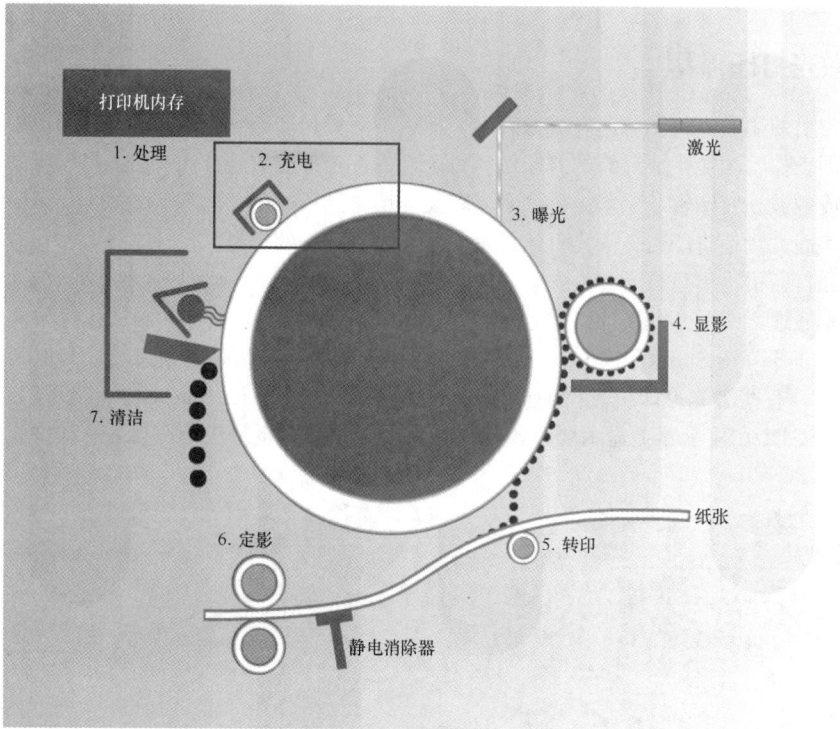

图 8-27　第 2 步：充电

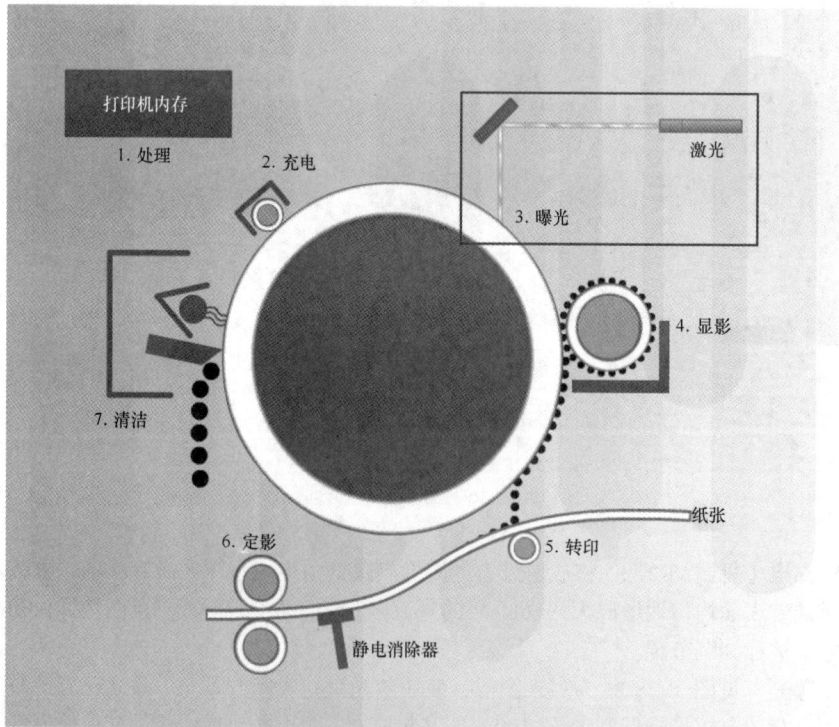

图 8-28　第 3 步：曝光

第 4 步：显影（见图 8-29），即将碳粉施加到成像鼓的图像上。控制刮板让碳粉接近成像鼓，碳粉将从控制刮板移到成像鼓上带较多正电荷的图像上。

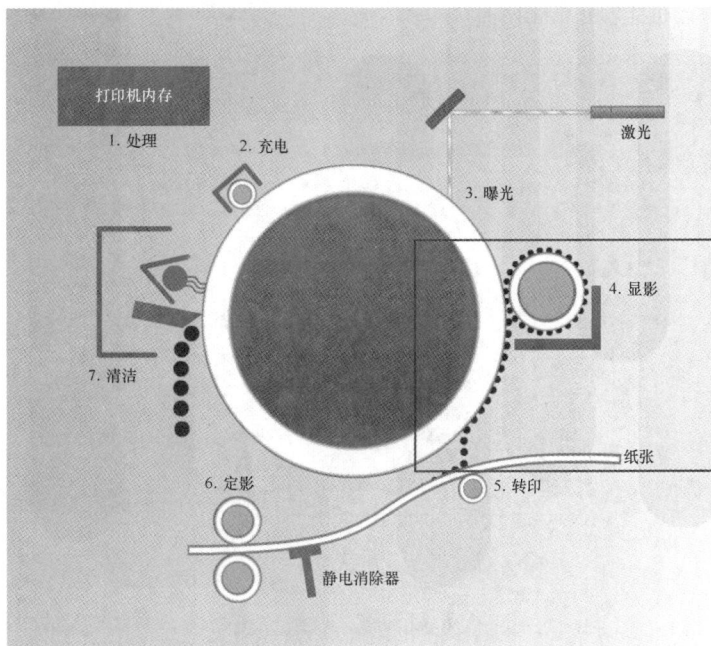

图 8-29　第 4 步：显影

第 5 步：转印（见图 8-30），即将吸附在成像鼓上的碳粉转印到纸上。电晕线在纸上施加正电荷，由于成像鼓带负电荷，因此成像鼓上的碳粉将被吸附到纸上。至此，图像转印到了纸上，并被正电荷牢牢地固定住。由于彩色打印机有 3 个碳粉盒，因此打印彩色图像需要经过多次转印。为确保图像精确，有些打印机多次向转印整个图像的传送带写入信息。

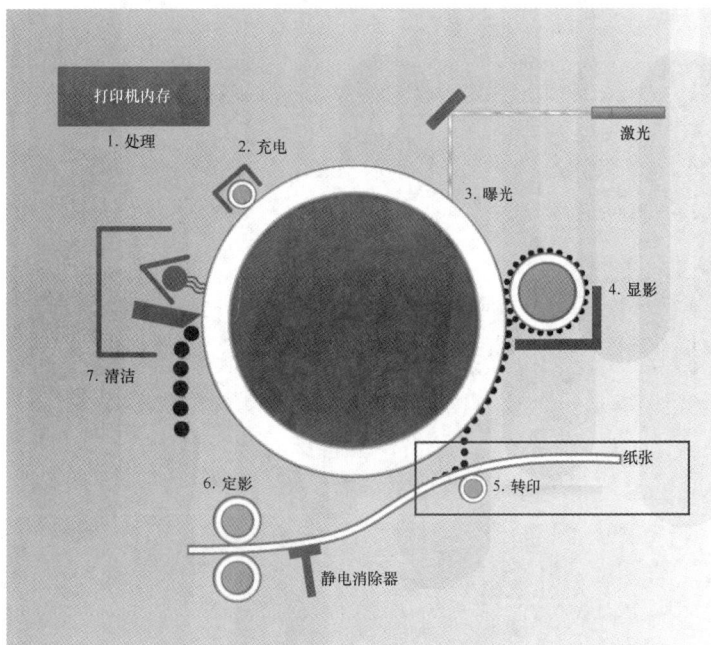

图 8-30　第 5 步：转印

第 6 步：定影（见图 8-31），即使碳粉与纸张永久性地融合在一起。使用加热辊和压力辊滚压打印纸，纸张穿过轧辊时，吸附在纸上的碳粉熔化并融入纤维中。然后，纸张被移到输出托盘中。带双面打印组件的激光打印机能够在纸张两面打印。

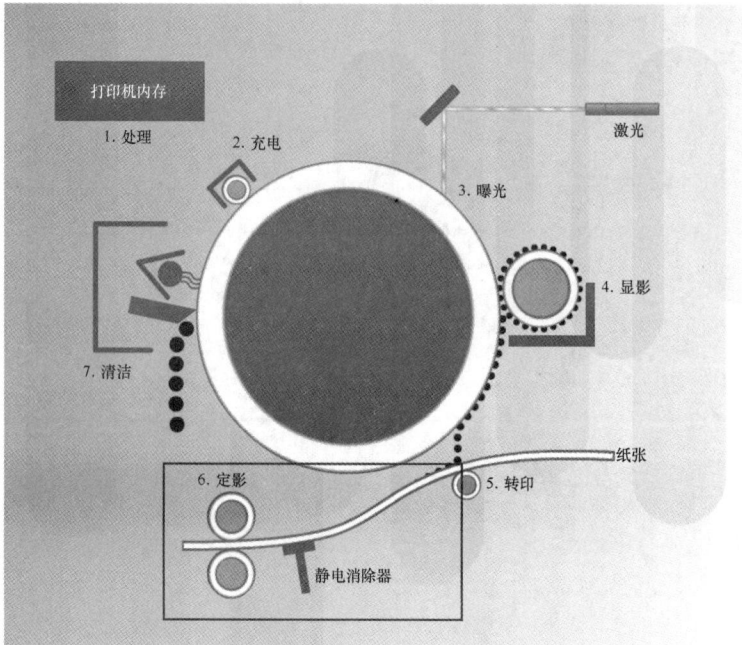

图 8-31　第 6 步：定影

第 7 步：清洁（见图 8-32）。将图像转印到纸上，并将成像鼓与纸张分离后，必须将成像鼓上遗留的碳粉清除。打印机可能有负责刮除遗留碳粉的刮片。有些打印机在电极丝上施加交流电压，以中和成像鼓上的电荷，从而让成像鼓上遗留的碳粉脱落。这些碳粉储存在废碳粉收集器中，用户可清空该收集器，也可将其丢弃。

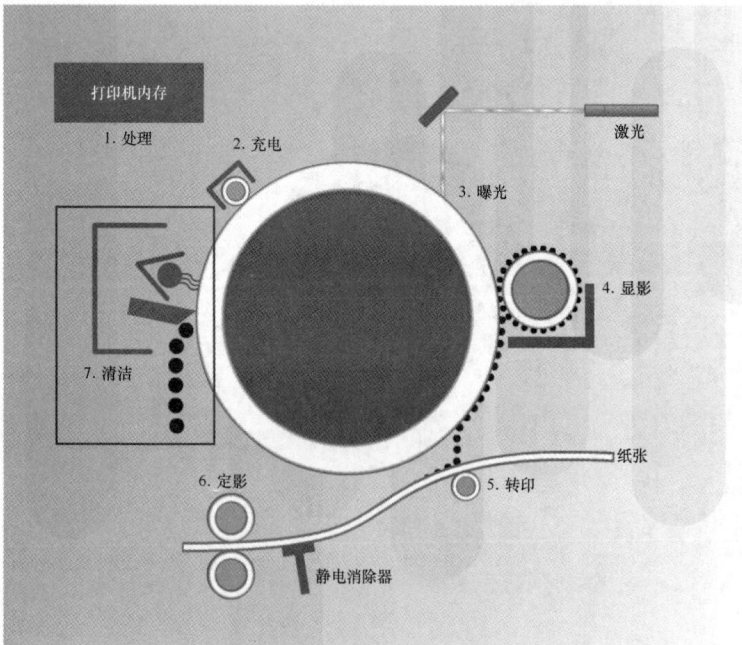

图 8-32　第 7 步：清洁

8.2.4 热敏打印机和击打式打印机

通常，企业在 POS 系统中主要使用两种打印机：热敏打印机和击打式打印机。

相比于热敏打印机，击打式打印机更可靠，但噪声更大、速度更慢。对这些打印机来说，使用环境非常重要。热敏打印机中的纸张是热敏的，在高温、高湿度环境中，热敏打印机的性能将受到影响，因此，在这种环境中，击打式打印机是最好的选择。选择打印机类型时，知道打印机的用途很重要。

1. 热敏打印机的特征

很多零售商收银台和一些老式传真机都有热敏打印机，如图 8-33 所示。热敏纸经过化学处理，表面有一层蜡，受热后将变成黑色。一卷热敏纸装好后，送纸组件将纸张送入打印机，通过给打印头中的加热元件通电来产生热量，而打印头被加热的区域将在纸上产生图形。

热敏打印机的优点包括：使用寿命长（因为几乎没有活动部件）、噪声小、无须购买油墨或碳粉。然而，热敏纸价格昂贵、必须在室温下存放且性能会随时间的推移而降低。热敏打印机打印的图像质量不高，且不支持彩色打印。

2. 击打式打印机的特征

击打式打印机用打印头击打色带，从而将字符印在纸上。点阵打印机和打字机都属于击打式打印机。

击打式打印机的一个优点是，其使用的色带比墨盒和碳粉盒价格低。另外，这种打印机可以使用连续进纸和普通纸，还可使用复写纸打印。击打式打印机的缺点包括噪声大、生成的图像分辨率低且彩色打印功能有限。

点阵打印机（见图 8-34）的打印头上有针脚，针脚周围是电磁铁。通电时，针脚向前推到色带上，在纸上生成字符。打印头上的针脚数（9 或 24）决定了打印质量；点阵打印机能够达到的最高打印质量被称为准铅字质量（Near Letter Quality，NLQ）。

图 8-33　热敏打印机　　　　　　　　　　图 8-34　点阵打印机

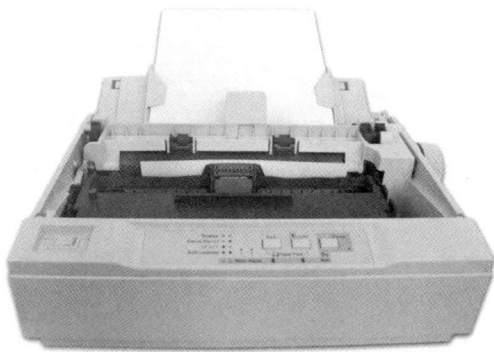

大多数点阵打印机都采用连续进纸（也被称为牵引送纸）方式。纸张之间有孔眼，纸张两边有孔眼带，用于送纸以及防止纸张歪斜或移位。采用某些高品质点阵打印机带送纸器，用户能够一次打印一页。被称为压纸滚筒的大型轧辊给纸张施加压力，避免纸张滑动。使用复写纸打印时，可根据复写纸的厚度相应地调整压纸滚筒的间隙。

8.2.5 虚拟打印机

虚拟打印机不是真正意义上的打印机，而是计算机上的软件，其接口类似于打印机驱动程序，其编码可将输出发送给其他应用程序，而不是物理设备。虚拟打印机将其输出发送到文件（如 PDF 文件），用于在不浪费纸张和油墨的情况下执行原本涉及实际打印的任务，因此有助于节约资源。

1. 虚拟打印机的特征

虚拟打印机不向本地网络中的打印机发送打印作业，相反，虚拟打印机将作业发送给文件，或者将信息传输到云端的远程目的地进行打印。

将打印作业发送给文件的典型方法如下。

- **打印到文件**：过去，打印到文件是将数据保存到扩展名为.prn 的文件中，这样以后可随时快速地打印这个.prn 文件，而无须打开原始文档。现在，打印到文件可将文档另存为其他格式，如图 8-35 所示。
- **打印到 PDF**：Adobe 便携式文档格式（PDF）是 2008 年发布的一种开放标准。
- **打印到 XPS**：XML 文件规格书（XPS）格式是 Microsoft 在 Windows Vista 中推出的，旨在替代 PDF。
- **打印到图像**：为防止他人轻松地复制文档内容，可将文档转换为图像，如 JPG 或 TIFF 格式的图像。

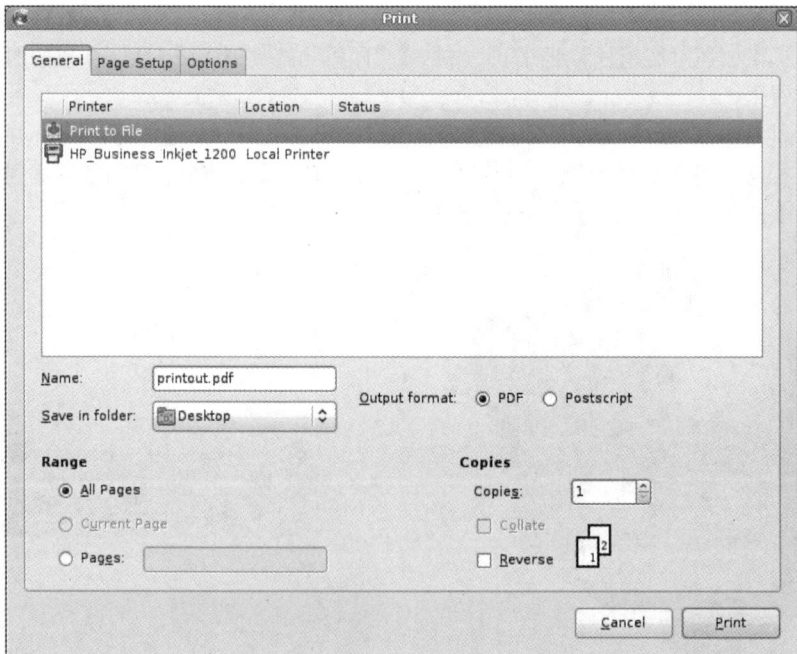

图 8-35　打印到文件

2. 云打印

云打印指的是将打印作业发送给远程打印机，如图 8-36 所示。远程打印机可位于组织网络的任何地方。有些打印公司提供软件，你可安装并使用它来将打印作业发送到最近的场地进行处理。

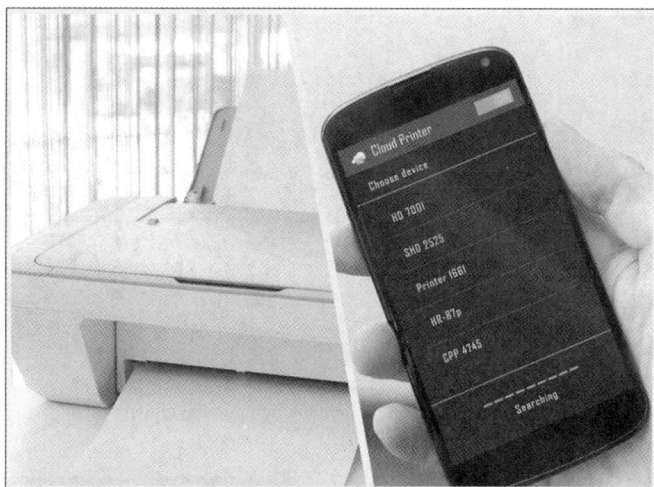

图 8-36　云打印

另一个云打印的例子是 Google Cloud Print，它让你能够将打印机连接到 Web，这样你就可在任何能访问 Internet 的地方将打印作业发送给打印机。

8.2.6　3D 打印机

3D 打印通常指的是根据数字文件逐层地堆积材料（通常是塑料），以制作三维固体物件的过程。3D 打印在各种行业中得到了广泛应用（如制造假牙、生成恐龙骨骼模型）。

1. 3D 打印机的特征

3D 打印机（见图 8-37）用于制作三维物体，这些物体是使用计算机设计的。当前，可使用各种材料来打印这些物体。对新手来说，常用的 3D 打印材料是塑料丝：通过逐层地添加塑料丝，制造出使用计算机设计的物体。

传统上，钻取原材料（如石头、金属或木头）或使用机器切割来制造物体，这被称为减量制造。3D 打印机通过逐层或逐块地添加材料来制造物体，因此它们被称为增量制造机。

2. 3D 打印机的部件

3D 打印机包含如下主要部件。

- **塑性材料**（见图 8-38）：3D 打印机用来制作物体的材料。常用的材料都是塑性的——ABS、PLA 和 PVA。也有使用尼龙、金属或木材制成的打印材料。具体使用哪种材料，请参阅 3D 打印机用户手册。
- **进料系统**（见图 8-39）：从位于挤出头的进料管中抽取打印材料，将其加热并通过热头喷嘴送出。
- **热头喷嘴**（见图 8-40）：打印材料被加热到合适的温度后，由热头喷嘴将其送出。
- **导轴**（见图 8-41）：用于引导热头喷嘴移动以散布打印材料。导轴有水平的和垂直的，让热头喷嘴能够位于 3D 环境的指定位置，以打印物体。
- **打印床**（见图 8-42）：一个平台，用于放置加热后的打印材料。

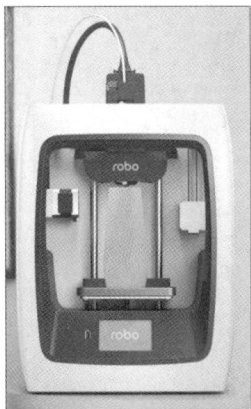

图 8-37　3D 打印机

图 8-38　塑性材料

图 8-39　进料系统

图 8-40　热头喷嘴

图 8-41　导轴

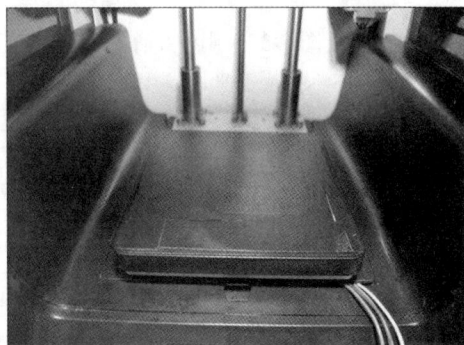

图 8-42　打印床

8.3　安装和配置打印机

只要按制造商提供的操作指南做，打印机安装和配置起来就非常简单。第一步是为安装准备好硬件，余下的步骤随操作系统和打印机驱动程序而异。

8.3.1 安装并测试打印机

本节介绍如何安装打印机,还有如何测试打印机的各种功能。

1. 安装打印机

购买打印机后,通常可前往制造商网站查找有关安装和配置的信息。安装打印机前,务必将所有包装材料拆除,如拆除防止活动部件在运输过程中发生位移的材料。不要丢弃原始包装材料,以防需要将打印机返回给制造商进行保修。

> **注 意** 将打印机连接到计算机之前,先阅读安装说明。在有些情况下,需要先安装打印机驱动程序,再将打印机连接到计算机。

如果打印机有 USB、FireWire 或并行端口,将相应的电缆连接到打印机端口,再将另一端连接到计算机背面相应的端口。如果安装的是网络打印机,将网络电缆连接到网络端口。

安装好电缆后,将电源线连接到打印机,并将电源线的另一端连接到电源插座。给打印机通电后,计算机将确定要安装的设备驱动程序。

2. 测试打印机的功能

无论安装什么设备,都只有在成功测试其所有功能后,安装工作才算完成。可能需要测试打印机的如下功能,具体情况随打印机而异。

- 以双面方式打印文档。
- 使用不同的托盘放置尺寸不同的纸张。
- 修改彩色打印机的设置,使其以黑白或灰度方式打印。
- 在草稿模式下打印。
- 运行光学字符阅读器(Optical Character Reader,OCR)应用程序。
- 以逐份打印方式打印文档。

> **注 意** 需要打印多份多页文档时,逐份打印(见图 8-43)是理想之选。有些打印机能够将每份文档都装订起来。

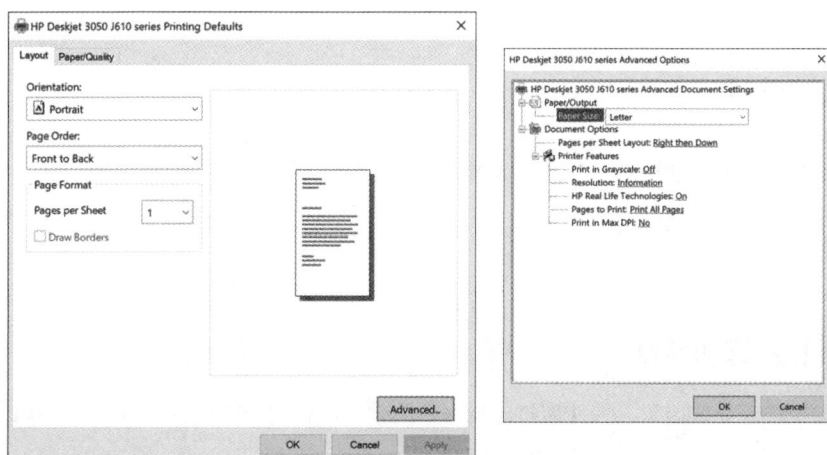

图 8-43 逐份打印

对于一体式打印机，需要测试如下功能。

- 给另一个传真机发传真。
- 复印文档。
- 扫描文档。
- 打印文档。

8.3.2 配置选项和默认设置

配置和默认设置因打印机而异。要获悉有关配置和默认设置的信息，请参阅打印机用户手册。表 8-1 列出了一些常见的配置选项。

表 8-1   常见的配置选项

配置选项	详情
纸张类型	标准纸、草稿纸、光面纸或相纸
打印质量	草稿、常规或照片
彩色打印	使用多种颜色的油墨
黑白打印	只使用黑色油墨
灰度打印	使用不同比例的黑色油墨打印，以生成灰度
纸张大小	标准、信封和名片
纸张方向	横向或纵向
打印版式	常规、横幅、小册子或海报
双面打印	在纸张两面都打印
逐份打印	一份一份地按指定顺序打印多页文档

用户可配置的常见打印机选项包括介质控制选项和打印机输出选项。

（1）介质控制选项。

下面是一些与纸张相关的介质控制选项。

- 输入纸张托盘选择。
- 输出路径选择。
- 介质大小和方向。
- 纸张重量选择。

（2）打印机输出选项。

下面两个打印机输出选项决定了油墨或碳粉在介质上的分布情况。

- 色彩管理。
- 打印速度。

8.3.3 优化打印机性能

输出质量取决于众多因素，如使用打印机自带的软件进行配置的设置、使用的纸张以及打印机是否干净整洁。

1. 软件优化

对于打印机来说，大多数优化都是使用驱动程序提供的软件完成的。

使用下面的工具可优化性能。

- **后台打印设置**：取消或暂停打印机队列中的打印作业。
- **颜色校准**：调整设置，让屏幕上显示的颜色与打印出来的颜色一致。
- **纸张方向**：选择横向或纵向图像版式，如图 8-44 所示。

使用打印机驱动程序软件来校准打印机。通过校准，可确保打印头对齐，并能够打印到不同的介质上，如卡片纸、相纸和光盘。有些喷墨打印头安装在墨盒上，因此每次更换墨盒后都必须重新校准打印机。

2. 硬件优化

对于有些打印机，可通过添加硬件来提高打印速度、支持更多的打印作业，包括添加纸张托盘、进纸器、网卡和内存。

固件升级流程类似于打印机驱动程序安装流程。固件不会自动更新，因此你需要访问打印机制造商网站的主页，看看是否发布了新固件。

所有打印机都有内存，如图 8-45 所示的芯片。打印机出厂时，通常有足够的内存，能够处理涉及文本的打印作业。然而，如果打印机有足够的内存，能够存储整个打印作业，将能够更高效地完成涉及图形（尤其是照片）的打印作业。通过升级打印机内存，可提高打印速度，改善或提高应对复杂打印作业的性能。

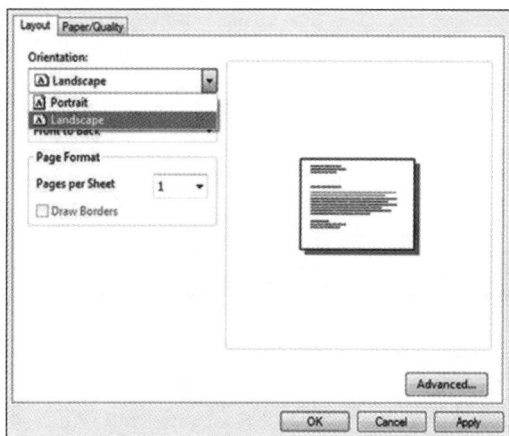

图 8-44　将纸张方向改为横向

图 8-45　芯片

打印作业缓存指的是将打印作业存储在打印机内存中。缓存是激光打印机、绘图仪以及高端喷墨打印机和点阵打印机的常见功能。

"存储空间不足"可能昭示着打印机内存耗尽或可用内存太少，在这种情况下，需要增加内存。

8.4 共享打印机

对企业来说，共享打印机有很多好处，其中包括：节省购买和维护打印机的费用；在打印机放置位置和可使用的打印机方面，有更大的选择空间；可使用不同操作系统的计算机访问相同的网络计算机，并使用为相应操作系统设计的驱动程序将打印作业发送给打印机。本节讨论如何安装和使用共享打印机。

8.4.1 操作系统中的打印机共享设置

共享打印机可减少企业需要的资源。要让多台 PC 共享同一台打印机，可根据使用的操作系统采取相应的步骤，将打印机连接到网络，再配置 PC 使其连接并共享网络打印机。

1. 配置打印机共享

Windows 操作系统允许计算机用户与网络中的其他用户共享其打印机。

如果用户无法连接到共享打印机，可能是因为他没有安装必要的驱动程序，也可能是因为他使用的操作系统与共享打印机连接的计算机使用的操作系统不同。Windows 操作系统可自动下载正确的驱动程序。单击"Additional Drivers"（其他驱动程序）按钮并选择使用的操作系统，再单击"OK"（确定）按钮，Windows 将获取并下载这些驱动程序。如果其他用户使用的是同样的操作系统，则无须像上面这样做。

图 8-46 和图 8-47 展示了如何在 Windows 10 中共享打印机。

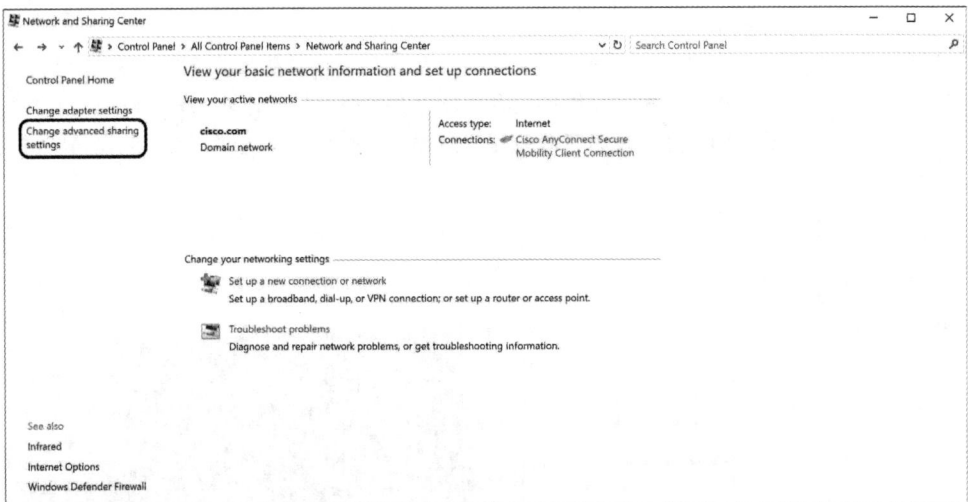

图 8-46　修改高级共享设置

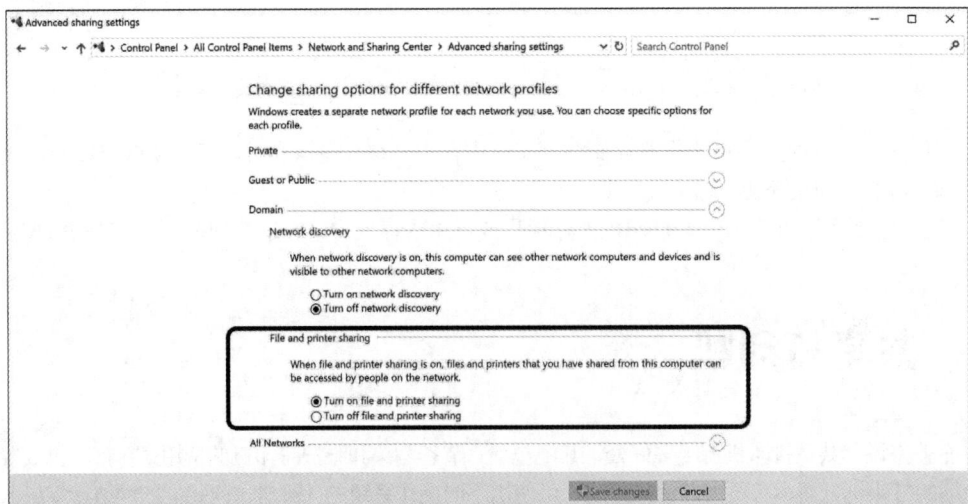

图 8-47　文件和打印机共享

共享打印机时，有一些潜在的数据隐私和安全风险需要考虑。

- **硬盘驱动器缓存**：缓存打印文件会带来隐私和安全风险，因为有权访问设备的人可以恢复这些文件，进而获取机密信息或个人信息等。
- **用户身份验证**：为禁止未经授权者使用网络打印机或基于云的打印机，可通过设置权限或用户身份验证来限制对打印机的访问。
- **数据隐私**：通过网络发送的打印作业可能被拦截并读取、复制或更改。

2. 无线打印机连接

无线打印机让主机能够使用蓝牙或 Wi-Fi 以无线方式与之相连，并使用它来打印文件。要使用蓝牙连接到无线打印机，打印机和主机设备都必须具备蓝牙功能，且必须配对。如果有必要，可给计算机添加蓝牙适配器，这通常是使用 USB 端口连接的。移动设备也可连接到具备蓝牙功能的打印机，并使用它来打印文件。

使用 Wi-Fi 的无线打印机可连接到无线路由器或接入点，也可与客户端设备直接相连。要设置打印机，可将其连接到计算机，并在计算机上使用提供的软件进行设置，也可使用打印机的显示面板进行设置。打印机的无线网卡支持某种 802.11 标准，设备要直接连接到打印机，必须支持同样的标准。

在无线基础设施模式下，打印机被配置为连接到接入点，客户端通过接入点连接到打印机。在无线对等模式下，客户端直接连接到打印机，如图 8-48 所示。

图 8-48　以无线方式共享打印机

8.4.2　打印服务器

打印服务器负责管理用户打印队列中的文件，并让用户能够获悉文件的状态。它能够向与之相连的所有打印客户端提供打印资源，并能够为客户端和打印设备管理打印请求。

1. 打印服务器的用途

有些打印机没有内置网络接口，为让客户端能够通过网络访问它，需要打印服务器。打印服务器让多个计算机用户（不管他们使用的是哪种设备或操作系统）能够访问同一台打印机，如图 8-49 所示。打印服务器具备如下 3 项功能。

- 让客户端能够访问打印资源。
- 管理打印作业，即将打印作业存储在队列中，等打印设备就绪后再将打印作业发送给它。
- 向用户提供有关打印机状态的反馈。

让计算机共享它连接的打印机也有缺点。共享打印机的计算机需要使用自己的资源来管理发送给打印机的打印作业，因此网络中的用户打印时，使用该计算机的用户可能感觉到明显的性能下降；另外，共享打印机的计算机重启或关机时，打印机将无法使用。

2. 软件打印服务器

在有些情况下，共享打印机的计算机运行的不是 Windows 操作系统，而是其他操作系统，如 macOS。在这种情况下，可使用打印服务器软件，如 Apple 免费提供的 Bonjour Printer Server——macOS 操作系统中的内置的服务。在 Windows 操作系统中安装 Apple 的 Safari 浏览器时，将自动安装 Bonjour Printer

Server。你也可从 Apple 网站免费下载 Bonjour Print Services for Windows，如图 8-50 所示。

图 8-49　使用打印服务器向众多设备提供服务

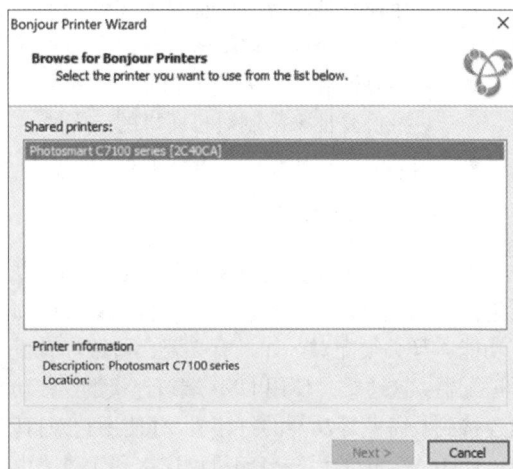

图 8-50　下载 Bonjour Print Services

下载并安装 Bonjour Print Services 后，它将在后台运行，并自动检测网络中的兼容打印机。

3. 硬件打印服务器

硬件打印服务器是一种有网卡和内存的简单设备，它连接到网络并与打印机通信以实现打印机共享。在图 8-51 中，打印服务器通过 USB 电缆连接到打印机。硬件打印服务器可集成到其他设备（如无线路由器）中，在这种情况下，打印机将直接连接到无线路由器（很可能是通过 USB 电缆连接的）。

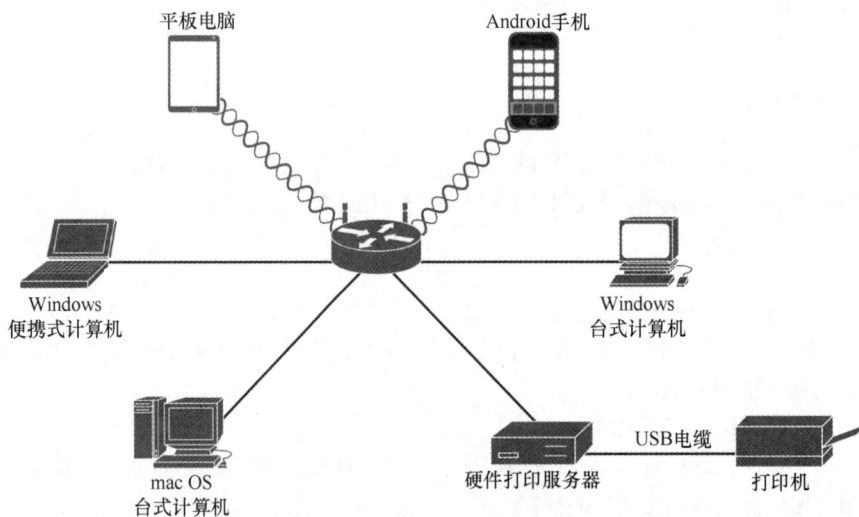

图 8-51　硬件打印服务器

Apple AirPort Extreme 是一款硬件打印服务器，可通过 AirPrint 服务与网络中的任何设备共享打印机。

硬件打印服务器可通过有线或无线连接管理网络打印；使用硬件打印服务器的优点之一是，来自网络设备的打印作业由硬件打印服务器接收，让计算机能够专心地执行其他任务。不同于由计算机共享的打印机，硬件打印服务器在任何时候都是可用的。

4. 专用打印服务器

在包含多个 LAN 和众多用户的大型网络环境中，需要使用专用打印服务器来管理打印作业，如

图 8-52 所示。

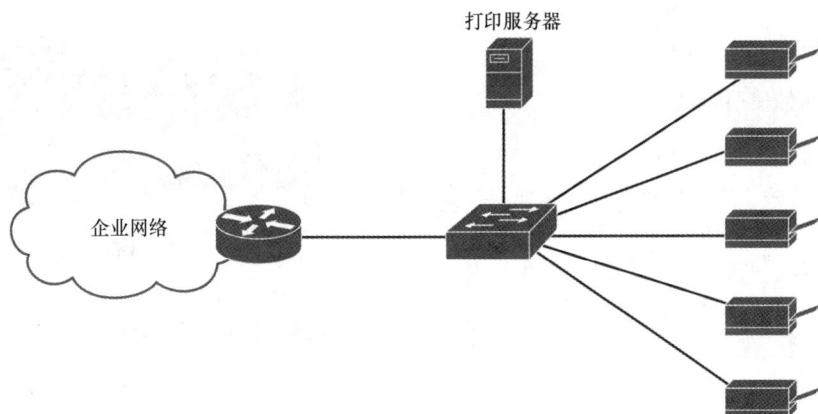

图 8-52 专用打印服务器

相比于硬件打印服务器，专用打印服务器更强大，它以高效的方式处理客户端的打印作业，并能够同时管理多台打印机。为满足打印客户端的需求，专用打印服务器必须具备如下条件。

- **强大的处理器**：专用打印服务器使用自己的处理器来管理和路由打印信息，因此处理器必须足够强大，能够处理所有到来的请求。
- **充足的存储空间**：专用打印服务器将来自客户端的打印作业放在打印队列中，并在适当的时候将其发送给打印机。这种做法要求专用打印服务器有足够的存储空间，能够存储所有未完成的打印作业。
- **充足的内存**：将打印作业发送给打印机时，需要使用处理器和内存。如果没有足够的内存用来处理整个打印作业，打印作业将存储在打印服务器的硬盘驱动器中，由打印机从硬盘驱动器获取并处理，因此速度比直接从内存中获取并处理要慢。

8.5 打印机的维护和故障排除

打印机是最常见的外围设备之一，其类型及连接到设备或网络的方式有很多，但无论对哪种类型的打印机来说，维护都是一项重要任务。技术人员肯定会被要求排除打印机故障，因此必须掌握故障排除流程和步骤，虽然具体细节因打印机类型而异。

8.5.1 打印机的预防性维护

预防性维护是未雨绸缪，旨在减少打印机的问题，延长硬件的使用寿命。技术人员应以制造商指南为依据，制订并实施预防性维护计划。本节探讨预防性维护指南和最佳实践。

1. 制造商指南

通过制订合适的预防性维护计划，有助于避免打印机出现故障，并提供优良的打印品质。打印机说明书包含有关如何维护和清洁打印机的信息。

每台打印机都附带了用户手册，请仔细阅读，按推荐的做法进行维护。请使用制造商推荐的耗材；购买价格低廉的耗材虽然能够节省成本，但打印效果可能不佳、可能导致设备受损或违反保修条款。

大多数制造商销售打印机维护工具包，如图 8-53 所示。如果不知道如何维护打印机，可咨询经过制造商认证的技术人员。维修碳粉盒或墨盒时，务必戴上空气过滤面罩以免吸入有毒颗粒。

2. 打印机的使用环境

打印机受温度、湿度和电子干扰的影响。实际上，激光打印机通常会产生大量热量，必须在通风良好的环境中使用，否则打印机将过热。

纸张也受环境的影响。虽然纸张不太受温度的影响，但很容易受湿度的影响。纸张会吸收空气中的水分，这可能导致纸张粘贴在一起，进而导致在打印过程中出现卡纸的问题。

图 8-53 维护工具包

碳粉也受环境（尤其是湿度）的影响，湿度过高可能导致碳粉不能正确地吸附到纸上，因此最好保留碳粉盒的原始包装，并将其置于干爽无尘的环境中，等需要使用时再取出来。

对所有打印机来说，灰尘都是不利的环境因素，因此必须定期清理打印机所处位置及其周边环境中的灰尘，以及从打印纸上脱落的灰尘。对于打印机内部的灰尘，可使用压缩空气将其吹掉。

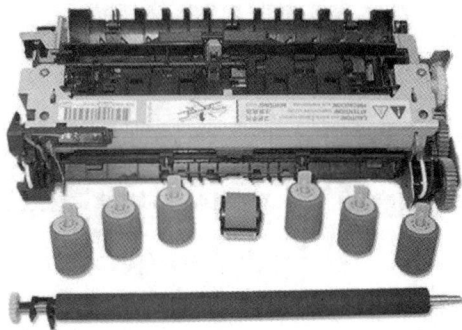

8.5.2 喷墨打印机的预防性维护

遵循统一的预防性维护计划可提高家庭和企业环境中设备的性能和安全性。确保安全、放在合适的位置、使用合适的耗材、保持干净整洁都有助于延长打印机的使用寿命。

执行维护任务前，务必阅读用户手册，其中包含与如何维护喷墨打印机相关的信息。

所用纸张和油墨的类型和质量都可能影响打印机的使用寿命。打印机制造商可能推荐使用特定类型的纸张，以获得最佳的打印效果。有些类型的纸张（如相纸、透明胶片和多层复写纸）分正反面，因此务必按制造商的说明装入。

请使用制造商推荐的油墨品牌和类型。如果使用了错误品牌和类型的油墨，打印机可能不工作，或者打印质量下降。不要重新填装墨盒，因为这样做油墨可能泄漏。

如果喷墨打印机打印出的页面是空的，可能是因为墨盒中没有油墨了。只要有一个墨盒没有油墨，有些打印机就不会打印。可使用打印机软件将打印质量设置为草稿模式，以减少打印机使用的油墨量。这种设置还可缩短打印文档所需的时间，但同时会降低打印质量。

随着时间的推移，打印机部件上会积聚灰尘和碎屑，如果不定期清理，打印机可能不能很好地工作，甚至根本不工作。对于喷墨打印机上操纵纸张的机械部件，可用湿抹布加以清洁。

8.5.3 激光打印机的预防性维护

预防性维护有助于让激光打印机处于最佳工作状态、提供最佳的打印质量。

激光打印机通常不需要太多的维护，除非它们身处多灰环境或者本身已经很旧了。清洁激光打印机时，只能使用带高效空气过滤（High Efficiency Particulate Air，HEPA）系统的吸尘器，它能够捕获微小的颗粒。

执行维护任务前，务必查看打印机用户手册，其中包含与如何维护激光打印机相关的信息。对激光打印机执行某些维护任务时，必须断开打印机与电源的连接；有关这方面的详细信息，请参阅用户手册。如果不知道如何维护打印机，可咨询经过制造商认证的技术人员。处理打印机部件时务必小心，因为有些部件可能温度很高，会把你灼伤。

大多数制造商都出售针对其打印机的维护工具包，对于激光打印机，这种工具包中可能有易坏品替换部件，如定影组件、转印辊和取纸辊。

安装新部件或更换碳粉盒时，通过目视检查所有的内部组件、清除纸屑和灰尘、清理溢出的碳粉，并检查是否有磨损的齿轮、破裂的塑料或损坏的部件等。

激光打印机不会打印出空白页，而只会生成质量低劣的打印件。有些打印机有 LCD 或 LED 指示灯，它们会在碳粉不足时向用户发出警报。有些类型的文档消耗的碳粉较多，例如，打印照片需要的碳粉比打印文字的多。可使用打印机软件将打印质量设置为碳粉节省模式或草稿模式，以减少打印机的碳粉消耗量，但这样做也会降低激光打印的质量。

完成维护工作后，重置计数器，确保在正确的时间进行下一次维护。在有些打印机上，可通过 LCD 查看打印页数；有些打印机在主机盖内有记录打印页数的计数器。

8.5.4 热敏打印机的预防性维护

很多因素都会影响热敏打印机的性能，如发热、灰尘、打印头磨损等。为确保打印机能够持续地打印出高品质的图像和文本，对其加以妥善地维护至关重要。

执行维护任务前，务必查看热敏打印机附带的用户手册，其中包含与如何维护热敏打印机和如何更换纸卷相关的信息。图 8-54 展示了如何更换热敏打印机使用的纸卷。

热敏打印机通过加热在特殊纸张上生成图像。为延长打印机的使用寿命，请定期地用异丙醇润湿棉签，再用棉签清洁加热元件。加热元件位于出纸槽附近，如图 8-55 所示。另外，可将打印机打开，并使用压缩空气或无绒布清除碎屑。

图 8-54 更换纸卷

图 8-55 加热元件

8.5.5 击打式打印机的预防性维护

为让打印机少出问题，最佳方式是定期进行预防性维护。击打式打印机有很多活动部件，请务必定期检查，看看它们的清洁、润滑、磨损等情况，这有助于延长设备的使用寿命。

对击打式打印机执行任何维护任务前，务必查看打印机用户手册，其中包含与如何维护击打式打印机相关的信息。安全起见，务必注意用户手册中说的可能使温度很高的组件，因为它们可能给你带来身体伤害。

击打式打印机类似于打字机,通过使用打印头击打色带将油墨转印到纸张上。如果击打式打印机打印出的字符颜色很淡,可能是因为色带(见图 8-56)磨损,需要更换。有关如何更换色带,请参阅用户手册。

如果所有字符都存在相同的瑕疵,就说明打印头(见图 8-57)卡住或损坏了,需要处理或更换。有关如何清洁击打式打印机的打印头,请在网上搜索。

图 8-56　击打式打印机色带

图 8-57　打印头

8.5.6　3D 打印机的预防性维护

高昂的修理费用可能是疏于维护导致的,而预防性维护有助于避免这种情况发生。3D 打印机属于高度机械化的设备,有很多需要特别注意的活动部件。

执行维护任务前,务必查看打印机用户手册,其中包含有关如何维护 3D 打印机的信息。

8.5.7　打印机故障排除流程

遇到打印机出现故障时,知道采取哪些步骤来排除故障至关重要。本章概述一种系统性故障排除方法,并详细介绍如何解决打印机特有的问题。

故障排除流程包含如下 6 个步骤。

第 1 步:确定问题。

第 2 步:列出可能的原因。

第 3 步:逐个检查可能的原因,找出确切原因。

第 4 步:制订解决问题的行动计划并实施解决方案。

第 5 步:全面检查系统功能并在必要时采取预防措施。

第 6 步:记录问题、措施和结果。

1. 确定问题

打印机出现问题可能是硬件、软件和网络方面的原因共同作用的结果。技术人员必须能够确定问题出在打印机、电缆还是打印机连接的计算机上。要解决问题,计算机技术人员必须能够分析问题并找出导致问题的原因。

故障排除过程的第 1 步是确定问题,表 8-2 列出了一些可向用户提出的开放性问题和封闭性问题。

表 8-2	第 1 步：确定问题
开放性问题	**封闭性问题**
你在使用打印机时遇到了哪些问题？	打印机在保修期内吗？
最近你修改了计算机上的哪些软件或硬件？	能否打印测试页？
问题发生时你在做什么？	打印机是新的吗？
出现了什么样的错误消息	给打印机通电了吗

2. 列出可能的原因

与客户交流后，可列出可能的原因。表 8-3 列出了一些导致打印机出现问题的常见原因。如果有必要，根据问题的类型进行内部和外部研究。

表 8-3	第 2 步：列出可能的原因
导致打印机出现问题的常见原因	电缆连接松动。 卡纸。 设备电源问题。 油墨不足。 纸张用完。 设备显示屏有问题。 计算机屏幕有问题

3. 逐个检查可能的原因，找出确切原因

列出可能的原因后，逐个检查以找出确切原因。找出确切原因后，可确定为解决问题需要采取的措施。表 8-4 列出了一些简单措施，它们可帮助你确定导致问题的确切原因甚至解决问题。如果利用这些简单措施解决了问题，就可全面检查系统功能；如果未能解决问题，就需要进一步研究问题，找出确切原因。

表 8-4	第 3 步：逐个检查可能的原因，找出确切原因
找出确切原因的常用措施	重启打印机或扫描仪。 拆卸并重新连接电缆。 重启计算机。 检查打印机是否卡纸。 将纸盒中的纸张取出再放入。 打开再关闭打印机纸盒。 确保关闭了打印机机门。 更换新的墨盒或碳粉盒等

4. 制订解决问题的行动计划并实施解决方案

找出导致问题的确切原因后，制订解决问题的行动计划并实施解决方案。如果没有找到确切原因，就需要进一步研究问题。表 8-5 列出了一些信息源，可从中获取解决问题所需的额外信息。

表 8-5	第 4 步：制订解决问题的行动计划并实施解决方案
如果前一步未能解决问题，需要利用这里的信息源做进一步研究，以寻找解决方案	服务台维修日志。 其他技术人员。 制造商提供的常见问题解答。 技术网站。 新闻组。 计算机手册。 设备手册。 在线论坛。 互联网搜索

5. 全面检查系统功能并在必要时采取预防措施

解决问题后，全面检查系统功能并在必要时采取预防措施，表 8-6 列出了一些验证解决方案的措施。

表 8-6	第 5 步：全面检查系统功能并在必要时采取预防措施
全面检查功能	重启计算机。 重启打印机。 通过打印机控制面板打印测试页。 在应用程序中打印文档。 重新打印在出问题时客户打印的文档

6. 记录问题、措施和结果

故障排除过程的最后一步是记录问题、措施和结果，表 8-7 列出了为此必须完成的任务。

表 8-7	第 6 步：记录问题、措施和结果
记录问题、措施和结果	与客户讨论实施的解决方案。 让客户核实问题是否得到了解决。 将所有必要的文件交给客户。 在工单和技术人员日记中记录解决问题的步骤。 记录维修中使用的所有组件。 记录为解决问题花费了多长时间

8.5.8　问题及其解决方案

具体的故障排除措施因打印机而异，但熟悉一些导致问题的常见原因后，就可通过搜索找到解决方案。导致打印机出现问题的原因众多，包括打印机硬件、打印机驱动程序、打印服务器和网络（仅限网络打印机）。本节介绍导致出现问题的可能原因及其解决方案。

打印机出现问题可能是硬件、软件和网络方面的原因共同作用的结果。有些问题比其他问题更常见。

1. 常见的打印问题及其解决方案

表 8-8 列出了一些常见的打印问题及其解决方案。

表 8-8   常见的打印问题及其解决方案

常见问题	可能原因	可能的解决方案
有个应用程序文档打印不了	打印队列中存在文档错误	将文档从打印队列中删除，再重新打印
无法添加打印机或出现打印后台处理程序错误	打印机服务停止或异常	启动打印后台处理程序，并在必要时重启计算机
打印作业已发送到打印队列，但未打印	打印机安装在错误的端口上	使用打印机属性和设置来配置打印机端口
打印队列正常，但打印机不打印	电缆连接故障	检查打印机电缆的引脚是否弯曲，并检查连接打印机和计算机的电缆
	打印机处于待机状态	手动恢复打印机或重启打印机
	打印机出现错误，如缺纸、碳粉不足或卡纸	检查打印机状态，并纠正错误
打印机正在打印未知字符或不打印测试页	安装的打印机驱动程序不正确或过时	卸载当前打印机驱动程序，并安装正确的打印机驱动程序
打印机打印未知字符或什么都不打印	打印机可能已插入 UPS	将打印机连接到墙面插座或浪涌保护器
	安装的打印机驱动程序不正确	卸载错误的打印机驱动程序，并安装正确的驱动程序
	打印机电缆松动	将打印机电缆插牢
	打印机缺纸	向打印机中添加纸张
打印时卡纸	打印机脏了	清洁打印机
	使用了错误的纸张类型	更换为制造商推荐的纸张类型
	纸张因受潮粘在一起	将托盘中的纸张换成新的
打印件的颜色很淡	碳粉不足或碳粉盒质量不合格	更换碳粉盒
	使用的纸张与打印机不兼容	更换纸张
碳粉未融入纸张纤维中	碳粉盒是空的或质量不合格	更换碳粉盒
	纸张与打印机不兼容	更换纸张
打印件起皱	纸张质量不合格	将纸张从打印机中取出并检查是否有问题，如果有问题就更换
	未能正确地装入纸张	取出、对齐并更换纸张
不进纸	纸张起皱了	将纸张托盘中起皱的纸张取走
		检查滚轮是否损坏或是否需要更换
	在打印设置中指定的纸张大小与装入的纸张大小不一致	在打印设置中修改纸张大小
出现消息 "Document failed to print"（文档打印失败）	电缆松动或断开	检查并重新连接并行电缆、USB 电缆和电源线
	打印机不再共享	将打印机配置为共享

续表

常见问题	可能原因	可能的解决方案
试图安装打印机时，出现消息"Access Denied"（访问被拒绝）	用户没有管理员权限或超级用户权限	注销，再以管理员或超级用户的身份登录
打印机打印的颜色有误差	碳粉（墨）盒是空的或质量不合格	更换碳粉（墨）盒
	安装的碳粉（墨）盒不正确	
	打印头需要清洁和校准	清洁打印机，并使用制造商提供的软件校准打印机
打印机打印出的是空白页	打印机没油墨或碳粉了	更换墨盒或碳粉盒
	打印头堵塞	更换墨盒
	充电网故障	更换充电网
	高压电源出现故障	更换高压电源
打印机显示屏上没有图像	打印机未开启	开启打印机
	屏幕对比度设置得太低	提高屏幕对比度
	显示屏损坏	更换显示屏

2. 复杂的打印问题及其解决方案

表 8-9 列出了一些复杂的打印问题及其解决方案。

表 8-9　　　　　　　　　　复杂的打印问题及其解决方案

复杂问题	可能原因	可能的解决方案
打印机打印出未知字符	安装的打印机驱动程序不正确	卸载错误的打印机驱动程序，并安装正确的驱动程序
	打印机电缆松动	将打印机电缆插牢
打印机不能打印大型或复杂的图像	打印机没有足够的内存	给打印机添加内存
激光打印机在每页都打印竖线或条纹	成像鼓损坏	更换成像鼓
	碳粉盒中的碳粉不均匀	取下并摇动碳粉盒
打印出的页面上有"鬼影"	成像鼓划伤或脏了	更换成像鼓
	成像鼓刮片磨损	更换成像鼓
碳粉未融入纸张纤维中	定影组件质量不合格	更换定影组件
打印件起皱	取纸辊受阻、损坏或脏了	清洁或更换取纸辊
打印机不进纸	取纸辊受阻、损坏或脏了	清洁或更换取纸辊
每次重启网络打印机后，都会出现消息"Document failed to print"（文档打印失败）	打印机的 IP 配置被设置为 DHCP	给打印机分配一个静态 IP 地址
	网络中有设备的 IP 地址与网络打印机相同	给打印机分配另一个静态 IP 地址
打印机日志中有多个失败的打印作业	打印机关闭了	开启打印机
	打印机缺纸	在打印机中添加纸张
	碳粉或油墨用完了	更换碳粉盒或墨盒
	打印作业已损坏	重启或删除打印作业

8.6 总结

本章介绍了打印机的工作原理、选购打印机时需要考虑的因素以及如何将打印机连接到计算机或网络。打印机类型众多，每种都有不同的功能、打印速度和用途。打印机可直接连接到计算机，也可在网络中共享。本章还介绍了用于连接打印机的各种电缆和接口。

有些打印机的吞吐量不高，适合家庭使用，有些吞吐量很高，适合商业用途。打印机的打印速度和打印质量各异。老式打印机使用并行电缆和端口，而较新的打印机通常使用 USB、FireWire 电缆和连接器或 Wi-Fi 连接。对于较新的打印机，计算机会自动为其安装必要的驱动程序。如果计算机没有自动安装，用户可从制造商网站下载，也可在随打印机提供的光盘中寻找。

你学习了各种打印机的重要特征和组件。喷墨打印机的主要组件包括墨盒、打印头、轧辊和进纸器；激光打印机是一种高品质的快速打印机，使用激光来生成图像，其主要组件包括成像鼓、碳粉盒、定影组件和取纸辊；热敏打印机使用加热后变黑的热敏纸；击打式打印机使用打印头击打色带，从而将字符印到纸上，点阵式打印机和打字机都属于击打式打印机；3D 打印机用于制作使用计算机设计的三维物体，当前支持使用多种材质来制作物体。

你还学习了虚拟打印机和云打印。在虚拟打印机中，用户不将打印作业发送到物理打印设备，而使用打印软件将作业发送到文件，或将信息传输到云端的远程目的地进行打印。常见的虚拟打印方式包括打印到文件、打印到 PDF、打印到 XPS 和打印到图像。云打印指的是将打印作业发送给远程打印机，这种打印机可位于 Internet 的任何地方。

接下来，你学习了打印机预防性维护的重要性：良好的预防性维护有助于延长打印机的使用寿命，确保它性能出色。操作打印机时，务必遵循安全规程：在打印机使用过程中，很多部件的压力或者温度非常高。

最后，你学习了打印机故障排除过程的 6 个步骤。

8.7 复习题

请完成以下所有的复习题，检查你对本章介绍的主题和概念的理解程度，答案见附录。

1. 打印哪种内容通常需要的时间最长？（　　）
   A. 高质量的文本页面　　　　　　　　B. 数字彩色照片
   C. 照片品质的输出草稿　　　　　　　D. 草稿文本

2. 下面哪两项是使用非制造商推荐的耗材或部件可能产生的后果（双选）？（　　）
   A. 非制造商推荐的部件更容易获得　　B. 可能需要更频繁地清洁打印机
   C. 打印质量可能很糟糕　　　　　　　D. 可能违反制造商保修条款
   E. 非制造商推荐的部件可能更便宜

3. 有家小型公司正在犹豫是否要购买一台激光打印机，以替换现有的喷墨打印机。请问下面哪两项是激光打印机的缺点（双选）？（　　）
   A. 只能打印黑白文档　　　　　　　　B. 碳粉盒价格昂贵
   C. 前期投入很高　　　　　　　　　　D. 不能以高分辨率打印
   E. 使用昂贵的压电晶体来生成图像

4. 有位技术人员想要通过网络共享打印机，但根据公司策略，禁止将 PC 直接与打印机相连。请问这位技术人员需要使用哪种设备？（　　）

    A. USB 集线器 　　　　　　　　　　　B. LAN 交换机

    C. 硬件打印服务器 　　　　　　　　　D. 扩展坞

5. 下面哪个术语指的是在纸的两面打印？（　　）

    A. 后台处理 　　　　B. 双面打印 　　　　C. 红外打印 　　　　D. 缓存

6. 排除打印机故障时，技术人员发现打印机连接到了错误的计算机端口，请问这会导致下述哪种打印机问题？（　　）

    A. 打印机打印出空白页 　　　　　　　B. 打印文档时，页面上出现无法识别的字符

    C. 打印后台处理程序显示错误消息 　　D. 打印队列正常，但打印作业未被打印

7. 清洁喷墨打印机的打印头时，推荐使用下面哪种方法？（　　）

    A. 使用压缩空气罐 　　B. 用异丙醇擦拭

    C. 用湿抹布擦拭 　　　　　　　　　　D. 使用打印机软件实用程序进行清洁

8. 有家小型企业使用 Google Cloud Print 将多台打印机连接到了 Web，让移动办公人员能够在旅途中打印工单。请问这些打印机属于哪种类型的打印机？（　　）

    A. 热敏打印机 　　　B. 虚拟打印机 　　　C. 激光打印机 　　　D. 喷墨打印机

9. 用户如何与网络中的其他用户共享其计算机连接的打印机？（　　）

    A. 启用打印共享 　　　　　　　　　　B. 安装 USB 集线器

    C. 安装共享 PCL 驱动程序 　　　　　D. 卸载 PS 驱动程序

10. 对打印机进行预防性维护时，首先应如何做？（　　）

    A. 打开打印机与网络的连接 　　　　　B. 使用打印机软件工具清洁打印头

    C. 取出打印机托盘中的纸张 　　　　　D. 断开打印机与电源的连接

11. 共享直接与计算机相连的打印机存在哪两个缺点（双选）？（　　）

    A. 多台计算机不能同时使用该打印机

    B. 其他计算机无须使用电缆直接连接到该打印机

    C. 共享打印机的计算机将使用自己的资源来管理发送给打印机的所有打印作业

    D. 与打印机直接相连的计算机需要一直开着，即便是不使用时也需如此

    E. 所有要使用该打印机的计算机都必须运行相同的操作系统

12. 下面哪种有关缓存过程的说法是正确的？（　　）

    A. 在等待打印机可用期间，大型文档被暂时存储在打印机内存中

    B. 使用应用程序准备好要打印的文档

    C. 在打印机上打印文档

    D. PC 将照片编码成打印机能够理解的语言格式

13. 每英寸的点数用于衡量打印机的哪种指标？（　　）

    A. 速度 　　　　　　B. 打印质量 　　　　C. 拥有成本 　　　　D. 可靠性

14. 哪种软件让用户能够设置和修改打印机选项？（　　）

    A. 驱动程序 　　　　B. 固件 　　　　　　C. 配置软件 　　　　D. 字处理程序

15. 确定打印机存在的问题时，技术人员可向用户提出哪两个封闭性问题（双选）？（　　）

    A. 出现问题时显示了什么错误消息？

    B. 问题出现时你正在做什么？

    C. 打印机开启了吗？

    D. 你最近在计算机上做了哪些软件或硬件方面的修改？

    E. 你能使用该打印机打印测试页吗？

第 9 章

虚拟化和云计算

大大小小的组织都在虚拟化和云计算领域投入重金,因此 IT 技术人员和专业人员必须熟悉这两种技术。这两种技术有共同之处,但实际上它们是两种不同的技术。虚拟化软件允许单台物理服务器运行多个单独的计算环境;而云计算指的是通过 Internet 以服务的方式提供共享的计算资源——软件或数据。

本章将介绍虚拟化相对于传统专用服务器的优势,如使用的资源更少、需要的存储空间更少、成本更低以及服务器正常运行的时间更长。本章还将介绍客户端虚拟化时用到的术语,如宿主计算机(Host Computer)、宿主操作系统(Host Operating System)和客户操作系统(Guest Operating System)。宿主计算机指的是用户控制的物理计算机;宿主操作系统指的是宿主计算机运行的操作系统;客户操作系统指的是宿主计算机上的虚拟机中运行的操作系统。

你将学习两种虚拟机监控程序(Hypervisor):1 类(原生)虚拟机监控程序(也被称为裸机式虚拟机监控程序;2 类(托管式)虚拟机监控程序。你还将学习在 Windows 7、Windows 8 和 Windows 10 中运行 Windows Hyper-V(一种 2 类虚拟机监控程序)时,系统必须满足的最低要求。

9.1 虚拟化

虚拟化指的是在物理计算机上使用虚拟化软件(虚拟机监控程序)来创建多个虚拟机,这些虚拟机是彼此独立的,它们使用物理计算机的硬件资源来执行操作。借助于虚拟化,组织可以节省资金、减少需要的硬件、整合管理和其他系统的功能,并实现许多其他好处。

9.1.1 虚拟化

虚拟化涉及硬件和软件的虚拟版本(与物理版本相对),如网络基础设施中的服务器操作系统。

1. 云计算与虚拟化

虚拟化和云计算实际上是两码事,但经常被混用。

虚拟化让单台计算机能够托管多个独立的虚拟机(Virtual Machine,VM),这些虚拟机共享宿主计算机的硬件。虚拟化软件将物理硬件和虚拟机实例隔离,虚拟机有自己的操作系统,并通过运行在宿主计算机上的软件来使用硬件资源。将虚拟机镜像保存为文件,就可在需要时重新启动虚拟机。

请务必牢记,所有虚拟机都共享宿主计算机的资源,因此可同时运行的虚拟机数量取决于宿主计算机的处理能力、内存量和存储容量等。

云计算将应用程序与硬件分离，让组织能够根据需要通过网络获取计算服务。诸如 Amazon Web Services（AWS）等服务提供商拥有并管理着云基础设施，云基础设施通常位于数据中心，包括网络设备、服务器和存储设备等。

虚拟化是云计算的基石，诸如 AWS 等提供商使用强大的服务器提供云服务，这些服务器能够根据需要动态调配（Provision）虚拟服务器。

如果没有虚拟化，就不可能广泛地实施云计算。

2. 传统服务器部署

只有知道组织如何使用服务器，才能充分认识到虚拟化的优点。

传统上，组织使用强大的专用服务器给用户提供应用程序和服务，如图 9-1 所示。专用服务器都是高端计算机，配备了大量内存、强大的处理器及多个大型存储设备。需要支持更多用户或提供新服务时，需添加新的服务器。

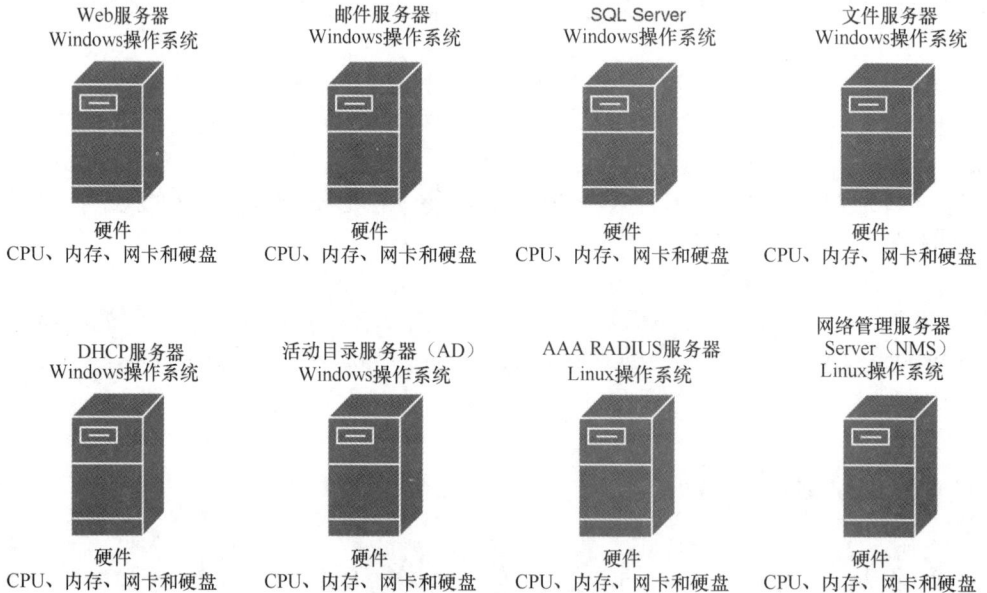

图 9-1 专用服务器

传统服务器部署方法存在如下问题。

- **资源浪费**：专用服务器可能长期处于空闲状态，直到需要它们提供特定服务时才发挥作用。同时这些服务器会浪费资源。
- **单点故障**：专用服务器出现故障或离线时，可能没有备用服务器来接替它的工作。
- **服务器蔓生**：很多服务器并未得到充分利用，全部服务器占据的物理空间与其提供的服务不相称。

通过服务器虚拟化，可更高效地利用资源，从而解决上述问题。

3. 服务器虚拟化

通过服务器虚拟化可充分利用空闲的资源，从而减少向用户提供服务所需的服务器数量。

被称为虚拟机监控程序的特殊程序负责管理计算机资源和各种虚拟机，它让虚拟机能够访问物理计算机的所有硬件，如 CPU、内存、磁盘控制器和网卡。每个虚拟机都运行一个完备而独立的操作系统。

虚拟化让企业能够精简服务器数量，例如，通过使用虚拟机监控程序，可将 100 台物理服务器精简为 10 台物理服务器（这 10 台服务器包含与原来的 100 台物理服务器对应的虚拟机）。如图 9-2 所示为使用虚拟机监控程序来支持操作系统的多个虚拟实例，将图 9-1 所示的 8 台专用服务器精简成了 2 台服务器。

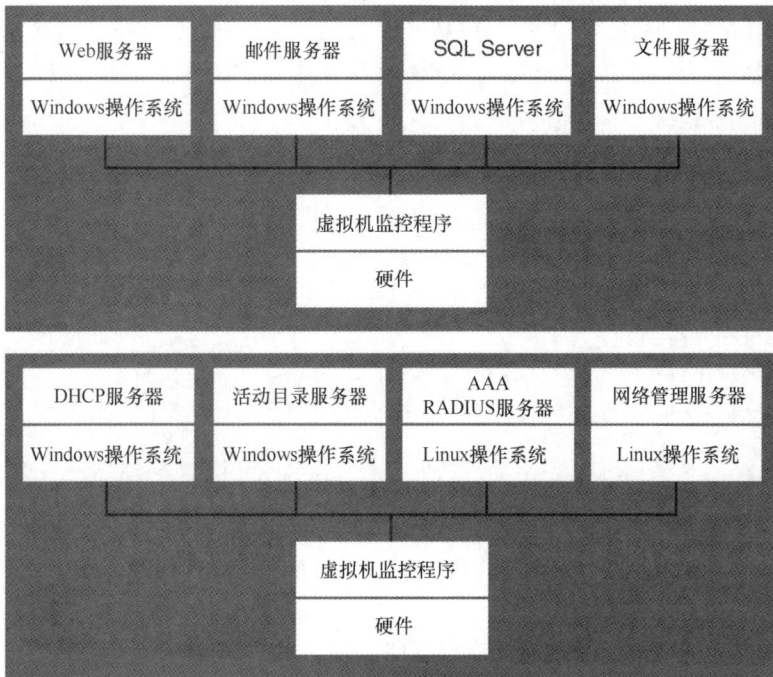

图 9-2　虚拟机监控程序

4. 服务器虚拟化的优点

服务器虚拟化的优点如表 9-1 所示。

表 9-1 服务器虚拟化的优点

优点	描述
资源得到了更充分的利用	虚拟化减少了所需的物理服务器和网络设备数量，降低了支持的基础设施需求和维护成本
降低了能耗	通过精简服务器可降低每月的电费和散热费用等；降低能耗有助于企业减少碳排放
服务器开通速度更快	相比于开通物理服务器，创建虚拟服务器的速度要快得多
提高了灾难恢复能力	虚拟化提供了高级解决方案，可避免业务因灾难而中断。可将虚拟机复制到其他硬件平台，而这些硬件平台甚至可位于其他数据中心
减少存储空间	通过使用虚拟化精简服务器，可缩小数据中心的总体规模：需要的服务器、网络设备和机架更少，因此数据中心的占地面积更小
降低了成本	需要的设备更少、能耗更少、占地面积更小，这降低了成本
最大限度地保障服务器正常运行时间	当前，大多数服务器虚拟化平台都提供了高级冗余和容错功能，如实时迁移、存储迁移、高可用性和分布式资源调度；它们还支持将虚拟机从一台服务器迁移到另一台服务器
支持传统系统	虚拟化可延长操作系统和应用程序的使用寿命，为组织迁移到新解决方案争取了更多的时间

9.1.2　客户端虚拟化

客户端虚拟化有时被称为台式计算机虚拟化，让台式计算机能够运行多个操作系统。与双引导系统不同，这些操作系统可同时运行。每个虚拟机都是独立的，并不知道同时有其他虚拟机存在，但所有虚拟机都运行在同一套硬件上。在台式计算机操作系统中，这被称为基于宿主的虚拟化。

1. 客户端虚拟化概述

很多组织都使用服务器虚拟化来优化网络资源、并减少设备和维护成本。组织还使用客户端虚拟化，让有特殊需求的用户能够在其本地计算机上运行虚拟机。

客户端虚拟化对于 IT 人员、IT 支持人员、软件开发和测试人员以及教育领域都是有益的。它为用户提供测试新操作系统（软件），或运行旧软件的资源。它还可用来建立沙箱，以打开或运行可疑文件提供安全的隔离环境。

讨论客户端虚拟化时将用到如下术语。

- **宿主计算机**：用户控制的物理计算机，虚拟机使用宿主计算机的系统资源引导和运行操作系统。
- **宿主操作系统**：宿主计算机运行的操作系统。在宿主操作系统中，用户可使用虚拟化模拟器（如 VirtualBox）来创建和管理虚拟机。
- **客户操作系统**：虚拟机中运行的操作系统。要运行不同版本的操作系统，需要有相应的驱动程序。

客户操作系统独立于宿主操作系统，例如，宿主操作系统可能是 Windows 10，但虚拟机安装的可能是 Windows 7。在这种情况下，客户操作系统（Windows 7）并不会干扰宿主计算机上的宿主操作系统（Windows 10）。

宿主操作系统和客户操作系统无须属于同一个"家族"，例如，宿主操作系统可能是 Windows 10，而客户操作系统可能是 Linux。对于想同时运行多个操作系统，以增强宿主计算机功能的用户来说，这是一项优势。

图 9-3 是虚拟机逻辑图，其中底部的灰色框表示安装了宿主操作系统（如 Windows 10）的物理计算机，顶部 3 个虚拟机由虚拟化软件（模拟器，如 Hyper-V、Virtual PC 或 VirtualBox）创建并管理。

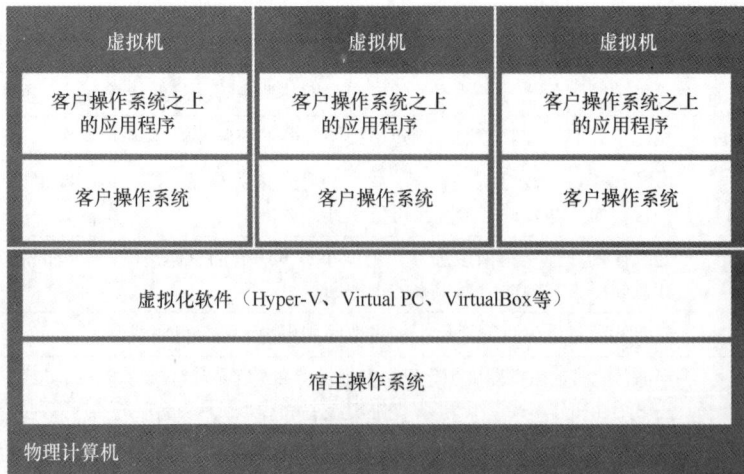

虚拟机	虚拟机	虚拟机
客户操作系统之上的应用程序	客户操作系统之上的应用程序	客户操作系统之上的应用程序
客户操作系统	客户操作系统	客户操作系统
虚拟化软件（Hyper-V、Virtual PC、VirtualBox等）		
宿主操作系统		
物理计算机		

图 9-3　虚拟机逻辑图

2. 1 类和 2 类虚拟机监控程序

虚拟机监控程序也被称为虚拟机管理器（Virtual Machine Manager，VMM），是虚拟化的核心，是宿主计算机上用来创建和管理虚拟机的软件。

虚拟机监控程序给每个虚拟机分配物理系统资源，如 CPU、内存和存储空间，这可确保虚拟机之间不会相互干扰。

虚拟机监控程序有如下两类（见图 9-4）。

- **1 类（原生）虚拟机监控程序**：也被称为裸机式（Bare-metal）虚拟机监控程序，通常用于服务器虚拟化。这种虚拟机监控程序直接运行在宿主计算机的硬件之上，负责给虚拟操作系统分配系统资源。
- **2 类（托管式）虚拟机监控程序**：由操作系统托管，通常用于客户端虚拟化。诸如 Windows Hyper-V 和 VMware Workstation 等虚拟化软件都属于 2 类虚拟机监控程序。

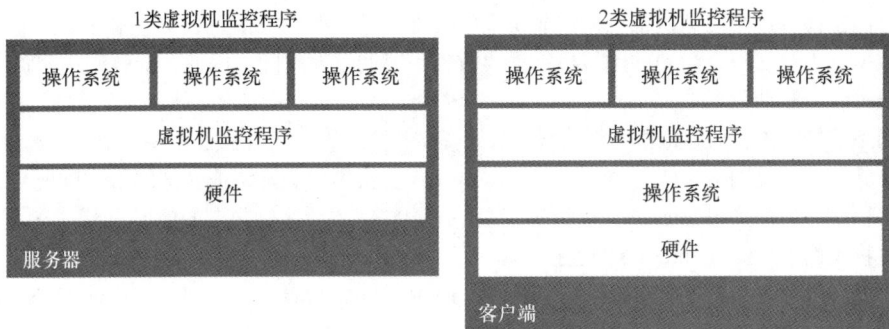

图 9-4　两类虚拟机监控程序

1 类（原生）虚拟机监控程序常见于数据中心和云计算领域，这种虚拟机监控程序包括 VMware vSphere/ ESXi、Xen、Oracle VM Server 等。

2 类（托管式）虚拟机监控程序，诸如 VMware Workstation 等，供客户端计算机用来创建和管理多个虚拟机。Windows 10 Pro 和 Windows Server（2012 和 2016）自带 Windows Hyper-V。

图 9-5 展示了 1 类和 2 类虚拟机监控程序的实现示例。在 1 类虚拟机监控程序的实现示例中，没有操作系统，VMware vSphere 运行在服务器硬件之上，并被用来创建一个 Windows Server 虚拟机和一个 Linux Server 虚拟机。在 2 类虚拟机监控程序的实现示例中，宿主操作系统为 Windows 10，并使用 Windows Hyper-V 创建和管理一个 Windows 7 虚拟机和一个 Linux 虚拟机。

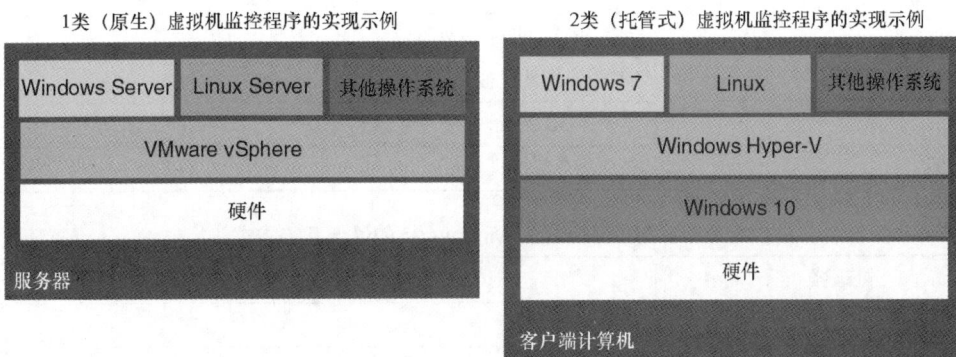

图 9-5　虚拟机监控程序实现示例

客户端仿真软件可运行用于不同客户操作系统的软件或用于不同硬件的操作系统。例如，宿主操作系统为 Linux 时，你可能创建使用 Windows 7 的虚拟机，用于运行只能在 Windows 7 中运行的应用程序。在这种情况下，Linux 宿主计算机看起来就像是 Windows 7 计算机。

3. 虚拟机需求

虚拟计算需要强大的硬件配置，每个虚拟机都有其资源需求。

虚拟机有如下基本系统需求。

- **处理器支持**：诸如 Intel VT 和 AMD-V 等处理器是专为支持虚拟化而设计的，因此必须确保它们启用了虚拟化功能。另外，推荐使用多核处理器，因为运行多个虚拟机时，更多的核心可提高性能和响应速度。计算机的核心越多，可同时做的事情越多，包括同时运行多个虚拟机。

- **内存支持**：宿主操作系统需要内存，同时必须有足够的内存来满足每个虚拟机及其客户操作系统的需求。

- **存储空间**：每个虚拟机都可创建非常大的文件，用于存储操作系统、应用程序和所有虚拟机数据。另外，每个活动的虚拟机都需要数吉字节的存储空间。因此，推荐使用容量大、速度快的硬盘驱动器。

- **网络连接需求**：随虚拟机类型而异，有些虚拟机不需要外部连接，有些需要。可配置虚拟机，使其加入桥接网络、NAT 网络、host-only（仅主机模式）网络或特殊网络，以便与其他虚拟机通信。为连接到 Internet，虚拟机使用一个模拟宿主计算机网卡的虚拟网卡，该虚拟网卡通过物理网卡建立到 Internet 的连接。

表 9-2、表 9-3 和表 9-4 分别列出了 Windows Hyper-V for Windows 10、Windows Hyper-V for Windows 8 和 Windows Virtual PC for Windows 7 的最低系统需求。

表 9-2　　　　　　　　Windows Hyper-V for Windows 10 的最低系统需求

主机操作系统	Windows 10 Pro 或 Windows Server（2012 和 2016）
处理器	支持二级地址转换（SLAT）的 64 位处理器
BIOS	CPU 支持虚拟机监控模式扩展（Intel CPU 支持 VT-C）
内存	至少 4 GB 系统内存
硬盘空间	至少每个虚拟机 15GB

表 9-3　　　　　　　　Windows Hyper-V for Windows 8 的最低系统需求

宿主操作系统	Windows 8 Pro 或企业版 64 位操作系统
处理器	支持 SLAT 的 64 位处理器
BIOS	BIOS 级硬件虚拟化支持
内存	至少 4 GB 系统内存
硬盘空间	至少每个虚拟机 15GB

表 9-4　　　　　　　　Windows Virtual PC for Windows 7 的最低系统需求

处理器	1 GHz 32 位或 64 位处理器
内存	2 GB
硬盘空间	每个虚拟操作系统 15 GB

虚拟机面临着与物理计算机一样的威胁和恶意攻击。虽然虚拟机与宿主计算机是隔离的，但可共享资源（如网卡、文件夹和文件），因此用户应在虚拟机中采取与宿主计算机一样的安全策略：安装安全软件、启用防火墙功能、安装补丁以及更新操作系统和程序。另外，务必确保虚拟化软件是最新的，这很重要。

9.2 云计算

云计算指的是通过 Internet 提供服务。借助于云计算，用户无须使用本地存储资源、网络资源、数据库等。

9.2.1 云计算应用程序

在云计算中，使用的应用程序不在台式计算机或公司网络的某个地方，相反，每个应用程序都是以服务的方式提供的，被称为云应用程序。云应用程序位于通常由第三方运营的远程服务器上，但可离线运行和在线更新；云应用程序运行在远程计算机上，并通过 Internet 的连接来进行存储和数据访问；云应用程序是独立于平台的。

云计算通过 Internet 向用户提供按需计算服务；云计算服务归服务提供商所有和管理。当用户使用社交媒体应用程序、访问在线音乐库或使用在线存储保存照片时，其实就是在使用云服务。组织通常会按其用户访问和使用服务的情况向云服务提供商支付使用费。

- **虚拟应用程序流式传输/基于云的应用程序**：组织使用基于云的应用程序来提供按需软件传输服务。例如，Microsoft Office 365 提供诸如 Microsoft Word、Excel、PowerPoint 等应用程序的在线版；用户请求应用程序时，将把少量的应用程序代码转发给客户端，而客户端将在必要时从云服务器拉取额外的代码。为支持离线使用，客户端可能在本地存储应用程序。
- **基于云的电子邮件**：组织使用基于云的解决方案来满足其电子邮件需求。基于云的电子邮件应用程序包括 Office 365、Gmail、iCloud Mail、Outlook、Yahoo 和 Exchange Online。
- **云文件存储解决方案**：组织使用基于云的存储解决方案来存储数据，基于云的存储解决方案有 Google Drive、OneDrive、iCloud Drive、Box、Dropbox 等。其中一些解决方案包括由提供商提供的同步应用程序或商业应用程序。
- **虚拟桌面（基础设施 VDI）**：组织可使用这种技术将整个桌面环境从数据中心服务器部署到客户端。虚拟桌面是虚拟机监控程序控制的虚拟机创建的，但所有计算都是在服务器上完成的。VDI 可以是持久的（用户可保存自定义的镜像，供以后使用）或非持久的（用户注销时，镜像将恢复到初始状态）。
- **Windows Virtual Desktop（WVD）**：支持虚拟桌面的 Windows 10，可在较新或较旧的计算机上运行，也可在远程的 Azure 虚拟机上运行，提供虚拟化的 Windows 10 体验；始终是最新的，且可在任何设备上使用。

9.2.2 云服务

云计算具有很多不断发展的功能，其中包括：提供大容量存储空间、强大的分析工具以及应用程序和系统基础设施软件；开发和测试应用程序；交付应用程序。

1．云服务提供商

云服务提供商可提供各种服务，这些服务是根据客户需求量身定制的。然而，大多数云服务都可归为如下三大类，这三大类是美国国家标准及技术协会（National Institute of Standards and Technology，NIST）在特别出版物 800-145（Special Publication 800-145）中定义的。

- **软件即服务（Software as a Service，SaaS）**：云服务提供商通过 Internet 提供订阅式服务，如邮件服务、日历服务、通信服务和办公工具，用户使用浏览器来访问软件，其优点包括前期投入小、可立即使用软件。SaaS 的例子包括 Salesforce 客户关系管理（Customer Relationship Management，CRM）软件、Microsoft Office 365、Microsoft SharePoint 和 Google G Suite。
- **平台即服务（Platform as a Service，PaaS）**：云服务提供商提供用于开发、测试和交付应用程序的操作系统、开发工具、编程语言和库，对应用程序开发人员来说很有用。此外，云服务提供商还负责管理底层网络、服务器和云基础设施。提供商包括 Amazon Web Services、Oracle Cloud、Google Cloud Platform 和 Microsoft Azure。
- **基础设施即服务（Infrastructure as a Service，IaaS）**：云服务提供商负责管理网络，让客户能够访问网络设备，使用虚拟化网络服务、存储空间、软件和提供支持的网络基础设施。IaaS 可给组织带来很多好处，首先，组织无须投资购买固定设备，只需按需支付使用费；其次，提供商网络有很高的冗余性，可避免单点故障；最后，网络可根据变化的需求无缝地扩容和缩容。IaaS 提供商包括 Amazon Web Services、DigitalOcean 和 Microsoft Azure。

云服务提供商扩展了 IaaS 模型，使其还可提供 IT 即服务（IT as a Service，ITaaS）。通过使用 ITaaS，可扩展 IT 部门的职能，而无须投资购买基础设施、培训新人和购买软件许可证。可在任何地方使用任何设备按需使用服务，它们经济实惠，并且不以牺牲安全性和功能为代价。

2．云模型

用户、组织和云服务提供商主要使用的云模型有公共云、私有云、混合云和社区云这 4 种。

（1）场景。

请看下面的场景，并为每个场景选择合适的云模型。

场景 1：Bob 使用 Gmail 给朋友发邮件，告诉朋友，他下班后无法参加聚会，因为需要加班到很晚。

场景 2：Bob 来到他在交通部的办公室，登录计算机并审核因拟建购物中心而拓宽道路所需的沥青预算。

场景 3：史密斯敦的一位居民需要从交通部网站获悉信息，以深入了解拟建的购物中心将给她所在社区的交通带来什么样的影响。获悉其所在社区的交通量可能翻倍后，她发表了公开评论，反对建造这个购物中心。

场景 4：Andrea 是一家沥青公司的项目经理，她在交通部供应商网站提交标书，想要揽下与拟建购物中心相关的道路拓宽工程。

（2）答案。

场景 1：公共云。

公共云模型的示例包括 Gmail、Dropbox、Apple Music、Yahoo Mail、Box、Netflix 等。这些公共云模型中提供的基于云的应用程序和服务，对公众开放。服务可能是免费的，也可能像在线存储那样按用量付费。公共云通过 Internet 提供服务。对用户来说，公共云是很常见的。

公共云具有如下特点。

- 使用共享的虚拟化资源。
- 支持多个客户。
- 支持 Internet 连接。

场景 2：私有云。

私有云是组织或实体专用的。使用私有云的组织包括服务提供商、金融机构和医疗保健机构。私有云可能是使用组织的网络创建的，这种云的建造和维护费用非常高。私有云可能由第三方管理，并采取严格的访问安全策略。

私有云具有如下特点。

- 使用专用的虚拟化共享资源。
- 只支持单个客户（组织）。
- 对高度敏感的信息加以保护。

场景 3：混合云。

混合云由多种不同类型的云组成（例如，一部分为私有云，另一部分为公共云），其中每部分都保持为独立的对象，但使用统一的架构将各部分连接在一起。组织可以针对机密信息使用私有云，针对面向客户的常规内容使用公共云。在场景 3 中，居民可访问交通部网站的私有云来收集研究资料，并访问公共云提交反馈信息。在混合云中，用户对不同服务的访问权限是不同的。组织可在短暂的高峰期内使用混合云来提供服务。

场景 4：社区云。

社区云仅供特定的实体或组织使用。公共云和社区云的不同之处在于，社区云的功能是为社区定制的。例如，医疗保健机构必须遵循相关的政策和法规（如 HIPAA），这些政策和法规对身份验证和保密性做了特殊规定。社区云由多个需求和关切类似的组织使用，它类似于公共云，但在安全、隐私和合规性方面的要求类似于私有云。

3. 云计算的特征

云计算有 5 个重要特征，如表 9-5 所示。

表 9-5 云计算的特征

特征	描述
按需自助服务	用户无须与服务提供商的人员交互就可开通或修改计算服务
快速且弹性	需要时可快速开通服务，不需要时可快速关闭。在有些情况下，可根据用户的需求自动扩容和缩容
资源池化	使用多租户模型将服务提供商的计算资源池化，以服务多个消费者。在这种模型中，根据需求动态地给每个租户（即客户）分配和重新分配不同的物理资源和虚拟资源。可池化和共享的资源包括存储空间、处理能力、内存和网络带宽
测量和计量服务	云系统使用计量装置提供服务性能指标，这种指标可用来自动控制和优化资源。可使用计量服务来设置阈值，确保始终向客户提供满意的服务。测量和计量服务还可用来给服务提供商和客户提供报告
广泛的网络接入方式	可使用智能手机、平板电脑、便携式计算机和工作站等通过网络使用提供的服务

4. 软件定义网络

要在云端实现有效的弹性，必须能够快速开通和关停服务。通常使用软件定义网络（Software Defined Network，SDN）来实现。SDN 模型包含 3 层：最上面的应用层、中间的控制层和最下面的基础设施层。

应用层通过逻辑来确定流量的优先级以及要将它交换到哪里；基础设施层包含对流量进行路由选择和交换的物理设备和虚拟设备；控制层处于核心地位，控制着应用层和基础设施层。

脚本通过应用程序编程接口（Application Program Interface，API）对应用层和基础设施层进行控制；控制层和应用层之间的 API 被称为北向 API，SDN 控制器和基础设施层之间的 API 被称为南向API，如图 9-6 所示。

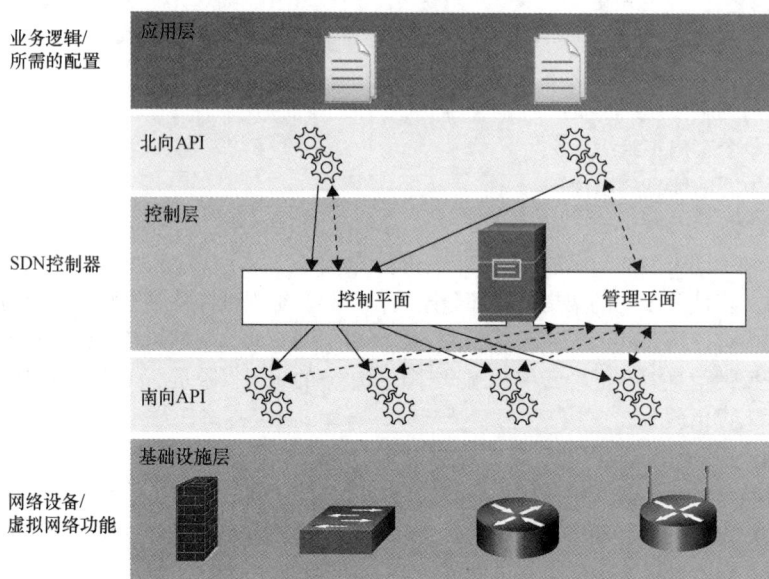

图 9-6　SDN 模型

借助于 SD-WAN（软件定义广域网）技术，可简化组织的网络架构，将其精简为单个编排层，而不再是一系列互联和集成的物理解决方案。此外，通过 SD-WAN 技术，组织能够更好地监视和维护其网络，甚至可通过自动化流程极大地减轻工作负担。SD-WAN 解决方案包括内置防火墙、人工智能安全解决方案以及诸如加密、沙箱化和 IPS 等安全功能。随着企业越来越依靠线上运营，SD-WAN 技术可帮助其降低成本提高网络架构一致性和可靠性。

9.3　总结

通过阅读本章，你了解到术语虚拟化和云计算常常被当作同义词使用，虽然它们实际上是两码事。虚拟化让单台宿主计算机能够托管多个虚拟机，这些虚拟机共享宿主计算机的硬件。云计算支持将应用程序与硬件分离，虚拟化是云计算的基石。

你了解到，传统上，使用专用服务器向用户提供应用程序和服务，这种方式效率低下，不可靠且不可伸缩。专用服务器可能长期处于空闲状态、导致单点故障、占据大量物理空间。虚拟化解决了这些问题：将众多虚拟服务器放在一台物理服务器中；充分利用了空闲资源；减少了向用户提供服务所需的服务器数量。你获悉了虚拟化相对于传统使用专用服务器的优势，如更有效地利用资源、占用的物理空间更小、成本更低、服务器正常运行的时间更长。

云计算让用户能够通过 Internet 按需使用计算机服务，当你访问在线音乐服务或在线数据存储服务时，就在使用云计算服务。你学习了云服务提供商提供的云服务类型：SaaS、PaaS 和 IaaS。SaaS通过 Internet 提供订阅式服务，如邮件服务、日历服务、通信服务和办公工具；PaaS 提供用于开发、测试和交付应用程序的操作系统、开发工具、编程语言和库；IaaS 向组织提供网络设备、虚拟化网络服务、存储空间、软件和支持的网络基础设施。

9.4 复习题

请完成以下所有的复习题，检查你对本章介绍的主题和概念的理解程度，答案见附录。

1. 哪种云服务将诸如路由器和交换机等网络硬件租借给公司使用？（　　）
   A. 软件即服务（SaaS）　　　　　　　B. 无线即服务（WaaS）
   C. 浏览器即服务（BaaS）　　　　　　D. 基础设施即服务（IaaS）

2. 下面哪项是 PC 上虚拟机的特点？（　　）
   A. 可创建的虚拟机数量取决于宿主计算机的软件资源
   B. 虚拟机不易受到威胁和恶意攻击
   C. 虚拟机需要使用物理网卡来连接到 Internet
   D. 虚拟机运行自己的操作系统

3. Windows Virtual PC 属于哪类虚拟机监控程序？（　　）
   A. 4 类　　　　　　　　　　　　　　B. 1 类
   C. 2 类　　　　　　　　　　　　　　D. 3 类

4. 下面哪个术语与云计算相关？（　　）
   A. 虚拟化　　　　　　　　　　　　　B. 无线
   C. 远程办公人员　　　　　　　　　　D. 塔式服务器

5. 云计算如何改善在线办公工具的性能和用户体验？（　　）
   A. 确保客户和服务器之间的连接是安全的
   B. 必要时提供应用程序代码
   C. 将诸如打印机等本地硬件设备连接到服务提供商
   D. 将应用程序包下载到本地

6. 要运行虚拟化平台 Windows 8 Hyper-V，至少应有多少系统内存？（　　）
   A. 512 MB　　　　　　　　　　　　B. 1 GB
   C. 8 GB　　　　　　　　　　　　　D. 4 GB

7. 有家小型广告公司正考虑将信息技术服务外包给云服务提供商，要外包的信息技术服务包括用户培训、软件许可和设备开通。请问这家公司应购买哪种云服务？（　　）
   A. PaaS　　　　　　　　　　　　　B. ITaaS
   C. SaaS　　　　　　　　　　　　　D. IaaS

8. 对于要部署虚拟化服务器的大型企业来说，相比于 2 类虚拟机监控程序，使用 1 类虚拟机监控程序有哪两个优势（双选）？（　　）
   A. 可直接访问硬件　　　　　　　　　B. 安全性更高
   C. 不需要管理控制台软件　　　　　　D. 效率更高
   E. 多了一个抽象层

9. 有一个研发小组，其成员来自公司的不同办公地点。为存储与研究相关的文档，该小组需要选择一种中央文件存储解决方案。请问下面哪两种解决方案合适（双选）？（　　）
   A. OneDrive　　　　　　　　　　　B. Exchange Online
   C. Gmail　　　　　　　　　　　　　D. Google Drive
   E. 虚拟桌面

10. 下面哪一项描述了云计算这种概念？（　　）

  A. 将管理平面与控制平面分离

  B. 将控制平面与数据平面分离

  C. 将操作系统与硬件分离

  D. 将应用程序与硬件分离

11. 一家公司的 IT 部门要寻找一种解决方案，用于在几台高性能宿主计算机中创建虚拟机，以提供多台关键任务服务器的功能。请问可考虑下面哪两种虚拟机监控程序（双选）？（　　　）

  A. Windows 10 Hyper-V   B. VMWare Workstation

  C. VMWare vSphere   D. Oracle VM Server

  E. Oracle VM VirtualBox

12. 有所学院正研究将学生邮件服务外包给云服务提供商的解决方案，请问下面哪两种解决方案可帮助完成这项任务（双选）？（　　　）

  A. Gmail   B. Dropbox

  C. Exchange Online   D. 虚拟桌面

  E. OneDrive

13. 有家公司使用基于云的工资支付系统，请问该公司使用的是哪种云服务？（　　　）

  A. BaaS   B. IaaS   C. WaaS   D. SaaS

14. 下面哪项描述了云计算的一个特征？（　　　）

  A. 通过 Internet 以订阅方式使用应用程序

  B. 要访问云服务，必须投资购买新的基础设施

  C. 设备可通过现有电缆连接到 Internet

  D. 企业可直接连接到 Internet，而无须使用 ISP

15. 下面哪项是数据中心和云计算之间的不同之处？（　　　）

  A. 云计算向客户提供共享的计算资源，而数据中心是存储和处理数据的场所

  B. 数据中心需要云计算，但云计算不需要数据中心

  C. 云计算是远程的，数据中心不是

  D. 这两个术语是同义词，没什么不同

  E. 数据中心使用更多的设备来处理数据

第10章

安装 Windows

IT 技术人员和专业人员需要了解所有操作系统都有的功能，如控制硬盘访问、管理文件与文件夹、提供用户界面、管理应用程序。为确定是否是适合客户的操作系统并相应地提出建议，技术人员需要知道如下方面的知识：预算约束；如何使用计算机；安装哪些类型的应用程序。本章将介绍操作系统 Windows 10、Windows 8 和 Windows 7，并探索这些操作系统的功能、系统需求和相关术语。本章还将详细介绍 Windows 的安装步骤以及 Windows 引导顺序。

你将学习如何为安装 Windows 准备好硬盘——将硬盘划分为分区；你将学习各种分区、逻辑盘以及其他与硬盘分区相关的术语；你还将学习 Windows 支持的各种文件系统，如文件分配表（File Allocation Table，FAT）、新技术文件系统（New Technology File System，NTFS）、光盘文件系统（Compact Disc File System，CDFS）和网络文件系统（Network File System，NFS）。

10.1 现代操作系统

操作系统给用户提供界面，并负责给硬件和应用程序分配资源。操作系统引导计算机并管理文件系统；操作系统可支持多用户、多任务和多处理。

10.1.1 操作系统的功能

要搞明白操作系统的功能，首先必须清楚一些基本术语和其常见功能。

1. 术语

操作系统有很多功能，其主要功能之一是充当用户与计算机硬件之间的接口，如图 10-1 所示。操作系统还控制如下方面。

- 软件资源。
- 内存分配和所有外围设备。
- 计算机应用软件的通用。

几乎所有计算机（从智能手表到台式计算机）都需要有操作系统才能运行。

要搞明白操作系统的功能，先得熟悉一些基本术语。描述操作系统时，经常会用到如下术语。

- **多用户**：多名用户可同时使用计算机上的程序和外围设备，其中每位用户都有自己的账户。
- **多任务**：能够同时运行多个应用程序。
- **多处理**：操作系统支持多个 CPU。

- **多线程**：将程序分成多个部分，操作系统根据需要加载各个部分。多线程支持同时运行程序的不同部分。

操作系统引导计算机，并管理文件系统。

2. 操作系统的基本功能

不管规模和复杂程度如何，所有操作系统都具有如下 4 项基本功能。

- 控制硬件访问。
- 管理文件和文件夹。
- 提供用户界面。
- 管理应用程序。

（1）控制硬件访问。

操作系统负责管理应用程序和硬件之间的交互，如图 10-2 所示。为访问硬件并与之通信，操作系统使用设备驱动程序。发现新安装的硬件时，操作系统将为之查找并安装设备驱动程序；系统资源分配和驱动程序安装是通过即插即用（Plug and Play，PnP）过程完成的。然后，操作系统配置硬件并更新注册表；注册表是数据库，包含有关计算机的所有信息。

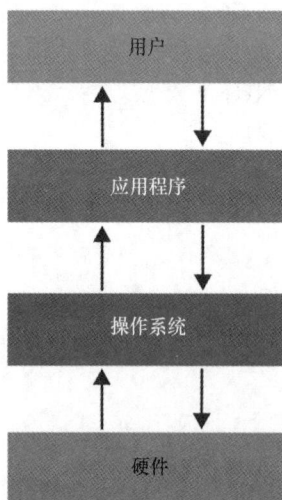

图 10-1　操作系统示意图

图 10-2　控制硬件访问

如果操作系统未能找到设备驱动程序，技术人员就得手动进行安装，为此可使用硬件附带的介质，也可从制造商网站下载。

（2）管理文件和文件夹。

操作系统会在硬盘驱动器上创建一个文件结构来存储数据，如图 10-3 所示。文件包含相关的数据，被视为一个整体，并指定了名称。使用目录将程序和数据文件分组；通过以组织有序的方式存储文件和目录，可方便检索和使用。目录可包含其他目录，这些嵌套目录被称为子目录；在 Windows 中，目录被称为文件夹，而子目录被称为子文件夹。

（3）提供用户界面。

操作系统让用户能够同软件和硬件交互。操作系统包含两类用户界面。

- **命令行界面（Command Line Interface，CLI）**：用户在提示符处输入命令。
- **GUI**：用户同菜单和图标交互，如图 10-4 所示。

（4）管理应用程序。

操作系统找到应用程序，并将其载入计算机内存。应用程序指的是软件程序，如字处理器、数据库、电子表格和游戏等。操作系统给正在运行的应用程序分配可用的系统资源。

图 10-3 管理文件和文件夹

图 10-4 用户界面

为确保新开发的应用程序与操作系统兼容，程序员遵循指南——API。API 让程序能够以一致且可靠的方式访问操作系统管理的资源，下面列出了一些 API（见图 10-5）。

图 10-5 管理应用程序

- **开源图形库（OpenGL）**：一种跨平台的多媒体图形标准规范。
- **DirectX**：一系列用于在 Windows 中执行多媒体任务的 API。
- **Windows API**：向应用程序开发人员提供用户界面控件、文件管理和图形元素等，如窗口、滚动条和对话框。
- **Java API**：一系列用于开发程序的 API。

3. Windows 操作系统

Windows 10 是从之前的 Windows 版本升级而来的，被设计用于个人计算机、平板电脑、嵌入设备和物联网设备。

这个版本集成了虚拟助理 Cortana、Windows 7 式"开始"菜单和 Windows 8 动态磁贴（桌面模式），还提供了新的 Web 浏览器 Microsoft Edge。Windows 10 有 12 个不同的版本，它们具有的功能和支持的应用场景各不相同，可满足用户不同的需求。

与 Windows 10 一样，Windows 11 也是从前一个版本升级而来的。大多数改进都是"小打小闹"，例如，App Center 中的任务栏图标更小；还有一些视觉方面的改进，如黑暗模式（Dark Mode）、透明效果和动画效果；小组件（Widget）得到了扩展，更加个性化；重新设计了"Settings"（设置）

应用程序，将菜单放在左边，让导览更容易。用于 Windows 平板电脑的 Windows 11 在便利性方面有些细微的提升，如任务栏图标之间的间隔更合适、可自定义三指轻扫表示的操作。相比于以前的版本，Windows 11 的能耗更低，但性能更好。所有的 Windows 11 都只有 64 位的，无法在较旧的 32 位计算机上安装。

10.1.2　客户对操作系统的要求

选择硬件和软件解决方案时，必须满足客户的需求和偏好，为此需要收集有关如何使用计算机的信息。

1. 与系统的软件和硬件兼容

要给客户推荐操作系统，必须知道客户将如何使用计算机。操作系统必须与既有硬件和要使用的应用程序兼容。技术人员必须研究预算约束，获悉客户将如何使用计算机，确定将安装哪些应用程序，判断客户是否有购买新计算机的可能。下面是一些指南，可帮助确定哪种操作系统对客户来说是最合适的。

- 客户是否要使用现成的应用程序？现成的应用程序在包装上列出了与之兼容的操作系统，如图 10-6 所示。

图 10-6　选择合适的操作系统

- 客户是否要使用定制应用程序。如果客户要使用定制的应用程序，开发人员会指出与之兼容的操作系统。

2. 操作系统的最低硬件需求和兼容性

必须满足操作系统的最低硬件需求，它才能正确地安装并运行。

确定客户当前拥有的硬件，如果这些硬件必须升级才能满足操作系统的最低需求，请做成本分析，确定最佳的解决方案。有时，相比于升级当前系统，购买新系统的费用可能更低；有时升级如下一个或多个硬件可能更划算。

- 内存。
- 硬盘驱动器。
- CPU。
- 显卡。
- 主板。

> **注　意**　如果应用程序对硬件的需求高于操作系统的硬件需求，就必须满足应用程序的需求，这样它才能正确地运行。

表 10-1 列出了 Microsoft 网站上各种 Windows 版本的最低硬件需求。

表 10-1　　　　　　　　　　　　Windows 的最低硬件需求

硬件	Windows 10	Windows 8.1	Windows 7
处理器	至少 1 GHz	至少 1 GHz	至少 1 GHz
内存	32 位版本为 1 GB，64 位版本为 2GB	32 位版本为 1 GB，64 位版本为 2GB	32 位版本为 1 GB，64 位版本为 2GB
硬盘驱动器	32 位版本为 16 GB，64 位版本为 20GB	32 位版本为 16 GB，64 位版本为 20GB	32 位版本为 16 GB，64 位版本为 20GB
显卡	支持 DirectX 9 或更高版本以及 WDDM 1.0	支持 DirectX 9 或更高版本以及 WDDM 1.0	支持 DirectX 9 或更高版本以及 WDDM 1.0
显示器	800 像素×600 像素	1024 像素×768 像素	未指定
互联网连接	必须有 Internet 连接才能更新或执行某些功能	必须有 Internet 连接才能更新或执行某些功能	必须有 Internet 连接才能更新或执行某些功能

3. 32 位处理器架构与 64 位处理器架构

CPU 的处理器架构会影响计算机的性能。这里说的 32 位和 64 位指的是 CPU 能够管理的数据量；32 位寄存器可存储 2^{32} 个二进制值，因此 32 位处理器的寻址能力为 4294967296 B；64 位寄存器可存储 2^{64} 个二进制值，因此 64 位处理器的寻址能力为 18446744073709551616 B。

表 10-2 说明了 32 位处理器架构和 64 位处理器架构的主要不同之处。

表 10-2　　　　　　　　　　　　32 位和 64 位处理器架构

架构	描述
32 位（x86-32）	使用 32 位地址空间处理多个指令。 支持最多 4GB 内存。 只支持 32 位操作系统。 只支持 32 位应用程序
64 位（x86-64）	添加了额外的寄存器，专门用于存储使用 64 位地址空间的指令。 向后与 32 位处理器兼容。 支持 32 位和 64 位的操作系统。 支持 32 位和 64 位的应用程序

4. 选择合适的 Windows

个人和组织主要使用 4 个版本的 Windows：专业版、企业版、教育版和家庭版。

请看下面的场景，并为每个场景选择最合适的 Windows。

（1）场景。

场景 1：Robert 是一位校长，其学校需要这样的操作系统，即专为学术用途而设计，并按学术教育许可分发的操作系统。

场景 2：Bob 要为其所在的小型企业选择一种 Windows 操作系统。这家企业没有 IT 工作人员，因此要求操作系统内置安全、效率提升或管理功能，同时提供良好的用户体验，支持平板电脑模式和触摸屏。

场景 3：Jane 要为其个人计算机选择一种 Windows 操作系统，她将使用该计算机来完成学校布置的作业、访问邮件和 Internet 以及玩 Xbox 游戏。由于她的妹妹也要使用这台计算机，因此要求操作系统内置了家庭安全和家长控制功能，且价格不能超过预算。

场景 4：Sue 是一家大型企业的 IT 总监，需要为一个新建的地区性办事处选择 Windows 10 操作系统。该操作系统必须有可自定义的功能和应用程序，还让 IT 工作人员能够在任何地方远程部署、管理和更新设备。另外，必须有具备集中检测和防范管理功能的 Windows Defender Advanced Threat Protection（ATP）。

（2）答案。

场景 1：Windows 10 教育版。

Windows 10 教育版基于 Windows 10 企业版，旨在满足职工、管理人员、教师和学生的需求。这个版本可通过学术教育的许可获得；同时，允许使用 Windows 10 家庭版和 Windows 10 专业版的学校和学生升级到 Windows 10 教育版。

场景 2：Windows 10 专业版。

Windows 10 专业版是用于 PC、平板电脑和二合一设备的桌面版，适合需要内置安全、效率提升和管理功能的小型企业使用。它包含 Windows 10 家庭版的新颖功能，同时具有众多其他的功能，旨在满足小型企业的各种需求。

场景 3：Windows 10 家庭版。

Windows 10 家庭版是针对消费者的桌面版本，提供 PC、平板电脑和二合一设备用户熟悉的使用体验，包含 Xbox One、Cortana 和 Windows Hello 等消费者功能，适合个人和家庭。

场景 4：Windows 10 企业版。

Windows 10 企业版适用于安全和管理需求较高的大中型企业，在 Windows 10 专业版的基础上添加了高级功能，以满足大中型企业的需求。它还提供了相关的高级功能，旨在帮助防范越来越多的针对设备、身份、应用程序和公司敏感信息的新型安全威胁。

10.1.3 操作系统升级

决定是否升级操作系统时，需要考虑的一些因素包括费用、兼容性、支持情况、安全性和性能。升级操作系统前，做好充分的准备至关重要，包括备份数据和系统信息。本章讨论可帮助完成操作系统升级的方法。

1. 检查操作系统的兼容情况

为确保操作系统与最新的硬件和软件兼容，必须定期地升级；对于制造商不再支持的操作系统，也必须升级。通过升级操作系统，可改善性能；为确保新的硬件产品能够正确运行，通常必须安装最新的操作系统版本。虽然升级操作系统的费用不低，但升级后，操作系统能提供新功能，支持较新的硬件。

注 意 随着操作系统新版本不断推出，厂商对旧版本的支持终将停止。升级操作系统之前，务必核实新版本的最低硬件需求，确保能够在现有计算机上安装它。

2. Windows 操作系统升级

相比于安装操作系统，升级操作系统所需的时间更短；具体的升级过程随要升级到的 Windows 版本而异。

可从哪些版本升级，取决于要升级到的操作系统版本。例如，32 位操作系统不能升级到 64 位操作系统；另外，Windows 7 和 Windows 8 可升级到 Windows 10，但 Windows Vista 和 Windows XP 不行。

注 意 升级前务必备份所有的数据，以防升级时出现问题。另外，必须激活要升级到的 Windows 版本。

要从 Windows 7 或 Windows 8 升级到 Windows 10，可使用 Windows 10 Update Assistant（更新助手）。Windows 10 Update Assistant 可从网站下载 Windows 10（见图 10-7），用户可直接在要升级的计算机上运行它，它将引导用户完成 Windows 10 安装过程中的所有步骤。为帮助计算机做好升级准备，Windows 10 Update Assistant 首先检查兼容性问题，并下载所有必要的文件。

Windows XP 或 Windows Vista 不能升级到 Windows 10，需要"干净模式"安装。要创建 Windows 10 安装介质，可使用工具"Create Windows 10"，创建执行全新安装过程的介质（USB 闪存、DVD 或 ISO 文件）。

3. 数据迁移

如果只能采用全新安装方式，就必须将用户数据从旧操作系统迁移到新操作系统。有多款工具可用来迁移数据和设置，具体选择哪款迁移工具取决于你的经验和需求。

（1）User State Migration Tool。

User State Migration Tool（USMT）是 Microsoft 开发的一款命令行工具（见图 10-8），让熟悉脚本语言的用户能够在 Windows PC 之间迁移数据和设置。USMT 是 Windows Assessment and Deployment Kit（Windows 评估和部署工具包，可从 Microsoft 网站下载）包含的众多核心评估和部署工具之一；需要部署大量 Windows 操作系统时，可使用 USMT 10.0 来简化用户状态迁移的工作。USMT 收集用户账户、用户文件、操作系统设置和应用程序设置，并将它们迁移到新的 Windows 系统中。无论是更换 PC 还是升级 PC，都可使用 USMT 来迁移用户数据。

图 10-7　下载 Windows 10

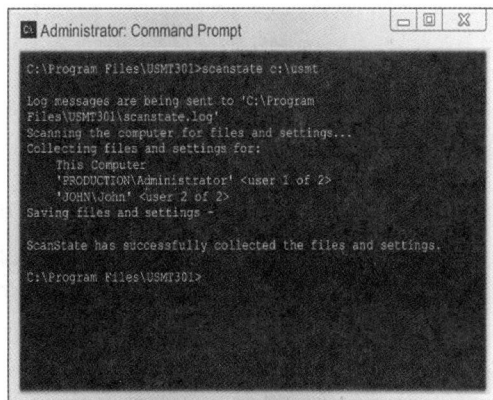

图 10-8　User State Migration Tool

注 意　USMT 10.0 支持将用户数据从 Windows 7 迁移到 Windows 10。

（2）Windows Easy Transfer。

更换计算机时，可使用 Windows Easy Transfer 将个人文件和设置从旧计算机迁移到新计算机，如图 10-9 所示。为迁移文件，可使用 USB 电缆、CD/DVD、闪存、外置硬盘驱动器或网络连接。

使用 Use Windows Easy Transfer 可将信息从运行下述操作系统的计算机，迁移到运行 Windows 8.1 的计算机。

- Windows 8。
- Windows 7。
- Windows Vista。

Windows 10 中没有 Windows Easy Transfer，取而代之的是 PCmover Express。

（3）PCmover Express。

Microsoft 与 Laplink 合作推出了 PCmover Express，如图 10-10 所示。这款工具用于将选定的文件、文件夹、配置文件和应用程序从旧 Windows PC 迁移到 Windows 10 PC。在新 PC 上，用户无须重新购买并手动安装程序，而可使用 PCmover Express 将选定应用程序迁移到新 PC。迁移应用程序后就可直接使用，而无须重新安装。

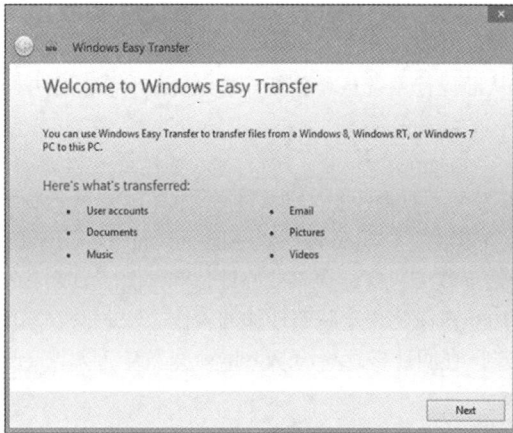

图 10-9　Windows Easy Transfer

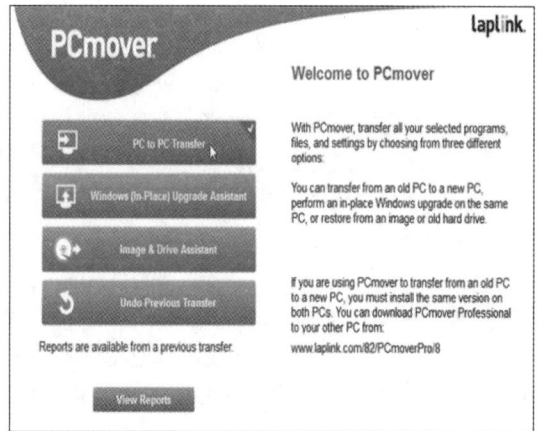

图 10-10　PCmover Express

10.2　磁盘管理

磁盘管理指的是配置和管理存储磁盘，包括创建、删除和格式化分区，还可能包括修改卷标、重新指定盘符、检查磁盘错误、备份驱动器等任务。

本节介绍与磁盘管理相关的术语、各种存储设备、文件系统以及为安装操作系统准备好磁盘的方法。

1. 存储设备类型

技术人员可能必须以全新方式安装操作系统。在下述情况下，需要以全新方式安装操作系统。

■　将计算机从一位员工转给另一位员工。

■　操作系统损坏。

■　更换了计算机的主硬盘驱动器。

操作系统的安装和初始引导过程被称为操作系统设置。虽然可通过远程服务器或本地硬盘驱动器安装操作系统，但在家庭和小型企业中，常见的安装方式是使用外置介质（如 DVD 或 USB 驱动器）进行安装。

注　意　执行干净模式的安装时，如果有操作系统不支持的硬件，可能需要安装第三方驱动程序。

安装操作系统前，必须选择并准备好存储设备。有多种类型的存储设备可用于安装新操作系统，

如图 10-11 所示。当前常用的两种数据存储设备是硬盘驱动器和闪存驱动器（如固态驱动器和 USB 驱动器）。

硬盘驱动器

闪存驱动器

固态驱动器

图 10-11　存储设备类型

选择好存储设备后，必须做准备工作，以便能够在存储设备上安装操作系统。现代操作系统都有安装程序；安装程序通常会为要安装的操作系统准备好磁盘，但技术人员必须明白这个准备过程涉及的术语和方法。

2. 硬盘驱动器分区

硬盘驱动器被划分为多个区域，这些区域称为分区。每个分区都是一个逻辑存储单元，格式化后即可用来存储数据，如数据文件或应用程序。如果将硬盘驱动器视为木柜，那么分区就是其中的小隔间。在安装过程中，大多数操作系统都会自动将可用硬盘驱动器空间分区并格式化。

硬盘驱动器分区过程很简单，但要成功完成引导，固件必须知道操作系统安装在哪个硬盘驱动器的哪个分区。分区方案对操作系统在硬盘驱动器中的位置有直接影响，找到并启动操作系统是计算机固件的职责之一，因此分区方案对固件来说很重要。两种常用的分区方案标准是 MBR 和全局唯一标识符（GUID）分区表（GPT）。

（1）主引导记录。

MBR 发布于 1983 年，包含有关硬盘驱动器分区是如何组织的信息。MBR 的长度为 512 B，包含引导加载程序——可执行的程序，让用户从多个操作系统中选择一个。MBR 已成为事实标准，但存在一些必须解决的局限性问题。MBR 常用于采用 BIOS 固件的计算机中。

（2）GUID 分区表。

GPT 也是一种硬盘驱动器分区方案标准，它使用大量现代技术扩展了老式的 MBR 分区方案，常用于采用 UEFI 固件的计算机中。大多数现代操作系统都支持 GPT。

表 10-3 比较了 MBR 和 GPT。

表 10-3 　　　　　　　　　　　　　　　　比较 MBR 和 GPT

MBR	GPT
最多支持 4 个主分区	最多支持 128 主个分区
分区最大为 2TB	分区最大为 9.4 ZB（9.4×10^{21} B）
没有分区表备份	存储分区表备份
分区信息和引导数据存储在一个地方	分区信息和引导数据存储在磁盘的多个地方
任何计算机都可从 MBR 引导	计算机必须是基于 UEFI 的，且运行的是 64 位操作系统

3. 分区和逻辑驱动器

硬盘驱动器可以划分为不同类型的分区和逻辑驱动器，技术人员必须熟悉与硬盘驱动器分区相关的过程和术语。

（1）主分区。

主分区包含操作系统，通常是第一个分区；主分区不能进一步划分为更小的分区。在 GPT 分区磁盘上，所有分区都是主分区；在使用 MBR 分区方案的磁盘中，最多可以有 4 个主分区，且只有一个是活动分区。

（2）活动分区。

在使用 MBR 分区方案的磁盘中，活动分区是用于存储和引导操作系统的分区。请注意，在使用 MBR 分区方案的磁盘中，只能将主分区标记为活动分区；另一个限制是不能同时将多个主分区标记为活动分区。在大多数情况下，C 盘为活动分区，包含引导文件和系统文件。为方便组织文件或实现双引导，有些用户会创建额外的分区。只有使用 MBR 分区方案的磁盘中有活动分区。

（3）扩展分区。

在使用 MBR 分区方案的磁盘中，如果要创建 4 个以上的分区，可将其中一个主分区指定为扩展分区。创建扩展分区后，可在扩展分区中最多创建 23 个逻辑驱动器（或逻辑分区）。一种常见的做法是，创建一个用于存储操作系统的主分区（C 盘），并将余下的磁盘空间作为一个扩展分区，再在该扩展分区中创建额外的分区（D 盘、E 盘等）。逻辑驱动器不能用于引导操作系统，但非常适用于存储用户数据。请注意，使用 MBR 的磁盘最多只能有一个扩展分区，且只有使用 MBR 分区方案的磁盘才有扩展分区。

（4）逻辑驱动器。

逻辑驱动器是扩展分区的一部分，可用于将不同的信息分开存储，以方便管理。使用 GPT 分区方案的磁盘没有扩展分区，因此也没有逻辑驱动器。

（5）基本磁盘。

基本磁盘（默认都是基本磁盘）包含主分区和扩展分区，还有逻辑驱动器；要它们存储数据，必须先格式化。可增大分区包含的空间，方法是将相邻的来分配空间纳入其中，条件是这些空间是连续的。基本磁盘可使用 MBR 分区方案，也可使用 GPT 分区方案。

（6）动态磁盘。

动态磁盘提供了基本磁盘不支持的功能。在动态磁盘中能够创建横跨多个磁盘的卷；可在设置后修改分区的大小，且不要求纳入的空间是连续的，纳入的可用空间可以来自当前磁盘，也可来自其他磁盘，这让用户能够高效地存储大型文件。扩大分区包含的空间后，要缩小分区，必须先将整个分区删除。动态磁盘可使用 MBR 分区方案，也可使用 GPT 分区方案。

（7）格式化。

格式化在分区上创建文件系统，用于存储文件。

4. 文件系统

以全新方式安装操作系统时，会将磁盘视为全新的，且不会保留目标分区中的数据。安装过程的第一个阶段是对磁盘进行分区和格式化，在这个阶段准备好磁盘，以便能够创建新的文件系统。文件系统提供了目录结构，用于组织操作系统、应用程序、配置和数据文件。文件系统有很多种，每种都有独特的结构和逻辑；不同的文件系统在速度、灵活性、安全、规模等方面存在差异。下面介绍 5 种常见的文件系统。

- **32 位文件分配表（FAT32）**：支持的最大分区规模为 2 TB（2048GB）。Windows XP 和较早的操作系统版本都使用 FAT32 文件系统。
- **NTFS**：从理论上说，NTFS 支持的最大分区规模为 16 EB，并引入了文件系统安全功能和扩展属性。默认情况下，Windows 7、Windows 8.1 和 Windows 10 将整个硬盘驱动器作为一个分区，如果用户不使用 "New" 选项创建自定义分区，接下来将格式化这个分区并开始安装 Windows。用户创建分区时，可指定其大小。
- **exFAT（FAT64）**：旨在解决 FAT、FAT32 和 NTFS 在格式化 USB 闪存驱动器时存在的局限性问题，如文件大小和目录大小。exFAT 的一个主要优点是支持大于 4GB 的文件。
- **CDFS**：专用于光盘介质。
- **NFS**：一种基于网络的文件系统，支持通过网络访问文件。在用户看来，访问本地存储的文件与访问网络中另一台计算机存储的文件没什么不同。NFS 是一个开放标准，这意味着任何人都可使用它。

（1）快速格式化和完全格式化。

快速格式化会删除分区中的文件，但不会扫描磁盘中的坏扇区。扫描磁盘中的坏扇区可避免以后丢失数据，因此对于格式化过的磁盘，不应快速格式化。虽然安装操作系统后，可快速格式化分区或磁盘，但在安装 Windows 8.1 和 Windows 7 时，并没有快速格式化选项。

完全格式化会删除分区中的文件，并扫描磁盘中的坏扇区；对于全新的硬盘驱动器，必须完全格式化。相比于快速格式化，完全格式化需要的时间更长。

（2）在安装 Windows 10 期间创建多个分区。

图 10-12 显示了两个分区，这是在安装操作系统前通过选择 "Drive 0 Unallocated Space" 并单击 "New" 选项创建的。安装程序还允许用户指定新分区的大小。

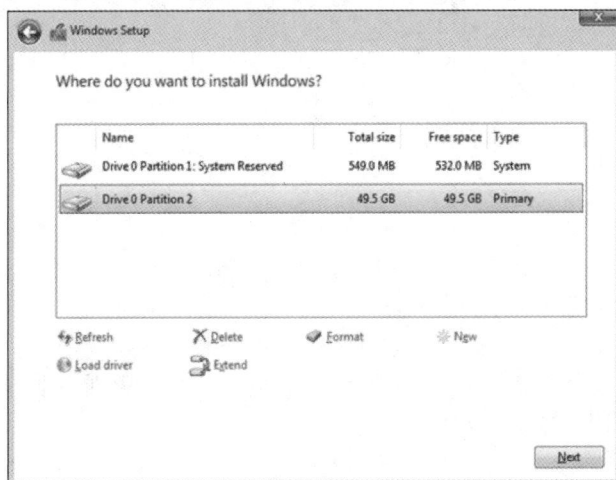

图 10-12　创建多个分区

10.3　安装 Windows

就安装过程而言，不同版本的 Windows 是类似的。要在设备上运行操作系统，必须安装并配置它；安装完成后，计算机将能够引导（启动）新安装的操作系统。在引导过程中，计算机会查找操作系统文件的位置，而计算机在设备上查找引导信息的顺序被称为引导顺序。

10.3.1　基本的 Windows 安装过程

Windows 10、Windows 8 和 Windows 7 的安装过程相似。整个安装过程包括安装操作系统，以及进行必要的系统配置，让操作系统能够与所有的硬件和软件组件协同工作，并让用户能够登录。

1. 创建账户

用户试图登录设备或访问系统资源时，Windows 通过身份验证过程核实用户的身份，在这个过程中，用户需要输入与特定账户相关联的用户名和密码。Windows 使用单点登录（Single Sign-on，SSO）身份验证的方式，让用户只需登录一次就可访问所有系统资源，而不是在用户每次试图访问系统资源时都要求登录。

使用用户账户可让多位用户能够共享计算机，同时每位用户都有自己的文件和设置。Windows 10 支持两种账户：管理员（Administrator）和标准用户（Standard User），如图 10-13 所示。在 Windows 10 以前的版本中，还有来宾（Guest）账户，但 Windows 10 删除了这种账户。

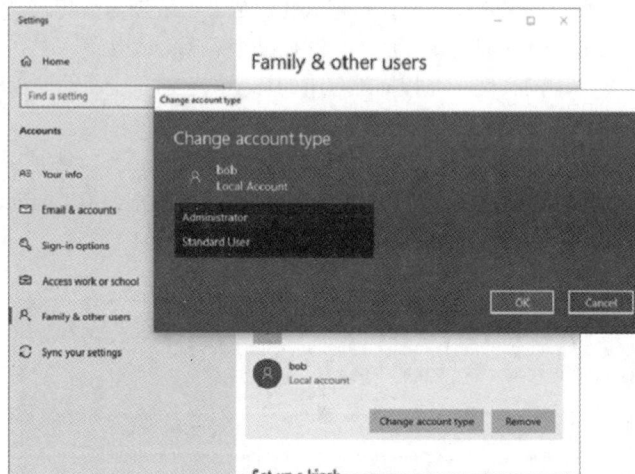

图 10-13　创建账户

管理员对计算机有全面控制权，这种用户默认拥有全部管理权限，可修改全局设置、安装程序和运行应用程序，因此这种用户可绕过用户账户控制（User Account Control，UAC）。用户账户控制是一种安全机制，要求用户提升权限以执行特定的任务。

标准用户对计算机的控制权有限，这种用户可运行应用程序，但不能安装程序，可修改系统设置，但仅限于不会影响其他用户的系统设置。

2. 完成安装

要在安装操作系统后更新它，可使用 Microsoft Windows Update，它可扫描新软件并安装服务包和补丁。

安装操作系统后，务必核实所有硬件都运行正常。在 Windows 系统中，可使用 Device Manager 来找出设备存在的问题，并安装正确或最新的驱动程序。

图 10-14 展示了 Windows 10 工具 Windows Update 和 Device Manager。

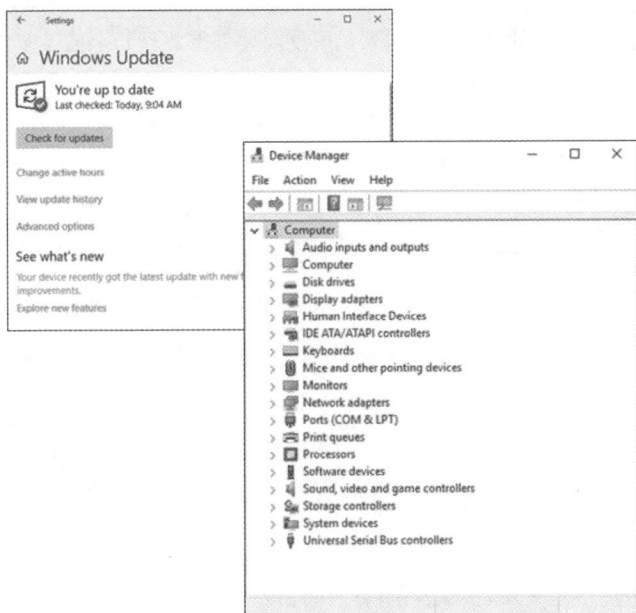

图 10-14　Windows Update 和 Device Manager

10.3.2　自定义安装选项

需要在多台计算机中安装操作系统时，采用自定义安装方法可节省时间和费用；需要恢复不能正常工作的系统时，使用系统映像可获得极大的帮助。一种自定义安装选项是磁盘克隆，它指的是将整个硬盘驱动器的内容复制到另一个硬盘驱动器，从而缩短在另一个硬盘驱动器上安装驱动程序、应用程序、更新等所需的时间。

1. 磁盘克隆

在每台计算机上安装操作系统需要时间，如果分别在多台计算机上进行安装，将需要很多时间。为简化这种任务，管理员通常将以一台计算机为基础，并在该计算机上执行常规的操作系统安装过程。在基础计算机上安装操作系统后，使用专用程序将磁盘上所有的数据（逐个扇区）复制到另一种磁盘。这个新磁盘（通常是外置设备）包含安装好的操作系统，可用于快速部署基础操作系统以及安装所有的应用程序和数据，从而避免漫长的安装过程和用户参与。目标磁盘的内容与原始磁盘是逐扇区对应的，因此目标磁盘包含原始磁盘的映像。

如果在基础安装过程中不小心指定了不合适的设置，管理员可在创建最终映像前，使用 Microsoft System Preparation（系统准备，Sysprep）工具将其删除。Sysprep 准备好包含各种硬件配置的操作系统，可用于在多台计算机上安装和配置相同的操作系统。借助于 Sysprep，技术人员可快速安装操作系统、完成最后的配置步骤以及安装应用程序。

要在 Windows 中运行 Sysprep，可打开 Windows 资源管理器，并切换到文件夹 C:\Windows\System32\sysprep，也可在"Run"文本框中输入"sysprep"并单击"OK"按钮。

图 10-15 展示了 Windows 工具 Sysprep。

2. 其他安装方法

对家庭或小型办公室环境中的计算机来说，标准 Windows 安装方法足够了，但在有些情况下，必须采用自定义安装方法。

就拿 IT 支持部门来说，这种部门的技术人员可能需要部署数百乃至数千个 Windows 系统，使用标准安装方法根本不可能完成这样的任务。

标准安装方法是使用 Microsoft 提供的安装介质（DVD 或 USB 驱动器）来实现的，如图 10-16 所示。这是一个交互式过程，安装程序会提示用户完成诸如时区和系统语言等设置。

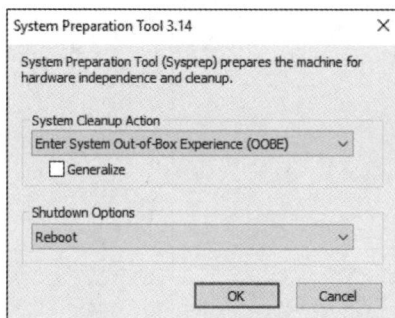

图 10-15　磁盘克隆

图 10-16　标准安装方法

在大型企业中，采用自定义安装方法可节省时间，还可确保所有计算机的配置都相同。为在众多计算机上安装 Windows，一种常见的做法是，在一台计算机上执行安装过程，并将其作为参考。安装完成后，创建一个映像——包含分区中所有数据的文件。

创建好映像后，技术人员将该映像复制并部署到组织的所有计算机，这极大地缩短了安装时间。如果需要调整新的安装，可在部署映像后快速完成。

Windows 支持多种自定义安装方法。

- **网络安装**：包括预启动执行环境（Preboot Execution Environment，PXE）安装、无人值守安装和远程安装。
- **基于映像的内部分区安装**：在内部分区（通常是隐藏的）中存储一个 Windows 映像，可用于将 Windows 恢复到出厂状态。
- **其他自定义安装**：包括 Windows 高级启动选项（Advanced Startup Options）、刷新 PC（仅限 Windows 8.x）、系统恢复（System Restore）、升级、修复安装、远程网络安装、恢复分区以及刷新/恢复。

3. 远程网络安装

在有大量计算机的环境中，一种流行的操作系统安装方法是远程网络安装。在这种方法中，将操作系统安装文件存储在服务器上，客户端可远程访问这些文件来开始安装过程。使用诸如 Remote Installation Services（RIS）等软件来与客户端通信和存储设置文件，向客户端提供必要的指令，让它们访问设置并下载设置文件，进而开始操作系统安装过程。

由于客户端没有安装操作系统，因此必须使用特殊的环境来引导计算机、连接到网络并与服务器通信，以便开始安装过程。这种特殊环境被称为 PXE；要使用 PXE，网卡必须支持 PXE，这种功能可能来自 BIOS，也可能来自网卡上的固件。计算机启动后，网卡侦听网络上要求开始 PXE 的特殊指令。

如图 10-17 所示，客户端正通过 TFTP 从 PXE 服务器加载设置文件。

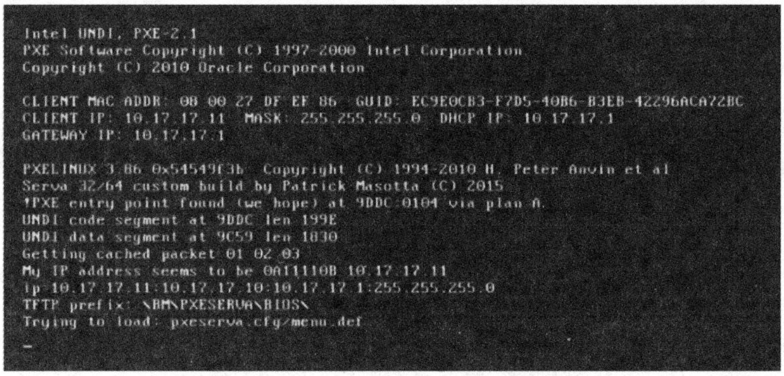

图 10-17 Windows PXE 安装方法

注 意 如果网卡不支持 PXE，需要使用第三方软件从存储介质中加载 PXE。

---

4. 无人值守安装

无人值守安装是另一种基于网络的安装，几乎不需要用户参与就可安装或更新 Windows 系统。无人值守安装是基于应答文件的，这种文件包含指示 Windows 安装程序如何配置和安装操作系统的简单文本。

要执行无人值守安装，必须在执行 setup.exe 时指定包含用户选项的应答文件。无人值守安装过程与正常安装过程一样，但不会提示用户输入设置，而使用应答文件中的应答。

要自定义 Windows 10 标准安装过程，可使用系统映像管理器（System Image Manager，SIM）来创建安装程序应答文件，如图 10-18 所示。你还可在应答文件中添加软件包，如应用程序包或驱动程序包。

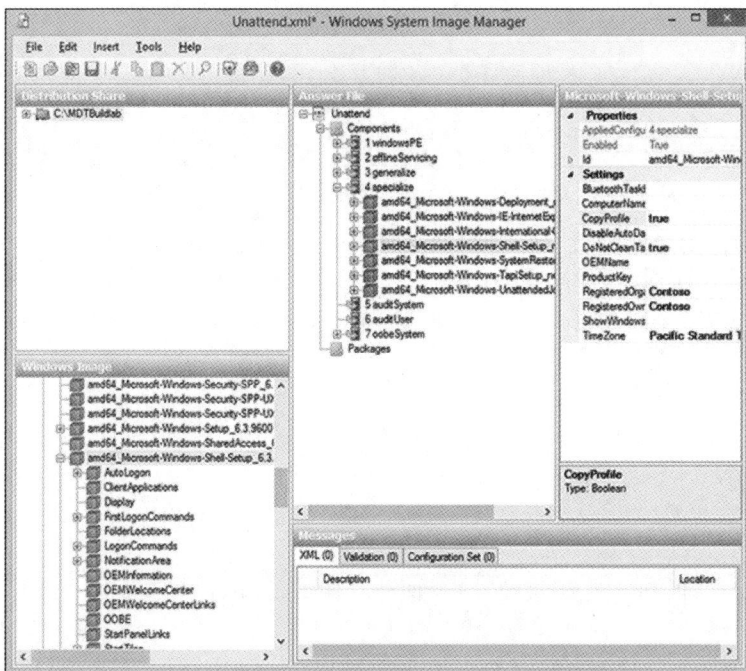

图 10-18 Windows 系统映像管理器

应答文件被复制到服务器上的分发共享文件夹后，你可采取下面两种措施之一。

- 在客户端上运行文件 unattended.bat，以准备好硬盘驱动器，并通过网络从服务器安装操作系统。
- 创建一个引导盘，它引导计算机并连接到服务器上的分发共享文件夹。然后运行一个批处理文件，其中包含一组通过网络安装操作系统的指令。

注　意　Windows 自动安装工具包（Automated Installation Kit，AIK）包含 Windows SIM，可从 Microsoft 网站下载。

---

5. 恢复分区

在有些安装了 Windows 的计算机中，包含一个用户不能访问的磁盘分区。这个分区被称为恢复分区（见图 10-19），包含可用于将计算机还原到原始配置的映像。

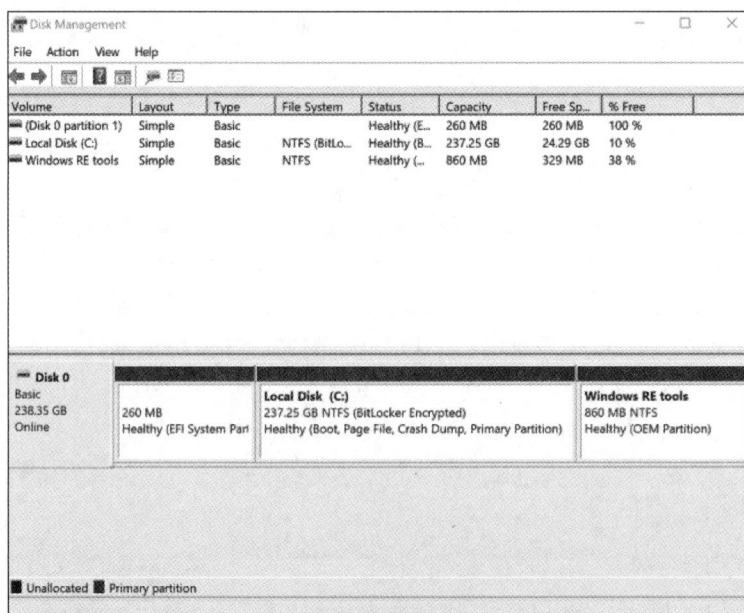

图 10-19　Disk Management（磁盘管理）窗口中的恢复分区

恢复分区通常是隐藏的，以防用户将其用来做恢复之前的其他事情。要使用恢复分区还原计算机，通常必须在计算机启动时按下特定键或组合键。在有些情况下，使用恢复分区来恢复计算机的选项位于 BIOS 中，或位于制造商提供的程序中。要获悉如何访问恢复分区以及如何恢复到原始配置，请咨询计算机制造商。

注　意　如果操作系统因硬盘驱动器故障而损坏，恢复分区也可能损坏，因此无法恢复操作系统。

---

6. 升级方法

对运行 Windows 的 PC 进行升级的方法有两种，下面进行介绍。

（1）就地升级。

要将运行 Windows 7 或 Windows 8 的 PC 升级到 Windows 10，简单的方法是进行就地升级。可通过这种方法更新操作系统，并将应用程序和设置迁移到新的操作系统。要自动完成这个过程，可使用系统中心配置管理器（System Center Configuration Manager）任务序列，图 10-20 显示了 64 位

Windows 10 企业版的系统中心配置管理器任务序列。

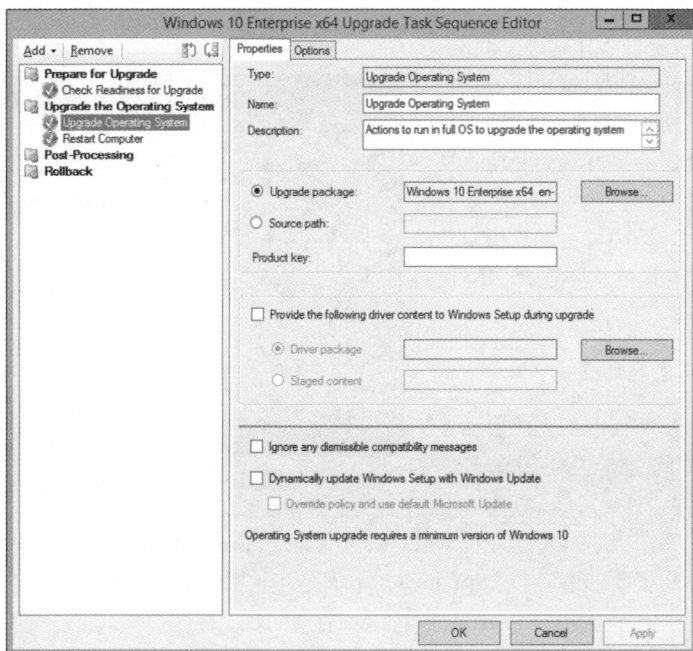

图 10-20 64 位 Windows 10 企业版的系统中心配置管理器任务序列

将 Windows 7 或 Windows 8 升级到 Windows 10 时，Windows 安装程序（Setup.exe）将执行就地升级：自动保留当前系统中的所有数据、设置、应用程序和驱动程序。这可减少工作量，因为不需要复杂地部署基础设施。

> **注 意** 升级前务必备份所有用户数据。

（2）全新安装。

另一种升级到更新 Windows 版本的方法是全新安装。鉴于全新安装会删除驱动器中的所有内容，因此必须将所有数据保存到某种备份驱动器中。

要以全新安装方法安装 Windows，需要创建安装介质，可以是能够引导 PC 并执行安装过程的磁盘或闪存驱动器。Windows 7、Windows 8 和 Windows 10 可直接从网站下载：Windows 下载网站包含有关如何创建安装介质的说明。

> **注 意** 安装 Windows 后，要激活它，需要使用有效的产品密钥。

10.3.3 Windows 引导顺序

引导顺序指定了计算机应按什么样的顺序在哪些设备中查找操作系统引导文件。明白 Windows 引导过程有助于技术人员排除引导故障。

1. Windows 引导顺序

POST 过程结束后，BIOS 找到并读取存储在 CMOS 中的配置。引导设备的优先级指的是按什么顺序检查设备，以找到可引导分区。引导设备优先级是在 BIOS 中设置的，可根据需要进行指定。BIOS 使用第一个包含有效引导扇区的设备引导计算机；引导扇区包含 MBR，而 MBR 确定卷引导记录（Volume Boot Record，VBR）并加载引导管理器（在 Windows 中为 bootmgr.exe）。

可在引导顺序中指定硬盘驱动器、网络驱动器、USB 驱动器甚至可移动介质，具体情况取决于主板的功能。有些 BIOS 还有引导设备优先级菜单，用户可在计算机启动时按特殊键来打开该菜单，并选择引导设备，如图 10-21 所示。

2. Windows 7 的启动模式

有些问题会导致 Windows 无法启动。要诊断并修复这些问题，可使用众多的 Windows 启动模式之一。

图 10-21　选择引导设备的优先级

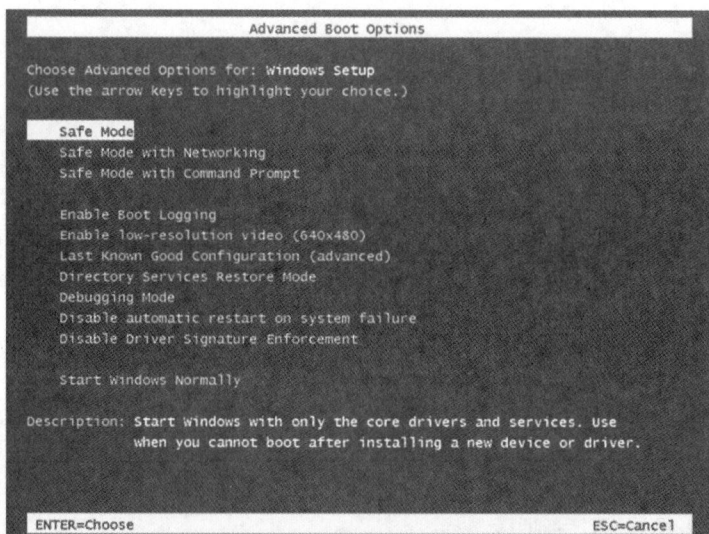

在引导过程中，用户可按 F8 键打开 Windows Advanced Boot Options（Windows 高级启动选项）菜单（见图 10-22），并选择要如何启动 Windows。下面是 4 种常用的启动模式。

- **安全模式**：用于排除 Windows 和 Windows 启动问题。在这种模式下，可用的功能有限，因为很多设备驱动程序都未加载。
- **网络安全模式**：在安全模式下启动 Windows，但提供联网支持。
- **带命令提示符的安全模式**：启动 Windows，但加载命令提示符，而不是 GUI。
- **最后一次的正确配置**：加载最后一次成功启动 Windows 时使用的配置，这是通过访问为此创建的注册表副本实现的。

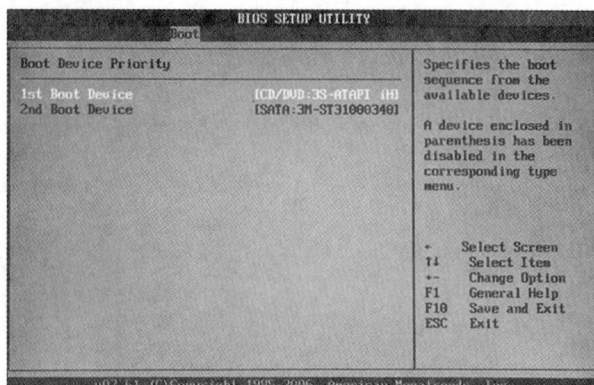

图 10-22　Windows 高级启动选项菜单

> **注　意**　除非出现故障后立即使用，否则最后一次的正确配置将不管用，因为如果计算机重启并打开 Windows 后，注册表将更新为包含错误的信息。

3. Windows 8 和 10 的启动模式

Windows 8 和 Windows 10 的启动速度都非常快，用户根本来不及按 F8 键来访问启动设置。要访问启动设置，可按住 Shift 键，并从"Power"菜单中选择"Restart"，Windows 将显示"Choose an Option"界面。为访问启动设置，选择"Troubleshoot"，在接下来出现的界面中，选择"Advanced Options"，再选择"Startup Settings"。在接下来出现的界面中，选择"Restart"。计算机将重启并显示"Startup Settings"菜单，如图 10-23 所示。要选择启动选项，可使用与选项编号对应的数字键或功能键（F1～F9）。

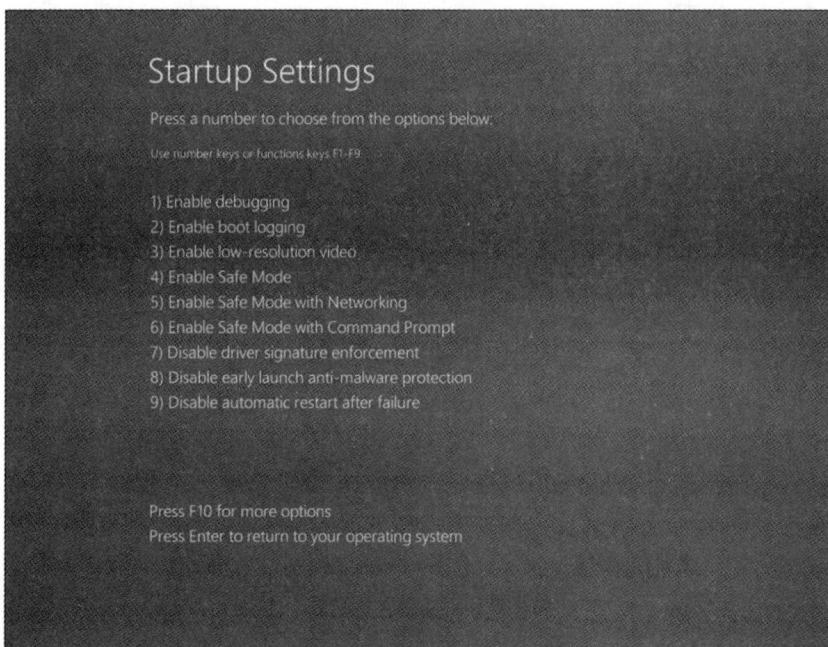

图 10-23 "Startup Settings"菜单

10.4 总结

在本章中，你学习了所有操作系统都有的基本功能：控制硬件访问；管理文件和文件夹；提供用户界面；管理应用程序。你还了解到，有 3 种常用的操作系统：Windows、Apple macOS 和 Linux。本章重点介绍了 Microsoft 的 Windows 操作系统，具体地说是 Windows 7、Windows 8 和 Windows 10。你学习了每种 Windows 操作系统的最低硬件要求；这些硬件要求规定了确保操作系统能够成功安装并正常运行的最低内存量、驱动器存储空间和 CPU 速度。

安装操作系统之前，必须选择存储设备，并为安装操作系统做好准备工作。你学习了如何为安装 Windows 准备好驱动器：将其分区并格式化。你了解到，主分区包含操作系统文件，活动分区用于存储和引导操作系统，而扩展分区可用于创建逻辑驱动器。

最后，本章介绍了 Windows 引导顺序，以及 Windows 7、Windows 8 和 Windows 10 的启动模式等。

10.5　复习题

请完成以下所有的复习题，检查你对本章介绍的主题和概念的理解程度，答案见附录。

1. 有位技术人员需要对硬盘驱动器进行分区，使其支持两种操作系统，并将数据文件存储在 3 个不同的地方，请问下面哪种分区设置可满足这些要求？（　　）
　　A. 2 个主分区、1 个活动分区、1 个扩展分区、3 个逻辑驱动器
　　B. 1 个主分区、3 个活动分区、1 个扩展分区、2 两个逻辑驱动器
　　C. 3 个主分区、1 个活动分区、2 个扩展分区
　　D. 2 个逻辑驱动器、2 个活动分区、3 个扩展分区

2. 下列选项中哪种包含有关硬盘驱动器分区情况的信息？（　　）
　　A. BOOTMGR　　　　　　　　　　B. MBR
　　C. CPU　　　　　　　　　　　　 D. Windows 注册表

3. BIOS 使用硬盘的哪个位置区域来搜索操作系统指令，以引导 PC？（　　）
　　A. 活动分区　　　　　　　　　　 B. 逻辑驱动器
　　C. 扩展分区　　　　　　　　　　 D. Windows 分区

4. 在 Windows 8.1 安装期间，会自动创建哪种用户账户？（　　）
　　A. 管理员账户　　　　　　　　　 B. 标准用户账户
　　C. 来宾账户　　　　　　　　　　 D. 远程桌面用户账户

5. 下面哪个术语指的是可被格式化以便存储数据的逻辑驱动器？（　　）
　　A. 扇区　　　　　　　　　　　　 B. 分区
　　C. 磁道　　　　　　　　　　　　 D. 簇
　　E. 卷

6. 有个硬盘，它使用支持的最大扇区为 2TB 的引导扇区标准，而技术人员要在该硬盘上创建多个分区。请问在该硬盘上最多可创建多少个主分区？（　　）
　　A. 32 个　　　　　　　　　　　　B. 2 个
　　C. 128 个　　　　　　　　　　　 D. 16 个
　　E. 4 个　　　　　　　　　　　　 F. 1 个

7. 哪种文件系统允许文件超过 5GB，且主要用于内置硬盘驱动器？（　　）
　　A. NTFS　　　　　　　　　　　　B. CDFS
　　C. FAT32　　　　　　　　　　　 D. FAT64
　　E. exFAT

8. 下面哪种操作系统可升级到 64 位的 Windows 10 专业版？（　　）
　　A. 64 位的 Windows 7 家庭版　　　 B. 64 位的 Windows XP 专业版
　　C. 32 位的 Windows 8 专业版　　　 D. 32 位的 Windows 10 专业版

9. 在引导过程中，用户可按哪个键（组合键），以使用最后一次的正确配置来启动 Windows PC？（　　）
　　A. F8 键　　　　　　　　　　　　B. F12 键
　　C. Alt + Z 组合键　　　　　　　　D. Windows 键
　　E. F1 键

10. 运行 32 位 Windows 10 专业版的 PC 能够寻址的最大物理内存量是多少？（　　）

A. 8 GB
B. 2 GB

C. 4 GB
D. 16 GB

11. 哪种用户应仅用于执行系统管理, 而不应用于执行常规操作? (　　　)

　　A. 来宾
B. 超级用户

　　C. 管理员
D. 标准用户

12. 相比于 FAT32, NTFS 具有下面哪些优势 (双选)? (　　　)

　　A. NTFS 允许自动检测坏扇区

　　B. NTFS 支持更大的分区

　　C. NTFS 提高了访问外围设备 (如 USB 驱动器) 的速度

　　D. NTFS 提供了更多的安全功能

　　E. NTFS 提高了格式化驱动器的速度

　　F. NTFS 更容易配置

13. 哪种文件系统用于通过网络访问文件? (　　　)

　　A. CDFS
B. NTFS

　　C. NFS
D. FAT

14. 下面哪两项是计算机用户界面类型 (双选)? (　　　)

　　A. API
B. OpenGL

　　C. CLI
D. GUI

　　E. PnP

第11章

配置 Windows

Windows 操作系统的第一个版本发布于 1985 年，截至目前相继发布了的版本、子版本和变种版本超过了 40 个。IT 技术人员和专业人员必须熟悉当前还在使用的常见 Windows 版本（Windows 7、Windows 8 和 Windows 10）的功能。

本章介绍各种 Windows 版本，以及适合企业和家庭用户使用的版本。你将学习如何在 GUI 中的控制面板配置 Windows 操作系统，以及如何在 Windows CLI 和命令行实用程序 PowerShell 中使用命令来执行管理任务。

你将学习对网络中的 Windows 计算机进行组织和管理的两种方法——域和工作组，还有如何在网络上共享本地计算机资源，如文件、文件夹和打印机。你还将学习在 Windows 中配置有线网络连接。

你将了解到，通过预防性维护可缩短停机时间、改善性能、提高可靠性、减少维修费用；你还将了解到，预防性维护应在对用户影响最小的时间段进行。定期扫描病毒和恶意软件也是预防性维护的重要组成部分。

最后，你将学习适用于 Windows 操作系统的故障排除过程包含的 6 个步骤。

11.1　Windows 桌面和文件资源管理器

Windows 桌面是用户启动计算机后看到的界面，其中包含管理和组织文件所需的各种工具。要管理计算机上的驱动器、文件夹和文件，可使用文件资源管理器，这是一个文件浏览器，从 Windows 95 开始的每个 Windows 版本都提供了它。在 Windows 95 中，这个文件浏览器被称为 Windows 资源管理器，但在从 Windows 8 开始的所有版本中，它都被称为文件资源管理器。

11.1.1　比较不同的 Windows 版本

在有些方面，Windows 版本之间的差别很大，例如，在用户界面外观和计算能力方面有天壤之别。然而，熟悉的元素经过多次迭代后依然存在。本节介绍众多 Windows 版本之间的异同。

1. 各种 Windows 版本

第一个版本的 Windows 操作系统发布于近 40 年前的 1985 年，截至目前，发布的版本、子版本和变种版本超过了 40 个。另外，每个版本都可能有家庭版、专业版、旗舰版和企业版等，同时提供 32 位和 64 位的版本。例如，开发并发布的 Windows 10 有 12 个版本，但当前在售的只有 9 个。

企业用户和个人用户对 Windows 操作系统的要求并不相同。在企业网络中，必须集中管理用户账户和系统策略，这是因为网络中设备众多，且对安全的要求较高。集中管理是通过加入活动目录域来实现的；在活动目录域中，在域控制器上配置用户账户和安全策略。Windows 专业版、企业版、旗舰版和教育版都可加入活动目录域。

其他企业功能如下。

- **BitLocker**：让用户能够对硬盘驱动器或可移动驱动器上的所有数据进行解密，Windows 7 企业版与旗舰版、Windows 8 专业版与企业版以及 Windows 10 专业版、企业版和教育版都提供这项功能。
- **加密文件系统（EFS）**：让用户能够加密文件和文件夹，Windows 7 专业版、企业版和旗舰版，Windows 8 专业版和企业版以及 Windows 10 专业版、企业版和教育版都提供这项功能。
- **分支缓存**：让远程计算机能够访问来自共享文件夹或文档门户网站（如 SharePoint 网站）的缓存数据，这减少了 WAN 流量，因为客户端无须远程下载缓存数据的副本。Windows 7 企业版和旗舰版、Windows 8 企业版以及 Windows 10 专业版、企业版和教育版都提供这项功能。

有些 Windows 功能是针对个人用户的，如 Windows Media Center，这个功能让用户能够将计算机用作播放 DVD 的家庭娱乐设备。Windows 7 家庭高级版、专业版、企业版和旗舰版都有 Windows Media Center。在 Windows 8 中，Windows Media Center 是一项需要付费的附加功能，而 Windows 10 不再提供该功能。

2. Windows 10

Windows 10 有 9 个在售的版本，本书的示例针对的都是 Windows 10 专业版。

Windows 10 零售版发布于 2015 年 7 月。Windows 10 使用了曾被 Windows 摒弃的面向台式计算机的界面，并支持在点击式界面和触摸界面（用于平板电脑、智能手机和嵌入式系统）之间轻松地切换。Windows 10 支持在台式计算机和移动设备上运行通用应用程序，引入了 Web 浏览器 Microsoft Edge，提供了改进的安全功能、更快的登录速度和节省磁盘空间的文件系统加密，并用提供通知和快速设置的 Windows Action Center（Windows 操作中心）取代了 Charms（超级按钮）。

Windows 10 采用了全新的更新模型。Microsoft 每年提供两次功能更新，这些更新能添加新功能并改进既有功能。这些更新都有编号，Microsoft 网站提供每个更新的描述。进行功能更新后，有些 Windows 应用程序和功能的界面会有明显变化。通常每月都有质量更新或累积更新，这些更新包含修复 Windows 问题的补丁或消除新发现的威胁和漏洞的安全更新。

表 11-1 总结了本书涉及的 Windows 版本的重要特点。

表 11-1　Windows 版本概述

Windows 版本	发布时间	重要特点	支持终止时间
Windows 11	2021 年 10 月	• 重新设计了任务栏和图标 • 提高了能效 • 集成了 Microsoft Teams • 改进了 Settings（设置）应用程序	2025 年 10 月
Windows 10	2015 年 7 月	• 改进了桌面，整合了菜单项和"Start"菜单中的磁贴 • 新增了通用应用程序 • 用 Windows Action Center 取代了 Charms	主流支持：2020 年 10 月。 扩展支持：2025 年 10 月
Windows 8.1	2013 年 10 月	• 开始屏幕更类似于 Windows 7 • 新增了界面配置选项	2023 年 1 月

续表

Windows 版本	发布时间	重要特点	支持终止时间
Windows 8.0	2012 年 10 月	• 针对移动设备优化了界面 • 提供了反病毒功能 • 用文件资源管理器取代了 Windows 资源管理器 • 不受认可，被认为难以学习	2016 年 1 月
Windows 7	2009 年 10 月	• 改进了界面 • 改进了任务栏 • 新增了库 • 新增了家庭组文件共享	2020 年 1 月

11.1.2　Windows 桌面

本节介绍 Windows 桌面，它是 Windows GUI 的主界面，让用户能够组织界面上的图标，以便与操作系统应用程序和工具交互。从 Windows 95 起，每个 Windows 版本都包含 Windows 桌面。安装 Windows 操作系统后，用户就可根据自己的需求自定义 Windows 桌面。桌面上有用途各异的图标、工具栏和菜单；用户可添加或修改图像、声音和颜色，让桌面的外观更具个性。

1. 个性化 Windows 桌面

Windows 提供了很多设置，让用户能够个性化桌面和 Windows GUI 的其他方面。要访问这些设置，较快捷的方式是在桌面的空白区域单击鼠标右键，再选择 "Personalize"（个性化），让 Windows 显示 "Background"（背景）设置。拖曳 "Settings"（设置）对话框的右边框，将该对话框加宽并显示 "Personalization" 设置菜单。要修改 Windows GUI 的外观，快捷的方式是选择一个主题，如图 11-1 所示。主题是预定义的 GUI 设置组合；你还可根据现有设置创建主题，供以后使用。除默认提供的主题外，还可从 Microsoft Store 下载其他主题。除可修改主题外，还可对 Windows GUI 做很多其他的修改。

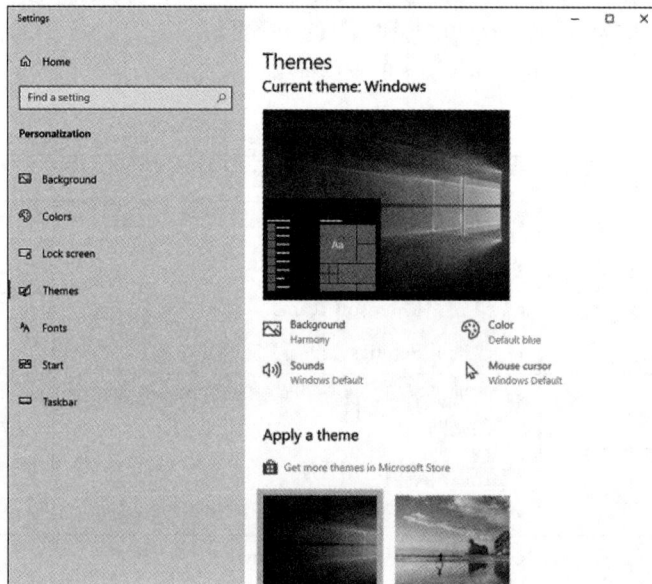

图 11-1　Windows 10 主题

在 Windows 8 中，应用程序环境的可定制空间非常大。要重新排列磁贴，可单击并拖曳磁贴；要创建磁贴组，可在任何空白区域单击鼠标右键，再选择 "Name Groups"（新建组）；要在主界面中添加磁贴，可在搜索到所需的 Windows 应用程序后，在它的图标上面单击鼠标右键，再选择 "Pin to Start"（固定到主屏幕）。要搜索应用程序，可单击超级按钮栏中的 "Search"（搜索）按钮，也可在 Windows 应用程序环境中输入应用程序的名称，并按 Enter 键开始搜索。图 11-2 显示了 Windows 8 "Start" 界面。

在 Windows 7 和 Windows 8 中，要自定义桌面，可在桌面的任何地方单击鼠标右键，再选择 "Personalize"。在 "Personalization" 窗口中，可修改桌面的外观、显示设置和声音设置。图 11-3 显示了 Windows 8 的 "Personalization" 窗口，它很像 Windows 7 中的 "Personalization" 窗口。

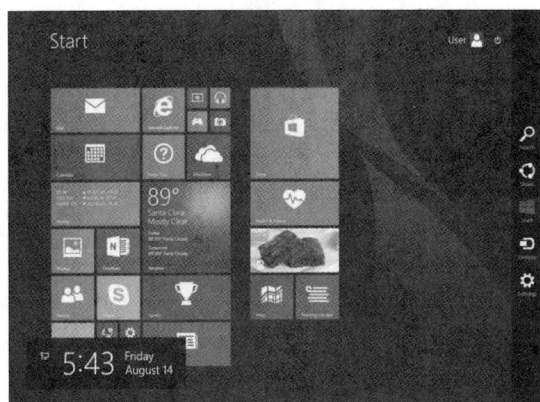

图 11-2　"Start" 界面

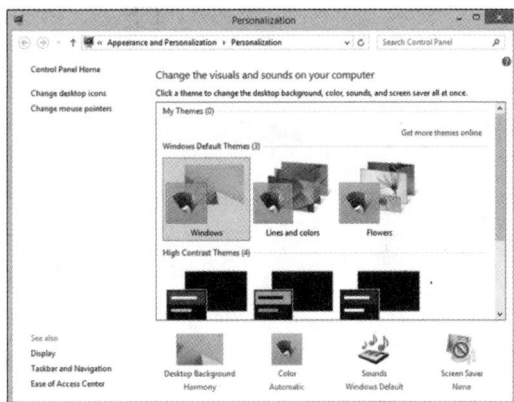

图 11-3　"Personalization" 窗口

2. Windows 10 "Start" 菜单

Windows 10 "Start"（开始）菜单由三大部分组成。位于左侧的是常用库快捷方式，还有两个分别让用户能够访问设置和关闭计算机的按钮；位于中间的是按字母顺序排列的应用程序，在最上面列出了最近安装和最常用的应用程序；位于右侧的是按类别（如游戏、创意软件等）排列的应用程序磁贴。图 11-4 显示了 Windows 10 "Start" 菜单。

3. 任务栏

任务栏让用户能够轻松地使用众多重要而常用的 Windows 功能，从这里可访问应用程序、文件、工具和设置。要轻松地配置任务栏外观、位置、操作和功能的 "Settings" 界面，可在任务栏上单击鼠标右键，也可 "Taskbar and Navigation"（任务栏和导航）控制面板。图 11-5 显示了 Windows 10 "Taskbar"（任务栏）界面，可在 "Personalization" 下选择 "Taskbar" 来打开它。

任务栏有一些很有用的功能。

- **跳转列表**：要显示与特定应用程序相关的任务列表，可在任务栏中该应用程序的图标上单击鼠标右键。
- **固定应用程序**：要将应用程序固定到任务栏，以方便以后访问，可在该应用程序的图标上单击鼠标右键，并选择 "Pin to taskbar"（固定到任务栏）。
- **缩略图预览**：要预览正在运行的程序的缩略图，可将鼠标指针放在任务栏中该应用程序的图标。

在不同的 Windows 版本中，任务栏设置存在细微的差别。

图 11-6 显示了 Windows 8.1 "Taskbar and Navigation properties"（任务栏和导航属性）对话框。

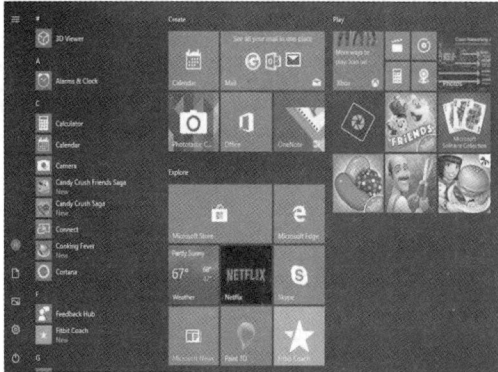

图 11-4 "Start"菜单

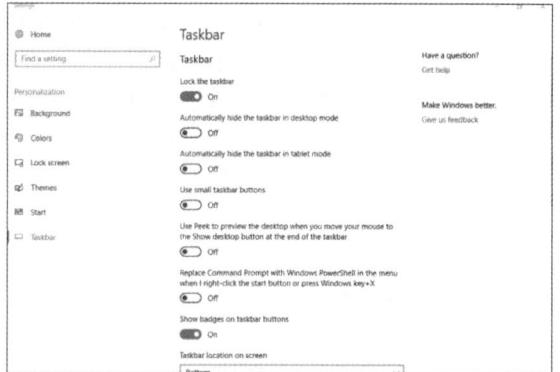

图 11-5 "Taskbar"界面

图 11-7 显示了 Windows 7 "Taskbar and Start Menu Properties"(任务栏和开始菜单属性)对话框。

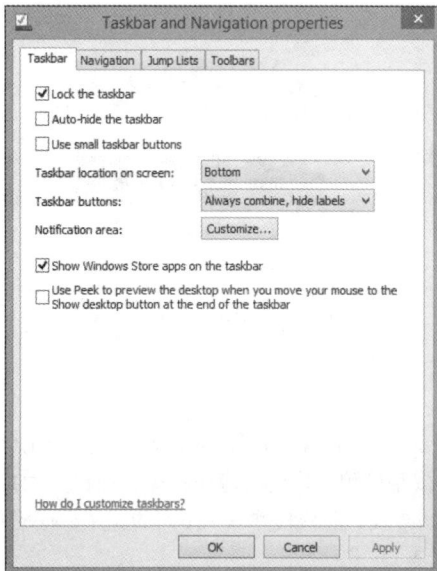

图 11-6 "Taskbar and Navigation properties"对话框

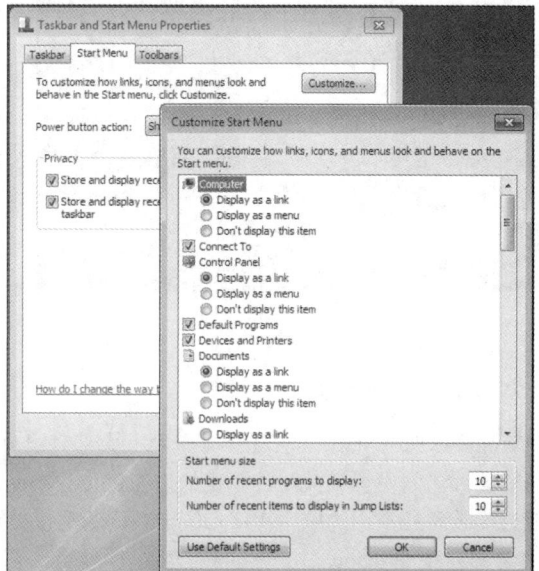

图 11-7 "Taskbar and Start Menu Properties"对话框

11.1.3 Windows 任务管理器

Windows 任务管理器提供了有关计算机上正在运行的所有应用程序、进程和服务的信息,可用来监视系统资源及正在使用它们的程序,还可用来终止导致系统出现问题或对用户输入没有反应的进程。务必谨慎地终止进程,因为它们可能对系统正常运行来说必不可少。Windows 10 和 Windows 8 任务管理器基本相同,但 Windows 7 任务管理器有显著的不同。

1. Windows 10 任务管理器

Windows 10 任务管理器中有 7 个选项卡,它们包含对监视 Windows 运行情况来说非常重要的信息。要打开任务管理器,可在任务栏上单击鼠标右键,再选择"Task Manager"(任务管理器),也可按组合键 Win + X、Ctrl + Shift + Esc 或 Ctrl + Alt + Del。

表 11-2 描述了 Windows 10 任务管理器中的 7 个选项卡。

表 11-2 Windows 10 任务管理器中的选项卡

选项卡	描述
"Processes"（进程）	列出 PC 上正在运行的进程。进程是用户、程序或操作系统启动的一组指令。正在运行的进程分为 3 类：应用、后台进程和 Windows 进程
"Performance"（性能）	包含动态的系统性能图，用户可选择任何选项（如 CPU、内存、磁盘、以太网等），以查看相应的性能图
"App History"（应用历史记录）	显示历史资源使用情况，如 CPU 时间、网络数据使用情况、数据上传与下载情况。数据是按日期显示的。数据可清除，清除数据后，起始日期将为当前日期。只有安装的应用（主要是 Microsoft Store 中的应用）才有这方面的数据
"Startup"（启动）	列出 Windows 启动期间自动启动的进程。Windows 还会测算每个进程对系统总体启动时间的影响。要禁止进程自动启动，可在它的图标上面单击鼠标右键，并选择"禁用"
"Users"（用户）	列出当前连接到 PC 的用户以及他们正在使用的系统资源，这里显示的信息与"Performance"选项卡中显示的很像。在这个选项卡中，也可断开用户的连接
"Details"（详细信息）	改进了 Windows 7 任务管理器中的"Process"选项卡。在这个选项卡中，可调整进程的 CPU 优先级，还可指定进程将使用哪个 CPU 来运行（CPU 亲和性）。该选项卡中还显示应用程序图标
"Services"（服务）	显示所有可用的服务以及每个服务的状态，让用户能够轻松地停止、开始和重新启动服务。服务由进程 ID（PID）标识

2. Windows 7 任务管理器

Windows 7 任务管理器不同于 Windows 10 任务管理器，如图 11-8 所示。

在很多方面，Windows 10 任务管理器都在 Windows 7 任务管理器的基础上做了重大改进。Windows 7 任务管理器包含 6 个选项卡。

- **"Applications"（应用）**：显示所有正在运行的应用程序。在这个选项卡中，用户可使用底部的按钮来创建应用程序、切换到应用程序或关闭停止响应的应用程序。

- **"Processes"（进程）**：显示所有正在运行的进程。在这个选项卡中，用户可终止进程或设置进程的优先级。

- **"Services"（服务）**：显示所有可用的服务，包括每个服务的运行状态。服务由 PID 标识。

- **"Performance"（性能）**：显示 CPU 和页面文件使用情况。

- **"Networking"（网络）**：显示所有网卡的使用情况。

- **"Users"（用户）**：显示所有登录到了计算机的用户。

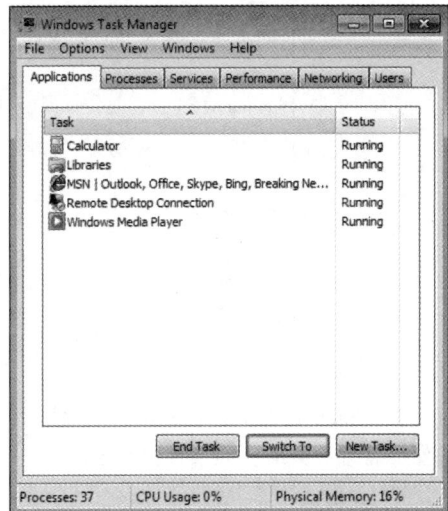

图 11-8 Windows 7 的任务管理器

Windows 7 和 Windows 10 的任务管理器之间存在多个重大差别。

- 在 Windows 10 中，将 Windows 7 中的选项卡"Applications"和"Processes"合二为一了。

- 在 Windows 10 中，将 Windows 7 的"Networking"选项卡包含在了"Performance"选项卡中。

■ 在 Windows 10 中，改进了 Windows 7 中的 "Users" 选项卡，其中不仅显示连接的用户，还显示这些用户正在使用的资源。

11.1.4　Windows 文件资源管理器

文件资源管理器是中心场所，用户可在其中查看、打开、复制、移动、管理文件和文件夹。它是文件存储系统的图形表示形式，可帮助用户确保文件组织有序。

1. 文件资源管理器简介

文件资源管理器是 Windows 8 和 Windows 10 提供的文件管理应用程序，用于导航文件系统以及管理存储介质上的文件夹、子文件夹和应用程序等。在文件资源管理器中，还可预览某些类型的文件。

在文件资源管理器中，可使用功能区来完成常见的任务，如复制和移动文件以及新建文件夹。用户选择不同类型的条目时，顶部的选项卡将相应变化。如图 11-9 所示，选择了 "Quick access"（快速访问），并显示了功能区中的 "Home"（主页）选项卡。如果没有显示功能区，可单击窗口右上角的 "Expand the Ribbon"（展开功能区）图标（该图标用向下的箭头表示）。

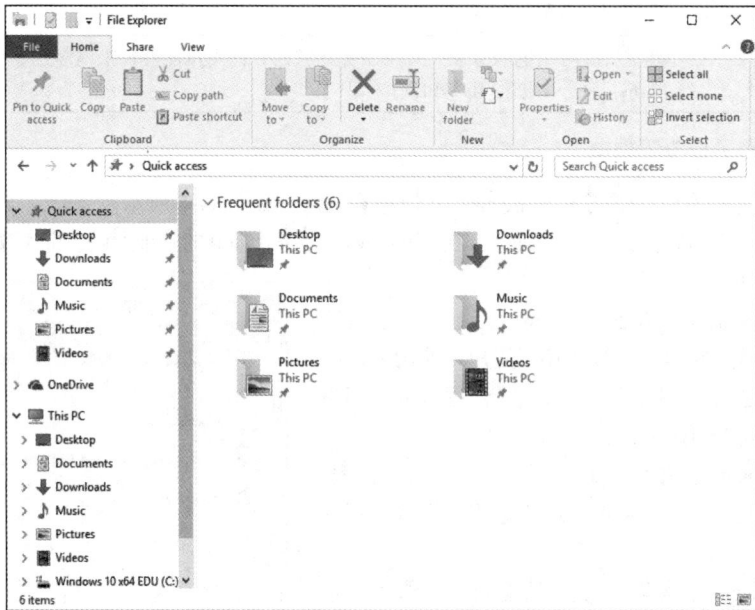

图 11-9　Windows 10 文件资源管理器

在 Windows 7 和更早的版本中，使用的文件管理应用程序名为 Windows 资源管理器，其用途与文件资源管理器类似，但没有功能区。

2. 此电脑

在 Windows 10 和 Windows 8.1 中，"This PC"（此电脑）让用户能够访问计算机上的各种设备和应用程序；在 Windows 7 中，它被称为 "Computer"（计算机）。

要打开 "This PC"，可打开文件资源管理器，它默认显示 "This PC"，如图 11-10 所示。

在 Windows 8.0 或 Windows 7 中，可单击 "Start" 按钮并选择 "Computer"；图 11-11 显示了 Windows 7 中的 "Computer" 界面。

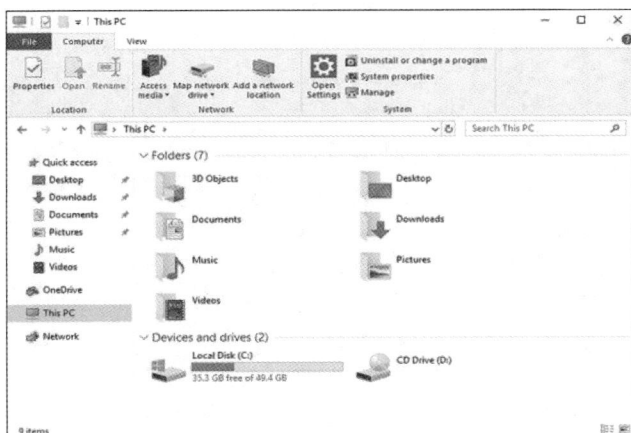

图 11-10 "This PC"

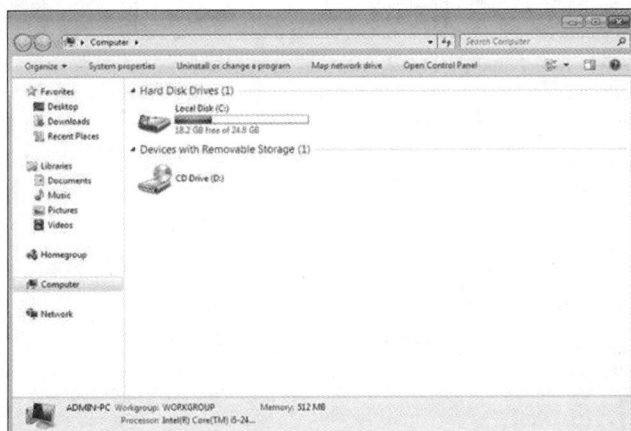

图 11-11 Windows 7 中的 "Computer"

3. 以管理员身份运行

现代操作系统采取了大量措施来提高安全性，其中之一是文件权限：仅当用户有足够的权限时才能访问文件。Windows 可能禁止用户访问系统文件、其他用户的文件以及其他权限要求较高的文件；要改变这种行为，获得访问这些文件的权限，必须以管理员身份来打开或执行它们。

要通过权限提升来打开或执行文件，可在文件上单击鼠标右键，并选择 "Run as Administrator"（以管理员身份运行），如图 11-12 所示。在 "User Account Control"（用户账户控制）窗口（在这个窗口中，管理员可管理用户账户）中，选择 "Yes"（是）。在有些情况下，除非以管理员身份安装，否则无法正确地安装软件。

> **注 意** 如果当前用户不属于管理员组，必须输入管理员密码才能使用这些功能。

4. Windows 库

Windows 库让用户能够在移动文件的情况下，轻松地组织来自本地计算机和网络中各种存储设备（包括可移动介质）的内容。库是虚拟文件夹，可在同一个视图中呈现来自不同位置的内容。在 Windows 10 中，每个用户都有 6 个默认库，如图 11-13 所示。

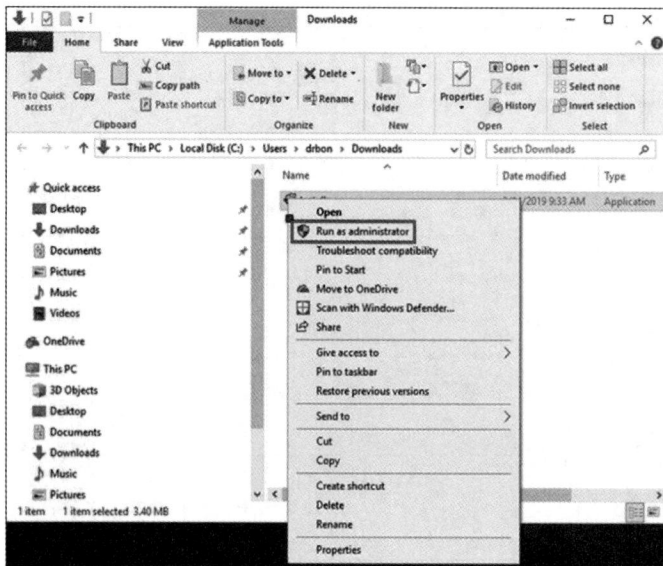

图 11-12   以管理员身份运行

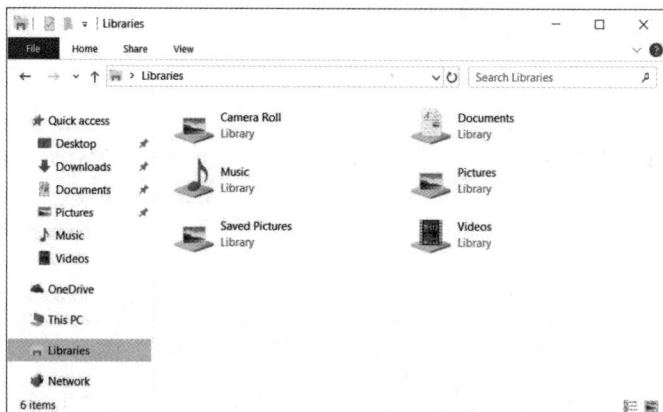

图 11-13   Windows 10 中的默认库

用户可在库中搜索内容,还可使用诸如文件名、文件类型或修改日期等条件筛选内容。在 Windows 10 和 Windows 8.1 中,库默认被隐藏;要显示库,可在文件资源管理器左边的窗格中单击鼠标右键,并选择"显示库"。

5. 目录结构

在 Windows 中,将文件组织成目录结构。目录结构被设计用于存储系统文件、用户文件和程序文件。Windows 目录结构的根(分区)通常为 C 盘,如图 11-14 所示。C 盘包含一组标准化目录(文件夹),用于存储操作系统、应用程序、配置系统和数据文件。文件夹可能包含其他文件夹,如图 11-14 所示;这些包含在其他文件夹中的文件夹通常被称为子文件夹。文件夹嵌套深度受制于文件夹路径的最大长度;在 Windows 10 中,默认限制(路径最大长度)为 260 个字符。图 11-14 显示了文件资源管理器中的多重嵌套文件夹以及路径。

Windows 为计算机上配置的每个用户账户创建一系列文件夹;在每个用户打开文件资源管理器时,看到的文件夹是一样的,但它们归相应的用户所有,因此用户不能访问其他用户的文件、应用程序和数据。

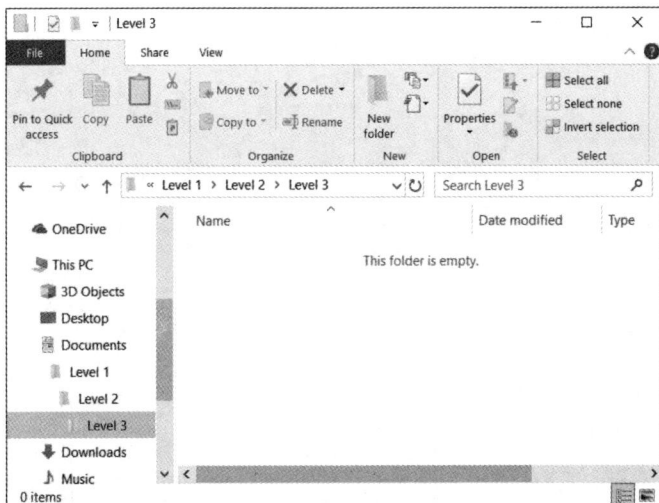

图 11-14 文件资源管理器中的嵌套文件夹和路径

注　意　最佳做法是将文件存储在文件夹或子文件夹中，而不是存储在驱动器的根目录下。

---

6. 用户文件和系统文件的位置

用户文件夹（文件）和系统文件夹（文件）所在的位置如下。

- **用户文件夹**：默认情况下，Windows 将用户创建的大多数文件都存储在用户文件夹（C:\Users\User_name）中。每个用户文件夹中，都包含用于存储音乐、视频、网站、图片等内容的文件夹；很多程序也将用户特定的数据存储在这里。如果一台计算机有多个用户，则每个用户都有自己的包含收藏夹、桌面项目、日志等内容的文件夹。图 11-15 显示了用户 Admin 的文件夹。

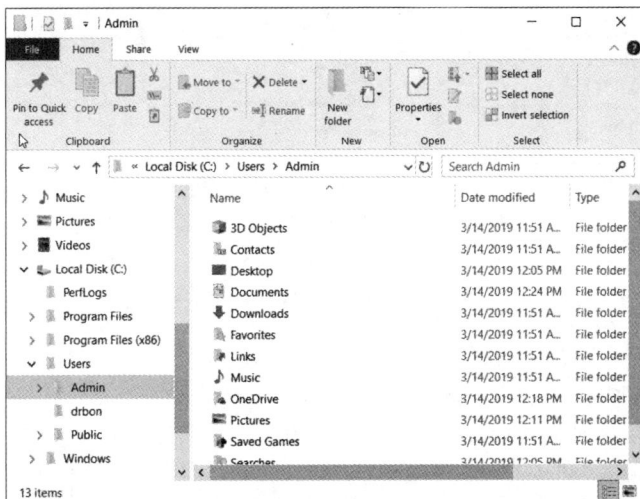

图 11-15 Admin 的文件夹

- **系统文件夹**：Windows 操作系统刚安装完毕时，用于运行计算机的大多数文件都位于文件夹 C:\Windows\System32 中，如图 11-16 所示。修改系统文件夹的内容可能导致 Windows 运行异常。

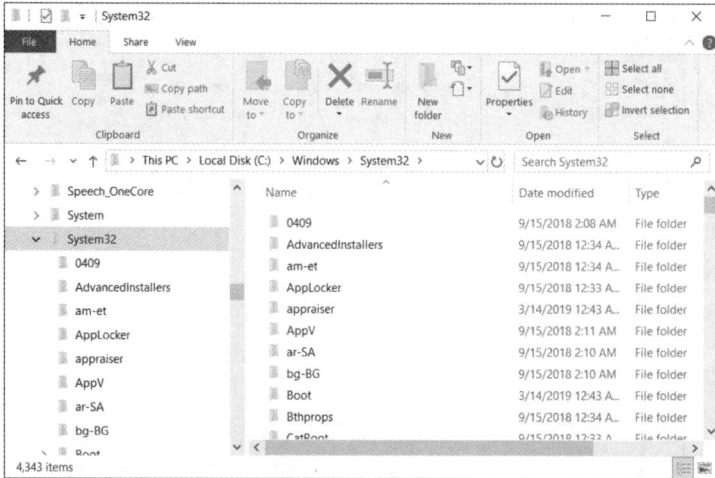

图 11-16　系统文件夹

- **文件夹 Program Files**：大多数应用程序都安装在文件夹 Program Files 中，如图 11-17 所示。在 32 位的 Windows 系统中，所有程序都是 32 位的，默认安装在文件夹 Program Files 中。在 64 位的 Windows 系统中，64 位的程序默认安装在文件夹 Program Files 中，而 32 位的程序默认安装在文件夹 Program Files（x86）中。

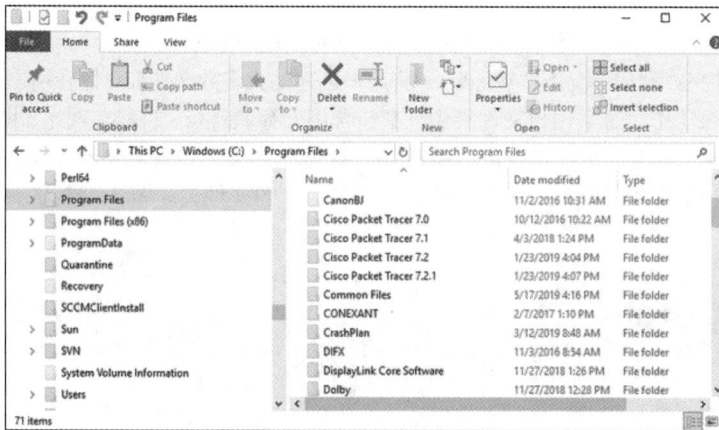

图 11-17　文件夹 Program Files

7. 文件扩展名

目录结构中的文件遵循如下 Windows 命名约定。

- 最多包含 255 个字符。
- 不能使用诸如斜杠（/）、反斜杠（\）等字符。
- 在文件名末尾添加 3 或 4 个字母的扩展名，用于标识文件类型。
- 文件名不区分大小写。

默认情况下，文件扩展名被隐藏。在 Windows 10 和 Windows 8.1 中，要显示文件扩展名，可单击文件资源管理器功能区中的 "View"（查看）标签，再选择复选框 "File name extensions"（文件扩展名），如图 11-18 所示。

在 Windows 7 中，要显示文件扩展名，必须在 "Folder Options"（文件夹选项）对话框中取消选择复选框 "Hide extensions for known file types"（隐藏已知文件类型的扩展名），如图 11-19 所示。

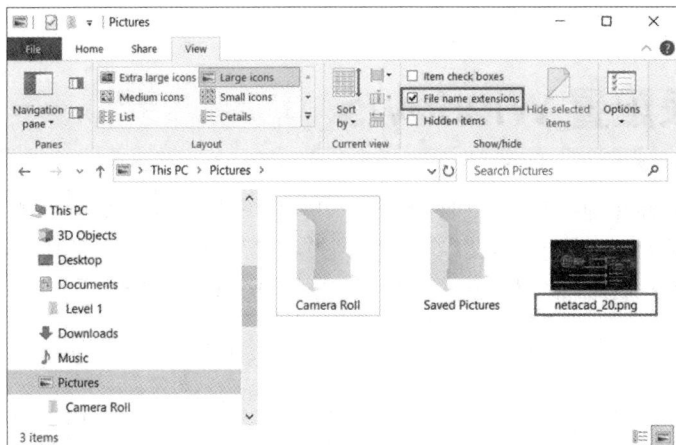

图 11-18 在 Windows 10 显示文件扩展名

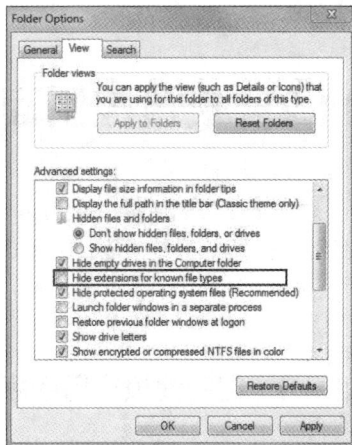

图 11-19 在 Windows 7 中显示文件
扩展名

下面是一些常见的文件扩展名。

■ **.docx**：Microsoft Word 文档（2007 或更高版本）。

■ **.txt**：ASCII 文本文件。

■ **.jpg**：图形文件。

■ **.pptx**：Microsoft PowerPoint 文档（2007 或更高版本）。

■ **.zip**：压缩文件。

8. 文件属性

目录结构为每个文件维护一组属性，这些属性决定了可如何查看或修改文件。下面是一些常见的文件属性。

■ **R**：文件是只读的。

■ **A**：下次备份磁盘时，将归档该文件。

■ **S**：文件被标记为系统文件，因此在用户试图删除或修改它时将发出警告。

■ **H**：文件被隐藏，不会显示在它所在的目录中。

图 11-20 显示了文件属性对话框，用户可通过它查看或设置文件属性。

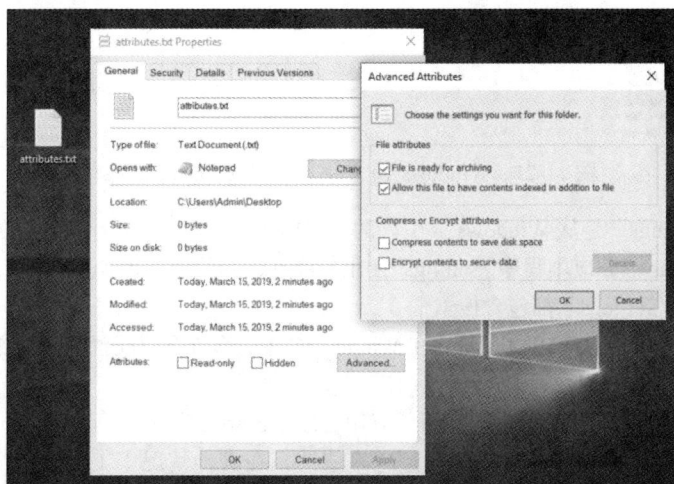

图 11-20 设置文件属性

11.2 使用控制面板配置 Windows

本节介绍控制面板——Windows 中集中的图形化配置区域，让你几乎能够修改硬件和软件的各种设置，包括操作系统功能；这些设置被划归到各种控制面板小程序中。在最新的 Windows 版本中，可通过选项 "View by"（查看方式）调整控制面板的显示方式。本节概述控制面板包含的设置。

11.2.1 控制面板实用程序

控制面板由一系列控制面板小程序（实用程序）组成，用户修改控制面板中的设置时，修改的是 Windows 注册表。在可供使用的控制面板实用程序方面，不同 Windows 版本之间存在细微的差别。

1. Windows 10 设置和控制面板

Windows 10 提供两种配置操作系统的方式，第一种是使用应用程序 "Settings"（设置），其界面遵循现代 Windows 界面设计指南。图 11-21 显示了 Windows 10 "Settings" 应用程序菜单，通过它们可访问众多的系统设置。

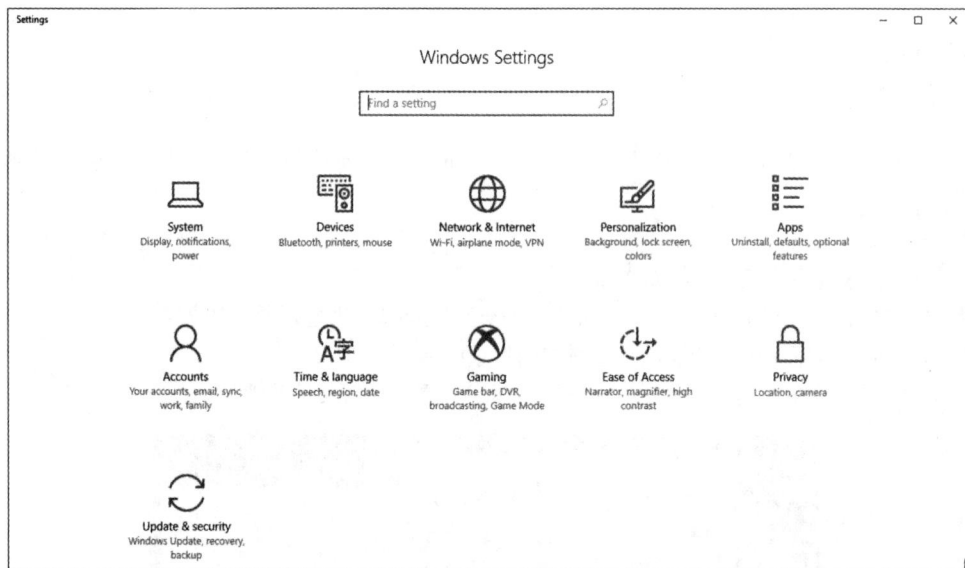

图 11-21　Windows 10 应用程序 "Settings" 的菜单

应用程序 "Settings" 是从 Windows 8 引入的，如图 11-22 所示；相比于健壮的 Windows 10 应用程序 "Settings"，Windows 8 应用程序 "Settings" 让用户能够访问的设置更少。请注意，在这两个 Windows 版本中，应用程序 "Settings" 都包含搜索框。

Windows 7 没有应用程序 "Settings"；在 Windows 7 中，修改系统配置的高效方式是使用 "Control Panel"（控制面板），如图 11-23 所示。

虽然 Microsoft 将越来越多的功能移到了应用程序 "Settings" 中，但 Windows 8 和 Windows 10 依然提供了控制面板，且有些配置只能通过它来修改。在其他情况下（尤其在个性化方面），应用程序 "Settings" 包含控制面板没有的选项。

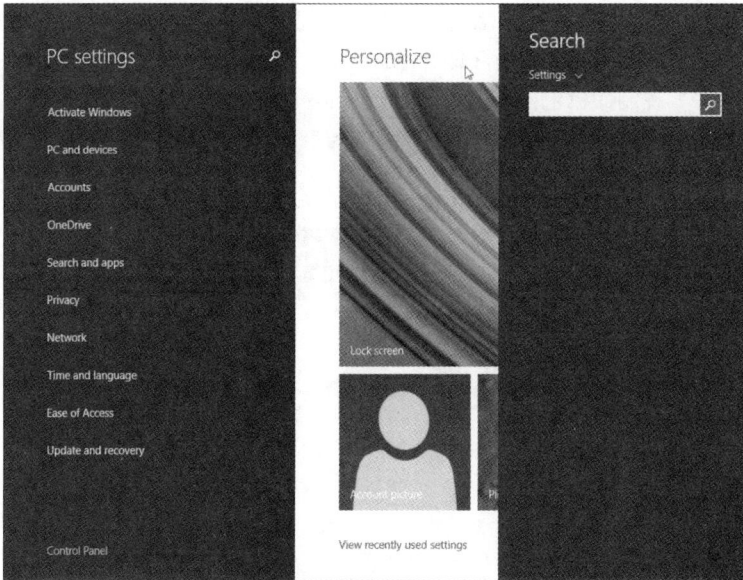

图 11-22　Windows 8 应用程序"Settings"

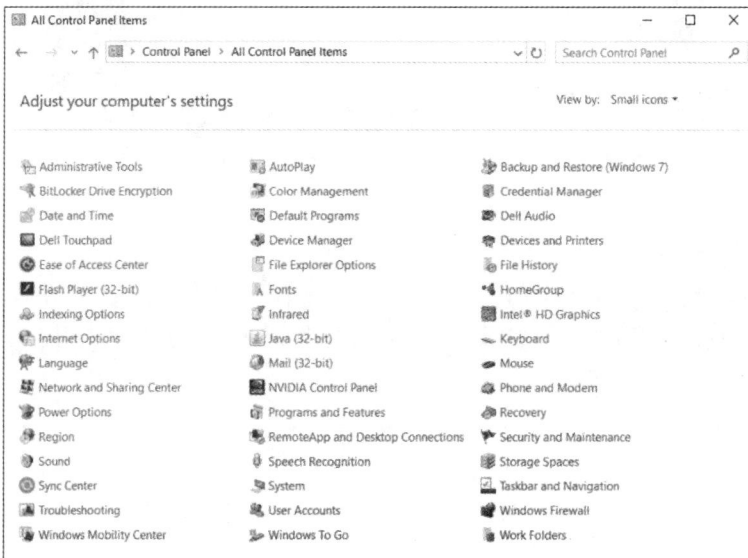

图 11-23　Windows 7 控制面板

本书重点介绍 Windows 10 控制面板，并在必要时介绍应用程序"Settings"。如果 Windows 7 和 Windows 8 控制面板与 Windows 10 控制面板之间存在重大差别，将指出这些差别。不同 Windows 版本中的控制面板窗口很像，但有些控制面板项不同。

2. 控制面板简介

在 Windows 10 中，默认使用应用程序"Settings"来修改配置，对普通用户来说，这是不错的选择，但 PC 技术人员经常需要使用应用程序"Settings"中没有的配置选项。控制面板提供了众多配置工具，很多经验丰富的 Windows 管理员都更喜欢使用它。实际上，应用程序"Settings"中的有些配置项关联到了控制面板配置项。

要启动控制面板，可在搜索框中输入"control panel"，再单击搜索结果中的桌面应用程序"Control

Panel"，如图 11-24 所示。如果在该搜索结果上单击鼠标右键，可以将桌面应用程序固定到"开始"菜单上。另外，可通过在命令提示符中执行命令"control"来打开控制面板。

在 Windows 7 中，控制面板包含在"开始"菜单中；在 Windows 8.1 中，可通过在开始按钮上单击鼠标右键来打开控制面板；在 Windows 8 中，可搜索"control panel"，并单击搜索结果中的"Control Panel"来打开控制面板。

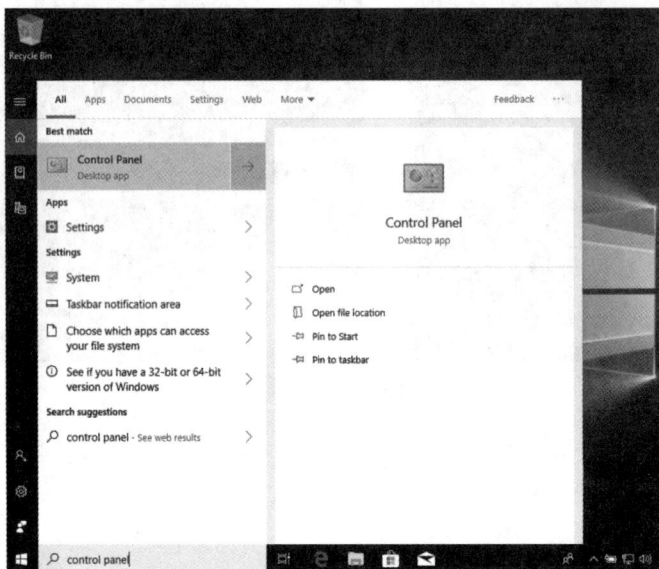

图 11-24　在 Windows 10 中搜索"Control Panel"返回的结果

3. 控制面板视图

Windows 10 控制面板默认显示的是"Categories"（类别）视图，如图 11-25 所示。这种视图将 40 多个控制面板项划归到不同的类别，方便用户查找。这种视图还提供搜索框，用于返回与搜索词相关的控制面板项。

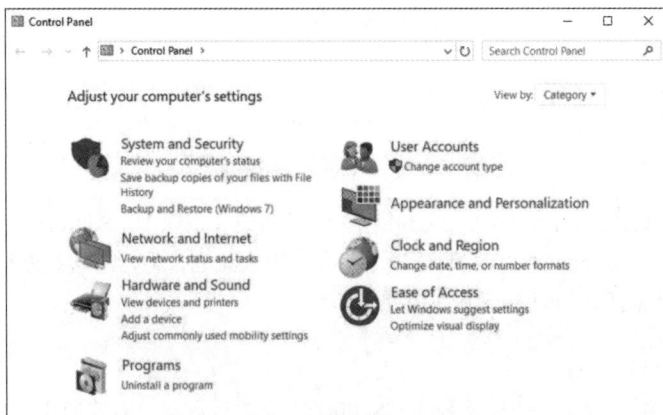

图 11-25　控制面板类别视图

要以经典视图（即小图标视图）显示控制面板，可从下拉列表"View by"中选择"Small Icons"（小图标），如图 11-26 所示。控制面板的内容随计算机的功能不同而有差异。

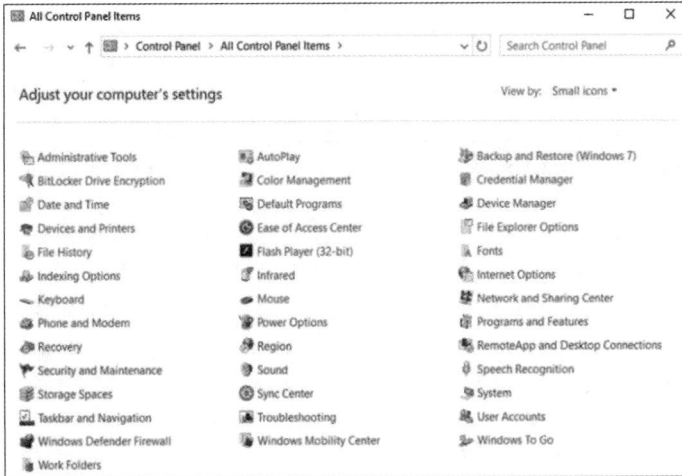

图 11-26 控制面板小图标视图

4．控制面板类别

下面展示并介绍 8 个控制面板类别。

（1）系统和安全。

在控制面板"System and Security"（系统和安全）类别中，可查看和进行安全配置，如"Windows Firewall"（Windows 防火墙），如图 11-27 所示，还可通过管理工具来配置各种系统功能，如硬件、存储、加密。

（2）网络和 Internet。

在"Network and Internet"（网络和 Internet）类别中，可对网络和文件共享进行配置、验证和故障排除，如图 11-28 所示，还可配置系统中的默认 Microsoft 浏览器。

（3）硬件和声音。

在"Hardware and Sound"（硬件和声音）类别中，

图 11-27 "System and Security"类别

可配置诸如打印机、介质设备、电源和移动设备等各种设备，如图 11-29 所示。

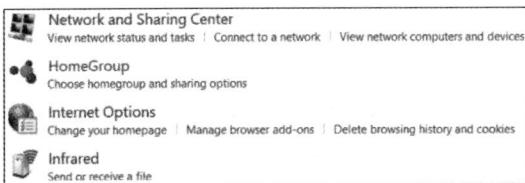

图 11-28 "Network and Internet"类别

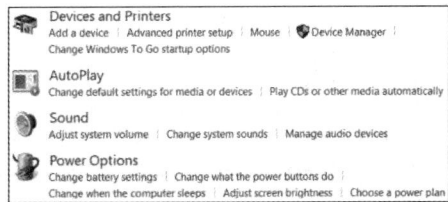

图 11-29 "Hardware and Sound"类别

（4）程序。

在"Programs"（程序）类别中，可修改（包括删除）已安装的程序和 Windows 更新，如图 11-30 所示，还可激活或停用各种 Windows 功能。

（5）用户账户。

在"User Accounts"（用户账户）类别中，可管理 Windows 用户账户和 UAC，如图 11-31 所示，还可管理 Web 和 Windows 凭据，包括用于对计算机上的文件进行加密的文件加密证书。

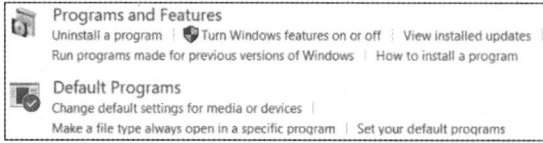

图 11-30　"Programs"类别

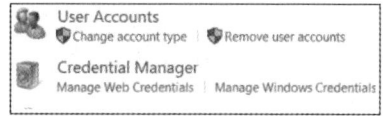

图 11-31　"User Accounts"类别

（6）轻松使用。

在"Ease of Access"（轻松使用）类别中，有很多让 Windows 更易于使用的选项，尤其适用于需要克服肢体或感知困难的用户，如图 11-32 所示。在这里，可配置语音识别和文本转语音服务。

（7）时钟和区域。

在"Clock and Region"（时钟和区域）类别中，可配置时间和日期的设置和格式，如图 11-33

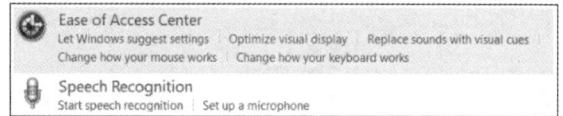

图 11-32　"Ease of Access"类别

所示。在有些 Windows 版本中，还可在这里配置位置和语言。

（8）外观和个性化。

在"Appearance and Personalization"（外观和个性化）类别中，可配置任务栏和导航（通过应用程序"Settings"进行配置）、文件资源管理器和字体，如图 11-34 所示。通过应用程序"Settings"，可配置更多的个性化选项。

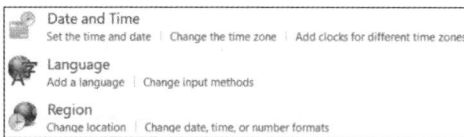

图 11-33　"Clock and Region"类别

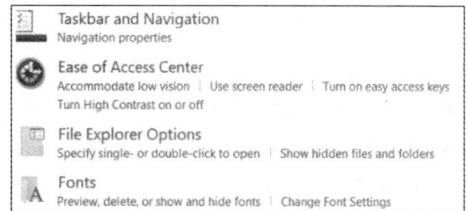

图 11-34　"Appearance and Personalization"类别

11.2.2　用户账户和用户账户控制

每个用户都有用户账户，让用户能够使用用户名和密码登录计算机。Windows 根据用户账户中存储的信息确定如下方面的内容：用户可访问哪些文件和文件夹、用户可对计算机做哪些修改、用户的个人偏好（如桌面背景和屏幕保护程序）。拜用户账户所赐，一台计算机可以有多位用户，其中每位用户都有自己的文件和设置。

1. 用户账户

Windows 在安装过程中，会创建一个管理账户；安装 Windows 后，要创建用户账户，可在控制面板中选择"User Accounts"类别，如图 11-35 所示。

管理员可修改所有系统设置，还可访问计算机上所有的文件和文件夹，因此应慎用管理员账户。标准用户可管理大多数配置设置——不影响其他用户的配置设置，且只能访问自己的文件和文件夹。

在各种 Windows 版本中，控制面板中的"User Accounts"类别都很相似，它提供可帮助创建、修改和删除用户账户的选项。

注　意　在"User Accounts"类别中，有些功能必须有管理员权限才能使用，而标准用户无法使用。

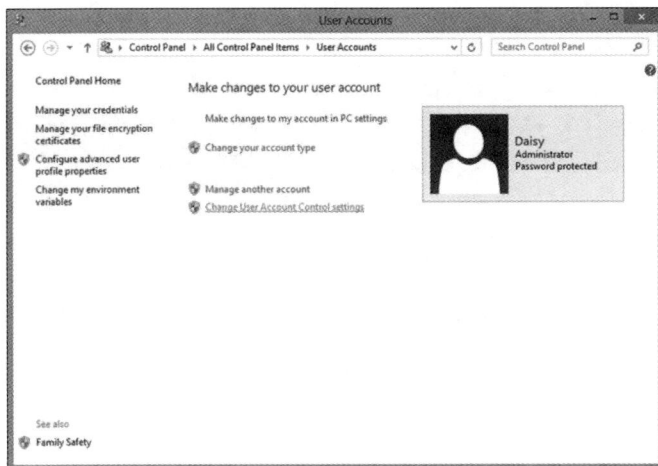

图 11-35　控制面板中的"User Accounts"类别

2. UAC

UAC 监视计算机上的程序，并在用户执行的操作可能给计算机带来威胁时发出警告。在 Windows 7 到 Windows 10 的版本中，可调整 UAC 执行的监控等级。对于 Windows 安装过程中创建的主账户，UAC 设置默认为"Notify me only when apps try to make changes to my computer（default）"（仅当应用尝试更改我的计算机时通知我），如图 11-36 所示。因此，当你修改这里的设置时，就不会收到通知。

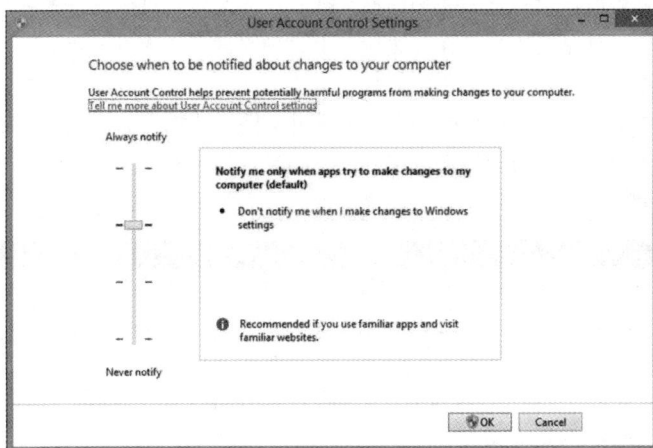

图 11-36　UAC 设置

要在程序修改计算机时收到通知，可在"User Account Control"窗口中调整监控等级。

3. 凭据管理器

"Credential Manager"（凭据管理器）帮助管理用于网站和 Windows 应用程序的密码，如图 11-37 所示。密码和用户名存储在安全的位置；凭据会在创建或修改时自动更新。你可查看、添加或删除凭据管理器存储的凭据。

从 Windows 7 版本以来，尽管各版本凭据管理器的界面风格比较相似，但功能得到了改进。

注　意　Windows 系统只保存使用 Internet Explorer 和 Microsoft Edge 访问的网站的 Web 凭据；对于使用其他浏览器创建的凭据，必须在相应的浏览器中进行管理。

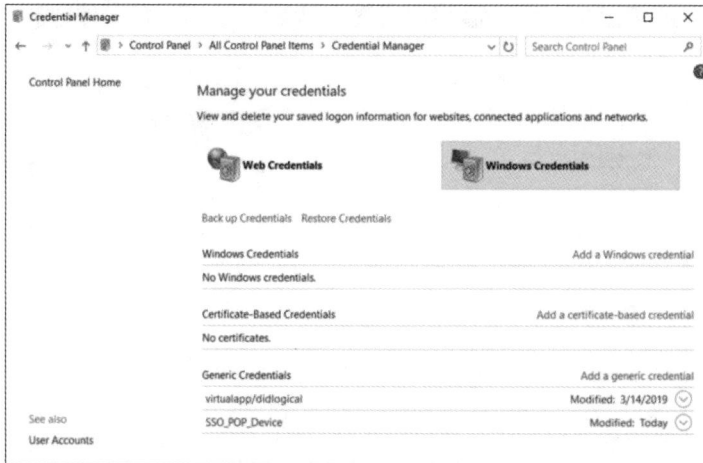

图 11-37　"Credential Manager" 窗口

4. 同步中心

同步中心让用户能够在多台 Windows 设备中编辑文件。从多台设备访问网络文件已经不是什么新鲜事，但同步中心支持版本控制，这意味着在一台设备上对网络文件所做的修改将同步到其他所有相关的设备。借助于这种同步服务，在一台设备上修改文件后，无须将其复制到要在其上工作的设备中。更新后的文件位于网络存储位置，而本地版本将自动更新，以便与网络存储位置的最新版本同步；修改本地版本后，所做的修改也将自动同步到网络文件。这要求所有设备都能够连接到网络存储位置。

同步带来的另一个好处是，用户可在离线设备上处理文件，当该设备重新联网后，将通过网络自动更新服务器上的副本。

要使用同步中心，必须激活 "Offline Files"（脱机文件）功能，这将创建一个本地文件位置，用于存储要同步的文件。另外，需与网络文件位置建立同步合作关系，如图 11-38 所示。可设置为手动同步，也可设置为自动同步。

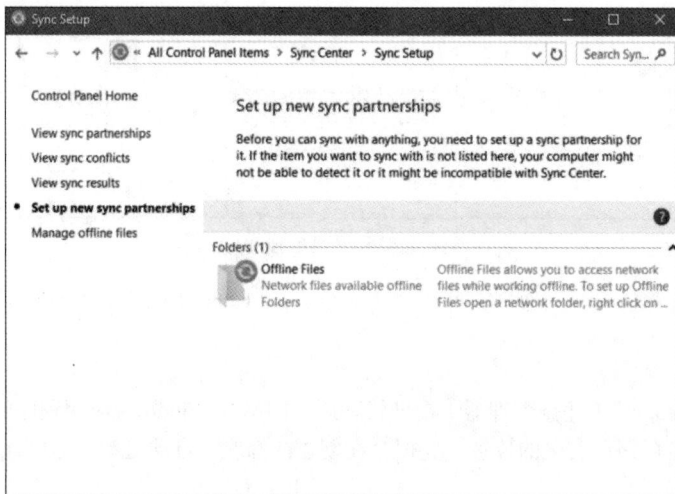

图 11-38　同步中心

OneDrive 提供了类似的服务。OneDrive 是一款可供 Microsoft Windows 用户使用的云存储服务，可通过 Internet 访问，因此可在任何位置使用任何设备访问 OneDrive，只要能够连接到 Internet。同步中心需要访问网络服务器，而从其他位置则未必可以通过网络访问该服务器。

11.2.3 网络和 Internet

本节介绍控制面板中的"Network & Internet"项，它包含一些重要且很有用的控制面板应用程序，让技术人员能够查看有关网络的信息，并做出可能影响网络资源访问方式的修改。

1. 网络设置

Windows 10 引入了"Settings"应用程序，可用于配置网络，网络状态如图 11-39 所示。这个高级应用程序具有很多不同的功能。这个应用程序中的超链接可能指向新的设置界面、控制面板或操作中心。有些选项，如"Airplane mode"（飞行模式）、"Mobile hotspot"（移动热点）和"Data usage"（数据使用量）与移动设备相关，而与台式计算机关系不大。

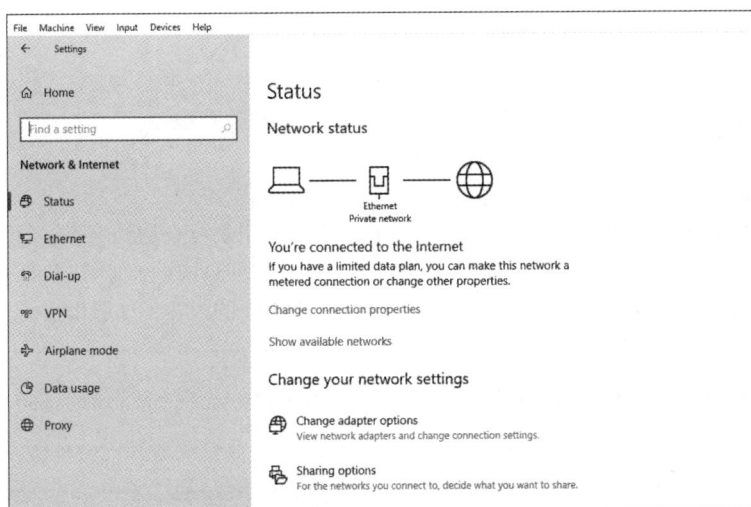

图 11-39　网络状态

移动设备使用无线广域网（Wireless Wide Area Network，WWAN）或蜂窝网络连接技术。WWAN 要求使用适配器通过最近的基站或发射器连接到蜂窝提供商网络；WWAN 适配器可能是内置的，也可能是外置的（通过 USB 连接）。WWAN 连接的带宽取决于适配器和发射器支持的技术，如 3G 或 4G。适配器和适配器软件安装完毕后，将自动连接到 WWAN。

2. Internet 选项

"Internet Options"（Internet 选项）用于配置 Internet Explorer，下面介绍其中的选项卡。

（1）"General"选项卡。

"General"（常规）选项卡用于进行基本的 Internet 配置，如指定默认主页、查看和删除浏览历史记录、调整搜索设置以及自定义浏览器外观，如图 11-40 所示。

（2）"Security"选项卡。

"Security"（安全）选项卡用于调整与 Internet、本地网络、受信任网站和受限制网站相关的安全配置，如图 11-41 所示。对于上述每个区域，安全级别范围都为从低（最低安全性）到高（最高安全性）。

（3）"Privacy"选项卡。

"Privacy"（隐私）选项卡用于进行 Internet 区域的隐私、管理位置服务以及启用弹出窗口阻止程序（Pop-up Blocker）配置，如图 11-42 所示。

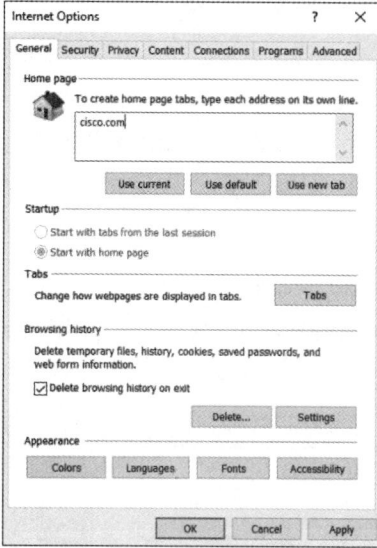

图 11-40　"General"选项卡

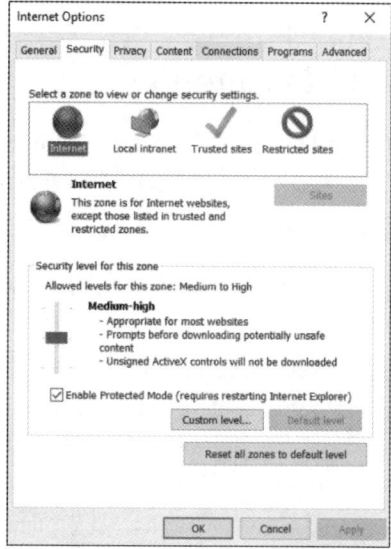

图 11-41　"Security"选项卡

（4）"Content"选项卡。

"Content"（内容）选项卡用于访问家长控制、控制在计算机上可查看的内容、调整自动完成功能（AutoComplete）设置、配置在 Internet Explorer 中可查看的源和网页快讯，如图 11-43 所示。网页快讯指的是一些网站的特定内容，这些网站允许用户订阅和查看更新的内容，如股市行情。

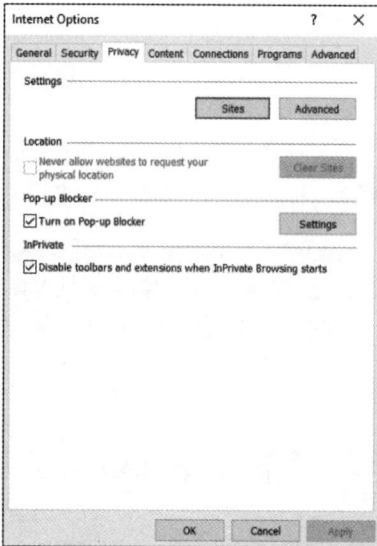

图 11-42　"Privacy"选项卡

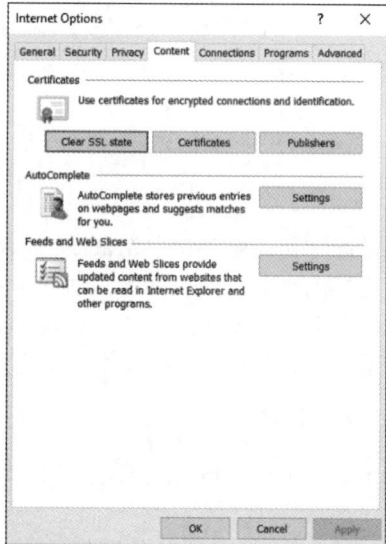

图 11-43　"Content"选项卡

（5）"Connections"选项卡。

"Connections"（连接）选项卡用于设置 Internet 连接以及调整网络设置，如图 11-44 所示。在这个选项卡中，可管理拨号、VPN 和设置代理服务器。使用代理服务器可改善性能和安全性。来自客户端的请求被发送给代理服务器，代理服务器再将请求转发到 Internet；返回的流量被发送给代理服务器，代理服务器再将流量转发给客户端。代理服务器可缓存经常被请求或被众多客户端请求的页面，这可减少带宽使用量。要设置代理服务器，可在"Connections"选项卡中单击"LAN settings"（局域网设置）按钮。

（6）"Programs"选项卡。

"Programs"（程序）选项卡用于将 Internet Explorer 设置为默认 Web 浏览器、启用浏览器加载项、为 Internet Explorer 选择 HTML 编辑器、指定 Internet 服务使用的程序，如图 11-45 所示。HTML 用于标记文本文件，以设置网页的外观。

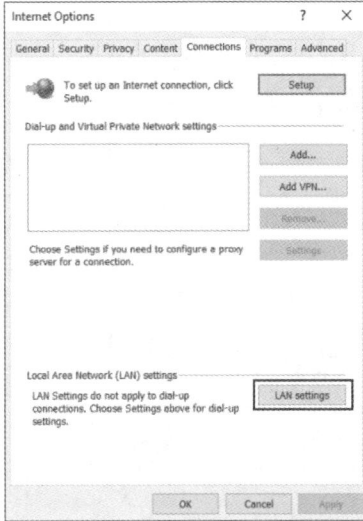

图 11-44 "Connections"选项卡

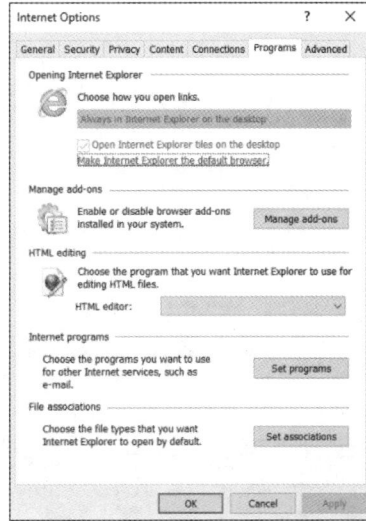

图 11-45 "Programs"选项卡

（7）"Advanced"选项卡。

"Advanced"（高级）选项卡常用于调整高级设置以及将 Internet Explorer 设置重置为默认状态，如图 11-46 所示。

3. 网络和共享中心

"Network and Sharing Center"（网络和共享中心）让管理员能够配置和查看 Windows 计算机上几乎所有的网络设置。使用它几乎可做所有与网络设置相关的事情（从查看网络状态到修改网卡上运行的协议和服务的属性）。图 11-47～图 11-49 分别展示了 Windows 10、Windows 8 和 Windows 7 网络和共享中心；注意到它们虽然看起来很像，但还是存在一些细微的差别。

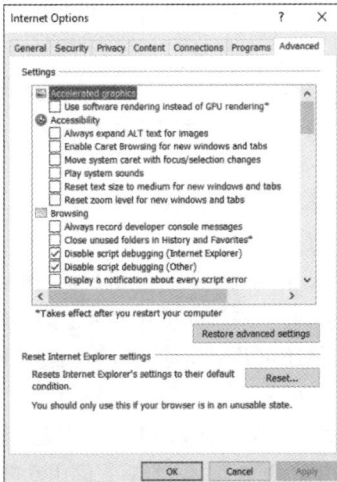

图 11-46 "Advanced"选项卡

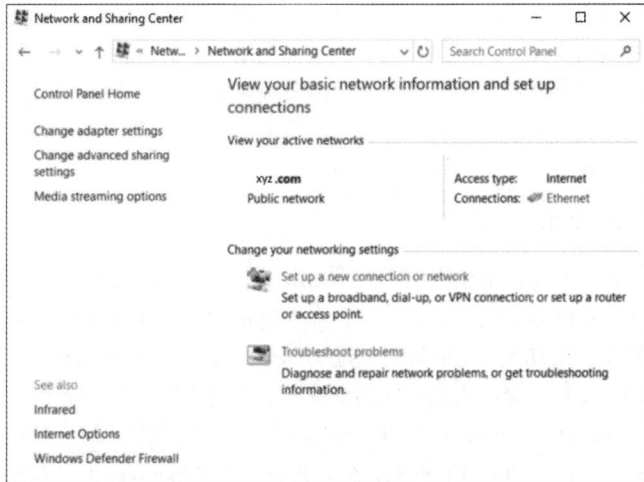

图 11-47 Windows 10 网络和共享中心

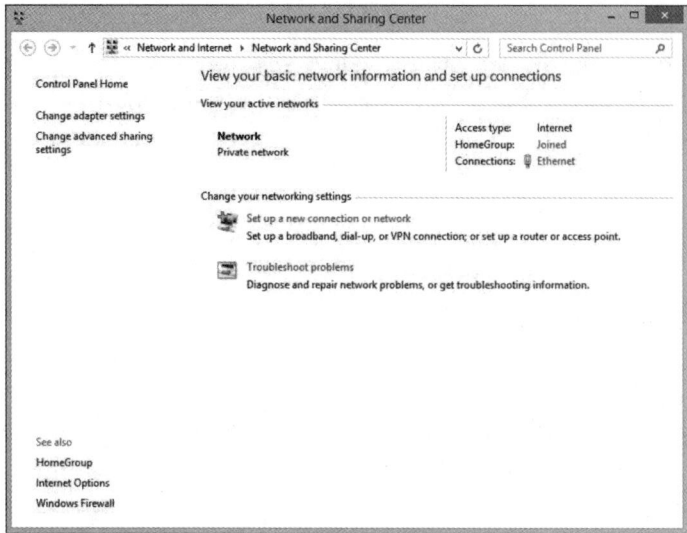

图 11-48　Windows 8 网络和共享中心

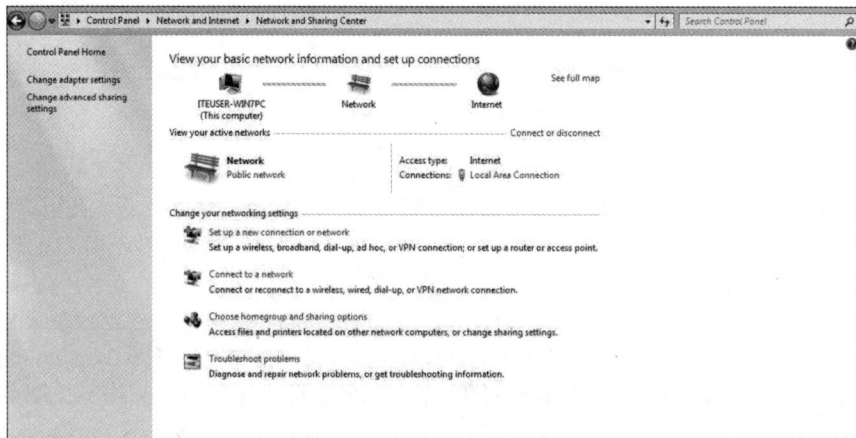

图 11-49　Windows 7 网络和共享中心

网络和共享中心指出了计算机是如何连接到网络的。它显示了 Internet 连接，并让你能够配置共享的网络资源；其左侧显示了一些与网络相关的常执行且很有用的任务。

在网络和共享中心，可使用网络配置文件来配置文件和共享设备。在网络配置文件中，可根据连接的是私有网络还是公共网络修改基本的共享设置。在不安全的公共网络中，可禁用共享，而在安全的私有网络中，可启用共享。

4. 家庭组

在 Windows 网络中，"HomeGroup"（家庭组）指的是一组位于同一个网络中的计算机。家庭组简化了简单网络中的文件共享，旨在通过最大限度地减少配置工作简化家庭联网。你可在网络上共享库文件夹，让其他设备能够轻松地访问你的音乐、视频、图片和文档；你还可共享与你的计算机连接的设备。要加入家庭组并访问共享资源，需要提供用户组密码。

家庭组是 Windows 7 和 Windows 8 提供的一项功能，已逐渐被淘汰。在 Windows 8.1 中，不能创建家庭组，但可加入既有的家庭组。在较新的 Windows 10（1803 版本和更高版本）中，没有家庭组功能。

图 11-50 展示了 Windows 8 的家庭组配置界面。在 Windows 8 中，默认不共享任何库文件夹。图 11-51

展示了 Windows 7 家庭组配置界面，注意到默认共享除文档外的所有库文件夹。

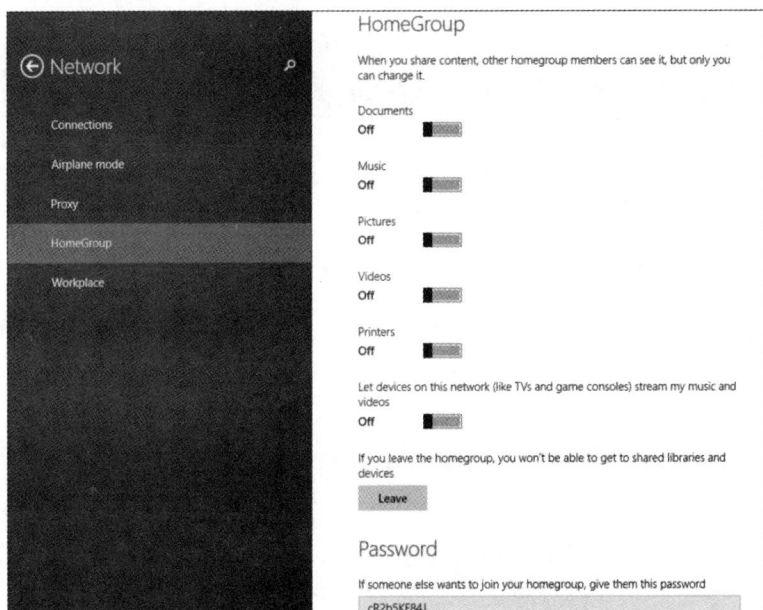

图 11-50　Windows 8 家庭组配置界面

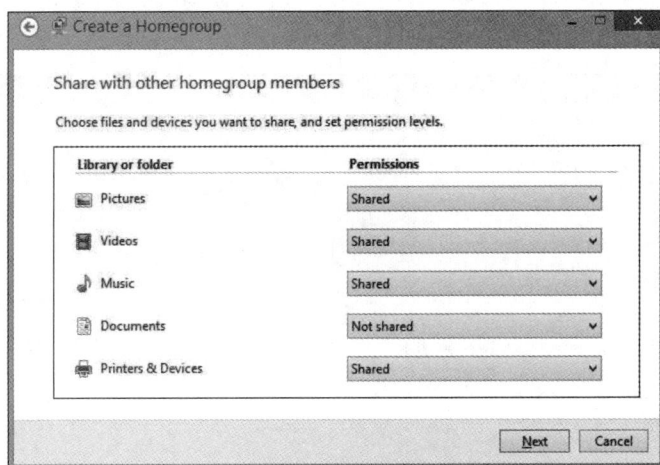

图 11-51　Windows 7 家庭组配置界面

11.2.4　显示设置

大多数高级显示设置都可在应用程序 "Settings" 的 "Display"（显示）部分指定。诸如背景壁纸、屏幕颜色和屏幕分辨率等都是可调整的。

1. 显示设置和配置

在 Windows 10 中，大部分外观和个性化配置都移到了 "Settings" 应用程序中，如图 11-52 所示。在 Windows 10 中，要访问显示设置，可在桌面的空白区域单击鼠标右键，并从弹出的快捷菜单中选择 "Display settings"（显示设置）；另一种方法是打开 "Settings" 应用程序，并选择 "System"（系统）。

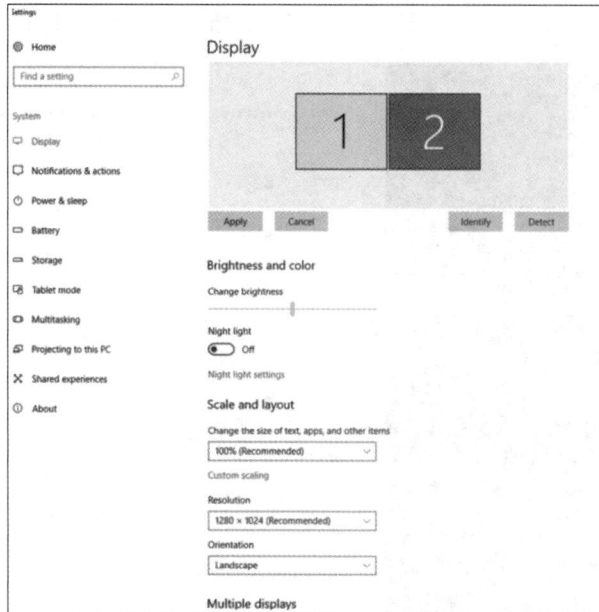

图 11-52　Windows 10 中的显示设置

　　可通过修改图形适配器输出的分辨率来调整桌面的外观。如果屏幕分辨率设置不合适，可能出现意料之外的显示结果。还可调整桌面和 Windows 界面元素中文本的缩放比例。图 11-53 显示了 Windows 8.1 控制面板中的"Display"（显示）控制面板项，它位于"Hardware and Sound"（硬件和声音）类别中。

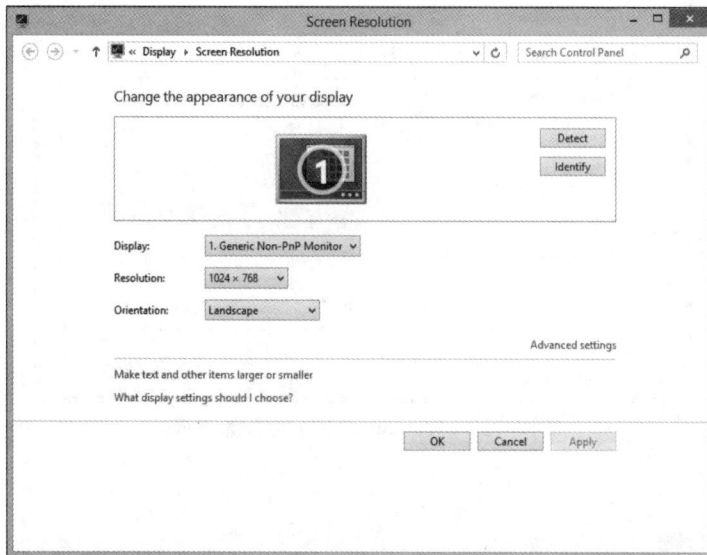

图 11-53　Windows 8.1 控制面板中的"Display"控制面板项

　　如果使用的是 LCD，务必将分辨率指定为推荐设置，这样 Windows 将把分辨率设置为原始分辨率：将视频输出的像素数设置为显示器的像素数。如果不使用原始分辨率，显示器生成的图片将不是最佳的。

2. 显示功能

　　在 Windows 8 和 Windows 7 控制面板的"Display"项中，可调整如下功能。

- **显示器**：有多台显示器时，可选择特定的显示器，以便对其进行配置。
- **屏幕分辨率**：指定水平像素数和垂直像素数，像素数越多，分辨率越高。通常表示为水平像素数乘以垂直像素数，如 1920 像素 × 1080 像素。调整屏幕分辨率的方法如图 11-54 所示。
- **方向**：将显示方向指定为横向、纵向、横向（翻转）或纵向（翻转）。
- **刷新率**：设置重绘屏幕上图像的频率，单位为赫兹（Hz），60 Hz 意味着每秒重绘屏幕 60 次。刷新率越高，屏幕上图像越稳定，但有些显示器并不支持所有的刷新率设置。
- **显示器颜色**：在较旧的系统中，需要将颜色数（位深）设置为与显卡和显示器兼容的值。位深值越大，颜色数越多，例如，24 位（真彩色）调色板包含 1600 万种颜色，32 位调色板包含 24 位颜色和 8 位其他数据（如透明度）。
- **多显示器**：有些计算机或显卡支持将多个显示器连接到计算机。在这种情况下，可扩展桌面，这意味着可将多台显示器合并成一台大型显示器，即在这些显示器上显示同一幅图像。

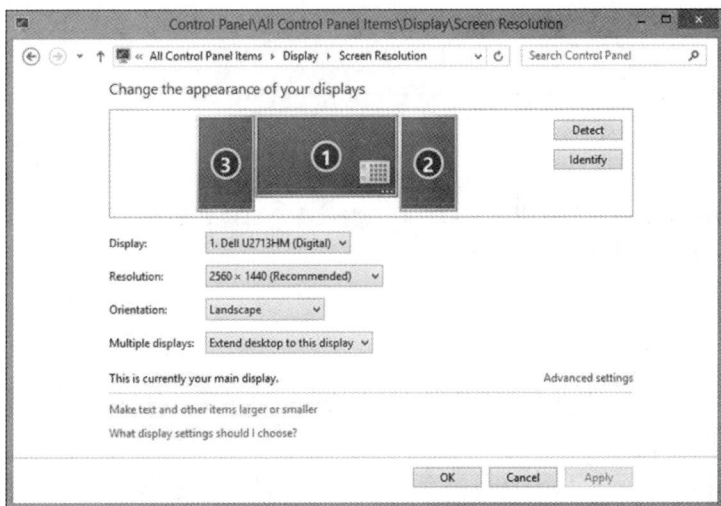

图 11-54　调整屏幕分辨率

11.2.5　电源选项和系统

在控制面板中，可通过"Power Options"（电源选项）调整电源计划，还可通过"System"查看有关计算机的信息，如 Windows 版本、计算机名称、工作组、Windows 激活状态、处理器速度、内存量等。本节介绍这些控制面板项及其包含的设置。

1．电源选项

"Power Options"（电源选项）让你能够调整某些设备或整台计算机的功耗：通过配置电源计划，最大限度地延长电池的续航时间或最大限度地节能。电源计划是一系列硬件和软件设置，管理计算机的耗电情况。图 11-55 显示了 Windows 10 控制面板中的"Power Options"项，它与 Windows 7 和 Windows 8 中的"Power Options"项稍有不同。一个重要的差别是，在 Windows 10 中，将指定唤醒计算机后需要输入密码的设置从"Power Options"项移到了"User Accounts"中，这是一个确保数据安全的重要设置。

Windows 提供了多个预设的电源计划，这些计划是在 Windows 安装期间创建的默认设置。你可使用默认设置，也可创建自定义计划，具体如何做取决于工作或设备的要求。

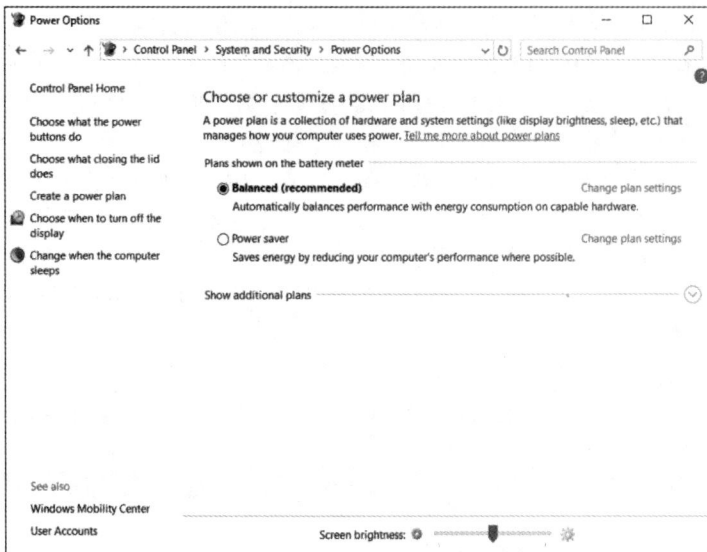

图 11-55 "Power Options"

注 意　Windows 会自动检测计算机中的某些设备，并相应地创建电源设置。因此，电源选项
　　　　设置随检测到的硬件而异。

---

2. 电源选项设置

"Power Options"位于控制面板"Hardware and Sound"类别中，图 11-56 显示了 Widows 8 控制面
板中的"Power Options"。

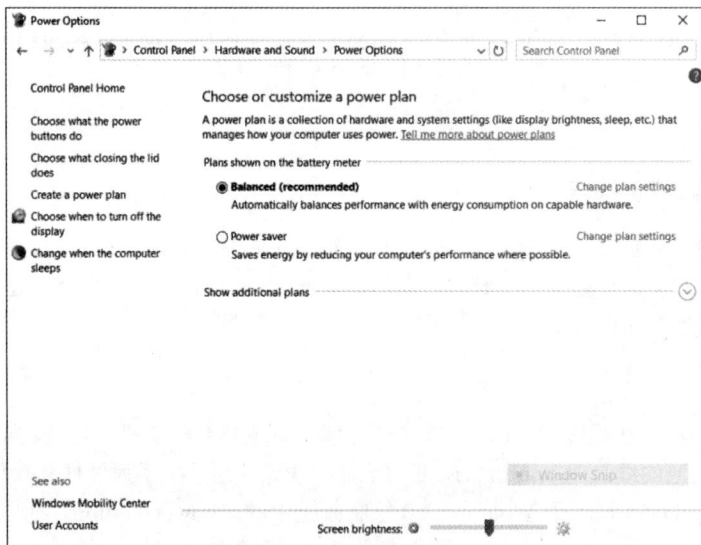

图 11-56　Windows 8 控制面板中的"Power Options"

你可做如下设置。

■ 唤醒时要求密码（仅限 Windows 7 和 Windows 8 ）。

■ 选择电源按钮的作用。

- 选择关闭机盖的作用（仅限便携式计算机）。
- 创建电源计划。
- 选择关闭显示器的时间。
- 更改计算机睡眠时间。

3. 电源选项操作

通过选择"Choose What the Power Buttons Do"（选择电源按钮的功能）或"Choose What Closing the Lid Does"（选择关闭机盖的功能），可指定用户按下电源按钮/睡眠按钮或关闭机盖时，计算机将如何做，如图 11-57 所示。

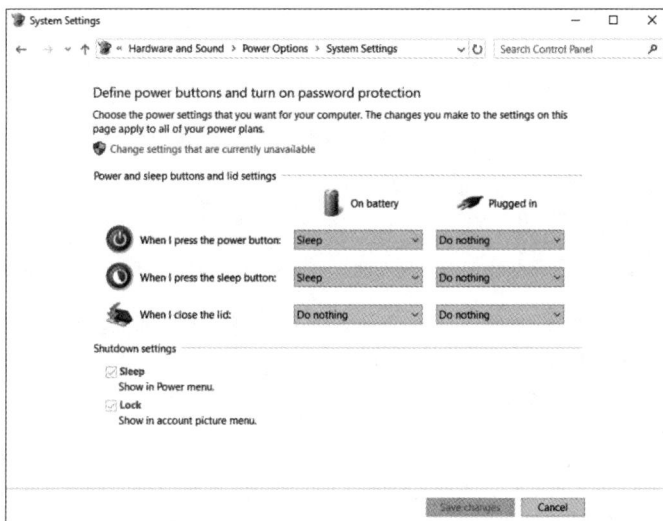

图 11-57 "Power Options" 操作

有些设置还会显示为 Windows 中的"Start"按钮或 Windows 10 中的"Power"按钮的"Shutdown"选项。如果用户不想完全关闭计算机，可使用如下选项。

- **不采取任何操作**：计算机继续以全功率运行。
- **睡眠**：将文件、应用程序和操作系统状态保存到内存中，这样能够快速唤醒计算机，但为保留内存中的数据，不能断电。
- **休眠**：将文档、应用程序和操作系统状态保存到硬盘上的临时文件中。在这种情况下，唤醒计算机所需的时间要长些，但无须继续通电以保留硬盘中的数据。
- **关闭显示器**：计算机以全功率运行，但关闭显示器。
- **关机**：关闭计算机。

4. 系统

"System"（系统）位于控制面板"System and Security"类别中，让用户能够查看基本的系统信息、访问工具、配置高级系统设置。图 11-58 显示了 Windows 10 控制面板中的"System"，它与 Windows 7 和 Windows 8 中的"System"很像。

通过单击左侧面板中的超链接，可访问各种设置。

5. 系统属性

用户单击"Remote settings"（远程设置）或"System protection"（系统保护）时，将打开实用程序"System Properties"（系统属性），其中包含如下选项卡。

- **"Computer Name"（计算机名）**：如图 11-59 所示，用于查看或修改计算机的名称和工作组设置，以及修改域或工作组。

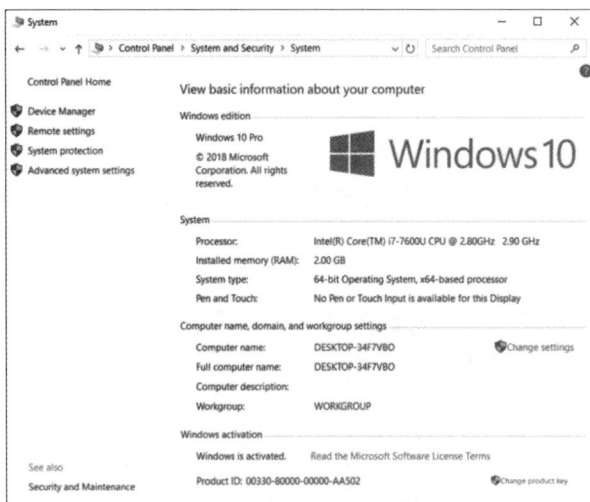

图 11-58　Windows 10 控制面板中的"System"

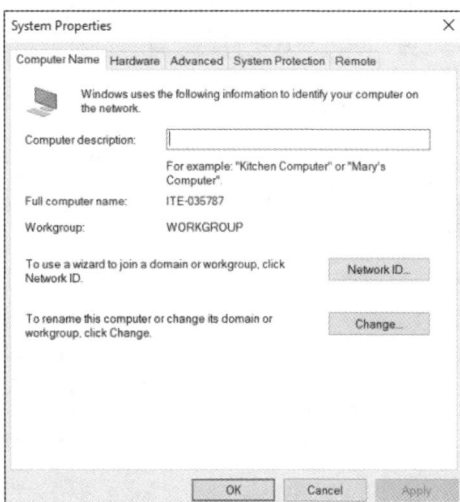

图 11-59　"Computer Name"选项卡

- **"Hardware"（硬件）**：如图 11-60 所示，用于访问设备管理器或调整设备安装设置。
- **"Advanced"（高级）**：如图 11-61 所示，用于进行性能、用户配置文件、启动和恢复配置。

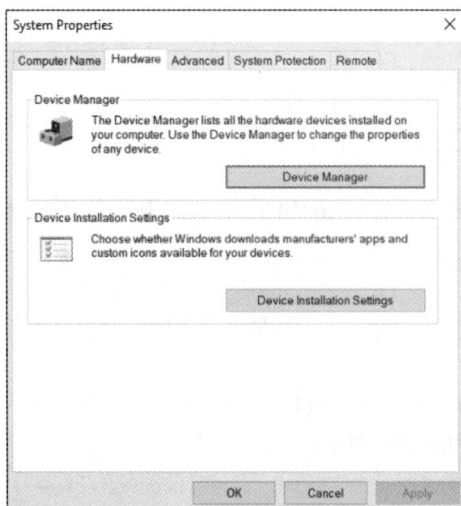

图 11-60　"Hardware"选项卡

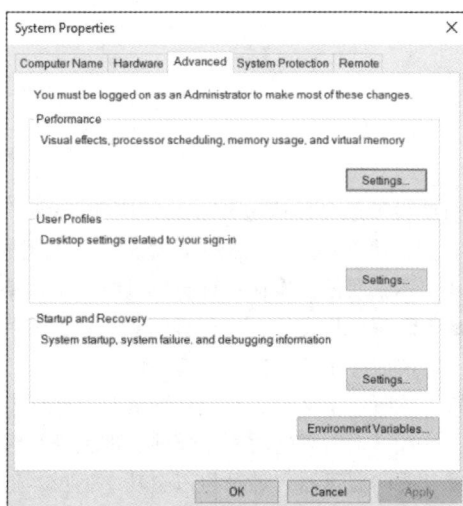

图 11-61　"Advanced"选项卡

- **"System Protection"（系统保护）**：如图 11-62 所示，用于访问系统还原（将计算机恢复到较早的配置），以及配置系统还原点和可用于存储还原点的磁盘空间。
- **"Remote"（远程）**：如图 11-63 所示，用于进行远程协助和远程桌面设置，让其他人能够链接到当前计算机，以查看界面或远程操作该计算机。

6. 改善性能

为改善操作系统性能，可修改虚拟内存配置，如图 11-64 所示。Windows 发现系统内存不足时，将在硬盘上创建分页文件，其中包含一些来自内存的数据。这些数据需要返回内存时，则会从分页文件中予以读取。这个过程比直接读取内存慢得多。如果计算机内存较小，请考虑购买额外的内存，以减少分页。

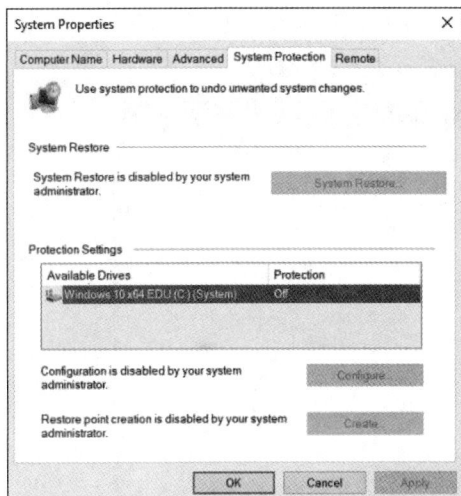

图 11-62 "System Protection"选项卡

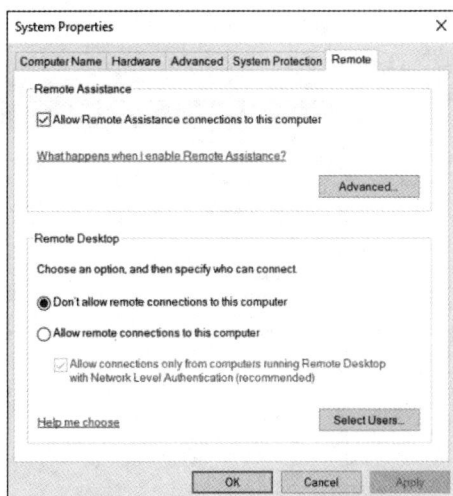

图 11-63 "Remote"选项卡

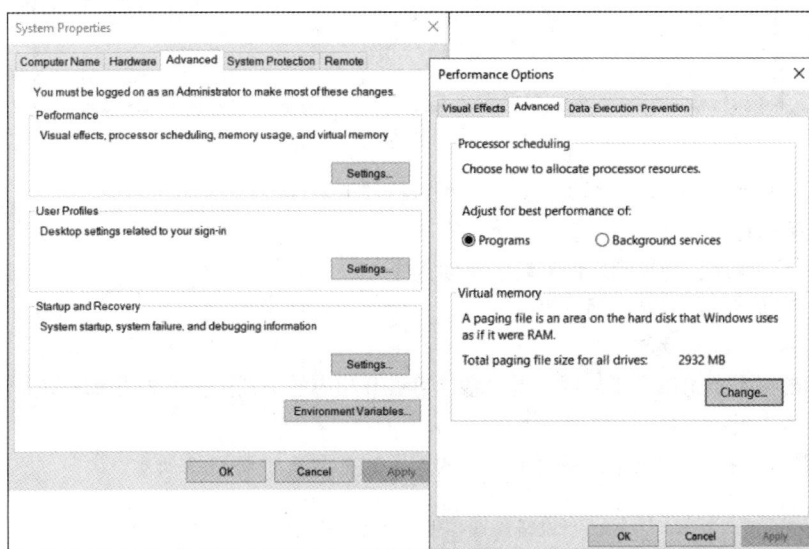

图 11-64 改善性能

　　另一种改善系统性能的方法是，使用外置闪存设备和 ReadyBoost。ReadyBoost 让 Windows 能够将外部闪存设备（如 USB 驱动器）作为硬盘驱动器缓存。当前，如果 Windows 确定使用 ReadyBoost 无法改善性能，则 ReadyBoost 将不可用。

　　要激活 ReadyBoost，可插入闪存设备，在文件资源管理器中的闪存设备上单击鼠标右键，再选择"Properties"（属性）并单击标签"ReadyBoost"。

11.2.6　硬件和声音

　　在控制面板中，"Hardware"（硬件）包含一些工具，技术人员可用来添加和删除打印机及其他类型的硬件、配置自动播放、管理电源、更新驱动程序等；"Sound"（声音）让用户能够修改系统声音设置。

1. 设备管理器

"Device Manager"（设备管理器）列出了计算机上安装的所有设备，让你能够诊断和解决设备问题，如图 11-65 所示。

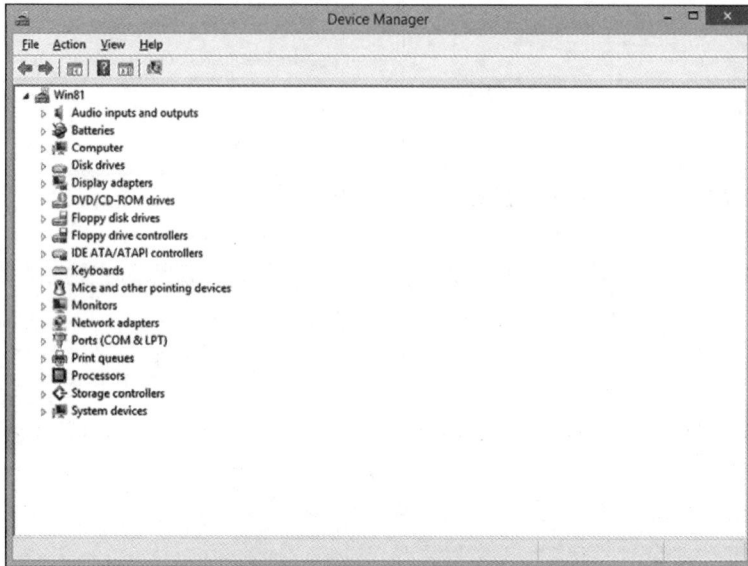

图 11-65 "Device Manager"

你可查看硬件和驱动程序的详细信息，还可执行如下操作。

- **更新驱动程序**：修改当前安装的驱动程序。
- **回滚驱动程序**：切换到之前安装的驱动程序。
- **卸载驱动程序**：删除驱动程序。
- **禁用设备**：停用设备。

设备管理器按类型组织设备。要查看设备，可展开相应的类别。你可查看计算机上任何设备的属性，为此只需双击设备名。

设备管理器使用图标来指出设备可能存在的问题的类型，如表 11-3 所示。

表 11-3　　　　　　　　　　　　　设备管理器使用的状态图标

状态图标	含义
⚠	设备存在错误。设备可能正常运行，但需要特别注意。用右键单击 "Device Manager" 中的项目，并选择 "Properties"（属性）打开 "Properties" 对话框，并查看 "Device Status"（设备状态）中的问题代码，再研究这个问题代码以确定出现了什么问题
⬇	设备被禁用。设备已安装到系统上，但没有为之加载驱动程序
?	无设备专用的驱动程序，使用的是兼容的驱动程序
ⓘ	这不是问题代码，它表示驱动程序是手动安装的，而不是自动安装的

设备管理器中列出的设备因计算机而异。Windows 7、Windows 8 和 Windows 10 中的设备管理器很像。

2. 设备和打印机

在控制面板中，"Devices and Printers"（设备和打印机）提供了有关计算机连接的设备的高级视图，如图 11-66 所示。

"Devices and Printers"通常显示通过网络连接或端口（如 USB）连接的外置设备，它还让你能够给计算机快速添加设备。在大多数情况下，Windows 都会自动安装设备所需的驱动程序。在图 11-66 所示的窗口中，注意到台式计算机设备旁边有一个黄色三角形图标，这表明其驱动程序存在问题；设备旁边的绿色复选标记表明设备被用作默认设备。要查看设备的属性，可在设备上单击鼠标右键，再选择"属性"。

"Devices and Printers"显示的设备通常包括如下设备。

- 偶尔连接到计算机的移动设备，如智能手机、个人健身设备和数码相机。
- 插入计算机 USB 端口中的设备，如外置 USB 硬盘驱动器、闪存驱动器、网络摄像头、键盘和鼠标。
- 连接到计算机或网络上的打印机。
- 连接到计算机的无线设备，如蓝牙设备和无线 USB 设备。
- 连接到计算机的兼容网络设备，如网络扫描仪、媒体扩展器或网络附加存储（Network Attached Storage，NAS）设备。

Windows 7、Windows 8 和 Windows 10 控制面板中的"Devices and Printers"很像。

3. 声音

在控制面板中，"Sound"（声音）用于配置音频设备或修改计算机的声音方案，如图 11-67 所示。例如，可将邮件通知声音从蜂鸣声改为鸣钟声，还可选择使用哪个音频设备来播放或录制音频。

在 Windows 7、Windows 8 和 Windows 10 控制面板中，"Sound"控制面板项基本没有变化。

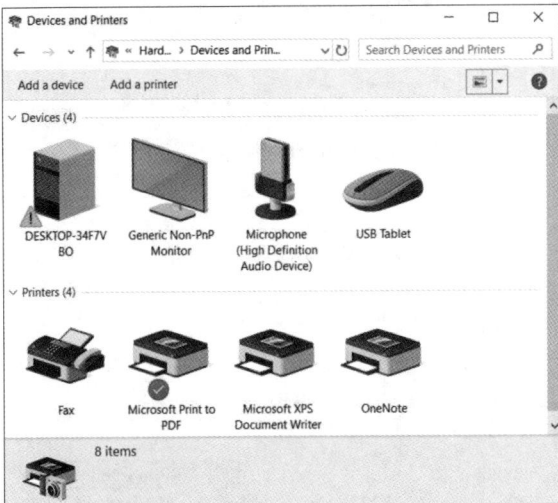

图 11-66　Windows 10 中的"Devices and Printers"

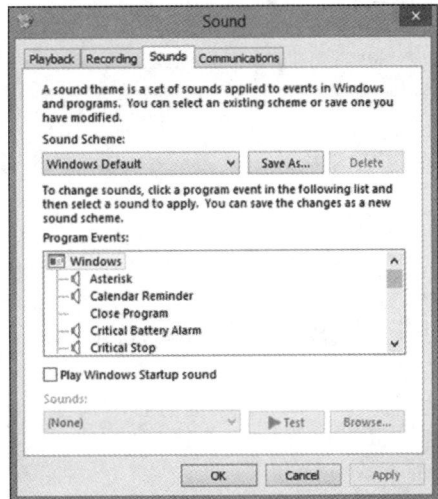

图 11-67　控制面板中的"Sound"项

11.2.7　时钟、区域和语言

在控制面板的类别视图中，"Clock, Region, and Language"（时钟、区域和语言）类别显示了一些设置区域，还有到子类别的超链接，让你能够修改时钟、区域和语言。

1. 时钟

在 Windows 控制面板中，可通过"Date and Time"（日期和时间）修改系统的日期和时间，如图 11-68 所示。你还可调整时区；调整时区后，Windows 将自动更新时间设置。Windows 时钟自动同步到 Internet 的标准时间，确保时间是准确的。

在 Windows 10 控制面板中，可通过"Clock and Region"类别访问"Date and Time"，在 Windows 7 和 Windows 8 控制面板中，可通过"Clock, Language, and Region"类别访问"Data and Time"。

2. 区域

在 Windows 控制面板中，可通过"Region"（区域）项修改数字、货币、日期和时间的格式。在 Windows 7 中，有用于修改系统键盘布局和语言以及计算机位置的选项卡；在 Windows 8 中，删除了用于修改键盘布局和语言的选项卡；Windows 10 会尝试使用位置服务自动检测计算机的位置，但如果无法确定位置，也可手动设置。图 11-69 显示了 Windows 8 控制面板中的"Region"，而图 11-70 显示了 Windows 10 控制面板中的"Region"。

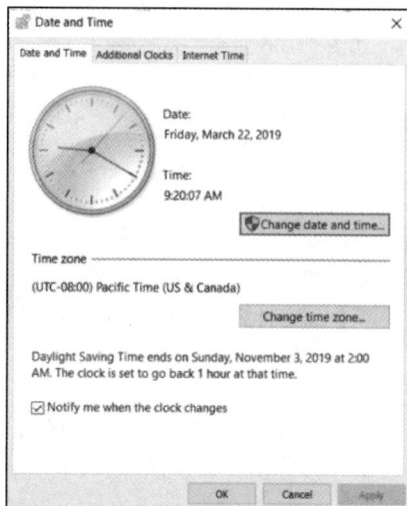

图 11-68　Windows 10 控制面板中的"Date and Time"项

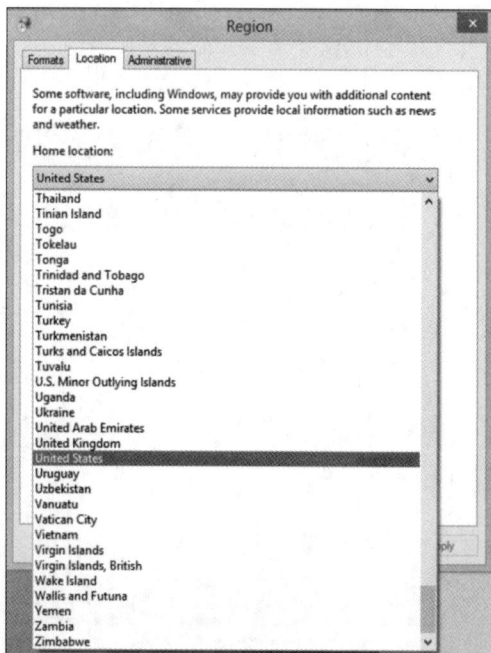

图 11-69　Windows 8 控制面板中的"Region"

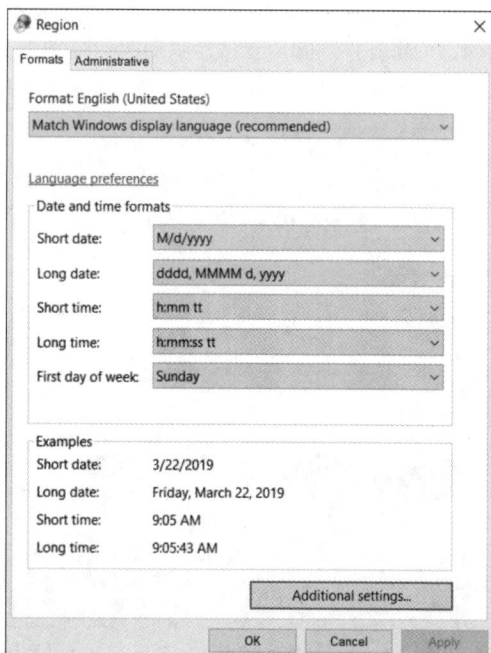

图 11-70　Windows 10 控制面板中的"Region"

要修改日期和时间的格式，可修改"Date and time formats"（日期和时间格式）部分的显示模式。要修改数字和货币格式以及度量衡系统，可单击"Additional settings"（其他设置）按钮；这样做后，可修改其他日期和时间格式。

3. 语言

在 Windows 7 和 Windows 8 中，可在控制面板中配置语言，如图 11-71 所示。用户可安装语言包，其中包含不同语言所需的字体和其他资源。

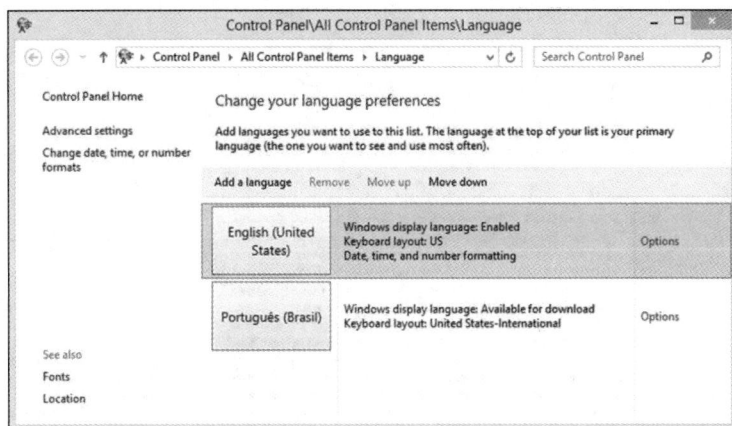

图 11-71　Windows 8 中的语言配置

在 Windows 10 中，这些设置移到了应用程序 "Settings" 的 "Language"（语言）部分，如图 11-72 所示。添加语言时，可选择安装支持该语言语音命令的 Cortana（如果有的话）。

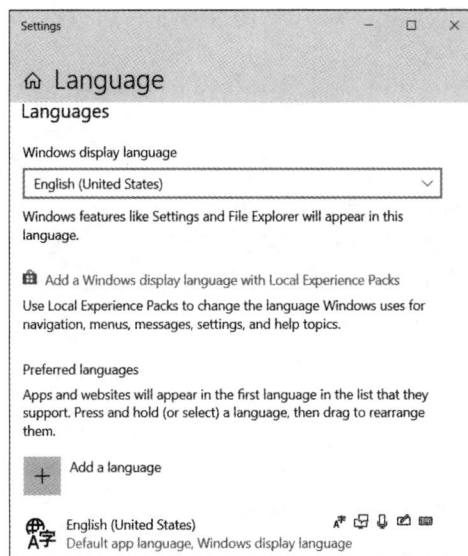

图 11-72　Windows 10 中的语言设置

11.2.8　程序和功能

如何卸载和管理计算机上安装的程序是计算机技术人员关心的重要问题。在控制面板中，"Programs"（程序）类别包含一些链接，让你能够修改、修复和卸载计算机上安装的任何程序。

1. 程序

如果有不再使用的程序或想要释放硬盘空间，可使用控制面板中的 "Programs and Features"（程序和功能）来卸载程序，如图 11-73 所示。卸载程序时，务必使用控制面板中的"Programs and Features"，或通过"开始"菜单中与应用程序相关联的卸载菜单项，这很重要。

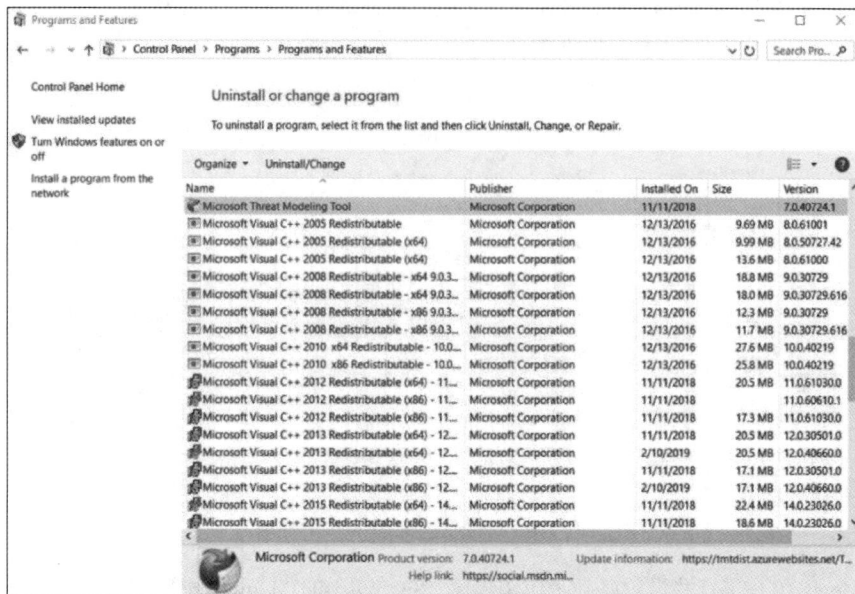

图 11-73　卸载程序

另外，可修复某些程序存在的问题；对于针对旧版 Windows 编写的不能正常运行的程序，还可排除其故障。

最后，可选择从网络手动安装程序。你的组织可能提供需要手动安装的更新或补丁。

2. Windows 功能和更新

你可配置 Windows 功能，如图 11-74 所示。"Programs and Features"让你能够查看已安装的 Windows 更新，以及卸载特定的更新（如果它们导致了问题，且没有其他安装的更新或软件依赖于它们）。

3. 默认程序

在控制面板中，"Default Programs"（默认程序）让你能够配置 Windows 处理文件的方式以及使用哪种应用程序来处理文件，如图 11-75 所示。例如，如果安装了多个 Web 浏览器，可指定当你在电子邮件或其他文件中单击链接时，使用哪个 Web 浏览器查看相应的网页。为此，可为文件指定默认应用程序，即指定用于打开它们的应用程序。例如，可将 JPEG 图形文件配置为在浏览器或图形编辑器中打开进行查看。

图 11-74　配置 Windows 功能

最后，你可选择自动播放的工作方式。指定 Windows 根据所在的可移动存储介质类型来自动打开不同类型的文件。例如，对于音频 CD，可指定自动使用 Windows Media Player 来播放，或自动使用 Windows 文件资源管理器来显示内容目录。

在 Windows 10 中，上述配置（自动播放配置除外）都是通过应用程序"Settings"设置的，但在 Windows 7 和 Windows 8 中是使用控制面板设置的。

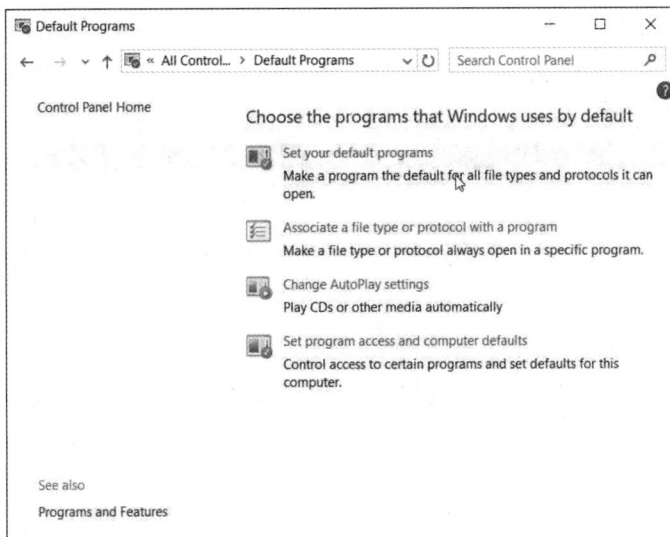

图 11-75　控制面板中的"Default Programs"项

11.2.9　其他控制面板项

控制面板中有很多实用程序，它们包含 Windows 各个部分的设置和选项。

1. 疑难解答

在控制面板中，"Troubleshooting"（疑难解答）有大量内置脚本，可用于找出并解决众多 Windows 组件的常见问题，如图 11-76 所示。这些脚本自动运行，还可配置成自动执行修改以修复发现的问题。你可以查看在以前什么时候运行过疑难解答脚本，使用"View History"（查看历史记录）功能即可。

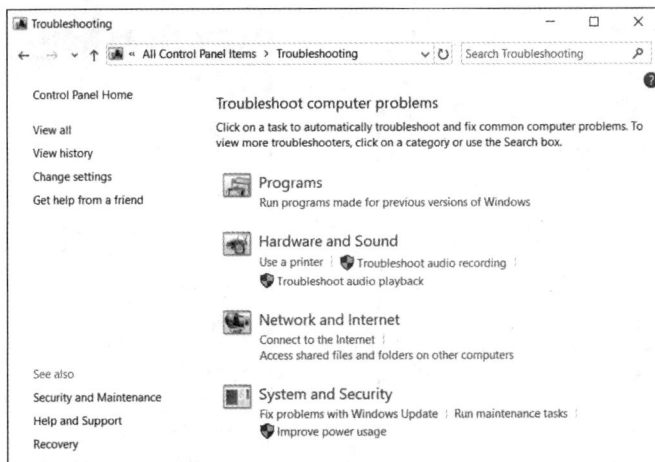

图 11-76　Windows 10 控制面板中的"Troubleshooting"

2. BitLocker 驱动器加密

BitLocker 是 Windows 提供的一项服务，用于对整个磁盘逻辑驱动器进行加密，让未经授权者无法读取。如果计算机或磁盘驱动器被盗，可能导致数据丢失。另外，计算机报废时，可使用 BitLocker

确保从计算机卸载并销毁的硬盘驱动器是无法读取的。

控制面板中的"BitLocker Drive Encryption"(BitLocker 驱动器加密)让你能够控制 BitLocker 的运行方式,如图 11-77 所示。

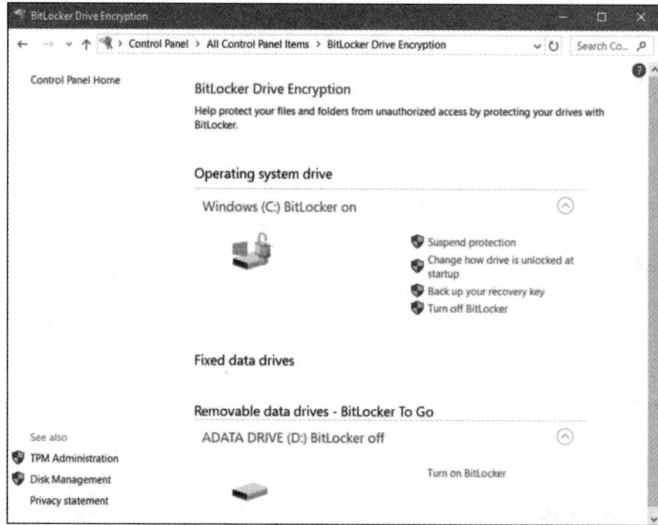

图 11-77　控制面板中的"BitLocker Drive Encryption"

3. 文件资源管理器选项和文件夹选项

有一个控制面板中的选项让你能够修改与 Windows 资源管理器或文件资源管理器的文件显示方式相关的各种设置,它在 Windows 10 中名为"File Explorer Options"(文件资源管理器选项),在 Windows 7 和 Windows 8.1 中名为"Folder Options"(文件夹选项)。图 11-78 显示了 The Windows 10 控制面板中的"File Explorer Options";Windows 7 和 Windows 8 中的"Folder Options"相似,图 11-79 显示了 Windows 8 控制面板中的"Folder Options"。

图 11-78　Windows 10 控制面板中的
"File Explorer Options"

图 11-79　Windows 8 控制面板中的
"Folder Options"

在 Windows 10 中,很多常用的文件和文件夹选项都可在文件资源管理器的功能区中找到;在 Windows 8.1 中,有些选项在功能区中,但数量没有 Windows 10 的那么多;在 Windows 7 中,Windows

资源管理器没有功能区，只能使用控制面板来设置文件和文件夹选项。

下面介绍 Windows 10 控制面板中的"File Explorer Options"中各选项卡的功能。

① "General"（常规）选项卡用于调整如下设置。

- **浏览文件夹**：指定如何显示打开的文件夹。
- **按如下方式单击项目**：指定打开文件夹所需单击的次数。
- **隐私**：指定在"快速访问"中显示哪些文件和文件夹；另外，让用户能够清除文件历史记录。

② "View"（查看）选项卡用于调整如下设置。

- **文件夹视图**：将当前查看的文件夹的视图设置应用于所有同类型的文件夹。
- **高级设置**：自定义查看体验，包括显示隐藏的文件和文件扩展名。

③ "Search"（搜索）选项卡用于调整如下设置。

- **搜索内容（Windows 7）**：根据搜索位置是否建立了索引使用不同的搜索设置，方便查找文件和文件夹。
- **搜索方式**：指定是否使用索引进行搜索。
- **在搜索未建立索引的位置时**：指定搜索未建立索引的位置时，是否搜索系统目录、压缩文件和文件内容。

11.3　系统管理

系统管理指的是管理和维护多用户环境中的硬件和软件系统。

11.3.1　管理工具

有很多可帮助管理系统的工具，包括 Windows 自带的和来自第三方厂商的。在控制面板中，"Administrative Tools"（管理工具）包含很多系统工具，可供高级用户、技术人员和系统管理员使用。"Administrative Tools"因 Windows 版本而异。

1. 管理工具

"Administrative Tools"控制面板项包括一系列用于监控和配置 Windows 运行的工具，它随时间的推移而不断发展。在 Windows 7 中，其功能较为有限，在 Windows 8.1 中，Microsoft 在其中添加了很多实用程序，而在 Windows 10 中，其中可用的工具只是稍微有所变化。

"Administrative Tools"并不常见，因为它是可在文件资源管理器中打开的应用程序快捷方式的集合。由于每个图标都是一个应用程序快捷方式，因此可查看每个快捷方式的属性，以获悉单击该快捷方式时将运行的应用程序的信息。可在命令提示符下输入这些应用程序的名称来启动它们，等你有丰富的 Windows 管理经验后，这可能是访问所需工具的有效方式。图 11-80 显示了 Windows 10 控制面板中的"Administrative Tools"。

2. 计算机管理

"Administrative Tools"包含的工具之一是"Computer Management"（计算机管理）控制台，如图 11-81 所示。仅使用这个工具就可管理本地计算机和远程计算机的众多方面。

"Computer Management"控制台让你能够访问 3 组实用程序，本节讨论其中的"System Tools"（系统工具）组。

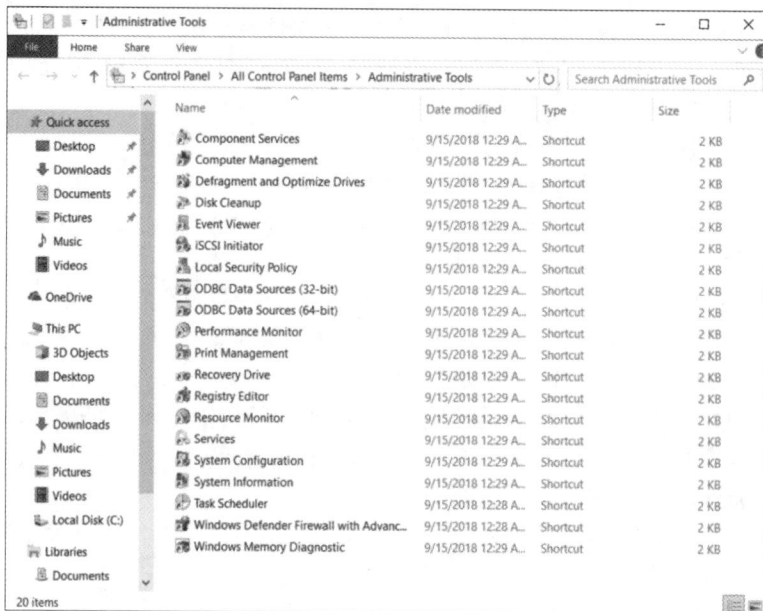

图 11-80 Windows 10 控制面板中的"Administrative Tools"

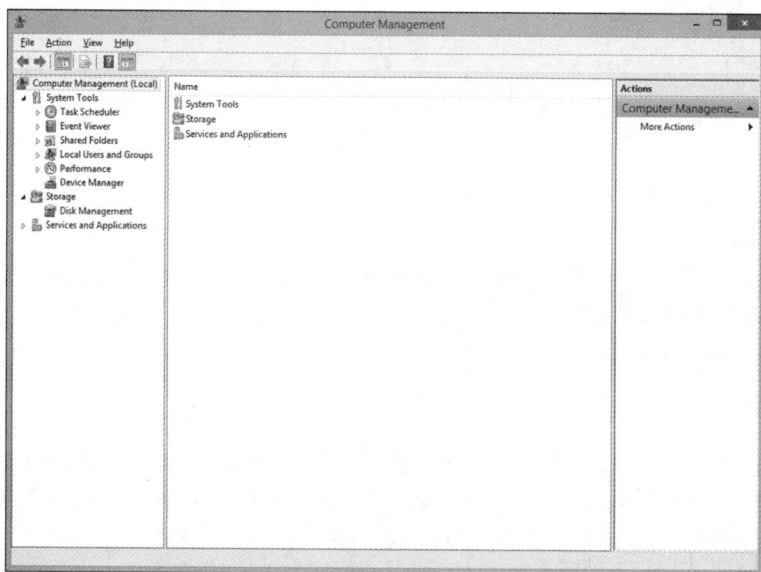

图 11-81 "Computer Management"控制台

在 Windows 8.1 或 Windows 10 中，要打开"Computer Management"控制台，可在"right-clicking This PC"上单击鼠标右键，并选择"Manage"（管理）；在 Windows 7 和 Windows 8 中，方法是在 "Computer"上单击鼠标右键，并选择"Manage"。要打开"Computer Management"控制台，必须有管理员权限。

要在远程计算机上打开"Computer Management"控制台，可采取如下步骤。

第 1 步：在"Computer Management"控制台中，在"Computer Management(Local)"（计算机管理控制台（本地））上单击鼠标右键，并选择"Connect to another computer"（连接到另一台计算机）。

第 2 步：输入要管理的计算机的名称，或单击"Browse"（浏览）按钮以查找网络上要管理的计算机。

3. 事件查看器

"Event Viewer"（事件查看器）让你能够查看有关应用程序事件、安全事件和 Windows 系统事件的历史记录，如图 11-82 所示。这些事件存储在日志文件中，而日志文件是宝贵的故障排除工具，它们提供确定问题所需的信息。在"Event Viewer"中，可筛选和自定义日志视图，从而更轻松地在 Windows 生成的各种日志文件中查找重要信息。

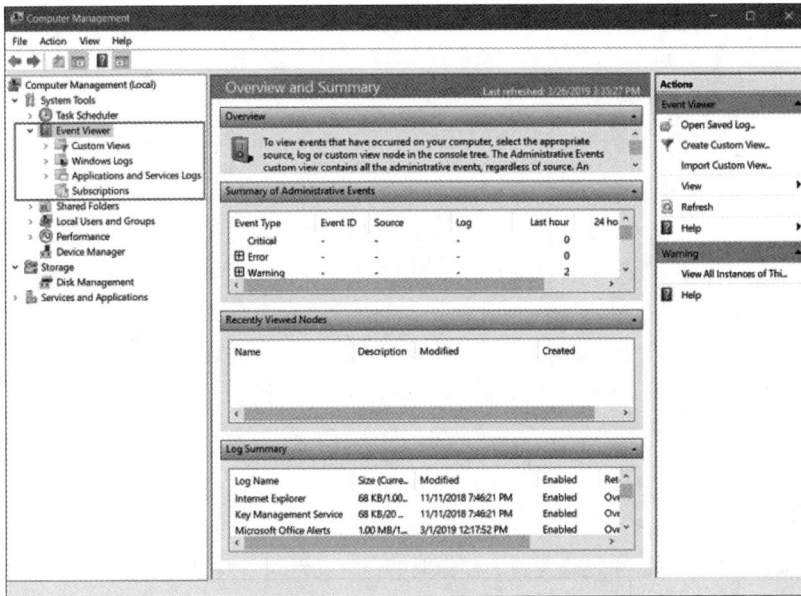

图 11-82 "Event Viewer"

Windows 将很多事件都写入日志文件，这些事件可能来自应用程序、Windows 操作系统、应用程序安装和安全事件。日志文件中的每条消息都有类型（级别），具体介绍如下。

- **信息**：成功事件，如成功地执行了驱动程序或程序。Windows 将大量信息写入了日志文件。
- **警告**：软件组件运行不完全正常，可能存在问题。
- **错误**：存在问题，但无须立即采取措施。
- **严重**：必须立即关注，通常与系统或软件崩溃或锁定相关。
- **审核成功（仅适用于安全事件）**：成功的安全事件，如用户成功登录。
- **审核失败（仅适用于安全事件）**：失败的安全事件，如用户尝试登录计算机但失败了。

4. 本地用户和组

"Local Users and Groups"（本地计算机和组）提供了高效管理用户的途径，如图 11-83 所示。

你可创建新用户并将其指定为组成员。给组指定适合不同类型用户的权限，这让你可将用户指定为合适组的成员，而无须给每个用户都指定权限。为简化用户管理工作，Windows 提供了一些默认用户账户和组。

- **管理员**：对计算机有全面控制权，可访问所有文件夹。
- **来宾**：可通过临时配置文件访问计算机，这种临时配置文件在登录时创建，并在注销时删除。默认禁用来宾账户。
- **用户**：可执行常见任务，如运行应用程序、访问本地或网络打印机。系统会创建并保留用户配置文件。

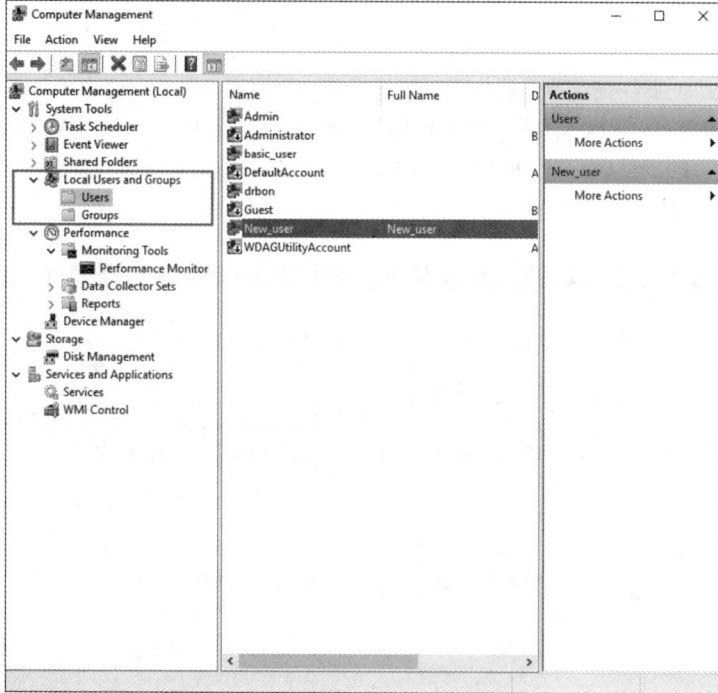

图 11-83 "Local Users and Groups"

5. 性能监视器

"Performance Monitor"（性能监视器）让你能够自定义针对各种硬件和软件组件的性能图形和报告。数据收集器集是一系列被称为性能计数器指标的集合，Windows 有大量默认的数据收集器集，你还可创建自己的数据收集器集。可生成各种计数器随时间变化的图形，还可生成、查看或打印报告。可指定进行数据收集的时间以及数据收集的持续时长；另外，可给监视会话指定停止条件。

性能监视器提供的信息不同于任务管理器和资源监视器提供的性能信息，可帮助你根据非常具体的计数器生成详细的自定义报告。图 11-84 显示了根据一些 CPU 计数器生成的图形。

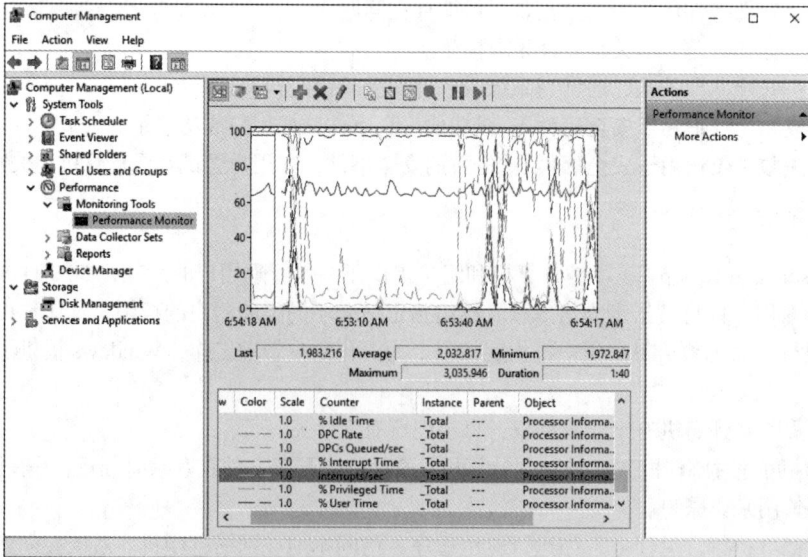

图 11-84 根据一些 CPU 计数器生成的图形

6. 组件服务

"Component Services"（组件服务，见图 11-85）是一款管理工具，供管理员和开发人员用来部署、配置和管理 COM 组件。COM 提供了一种在分布式环境（如企业环境、Internet 和内联网应用场景）中使用软件组件的途径。

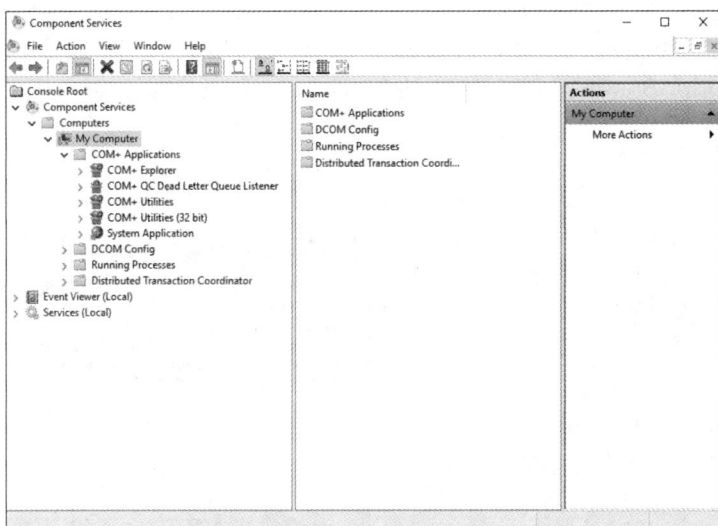

图 11-85　"Component Services"

7. 服务

"Services"（服务）控制台（services.msc）让你能够管理本地计算机和远程计算机上所有的服务，如图 11-86 所示。

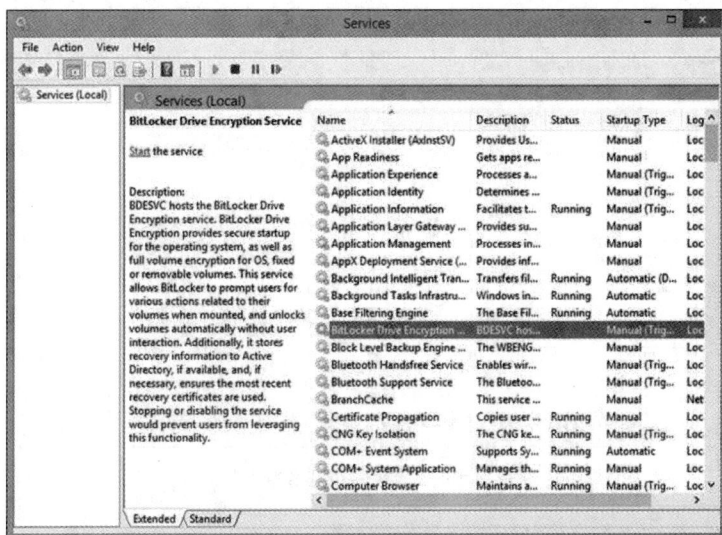

图 11-86　"Services"控制台

服务是一种在后台运行的应用程序，用于实现特定目标或等待服务请求。为降低安全风险，务必只启动必要的服务。可使用下面的设置或状态来控制服务。

- **自动**：在计算机启动时启动。这种设置让最重要的服务优先启动。
- **自动（延迟启动）**：在被设置为"自动"的服务启动后启动，仅 Windows 7 中有这种设置。
- **手动**：由用户或需要它的服务或程序启动。
- **禁用**：要禁用某种服务，必须启用它。
- **已停止**：服务未运行。

要在远程服务器上打开"Services"控制台，可在"Services"控制台中的"Services(Local)"［服务（本地）］上单击鼠标右键，并选择"Connect to Another Computer"（连接到另一台计算机），再输入计算机名称或单击"Browse"（浏览）按钮让 Windows 在网络上扫描已连接的计算机。

8. 数据源

"Data Sources"（数据源）供管理员添加、删除或管理使用 ODBC（Open Database Connectivity，开放数据库连接）的数据库。ODBC 是一种供程序访问各种数据库和数据源的技术。图 11-87 显示了 ODBC 数据源管理器。

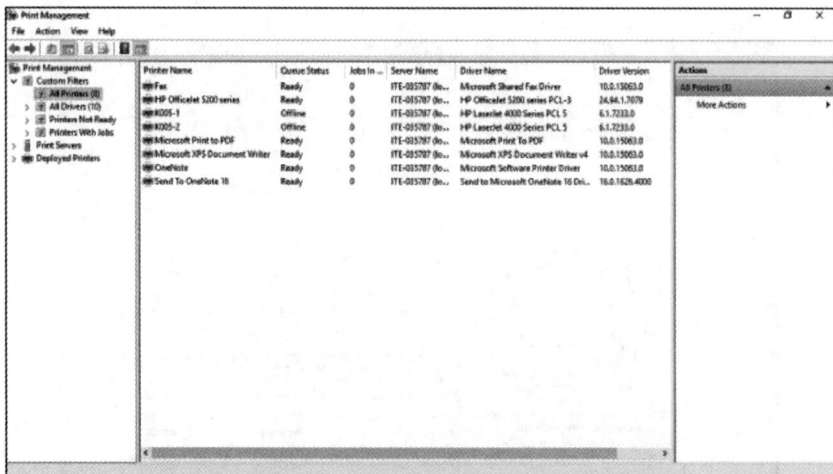

9. 打印管理

实用程序"Print Management"（打印管理）提供当前计算机可用的所有打印机的详细视图，如图 11-88 所示。并非所有 Windows 版本都有它：只有 Windows Server 以及 Windows 专业版、企业版和旗舰版才有。它让你能够高效地配置和监视本地打印机和网络打印机，包括当前计算机可用的所有打印机的打印队列；还让你能够使用组策略将打印机配置部署到网络上的多台计算机上。

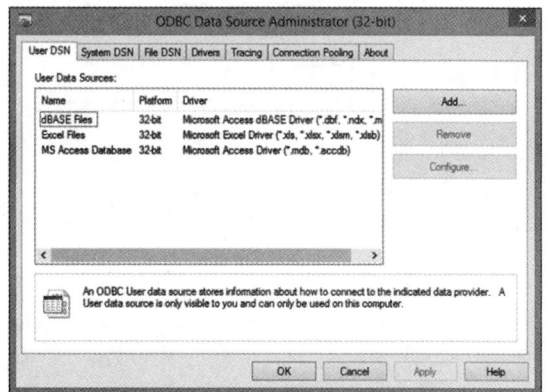

图 11-87　ODBC 数据源管理器

图 11-88　"Print Management"

10. Windows 内存诊断工具

"Windows Memory Diagnostics"（Windows 内存诊断）工具在计算机启动时执行内存测试，可将其配置为自动重启计算机并执行内存测试，或等计算机下次启动时再进行测试。测试结束后，将再次重启计算机。要指定诊断类型，可在这个工具运行时按 F1 键配置，如图 11-89 所示。要查看测试结果，可使用事件查看器的 Windows 日志文件夹。

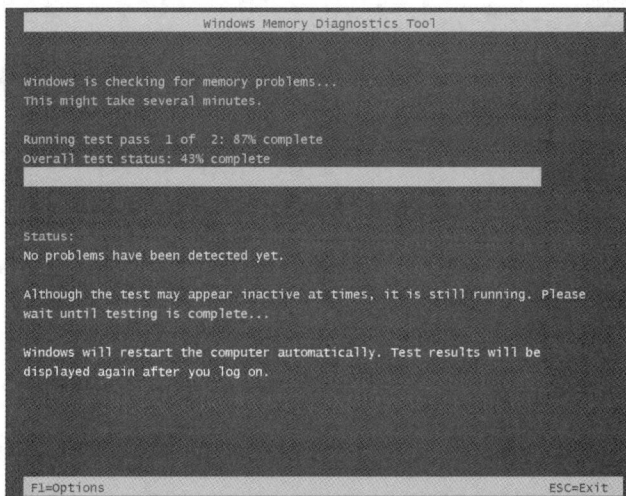

图 11-89　Windows 内存诊断

11.3.2　系统实用程序

系统实用程序是为特定目的而设计的，用于执行可优化性能、监视计算机资源和使用情况、以不同寻常的方式自定义计算机的任务。本节介绍众多的 Windows 实用程序，如 "System Information"（系统信息）、"Registry Editor"（注册表编辑器）等。

1. 系统信息

管理员可使用 "System Information" 工具来收集和显示有关本地和远程计算机的信息，如图 11-90 所示。"System Information" 工具设计用于快速查找有关软件、驱动程序、硬盘配置和计算机组件的信息，支持人员可使用这些信息来诊断和排除计算机故障。

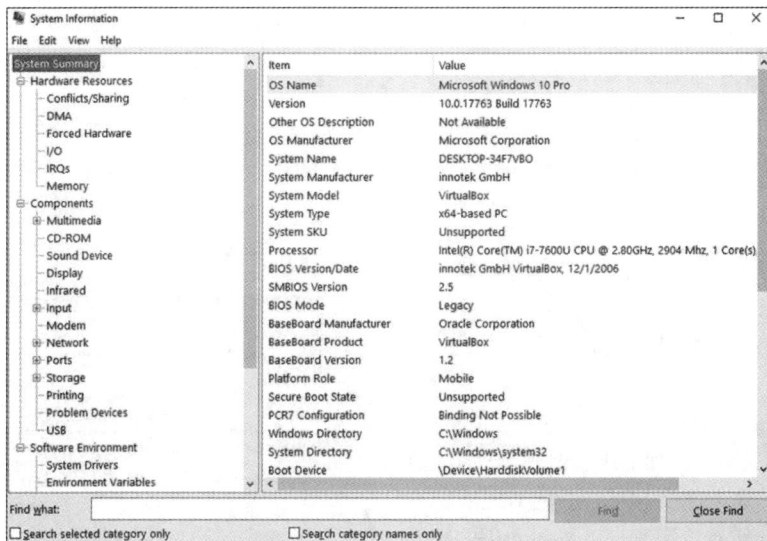

图 11-90　"System Information" 工具

你可创建一个包含有关计算机所有信息的文件，并将其发送给他人。要将系统信息导出到文件中，可选择菜单"File"（文件）→"Export"（导出），输入文件名，选择存储位置，再单击"Save"（保存）按钮。"System Information"工具还可显示有关网络上其他计算机的信息。

要打开"System Information"工具，可在命令提示符下输入"msinfo32"并按 Enter 键，也可在控制面板的"Administrative Tools"中找到并单击它。

2. 系统配置

"System Configuration"（系统配置）（即 msconfig）用于确定导致 Windows 不能正确启动的问题。为帮助隔离问题，可以每次一个的方式关闭并重新启动服务和启动程序。找到原因后，可永久性删除或禁用相关的程序或服务，或者重新安装它。

下面展示并描述实用程序"System Configuration"中的选项卡。

（1）"General"选项卡。

"General"（常规）选项卡用于选择 3 种启动方式之一以帮助排除故障，如图 11-91 所示。

- **"Normal startup"（正常启动）**：完全正常启动。
- **"Diagnostic startup"（诊断启动）**：启动时仅加载基本服务和驱动程序。
- **"Selective startup"（有选择地启动）**：启动时默认仅加载基本服务和驱动程序（但可修改默认设置）。

（2）"Boot"选项卡。

"Boot"（引导）选项卡用于选择要引导的 Windows 操作系统版本（如果有多个的话），如图 11-92 所示。在这个选项卡中，还可选择以安全引导方式（以前为安全模式）进行引导，并指定各种与 Windows 启动方式相关的选项。

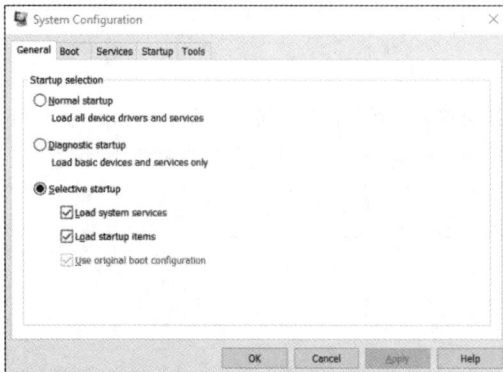

图 11-91 "General"选项卡

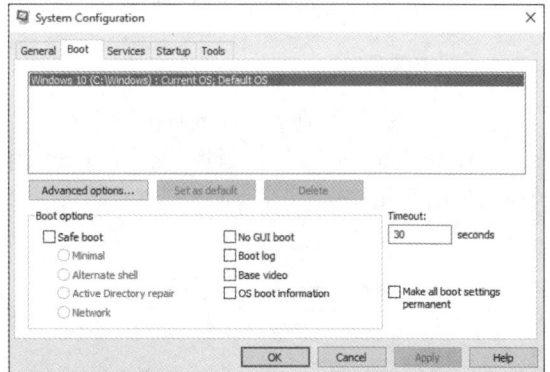

图 11-92 "Boot"选项卡

（3）"Services"选项卡。

"Services"（服务）选项卡用于选择随操作系统一起启动的服务，如图 11-93 所示。对于每个服务，都可指定是否在引导时加载它，以方便排除故障。

（4）"Startup"选项卡。

"Startup"（启动）选项卡用于管理启动项。在 Windows 7 中，这个选项卡列出了在 Windows 启动时自动运行的所有应用程序，你可根据需要禁用各项。在 Windows 8.1 和 Windows 10 中，这些

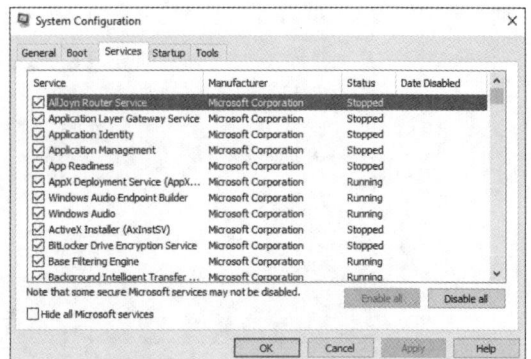

图 11-93 "Services"选项卡

设置已移到任务管理器中，如图 11-94 所示。

（5）"Tools"选项卡。

"Tools"（工具）选项卡列出了所有可帮助排除故障的诊断工具，如图 11-95 所示。

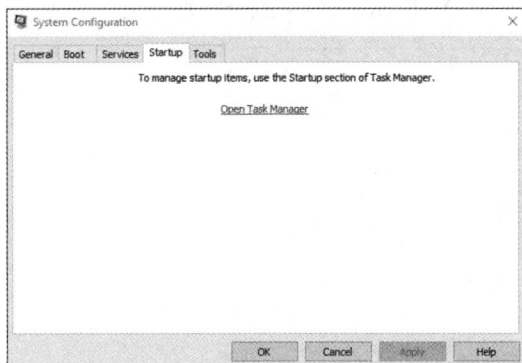

图 11-94 "Startup"选项卡

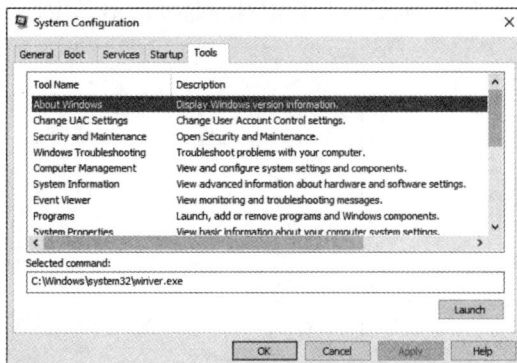

图 11-95 "Tools"选项卡

3. 注册表

Windows 注册表是数据库，包含 Windows 设置和使用注册表的应用程序的设置。注册表中的设置都是非常低级的，这意味着注册表中的设置非常多。注册表中的值是在安装新软件或添加新设备时创建的；Windows 中的每项设置（从桌面背景和屏幕按钮的颜色到应用程序许可）都存储在注册表中。用户在控制面板中修改设置、文件关联、系统策略或安装的软件时，所做的修改都将存储到注册表中。

注册表由呈层次结构排列的键和子键组成，其中每个键或子键本身都是一棵"树"。这些树的嵌套层级最高可达 512 层，要查看所需值对应的键，需要在树和子树层次结构中不断遍历。在整个层次结构的顶层（根层），有 5 个键。

注册表由多个数据库文件（配置单元，hive）组成，其中每个数据库文件都与一个顶级注册表键相关联。每个键都有值，而值由名称、数据类型和相关联的设置（数据）组成；这些值"命令"Windows 如何运行。

Windows 注册表键是 Windows 引导过程的重要组成部分，这些键由以 HKEY_开头的独特名称标识，如表 11-4 所示。HKEY_后面的单词和字母指出了当前键控制的是操作系统的哪个部分。

表 11-4 Windows 注册表键

根键	内容
HKEY_LOCAL_MACHINE	有关计算机物理状态的信息，包括硬件配置、网络登录和安全信息、即插即用信息等
HKEY_CURRENT_USER	有关当前登录用户偏好的数据，包括个性化设置、默认设备、程序等
HKEY_CLASSES_ROOT	与文件系统、文件关联和快捷方式相关的设置。用户请求 Windows 运行文件或显示目录时，将使用这里的信息
HKEY_USERS	计算机上所有用户的硬件和软件的配置
HKEY_CURRENT_CONFIG	有关计算机的当前硬件配置文件的信息

4. 注册表编辑器

注册表编辑器让管理员能够查看或修改 Windows 注册表。错误地使用注册表编辑器可能导致硬件、应用程序或操作系统出现问题，包括要求重新安装操作系统的问题。

注册表编辑器只能通过搜索方式或在命令提示符下输入命令并执行来打开。你可搜索 regedit 并从搜索结果中打开注册表编辑器，也可在命令提示符或 PowerShell 提示符下输入"regedit"并按 Enter 键来打开它。

图 11-96 显示了实用程序 regedit，在其中打开了子键 OneDrive 的值以进行修改。

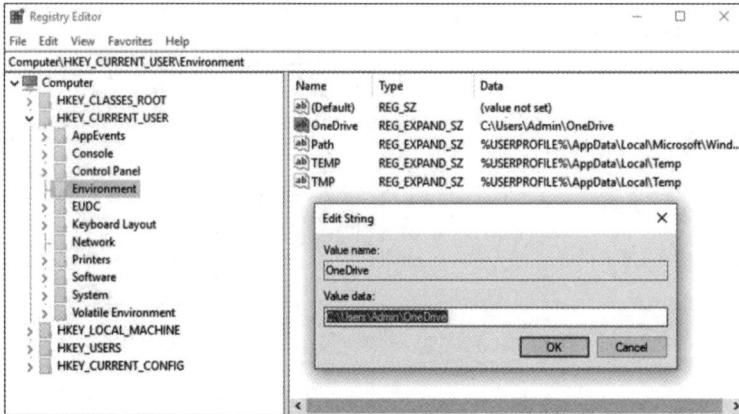

图 11-96　实用程序 regedit 示意

5. Microsoft 管理控制台

应用程序 Microsoft 管理控制台（Microsoft Management Console，MMC）让你能够创建自定义控制台，并包含一系列来自 Microsoft 或其他来源的实用程序和工具。本章前面讨论的计算机管理控制台就是一个预制的 MMC。MMC 刚创建时是空的，你可在其中添加实用程序和工具（管理单元，snapin），还可添加网页链接、任务、ActiveX 控件和文件夹。

然后，就可保存该 MMC，供以后需要时打开。可创建用于特定用途的 MMC；可根据需要创建任意数量的自定义 MMC，并给每个都指定不同的名称。这在多名管理员分别负责管理计算机的不同方面时很有用：每位管理员都可使用具有个人特色的 MMC 来监控和配置计算机。

图 11-97 展示了一个空 MMC，还有用于选择和添加管理单元的对话框。

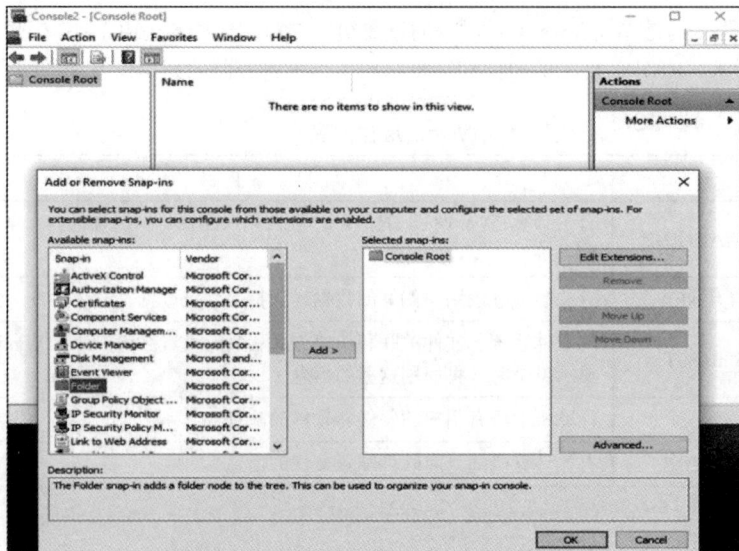

图 11-97　在 MMC 中创建一个空 MMC

6. DxDiag

DirectX 诊断工具（DirectX Diagnostic Tool，DxDiag）展示了计算机上安装的所有 DirectX 组件和驱动程序的详细信息，如图 11-98 所示。要运行 DxDiag，可通过搜索找到并运行它，也可在命令行界面运行它。

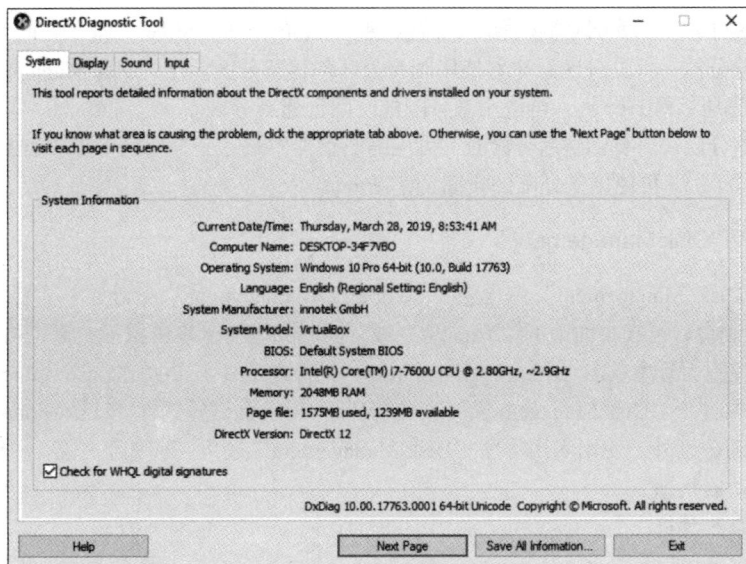

图 11-98　DxDiag

DirectX 是一种用于开发多媒体应用程序（尤其是游戏）的软件环境和接口，定义了 2D 和 3D 图形、音频、媒体编码器和解码器等的接口。

11.3.3　磁盘管理

实用程序"Disk Management"让你能够全面管理计算机上安装的磁盘驱动器，如硬盘驱动器、光驱和闪存驱动器，使用它可对驱动器进行分区和格式化、指定盘符以及执行其他与磁盘相关的任务。

1. 磁盘操作

关于磁盘操作，你有多深的认识呢？为检查这一点，请看下面列出的 5 个场景，并为每个场景选择适合的磁盘操作。常见的磁盘操作如下。

- 拆分分区。
- 压缩分区。
- 装载磁盘。
- 扩展分区。
- 初始化磁盘。

（1）场景。

场景 1：用户有一个光盘映像文件，想要像查看磁盘卷一样查看该文件中的内容。

场景 2：在计算机上安装了一个新磁盘驱动器，但未格式化。

场景 3：驱动器包含一个系统分区和一个数据分区，但系统分区的空间即将耗尽。

场景 4：用户的磁盘只有一个分区，需要新建一个分区，用于存储数据文件。

场景 5：在一个磁盘驱动器中，既有分区占据了全部磁盘空间，需要新建一个分区。

（2）答案。

场景 1：装载磁盘。装载磁盘意味着可像查看驱动器那样打开它。处理诸如 ISO 和 BIN 等光介质映像文件时，这种方法很有用。

场景 2：初始化磁盘。未格式化的磁盘需要先初始化，然后才能在 Windows 中使用。初始化会删除磁盘中所有的数据。

场景 3：扩展分区。扩展分区意味着增大多卷磁盘中某卷的空间，即将一个卷的空间分配给另一个卷。

场景 4：拆分分区。拆分分区意味着使用既有分区创建新分区。在"Disk Management"中没法直接这样做，必须先压缩既有分区，再使用未分配的空间创建新分区。

场景 5：压缩分区。需要创建新分区时，可压缩驱动器中最后一个分区（在"Disk Manager"中位于最右边的那个分区），再使用未分配的空间创建新分区。

2. 实用程序"Disk Management"

实用程序"Disk Management"包含在"Computer Management"控制台中。要打开"Computer Management"控制台，可在桌面上的"This PC"或"Computer"上单击鼠标右键，再选择"Manage"（管理），也可在控制面板中单击"Administrative Tools"（管理工具），再单击"Computer Management"。要在独立的窗口中打开"Disk Management"，可按 Win + X 组合键并选择"Disk Management"。

除扩展和压缩分区外，使用实用程序"Disk Management"还可完成如下任务。

- 查看驱动器状态。
- 指定或修改盘符。
- 添加驱动器。
- 添加阵列。
- 指定活动分区。

图 11-99 展示了 Windows 10 中的实用程序"Disk Management"。

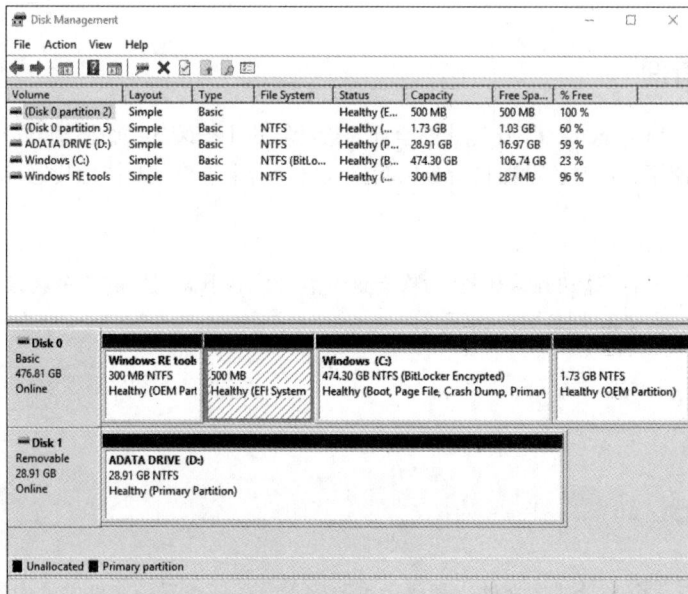

图 11-99　实用程序"Disk Management"

3. 驱动器状态

实用程序"Disk Management"显示了每个磁盘卷的状态，如图 11-100 所示。

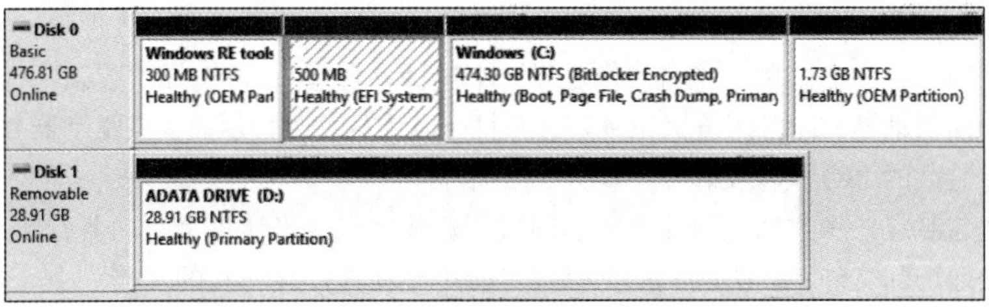

图 11-100　磁盘卷的状态

计算机中每个磁盘卷都呈如下状态之一。

- **外部（Foreign）**：从另一台运行 Windows 的计算机移到当前计算机的动态磁盘。
- **状态良好（Healthy）**：正常运行的卷。
- **正在初始化（Initializing）**：正在转换为动态磁盘的基本磁盘。
- **丢失（Missing）**：已损坏、关闭或断开的动态磁盘。
- **未初始化（Not Initialized）**：没有有效签名的磁盘。
- **联机（Online）**：可访问且没有任何问题的基本磁盘或动态磁盘。
- **联机（错误）（Online(Errors)）**：检测到 I/O 错误的动态磁盘。
- **离线（Offline）**：已损坏或不可用的动态磁盘。
- **不可读（Unreadable）**：出现了硬件故障、受损或 I/O 错误的基本磁盘或动态磁盘。

如果除硬盘驱动器外，还有其他驱动器（如光驱中有音频 CD 或有空的可移动驱动器），可能会出现其他驱动器状态。

4. 装载驱动器

装载驱动器指的是让磁盘映像文件像驱动器那样可读取，如图 11-101 所示。典型的磁盘映像文件是 ISO 文件，该文件包含磁盘的全部内容，显示为单个文件。ISO 用于将磁盘内容归档，光盘刻录软件可将 ISO 文件的内容写入磁盘。

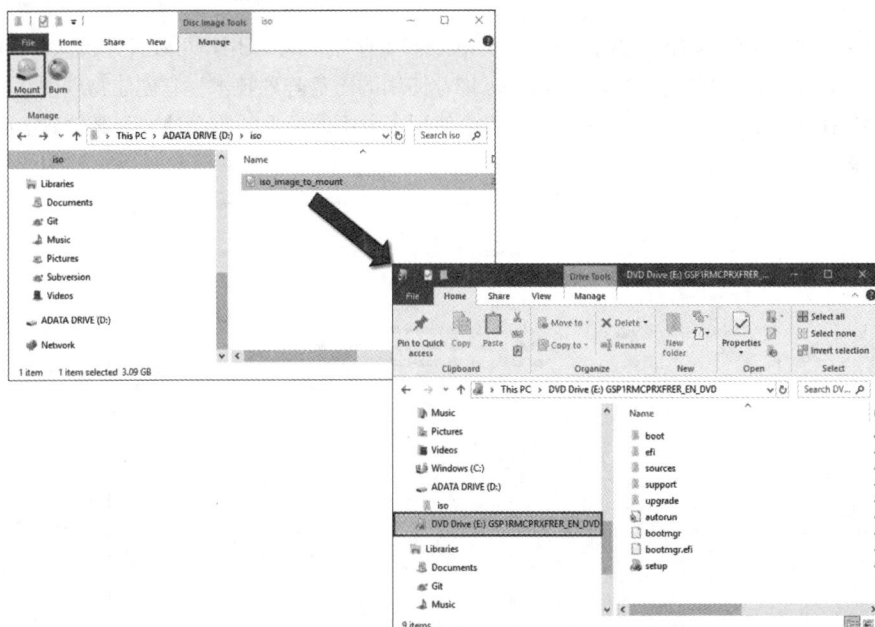

图 11-101　装载磁盘

ISO 文件也可装载到虚拟驱动器上。要装载映像文件，可打开文件资源管理器，找到并选择 ISO 映像文件，再在功能区中从菜单 "光盘映像工具" 中选择 "管理"，再选择 "装载"。ISO 映像文件将装载为可移动介质驱动器，你可浏览该驱动器，并打开其中的文件。然而，该驱动器并不是真的存在，它只是被作为卷装载的 ISO 映像文件。

你还可创建装载点——类似于快捷方式。通过创建装载点，可让整个驱动器看起来像个文件夹，这可让用户轻松地访问文件，因为装载的文件夹可能出现在文件夹 "我的文档" 中。

5. 添加阵列

通过使用 Windows 磁盘管理功能，可在多个动态磁盘创建镜像阵列、跨区阵列或 RAID 5 阵列。为此，可在卷上单击鼠标右键，并选择要创建的多磁盘卷类型，如图 11-102 所示。请注意，要这样做，计算机上必须有多个已初始化的动态驱动器。

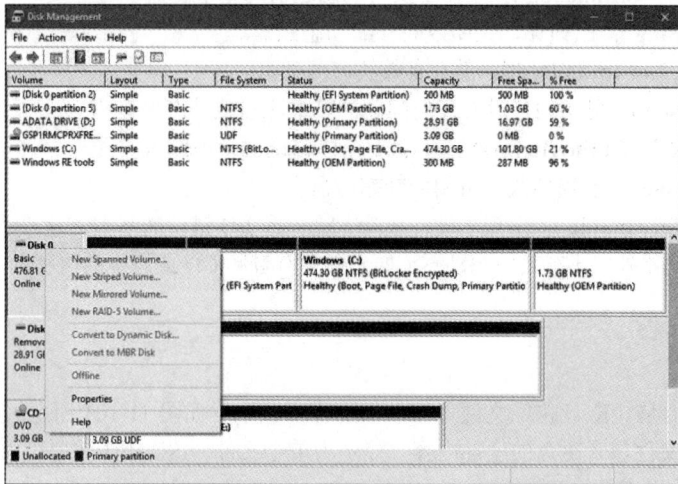

图 11-102　在 "Disk Management" 中创建阵列

Windows 8 和 Windows 10 提供了 "Storage Spaces"（存储空间），用户可在控制面板中对其进行配置，如图 11-103 所示。存储空间采用 Windows 推荐使用的磁盘阵列技术，它创建物理硬盘驱动器池，用于创建虚拟磁盘（存储空间）。存储空间可组合使用多种不同类型的驱动器，与其他磁盘阵列一样，它也支持镜像、带区和奇偶校验等选项。

图 11-103　控制面板中的 "Storage Spaces"

6. 磁盘优化

为维护和优化磁盘存储空间，可使用 Windows 中的各种磁盘优化工具，其中包括硬盘驱动器碎片整理程序。

随着文件不断增大，有些数据被写入磁盘中的下一个可用簇。时间一长，数据将逐渐碎片化，分散在硬盘驱动器上不相邻的簇中，这导致需要更长的时间才能找到并检索数据的各个部分。磁盘碎片整理程序将不相邻的数据收集到一个地方，可提高操作系统的运行速度。

注 意　不建议对 SSD 进行磁盘碎片整理，因为 SSD 由其使用的控制器和固件进行优化。对 SSHD 进行碎片整理没有害处，因为它们使用硬盘（而不是固态 RAM）来存储数据。

在 Windows 8 和 Windows 10 中，磁盘优化选项被称为"Optimize"（优化），可通过磁盘的"属性"对话框或文件资源管理器的功能区访问这项功能，如图 11-104 所示。在 Windows 7 中，磁盘优化选项名为"Defragment Now"（立即进行碎片整理）。

图 11-105 显示了实用程序"Optimize Drives"（优化驱动器），用于对驱动器进行分析，并显示驱动器的碎片化程度。

图 11-104　磁盘优化

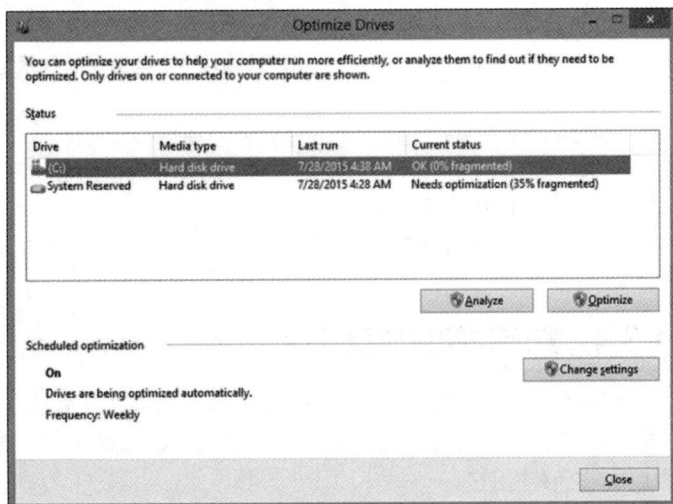

图 11-105　实用程序"Optimize Drives"

你还可执行磁盘清理操作，将不必要的文件从驱动器中删除，以增加可用空间。

7. 磁盘错误检查

"Disk Error-Checking"（磁盘错误检查）工具扫描硬盘表面是否存在物理错误，以检查文件和文件夹的完整性。如果检测到错误，这个工具将尝试进行修复。

要使用这个工具，可打开文件资源管理器或 Windows 资源管理器，在驱动器上单击鼠标右键并选择"属性"；切换到"工具"选项卡，再单击"检查"（Windows 7 中为"立即检查"）按钮。在 Windows 8 中，选择"扫描驱动器"尝试修复坏扇区；在 Windows 7 中，选择"扫描并尝试修复坏扇区"并单击"开始"按钮。这个工具会修复文件系统错误，并检查磁盘坏扇区，它还会尝试恢复坏扇区中的数据。

在 Windows 8 和 Windows 10 中，如果要查看详细的扫描结果报告，可在扫描完成后单击"检查结果"按钮。这将打开事件查看器，你可在其中查看与扫描相关的日志。在 Windows 7 中，扫描完成后会直接显示一份报告，如图 11-106 所示。

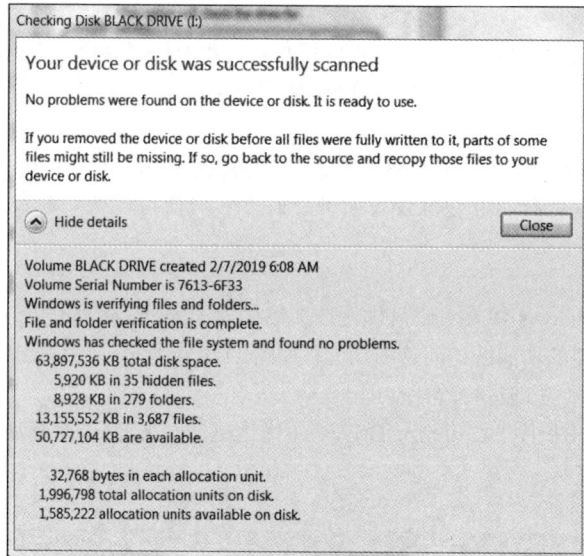

图 11-106 磁盘错误检查报告

注 意 每当突然断电，导致系统未能妥善地关闭时，请使用"Disk Error-Checking"工具对磁盘进行检查。

11.3.4 安装和配置应用程序

安装应用程序意味着做好准备工作，让程序能够在计算机上运行；程序必须与其所在的系统兼容。要检查兼容性，一种方式是核实程序是否满足系统的需求。安装应用程序后，需要对其进行配置，让系统用户能够使用它。

1. 系统需求

购买或安装应用程序前，务必核实它是否满足系统的需求。系统需求通常表述为最低需求，但有时也会指出推荐需求，如表 11-5 所示。在软件包装或软件下载页面，通常指定如下需求。

- 处理器类型：32 位、64 位；x86 架构或其他。
- 内存：最小或推荐内存。
- 操作系统和版本。
- 可用硬盘空间。
- 软件依赖项（要让软件能够运行，系统中必须有运行时和其他框架或环境）。
- 显卡和显示器。
- 网络连接。
- 外围设备。

表 11-5   系统需求

需求	最低	推荐
操作系统	Windows 7、Windows 8 或 Windows 10。macOS X 10.5 或更高版本	Windows 8 或 Windows 10。macOS X 10.7 或更高版本
处理器	1 GHz 或更高	多核 2GHz
内存	2 GB	4 GB
显示器分辨率	1024×768	1024×768
可用硬盘空间	2 GB	8 GB
网络连接	512 kbit/s 高速 Internet 连接	1.5 Mbit/s 高速 Internet 连接
Java	最新版本	最新版本
其他	Adobe Flash（用于播放视频）	

2. 显卡方面的考虑

在 PC 上，显卡分为两大类——集成显卡和独立显卡。

集成显卡集成在主板上，或与 CPU 位于同一个晶粒上。这类显卡依赖于系统内存，因此与 CPU 共享内存。

对于图形密集型游戏或应用程序，自带 VRAM 的独立显卡可能是更合适的选择。独立显卡更容易升级（只需更换即可），但相比于集成显卡，这种显卡通常更贵，功耗更高，对空气流动和散热能力的要求也更高。图 11-107 展示了一款独立显卡。

3. 安装方法

作为技术人员，你将负责为客户的计算机安装和卸载应用程序。大多数应用程序都采用自动安装流程，将应用程序

图 11-107   独立显卡

光盘插入光驱后，用户按安装向导说的操作并提供必要的信息即可。大多数 Windows 应用程序安装都要求有人值守，即在应用程序安装过程中，用户必须与安装程序交互以提供需要的输入。表 11-6 介绍了各种安装方法。

表 11-6   安装方法

方法	定义
有人值守式	用户必须在场回答安装程序提出的问题
静默（无人值守）式	安装期间不会出现提示或其他信息
调度（自动化）式	无须用户启动就可安装，相反，根据条件或定时器运行预先配置好的任务来安装应用程序
干净模式	安装前删除以前的版本的所有组件
网络安装	安装包位于服务器上，通过网络进行安装

4. 可装载的 ISO 映像

ISO 映像是表示磁盘上全部数据的单个文件，通常通过 Internet 进行下载。例如，可从 Microsoft 官网下载表示 Windows 10 安装介质的 ISO 映像，如图 11-108 所示。下载 ISO 映像后，务必使用 ISO 提供方提供的数字签名或散列值对其真实性和完整性进行检查，并扫描其中是否包含恶意软件。

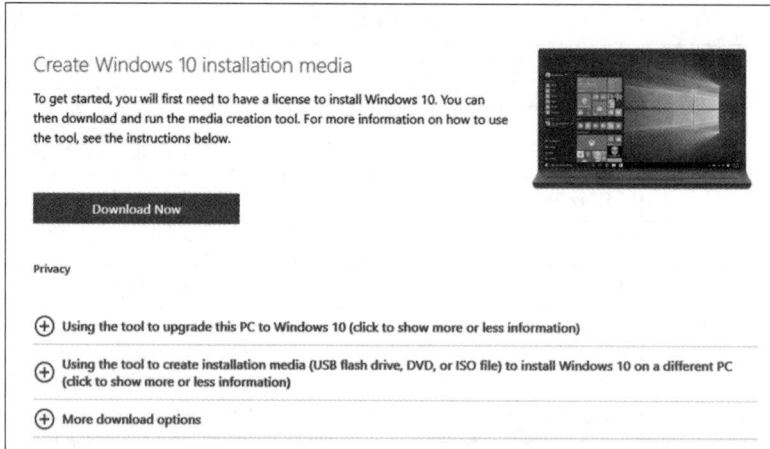

图 11-108　Windows 10 安装介质的 ISO 映像

可使用 ISO 映像来创建由 USB 闪存驱动器或光盘承载的安装介质，也可将 ISO 映像直接装载到 PC 上，就像它是一个光盘一样。从 Windows 10 起，无须使用第三方工具就可装载 ISO 映像：只需打开文件资源管理器，在 ISO 映像上单击鼠标右键并选择"装载"，就将给 ISO 映像指定一个盘符。在图 11-109 所示的窗口，将 Windows 11 ISO 作为 F 盘装载了。

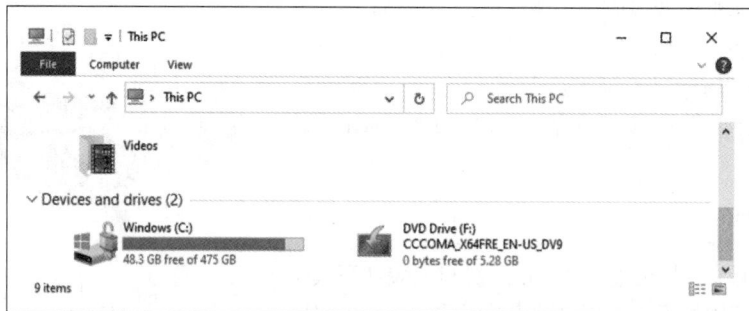

图 11-109　"This PC"中的设备和驱动器

5. 外部硬件令牌

外部硬件令牌是一种便携式安全设备，可能是智能卡，也可能是 USB 设备；它提供比用户名和密码更安全的多因子身份验证。硬件令牌存储了标识用户的加密信息，用户请求访问时，需要连接硬件令牌，并提供授权信息，如扫描指纹（见图 11-110）或输入"PIN"（见图 11-111），以便获得访问权。

图 11-110　USB 指纹扫描仪硬件令牌

图 11-111　生成 PIN 的硬件令牌

6. 安装应用程序

本地安装可使用硬盘、CD、DVD 或 USB 介质。要执行有人值守的本地安装，可插入介质或驱动器，或者打开下载的程序文件。应用程序安装过程可能自动开始，这取决于自动播放设置；如果没有，就需要在安装介质中浏览、找到并执行安装程序。安装程序的文件扩展名通常为.exe 或.msi（Microsoft Silent Installer，Microsoft 静默安装程序）。

请注意，要安装应用程序，用户必须有合适的权限，同时不会被禁止安装应用程序的组策略阻止。

应用程序安装完成后，可在"开始"菜单运行它，也可使用桌面上的快捷方式运行它。请检查应用程序，确保它运行正常；如果有问题，就修复或卸载，有些应用程序（如 Microsoft Office）的安装程序中提供修复选项。在 Windows 8 和 Windows 10 中，可访问 Microsoft Store，用户可在其中搜索应用，并将其安装到 Windows 设备上，如图 11-112 所示。要打开应用 Microsoft Store，可在开始屏幕任务栏中输入"Microsoft Store"，再单击搜索结果中的 Microsoft Store 图标。Windows 7 中没有应用 Microsoft Store。

7. 兼容模式

在较新的 Windows 操作系统中，较旧的应用程序可能不能正确地运行。Windows 提供了一种方式，让你能够配置这些应用程序，使其能够正确地运行。如果较旧的应用程序不能正确地运行，可找到其可执行文件（方法是在应用程序的快捷方式上单击鼠标右键，并选择"打开文件所在的位置"），再在这个可执行文件上单击鼠标右键，并选择"属性"。在"Compatibility"（兼容性）选项卡中，可单击"Run Compatibility Troubleshooter"（运行兼容性疑难解答）按钮，也可手动为应用程序配置环境，如图 11-113 所示。

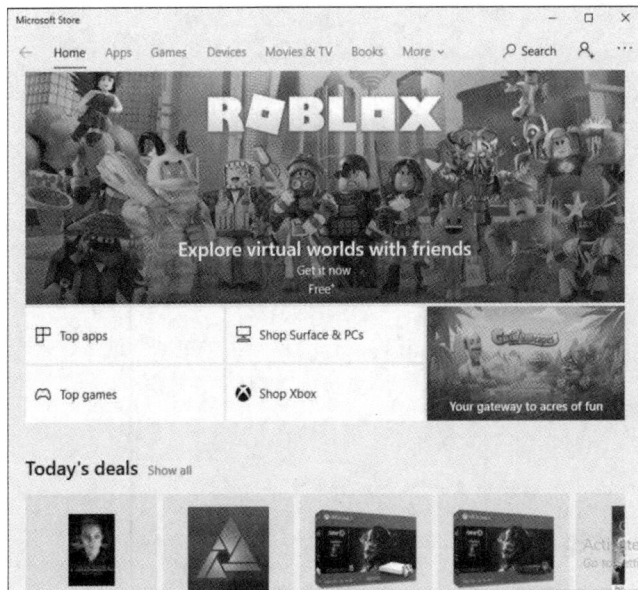

图 11-112　Microsoft Store

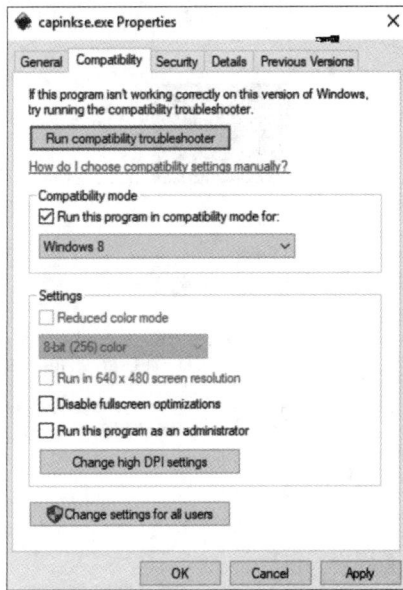

图 11-113　配置兼容模式

8. 卸载或更改应用程序

如果未正确地卸载应用程序，可能在硬盘驱动器中留下无用的文件，并在注册表中留下多余的设置，这会浪费硬盘驱动器空间和系统资源，而多余的设置还可能降低注册表的读取速度。Microsoft 建议总是使用控制面板中的实用程序"程序和功能"来卸载、更改或修复应用程序。这个实用程序会引导你完成软件卸载过程，并将安装的每个文件都删除，如图 11-114 所示。

有些应用程序可以在 Windows"开始"菜单中进行卸载。

9. 安全方面的考虑

允许用户在归企业所有的计算机上安装软件可能带来安全风险。用户可能因受骗而下载恶意软件，这可能导致数据丢失——被盗或受损。恶意软件可能感染连接到网络的所有计算机，进而导致大规模的破坏和损失。技术人员必须执行软件安装策略，并确保反恶意软件（如 Windows Defender）处于活动状态且是最新的。图 11-115 展示了 Windows 10 安全中心。

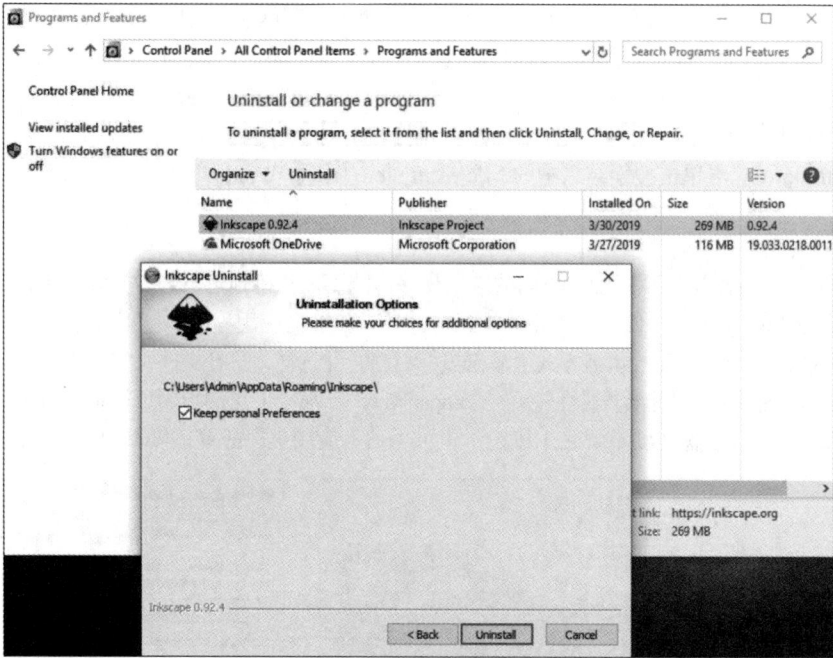

图 11-114　卸载或更改程序

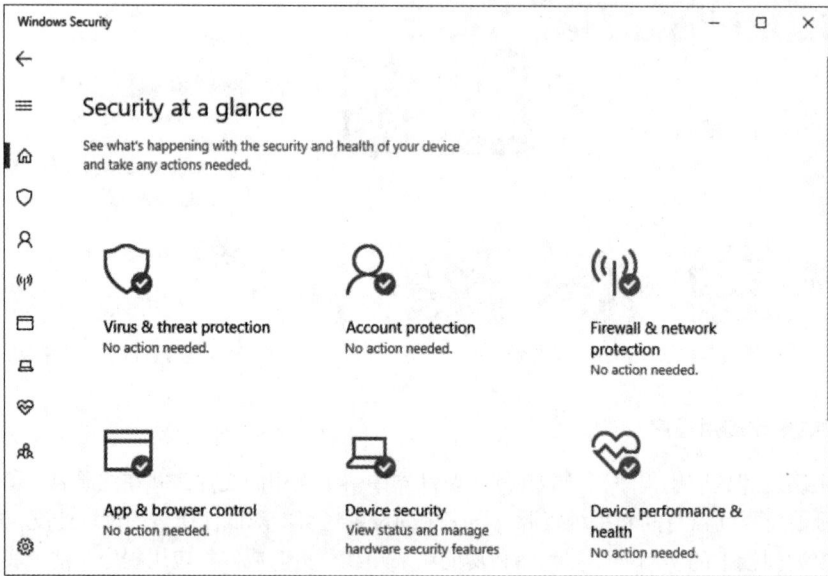

图 11-115　Windows 10 安全中心

10. 其他方面的考虑

部署新的第三方应用程序时，必须考虑对运维环境和企业的潜在影响，确保计算机环境是安全的。

（1）对运维的影响。

在数百个工作站上部署新应用程序可能需要很长时间，使用自动化部署工具可自动部署、更新和支持应用程序，从而节省时间。

组织可使用 Windows 部署工具（如组策略）从服务器将应用程序部署到多个工作站：管理员创建安装程序包并将其复制到共享网络文件夹中，以便进行分发；然后在组策略管理器中创建组策略对象（Group Policy Objects，GPO），将网络共享文件夹中的应用程序部署到符合条件的计算机（而不需要管理员进一步地干预）。等用户启动计算机时，应用程序便已安装好，可以使用了。

通过使用自动化部署工具，用户无须为安装应用程序而以管理员身份登录。用户只需对程序安装目录有读取和执行权，而不需要全面的控制权。所有自定义设置和用户文件都可存储到用户的主文件夹（而不是程序的安装目录）中，这可避免用户无意间修改与安装的程序相关的文件。

（2）对企业的影响。

在企业环境中部署的应用程序都需要维护和支持，下面是一些需要考虑的方面。

- **软件许可**：规定了可在多少设备上安装软件或有多少用户可使用该软件。使用未获得许可的软件可能导致企业面临司法和财务方面的风险。
- **技术支持**：根据企业内部 IT 人员的数量和技能水平，可能需要将部分或全部技术支持工作外包给软件厂商。软件厂商可提供有偿的技术支持，包括软件更新和维护、安全问题监视和修复以及技术协助。因此需要技术支持给企业带来的潜在影响。
- **用户培训**：在合适的情况下，应向用户提供有关程序方面的培训。厂商部署较新的程序版本时需要培训用户，新员工入职时也需对其进行培训，这些都是有成本的。另外，程序可能由内部团队提供支持，这要求对内部团队做深入的技术培训，确保他们以安全的方式支持和维护程序。

11.4 命令行工具

在 Windows CLI 中，可运行很多命令行工具，其中的不少要求以管理员身份运行 CLI。本节介绍 Windows CLI 和众多命令行工具的用法。

11.4.1 使用 Windows CLI

命令行界面是 Windows 中的文本界面，可用来输入要让操作系统运行的命令。

1. PowerShell

在使用组合键 Win + X 打开的 "Windows Power User" 菜单中，旧的 Windows 命令行应用程序已替换为 PowerShell。原始命令行仍可在 Windows 10 中找到，可在任务栏中的搜索框中输入 "Cmd" 来打开它。另外，要改变 "Windows Power User" 菜单中包含的命令行界面，可修改一个任务栏设置。

PowerShell 是功能更强大的命令行应用程序，它提供很多高级功能，如脚本编程和自动化。它还自带脚本开发环境——PowerShell ISE，可帮助完成脚本编写任务。PowerShell 使用 cmdlet——表示命令的小型应用程序；PowerShell 允许给 cmdlet 指定别名，因此对于特定的 cmdlet，可随便给它指定别名（条件是该别名遵循 Microsoft 命名约定），再在命令行界面使用该别名来运行这个 cmdlet。Microsoft 为所有的老式 Cmd 命令创建了别名，因此 PowerShell 的工作方式与旧的 Cmd 命令行界面很像。

图 11-116 展示了 Windows PowerShell ISE，其中左下角为 PowerShell 命令行。另外，可将 PowerShell

作为独立的命令行外壳打开。

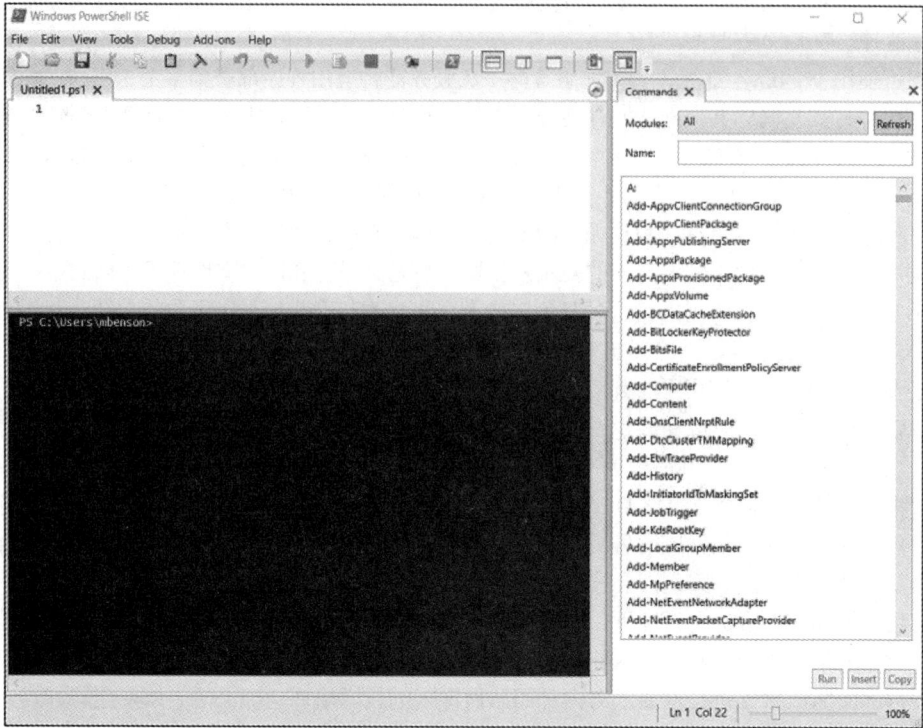

图 11-116 Windows PowerShell ISE

2. 命令外壳

Windows 有两个命令行实用程序，其中一个是经典的命令应用程序——Cmd。这个命令行是早期 Microsoft 遗留下来的，那时磁盘操作系统（Disk Operating System，DOS）是 Microsoft 提供的唯一操作系统。很多用户都使用过 Cmd，因此 Windows 在发展过程中始终保留了它。在 Windows 10 build 14791 将 PowerShell 作为默认命令行之前，Cmd 一直是 Windows 中的默认命令行。要打开命令外壳，可在搜索框中输入"Cmd"，再在搜索结果中单击该命令行；也可按组合键 Win + R 打开运行对话框，再在运行对话框中输入"Cmd"并单击"确定"按钮。要以管理员身份运行 Cmd，可按组合键 Ctrl + Shift + Enter；在这种情况下，命令提示符窗口的标题栏将指出命令提示符窗口是以管理员模式打开的。如果执行 whoami 命令，将显示当前系统的计算机名称和用户账户，如图 11-117 所示。

这里重点介绍 Cmd；Windows 7、Windows 8 和 Windows 10 都支持常用的命令。

3. 基本命令和按键

本节介绍基本 Windows 命令和按键。

（1）help 命令。

help 命令提供有关指定命令的信息；如果没有指定命令，将列出所有的命令，如示例 11-1 所示。要获悉有关特定命令的信息，可输入"help"这个命令并按 Enter 键。

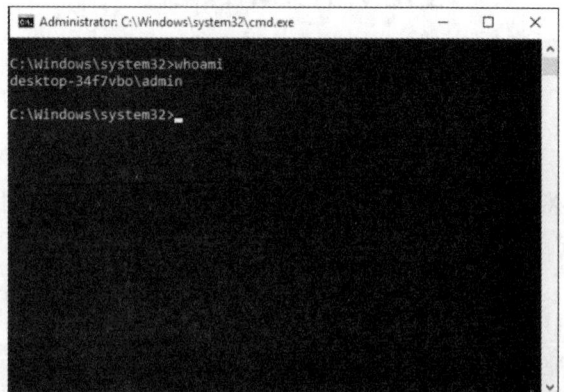

图 11-117 命令执行结果

示例 11-1 help 命令

```
Microsoft Windows [Version 10.0.18362.175]
(c) 2019 Microsoft Corporation. All rights reserved.


C:\Windows\System32> help
For more information on a specific command, type HELP command-name
ASSOC          Displays or modifies file extension associations.
ATTRIB         Displays or changes file attributes.
BREAK          Sets or clears extended CTRL+C checking.
BCDEDIT        Sets properties in boot database to control boot loading.
CACLS          Displays or modifies access control lists (ACLs) of files.
CALL           Calls one batch program from another.
CD             Displays the name of or changes the current directory.
CHCP           Displays or sets the active code page number.
CHDIR          Displays the name of or changes the current directory.
CHKDSK         Checks a disk and displays a status report.
CHKNTFS        Displays or modifies the checking of disk at boot time.
CLS            Clears the screen.
CMD            Starts a new instance of the Windows command interpreter.
COLOR          Sets the default console foreground and background colors.
COMP           Compares the contents of two files or sets of files.
COMPACT        Displays or alters the compression of files on NTFS partitions.
CONVERT        Converts FAT volumes to NTFS. You cannot convert the
               current drive.
COPY           Copies one or more files to another location.
DATE           Displays or sets the date.
(output omitted)
```

（2）/?。

要获取有关特定命令的帮助信息，可不使用 help 命令，而在命令后面加上/?，如示例 11-2 所示。在这里，将/?作为一个命令选项。所有命令都接受选项/?。

示例 11-2 使用/?

```
C:\Windows\System32> dir /?
Displays a list of files and subdirectories in a directory.

DIR [drive:][path][filename] [/A[[:]attributes]] [/B] [/C] [/D] [/L] [/N]
  [/O[[:]sortorder]] [/P] [/Q] [/R] [/S] [/T[[:]timefield]] [/W] [/X] [/4]
[drive:][path][filename]
               Specifies drive, directory, and/or files to list.
/A             Displays files with specified attributes.
attributes     D Directories              R   Read-only files
               H Hidden files             A   Files ready for archiving
               S System files             I   Not content indexed files
               L Reparse Points           O   Offline files
               - Prefix meaning not
/B             Uses bare format (no heading information or summary).
/C             Display the thousand separator in file sizes. This is the
               default. Use /-C to disable display of separator.
/D             Same as wide but files are list sorted by column.
/L             Uses lowercase.
```

```
/N            New long list format where filenames are on the far right.
/O            List by files in sorted order.
sortorder     N  By name (alphabetic)        S By size (smallest first)
              E By extension (alphabetic)    D By date/time (oldest first)
              G Group directories first      - Prefix to reverse order
/P            Pauses after each screenful of information.
/Q            Display the owner of the file.
/R            Display alternate data streams of the file.
/S            Displays files in specified directory and all subdirectories.
/T            Controls which time field displayed or used for sorting
(output omitted)
```

（3）cls 命令。

要清屏，可使用 cls 命令，如示例 11-3 所示。使用这个命令可删除所有的命令输出，并将命令提示符移到命令提示符窗口顶端。

示例 11-3　清屏

```
C:\Windows\System32>cls /?
Clears the screen.

CLS

C:\Windows\System32>cls
```

（4）上方向键。

使用上方向键可切换到之前执行的命令。以前执行的命令存储在历史记录缓冲区中，按上方向键可遍历以前执行的命令。如果执行了不正确的命令，可按上方向键将它重新调出来，校正后再执行。

（5）F7 键。

还可在层叠窗口中显示命令历史记录，为此可按 F7 键，这将显示以前执行过的所有命令，如图 11-118 所示。打开命令历史记录窗口后，可使用方向键选择以前执行过的命令，再按 Enter 执行它。要隐藏命令历史记录窗口，可按 Esc 键。

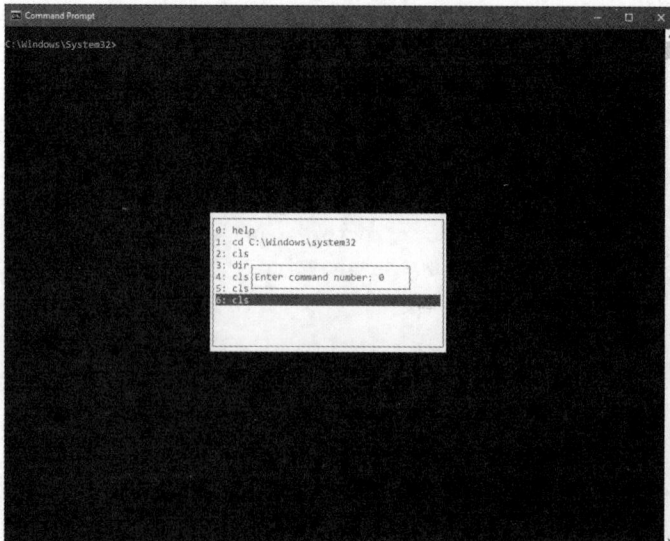

图 11-118　使用 F7 键打开命令历史记录窗口

（6）Ctrl + C 组合键。

要退出正在运行的命令进程或脚本，可使用 Ctrl + C 组合键。

（7）exit 命令。

要关闭命令窗口，可执行 exit 命令。

11.4.2　CLI 文件系统命令

CLI 命令可用于导览 Windows 文件系统，本章介绍这样的命令。

1. 命令语法约定

能够利用技术资源学习 CLI 命令的用法很重要。不同的软件厂商和组织使用不同的约定来表示命令语法。Microsoft 提供了在线的命令参考手册。表 11-7 总结了 Microsoft 用于 CLI 命令的众多语法约定。

表 11-7　　　　　　　　　　　　　　　命令语法约定

表示法	描述
没有用方括号或花括号括起的文本	必须完全按原样输入
<尖括号内的文本>	必须提供的值
[方括号内的文本]	可选输入
{花括号内的文本}	必须从列表中选择一个
竖线（|）	互斥项
省略号（…）	可重复地输入

指定文件名时，可使用被称为通配符的特殊字符来表示任意字符或任意字符序列。只知道要查找的文件名的一部分，或者要对一组文件名或扩展名包含相同内容的文件执行操作时，就可使用通配符。在 Windows 命令行中，可使用两种通配符，如下。

- 星号（ * ）：与任意字符序列（包括整个文件名和扩展名）匹配。星号与可出现在文件名中的任何一个字符都匹配，同时与任意字符序列都匹配，例如 myfile.*与文件名为 myfile 的文件都匹配（而不管其扩展名是什么）。在字符模式中，也可使用星号，例如，my*.txt 与文件名以 my 打头且扩展名为.txt 的文件匹配。最后，*.*与所有文件都匹配。
- 问号（ ? ）：与任意一个字符匹配，而不与字符序列匹配，例如，要使用问号来匹配 myfile.txt，需要使用 my????.txt，它与这样的文件匹配，即文件名以 my 打头且后面有 4 个字符，同时文件扩展名为.txt。

2. 文件系统导览

在命令行中，无法借助于文件资源管理器来找到要处理的文件和文件夹，而必须使用各种命令在文件夹结构中移动：不断地显示驱动器或目录的内容并切换目录，直到找到要查找的文件或文件夹。

3. 文件系统导览命令

要在命令行中导览文件系统，可切换驱动器、列出内容并切换目录。

（1）<Drive>:命令。

要切换驱动器，只需在命令提示符下输入盘符和冒号。在示例 11-4 中，首先显示 C 盘的目录，再切换到 D 盘并显示其中的目录。

示例 11-4　显示另一个磁盘卷的内容

```
C:\myFolders> dir
Volume in drive C is Windows
Volume Serial Number is 9C9E-C3F4

 Directory of C:\myFolders

04/04/2019  04:34 PM    <DIR>              .
04/04/2019  04:34 PM    <DIR>              ..
04/04/2019  04:37 PM    <DIR>              newfolder_2
               0 File(s)              0 bytes
               3 Dir(s)   133,658,624,000 bytes free

C:\myFolders> d:
D:\> dir
 Volume in drive D is ADATA DRIVE
 Volume Serial Number is CCD9-AB77

Directory of D:\
03/28/2019  06:37 PM    <DIR>              iso
02/06/2019  04:52 PM     5,075,539,968 Win10_1809Oct_English_x64.iso
02/15/2019  02:23 PM     3,320,903,680 Win7_Pro_SP1_English_x64.iso
02/07/2019  10:57 AM     4,320,641,024 Win8.1_English_x64_no_reg.iso
               3 File(s)   12,717,084,672 bytes
               1 Dir(s)    14,903,140,352 bytes free
D:\>
-------
```

（2）dir 命令。

dir 命令的语法如下：

dir [<drive>:] [<path>] [<filename>]

dir 命令包含如下选项，用于指定显示方式。

- **/a**：显示具有指定属性的文件。
- **/os**：按大小将文件排序。
- **/b**：只显示文件名和目录名。
- **/w**：显示宽视图，文件和文件夹按列排列。

通过指定选项，还可改变文件列表的显示方式。要获取有关 dir 命令的帮助信息，可输入"dir /?"并按 Enter 键。

示例 11-5 显示了 dir 命令的输出。

示例 11-5　显示当前文件夹的内容

```
C:\myFolders> dir
 Volume in drive C is Windows
 Volume Serial Number is 9C9E-C3F4


 Directory of C:\myFolders
04/04/2019  05:10 PM    <DIR>              .
04/04/2019  05:10 PM    <DIR>              ..
```

```
04/04/2019  05:10 PM                          6 newfile1.txt
04/04/2019  05:10 PM    <DIR>                 newFolder_1
04/04/2019  04:37 PM    <DIR>                 newFolder_2
                1 File(s)              6 bytes
                4 Dir(s)    133,548,445,696 bytes free


C:\myFolders>
```

（3）cd 命令。

cd 命令用于切换指定的路径，其语法如下：

cd [/d] [<drive>:] [<path>]

在 cd 命令中，可指定如下选项。

- **<drive>**：切换到另一个驱动器的根目录。
- **/d**：同时切换驱动器和目录。
- **.**：表示当前路径。
- **..（两个句点）**：表示上一级目录。
- ****：表示驱动器根目录。

示例 11-6 演示了如何使用 cd 命令。

示例 11-6　切换目录

```
C:\Users> dir
 Volume in drive C has no label.
 Volume Serial Number is 5A1B-98AA


 Directory of C:\Users


03/14/2019  01:53 PM    <DIR>                 .
03/14/2019  01:53 PM    <DIR>                 ..
04/04/2019  06:12 PM    <DIR>                 Admin
04/04/2019  03:34 PM    <DIR>                 basic_user
04/02/2019  03:18 PM    <DIR>                 drbon
03/06/2019  11:08 AM    <DIR>                 Public
                0 File(s)              0 bytes
                6 Dir(s)    36,035,579,904 bytes free


C:\Users> cd Admin
C:\Users\Admin> dir
 Volume in drive C has no label.
 Volume Serial Number is 5A1B-98AA
 Directory of C:\Users\Admin
04/04/2019  06:12 PM    <DIR>                 .
04/04/2019  06:12 PM    <DIR>                 ..
03/14/2019  11:51 AM    <DIR>                 3D Objects
03/14/2019  11:51 AM    <DIR>                 Contacts
04/02/2019  06:15 PM    <DIR>                 data2
03/15/2019  01:08 PM    <DIR>                 Desktop
04/03/2019  09:31 AM    <DIR>                 Documents
04/02/2019  08:59 AM    <DIR>                 Downloads
03/14/2019  11:51 AM    <DIR>                 Favorites
```

```
04/02/2019  07:50 AM    <DIR>           Level_1
03/14/2019  11:51 AM    <DIR>           Links
04/03/2019  09:31 AM    <DIR>           Music
03/27/2019  12:17 PM    <DIR>           OneDrive
03/14/2019  03:11 PM    <DIR>           Pictures
03/14/2019  11:51 AM    <DIR>           Saved Games
03/14/2019  12:05 PM    <DIR>           Searches
04/03/2019  09:31 AM    <DIR>           Videos
               0 File(s)              0 bytes
              17 Dir(s)   36,035,579,904 bytes free

C:\Users\Admin>
```

4. 文件夹和文件操作命令

使用命令行可创建、移动和删除文件夹。

（1）md 命令。

md 命令用于创建新文件夹，如示例 11-7 所示。md 命令的语法如下：

md [<drive>:]<path>

md 命令在指定位置创建一个新文件夹，如果没有指定驱动器和路径，将在当前位置创建新文件夹。
示例 11-7 显示了 md 命令的输出。

示例 11-7　md 命令的输出

```
C:\myFolders> dir
 Volume in drive C is Windows
 Volume Serial Number is 9C9E-C3F4
 Directory of C:\myFolders

04/04/2019  03:56 PM    <DIR>           .
04/04/2019  03:56 PM    <DIR>           ..
               0 File(s)              0 bytes
               2 Dir(s)   133,642,625,024 bytes free

C:\myFolders> md New_Folder

C:\myFolders> dir
 Volume in drive C is Windows
 Volume Serial Number is 9C9E-C3F4

 Directory of C:\myFolders

04/04/2019  04:21 PM    <DIR>           .
04/04/2019  04:21 PM    <DIR>           ..
04/04/2019  04:21 PM    <DIR>           New_Folder
               0 File(s)              0 bytes
               3 Dir(s)   133,642,625,024 bytes free

C:\myFolders>
```

（2）rd 命令。

rd 命令用于删除文件夹，其语法如下：

rd [<drive>:]<path>

在 rd 命令中，可指定如下选项。

- **/s**：删除所有的子文件夹和文件。使用这个选项时务必谨慎，确保确实要删除父文件夹和所有的子文件夹。
- **/q**：进入静默模式，即删除子文件夹和文件时，不会要求用户确认。请慎用这个选项。

示例 11-8 演示了如何使用 rd 命令。

示例 11-8　rd 命令的使用方法

```
C:\myFolders> dir
 Volume in drive C is Windows
 Volume Serial Number is 9C9E-C3F4

 Directory of C:\myFolders
04/04/2019  04:21 PM    <DIR>              .
04/04/2019  04:21 PM    <DIR>              ..
04/04/2019  04:21 PM    <DIR>              New_Folder
               0 File(s)             0 bytes
               3 Dir(s)   133,639,602,176 bytes free


C:\myFolders> rd New_folder

C:\myFolders> dir
 Volume in drive C is Windows
 Volume Serial Number is 9C9E-C3F4

 Directory of C:\myFolders

04/04/2019  04:27 PM    <DIR>              .
04/04/2019  04:27 PM    <DIR>              ..
               0 File(s)             0 bytes
               2 Dir(s)   133,639,602,176 bytes free

C:\myFolders>
```

（3）move 命令。

move 命令用于将文件或文件夹从一个文件夹移到另一个文件夹，其语法如下：

move [source][target]

其中 source 可位于当前文件夹中，但 destination 必须是另一个文件夹。可指定完整的路径，包括驱动器。示例 11-9 演示了如何使用 move 命令。

示例 11-9　move 命令的使用方法

```
C:\myFolders> dir
 Volume in drive C is Windows
 Volume Serial Number is 9C9E-C3F4
```

```
  Directory of C:\myFolders

04/04/2019  04:33 PM    <DIR>           .
04/04/2019  04:33 PM    <DIR>           ..
04/04/2019  04:33 PM    <DIR>           newfolder_1
04/04/2019  04:33 PM    <DIR>           newfolder_2
               0 File(s)              0 bytes
               4 Dir(s)   133,645,930,496 bytes free
C:\myFolders> move newfolder_1 newfolder_2
         1 dir(s) moved.
C:\myFolders> cd newfolder_2

C:\myFolders\newfolder_2> dir
 Volume in drive C is Windows
 Volume Serial Number is 9C9E-C3F4

 Directory of C:\myFolders\newfolder_2

04/04/2019  04:34 PM    <DIR>           .
04/04/2019  04:34 PM    <DIR>           ..
04/04/2019  04:33 PM    <DIR>           newfolder_1
               0 File(s)              0 bytes
               3 Dir(s)   133,646,000,128 bytes free

C:\myFolders\newfolder_2>
```

（4）ren 命令。

ren 命令用于重命名文件夹或文件，其语法如下：

```
ren [path:old name] [new name]
```

使用 ren 命令时，重命名后的文件夹必须在原来的位置。示例 11-10 演示了如何使用 ren 命令。

示例 11-10　ren 命令的使用方法

```
C:\myFolders\newfolder_2> dir
 Volume in drive C is Windows
 Volume Serial Number is 9C9E-C3F4

 Directory of C:\myFolders\newfolder_2

04/04/2019  04:34 PM    <DIR>           .
04/04/2019  04:34 PM    <DIR>           ..
04/04/2019  04:33 PM    <DIR>           newfolder_1
               0 File(s)              0 bytes
               3 Dir(s)   133,540,413,440 bytes free

C:\myFolders\newfolder_2> ren newfolder_1 newfolder

C:\myFolders\newfolder_2> dir
 Volume in drive C is Windows
 Volume Serial Number is 9C9E-C3F4
 Directory of C:\myFolders\newfolder_2
```

```
04/04/2019  04:37 PM    <DIR>              .
04/04/2019  04:37 PM    <DIR>              ..
04/04/2019  04:33 PM    <DIR>              newfolder
              0 File(s)           0 bytes
              3 Dir(s)   133,540,274,176 bytes free

C:\myFolders\newfolder_2>
```

5. 文件操作方式

可以通过各种方式操作文件，下面就来介绍这些方式（包括命令）。

（1）>。

可使用符号>将命令的输出发送到文件。由于输出被重定向，因此不会显示在屏幕上，如示例 11-11 所示。

示例 11-11　将输出重定向到文件

```
C:\Users\Admin\Documents> dir > directory.txt

C:\Users\Admin\Documents> dir
 Volume in drive C has no label.
 Volume Serial Number is 5A1B-98AA

 Directory of C:\Users\Admin\Documents

04/05/2019  10:23 AM    <DIR>              .
04/05/2019  10:23 AM    <DIR>              ..
04/05/2019  10:23 AM              761 directory.txt
03/27/2019  08:34 AM    <DIR>              Fax
04/02/2019  07:50 AM            5,740 help.txt
03/14/2019  12:24 PM    <DIR>              Level 1
03/29/2019  07:05 AM    <DIR>              mounted docs
04/02/2019  06:56 AM               22 myfile.txt
03/27/2019  08:34 AM    <DIR>              Scanned Documents
04/03/2019  09:31 AM    <DIR>              Sound recordings
03/27/2019  02:20 PM        1,351,034 test.nfo
              4 File(s)     1,357,557 bytes
              7 Dir(s)    35,931,115,520 bytes free

C:\Users\Admin\Documents>
```

（2）命令 type。

命令 type 用于显示文本文件的内容，其语法如下：

```
type [<drive>:][<path>] <filename>
```

命令 type 非常简单，用于显示文本文件的内容，如示例 11-12 所示。如果文件名包含空格，就需要将其放在引号内。通过结合使用管道字符（|）和 more，可以以每次一屏的方式显示内容。

示例 11-12　命令 type

```
C:\Users\Admin\Documents> type directory.txt
 Volume in drive C has no label.
```

```
   Volume Serial Number is 5A1B-98AA

  Directory of C:\Users\Admin\Documents

04/05/2019  10:23 AM    <DIR>              .
04/05/2019  10:23 AM    <DIR>              ..
04/05/2019  10:23 AM                    0 directory.txt
03/27/2019  08:34 AM    <DIR>              Fax
04/02/2019  07:50 AM                5,740 help.txt
03/14/2019  12:24 PM    <DIR>              Level 1
03/29/2019  07:05 AM    <DIR>              mounted docs
04/02/2019  06:56 AM                   22 myfile.txt
03/27/2019  08:34 AM    <DIR>              Scanned Documents
04/03/2019  09:31 AM    <DIR>              Sound recordings
03/27/2019  02:20 PM            1,351,034 test.nfo
               4 File(s)       1,356,796 bytes
               7 Dir(s)    35,931,115,520 bytes free

C:\Users\Admin\Documents>
```

（3）more 命令。

more 命令用于以每次一屏的方式显示文件的内容，其语法如下：

more [<drive>:][<path>] <filename>

可单独使用 more 命令以每次一屏的方式查看文件内容，如示例 11-13 所示。

示例 11-13　more 命令

```
C:\Users\Admin\Documents> more help.txt
For more information on a specific command, type HELP command-name
ASSOC          Displays or modifies file extension associations.
ATTRIB         Displays or changes file attributes.
BREAK          Sets or clears extended CTRL+C checking.
BCDEDIT        Sets properties in boot database to control boot loading.
CACLS          Displays or modifies access control lists (ACLs) of files.
CALL           Calls one batch program from another.
CD             Displays the name of or changes the current directory.
CHCP           Displays or sets the active code page number.
CHDIR          Displays the name of or changes the current directory.
CHKDSK         Checks a disk and displays a status report.
CHKNTFS        Displays or modifies the checking of disk at boot time.
CLS            Clears the screen.
CMD            Starts a new instance of the Windows command interpreter.
COLOR          Sets the default console foreground and background colors.
COMP           Compares the contents of two files or sets of files.
COMPACT        Displays or alters the compression of files on NTFS partitions.
CONVERT        Converts FAT volumes to NTFS. You cannot convert the
                 current drive.
COPY           Copies one or more files to another location.
DATE           Displays or sets the date.
DEL            Deletes one or more files.
DIR            Displays a list of files and subdirectories in a directory.
```

```
DISKPART          Displays or configures Disk Partition properties.
DOSKEY            Edits command lines, recalls Windows commands, and
                    creates macros.
DRIVERQUERY       Displays current device driver status and properties.
ECHO              Displays messages, or turns command echoing on or off.
ENDLOCAL          Ends localization of environment changes in a batch file.
ERASE             Deletes one or more files.
EXIT              Quits the CMD.EXE program (command interpreter).
FC                Compares two files or sets of files, and displays the
                    differences between them.
-- More (35%) --
```

（4）del 命令。

del 命令用于删除文件或文件夹，其语法如下：

del <names>

在 del 命令中，可指定一个文件或文件夹列表，还可使用通配符，如示例 11-14 所示。使用这个命令删除的文件通常无法恢复。通过指定参数，可删除具有特定属性的文件。

示例 11-14　del 命令

```
C:\Users\Admin\Documents> dir *.txt
 Volume in drive C has no label.
 Volume Serial Number is 5A1B-98AA

 Directory of C:\Users\Admin\Documents

04/05/2019  10:48 AM                 712 directory.txt
04/05/2019  10:48 AM               5,740 help.txt
04/02/2019  06:56 AM                  22 myfile.txt
               3 File(s)          6,474 bytes
               0 Dir(s)  35,955,425,280 bytes free

C:\Users\Admin\Documents> del help.txt, directory.txt

C:\Users\Admin\Documents> dir *.txt
 Volume in drive C has no label.
 Volume Serial Number is 5A1B-98AA

 Directory of C:\Users\Admin\Documents

04/02/2019  06:56 AM                  22 myfile.txt
               1 File(s)             22 bytes
               0 Dir(s)  35,955,437,568 bytes free

C:\Users\Admin\Documents>
```

（5）copy 命令。

copy 命令用于创建文件的副本，其语法如下：

copy <source> [<destination>]

可使用这个命令将文件复制到指定位置，并指定文件名。如果没有指定目标位置，默认将复制到原来的位置，如示例 11-15 所示。这个命令有很多参数，这提供了极大的灵活性。

示例 11-15　copy 命令

```
C:\Users\Admin\Documents> dir
 Volume in drive C has no label.
 Volume Serial Number is 5A1B-98AA

 Directory of C:\Users\Admin\Documents

04/05/2019  10:48 AM    <DIR>          .
04/05/2019  10:48 AM    <DIR>          ..
03/27/2019  08:34 AM    <DIR>          Fax
03/14/2019  12:24 PM    <DIR>          Level 1
03/29/2019  07:05 AM    <DIR>          mounted docs
04/02/2019  06:56 AM                22 myfile.txt
03/27/2019  08:34 AM    <DIR>          Scanned Documents
04/03/2019  09:31 AM    <DIR>          Sound recordings
03/27/2019  02:20 PM         1,351,034 test.nfo
               2 File(s)      1,351,056 bytes
               7 Dir(s)   35,955,691,520 bytes free

C:\Users\Admin\Documents> copy myfile.txt myfile2.txt
 1 file(s) copied.


C:\Users\Admin\Documents> dir
 Volume in drive C has no label.
 Volume Serial Number is 5A1B-98AA

 Directory of C:\Users\Admin\Documents

04/05/2019  10:51 AM    <DIR>          .
04/05/2019  10:51 AM    <DIR>          ..
03/27/2019  08:34 AM    <DIR>          Fax
03/14/2019  12:24 PM    <DIR>          Level 1
03/29/2019  07:05 AM    <DIR>          mounted docs
04/02/2019  06:56 AM                22 myfile.txt
04/02/2019  06:56 AM                22 myfile2.txt
03/27/2019  08:34 AM    <DIR>          Scanned Documents
04/03/2019  09:31 AM    <DIR>          Sound recordings
03/27/2019  02:20 PM         1,351,034 test.nfo
               3 File(s)      1,351,078 bytes
               7 Dir(s)  35,955,490,816 bytes free

C:\Users\Admin\Documents>
```

（6）xcopy 命令。

xcopy 命令用于复制文件或整个目录树，其语法如下：

xcopy <source> <destination>

xcopy 命令有很多选项，提供了一种强大的文件和目录复制方式，如示例 11-16 所示。

示例 11-16　xcopy 命令

```
C:\Users\Admin\Documents> xcopy /? | more
Copies files and directory trees.

XCOPY source [destination] [/A | /M] [/D[:date]] [/P] [/S [/E]] [/V] [/W]
                           [/C] [/I] [/Q] [/F] [/L] [/G] [/H] [/R] [/T] [/U]
                           [/K] [/N] [/O] [/X] [/Y] [/-Y] [/Z] [/B] [/J]
                           [/EXCLUDE:file1[+file2][+file3]...]

  source       Specifies the file(s) to copy.
  destination  Specifies the location and/or name of new files.
  /A           Copies only files with the archive attribute set,
               doesn't change the attribute.
  /M           Copies only files with the archive attribute set,
               turns off the archive attribute.
  /D:m-d-y     Copies files changed on or after the specified date.
               If no date is given, copies only those files whose
               source time is newer than the destination time.
  /EXCLUDE:file1[+file2][+file3]...
               Specifies a list of files containing strings. Each string
               should be in a separate line in the files. When any of the
               strings match any part of the absolute path of the file to be
               copied, that file will be excluded from being copied. For
               example, specifying a string like \obj\ or .obj will exclude
               all files underneath the directory obj or all files with the
               .obj extension respectively.
  /P           Prompts you before creating each destination file.
  /S           Copies directories and subdirectories except empty ones.
  /E           Copies directories and subdirectories, including empty ones.
               Same as /S /E. May be used to modify /T.
  /V           Verifies the size of each new file.
  /W           Prompts you to press a key before copying.
  /C           Continues copying even if errors occur.
  /I           If destination does not exist and copying more than one file,
               assumes that destination must be a directory.
  /Q           Does not display file names while copying.
  /F           Displays full source and destination file names while copying.
  /L           Displays files that would be copied.
  /G           Allows the copying of encrypted files to destination that does
               not support encryption.
  /H           Copies hidden and system files also.
  /R           Overwrites read-only files.
  /T           Creates directory structure, but does not copy files. Does not
               include empty directories or subdirectories. /T /E includes
               empty directories and subdirectories.
  /U           Copies only files that already exist in destination.
-- More --
```

（7）robocopy 命令。

Microsoft 推荐使用 robocopy 命令，而不是 xcopy 命令。robocopy 命令的语法如下：

robocopy <source> <destination>

这个命令的功能非常强大，你可使用众多选项来指定如何复制文件、要复制的文件类型以及给复制得到的文件添加文件属性，如示例 11-17 所示。

示例 11-17 robocopy 命令

```
C:\Users\Admin\Documents> robocopy /? | more
-------------------------------------------------------------------------------
   ROBOCOPY     ::     Robust File Copy for Windows
-------------------------------------------------------------------------------


  Started : Friday, April 5, 2019 11:12:55 AM
               Usage :: ROBOCOPY source destination [file [file]...] [options]

             source :: Source Directory (drive:\path or \\server\share\path).
        destination :: Destination Dir (drive:\path or \\server\share\
  path).
               file :: File(s) to copy (names/wildcards: default is "*.*").

::
:: Copy options :
::
                 /S :: copy Subdirectories, but not empty ones.
                 /E :: copy subdirectories, including Empty ones.
             /LEV:n :: only copy the top n LEVels of the source directory tree.

                 /Z :: copy files in restartable mode.
                 /B :: copy files in Backup mode.
                /ZB :: use restartable mode; if access denied use Backup mode.
                 /J :: copy using unbuffered I/O (recommended for large files).
            /EFSRAW :: copy all encrypted files in EFS RAW mode.

  /COPY:copyflag[s] :: what to COPY for files (default is /COPY:DAT).
                       (copyflags : D=Data, A=Attributes, T=Timestamps).
                       (S=Security=NTFS ACLs, O=Owner info, U=aUditing info).

               /SEC :: copy files with SECurity (equivalent to /COPY:DATS).
           /COPYALL :: COPY ALL file info (equivalent to /COPY:DATSOU).
            /NOCOPY :: COPY NO file info (useful with /PURGE).
            /SECFIX :: FIX file SECurity on all files, even skipped files.

            /TIMFIX :: FIX file TIMes on all files, even skipped files.
             /PURGE :: delete dest files/dirs that no longer exist in source.
               /MIR :: MIRror a directory tree (equivalent to /E plus /PURGE).

               /MOV :: MOVe files (delete from source after copying).
              /MOVE :: MOVE files AND dirs (delete from source after copying).
-- More --
```

11.4.3 CLI 磁盘命令

对于基于 GUI 的磁盘管理工具，CLI 是不错的替代品，在 Windows 出现引导方面的问题时尤其如此。

本章前面介绍了如何使用 Windows 实用程序 "Disk Management" 来管理磁盘，使用命令行可执行类似的操作。

（1）chkdsk 命令。

chkdsk 命令需要有管理员权限才能执行，它用于检查文件系统错误（包括物理介质错误），还用于修复一些文件系统错误。这个命令的语法如下：

chkdsk <volume> <path> <filename>

在 chkdsk 命令中，可指定如下选项。

- **/f**：修复磁盘错误、恢复坏扇区并恢复可读取的信息。
- **/r**：作用与/f 相同，但同时尽可能修复物理错误。

示例 11-18 演示了如何使用 chkdsk 命令。

示例 11-18 chkdsk 命令

```
C:\Users\Admin\Documents> chkdsk e:
The type of the file system is NTFS.
Volume label is New Volume.

WARNING! /F parameter not specified.
Running CHKDSK in read-only mode.

Stage 1: Examining basic file system structure ...
  256 file records processed.
File verification completed.
  0 large file records processed.
  0 bad file records processed.

Stage 2: Examining file name linkage ...
  278 index entries processed.
Index verification completed.
  0 unindexed files scanned.
  0 unindexed files recovered to lost and found.
  0 reparse records processed.
  0 reparse records processed.

Stage 3: Examining security descriptors ...
Security descriptor verification completed.
  11 data files processed.

Windows has scanned the file system and found no problems.
No further action is required.

  10238975 KB total disk space.
     17472 KB in 7 files.
        72 KB in 13 indexes.
```

```
       0 KB in bad sectors.
   17371 KB in use by the system.
   16384 KB occupied by the log file.
10204060 KB available on disk.
    4096 bytes in each allocation unit.
 2559743 total allocation units on disk.
 2551015 allocation units available on disk.

C:\Users\Admin\Documents>
```

（2）format 命令。

format 命令需要有管理员权限才能执行，它用于在磁盘上创建新的文件系统，并检查磁盘的物理错误。这个命令的语法如下：

format <volume>

应只对新磁盘或包含其他文件系统的磁盘执行 format 命令。

在这个命令中，可使用如下选项来指定各种文件系统操作。

- **/q**：快速格式化，不扫描坏扇区。
- **/v**：指定卷名（标签）。
- **/fs**：指定文件系统。

示例 11-19 显示了 format 命令的输出。

示例 11-19　format 命令的输出

```
C:\Users\Admin\Documents> format e:
The type of the file system is NTFS.
Enter current volume label for drive E: New Volume

WARNING, ALL DATA ON NON-REMOVABLE DISK
DRIVE E: WILL BE LOST!
Proceed with Format (Y/N)? y
Formatting 9.8 GB
Volume label (32 characters, ENTER for none)?
Creating file system structures.
Format complete.
        9.8 GB total disk space.
        9.7 GB are available.

C:\Users\Admin\Documents>
```

（3）diskpart 命令。

diskpart 命令需要有管理员权限才能执行，它启动一个命令解释器，让你能够执行磁盘分区命令。这个命令用于打开命令提示符窗口，用户可在其中执行 Windows 磁盘管理工具的众多功能。要获悉可在这个命令提示符窗口下执行哪些命令，可使用 help 命令。其输出如示例 11-20 所示。

示例 11-20　diskpart 命令的输出

```
C:\Users\Admin\Documents> diskpart

Microsoft DiskPart version 10.0.17763.1
```

```
Copyright (C) Microsoft Corporation.
On computer: DESKTOP-34F7VBO

DISKPART> help

Microsoft DiskPart version 10.0.17763.1
ACTIVE       - Mark the selected partition as active.
ADD          - Add a mirror to a simple volume.
ASSIGN       - Assign a drive letter or mount point to the selected volume.
ATTRIBUTES   - Manipulate volume or disk attributes.
ATTACH       - Attaches a virtual disk file.
AUTOMOUNT    - Enable and disable automatic mounting of basic volumes.
BREAK        - Break a mirror set.
CLEAN        - Clear the configuration information, or all information, off the
               disk.
COMPACT      - Attempts to reduce the physical size of the file.
CONVERT      - Convert between different disk formats.
CREATE       - Create a volume, partition or virtual disk.
DELETE       - Delete an object.
DETAIL       - Provide details about an object.
DETACH       - Detaches a virtual disk file.
EXIT         - Exit DiskPart.
EXTEND       - Extend a volume.
EXPAND       - Expands the maximum size available on a virtual disk.
FILESYSTEMS  - Display current and supported file systems on the volume.
FORMAT       - Format the volume or partition.
GPT          - Assign attributes to the selected GPT partition.
HELP         - Display a list of commands.
IMPORT       - Import a disk group.
INACTIVE     - Mark the selected partition as inactive.
LIST         - Display a list of objects.
MERGE        - Merges a child disk with its parents.
ONLINE       - Online an object that is currently marked as offline.
OFFLINE      - Offline an object that is currently marked as online.
RECOVER      - Refreshes the state of all disks in the selected pack.
               Attempts recovery on disks in the invalid pack, and
               resynchronizes mirrored volumes and RAID5 volumes
               that have stale plex or parity data.
REM          - Does nothing. This is used to comment scripts.
REMOVE       - Remove a drive letter or mount point assignment.
REPAIR       - Repair a RAID-5 volume with a failed member.
RESCAN       - Rescan the computer looking for disks and volumes.
RETAIN       - Place a retained partition under a simple volume.
SAN          - Display or set the SAN policy for the currently booted OS.
SELECT       - Shift the focus to an object.
SETID        - Change the partition type.
SHRINK       - Reduce the size of the selected volume.
UNIQUEID     - Displays or sets the GUID partition table (GPT) identifier or
               master boot record (MBR) signature of a disk.


DISKPART>
```

11.4.4　CLI 任务和系统命令

本节介绍的命令用于在 CLI（而不是 Windows GUI）中执行操作系统任务。
任务操作命令的功能类似于任务管理器。系统操作命令可影响 Windows 系统。

（1）tasklist 命令。

tasklist 命令用于显示本地计算机或远程计算机上运行的进程，其输出如示例 11-21 所示。
在这个命令中，可使用选项指定输出的格式、筛选输出以及连接到网络上的其他 PC。
正在运行的进程由 PID 标识。

示例 11-21　tasklist 命令的输出

```
C:\Windows\System32> tasklist | more
Image Name                     PID Session Name        Session#    Mem Usage
========================= ======== ================ ========== ============
System Idle Process              0 Services                  0          8 K
System                           4 Services                  0     12,112 K
Registry                       120 Services                  0     73,672 K
smss.exe                       476 Services                  0        328 K
csrss.exe                      792 Services                  0      2,100 K
csrss.exe                      912 Console                   1      2,848 K
wininit.exe                    936 Services                  0      1,032 K
winlogon.exe                   980 Console                   1      2,224 K
services.exe                   344 Services                  0      9,408 K
lsass.exe                      528 Services                  0     16,428 K
svchost.exe                    908 Services                  0      1,188 K
svchost.exe                    584 Services                  0     31,500 K
fontdrvhost.exe               1032 Console                   1      7,888 K
fontdrvhost.exe               1040 Services                  0      1,128 K
svchost.exe                   1124 Services                  0     21,480 K
svchost.exe                   1176 Services                  0      3,100 K
dwm.exe                       1240 Console                   1     90,168 K
svchost.exe                   1284 Services                  0      2,096 K
svchost.exe                   1356 Services                  0      2,276 K
svchost.exe                   1436 Services                  0      1,552 K
svchost.exe                   1476 Services                  0      4,648 K
svchost.exe                   1520 Services                  0      4,912 K
-- More --
```

（2）taskkill 命令。

taskkill 命令用于终止正在运行的进程，其输出如示例 11-22 所示。这个命令的语法如下：

```
taskkill [/pid <ProcessID> | /im <ImageName>]
```

下面列出了这个命令的一些选项。

- **/pid**：使用 PID 指定要终止的进程。
- **/im**：使用映像名（进程名）指定要终止的进程。
- **/f**：强行终止进程。
- **/t**：终止指定的进程及其启动的子进程。

示例 11-22　taskkill 命令的输出

```
C:\Windows\System32> tasklist /fi "pid gt 45600" | more

Image Name                     PID     Session Name        Session#      Mem Usage
==========================  ========  ================   ==========   ===========
plugin-container.exe          51092   Console                   1       1,288 K
HPSupportSolutionsFramewo     55232   Services                  0      26,720 K
iCloudServices.exe            50832   Console                   1      16,660 K
APSDaemon.exe                 50320   Console                   1       9,312 K
ApplePhotoStreams.exe         55236   Console                   1       9,876 K
secd.exe                      50836   Console                   1       4,516 K
iTunesHelper.exe              54376   Console                   1       2,384 K
filezilla.exe                 53148   Console                   1       4,028 K
iTunes.exe                    48672   Console                   1      92,980 K
AppleMobileDeviceHelper.e     45740   Console                   1       1,324 K
conhost.exe                   53724   Console                   1         912 K
distnoted.exe                 56836   Console                   1       1,032 K
SyncServer.exe                56448   Console                   1       1,224 K
conhost.exe                   47576   Console                   1         904 K
CodeSetup-stable-0f3794b3     57948   Console                   1       1,600 K
SystemSettingsBroker.exe      57560   Console                   1       9,320 K
svchost.exe                   54424   Services                  0       2,340 K
dllhost.exe                   65180   Console                   1      15,776 K
OfficeClickToRun.exe          69496   Services                  0      30,660 K
^C^C
C:\Windows\System32> taskkill /pid 50832
SUCCESS: Sent termination signal to the process with PID 50832.

C:\Windows\System32>
```

（3）dism 命令。

dism 命令用于处理要部署的映像，其输出如示例 11-23 所示。dism 是 Deployment Image Servicing and Management（部署映像服务和管理）的首字母缩写。可使用 dism 命令来创建自定义的系统映像文件，以便在企业的计算机中安装。

示例 11-23　dism 命令的输出

```
C:\WINDOWS\system32> dism | more

Deployment Image Servicing and Management tool
Version: 10.0.18362.1

DISM.exe [dism_options] {Imaging_command} [<Imaging_arguments>]
DISM.exe {/Image:<path_to_offline_image> | /Online} [dism_options]
         {servicing_command} [<servicing_arguments>]

DESCRIPTION:

  DISM enumerates, installs, uninstalls, configures, and updates features
  and packages in Windows images. The commands that are available depend
```

```
                    on the image being serviced and whether the image is offline or running.

GENERIC IMAGING COMMANDS:
  /Split-Image               - Splits an existing .wim file into multiple
                                 read-only split WIM (SWM) files.
  /Apply-Image               - Applies an image.
  /Get-MountedImageInfo      - Displays information about mounted WIM and VHD
                                 images.
  /Get-ImageInfo             - Displays information about images in a WIM, a VHD
                                 or a FFU file.
  /Commit-Image              - Saves changes to a mounted WIM or VHD image.
  /Unmount-Image             - Unmounts a mounted WIM or VHD image.
  /Mount-Image               - Mounts an image from a WIM or VHD file.
  /Remount-Image             - Recovers an orphaned image mount directory.
  /Cleanup-Mountpoints       - Deletes resources associated with corrupted
                                 mounted images.
WIM COMMANDS:
-- More --
```

（4）sfc 命令。

sfc 命令需要有管理员权限才能执行，它用于检查并修复 Windows 系统文件。使用它可检查并修复受到保护的重要系统文件：可检查并修复单个文件，也可检查并修复所有文件。sfc 命令还从缓存版本还原文件。下面是这个命令的一些选项。

- **/scannow**：扫描并修复，如示例 11-24 所示。
- **/verifyonly**：只检查，不修复。

示例 11-24　使用 sfc 命令扫描并修复系统文件

```
C:\WINDOWS\system32> sfc /scannow

Beginning system scan. This process will take some time.

Beginning verification phase of system scan.
Verification 95% complete.
```

（5）shutdown 命令。

shutdown 命令用于关闭本地计算机或远程计算机，在其中可使用选项来指定远程计算机、指定关闭模式以及向用户显示消息。要使用这个命令，用户必须有关机权限和管理员权限。要获悉 shutdown 命令的选项，可使用/? | more，如示例 11-25 所示。下面列出了该命令的几个重要选项。

- **/m \\ComputerName**：指定远程计算机。
- **/s**：关闭计算机。
- **/r**：重启计算机。
- **/h**：让本地计算机进入休眠状态。
- **/f**：在不提醒用户的情况下强行关闭正在运行的应用程序。

示例 11-25　shutdown 命令

```
C:\> shutdown /? | more
Usage: shutdown [/i | /l | /s | /sg | /r | /g | /a | /p | /h | /e | /o] [/hybrid]
    [/soft] [/fw] [/f ] [/m \\computer][/t xxx][/d [p|u:]xx:yy [/c "comment"]]
    No args     Display help. This is the same as typing /?.
```

```
/?             Display help. This is the same as not typing any options.
/i             Display the graphical user interface (GUI).
               This must be the first option.
/l             Log off. This cannot be used with /m or /d options.
/s             Shutdown the computer.
/sg            Shutdown the computer. On the next boot, if Automatic Restart
  Sign-On
               is enabled, automatically sign in and lock last interactive user.
               After sign in, restart any registered applications.
/r             Full shutdown and restart the computer.
/g             Full shutdown and restart the computer. After the system is
  rebooted,
               if utomatic Restart Sign-On is enabled, automatically sign in and
               lock last interactive user.
               After sign in, restart any registered applications.
/a             Abort a system shutdown.
               This can only be used during the time-out period.
               Combine with /fw to clear any pending boots to firmware.
/p             Turn off the local computer with no time-out or warning.
               Can be used with /d and /f options.
/h             Hibernate the local computer.
               Can be used with the /f option.
/hybrid        Performs a shutdown of the computer and prepares it for fast startup.
               Must be used with /s option.
/fw            Combine with a shutdown option to cause the next boot to go to the
               firmware user interface.
/e             Document the reason for an unexpected shutdown of a computer.
/o             Go to the advanced boot options menu and restart the computer.
               Must be used with /r option.
/m \\computer Specify the target computer.
/t xxx         Set the time-out period before shutdown to xxx seconds.
               The valid range is 0-315360000 (10 years), with a default of 30.
               If the timeout period is greater than 0, the /f parameter is
-- More --
```

11.4.5 其他实用的 CLI 命令

熟悉 CLI 命令的技术人员可在 Windows 命令提示符窗口下执行复杂而很有帮助的任务，本节介绍实用的 CLI 命令。

1. 其他实用命令

其他实用命令包括 gpupdate、gpresult、net use 和 net user 命令。

（1）gpupdate 命令。

gpupdate 命令用于更新组策略。管理员可在中心位置给网络上的所有计算机配置组策略，gpupdate 命令用于更新本地计算机并核实它能否获取组策略更新，其输出如示例 11-26 所示。下面是这个命令的一些选项。

■ **/target:computer**：强行更新另一台计算机。

■ **/force**：即便组策略未变，也强行更新组策略。

- **/boot**：更新组策略后重启计算机。

示例 11-26　gpupdate 命令的输出

```
C:\> gpupdate
Updating policy...

Computer Policy update has completed successfully.
User Policy update has completed successfully.


C:\>
```

（2）gpresult 命令。

gpresult 命令用于显示对当前登录用户有效的组策略设置，非常适合用来检查本地计算机和远程计算机是否具备分布式组策略。

下面的选项用于指定要查看哪个系统和系统用户的组策略。

- **/s**：使用名称或 IP 地址指定要查看哪个系统的组策略。
- **/r**：显示摘要数据（也很长）。

另外，可指定要显示的报告类型。其输出如示例 11-27 所示。

示例 11-27　gpresult 命令的输出

```
C:\> gpresult /r | more

Microsoft (R) Windows (R) Operating System Group Policy Result tool v2.0
c 2018 Microsoft Corporation. All rights reserved.


Created on 4/8/2019 at 12:49:07 PM


RSOP data for DESKTOP-34F7VBO\Admin on DESKTOP-34F7VBO : Logging Mode
-------------------------------------------------------------------
OS Configuration:           Standalone Workstation
OS Version:                 10.0.17763
Site Name:                  N/A
Roaming Profile:            N/A
Local Profile:              C:\Users\Admin
Connected over a slow link?:   No

COMPUTER SETTINGS
------------------

    Last time Group Policy was applied: 4/8/2019 at 12:31:43 PM
    Group Policy was applied from:      N/A
    Group Policy slow link threshold:   500 kbit/s
    Domain Name:                        DESKTOP-34F7VBO
    Domain Type:


    Applied Group Policy Objects
    ----------------------------
        N/A
```

```
    The following GPOs were not applied because they were filtered out
    ----------------------------------------------------------------
-- More --
```

（3）net use 命令。

net use 命令用于显示和连接网络资源，是配置网络计算机工作方式的 net 系列命令之一。你可使用这个命令显示计算机连接的网络资源，以及将计算机连接到网络资源（如共享驱动器）。示例 11-28 显示了 net use 命令的选项及其输出。

示例 11-28　net use 命令的选项及其输出

```
C:\> net use /?
The syntax of this command is:

NET USE
[devicename | *] [\\computername\sharename[\volume] [password | *]]
        [/USER:[domainname\]username]
        [/USER:[dotted domain name\]username]
        [/USER:[username@dotted domain name]
        [/SMARTCARD]
        [/SAVECRED]
        [/REQUIREINTEGRITY]
        [/REQUIREPRIVACY]
        [/WRITETHROUGH]
        [[/DELETE] | [/PERSISTENT:{YES | NO}]]

NET USE {devicename | *} [password | *] /HOME

NET USE [/PERSISTENT:{YES | NO}]

C:\>
```

（4）net user 命令。

net user 命令用于显示和修改有关计算机用户的信息。它默认显示计算机上所有用户的信息；你还可使用它来修改账户的众多设置以及创建新账户。

下面是这个命令的一些选项。

- **username**：指定要处理的用户名称。
- **/add（在 username 后面指定）**：创建新用户。
- **/delete（在 username 后面指定）**：删除指定的用户。

示例 11-29 使用了 net user 命令来查看用户的信息。

示例 11-29　使 net user 命令查看用户信息

```
C:\> net user
User accounts for \\DESKTOP-34F7VBO

-------------------------------------------------------------------------
Admin                       Administrator                    basic_user
DefaultAccount Guest        New_user
WDAGUtilityAccount
The command completed successfully.
```

```
C:\> net user guest
User name                     Guest
Full Name
Comment                       Built-in account for guest access to the computer/
                                domain
User's comment
Country/region code           000 (System Default)
Account active                No
Account expires               Never

Password last set             4/8/2019 1:16:19 PM
Password expires              Never
Password changeable           4/8/2019 1:16:19 PM
Password required             No
User may change password      No

Workstations allowed          All
Logon script
User profile
Home directory
Last logon                     Never

Logon hours allowed           All

Local Group Memberships       *Guests
Global Group memberships      *None
The command completed successfully.


C:\>
```

2. 运行系统实用程序

要运行系统实用程序，可使用 Windows 实用程序 "Run"（运行），而要运行实用程序 "Run"，可按 Win + R 组合键，如图 11-119 所示。

通过在实用程序 "Run" 中输入相应的命令，可运行很多 Windows 实用程序和工具。

- **EXPLORER**：打开文件资源管理器或 Windows 资源管理器。
- **MMC**：打开 MMC；要打开保存的控制台，可指定其路径和 .msc 文件名。
- **MSINFO32**：打开 "系统信息" 窗口，该窗口显示了系统组件摘要，包括硬件和软件信息。
- **MSTSC**：打开实用程序 "远程桌面"。
- **NOTEPAD**：打开基本文本编辑器 "记事本"。

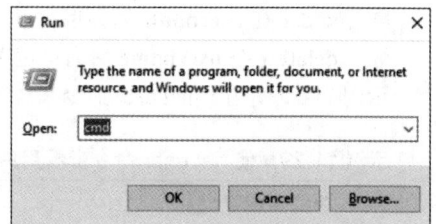

图 11-119　运行系统实用程序

11.5 Windows 网络功能

Windows 内置了连接多台计算机以共享资源的联网功能。

11.5.1 网络共享和映射驱动器

诸如文件等资源可在整个网络中共享。在远程计算机上创建共享文件夹的快捷方式被称为映射驱动器；对于映射驱动器，可指定一个用于标识它的盘符。在 Windows 计算机上，只有创建映射驱动器的用户能够访问它，其他用户都不能访问。

1. 域和工作组

要对网络中的计算机进行组织和管理，可使用域（Domain）和工作组（Workgroup）。

- **域**：作为一个整体进行管理的一组计算机和电子设备，它们遵循相同的规则和流程。同一个域中的计算机可能位于全球的不同地方。对于用户和网络资源的安全及相关方面，都由被称为域控制器的专用服务器负责管理，从而实现安全保障和管理的集中。在域中使用 LDAP，让计算机能够访问分散在网络各个地方的数据目录。
- **工作组**：LAN 中的一组工作站和服务器，能够相互通信和交换数据。每个工作站都控制着自己的用户账户、安全信息以及对数据和资源的访问。

网络中的计算机要么属于某个域，要么属于某个工作组。在计算机上首次安装 Windows 时，会自动将计算机加入一个工作组，如图 11-120 所示。

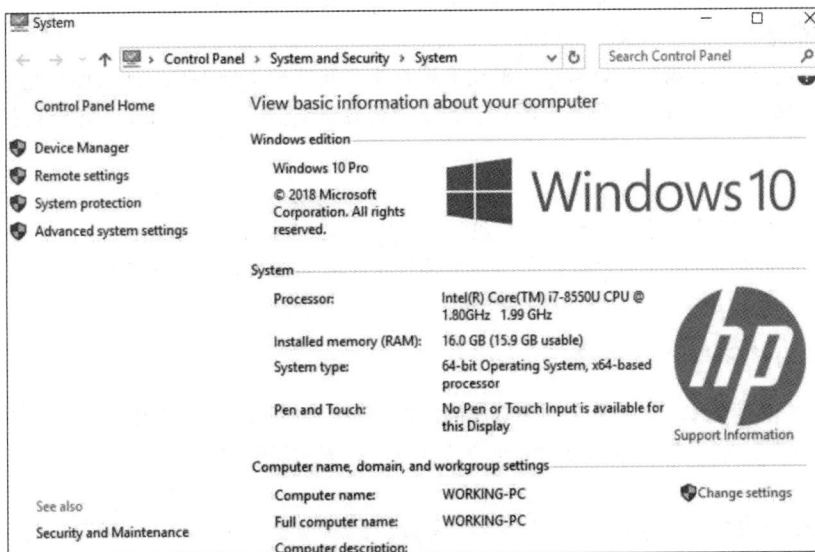

图 11-120 域和工作组

2. 家庭组

家庭组是 Windows 7 的一项功能（Windows 8 也具有这项功能），旨在简化家庭网络中诸如文件夹、图片、音乐、视频和打印机等共享资源的安全访问，创建家庭组如图 11-121 所示。从 1803 版起，Windows 10 不再具有家庭组功能。

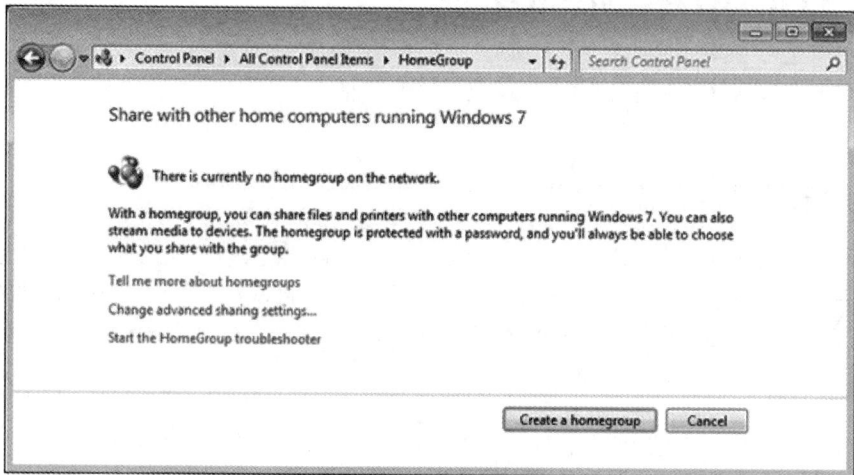

图 11-121　创建家庭组

属于同一个工作组的所有 Windows 计算机都可加入家庭组；在网络中，每个工作组只能有一个家庭组；一台计算机不能同时加入多个家庭组；家庭组使用密码确保安全；一个家庭组可同时有 Windows 7 计算机和 Windows 8 计算机。

家庭组由工作组中的某位用户创建，其他用户如果知道家庭组密码，可加入家庭组。能否使用家庭组功能取决于网络位置配置文件。

- **家庭网络**：可创建或加入家庭组。
- **工作网络**：不能创建或加入家庭组，但可查看和共享资源。
- **公共网络**：不能使用家庭组功能。

计算机加入一个家庭组后，计算机上的所有账户（来宾账户除外）都将成为该家庭组的成员。加入家庭组后，可轻松地与其他成员共享图片、音乐、视频、文档、库和打印机。用户可控制对其资源的访问。

> **注　意**　属于域的计算机可加入家庭组，并访问家庭组中其他计算机上的文件和资源，但不能创建家庭组，也不能将自己的文件和资源与家庭组的其他成员共享。

3. 网络文件共享和驱动器映射

驱动器映射和网络文件共享是安全而方便的网络资源访问方式，需要使用不同版本的 Windows 访问网络资源时尤其如此。本节详细地介绍网络文件共享和驱动器映射。

（1）驱动器映射。

要通过网络访问其他计算机上的单个文件、特定文件夹或整个驱动器，驱动器映射是一种有效的方式，如图 11-122 所示。驱动器映射指的是给远程计算机上的资源指定盘符（A～Z），这样可像使用本地驱动器一样使用映射的驱动器。

（2）网络文件共享。

图 11-123 显示了共享文件夹并设置权限的过程中出现的一系列对话框。

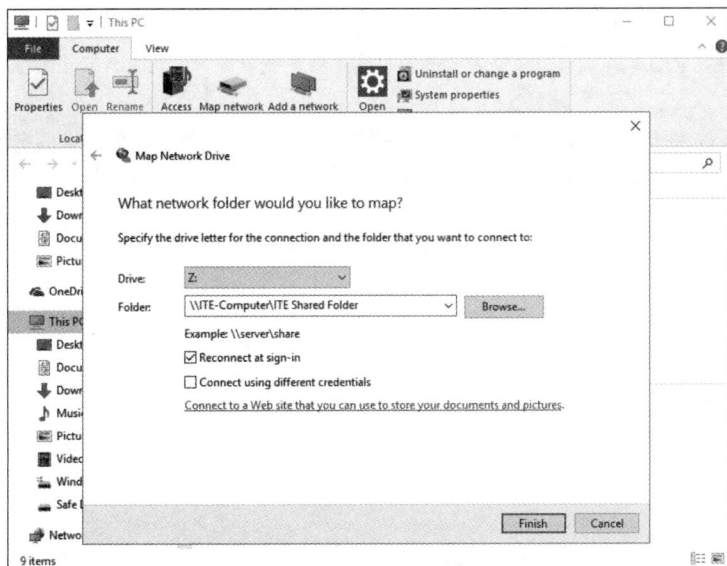

图 11-122　驱动器映射

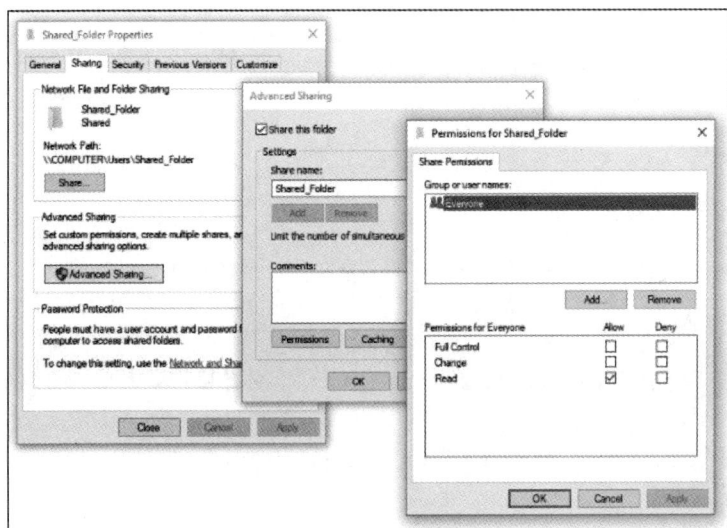

图 11-123　网络文件共享

你可决定要通过网络共享哪些资源，并指定用户对这些资源的访问权限。权限决定了用户可对文件或文件夹执行哪些操作。

- **读取**：用户可查看文件和子文件夹的名称、切换到子文件夹、查看文件中的数据以及运行程序文件。
- **修改**：除前述读取权限外，用户还可添加文件和子文件夹、修改文件中的数据以及删除子文件夹和文件。
- **完全控制**：除前述读取和修改权限外，用户还可修改其他用户对 NTFS 分区中文件和文件夹的访问权限，以及获得对文件和文件夹的所有权。

4. 管理型共享

管理型共享也被称为隐藏的共享，通过在共享名末尾添加美元符号（$）来标识。默认情况下，

Windows 创建多个管理型共享，包括本地驱动器的根目录（C\$）、系统文件夹（ADMIN\$）和打印机驱动程序文件夹（PRINT\$）。管理型共享是对用户隐藏的，只有本地 Administrators 组的成员能够访问。

图 11-124 显示了一台 Windows 10 PC 上的管理型共享，注意每个管理型共享的名称都以\$结尾。

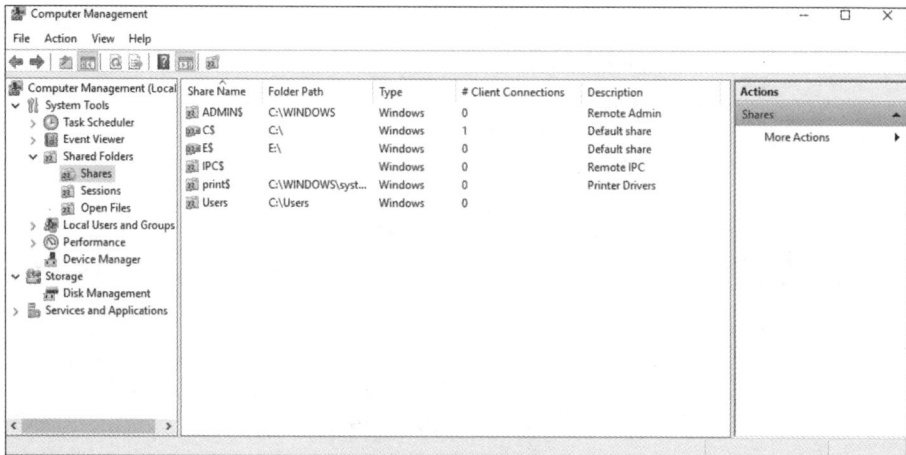

图 11-124　管理型共享

如果在本地共享的名称末尾添加\$，将导致它成为管理型共享。管理型共享在浏览时看不到，但将其映射到驱动器后，可通过命令行来访问。

11.5.2　与人共享本地资源

在 Windows 10 中，用户可打开或关闭特定的共享功能，从而控制要共享哪些资源以及如何共享。

1. 共享本地资源

在控制面板中，位于"Network and Sharing Center"（网络和共享中心）的"Advanced Sharing Settings"（高级共享设置）让你能够管理 3 种网络配置文件的共享选项：专用、来宾或公用，以及所有网络。可针对每个配置文件选择不同的选项，可控制的方面如下。

- 网络发现。
- 文件和打印机共享。
- 公共文件夹共享。
- 密码保护的共享。
- 媒体流。

要访问"Advanced Sharing Settings"，可在控制面板中依次选择"Network and Internet"和"Network and Sharing Center"。要在属于同一个工作组的计算机之间共享资源，必须启用网络发现以及文件和打印机共享，如图 11-125 所示。

操作系统厂商开发了简单的文件共享机制，Microsoft 开发的名为就近共享（Nearby Sharing）。就近共享是 Windows 10 引入的，替代了以前的家庭组功能，还让用户能够使用 Wi-Fi 或蓝牙与附近的设备共享资源。

Apple 的 iOS 和 macOS 支持 AirDrop，它使用蓝牙直接在设备之间建立连接，以便传输文件。

另外，还有很多第三方开源文件共享解决方案，但可能引入潜在的安全漏洞——允许未经请求的传输。

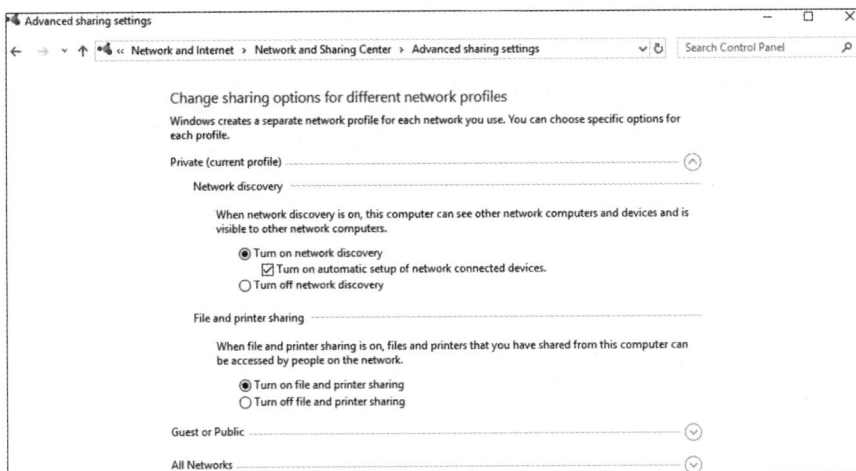

图 11-125 共享本地资源

2. 打印机共享与网络打印机映射

在家庭和企业环境中，打印是用户最常执行的任务之一。

（1）打印机共享。

通过 USB 或直接网络连接可将打印设备直接连接到计算机，这种打印机会被视为"本地"打印机，其连接的计算机则充当打印服务器。要在网络上共享本地打印机，可通过打印机"Properties"（属性）对话框中的"Sharing"（共享）选项卡进行设置，如图 11-126 所示。打印机被共享后，有合适权限的用户便可连接到它。还可在本地计算机上安装打印设备驱动程序，让客户端连接到打印设备时能够获取驱动程序。

要查找网络共享打印机，可在文件资源管理器中使用网络对象来浏览网络资源（见图 11-126）。

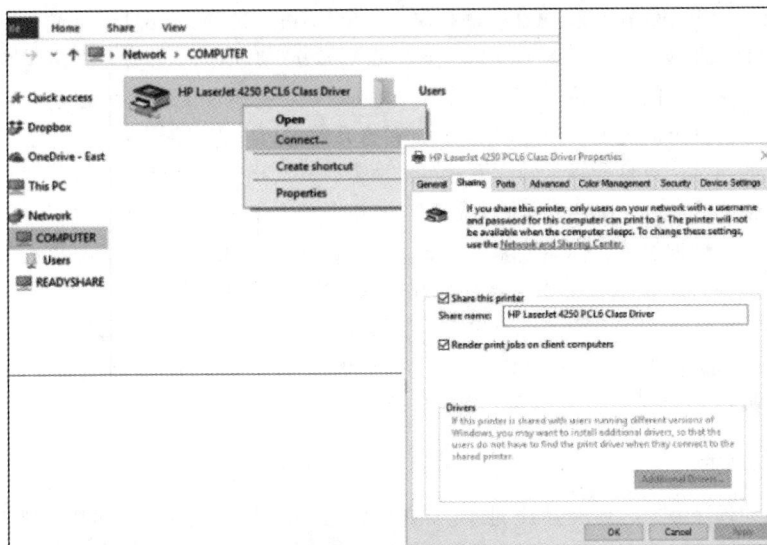

图 11-126 共享打印机

（2）网络打印机映射。

打印设备可能集成了以太网或 Wi-Fi 适配器，可直接连接到网络。将打印设备连接到网络后，就可在"Devices and Printers"（设备和打印机）窗口中使用"Add Printer"（添加打印机）向导进行映射，如图 11-127 所示。将打印机映射到计算机后，用户就可通过网络打印，而无须直接连接到打印设备。映射打印机后，它将出现在计算机的可用打印机列表中。

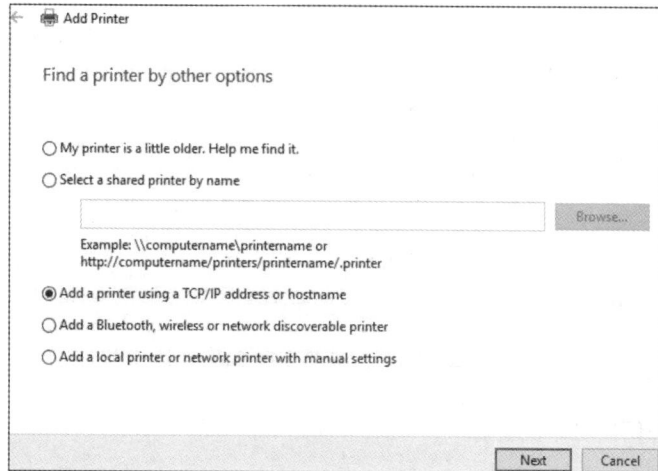

图 11-127　网络打印机映射

11.5.3　配置有线网络连接

Windows 操作系统能够连接到网络，用户可通过配置完成大部分联网任务。配置有线网络连接是在家庭或企业网络上共享资源，甚至还可共享 Internet 连接。

1. 在 Windows 10 中配置有线网络接口

要管理 Windows 10 网络配置，可在应用程序"Settings"的"Network & Internet"（网络和 Internet）部分进行，如图 11-128 所示。在"Network & Internet"部分，有让你能够查看网络属性的超链接，还有切换到网络和共享中心的超链接。要查看可用的网络连接（包括有线连接和无线连接），可单击超链接"Change adapter options"（更改适配器选项），在打开的窗口中，可配置每个连接。

要配置网卡的属性，可打开网卡的"属性"对话框，并切换到"高级"选项卡。为此，可打开设备管理器，找到合适的网卡，在它上面单击鼠标右键并选择"属性"，再单击"高级"选项卡。在这个选项卡中，有一个属性列表，让你能够配置速度、双工、QoS 和 LAN 唤醒等功能。在"属性"下拉列表框选择一个属性后，"值"下拉列表框中将显示该属性的可能取值。

在 Windows "Internet 协议版本 4（TCP/IPv4）属性"窗口中，有一个"备用配置"选项卡，让管理员能够给 PC 配置备用 IP 地址，供 PC 无法联系到 DHCP 服务器时使用。请注意，如果在"常规"选项卡中配置了静态 IPv4 地址，将不会出现"备用配置"选项卡。

2. 配置有线网卡

安装网卡驱动程序后，必须配置 IP 地址。可以下面两种方式之一给计算机分配 IP 地址配置。

- **手动**：给主机静态地分配 IP 地址配置。
- **动态**：主机向 DHCP 服务器请求 IP 地址配置。

在有线网卡的"Properties"（属性）窗口中，可配置 IPv4 和 IPv6 地址，还可配置其他选项，如默认网关和 DNS 服务器地址，如图 11-129 所示。

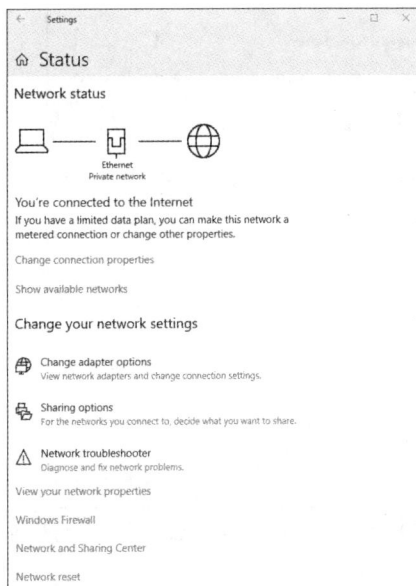

图 11-128 网络状态

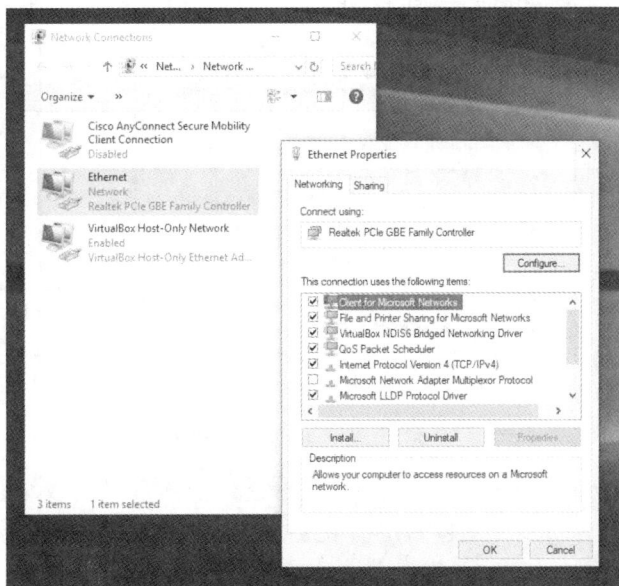

图 11-129 配置有线网卡

默认情况下，IPv4 和 IPv6 都自动获取 IP 设置，其中 IPv4 使用的是 DHCP，而 IPv6 使用的是无状态地址自动配置（SLAAC）。

注　意　当前，大多数计算机都有板载网卡，如果安装了独立网卡，最好在 BIOS 设置中禁用板载网卡。

（1）配置 IPv4。

要手动配置 IPv4，可单击 "Use the Following IP Address"（使用下面的 IP 地址），再输入合适的 IPv4 地址、子网掩码和默认网关，如图 11-130 所示。Windows 计算机无法动态地获得 IPv4 地址时，将使用 APIPA，这种地址来自网络空间 169.254.x.y 中的保留地址。

（2）配置备用 IPv4 地址。

在 Windows 10 中，可给计算机配置一个备用 IPv4 地址，供计算机无法访问 DHCP 服务器且不适合使用 APIPA 时使用，如图 11-131 所示。对于将在有 DHCP 服务器的网络和需要静态 IPv4 地址的网络之间移动的移动设备，这很有用。

（3）配置 IPv6。

要配置 IPv6，可选择 "Internet Protocol Version 6 (TCP/IPv6)"，再单击 "Properties"（属性）按钮，打开 "Internet Protocol Version 6 (TCP/IPv6) Properties" 窗口。在这个窗口中，单击 "Use the Following IPv6"（使用以下 IPv6 地址），再输入合适的 IPv6 地址、前缀长度和默认网关，如图 11-132 所示。

3. 设置网络配置文件

将使用 Windows 10 的计算机连接到网络时，必须选择网络配置文件。每个网络配置文件都包含不同的默认设置。根据所选的配置文件，可以关闭或启用文件和打印机共享、网络发现可能默认，还可能指定了不同的防火墙设置。

在 Windows 10 中，有两个网络配置文件，如图 11-133 所示。

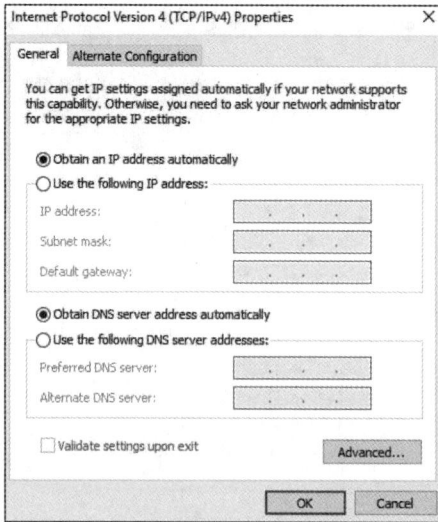

图 11-130　配置 IPv4

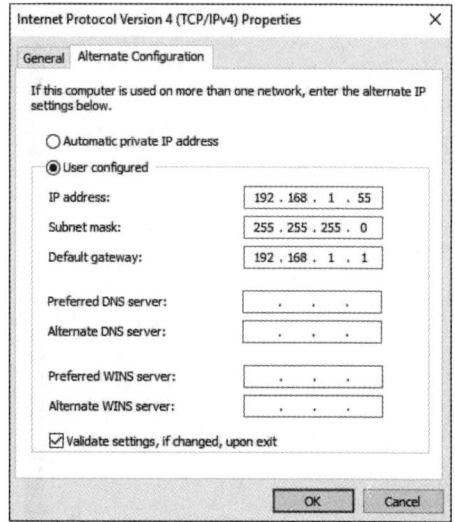

图 11-131　IPv4 "Alternate Configuration"（备用配置）

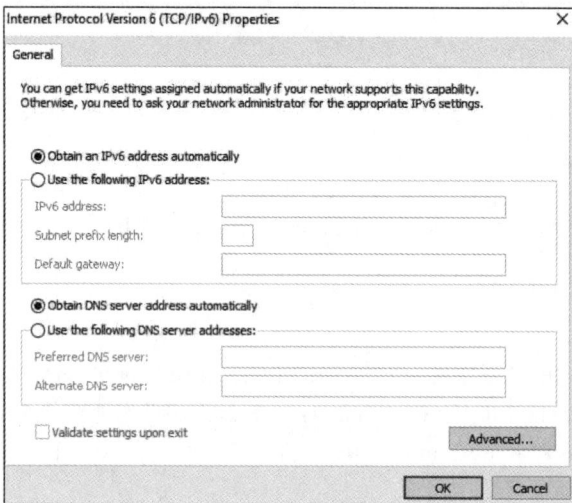

图 11-132　配置 IPv6

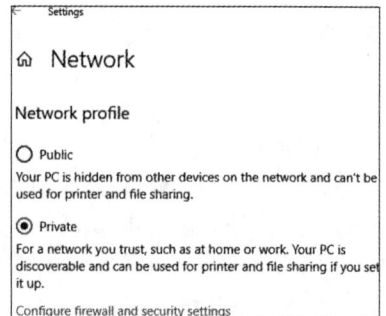

图 11-133　网络配置文件

- **"Public"（公有）**：公有配置文件在链路上关闭了文件和打印机共享以及网络发现，因此对其他设备隐藏了当前 PC。
- **"Private"（专用）**：专用配置文件让用户能够自定义共享选项。这种配置文件用于受信任的网络中，因为它让其他设备能够发现当前 PC。

4. 使用 Windows GUI 检查连接性

要检查是否能够连接到 Internet，简单的方式是打开 Web 浏览器，看看能否访问 Internet。要排除连接故障，可使用 Windows GUI 或 CLI。

在 Windows 10 中，可在 "General" 选项卡中查看网络连接的状态，如图 11-134 所示。单击 "Details"（详细信息）按钮可查看 IP 地址信息、子网掩码、默认网关、MAC 地址等。如果连接不正常，可关闭 "Details" 窗口，再单击 "Diagnose"（诊断）按钮，让疑难解答程序 "Windows Network Diagnostics"（Windows 网络诊断）尝试诊断并修复问题。

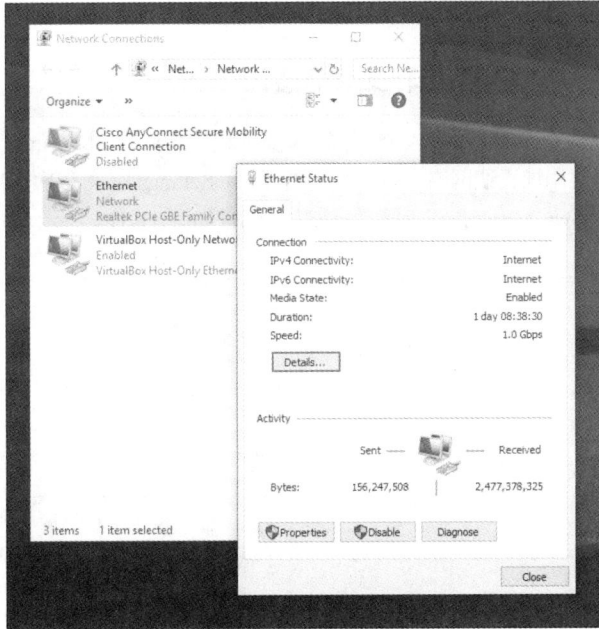

图 11-134　检查连接状态

5. ipconfig 命令

ipconfig 命令用于显示所有网卡的基本 IP 配置信息，包括 IP 地址、子网掩码和默认网关。表 11-8 介绍了 ipconfig 命令的选项，要指定选项，可输入 "ipconfig /option"，如 ipconfig /all。

表 11-8　　　　　　　　　　　　　　　　ipconfig 命令的选项

选项	描述
all	显示额外的网络配置信息，包括 DHCP 服务器和 DNS 服务器、MAC 地址、NetBIOS 状态及域名
release	释放从 DHCP 服务器获得的 IP 地址，导致网卡不再有 IP 地址
renew	强制 DHCP 客户端向 DHCP 服务器续租其 DHCP 地址
displaydns	显示 DNS 解析缓存，其中包含最近查询过的主机名和域名
flushdns	清除主机上的 DNS 解析缓存

6. CLI 网络命令

要检查网络连接状态，可在命令提示符窗口下执行多个 CLI 命令。

- **ping**：使用 ICMP 回应请求和回应应答消息检查设备之间的基本连接状态。
- **tracert**：跟踪数据包从当前计算机前往目标主机时经过的路由。要执行这个命令，可在命令提示符窗口下输入 "tracert hostname"。在显示的结果中，第一项为默认网关，接下来的每一项都是数据包前往目的地时经过的路由器。tracert 命令会显示数据包到达什么地方后停滞不前，从而指出哪里出了问题。
- **nslookup**：用于检查 DNS 服务器并排除其故障，它向 DNS 服务器查询 IP 地址或主机名。要执行这个命令，可在命令提示符窗口下输入 "nslookup hostname"；nslookup 命令将返回指定主机名的 IP 地址。有一个与 nslookup 命令的作用相反的命令——nslookup IP_address，它返回与指定 IP 地址对应的主机名。

11.5.4 在 Windows 中配置无线网络接口

有多种不同类型的无线网络，每种都有不同的配置和管理要求，本节介绍 Wi-Fi 网络的配置。

在 Windows 10 中，要添加无线网络，可打开应用程序"Settings"，再依次选择"Network & Internet" "Wi-Fi"和"Manage Known Networks"（管理已知网络），如图 11-135 所示。

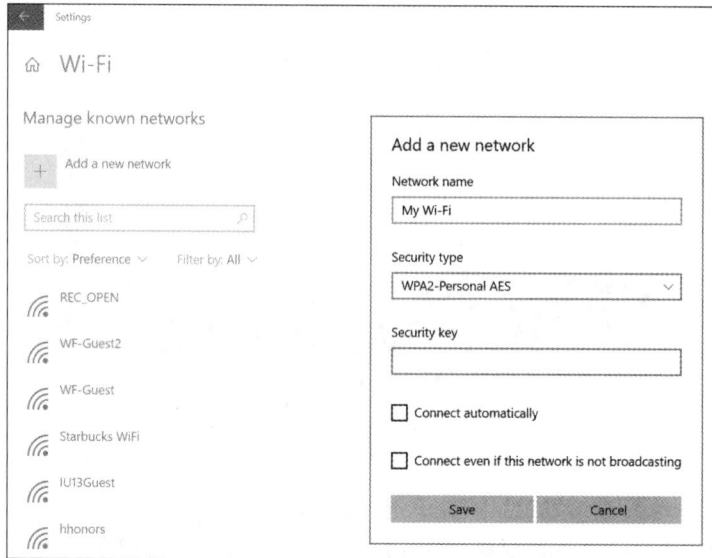

图 11-135　添加无线网络

输入网络名称，并选择与无线路由器配置匹配的安全类型。安全类型选项有 4 个。

- **无身份验证（开放式）**：以明文方式发送数据，且不进行身份验证。
- **WEP**：安全性很低，不适合传输机密信息的场景。
- **WPA2-个人**：使用高级加密标准（AES）和预共享密钥（PSK）对流量进行加密。
- **WPA2-企业**：身份验证工作从接入点转移到运行 RADIUS（Remote Authentication Dial-in User Service，远程身份认证拨号用户服务）的中央身份验证服务器。

借助于 RADIUS 或终端控制器访问控制系统增强版 TACACS+，可采用可伸缩的身份验证架构对无线设备进行远程身份验证。这两种技术都使用独立的服务器——AAA（身份验证、授权和记账）服务器代表网络设备来进行身份验证；网络设备不直接存储和验证用户凭证，而将请求交给 AAA 服务器，并将响应转发给用户。

11.5.5 远程访问协议

远程访问协议让未直接相连的设备能够相互访问，这是结合使用软件、硬件和网络连接实现的。Windows 提供了多种不同的远程访问选项，具体选择哪个取决于众多因素，如功能、安全和系统配置。本节介绍如何实现远程访问，供技术人员参考。

1. Windows 中的 VPN 访问

要通过不安全的网络进行通信和资源共享，可使用 VPN。VPN 是一种专用网络，通过公共网络

（如 Internet）将远程场点或用户连接起来。VPN 常用于访问私有的企业网络。

　　VPN 使用专用的安全连接，通过 Internet 将远程用户连接到私有企业网络。连接到私有企业网络后，用户会成为该网络的一部分，能够访问该网络中的所有服务和资源。

　　远程用户在其计算机上必须安装 VPN 客户端，这样才能建立到私有企业网络的安全连接；也可使用特殊的路由器将与之相连的计算机连接到私有企业网络。VPN 软件将数据加密，再通过 Internet 将数据发送到私有企业网络中的 VPN 网关。VPN 网关负责建立、管理和控制 VPN 连接——VPN 隧道。图 11-136 显示了 VPN 客户端软件。

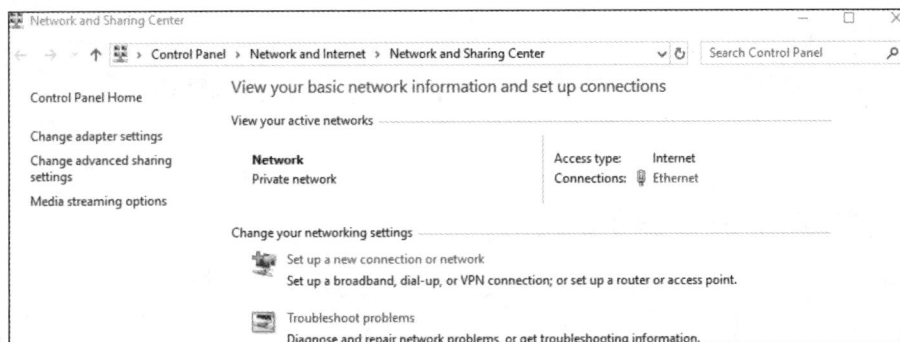

图 11-136　VPN 客户端软件

　　在 Windows 10 中，可使用 "Network and Sharing Center" 来设置 VPN，如图 11-137 所示。

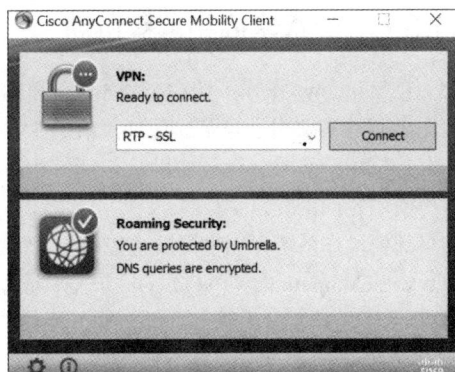

图 11-137　在 Windows 中设置 VPN

Windows 支持多种 VPN，但有些 VPN 需要第三方软件的支持。

2．Telnet 和 SSH

　　Telnet 是一种命令行终端仿真协议和程序。Telnet 守护程序可侦听 TCP 端口 23 上的连接。在有些情况下，Telnet 被用来排除服务故障，以及连接到路由器和交换机以便输入配置。默认情况下，Windows 未安装 Telnet，但用户可使用 "程序和功能" 添加它。另外，有些免费的第三方终端仿真程序支持 Telnet。Telnet 消息是以明文方式发送的，因此只要有数据包嗅探器，任何人都能捕获并查看 Telnet 消息的内容。有鉴于此，明智的做法是使用安全连接，而不是使用 Telnet。

　　SSH 是一种安全的解决方案，可替代 Telnet 和其他文件复制程序（如 FTP）。SSH 使用 TCP 端口 22 进行通信，并通过加密来保护会话。客户端向 SSH 服务器证明身份的方法有多种。

- **用户名/密码**：客户端将凭证发送给 SSH 主机，后者根据本地的用户数据库验证凭证，或将凭证发送给中央身份验证服务器进行验证。
- **Kerberos**：使用 Kerberos 身份验证协议的网络（如 Windows 活动目录）支持 SSO。SSO 让用户能够使用一套用户名和密码登录多个系统。
- **基于主机的身份验证**：客户端请求使用公钥进行身份验证。服务器使用公钥生成质询，客户端使用配套的私钥对质询进行解密，以完成身份验证。
- **公钥身份验证**：在基于主机的身份验证的基础上提供额外的保护。用户必须输入口令才能访问私钥，这有助于防止私钥被破解。

11.5.6　远程桌面和远程协助

在 Windows 操作系统中，远程桌面和远程协议是两种不同的功能，但它们都涉及远程访问计算机。远程桌面是一款用于登录远程计算机的工具，使用它时，所有进程都运行在远程计算机上，且每次只能有一位用户登录。远程协助让你能够远程提供技术支持，但需要对方请求这样做；使用它时，两名用户使用相同的凭证。

其他操作系统可能也提供这些功能，例如，在 macOS 中，远程访问是由基于虚拟网络计算（Virtual Network Computing，VNC）的"屏幕共享"功能提供的。任何 VNC 客户端都可连接到屏幕共享服务器；VNC 是一款自由软件产品，它使用端口 5900，功能与 RDP 的类似。

11.6　常用的操作系统预防性维护方法

为避免可预防的问题，应制订并实施预防性维护计划。制订计划时，应将重点放在对生产效率影响最大的方面，并在计划中包含有关组织硬件和软件的信息，还有需要确定如何做才能确保系统以最佳的状态运行。

11.6.1　操作系统预防性维护计划

在预防性维护计划中，关键的一环是确保文档准确且是最新的。

1. 预防性维护计划的内容

为确保操作系统始终处于最佳状态，必须实施预防性维护计划。预防性维护计划可给用户和组织带来很多好处，如缩短停机时间、改善性能、提高可靠性以及减少维修费用。

预防性维护计划应包含有关如何维护各个计算机和网络设备的详细信息，并优先考虑出现故障时将给组织带来最大影响的设备。操作系统的预防性维护包括自动执行定期更新任务，以及安装服务包，确保系统最新且与新的软件和硬件兼容。预防性维护包括如下重要任务。

- 硬盘错误检查、碎片整理和备份。
- 更新操作系统、应用程序、反病毒软件和其他保护性软件。

务必定期执行预防性维护，并将采取的措施和观察到的结果记录下来。修理日志可帮助判断哪些设备最可靠、哪些设备最不可靠，它还提供了如下方面的历史记录：最后一次修理计算机是什么时候、如何修理的以及出现的是什么问题。

预防性维护应在对用户干扰最小的时段进行，这通常意味着将任务安排在夜间、凌晨或周末进行。通过结合使用工具和技巧，可自动完成众多的预防性维护任务。

（1）安全。

安全是预防性维护计划的一个重要方面。请在计算机上安装防病毒和防恶意软件的软件，并定期扫描，这有助于确保计算机免受恶意软件之害。要检查计算机上是否有恶意软件，可使用 Windows 恶意软件清除工具（Malicious Software Removal Tool）；如果发现感染，这款工具会将其清除。每当 Microsoft 发布这款工具的新版本时，都请下载、安装并使用它来扫描计算机，以消除新发现的威胁。这应该是预防性维护计划的一项标准内容，另外，应定期更新反病毒工具和间谍软件清除工具。

（2）开机启动程序。

有些程序（如病毒扫描程序和间谍软件清除工具）不会在计算机启动时自动启动，为确保这些程序在计算机启动时都会自动启动，可将它们添加到"开始"菜单的"启动"文件夹中。有些程序有一个开关，让它能够在不显示的情况下执行特定的操作，如启动。请阅读程序文档，确定程序是否支持特殊的开关。

2. Windows 更新

Windows 更新网站（update.microsoft.com）提供针对 Windows 7、Windows 8 和 Windows 10 的维护更新、关键更新和安全补丁，还有可选的软件和硬件更新。还有一个名为"Microsoft Update"的程序，可同时给 Windows 和 Microsoft Office 软件打补丁。Windows 中安装的控件允许操作系统使用后台智能传输服务（BITS）协议浏览更新网站，并选择要下载并安装的更新。

Microsoft 在每月的第二个星期二发布更新，俗称周二补丁日（Patch Tuesday）。

Windows 10 自动下载并安装更新，以确保设备安全且与时俱进。这意味着将获得最新的修补和安全更新，确保设备高效且安全地运行。在大多数情况下，用户唯一需要做的是重新启动设备以完成更新。

在 Windows 中，可手动检查更新，为此可打开应用程序"Settings"，并选择"Update & Security"（更新和安全），如图 11-138 所示。进入图 11-138 所示的界面后，你可选择要应用哪些更新，还可配置更新设置。

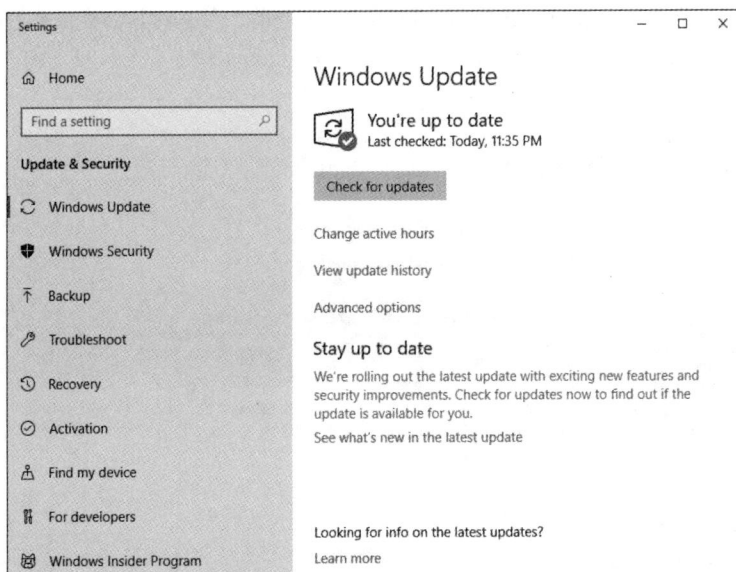

图 11-138　Windows 更新设置

目录%SystemRoot%中的文件 windowsupdate.log 包含更新活动记录，如果更新未能正确地安装，可查看这个日志文件中的错误代码，再在 Microsoft 知识库中搜索错误代码。如果更新引发了问题，可将其卸载，为此可打开应用程序"Settings"，再依次选择"Update and Security"和"View Update History"（查看更新历史记录）。

（1）驱动程序更新。

制造商偶尔会发布新的驱动程序，以解决当前驱动程序存在的问题。硬件不能正常工作时，请检查是否有驱动程序更新，如图 11-139 所示；这样做可预防以后可能出现的问题。另外，务必更新到驱动程序打补丁或消除安全问题的驱动程序。如果驱动程序更新无法正常工作，可使用"Roll Back Driver"（回退驱动程序）功能恢复到以前安装的驱动程序。

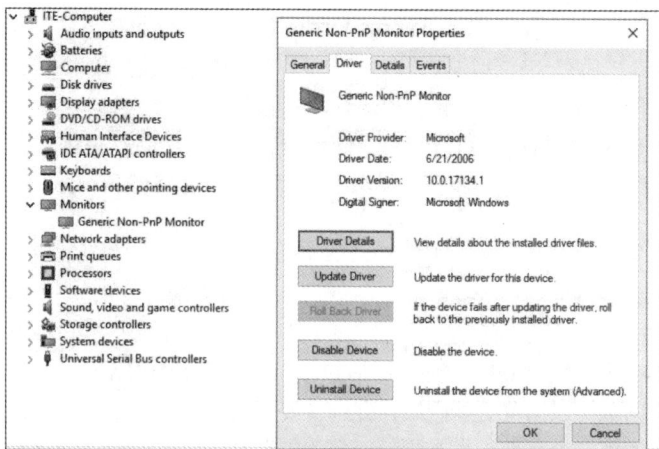

图 11-139　驱动程序更新

（2）固件更新。

固件更新没有驱动程序更新那么常见，制造商可能发布新的固件更新，以解决使用驱动程序更新无法修复的问题。

固件更新可提高某些硬件的速度、扩展新功能或提高产品的稳定性。执行固件更新时，务必严格按制造商提供的说明做，以免硬件无法使用。执行固件更新前，务必对其做全面研究，因为更新固件后可能无法恢复到原来的固件。图 11-140 展示了一个固件更新示例。

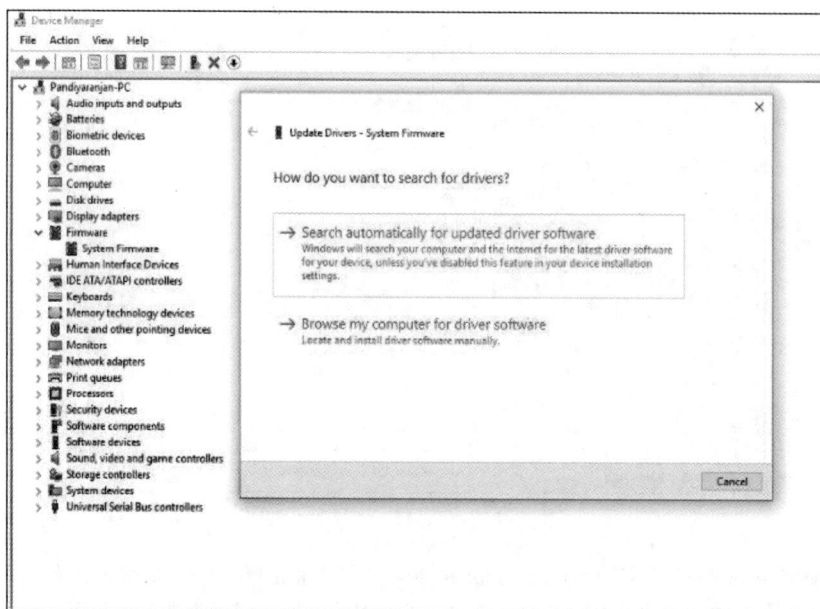

图 11-140　固件更新

11.6.2　备份和还原

在灾难恢复计划中，务必涵盖备份和系统还原。备份是数据的副本，存储在不同于原始数据的地方，有助于避免数据永久性丢失。要恢复以前的数据，必须有其备份。

系统还原通常是计算机操作系统自动完成的。在指定的或操作系统确定的时间，计算机创建还原点；等计算机出现问题时，这些还原点便可派上用场。

1. 还原点

在有些情况下，安装应用程序或硬件驱动程序可能导致不稳定或意料之外的问题；卸载应用程序或硬件驱动程序通常能够解决问题。如果未能解决问题，可使用实用程序"系统还原"将计算机还原到安装应用程序或硬件驱动程序前的状态。

还原点包含有关操作系统、安装的程序和注册表设置的信息；计算机崩溃或更新导致问题时，可使用还原点将计算机恢复到以前的配置。

"系统还原"不会备份个人数据，也不会恢复受损或被删除的个人文件。务必使用专用备份系统（如磁带驱动器、光盘或 USB 存储设备）在本地备份个人文件；备份个人文件时，也可使用远程备份位置。

在下列情况下，技术人员务必在修改系统前创建还原点。

- 更新操作系统时。
- 安装或更新硬件时。
- 安装应用程序时。
- 安装驱动程序时。

在 Windows 10 中，要打开图 11-141 所示的实用程序"System Restore"（系统还原），可打开"System Properties"（系统属性）对话框，再单击其中的"System Restore"（系统还原）按钮。

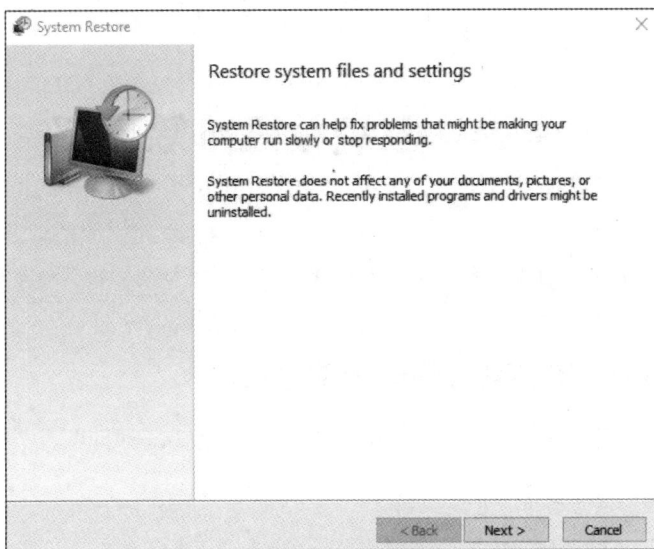

图 11-141　还原点

2. 硬盘备份

在制定的备份策略中，务必涵盖个人文件恢复方面的内容。可根据需要使用 Microsoft 实用程序"备份"来执行备份任务。计算机系统的使用方式和组织需求决定了数据备份频率以及要执行的备份类型。

备份任务可能需要很长时间才能完成。如果严格地遵循了备份策略，就无须每次都备份所有文件，而只需备份上次备份后修改了的文件。

Windows 7 附带的备份工具让用户能够备份文件以及创建和使用系统映像备份（或修复光盘）；Windows 8 和 Windows 10 提供了"File History"（文件历史记录）功能，可用来备份文件夹"文档""音乐""视频"和"桌面"中的文件。随着时间的推移，"File History"功能建立文件历史记录，让你能够恢复到文件的特定版本。在文件受损或丢失的情况下，这项功能可提供极大的帮助。

在 Windows 10 中，要开启 "File History"，可打开应用程序 "Settings"，再依次选择 "Update & Security" 和 "Backup"（备份），如图 11-142 所示。

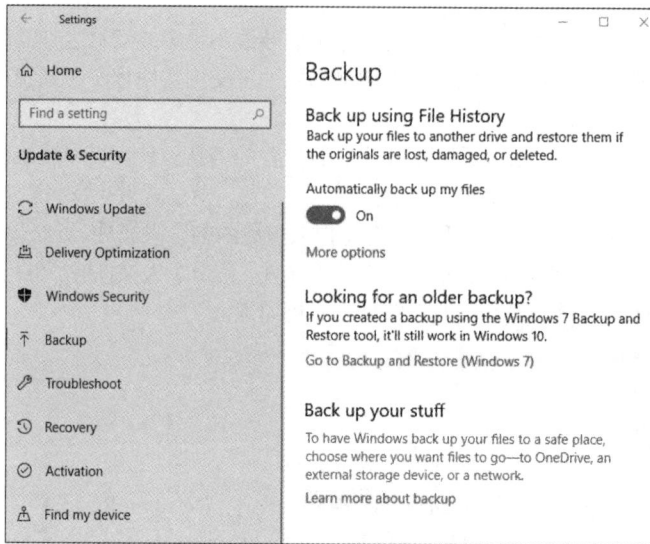

图 11-142　硬盘备份

11.7　Windows 操作系统故障排除流程

故障排除流程有助于解决操作系统出现的问题。操作系统问题可能是由硬件、软件和网络问题共同导致的，它们可能很简单，如驱动程序运行不正常，也可能很复杂，如系统锁定。

11.7.1　Windows 操作系统故障排除流程简介

本节介绍故障排除流程，技术人员可据此准确地确定、修复和记录问题。

1. 故障排除流程的 6 个步骤

故障排除过程包含 6 个步骤。

第 1 步：确定问题。

第 2 步：列出可能的原因。

第 3 步：逐个检查可能的原因，找出确切原因。

第 4 步：制订解决问题的行动计划并实施解决方案。

第 5 步：全面检查系统功能并在必要时采取预防措施。

第 6 步：记录问题、措施和结果。

2. 确定问题

操作系统问题可能是由硬件、软件和网络问题综合导致的。要解决问题，计算机技术人员必须能够分析问题并找出导致问题的原因，这个过程被称为故障排除。

故障排除过程的第 1 步是确定问题，表 11-9 列出了一些开放性问题和封闭性问题。

表 11-9　　　　　　　　　　　　　　第 1 步：确定问题

开放性问题	封闭性问题
遇到了哪些问题？ 计算机安装的是哪种操作系统？ 最近执行了哪些更新？ 最近安装了哪些程序？ 出现问题时你在做什么	能否启动操作系统？ 能否在安全模式下启动操作系统？ 最近修改过密码吗？ 在计算机上看到了错误消息吗？ 最近有别人使用过该计算机吗？ 最近是否添加过硬件

3. 列出可能的原因

与客户交流后，可列出可能的原因。表 11-10 列出了导致操作系统出现问题的常见原因。

表 11-10　　　　　　　　　　　　　第 2 步：列出可能的原因

导致操作系统出现问题的常见原因	BIOS 设置不正确。 开启了 Caps Lock 键。 计算机引导时插入了非引导介质。 修改了密码。 控制面板中的显示器设置不正确。 操作系统更新失败。 驱动程序更新失败。 恶意软件感染。 硬盘故障。 操作系统文件损坏

4. 逐个检查可能的原因，找出确切原因

列出可能的原因后，逐个检查以找出确切原因。表 11-11 列出了简单措施，它们可帮助你确定导致问题的确切原因甚至解决问题。如果利用这些简单措施解决了问题，就可全面检查系统功能；如果未能解决问题，就需要进一步研究问题，找出确切原因。

表 11-11　　　　　　　第 3 步：逐个检查可能的原因，找出确切原因

找出确切原因的常用措施	以其他用户的身份登录。 使用第三方诊断软件。 确定是否刚安装了新的软件或软件更新。 卸载最近安装的应用程序。 在安全模式下启动，以确定问题是否与驱动程序有关。 回退新安装的驱动程序。 在设备管理器中检查是否有设备冲突。 查看事件日志中是否有警告或错误。 检查硬盘错误并修复文件系统问题。 使用"系统文件检查器"恢复损坏的系统文件。 如果最近安装了系统更新或服务包，使用"系统还原"

5. 制订解决问题的行动计划并实施解决方案

找出导致问题的确切原因后，就可制订解决问题的行动计划并实施解决方案。如果没有找到原因，就需要进一步研究问题，表 11-12 列出了一些信息源，可从中收集解决问题所需的额外信息。

表 11-12　　　　　　　　第 4 步：制订解决问题的行动计划并实施解决方案

如果前一步未能解决问题，需要利用这里的信息源做进一步研究，以寻找解决方案	服务台维修日志。 其他技术人员。 制造商提供的常见问题解答。 技术网站。 新闻组。 计算机手册。 设备手册。 在线论坛。 互联网搜索

6. 全面检查系统功能并在必要时采取预防措施

解决问题后，全面检查系统功能并在必要时采取预防措施，表 11-13 列出了全面检查系统功能的步骤。

表 11-13　　　　　　　　第 5 步：全面检查系统功能并在必要时采取预防措施

全面检查系统功能	关闭计算机并重启。 检查事件日志，确认没有新的警告或错误。 检查设备管理器，确认没有警告或错误。 运行 DxDiag，确认 DirectX 运行正常。 确认应用程序运行正常。 确认网络共享是可访问的。 确认可访问 Internet。 再次运行"系统文件检查器"，确认所有系统文件都正确。 检查任务管理器，确认所有程序的状态都是"正在运行"。 再次运行第三方诊断工具

7. 记录问题、措施和结果

故障排除过程的最后一步是记录问题、措施和结果，表 11-14 列出了为此必须完成的任务。

表 11-14　　　　　　　　第 6 步：记录问题、措施和结果

记录问题、措施和结果	与客户讨论实施的解决方案。 让客户核实问题是否得到了解决。 将所有必要的文件交给客户。 在工单和技术人员日记中记录解决问题的步骤。 记录维修中使用的所有组件。 记录为解决问题花费了多长时间

11.7.2　Windows 操作系统常见问题及其解决方案

排除计算机故障是每个 PC 技术人员工作的一部分。没有计算机能够始终表现完美，因此技术人员必须熟悉故障排除方法、工具和常见问题。

表 11-15 列出了 Windows 操作系统的常见问题及其解决方案。

表 11-15　　　　　Windows 操作系统的常见问题及其解决方案

常见问题	可能原因	可能的解决方案
操作系统锁定	计算机过热	清洁内部组件
		检查风扇连接，确保风扇运行正常
		解决事件日志指出的问题
	可能发生了未知事件，导致操作系统锁定	解决事件日志指出的问题
	有些操作系统文件损坏	运行"系统文件检查器"，以替换损坏的操作系统文件
	电源、内存、硬盘或主板故障	使用第三方诊断软件检查电源、内存、硬盘和主板，必要时进行更换
	BIOS 设置不正确	检查并调整 BIOS 设置
	安装了不正确的驱动程序	安装或回退更新的驱动程序
键盘或鼠标不响应	计算机上安装的驱动程序不兼容或已过期	重启计算机
		安装或回退驱动程序
	电缆损坏或没连接好	更换或重新连接电缆
	设备故障	更换设备
	使用了 KVM 切换器，且没有显示活动的计算机	修改 KVM 切换器中的输入
	无线键盘或鼠标没电了	更换电池
操作系统无法启动	硬件设备未能初始化	重启计算机
	有些操作系统文件损坏	使用"系统还原"工具还原 Windows 操作系统
		使用"系统映像恢复"工具恢复系统盘
		执行操作系统修复安装
	引导扇区损坏	使用"恢复环境"（Recovery Environment）修复引导扇区
	电源、内存、硬盘或主板故障	更换电源、内存、硬盘或主板
	未正确安装新硬件驱动程序	断开新添的设备，并使用选项"最后一次的正确配置"启动操作系统
	Windows 更新损坏了操作系统	在安全模式下启动计算机，并解决事件日志中指出的所有问题
POST 后计算机显示消息"Invalid Boot Disk"（无效的引导盘）	在 BIOS 中未正确地设置引导顺序	在 BIOS 中修改引导顺序，将引导盘放在第一位
	未检测到硬盘	重新连接硬盘电缆

续表

常见问题	可能原因	可能的解决方案
POST 后计算机显示消息 "Invalid Boot Disk"（无效的引导盘）	硬盘上未安装操作系统	安装操作系统
	MBR 损坏	使用系统修复光盘运行 bootrec /FixMbr，以修复 MBR
	GPT 损坏	使用系统修复光盘运行 DISKPART，以修复 GPT（或 MBR）
	计算机感染了引导扇区病毒	运行反病毒软件
	硬盘故障	更换硬盘
POST 后计算机显示错误消息 "BOOTMGR is Missing"（BOOTMGR 缺失）	BOOTMGR 缺失或损坏	从安装介质恢复 BOOTMGR
	引导配置数据缺失或损坏	从安装介质恢复引导配置数据
	在 BIOS 中未正确地设置引导顺序	在 BIOS 中修改引导顺序，将引导盘放在第一位
	MBR 损坏	从 "恢复环境" 运行 bootrec /FixMbr
	硬盘故障	从 "恢复环境" 运行 chkdsk /F /R
计算机启动时有服务未能启动	该服务未启用	启用该服务
	该服务被设置为 "手动"	将该服务设置为 "自动"
	该服务要求启用另一个服务	重新启用被要求的服务
计算机启动时有设备未能启动	该外部设备未通电	给该外部设备通电
	该设备的数据线或电源线没连接好	插紧设备的数据线和电源线
	在 BIOS 中禁用了该设备	在 BIOS 中启用该设备
	该设备出现了故障	更换该设备
	该设备与新安装的设备冲突	删除新安装的设备
	驱动程序损坏	重新安装或回退驱动程序
计算机不断重启，且不显示桌面	计算机被设置为出现故障时重启	按 F8 键打开 "高级选项" 菜单，并选择 "禁用系统失败时自动重启"（Disable Automatic Restart on System Failure）
	启动文件损坏	从 "恢复环境" 运行 chkdsk /F /R
		使用 "恢复环境" 执行自动修复或系统还原
计算机显示黑屏或死机蓝屏（BSOD）	驱动程序与硬件不兼容	研究 STOP 错误以及生成这种错误的模块的名称
	内存故障	执行内存检查
	电源故障	更换电源
计算机锁定且没有显示任何错误消息	主板或 BIOS 中的 CPU 或 FSB 设置不正确	重置 CPU 和 FSB 设置
	计算机过热	检查散热设备，必要时更换
	更新损坏了操作系统	卸载软件更新或执行系统还原
	RAM 故障	从 "恢复环境" 运行 chkdsk /F /R
	电源故障	更换电源

续表

常见问题	可能原因	可能的解决方案
无法安装应用程序	下载的安装程序包含病毒，反病毒软件禁止它运行	获取新的安装盘，或者删除安装文件并重新下载
	安装盘或安装文件损坏	
	安装程序与操作系统不兼容	在兼容模式下运行安装程序
	硬件不满足应用程序的最低需求	安装满足应用程序最低需求的硬件
	没有安装应用程序依赖的软件	安装应用程序依赖的软件
安装了 Windows 7 的计算机不显示 Aero 窗口特效	计算机不满足运行 Aero 的最低硬件需求	升级处理器、内存和显卡，以满足 Microsoft 的 Aero 最低需求
UAC 不再提示用户提升权限	关闭了 UAC	在控制面板的"用户账户"中开启 UAC
桌面上没有出现任何小工具	没有安装或下载小工具	在桌面上单击鼠标右键并选择"小工具"（Gadgets），再在要安装的小工具上单击鼠标右键，并选择"添加"。
	渲染小工具所需的 XML 损坏或未安装	在命令提示符下使用 regsvr32 msxml3.dll 命令注册文件 msxml3.dll
计算机运行缓慢且响应延迟	有进程占用了大部分 CPU 资源	使用"服务"控制台（services.msc）重启该进程
		如果不需要该进程，使用"任务管理器"终止该进程
		重启计算机
计算机引导时显示错误消息"Boot Configuration Data missing"（引导配置数据缺失）	未妥善地关闭计算机	使用 Windows 10 安装/恢复介质引导计算机，再运行工具 Bootrec
	Windows 更新失败	

11.7.3　复杂的 Windows 操作系统问题及其解决方案

操作系统问题可能是硬件、应用程序或配置方面的原因导致的，有些操作系统问题比其他问题更常见。表 11-16 列出了一些复杂的操作系统问题及其解决方案。

表 11-16　　　　　复杂的 Windows 操作系统问题及其解决方案

复杂问题	可能原因	可能的解决方案
计算机在 POST 后显示错误消息"Invalid Boot Disk"（无效的引导盘）	驱动器中的介质没有操作系统	将驱动器中的介质取出来
	在 BIOS/UEFI 中未正确地设置引导顺序	在 BIOS/UEFI 中修改引导顺序，将引导驱动器放在第一位
	未检测到硬盘	重新连接硬盘的电缆
	硬盘上未安装操作系统	安装操作系统
	MBR/GPT 损坏	使用 Windows 7 或 Vista"系统恢复"选项中的 bootrec /fixmbr 命令

续表

复杂问题	可能原因	可能的解决方案
计算机在 POST 后显示错误消息 "Invalid Boot Disk"（无效的引导盘）	计算机感染了引导扇区病毒	恢复 Windows 7 或 Vista 选项 运行病毒清除软件
	硬盘故障	更换硬盘
		使用最后一次的正确配置引导计算机
计算机在 POST 后显示错误消息 "Inaccessible Boot Device"（无法访问引导设备）	最近安装的设备驱动程序与引导控制器不兼容	在安全模式下启动计算机，并载入安装新硬件之前的还原点
计算机在 POST 后显示错误消息 "BOOTMGR is missing"（BOOTMGR 缺失）	BOOTMGR 损坏	使用 Windows "恢复环境" 恢复 BOOTMGR
	BOOTMGR 缺失	从恢复控制台运行 chkdsk /F /R
	在 BIOS/UEFI 中未正确设置引导顺序	在 BIOS 中修改引导顺序，将引导驱动器放在第一位
	MBR/GPT 损坏	从恢复控制台运行 chkdsk /F /R
	硬盘故障	
计算机启动时有服务未能启动	该服务未启用	启用该服务
	该服务被设置为 "手动"	将该服务设置为 "自动"
	该服务要求启用另一个服务	重新启用被要求的服务
计算机启动时有设备未能启动	在 BIOS 中禁用了该设备	在 BIOS 中启用该设备
	该设备与新安装的设备冲突	删除新安装的设备
	驱动程序损坏	重新安装或回退驱动程序
找不到注册表中列出的程序	卸载程序未能正确地工作	重新安装该程序，再运行卸载程序
	硬盘损坏	运行 chkdsk /F /R 修复硬盘文件条目
	计算机感染了病毒	扫描并清除病毒
计算机不断重启且不显示桌面	计算机被设置为出现故障时重启	按 F8 键打开 "高级选项" 菜单，并选择 "禁用系统失败时自动重启"（Disable Automatic Restart on System Failure）
	启动文件损坏	从 "恢复环境" 运行 chkdsk /F /R
		从 Windows 8 "恢复环境" 运行 "自动修复"
计算机显示黑屏或死机蓝屏	驱动程序与硬件不兼容	研究 STOP 错误以及生成这种错误的模块的名称
	硬件故障	更换存在故障的设备
计算机锁定且没有显示任何错误消息	主板或 BIOS 中的 CPU 或 FSB 设置不正确	检查并重置 CPU 和 FSB 设置
	计算机过热	检查散热设备，必要时更换
	更新损坏了操作系统	下载软件更新或执行系统还原

续表

复杂问题	可能原因	可能的解决方案
计算机锁定且没有显示任何错误消息	硬件故障	从"恢复环境"运行 chkdsk /F /R
		更换存在故障的设备
应用程序安装不了	计算机感染了病毒	扫描并清除病毒
	安装程序与操作系统不兼容	在兼容模式下运行安装程序
使用搜索功能需要很长时间才能找到结果	未运行索引服务	使用 services.msc 启动索引服务
	有进程占用了大部分 CPU 资源	使用 services.msc 重启该进程
计算机运行缓慢且响应延迟	有进程占用了大部分 CPU 资源	使用 services.msc 重启该进程
		如果不需要该进程,使用任务管理器终止它
		重启计算机
运行程序时出现一条消息,指出缺失或损坏的 DLL	其他使用该 DLL 文件的程序被卸载,导致该 DLL 文件被删除	重新安装 DLL 文件缺失或损坏的程序
		重新安装卸载了该 DLL 文件的程序
	错误安装导致 DLL 文件损坏	在安装模式下运行 sfc /scannow
未能检测到 RAID	Windows 没有合适的驱动程序,无法识别 RAID	安装正确的驱动程序
	BIOS/UEFI 中的设置不正确	修改 BIOS/UEFI 设置以启动 RAID
系统文件损坏	未妥善地关闭计算机	在安全模式下启动计算机并运行 sfc /scannow
计算机在安全模式下启动	计算机被配置成在安全模式下启动	使用 msconfig 调整启动设置
文件打不开	计算机感染了病毒	扫描并清除病毒
	文件损坏	从备份恢复文件
	文件类型未关联到任何程序	选择用来打开该文件类型的程序

11.8　总结

本章重点介绍了 Windows 7、Windows 8 和 Windows 10,其中每个都有多种版本,如家庭版、专业版、旗舰版和企业版等,且都有 32 位和 64 位版本,这些版本是根据企业和个人用户的需求量身定制的。你探索了 Windows 桌面、"开始"菜单和任务栏,还学习了如何使用任务管理器和文件资源管理器来监视性能以及管理文件和文件夹。

你学习了用于配置 Windows 操作系统和修改设置的各种系统工具。你了解到,控制面板提供了很多配置工具,可用来创建和修改用户账户、配置更新和备份、个性化 Windows 外观、安装和卸载应用程序以及配置网络。

除控制面板 GUI 外,你还学习了如何使用 Windows CLI 和命令行实用程序 PowerShell 来执行管理任务。你还学习了功能与任务管理器相同的系统命令,以及如何在 Windows CLI 中运行系统实用程序。

你还学习了域和工作组在组织和管理网络上 Windows 计算机中的用途。你学习了如何在网络上共享本地资源(如文件、文件夹和打印机),还有如何配置有线网络连接。

接下来，你学习了遵循预防性维护计划的重要性：可缩短停机时间、改善性能、提高可靠性、减少维修费用。良好的预防性维护计划包含该如何维护各种计算机和网络设备的详细信息；预防性维护应在对用户影响最小的时段进行，这通常意味着需要将维护任务安排在晚上、凌晨或周末进行。

定期扫描病毒和恶意软件是预防性维护的重要组成部分。有些程序（如病毒扫描程序和间谍软件清除工具）不会在计算机启动时自动启动，为确保这些程序在计算机启动时会启动，可将它们添加到"开始"菜单的"启动"文件夹中。

最后，你学习了 Windows 操作系统故障排除过程的 6 个步骤。

11.9　复习题

请完成以下所有的复习题，检查你对本章介绍的主题和概念的理解程度，答案见附录。

1. 用户登录工作站的活动目录后，用户的主目录没有重定向到文件服务器上的网络共享。技术人员怀疑组策略设置不正确。查看组策略设置，技术人员可使用哪个命令？（　　　）

    A. tasklist　　　　　　　　　　　　B. gpresult

    C. gpupdate　　　　　　　　　　　　D. runas

    E. rstrui

2. 下面哪两个是 Windows 环境中的文件属性（双选）？（　　　）

    A. 归档　　　　　　　　　　　　　　B. 常规

    C. 详细信息　　　　　　　　　　　　D. 只读

    E. 安全

3. 管理员为何要使用 Windows 远程桌面和远程协助？（　　　）

    A. 旨在安全地远程访问另一个网络上的资源

    B. 旨在通过不安全的连接连接到企业网络，并充当该网络的本地客户端

    C. 旨在通过 Internet 与一系列用户共享文件和演示文稿

    D. 旨在通过网络连接到远程计算机，以控制其应用程序和数据

4. 下面哪两个原因很可能导致 BSOD 错误（双选）？（　　　）

    A. 过时的浏览器　　　　　　　　　　B. 电源故障

    C. 未安装防病毒软件　　　　　　　　D. 设备驱动器错误

    E. 内存故障

5. 技术人员注意到，一个应用程序对命令没有反应，同时计算机看起来在应用程序打开时响应速度缓慢。为强制这个没有反应的应用程序释放系统资源，使用哪个管理工具最合适？（　　　）

    A. 系统还原　　　　　　　　　　　　B. 添加或删除程序

    C. 事件查看器　　　　　　　　　　　D. 任务管理器

6. 在运行 64 位 Windows 7 的计算机上，32 位程序的应用程序文件通常存储在哪个文件夹中？（　　　）

    A. C:\Program Files　　　　　　　　B. C:\Program Files (x86)

    C. C:\Users　　　　　　　　　　　　D. C:\Application Data

7. 要获悉主机上配置的默认网关，可使用哪个实用程序？（　　　）

    A. ipconfig　　　　　　　　　　　　B. ping

    C. nslookup　　　　　　　　　　　　D. tracert

8. 服务台技术人员正与用户交流，想要确定用户遇到的技术问题。为确定问题，技术人员可提出

下面哪两个开放性问题（双选）？（　　　）

A. 最近有别人使用过这台计算机吗？　　　B. 最近你执行了哪些更新？

C. 你能启动操作系统吗？　　　D. 你能在安全模式下启动计算机吗？

E. 你试图访问文件时出现了什么情况？

9. 下面哪种有关还原点的说法是正确的？（　　　）

A. 还原点备份了个人数据文件

B. 还原点可用来恢复损坏或被删除的数据文件

C. 修改系统前务必创建还原点

D. 使用"系统还原"还原系统时，所做的修改不可逆

10. 用户注意到，升级到 Windows 7 后，以前安装的一些程序不能正常运行。为修复这个问题，用户可采取哪项措施？（　　　）

A. 在控制面板中，切换到"用户账户"，打开"用户账户控制设置"对话框，并在其中降低 UAC 设置

B. 在兼容模式下重新安装这些程序

C. 更新显卡驱动程序

D. 将文件系统修改为 FAT16

11. 在 Windows 10 PC 上，用户想要配置休眠状态唤醒密码，请问可到哪里去配置？（　　　）

A. 应用程序"设置"的"隐私"部分　　　B. 控制面板的"用户账户"部分

C. 控制面板的"电源选项"部分　　　D. 应用程序"设置"的"账户"部分

12. 有家公司规模扩大了，现在在全球有多个远程办公室。为让这些远程办公室能够安全地通信和共享网络资源，应使用哪种技术？（　　　）

A. 远程协助　　　B. VPN

C. 远程桌面　　　D. 管理型共享

13. 要远程连接到网络服务器，并使用非加密连接对其进行配置，该使用哪个 TCP 端口？（　　　）

A. 端口 20　　　B. 端口 22　　　C. 端口 3389　　　D. 端口 443

14. 在 Windows 10 中，默认为每个用户创建多少个库？（　　　）

A. 5 个　　　B. 6 个　　　C. 4 个　　　D. 2 个

15. 哪个 Windows 实用程序可用来安排预防性维护中的定期备份？（　　　）

A. Windows 任务管理器　　　B. Windows 任务调度器（Task Scheduler）

C. 磁盘清理（Disk Cleanup）　　　D. 系统还原（System Restore）

16. 解决计算机出现的问题后，技术人员检查事件日志，确认没有新的错误消息。这种措施是在故障排除过程的哪一步执行的？（　　　）

A. 记录问题、措施和结果　　　B. 全面检查系统功能并在必要时采取预防措施

C. 列出可能的原因　　　D. 逐个检查可能的原因，找出确切原因

17. 下面哪 3 项是导致操作系统出现问题的常见原因（三选）？（　　　）

A. CMOS 电池问题　　　B. IP 地址信息不正确

C. 服务包安装失败　　　D. 注册表损坏

E. 电缆连接松动　　　F. 感染病毒

18. 技术人员正为一家公司制订硬件预防性维护计划，请问其中必须包含下面哪种策略？（　　　）

A. 安排并记录日常维护任务

B. 不对操作系统控制的即插即用设备执行维护操作

C. 除非设备出现故障，否则不对其执行维护操作

D. 仅当客户要求时才清洁设备

第 12 章

移动、Linux 和 macOS 操作系统

移动设备的普及率增长得非常迅速，IT 技术人员和专业人员必须熟悉这些设备使用的操作系统。与台式计算机和便携式计算机一样，移动设备也使用操作系统来与硬件交互以及运行软件；Android 和 iOS 是两种常用的移动操作系统。在桌面操作系统中，除 Windows 外，常用的两种是 Linux 和 macOS。

本章将介绍与移动、Linux 和 macOS 操作系统相关的组件、功能和术语。首先，本章将介绍开源、可定制的 Android 和闭源、专用的 iOS 之间的不同之处，还有移动设备的常用功能，如屏幕方向、屏幕校准、Wi-Fi 通话、虚拟助理和 GPS。

移动设备便于携带，面临着被盗和丢失的风险。有鉴于此，本章将介绍移动设备的安全功能，如锁屏、生物特征身份验证、远程锁定、远程擦除以及打补丁和升级。本章还将介绍如何配置移动操作系统，以挫败密码猜测企图：登录尝试失败次数过多后禁止访问。大多数移动设备都提供远程锁定和远程擦除功能，供设备被盗时使用。

最后，本章将介绍移动、Linux 和 macOS 操作系统故障排除过程包含的 6 个步骤。

12.1 移动操作系统

移动操作系统是专为智能手机、平板电脑和可穿戴设备等移动设备设计的操作系统，与其他操作系统一样，移动操作系统也负责管理设备上的硬件和软件。

12.1.1 比较 Android 和 iOS

Android 和 iOS 是两种常见的移动操作系统，其中 iOS 只能用于苹果公司的设备。

1. 开源和闭源

与台式计算机和便携式计算机一样，移动设备也使用操作系统来运行软件，如图 12-1 所示。本章重点介绍两种常用的操作系统：Google 开发的 Android 和苹果公司开发的 iOS。

要分析和修改软件，前提条件是能够看到其源代码。源代码是一系列指令，这些指令是使用人类易于理解的语言编写的，但最终将被转换为机器语言（0 和 1）。源代码是自由软件的重要组成部分，正是它让用户能够分析进而修改代码。如果开发商提供了软件的源代码，软件就是开源的，否则软件就是闭源的。

Android 是一款基于 Linux 的开源智能手机/平板电脑操作系统，由 Google 倡导建立的开放手机联盟开发。2008 年推出的 HTC Dream 是第一款使用 Android 操作系统的设备，从那以后，Android 操作

系统被定制并用于各种电子设备。Android 是开源、可定制的,程序员可使用它来操作便携式计算机、智能电视、电子阅读器等设备;Android 还被用于相机、导航系统和便携式媒体播放器等设备。图 12-2 展示了平板电脑上的 Android GUI。

图 12-1 移动设备使用的操作系统

iOS 是一款基于 Unix 的闭源操作系统,用于苹果公司推出的智能手机 iPhone 和平板电脑 iPad。2007 年推出的 iPhone 是第一款使用 iOS 的设备,但苹果公司并未对公众发布 iOS 的源代码,因此要复制、修改或重分发 iOS,必须获得苹果公司的授权。图 12-3 展示了 iPhone 上的 iOS GUI。

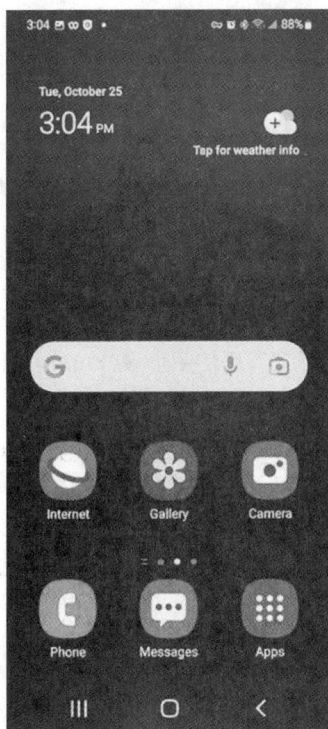

图 12-2 Android GUI

图 12-3 iOS GUI

闭源的移动操作系统并非只有 iOS,Microsoft 也开发了专用于其移动设备的 Windows 操作系统,其中包括 Windows CE、Windows Phone 7 和 Windows Phone 8。为在其所有设备(包括 Windows 10

Mobile 手机和 Surface 平板电脑）上提供相似的用户界面和使用体验，Microsoft 开发了 Windows 10 Mobile，如图 12-4 所示，但其开发和支持已于 2020 年 1 月终止。

2. 应用和内容源

应用是在移动设备上执行的程序，是针对特定操作系统（如 iOS、Android 或 Windows）编写并编译的。移动设备都预装了很多提供基本功能的应用（见图 12-5），有拨打电话的、收发邮件的、欣赏音乐的、拍照的以及播放视频或玩视频游戏的。

在移动设备上使用应用的方式，与在计算机上使用程序的方式相同。但应用不是使用光盘安装的，而是从内容源下载的，其中有些应用可免费下载，有些需要付费购买。

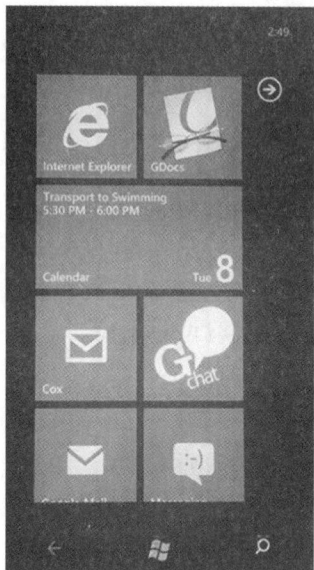

图 12-4　Windows 10 Mobile

图 12-5　应用

在 iOS 移动设备上，可从 App Store 免费或付费下载应用，如图 12-6 所示。苹果公司对应用采用了围墙花园模型，这意味着要向用户发布应用，必须先将其提交给苹果公司以获得批准。这有助于防止恶意软件和恶意代码的传播。要开发 iOS 应用，第三方开发者可使用苹果公司的软件开发工具包（SDK）Xcode 和编程语言 Swift。请注意，Xcode 只能在运行 macOS 的计算机上安装。

Android 应用可从 Google Play（见图 12-7）下载，也可从第三方网站（如 Amazon's App Store）下载。要开发 Android 应用，可使用 Android Studio，这是一个基于 Java 的 SDK，可在 Linux、Windows 和 macOS 计算机上安装。Android 应用运行在沙箱内，只有用户授予的权限。应用需要特定权限时，会提示用户授予该权限；权限是在应用的“设置”中授予的。

要安装第三方应用或自定义应用，可使用相应的 Android 应用包（Android Application Package，APK）文件，这让用户能够直接安装应用，而无须通过官方应用商店，这被称为侧加载（Sideloading）。

很多新车都内置了导航功能，有些还提供了车载娱乐系统。一种日益明显的发展趋势是，通过这种娱乐系统（如 Android Auto 或 Apple CarPlay）使用大量的移动应用。这种系统通过 USB 或蓝牙与平板电脑或智能手机相连。

导航是通过这种连接方式使用的最常见功能之一，用户还可在移动设备上访问音乐，并在车载立体声系统上播放。其他功能包括语音文本转换、免提电话、数字助理和日历查看。

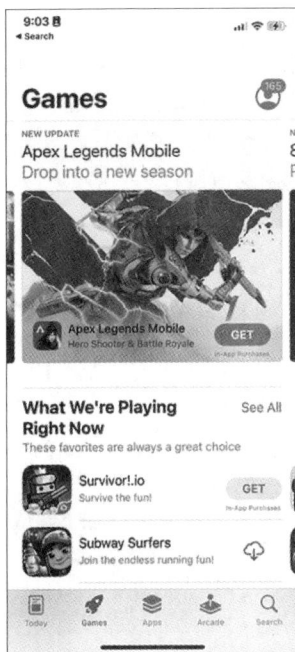

图 12-6 iOS 应用

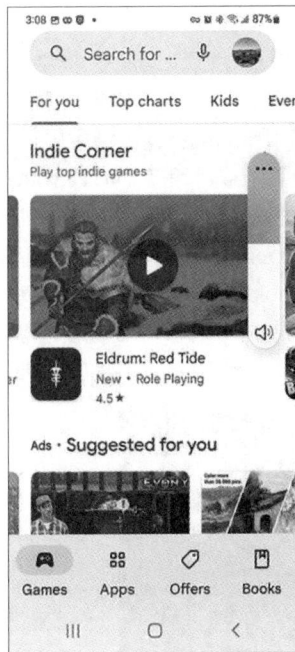

图 12-7 Android 应用

12.1.2 移动触控界面

Android 和 iOS 都支持触摸屏。

1. Android 主屏幕

与台式计算机和便携式计算机一样，移动设备也将图标和小部件组织在多个屏幕上，以方便使用，如图 12-8 所示。

图 12-8 图标和小部件的组织方式

其中一个屏幕被称为主屏幕，要访问其他屏幕，可左滑或右滑主屏幕。每个屏幕都有导航图标、包含图标和小部件的主区域以及通知图标和系统图标，如图 12-9 所示。屏幕指示器指出了当前哪个屏幕处于活动状态。

Android 操作系统提供了系统栏，用于导览应用和屏幕，如图 12-10 所示。系统栏显示在屏幕的底部。

系统栏包含如下按钮。

- **返回（Back）**：返回前一个屏幕；如果当前屏幕上显示了键盘，这个按钮用于关闭键盘。通过不断地点按"返回"按钮，可不断返回前一个屏幕，直到返回到主屏幕。
- **主屏幕（Home）**：返回到主屏幕。
- **最近使用的应用程序（Recent Apps）**：打开最近使用的应用程序的缩略图，要打开应用，可点击相应的缩略图。轻扫缩略图可将其从列表中删除。
- **菜单（Menu）**：显示适用于当前屏幕的其他选项。

在每台 Android 设备屏幕上，都有一个包含系统图标的区域，如时钟、电池状态以及 Wi-Fi 和提供商网络的无线电信号状态。图 12-11 显示了表示应用（如电子邮件、短信和 Facebook）通信活动的状态图标。

图 12-9　Android 主屏幕　　　　图 12-10　系统栏　　　　图 12-11　通知图标和系统图标

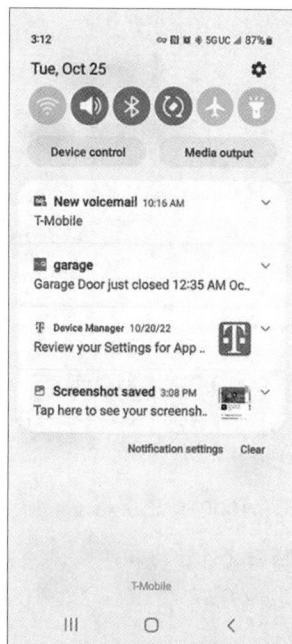

要在 Android 设备上打开通知区域，可在屏幕顶部向下轻扫。在打开了通知区域的情况下，可执行如下操作。

- 触摸以响应通知。
- 向两侧轻扫以关闭通知。
- 使用图标关闭所有通知。
- 在开关之间切换常用设置。
- 调整屏幕亮度。
- 使用快速设置图标打开"设置"菜单。

2. iOS 主屏幕

iOS 界面与 Android 界面很像，也使用屏幕来组织应用（见图 12-12），且只需点按就可启动应用，但存在一些重要的不同之处。

- **没有导航图标**：通过按物理按钮（而不是点按导航图标）进行导航。
- **没有小部件**：在 iOS 设备屏幕上，只能包含应用和其他内容。
- **没有应用快捷方式**：主屏幕上的每个应用都是实际应用，而不是快捷方式。

不同于 Android 设备，iOS 设备不使用导航图标来执行相关的功能。在 iPhone X 之前的 iPhone 上，有一个被称为 Home 按钮的物理按钮（见图 12-13），用于实现 Android 导航图标的众多功能。

图 12-12　iOS 界面

图 12-13　Home 按钮

Home 按钮位于设备底端，可用于实现众多功能，下面是其中的一些常用功能。

- **唤醒设备**：在 iPhone X 之前的版本中，在设备屏幕关闭时，可按 Home 按钮打开屏幕。在 iPhone X 中，可使用面部识别来唤醒设备，也可拿起手机并轻按屏幕来唤醒设备（iPhone 6s 和更高的版本也支持"抬腕唤醒"）。
- **返回到主屏幕**：在 iPhone X 之前的版本中，在使用应用的过程中按 Home 按钮可返回上次的主屏幕；在 iPhone X 中，可从下往上轻扫来返回主屏幕。
- **启动 Siri 或语音控制**：在 iPhone X 之前的版本中，可按住 Home 按钮来启动 Siri 或进行语音控制。在 iPhone X 上，可按住侧面按钮来启动 Siri。

iOS 设备提供了被称为"通知中心"的通知区域，用于在同一个地方显示所有的通知消息，如图 12-14 所示。要在 iOS 设备上打开通知区域，可在屏幕顶部中央向下轻扫。打开通知中心后，可浏览、关闭、删除和调整通知消息。

在 iOS 设备上，用户可快速访问常用设置和开关（见图 12-15），即便设备被锁定。要访问常用的设置菜单，可在屏幕顶端向下轻扫或在屏幕底部向上轻扫（具体如何做因设备而异）以打开控制中心。在常用设置屏幕中，可执行如下操作。

- 在开关之间切换常用设置，如飞行模式、Wi-Fi、蓝牙、勿扰模式和屏幕旋转锁定。
- 调整屏幕亮度。
- 控制音乐播放器。
- 访问 AirDrop。
- 访问手电筒、时钟、日历和相机。

在 iOS 设备的任何屏幕上（顶部和底部以外的其他任何地方）按住并向下拖曳，打开 Spotlight 搜索框，如图 12-16 所示。在 Spotlight 搜索框中，可输入要查找的内容，Spotlight 将显示来自众多来源的建议，这些来源包括设备上的应用、Internet、iTunes、App Store 和附近的位置。在你输入内容的过程中，Spotlight 还会自动更新搜索结果。

图 12-14　iOS 通知中心　　　　图 12-15　常用设置　　　　图 12-16　Spotlight 搜索框

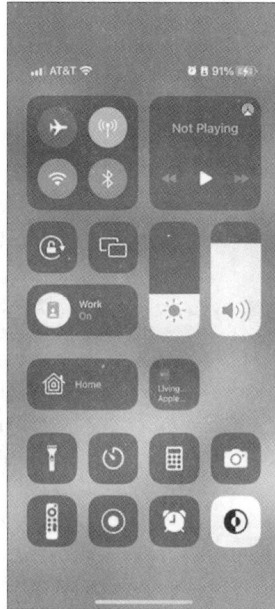

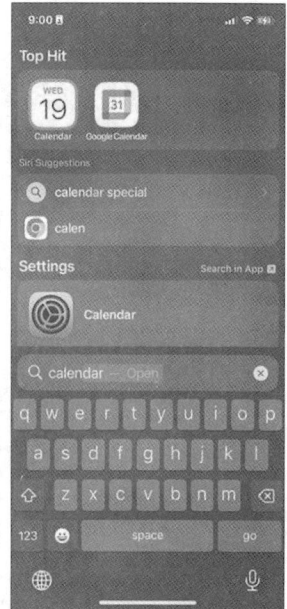

12.1.3　移动设备都有的功能

移动设备向用户提供一系列的功能、服务和应用，用户可选择购买不同厂商和型号的设备，但有些功能是所有移动设备都有的。本节介绍所有移动设备共有的功能、服务和应用，同时介绍不同设备厂商独有的功能、服务和应用。

1．屏幕方向

大多数移动设备都可在横向或纵向模式下使用，如图 12-17 所示。移动设备内置了被称为加速计的传感器，它能够检测设备的握持方式，进而相应地调整屏幕方向。用户可根据内容或应用的类型，选择最舒适的查看模式；设备会根据屏幕方向自动地旋转内容。拍照时这项功能很有用：设备处于横向模式时，应用会自动切换到横向模式。输入文本时，如果用户将设备切换到横向模式，应用也将切换到横向模式，让键盘更大、更宽。

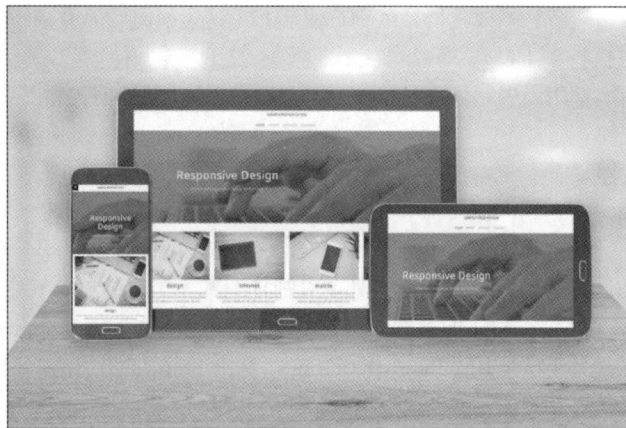

图 12-17　屏幕方向

有些设备还配备了陀螺仪，可提供更准确的移动参数。这让用户能够在驾驶游戏中将设备本身（手机或平板电脑）用作操控机制（方向盘）。

（1）Android 设备的屏幕自动旋转设置。

使用 Android 设备时，要启用自动旋转，可打开通知面板，再轻按屏幕旋转图标，如图 12-18 所示。

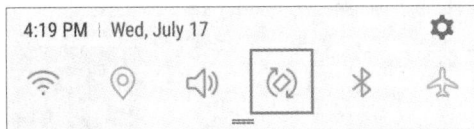

图 12-18　Android 设备的屏幕自动旋转设置

（2）iOS 设备的屏幕自动旋转设置。

使用 iOS 设备时，要启用自动旋转，可在屏幕底部向上轻扫或在屏幕顶部向下轻扫（具体如何做取决于你使用的设备），以打开控制中心，再轻按屏幕旋转锁图标使其处于关闭状态，如图 12-19 所示。

2. 屏幕校准

使用移动设备时，可能需要调整屏幕亮度，如图 12-20 所示。在强烈的阳光的照射下，屏幕将难以看清，此时需要提高亮度；相反，在夜间使用移动设备时，降低屏幕亮度很有帮助。有些移动设备可配置为根据环境光强弱自动调整屏幕亮度；仅当设备配备了光传感器时，才能使用自动调整屏幕亮度的功能。

在大多数移动设备中，LCD 都是耗电大户，因此降低亮度或使用自动调整屏幕亮度的功能可降低电池的功耗。通过将亮度设置为最低水平，可最大限度地延长电池的续航时间。

图 12-19　iOS 设备的屏幕自动旋转设置

图 12-20　屏幕校准

（1）Android 设备的亮度菜单。

使用 Android 设备时，要设置屏幕亮度，可在屏幕顶部向下轻扫，选择路径"Display"（显示）＞"Brightness"（亮度），并将设置亮度的滑块移到所需的位置，如图 12-21 所示。

另外，可轻按"Adaptive Brightness"（自适应亮度）开关，让设备根据环境光强弱自动设置最佳的屏幕亮度。

（2）iOS 设备的亮度菜单。

使用 iOS 设备时，要配置屏幕亮度，可在屏幕底部向上轻扫或在屏幕顶部向下轻扫（具体如何做取决于你使用的设备）以打开控制中心，再按住亮度调整模块向上或向下移动以调整亮度。

另外，可在设置菜单中配置亮度。为此，可依次轻按"Settings"（设置）和"Display & Brightness"（显示与亮度），再将亮度滑块移到所需的位置，如图 12-22 所示。

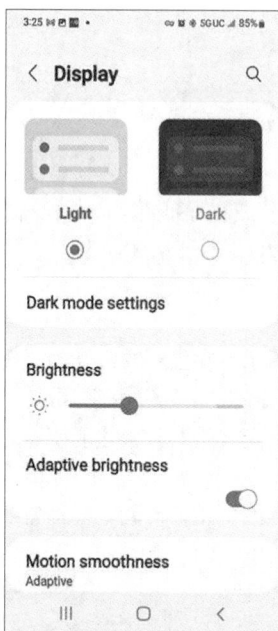

图 12-21　Android 设备的亮度菜单

图 12-22　设置显示与亮度

3. GPS

所有移动设备都有的另一项功能是，能够使用 GPS。GPS 是导航系统，如图 12-23 所示，它使用来自太空的卫星和地球上的接收器的消息来确定时间和设备的地理位置。GPS 无线接收器至少使用来自 4 颗卫星的消息来计算位置，它非常精确且在大多数天气条件下都可使用。然而，茂密的树林以及隧道、高楼大厦可能阻断卫星信号；在 GPS 接收器和 GPS 卫星之间的连线上，不能有障碍物，因此 GPS 接收器不能位于室内。而设备位于室内时，可使用室内定位系统（Indoor Position System，IPS）进行定位；IPS 使用三角定位法根据其他无线信号（如来自 Wi-Fi 接入点的信号）来确定设备的位置。

图 12-23　GPS

GPS 服务让应用提供商和网站能够确定设备的位置，进而提供与位置相关的服务（如当地天气和广告）。这被称为地理位置跟踪。

（1）Android 设备的位置服务。

要在 Android 设备上启用 GPS，可依次轻按"Settings"（设置）和"Location"（位置），再轻按相应开关启用位置服务，如图 12-24 所示。

（2）iOS 设备的位置服务。

要在 iOS 设备上启用 GPS，可依次轻按"Settings"（设置）和"Privacy"（隐私），再开启"Location Services"（位置服务），如图 12-25 所示。

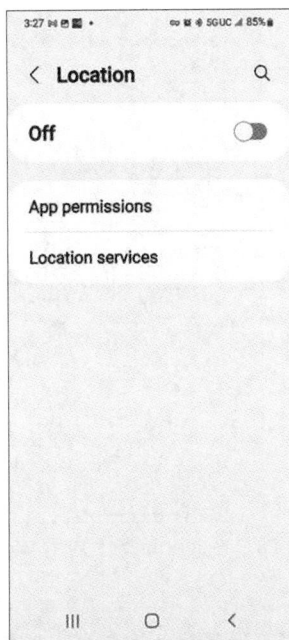

图 12-24　Android 位置服务

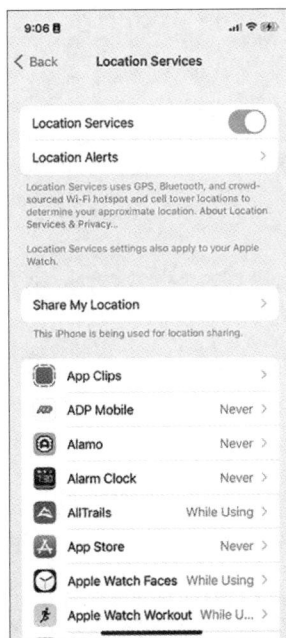

图 12-25　iOS 位置服务

4．Wi-Fi 通话

现代智能手机可使用附近的 Wi-Fi 热点通过 Internet（而不是蜂窝网络运营商的网络）来进行语音通话，如图 12-26 所示。这被称为 Wi-Fi 通话。在诸如咖啡馆、工作场所、图书馆和家等地点，通常可连接到 Internet 的 Wi-Fi 网络，这让手机能够通过附近的 Wi-Fi 热点来进行语音通话。在附近没有 Wi-Fi 热点时，手机可使用蜂窝网络运营商的网络来传输语音信息。

在蜂窝信号很弱的场所，Wi-Fi 通话很有用，因为它使用 Wi-Fi 热点扫除了信号覆盖的盲点。为确保优质的通话质量，Wi-Fi 热点必须至少提供连接到 Internet 的 1Mpbs 吞吐量。用户使用 Wi-Fi 通话时，手机屏幕将在运营商名称旁边显示字样"Wi-Fi"。

图 12-26　Wi-Fi 通话

（1）在 Android 设备上启用 Wi-Fi 通话。

要在 Android 设备上启用 Wi-Fi 通话，可依次轻按"Settings"（设置）和"More"（更多）[位于

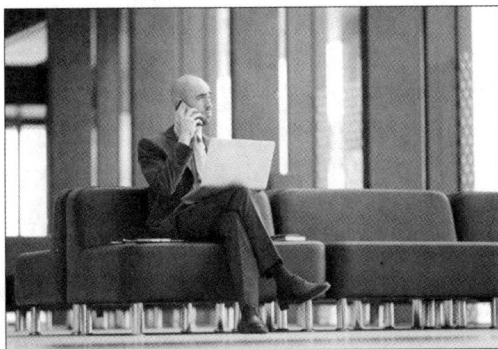

"Wireless & Networks"（无线和网络）部分］，再轻按"Wi-Fi Calling"（Wi-Fi 通话）并打开相应的开关，如图 12-27 所示。

（2）在 iOS 设备上启用 Wi-Fi 通话。

要在 iOS 设备上启用 Wi-Fi 通话，可依次轻按"Settings"（设置）、"Phone"（手机）和"Wi-Fi Calling"（Wi-Fi 通话），再打开"Wi-Fi Calling on This Phone"（在这部手机上启用 Wi-Fi 通话），如图 12-28 所示。

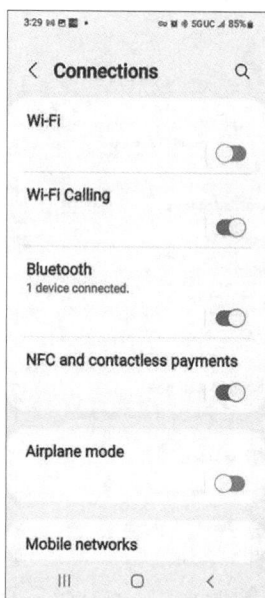

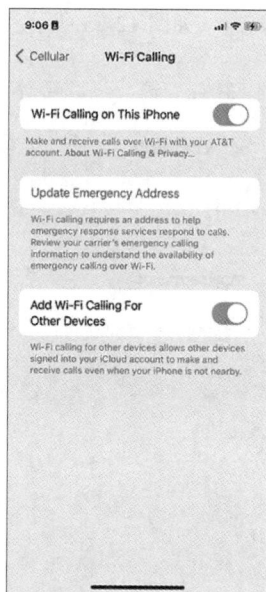

图 12-27　在 Android 设备上启用 Wi-Fi 通话　　图 12-28　在 iOS 设备上启用 Wi-Fi 通话

> **注　意**　并非所有蜂窝网络运营商都支持 Wi-Fi 通话。如果你无法在手机上启用 Wi-Fi 通话，可能是因为蜂窝网络运营商或移动设备不支持。

5. 移动支付

移动支付指的是通过手机支付账单。可通过如下几种方法进行移动支付。

- **基于短信的交易支付**：消费者向特定的运营商电话号码发送包含支付请求的短信，销售方收到支付已完成的消息后发货。交易完成后，费用将加入消费者的电话账单中。这种方法的缺点是速度慢、可靠性低、安全性差。
- **直接移动记账**：结账时使用移动记账选项，用户需要证明自己的身份（通常是通过双因子身份验证），并确认将费用计入移动服务账单。这种方法在亚洲的普及程度很高，它具有安全、便捷且不需要银行卡或信用卡等优点。
- **移动 Web 支付**：消费者使用 Web 或专用应用来完成交易支付。这种方法依赖于无线应用协议（Wireless Application Protocol，WAP），且通常需要使用信用卡或预先注册的在线支付解决方案（如 PayPal）。
- **非接触式 NFC**：主要用于实体店交易，消费者通过在支付系统旁边挥动手机来支付商品或服务费。这种方法根据独一无二的 ID 将费用直接计入预付账户、银行账户或信用卡。NFC 也被用于公共交通服务领域、公共停车场和众多其他的消费领域。

6. VPN

VPN 是一种使用公共网络（通常是 Internet）将远程场点或用户连接起来的专用网络，如图 12-29 所示。VPN 不使用专用线，而使用 Internet 建立从公司网络到远程场点或员工的虚拟连接。

为满足远程员工和远程办事处的需求，很多公司都组建了 VPN。随着移动设备的激增，在智能手机和平板电脑中添加 VPN 客户端是一种自然而然的趋势。

建立到服务器的 VPN 后，客户端就像直接连接到了该网络一样，可以访问服务器后面的网络。VPN 协议还支持数据加密，这确保了客户端和服务器间通信的安全。

在设备中添加 VPN 信息后，必须启动 VPN 连接，这样才能通过它收发流量。

图 12-29　VPN

（1）在 Android 设备上配置并启动 VPN 连接。

要在 Android 设备上新建 VPN 连接，可依次轻按 "Settings"（设置）、"More"（更多）[位于 "Wireless & Networks"（无线和网络）部分] 和 "VPN"，再轻按加号（＋）以添加 VPN 连接，并输入 VPN 信息，如图 12-30 所示。

要在 Android 设备上启动 VPN 连接，可依次轻按 "Settings"（设置）、"General"（常规）和 "VPN"，选择要启动的 VPN 连接，再输入用户名和密码并轻按 "CONNECT"（连接），如图 12-31 所示。

图 12-30　在 Android 设备上配置 VPN 连接

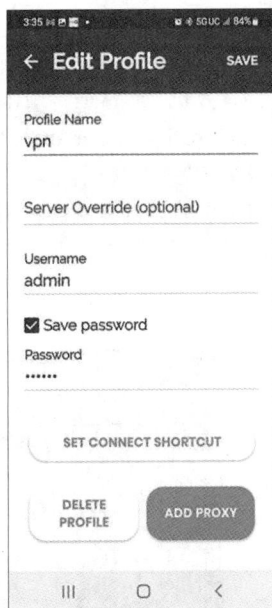

图 12-31　在 Android 设备上启动 VPN 连接

（2）在 iOS 设备上配置并启动 VPN 连接。

要在 iOS 设备上创建新的 VPN 连接，使用路径 "Settings"（设置）、"General"（常规）、"VPN & Device Management"（VPN 和设备管理）、"VPN" 和 "Add VPN Configuration"（添加 VPN 配置），完成在 iOS 设备上图 12-32 所示。

要在 iOS 设备上启动 VPN 连接，可轻按 "Settings"（设置），再打开 VPN 开关，如图 12-33 所示。

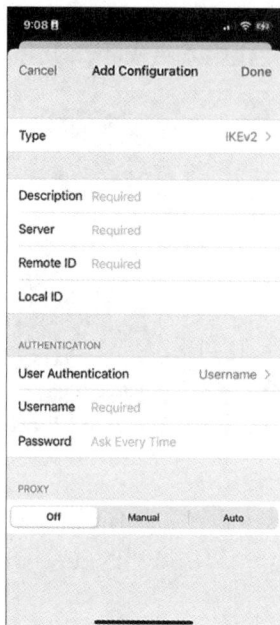

图 12-32　在 iOS 设备上配置 VPN 连接　　　图 12-33　在 iOS 设备上启动 VPN 连接

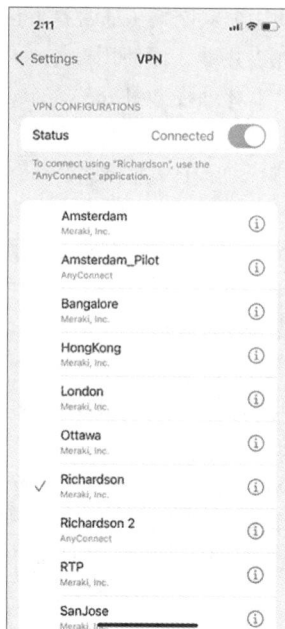

7. 数字助理

数字助理也被称为虚拟助理，是一款能够理解自然语言并为用户执行任务的程序。现代移动设备是功能强大的小型计算机，非常适合用作数字助理平台。深受欢迎的数字助理包括 Google Now（用于 Android）、Siri（用于 iOS）和 Cortana（用于 Windows Phone 8.1 和 Windows 10 Mobile）。

数字助理依靠人工智能、机器学习和语音识别技术来理解交谈式语音命令，如图 12-34 所示。用户与数字助理交互时，复杂的算法会预测用户的需求并满足其需求。通过将简单的语音请求与其他输入（如 GPS 位置）配对，数字助理能够执行众多任务，如播放某首歌曲、执行 Web 搜索、做记录、发送邮件等。

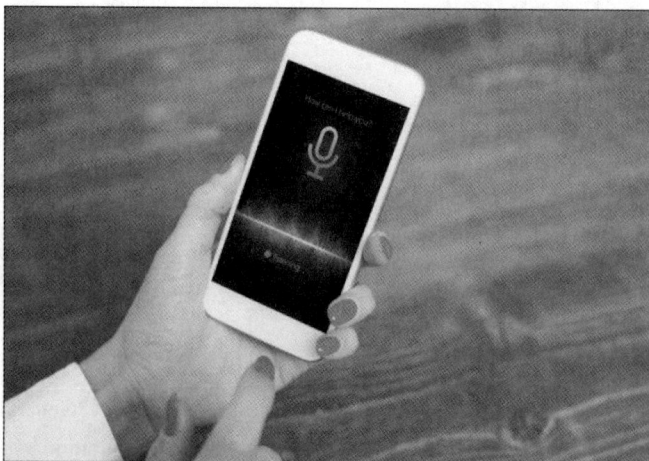

图 12-34　数字助理

（1）Google Now。

要在 Android 设备上访问 Google Now，只需说 "Okay google"，Google Now 将开始倾听请求，如图 12-35 所示。

（2）Siri。

要在 iOS 设备上访问 Siri，可按住 Home 按钮或侧面按钮（具体按哪个取决于设备），Siri 将开始倾听请求，如图 12-36 所示。另外，可配置 Siri，使其在听到 "Hey Siri" 后开始倾听请求。为此，可依次轻按 "Settings"（设置）、"Siri & Search"（Siri 和搜索），再打开 "Listen for'Hey Siri'"。

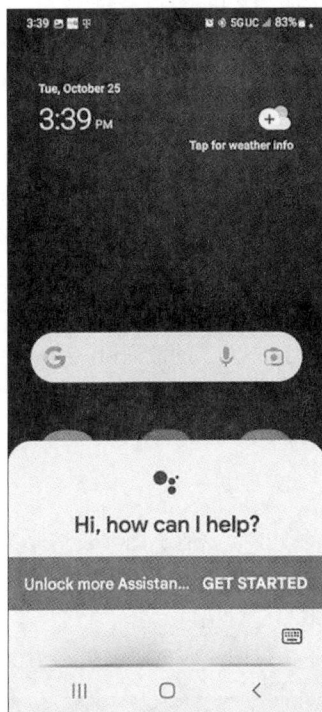

图 12-35　Google Now

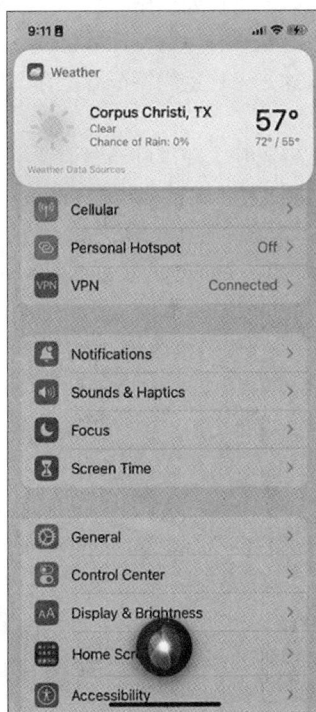

图 12-36　Siri

12.2　移动设备保护方法

移动设备保护涉及很多方面（如从物理安全到数据加密）。移动设备易于使用且可通过网络访问，这让它们成了攻击的目标，但人们经常忽略这一点。保护移动设备的方法很多，知道这些有助于用户采取良好的安全防护措施，避免移动设备受到攻击。移动设备面临的威胁越来越多，这些威胁可能导致数据丢失、安全漏洞和不合规事件。

12.2.1　屏幕锁

为防止未经授权者访问设备，可设置屏幕锁并使用生物特征身份验证。这些措施可阻止入侵者轻而易举地访问设备。

1. 你对屏幕锁了解多少

对于移动设备，必须使用屏幕锁加以保护。屏幕锁有 5 种：面部锁、密码锁、图案锁、滑动锁和指纹锁。

请看下面的场景，并为每种场景选择类型合适的锁。

（1）场景。

场景 1：该屏幕锁要求输入 4 或 6 位的数字来解锁移动设备。

场景 2：该屏幕锁要求用户在屏幕上沿指定方向滑动来解锁设备。

场景 3：该屏幕锁要求用户将 4 个或更多的点连接成特定的图案以解锁设备。

场景 4：这是一种生物特征屏幕锁，用户可通过扫描指纹来解锁设备。

场景 5：这是一种生物特征屏幕锁，用户可通过扫描面部来解锁设备。

（2）答案。

场景 1：密码锁。密码可设置为特定的数字，也可设置为字母数字组合。

场景 2：滑动锁（在很多 Android 设备上被称为滑动解锁）。这种屏幕锁虽然方便，但安全性不高，仅应用于安全要求不那么高的场景。

场景 3：图案锁。很多 Android 设备都支持这种屏幕锁，它要求用户用手指绘制正确的图案来解锁。

场景 4：指纹锁。iOS 和 Android 设备可将用户指纹转换为独一无二的散列值。用户触摸指纹传感器时，设备将重新计算散列值。如果这两个散列值相同，设备将解锁。

场景 5：面部锁。iOS 和 Android 设备可根据用户面部图案计算散列值。

2. 限制登录尝试失败次数

妥善地设置屏幕锁后，要解锁移动设备，需要输入正确的 PIN、密码、图案或其他类型的密码。从理论上说，只要有足够的时间和毅力，是可以猜出正确的密码（如 PIN）的。为挫败猜测密码的企图，可设置移动设备，使其在用户尝试特定次数的密码后采取指定的措施。

在 Android 设备上，尝试特定次数依然失败后将锁定设备（见图 12-37），具体多少次取决于设备和使用的 Android 操作系统版本。通常，Android 设备在用户错误地输入密码 4～12 次后锁定；设备锁定后，用户可输入设置设备时使用的 Gmail 账户信息来解锁。

（1）iOS 擦除数据。

在 iOS 设备上，可开启"Erase Data"（擦除数据）选项，如图 12-38 所示。如果密码输入错误达到 10 次，设备将息屏，同时设备上所有的数据都将被删除。要恢复 iOS 设备和数据（如果有备份的话），可使用 iTunes 中的"Restore and Backup"（恢复和备份）选项，也可使用 iCloud 中的"Manage Storage"（管理存储）选项。

图 12-37 对登录尝试失败次数的限制

（2）iOS GUI。

在 iOS 设备上，要提高安全性，可将密码作为整个系统的加密密钥的一部分。由于未在任何地方存储密码，因此如果不知道密码，任何人（包括苹果公司）都无法访问 iOS 设备上的用户数据。用户必须提供密码，系统才能解锁或解密。如果忘记密码，将无法访问用户数据（见图 12-39），用户只能使用 iTunes 或 iCloud 中存储的备份才能完全恢复数据。

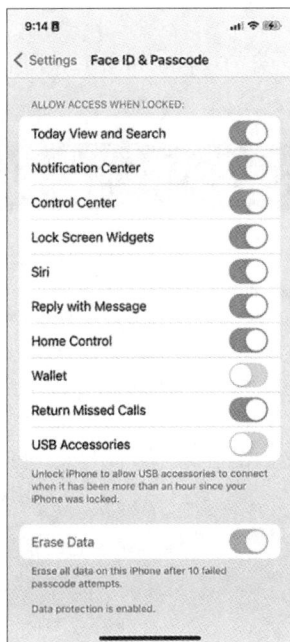

图 12-38　iOS 设备上的 "Erase Data" 选项

图 12-39　iOS GUI

12.2.2　用于移动设备的云服务

云服务让用户能够随时随地地访问数据和应用程序，这种按需访问存储资源、应用和服务的功能消除了移动设备的某些局限性。

1. 远程备份

移动设备出现故障、丢失或被盗时，其中的数据可能丢失。有鉴于此，必须定期备份数据，确保需要时能够恢复它们。移动设备的存储容量通常有限，且不可移动；为消除这些局限性，可执行远程备份。所谓远程备份，指的是设备使用备份应用将其数据复制到云存储。需要恢复数据时，可运行备份应用，并从云存储检索数据。

大多数移动操作系统都自带一个与操作系统厂商的云服务相关联的用户账户，例如，在 iOS 中，账户关联的云服务为 iCloud（见图 12-40），在 Android 中关联的是 Google Sync，而在 Windows 中关联的是 OneDrive。用户可启用自动将数据、应用和设置备份至云的功能；另外，可使用第三方备份提供商提供的服务，如 Dropbox。移动设备还可将数据备份到 PC，例如，iOS 设备支持在 PC 上运行 iTunes 备份其数据。另一种选择是配置移动设备管理（MDM）软件，使其自动备份用户设备上的数据。

2. 定位器

忘记移动设备放在什么地方或移动设备被盗时，可使用定位器应用来查找它。每台移动设备上都应安装并配置定位器应用，这样设备丢失时它就能派上用场。Android 和 iOS 设备都自带远程定位设备的应用。

iOS 应用 "Find My iPhone"（查找我的 iPhone）和 Android 应用 "Device Manager"（设备管理器）都让用户能够在设备丢失时进行定位、振铃、锁定或擦除数据。要管理丢失的 Android 设备，用户必须访问 Android 设备管理器网站，并用 Android 设备上使用的 Google 账户登录。Android 5.x 设备默认包含并启用了 Android 设备管理器，要找到它，可依次轻按 "Settings"（设置）、"Security"（安全）和

"Device Administration"（设备管理）。

iOS 设备用户可使用应用"Find My iPhone"来帮助定位丢失的设备，如图 12-41 所示。安装该应用后，用户可启动它并按说明进行配置。

图 12-40 iOS iCloud

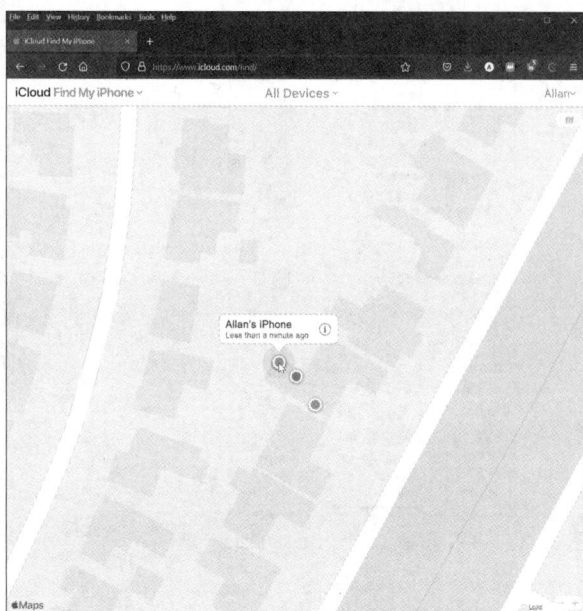

图 12-41 iOS 应用"Find My iPhone"

注　意　如果应用"Find My iPhone"无法定位丢失的设备，可能是因为设备已关机或未连接到网络。设备必须连接到蜂窝网络或 Wi-Fi 网络才能收到来自应用的命令并向用户发送位置信息。

定位设备后，便可实现其他的功能，如发送消息或播放声音。在忘记设备放在哪里时，这些功能很有用：如果设备就在附近，播放声音有助于找到它；如果设备不在附近，发送的消息将显示在屏幕上，可以让捡到设备的人能够与你联系。

3. 远程锁定和远程擦除

如果查找移动设备以失败告终，可使用其他安全功能来避免设备上的数据泄露。通常，执行远程定位服务的应用都有安全功能；常用的远程安全功能是远程锁定和远程擦除，如图 12-42 所示。

图 12-42 远程锁定和远程擦除

注　意　这些远程安全措施要发挥作用，设备必须已开机，且连接到了蜂窝网络或 Wi-Fi 网络。

（1）远程锁定。

在 iOS 设备上，远程锁定功能被称为"Lost Mode"（丢失模式），如图 12-43 所示；Android 设备管理器将这项功能称为"Lock"（锁定）。这项功能让用户能够使用密码锁定设备，从而防止他人访问设备中的数据。另外，用户可显示自定义消息，或者禁止手机在有来电或收到短信时振铃。

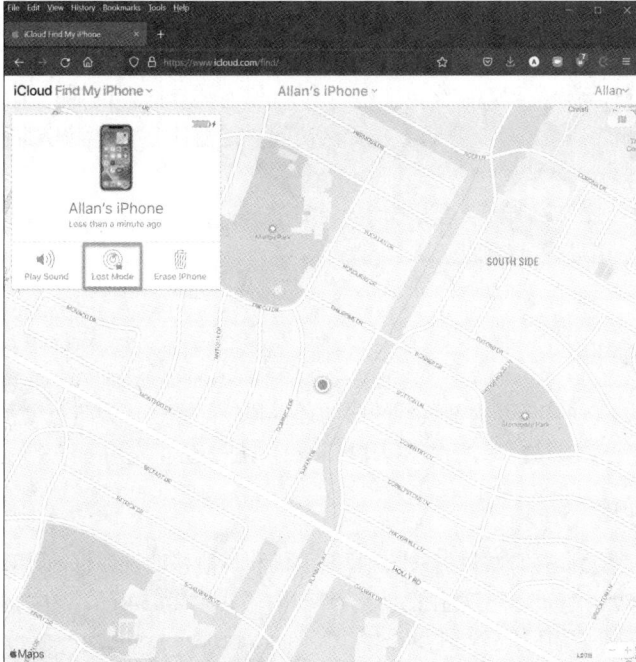

图 12-43　远程锁定

（2）远程擦除。

在 iOS 设备上，远程擦除功能称为"Erase iPhone"（抹掉 iPhone），如图 12-44 所示；Android 设备管理器称之为"Erase"（擦除设备）。"Erase iPhone"和"Erase"都能删除设备上所有的数据，将设备恢复到出厂状态。要想恢复设备上的数据，Android 用户可使用 Gmail 账户设置设备，而 iOS 用户必须将设备同步到 iTunes 或 iCloud。

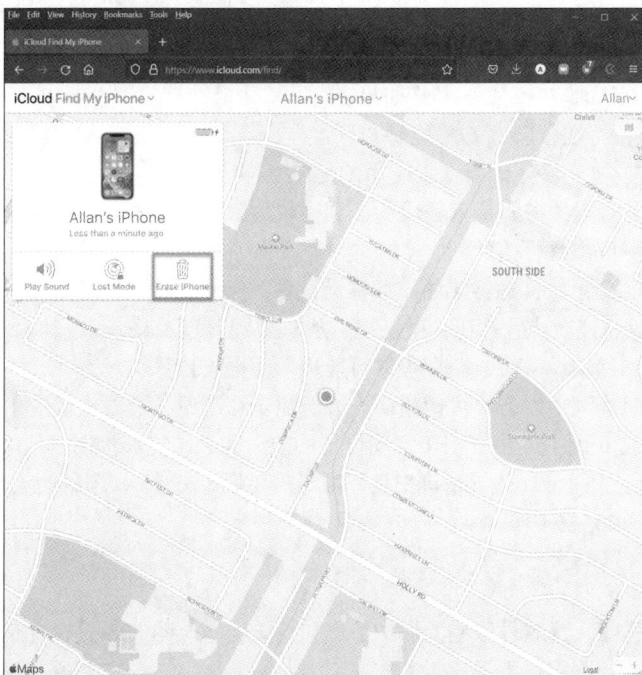

图 12-44　远程擦除

大多数移动操作系统都提供了全设备加密功能，以防获得设备的人绕过访问控制设置，并读取存储在存储器中的原始数据。

在 iOS 设备上，所有用户数据都始终是加密的，且加密密钥存储在设备上。用户使用"Erase iPhone"擦除设备时，iOS 将删除这个密钥，导致数据无法访问。在设备上配置密码锁时，将自动启用数据保护加密。

在 Android 设备上，要启用加密功能，可依次轻按"Settings"（设置）和"Security"（安全）。Android 使用从密码派生出的密钥进行全盘加密。

12.2.3 软件安全性

应用需要加以保护，使其免受内部设计缺陷的危害和外部威胁。为防止黑客攻陷应用程序，开发人员在其中嵌入了安全措施；技术人员需要采取额外的措施，防止应用程序（包括操作系统）被攻陷。

1. 防病毒

所有计算机都容易受到恶意软件的攻击，智能手机和其他移动设备也是计算机，因此也不例外。无论是 Android 还是 iOS 设备，都有适用的防病毒应用，如图 12-45 所示。在 Android 设备上，根据安装时授予的权限，防病毒应用可能无法自动扫描文件或定期地执行扫描功能，用户必须手动启动文件扫描；而 iOS 设备根本不允许自动或定期扫描。这是一种安全功能，可防止恶意软件使用未经授权的资源或感染其他应用或操作系统。有些防病毒应用还提供其他服务，如定位、远程锁定和远程擦除。

移动应用运行在沙箱内。所谓沙箱，指的是操作系统中的一个位置，用于将代码与其他资源和代码隔离开来。正是因为应用运行在沙箱内，恶意程序才很难感染移动设备。Android 应用在安装时请求授予访问特定资源的权限，因此如果在安装恶意应用时授予了特定权限，它将能够访问

图 12-45　防病毒应用

相应的资源。这也是必须下载可信源下载应用的另一个原因。

可信应用源指的是经过服务提供商身份验证和授权的来源。服务提供商颁发证书，供开发者用来给应用签名，从而证明应用是可信的。

鉴于沙箱的特征，恶意软件通常无法破坏移动设备。然而，移动设备很容易将恶意程序传输给其他设备，如便携式计算机或台式计算机，例如，移动设备从邮件、Internet 或其他设备下载恶意程序后，当便携式计算机连接到移动设备时，恶意程序可能进入便携式计算机。

为防止恶意程序感染其他设备，可使用防火墙。用于移动设备的防火墙应用可监视应用的活动，禁止连接到特定端口或 IP 地址。由于用于移动设备的防火墙必须能够控制其他应用，因此必须具备更高的权限（根权限）。应用 NoRoot Firewall 是一款不需要根（root）权限的防火墙，它通过创建 VPN 并限制应用访问 VPN 来完成工作。

2. root 和越狱

移动操作系统通常受大量软件限制的保护。例如，未经修改的 iOS 只执行获得授权的代码，且授予用户的文件系统访问权限很小。

root 和"越狱"是消除移动操作系统限制和保护的两种方法。这两种方法让用户能够绕过操作系

统的限制，获取超级用户或根管理员权限。root 用于在 Android 设备中获取特权或根级访问权限，从而让用户能够修改代码或安装并非用于当前设备的软件。越狱通常用于在 iOS 设备上突破制造商的限制，让用户能够运行任何用户代码以及获取对文件系统和内核模块的完全访问权，如图 12-46 所示。

图 12-46　Root 和越狱

　　root 和越狱通常违反制造商的保修条款，因此不建议以这样的方式修改移动设备。然而，很多用户都选择通过 root 或越狱来消除其设备受到的限制，因为这样可高度地自定义 GUI、通过修改操作系统提高设备的速度和响应能力以及安装来自非官方（或原本不受支持的）应用源的应用。

　　越狱利用 iOS 中存在的漏洞。黑客发现可供利用的漏洞后，便可编写相应的程序（即实际的越狱软件），并通过 Internet 进行传播。苹果公司反对越狱，并采取积极措施消除让越狱成为可能的漏洞。除操作系统更新和 bug 修复外，新版本 iOS 通常包含消除已知漏洞的补丁，让越狱无法得逞。iOS 漏洞被更新修复后，"黑客"必须寻找其他漏洞。

注　意　越狱是完全可逆的。要消除越狱的影响，将设备恢复到出厂状态，可将其连接到 iTunes 并执行恢复（Restore）操作。

3. 操作系统更新和打补丁

　　与台式计算机或便携式计算机操作系统一样，对于移动操作系统，也可进行更新或打补丁。更新旨在新增功能或改善性能，而补丁用于修复硬件或软件存在的安全问题。

　　鉴于 Android 移动设备类型众多，因此不存在适用于所有设备的更新和补丁。在不满足最低需求的旧设备上，无法安装新版本的 Android，因此这些设备可能收到修复已知问题的更新，但无法升级操作系统。

　　Android 更新和补丁是自动提供的；运营商或制造商有了适用于设备的更新后，将向设备发送通知，指出有准备就绪的更新，用户只需确认更新，就可启动下载并安装更新的过程。

　　iOS 更新也是自动提供的，但不满足硬件需求的设备被排除在外。要检查 iOS 更新，可将设备连接到 iTunes；如果有更新可用，将出现更新通知，如图 12-47 所示。要手动检查更新，可在 iTunes 中单击"Summary"（摘要）窗格中的"Check for Update"（检查更新）按钮。

　　对移动设备射频固件来说，有两种更新很重要，那就是基带更新 PRL（Preferred Roaming List，首选漫游列表）和 PRI（Primary Rate Interface，基群速率接口）。PRL 包含相关的配置信息，让移动设备能够

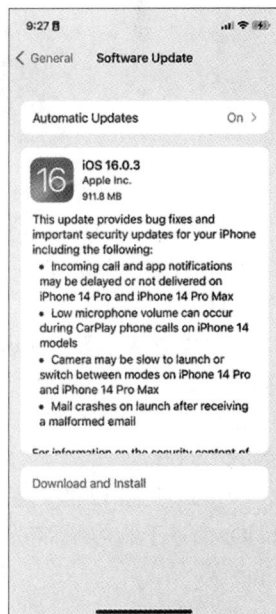

图 12-47　iOS 设备上的
系统更新通知

在其他运营商网络上通信；PRI 配置了设备和信号塔之间的数据速率，确保设备能够以正确的速率与信号塔通信。

12.3　Linux 和 macOS 操作系统

除 Windows 外，用户熟悉的操作系统大概是 Linux 和 macOS。

12.3.1　Linux 和 macOS 的工具和特点

开发每种操作系统时，都考虑到了目标设备和用户在工具和特点方面的需求。本节介绍 Linux 和 macOS 的工具和特点，如易于使用、安全性强、性能好以及与硬件和软件的兼容性好。

1. Linux 和 macOS 操作系统简介

在 Linux 操作系统中，两种常用的文件系统（见图 12-48）是 ext3（支持日志的 64 位文件系统）和 ext4（性能比 ext3 高得多）。Linux 支持 FAT 和 FAT32，还支持使用 NFS 将远程存储设备挂载到本地文件系统中。

图 12-48　文件系统

大多数 Linux 支持创建用作交换空间的交换分区。操作系统使用交换分区来弥补系统内存不足的问题：内存被应用程序或数据文件用完后，将数据写入磁盘中的交换空间，并将其视为已存储在内存中。

Apple Mac 工作站使用扩展分层式文件系统（Extended Hierarchical File System，HFS Plus），这种文件系统支持 Windows NTFS 的众多功能，但不支持原生文件/文件夹加密。macOS High Sierra 和更高的版本使用支持原生文件加密的 Apple 文件系统，而不是 HFS Plus。HFS Plus 支持的最大容量和文件尺寸为 8 EB。

Unix（见图 12-49）是一种使用 C 语言编写的专用操作系统；macOS 和 iOS 都基于伯克利标准发行版（Berkeley Standard Distribution，BSD）Unix。

图 12-49　Unix

（1）Linux。

Linux 是一种独立开发的开源操作系统，与 Unix 兼容；Android 和很多 Android 发行版都依赖于 Linux 内核。

Linux 操作系统被用于嵌入式系统、可穿戴设备、智能手表、手机、便携式计算机、PC、服务器和超级计算机。Linux 发行版众多，其中包括 SUSE、Red Hat、CentOS、Fedora、Debian、Ubuntu（见图 12-50）和 Mint；每个发行版都在通用 Linux 内核的基础上添加了独特的包和接口，并提供了不同的支持选项。大多数发行版都提供了 GUI。

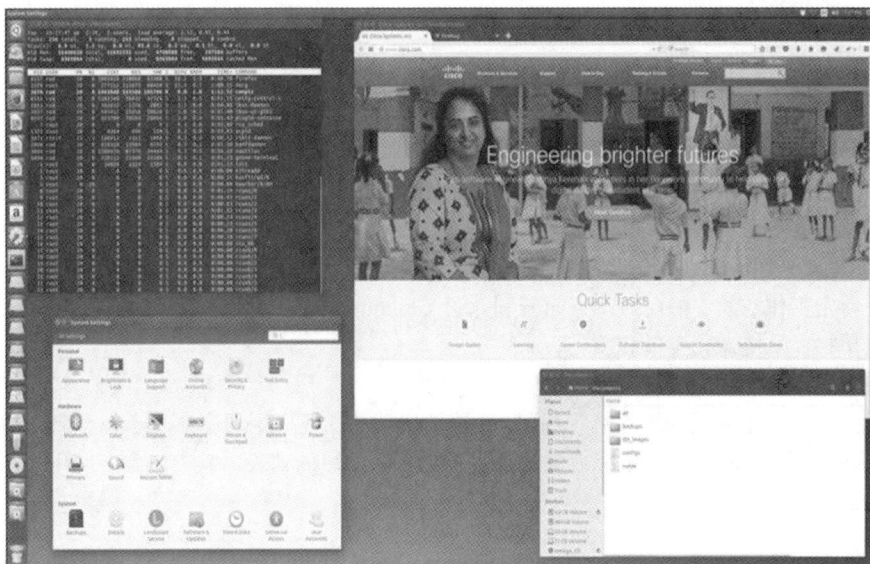

图 12-50　Ubuntu

在大多数情况下，发行版都是完整的 Linux 实现，包括内核、外壳、应用程序和实用程序。每个 Linux 发行版厂商都将 Linux 打包、分发安装介质并提供支持。

（2）macOS。

macOS 用于 Apple 计算机（见图 12-51），虽然它是一种闭源操作系统，但它是基于 Unix 内核开发的。

图 12-51　macOS

自 2001 年发布以来，为跟上 Apple Mac 硬件更新步伐，macOS 经历了多次定期更新和修订。macOS 新版本和更新是通过 App Store 免费分发的，但有些较旧的 Mac 计算机可能无法运行最新版本的 macOS。对于任何版本的 macOS，其详细规格都可参苹果官网。

macOS 支持远程网络安装，这种安装方法被称为 NetBoot，类似于预启动执行环境（Preboot eXecution Environment，PXE）。

2. Linux GUI 概述

Linux 发行版都自带各种软件包，但最终在系统中留下哪些由用户决定：用户可根据需要安装或卸载软件包。Linux GUI 由大量子系统组成，这些子系统也是可删除或替换的。有关这些子系统以及它们之间的关系不在本书的讨论范围内，但你必须知道的是，用户可轻松地更换整个 Linux GUI。Linux 发行版众多，本章重点介绍 Ubuntu。

Ubuntu 默认使用的 GUI 为 Gnome。Linux GUI 的特点之一是可以有多个桌面或工作空间，这让用户能够排列特定工作空间中的窗口。下面分别介绍 Ubuntu 桌面的主要组成部分：启动器、Dash 搜索框、顶部菜单栏、系统通知菜单和镜头。

（1）启动器。

启动器是位于屏幕左侧的程序坞（Dock），用于启动和切换应用程序。对于位于启动器中的任何应用程序，只要在它的上面单击鼠标右键，都将显示一个简短的列表，其中包含该应用程序可执行的任务。启动器如图 12-52 所示。

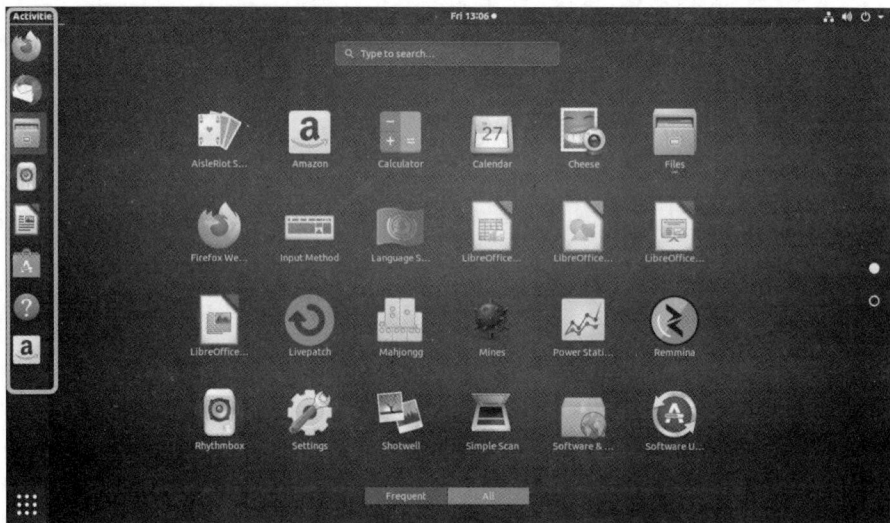

图 12-52　Ubuntu 启动器

（2）Dash 搜索框。

Dash 包含搜索工具以及最近使用的应用程序列表，如图 12-53 所示；其底部还有镜头（Ienses），让用户能够微调 Dash 搜索结果。要访问 Dash，只需单击启动器顶部的 Ubuntu 按钮。

（3）顶部菜单栏。

顶部菜单栏是一个多用途菜单栏，包含当前正在运行的应用程序、控制活动窗口的按钮以及系统控件和通知，如图 12-54 所示。

（4）系统通知菜单。

很多重要功能都位于屏幕右上角的指示器菜单中，如图 12-55 所示。使用指示器菜单可切换用户、关闭计算机、控制音量或修改网络设置。

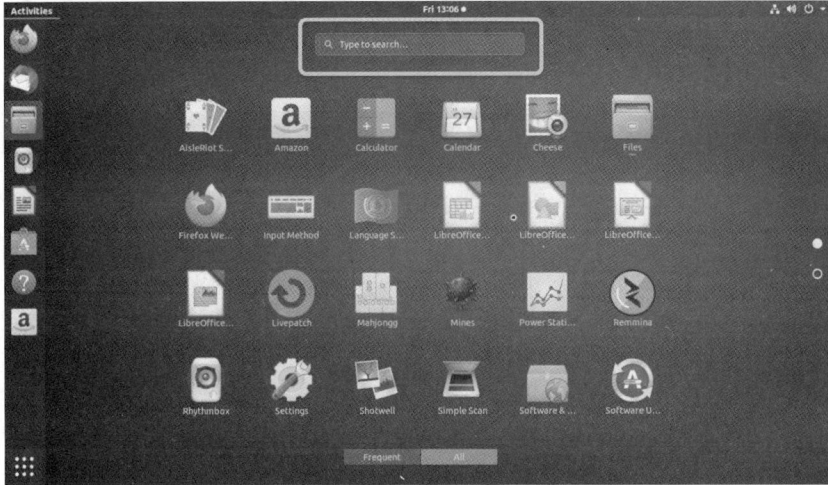

图 12-53 Ubuntu Dash 搜索框

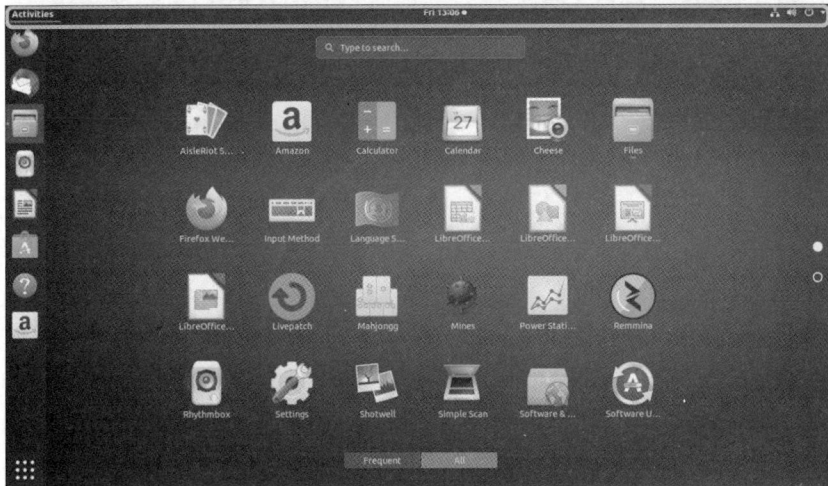

图 12-54 Ubuntu 顶部菜单栏

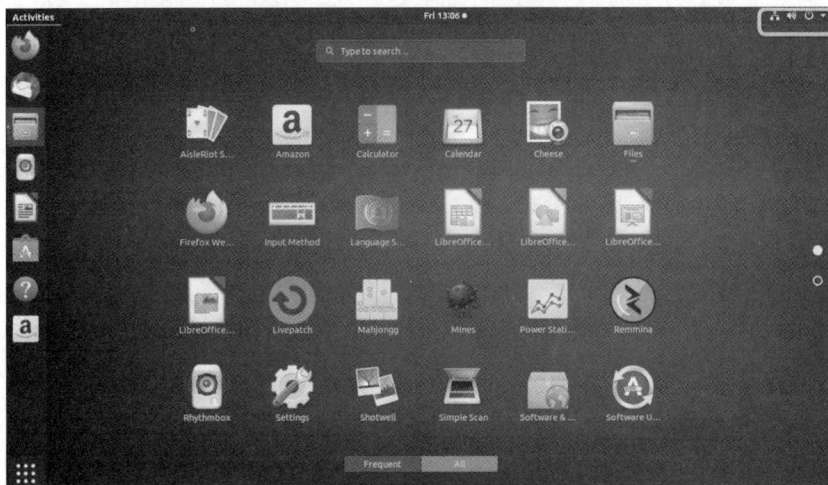

图 12-55 Ubuntu 系统通知菜单

（5）镜头。

镜头让用户能够微调搜索结果，如图 12-56 所示。

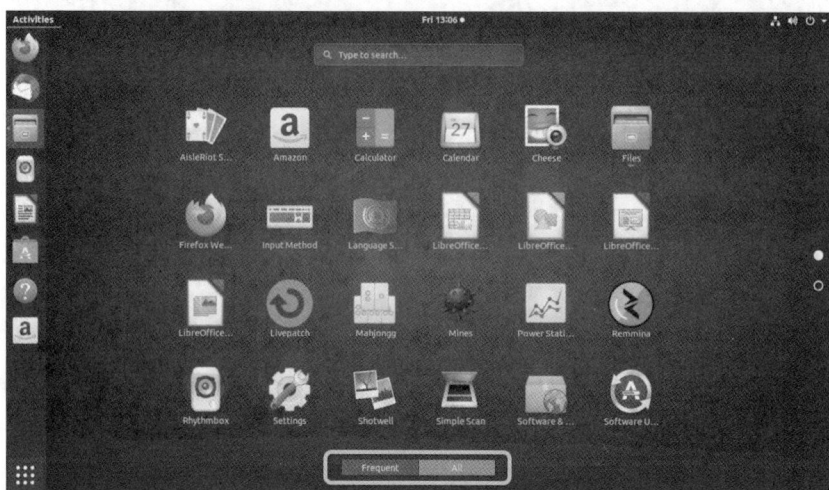

图 12-56　Ubuntu 镜头

3. macOS GUI 概述

旧版本的 macOS 和 macOS 之间的主要不同之处是添加了 Aqua GUI。Aqua 是围绕着"水"这个主题设计的，包含类似于水滴的组件，并刻意地使用了反射和半透明效果。在本书编写期间，最新的 macOS 版本为 macOS Ventura 13.2.1。下面介绍 macOS 桌面的组成部分。

（1）菜单栏。

菜单栏包含 Apple 菜单、应用程序菜单、状态菜单、Spotlight 和通知中心，如图 12-57 所示。

图 12-57　macOS 菜单栏

① Apple 菜单

Apple 菜单让用户能够访问系统首选项、软件更新、电源控件等，如图 12-58 所示。

② 应用程序菜单

应用程序菜单以粗体形式显示活动应用程序的名称，还有活动应用程序的菜单，如图 12-59 所示。

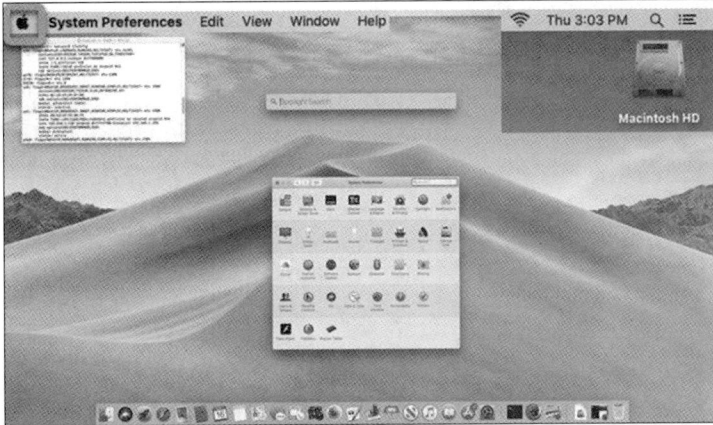

图 12-58　macOS Apple 菜单

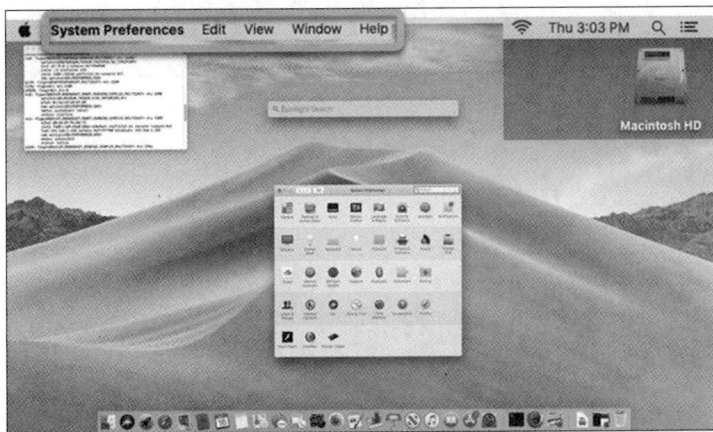

图 12-59　macOS 应用程序菜单

③ 状态菜单

状态菜单显示日期、时间和状态以及诸如蓝牙和无线连接情况等，如图 12-60 所示。

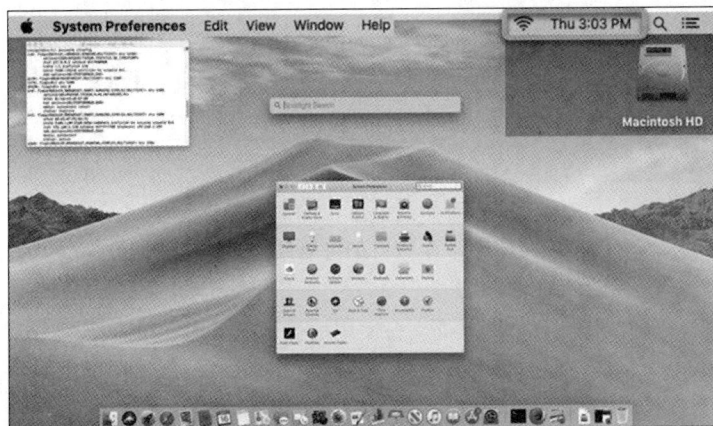

图 12-60　macOS 状态菜单

④ Spotlight

Spotlight 是 macOS 提供的一项文件系统搜索功能，可用于在 macOS 中查找几乎任何文件。要使用它进行搜索，可单击菜单栏中的放大镜，也可同时按 Command ＋ 空格键，这将打开图 12-61 所示的搜索框。要指定搜索的文档类型，需要通过 "Preferences"（首选项）进行设置；要将特定位置从 Spotlight 搜索范围内排除，可单击按钮 "Privacy"（隐私）并指定要排除在外的文件夹或驱动器。

图 12-61　macOS Spotlight

⑤ 通知中心

通知中心让用户能够查看各种通知，如图 12-62 所示。

图 12-62　macOS 通知中心

（2）程序坞。

程序坞显示常用应用程序以及正在运行但被最小化的应用程序缩略图，如图 12-63 所示。程序坞的一项重要功能是强制退出：在程序坞中正在运行但没有响应的应用程序上单击鼠标右键，选择相应功能将其关闭。

Apple Magic Mouse 和 Magic Trackpad 都支持使用手势来控制用户界面。所谓手势，指的是手指（在跟踪板）或鼠标上的手指移动，让用户能够滚动、缩放、导览桌面、文档和应用程序内容。要查看和修改手势，可依次选择 "System Preferences"（系统首选项）和 "Trackpad"（跟踪板）。

在 macOS 中，要查看当前打开的所有内容，一种快速方式是使用 Mission Control。要访问 Mission Control，可使用三指或四指上扫手势（具体是哪种手势，取决于触控板或鼠标的设置）。Mission Control 让用户能够使用多个桌面来组织应用程序。为方便用户导览文件系统，macOS 提供了 Finder，它很像 Windows 文件资源管理器。

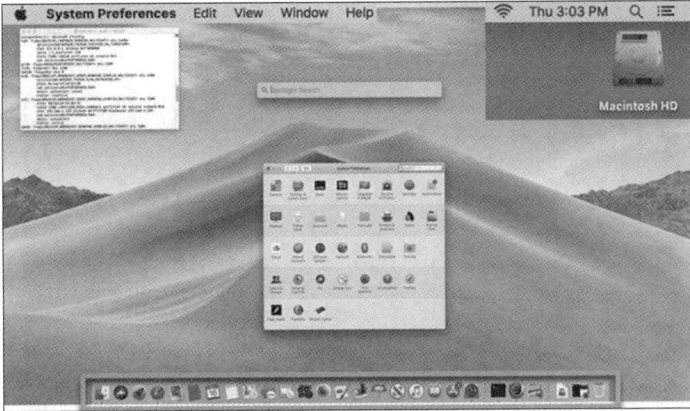

图 12-63　macOS 程序坞

大多数 Apple 便携式计算机都没有光驱。要从光学介质安装软件，可使用 Remote Disk，这款应用程序让用户能够访问其他 Mac 或 Windows 计算机上的光驱。要安装 Remote Disk，可依次选择"System Preferences"和"Sharing"（共享），再选择复选框"DVD or CD sharing"。

macOS 还支持屏幕共享，让其他使用 Mac 的人能够查看你的屏幕，甚至控制你的计算机。这在你需要帮助或想要帮助他人时很有用。

4. Linux 和 macOS CLI 概述

在 Linux 和 macOS 中，用户可使用 CLI 与操作系统通信。为提高灵活性，CLI 命令通常支持使用短横线（-）来指定选项和开关，用户可在输入命令时指定选项和开关。

大多数操作系统都拥有 GUI，操作系统启动后通常默认进入 GUI，虽然存在 CLI，但它对用户是隐藏的。在基于 GUI 的操作系统中，要访问 CLI，一种方式是通过终端模拟器。这些应用程序让用户能够访问 CLI，通常其名称中带字样"terminal"（终端）。外壳（Shell）将应用程序与内核分开，如图 12-64 所示。

外壳负责解释用户通过键盘输入的命令，并将其传递给操作系统。用户登录系统时，登录程序将检查用户名和密码，如果这些凭证正确无误，登录程序将启动外壳。然后，获得授权的用户就可基于文本命令与操作系统交互。

用户通过外壳与内核交互。大致而言，外壳充当了用户和内核之间的接口层。内核负责分配所需的 CPU 时间和内存，它还根据系统调用对文件系统和通信进行管理。

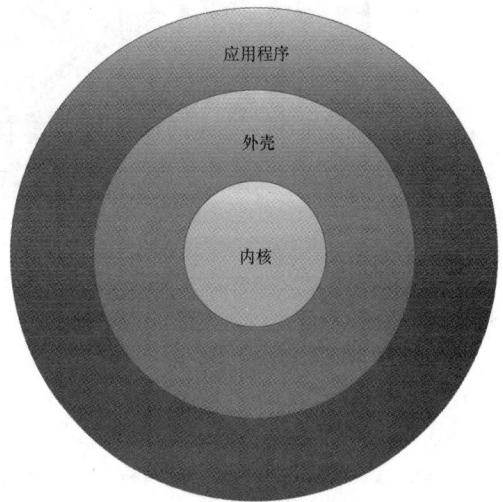

图 12-64　操作系统组件

在 Linux 系 统 中，常 用 的 终 端 模 拟 器 包 括 Terminator、eterm、xterm、konsole 和 gnome-terminal。图 12-65 展示了 gnome-terminal。

macOS 自带终端模拟器 Terminal，还有很多适用于 macOS 的第三方终端模拟器。图 12-66 展示了 Terminal。

5. Linux 备份和恢复

数据备份指的是创建数据的一个或多个副本，并加以妥善保管。备份过程完成后，副本被称为备份。

备份的首要目的是在出现故障时帮助恢复数据，其次要目的是访问之前版本的数据。

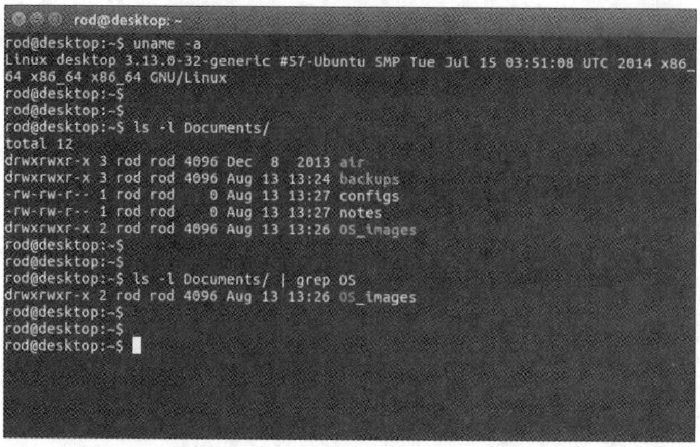

图 12-65　Linux 终端模拟器 gnome-terminal

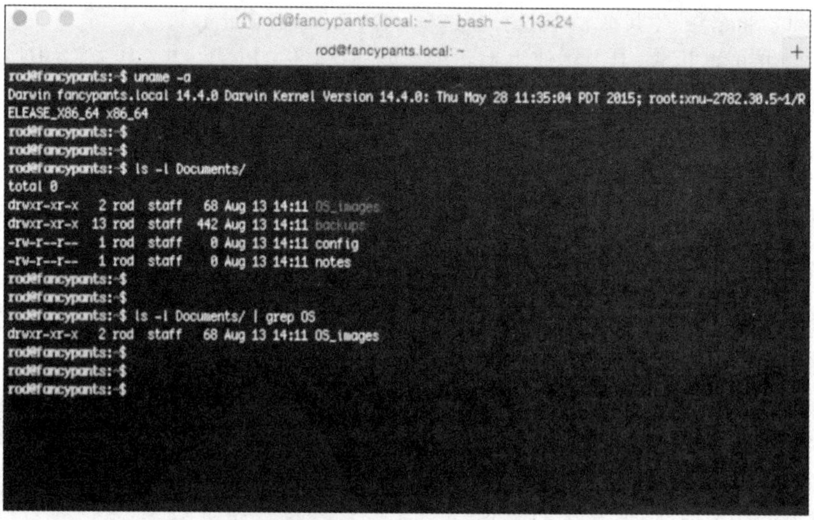

图 12-66　macOS 终端模拟器 Terminal

虽然使用简单的 copy 命令就能完成备份，但通过很多工具和技术可使用户的这一过程实现自动化和透明化。

Linux 没有内置备份工具，但有很多适用于 Linux 的商用和开源备份解决方案，如 Amanda、Bacula、Fwbackups 和 Déjà Dup。图 12-67 展示了 Déjà Dup，这是一款易于使用且高效的数据备份工具，它具有大量的功能，其中包括本地、远程和云端备份，数据加密压缩，增量备份，定期自动备份和 GNOME 桌面集成。这款工具还可用于根据特定备份恢复数据。

6. macOS 备份和恢复

macOS 自带备份工具 Time Machine。借助于这款工具，用户可将外置驱动器用作目标备份设备，并使用 USB、FireWire 或 Thunderbolt 将其连接到 Mac。Time Machine 自动准备好磁盘，使其能够接收备份；磁盘准备就绪后，Time Machine 定期地执行增量备份。

如果没有为 Time Machine 指定目标磁盘，当用户连接外置磁盘时，Time Machine 将询问是否要将该磁盘用作目标备份磁盘。Time Machine 在本地 Mac 上存储了一些备份，这样在 Time Machine 备份磁盘不可用时，可直接从本地 Mac 恢复数据。这种备份方式被称为本地快照。

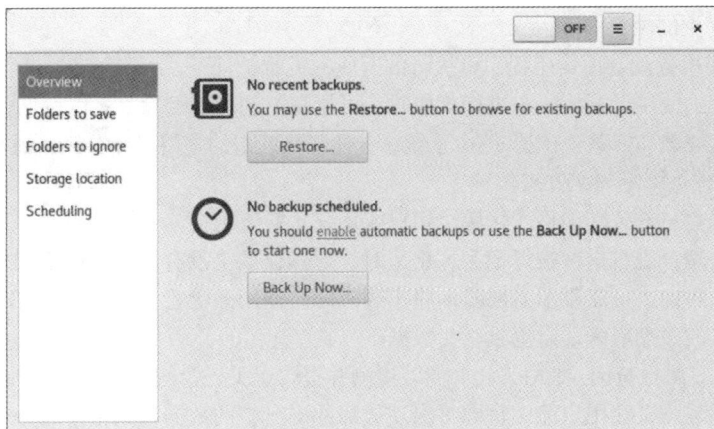

图 12-67　Linux 备份和恢复

要启用 Time Machine，可依次选择 "System Preferences" 和 "Time Machine"，再开启开关并选择要用来存储备份的磁盘，如图 12-68 所示。要指定需备份的文件、文件夹或驱动器，可单击按钮 "Options"。默认情况下，Time Machine 包含如下备份：最近 24 h 内每小时备份，最近一月的每日备份，更远时间内的每周备份。目标备份驱动器占满后，Time Machine 将删除最早的备份，以腾出磁盘空间。

图 12-68　macOS 备份和恢复

要使用 Time Machine 恢复数据，请确保将目标备份磁盘连接到了当前 Mac，再单击 Time Machine 菜单中的 "Enter Time Machine"。屏幕右侧的时间轴显示了可供使用的备份。Time Machine 让用户能够将数据恢复到以前的任何版本，条件是目标备份磁盘中有这个版本。

7. 磁盘管理实用程序概述

为帮助诊断和解决与磁盘相关的问题，大多数操作系统都自带磁盘管理实用程序。Ubuntu Linux 自带磁盘管理实用程序 Disks，用户可使用它来执行大部分与磁盘相关的常见任务，如分区管理、分区挂载和卸载、磁盘格式化以及查询 S.M.A.R.T（Self-Monitoring Analysis and Reporting Technology，自我监测分析与报告技术）属性。macOS 自带 Disk Utility，除主要的磁盘维护任务外，用户还可使用这个实用程序来执行如下任务：验证磁盘权限和修复磁盘权限。其中修复磁盘权限是常用的 macOS 故障排除步骤。Disk Utility 还可用来将磁盘内容备份到映像文件以及根据映像文件恢复磁盘内容，因为这些映像文件包含完整的磁盘内容。

下面列出了使用磁盘管理实用程序可执行的一些常见维护任务。

- **分区管理**：使用计算机磁盘进行工作时，可能需要创建和删除分区以及调整分区的大小。
- **磁盘分区挂载和卸载**：在类 Unix 系统中，挂载分区指的是将磁盘分区或磁盘映像文件（通常是.iso 文件）绑定到文件夹位置。
- **磁盘格式化**：分区必须格式化后，用户或系统才能使用它。
- **坏扇区检查**：磁盘扇区被标记为坏扇区时，对操作系统没有影响，但不能再用来存储数据。出现大量坏扇区可能昭示着磁盘即将出现故障。使用磁盘管理实用程序可将坏扇区中的数据移到正常的磁盘扇区，以抢救这些数据。
- **S.M.A.R.T 属性查询**：S.M.A.R.T 能够检测并报告有关磁盘健康状况的属性。S.M.A.R.T 旨在预测磁盘故障，让用户能够将即将出现故障的磁盘中的数据移到正常磁盘中，以免这些数据丢失。

12.3.2　Linux 和 macOS 最佳实践

为确保计算机操作系统有最佳的表现，需要定期地对其进行预防性维护。为预防或及早地发现问题，应频繁而定期地执行维护任务。为避免因人为错误而遗漏某些维护任务，可对计算机操作系统进行编程，使其自动执行维护任务。

1. 定期执行的任务

有两项任务需要定期地自动执行，那就是备份（见图 12-69）和磁盘检查。

备份和磁盘检查通常都是耗时很长的任务。定期执行维护任务的另一个好处是，可让计算机在没有用户使用系统时执行这些任务。要将这些任务安排在非高峰时间执行，可使用 CLI 实用程序 Cron。

在 Linux 和 macOS 中，Cron 服务负责执行安排的任务，它在后台运行，并在指定的日期和时间执行任务。它使用被称为 Cron 表的日程安排表，要编辑这种表，可使用 crontab 命令。

（1）Cron 表的格式。

Cron 表是明文文件，包含图 12-70 所示的 6 列。任务通常由命令、程序或脚本表示；要安排任务，用

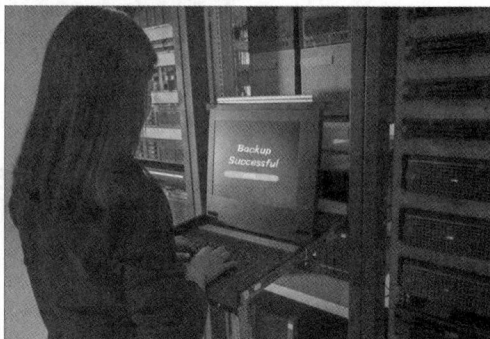

图 12-69　备份

户可在 Cron 表中添加行。每行都指定 Cron 服务要执行的任务，以及在何时（分、时、日、月和星期几）执行任务。到了指定的日期和时间，任务就会被执行。

分	时	日	月	星期几	命令

图 12-70　Cron 表的格式

（2）Cron 表的各列。

图 12-71 说明了 Cron 表各列的含义和可能取值。

（3）Cron 表示例。

图 12-72 所示的 Cron 表包含两项，其中第一项让 Cron 服务执行位于/myDirectory/中的脚本 myFirstTask，执行日期为每月的第 1 天和第 15 天以及每个星期一，执行时间为午夜（0 时 0 分），第

二项让 cron 服务执行位于/myDirectory/中的脚本 mySecondTask，执行日期为每个星期四，执行时间为凌晨 2 点 37 分。

分	0-59	在哪一分钟执行命令
时	0-23	在哪个小时执行命令
日	1-31	在哪一天执行命令
月	1-12	在哪个月执行命令
星期几	0-6	在星期几执行命令。0表示星期天，1表示星期一，以此类推
命令	随情况而定	要执行的命令，必须与使用的外壳兼容

图 12-71　cron 表的各列

要创建或编辑 cron 表，可在终端执行 crontab -e 命令。要显示当前的 cron 表，可使用 crontab -l 命令。要删除当前的 cron 表，可使用 crontab -r 命令。

2. 操作系统防护

虽然人们为打造绝对安全的操作系统做出了不断的努力，但漏洞依然存在。发现漏洞后，病毒或其他恶意软件便可加以利用。

可采取措施防止恶意软件感染计算机操作系统；在这些措施中，常见的是使用操作系统更新、固件更新、防病毒和防恶意软件。

（1）操作系统更新。

操作系统更新也被称为补丁，由操作系统公司定期发布，旨在消除其操作系统中已知的漏洞。虽然操作系统公司都有更新计划，但发现操作系统代码存在严重漏洞时，常常会在计划外发布操作系统更新。现代操作系统会在有更新可供下载并安装时通知用户，用户也可随时检查更新。图 12-73 展示了 macOS 中的软件更新通知。

图 12-72　cron 表示例

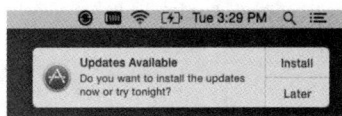

图 12-73　macOS 中的软件更新通知

（2）固件更新。

固件通常存储在非易失性存储器（如 ROM 或闪存）中，是一种旨在为设备提供低级功能的软件。请检查制造商是否提供了固件更新，如果有新版本可用，就使用它更新系统。

（3）防病毒和防恶意软件。

一般而言，防病毒和防恶意软件依赖于代码签名（Code Signature）文件来发挥作用。代码特征文件是包含病毒和恶意软件所用代码样本的文件；防病毒和防恶意软件扫描计算机磁盘，并将磁盘中存储的文件的内容同特征文件中存储的样本进行比较。如果找到匹配的内容，就向用户发出警报，指出可能存在病毒或恶意软件。

每天都有新的恶意软件面世，因此防病毒和防恶意软件使用的代码特征文件必须以同样的频率更新。

3. 安全

数字资产非常宝贵，数字资产盗窃是用户和组织面临的主要威胁。为消除这种威胁，一种相应的安全措施是对可用来访问数字资产的凭证加以保护。

（1）安全凭证管理器。

与用户相关联的安全凭证包括用户名、密码、数字证书、加密密钥等。鉴于必要的安全凭证数量越来越多，现代操作系统自带用于管理这些凭证的服务。应用程序和其他服务可请求和使用安全凭证管理器存储的凭证。

（2）Ubuntu 中的安全凭证服务。

GNOME Keyring 是一个用于 Ubuntu 的安全凭证管理器，如图 12-74 所示。在 Ubuntu Linux 中，要访问 GNOME Keyring，可打开 Dash 搜索框，搜索 "Key"（密钥），再选择 "Passwords and Keys"（密码和密钥）。

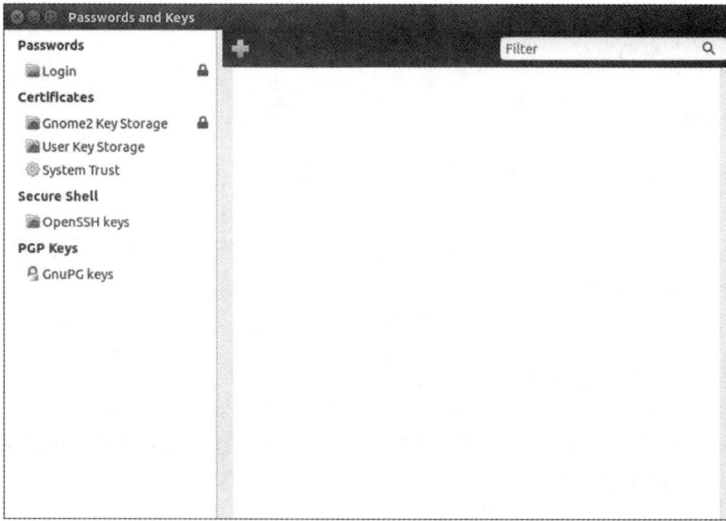

图 12-74　GNOME Keyring

（3）macOS 中的安全凭证服务。

Keychain 是一个用于 macOS 的安全凭证管理器，如图 12-75 所示。在 macOS 中，要访问 Keychain，可依次选择 "Applications"（应用程序）、"Utilities"（实用程序）和 "Keychain Access"。

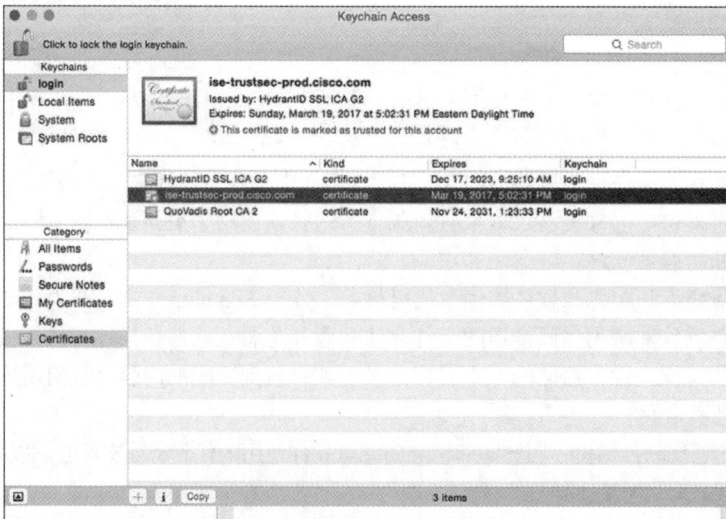

图 12-75　Keychain

12.3.3 基本的 CLI 命令

CLI 是一种这样的用户界面：用于通过在提示符下输入文本来执行命令（而不像 GUI 中那样通过单击鼠标来执行命令）。对 CLI 命令有基本认识后，便可在这种外壳中导航。

1. 命令 ls -l 的输出

示例 12-1 展示了 ls -l 命令的输出。

示例 12-1　ls -1 命令的输出

```
iteuser@iteuser:~$ ls -l
 total 2
 -rwxrw-r-- 1 iteuser staff 11485 Apr 21 2021 My_Awesome_File
 drwx------ 2 iteuser staff 4096 Apr 21 2021 My_Private_Folder
 iteuser@iteuser:~$
```

表 12-1 描述了输出的各个部分。

表 12-1　　　　　　　　　　　ls -1 命令的输出的各个部分

组成部分	示例 12-1 中对应的内容	描述
权限	-rwxrw-r--； drwx------	当前用户、组和其他用户对文件和目录的访问权限
链接数	1； 2	当前目录内的链接数或目录数
用户	iteuser； iteuser	文件或目录的所有者的用户名
组	staff； staff	文件或目录所属组的名称
文件大小	11485； 4096	以字节为单位的文件大小
日期和时间	Apr 21 2021； Apr 21 2021	最后一次修改的日期和时间
文件名	My_Awesome_File； My_Private_Folder	文件或目录的名称

2. 基本的 Unix 文件和目录权限

为管理系统以及强化系统内的边界，Unix 使用了文件权限。文件权限内置在文件系统结构中，是一种机制，用于定义不同用户对每个文件和目录的访问权限。在 Unix 系统中，每个文件或目录都定义了权限，这些权限决定了所有者、组和其他用户可对文件或目录执行哪些操作。

在 Unix 系统中，只有根用户能够修改文件权限。由于根用户能够修改文件权限，这意味着他能够对任何文件执行写入操作。在 Unix 系统中，一切都被视为文件，因此根用户对 Unix 操作系统有全面控制权。要执行维护和管理任务，通常需要有根用户权限。

注　意　Linux 和 macOS 都是基于 Unix 的，因此这两种操作系统都按 Unix 文件权限的方式行事。

图 12-76 展示了基本的 Unix 文件和目录权限。请注意，权限决定了用户对文件和目录的访问权。

图 12-76　基本的 Unix 文件和目录权限

表 12-2 总结了 Unix 文件权限。

表 12-2　　　　　　　　　　　　　　　　Unix 文件权限

权限	描述
777 -rwxrwxrwx	没有任何限制，任何人都可执行任何操作：读取、写入和执行文件。这种设置通常不可取
755 -rwxr-xr-x	只有所有者能够读取、写入和执行文件，其他用户都只能读取和执行文件。这种设置常用于系统中所有用户都要使用的程序
700 -rwx------	所有者可读取、写入和执行文件，但其他用户没有任何权限。这种设置适用于只有所有者可以使用，而其他用户都不能使用的程序。
666 -rw-rw-rw-	所有用户都可读取和写入文件，但任何用户都不能执行文件
644 -rw-r--r--	只有所有者能够读取和写入文件，系统中的其他用户都只能读取文件。这种设置适用于所有用户都需要读取，但只有所有者能够修改的数据文件
600 -rw-------	所有者可读取和写入文件，其他所有用户都不能读取、写入或执行文件。这种设置适用于所有者私有的数据文件
777 drwxrwxrwx	没有任何限制，任何人都可列出、添加、删除目录中的内容。这种设置通常不可取
755 drwxr-xr-x	目录所有者拥有全部权限，其他用户都可以列出目录的内容，但不能在其中创建或删除文件。这种设置常用于与其他用户共享的目录
700 drwx------	目录所有者可列出、添加或删除目录的内容，其他所有用户都没有任何权限，因此目录是所有者私有的

表 12-3 总结了 Unix 目录和文件权限。

表 12-3　　　　　　　　　　　　　　Unix 目录和文件权限

二进制值	八进制值	权限	描述
000	0	---	没有任何权限
001	1	--x	只能执行
010	2	-w-	只能写入
011	3	-wx	写入和执行
100	4	r--	只能读取
101	5	r-x	读取和执行
110	6	rw-	读取和写入
111	7	rwx	读取、写入和执行

3. Linux 管理命令

管理员使用终端（见图 12-77）来监控用户、进程和 IP 地址，以及执行其他任务。执行有些命令时，用户无须有任何权限；但执行其他命令时，用户必须有权限。

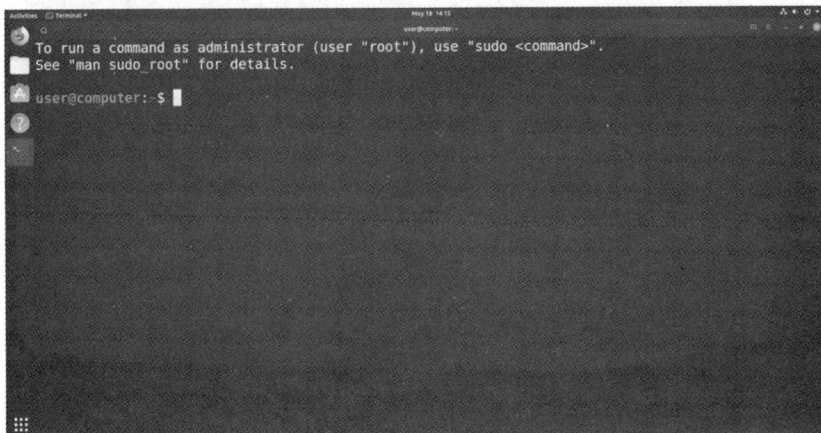

图 12-77　Linux 终端

在 Ubuntu 中，要进入终端，可单击左上角的 "Activities"（活动），并输入 "terminal"。在其他 Linux 发行版中，打开终端的方式随界面而异。

（1）passwd 命令。

passwd 命令让用户能够通过终端修改其密码，如图 12-78 所示。要修改密码，用户必须知道当前的密码。安全起见，用户输入密码时，既不会显示密码字符，也不会显示星号。大家经常将 passwd 命令和 pwd 命令混为一谈，后者是 print working directory（打印工作目录）的首字母组合。

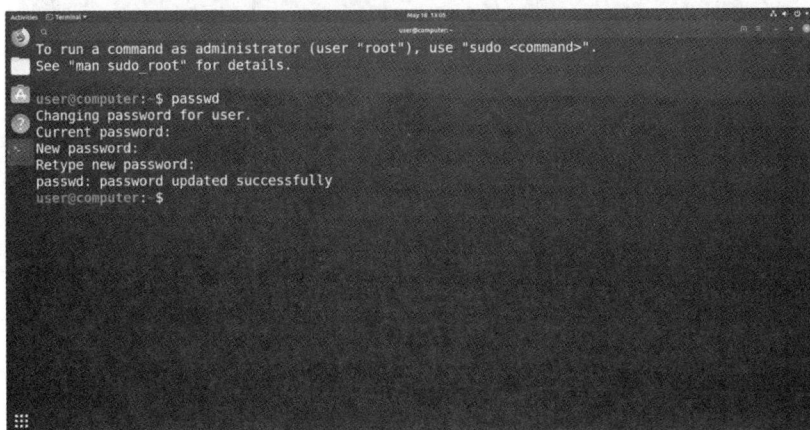

图 12-78　passwd 命令

（2）ps 命令。

ps 命令让用户能够监视其进程，如图 12-79 所示。在没有指定任何选项的情况下，这个命令只显示在当前终端中运行的程序。图 12-79 演示了 ps 命令的另一种用法：指定了选项-e（e 表示 everything，即所有进程）。在图 12-79 所示的示例中，还使用管道将这个命令的输出作为 grep 命令的输入，以搜索与 gnome 匹配的输出行。

（3）kill 命令。

kill 命令让用户能够终止其启动的进程，如图 12-80 所示。在图 12-80 所示的示例中，使用&在后台启动了 Firefox，再使用 kill 命令终止了 Firefox 进程。要查看 kill 命令的选项，可使用 man kill 命令。

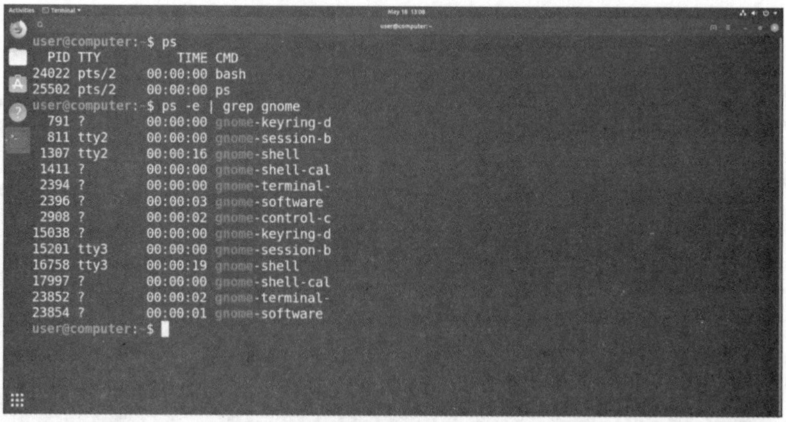

图 12-79 ps 命令

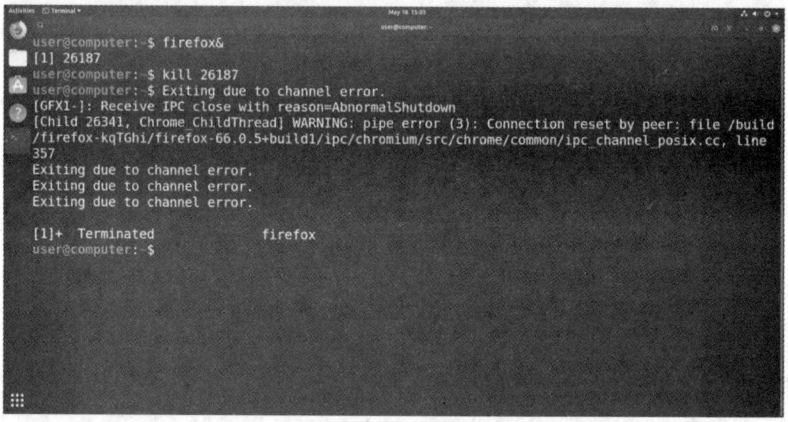

图 12-80 kill 命令

（4）ifconfig 命令。

ifconfig 命令的用法与 Windows 命令的 ipconfig 很像，如图 12-81 所示。虽然 CompTIA A+考试大纲中包含 ifconfig 命令，但这个命令已被摒弃，应转而使用 ip address 命令。

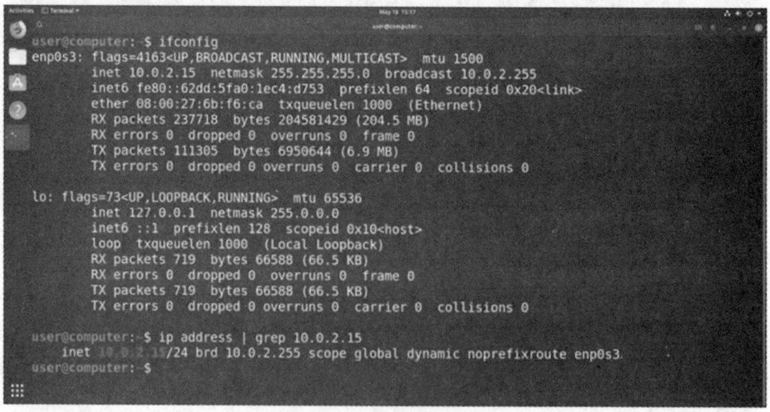

图 12-81 ifconfig 命令

（5）iwconfig 命令。

iwconfig 命令是众多以 iw 开头的无线命令之一，如图 12-82 所示。这个命令让用户能够设置和查看无线设置，在图 12-82 所示的示例中，没有使用任何无线连接。

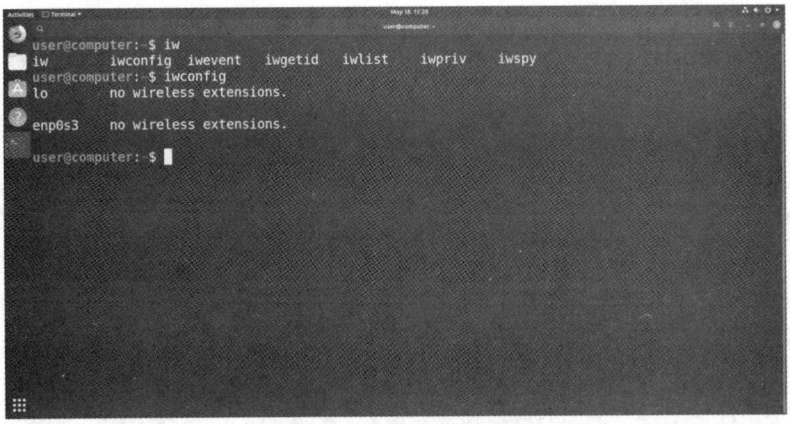

图 12-82　iwconfig 命令

（6）chmod 命令。

chmod 命令让用户能够修改归其所有的文件的权限，如图 12-83 所示。在图 12-83 所示的示例中，给所有者增加了执行一个脚本的权限，再取消了这种权限。

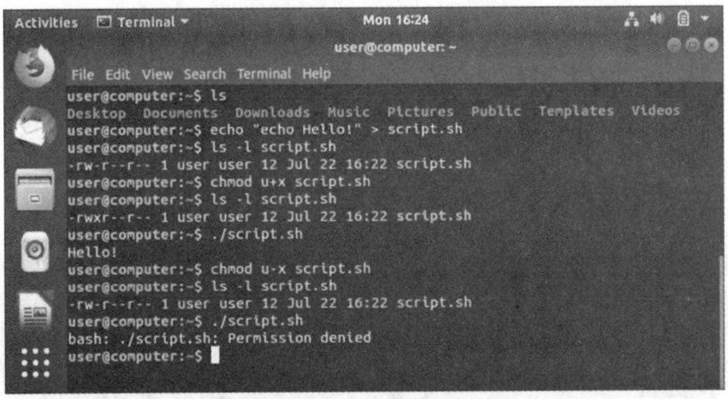

图 12-83　chmod 命令

4. 需要有根用户权限才能执行的 Linux 管理命令

有些命令无须特权就能执行，其他命令有时或始终要求有根用户权限才能执行，如图 12-84 所示。通常，用户可操作其主目录中的文件，但要修改整个服务器中的文件和设置，用户必须有超级用户或根用户权限。

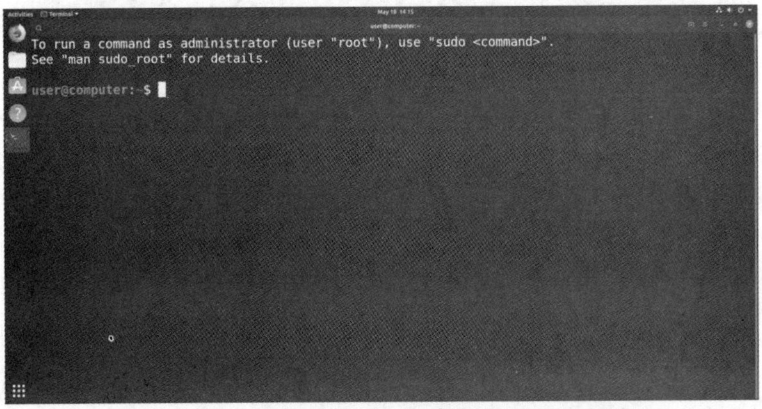

图 12-84　需要有根用户权限才能执行的命令

（1）sudo 命令。

sudo 命令用于在不修改用户配置文件的情况下授予用户根访问权限，如图 12-85 所示。sudo 命令仅在有限的时间内授予用户权限，且要求用户包含在/etc/sudoers 文件中。在图 12-85 所示的示例中，为结束一个进程而使用了 sudo 命令。

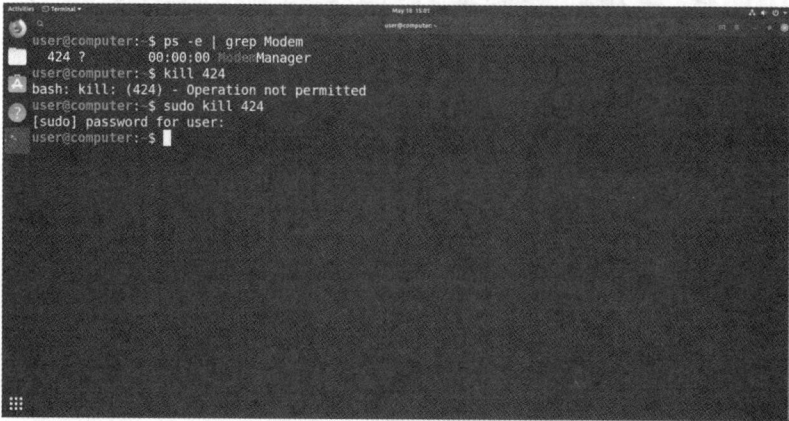

图 12-85　sudo 命令

（2）chown 命令。

chown 命令让用户能够修改文件的所有者和所属的组，如图 12-86 所示。执行 su 或 sudo 命令后，用户可能在其主目录中看到不归他所有的文件。执行 chown 命令时，可使用-R（递归）选项将其主目录中的所有文件都划归于他。

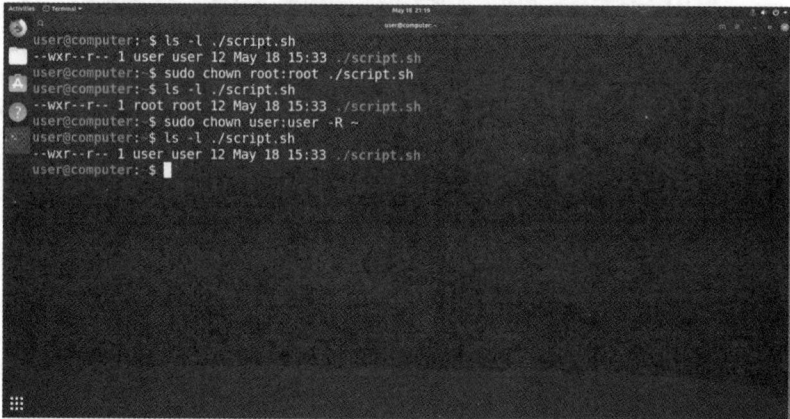

图 12-86　chown 命令

（3）apt 命令。

apt-get 命令用于在基于 Debian 的 Linux 发行版中安装和管理软件，如图 12-87 所示。这个命令有很多选项，可通过 apt 命令来查看它们。apt-get 命令已被 apt 所取代。

（4）shutdown 命令。

shutdown 命令用于重启操作系统，如图 12-88 所示。它还可用于向用户发出警报，指出系统即将关闭或将在未来的某个时候关闭。在多用户系统中，普通用户没有关闭系统的权限。

（5）dd 命令。

dd 命令用于复制文件和分区以及创建临时交换文件，如图 12-89 所示。使用 dd 命令时务必非常小心。

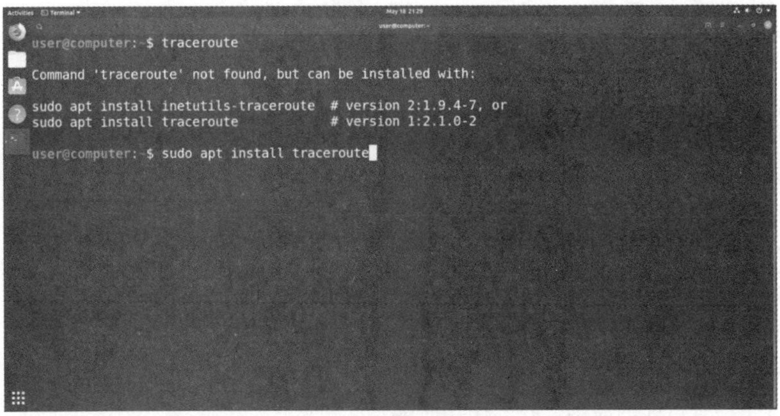

图 12-87　apt 命令

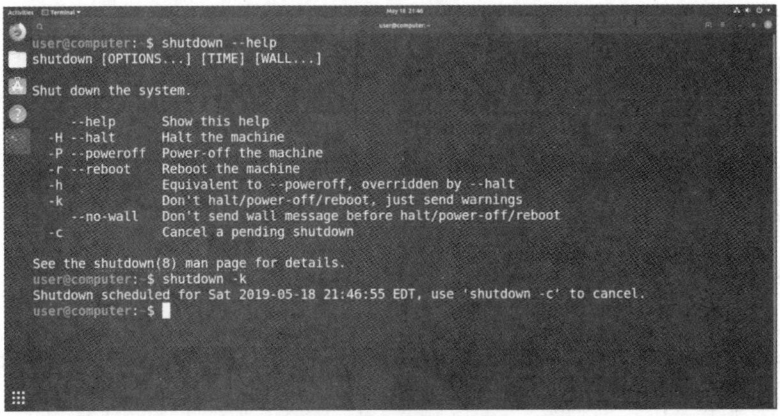

图 12-88　shutdown 命令

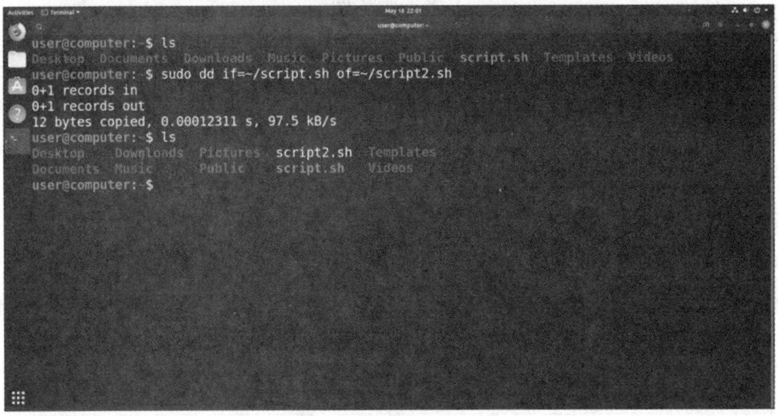

图 12-89　dd 命令

12.4　移动、Linux 和 macOS 操作系统基本故障排除过程

所有操作系统都容易出现错误、冻结或其他意外行为。对故障排除方法有基本认识很重要，这有

助于排除常见的操作系统故障。

12.4.1　移动、Linux 和 macOS 操作系统故障排除过程

本节概述准确地确定、修复和记录问题的步骤。

1.　故障排除过程中的 6 个步骤

故障排除过程包含 6 个步骤。

第 1 步：确定问题。

第 2 步：列出可能的原因。

第 3 步：逐个检查可能的原因，找出确切原因。

第 4 步：制订解决问题的行动计划并实施解决方案。

第 5 步：全面检查系统功能并在必要时采取预防措施。

第 6 步：记录问题、措施和结果。

2.　确定问题

排除移动设备故障时，请先确定设备是否还在保修期内。如果还在保修期内，通常可将其返还制造商进行维修或更换。如果设备不在保修期内，就需确定对其进行维修是否合适。要确定最佳方案，需要对维修费用和更换费用进行比较。

移动设备问题可能是硬件、软件和网络方面的原因共同作用的结果。要解决问题，技术人员必须能够分析问题，并找出导致问题的原因，这个过程被称为故障排除。

故障排除过程的第 1 步是确定问题。表 12-4 列出了可向客户提出的有关移动操作系统、Linux 和 macOS 的开放性问题和封闭性问题。

表 12-4　　　　　　　　　　　　　　　　　第 1 步：确定问题

开放性问题	封闭性问题
移动操作系统	
出现了什么问题？	这种问题以前出现过吗？
使用的是哪个版本的移动操作系统？	是否有其他人使用了该移动设备？
服务提供商是谁？	该移动设备还在保修期内吗？
最近安装了哪些应用	是否修改了移动设备上的操作系统？
	是否安装了来自未经批准的应用源的应用？
	该移动设备能否连接到 Internet
Linux 或 macOS	
出现了什么问题？	
该计算机是什么品牌和型号的？	这种问题以前出现过吗？
该计算机运行的是哪个版本的 Linux 或 macOS？	是否有其他人使用了该计算机？
最近安装了哪些程序或驱动程序？	该计算机还在保修期内吗？
最近完成了哪些操作系统更新？	该计算机能否连接到 Internet
最近修改了哪些系统配置	

3. 列出可能的原因

与客户交流后，可列出可能的原因。表 12-5 列出了一些导致移动、Linux 和 macOS 操作系统出现问题的常见原因。

表 12-5   第 2 步   列出可能的原因

导致移动操作系统出现问题的常见原因	导致 Linux 或 macOS 出现问题的常见原因
移动设备无法收发邮件。	计算机无法收发邮件。
应用程序停止工作。	应用程序停止工作。
加载了恶意应用。	安装了恶意应用程序。
移动设备没有反应。	计算机没有反应。
移动设备软件或应用不是最新的。	操作系统不是最新的。
用户忘记了密码	用户忘记了登录凭证

4. 逐个检查可能的原因，找出确切原因

列出可能的原因后，逐个检查以找出确切原因。找出确切原因后，就可确定解决问题的步骤。表 12-6 列出了一些简单措施，它们可帮助你确定导致问题的确切原因甚至解决问题。如果利用这些简单措施解决了问题，就可全面检查系统功能；如果未能解决问题，就需要进一步研究问题，找出确切原因。

表 12-6   第 3 步：逐个检查可能的原因，找出确切原因

找出导致移动操作系统出现问题的确切原因的常用措施	找出导致 Linux 或 macOS 出现问题的确切原因的常用措施
强行关闭正在运行的应用。	
重新配置邮件账户。	强行关闭正在运行的程序。
重启移动设备。	重新配置邮件账户。
使用备份还原移动设备。	重启计算机。
将 iOS 设备连接到 iTunes。	使用备份还原计算机。
更新操作系统。	更新计算机的操作系统
将移动设备重置为出厂默认设置	

5. 制订解决问题的行动计划并实施解决方案

找出导致问题的确切原因后，就可制订解决问题的行动计划并实施解决方案。如果没有找到原因，就需要进一步研究问题，表 12-7 列出了一些信息源，可从中收集解决问题所需的额外信息。

表 12-7   第 4 步：制订解决问题的行动计划并实施解决方案

	服务台维修日志。
	其他技术人员。
	制造商提供的常见问题解答。
如果前一步未能解决问题，需要利用这里的信息源做进一步研究，以寻找解决方案	技术网站。
	设备手册。
	在线论坛。
	互联网搜索

6. 全面检查系统功能并在必要时采取预防措施

解决问题后，全面检查系统功能并在必要时采取预防措施，表 12-8 列出了全面检查系统功能的步骤。

表 12-8　　　　　　　第 5 步：全面检查系统功能并在必要时采取预防措施

验证移动操作系统解决方案并全面检查系统功能	验证 Linux 和 macOS 解决方案并全面检查系统功能
重启移动设备。 使用 Wi-Fi 访问 Internet。 使用运营商网络访问 Internet。 拨打电话。 发送短信。 运行各种应用	重启计算机。 使用 Wi-Fi 访问 Internet。 使用有线连接访问 Internet。 发送测试邮件。 运行各种程序

7. 记录问题、措施和结果

故障排除过程的最后一步是记录问题、措施和结果，表 12-9 列出了为此必须完成的任务。

表 12-9　　　　　　　　　第 6 步：记录问题、措施和结果

记录问题、措施和结果	与客户讨论实施的解决方案。 让客户核实问题是否得到了解决。 将所有必要的文件交给客户。 在工单和技术人员日记中记录解决问题的步骤。 记录维修中使用的所有组件。 记录为解决问题花费了多长时间

12.4.2　移动、Linux 和 macOS 操作系统常见问题及其解决方案

要确定移动操作系统出现的问题并实施解决方案，必须熟悉移动操作系统的特点。本节介绍移动设备的常见问题及其解决方案。

1. 移动操作系统的常见问题及其解决方案

表 12-10 概述了移动操作系统的常见问题及其解决方案。

表 12-10　　　　　　　　移动操作系统的常见问题及其解决方案

常见问题	可能原因	可能的解决方案
移动设备无法连接到 Internet	Wi-Fi 已关闭	开启 Wi-Fi
	Wi-Fi 设置不正确	重新配置 Wi-Fi 设置
	开启了飞行模式	关闭飞行模式
应用没有反应	该应用运行不正常	强行关闭该应用
	该应用无法关闭	重启移动设备
	内存不足	重新安装应用

续表

常见问题	可能原因	可能的解决方案
应用没有反应	内存不足	如有可能，拆卸并重装电池
		重置移动设备
	移动设备存储空间不足	删除不必要的文件
		卸载不必要的应用
移动设备没有反应	操作系统出错	重启移动设备
	应用导致操作系统没有反应	如有可能，拆卸并重装电池
	移动设备内存不足	重置移动设备
		如有可能，插入新的存储卡或更换为容量更大的存储卡
	移动设备存储空间不足	删除不必要的文件
		卸载不必要的应用
移动设备无法收发邮件	移动设备未连接到 Internet	将设备连接到 Wi-Fi 或蜂窝数据网络
	邮件账户设置不正确	重新配置邮件账户设置
移动设备无法安装新应用或保存照片	移动设备存储空间不足	如有可能，插入新的存储卡或更换容量更大的存储卡
		删除不必要的文件
		卸载不必要的应用
移动设备无法与蓝牙设备连接或配对	移动设备未启用蓝牙	在移动设备上启用蓝牙
	蓝牙设备不在信号覆盖范围内	将蓝牙设备移到信号覆盖范围内
	蓝牙设备未开启	开启蓝牙设备
	PIN 不正确	输入正确的 PIN
移动设备显示屏不够亮	显示设置中的亮度设置得太低	在显示设置中调高亮度
	在光线充足的环境中，自动调整亮度功能的效果不佳	关闭自动调整亮度功能
	未正确地校准自动亮度	重新校准光传感器
移动设备无法投屏到外部显示器	没有无线投屏设备	安装无线投屏设备
	未启用 Miracast、Wi-Fi、AirPlay 等无线投屏功能	启用无线投屏功能
移动设备显得运行缓慢	正在运行 GPS 应用	禁用 GPS 或关闭 GPS 应用
	正在运行一个或多个 CPU 密集型应用	关闭所有不必要的应用
	移动设备内存不足	重启移动设备
移动设备无法解密邮件	未将邮件客户端配置成对邮件进行解密	配置邮件客户端，使其对加密邮件进行解密
	解密密钥不正确	从加密邮件发件人那里获取解密密钥
移动操作系统处于冻结状态	有应用与设备不兼容	卸载不兼容的应用
	网络连接不畅	将移动设备移到信号更强的地方
	设备硬件出现故障	更换出现了故障的硬件

续表

常见问题	可能原因	可能的解决方案
移动设备扬声器没有声音	音频设置或应用中的音量设置得太低	在音频设置或应用中调高音量
	被设置为静音	取消静音设置
	扬声器故障	更换扬声器
移动设备触摸屏反应不灵敏	在显示设置或应用中未校准触摸屏	在显示设置或应用中重新校准触摸屏
	触摸屏脏了	清洁触摸屏
	触摸屏因损坏或进水而短路了	更换触摸屏

2. 移动操作系统的常见安全问题及其解决方案

表 12-11 概述了移动操作系统的常见安全问题及其解决方案。

表 12-11　　　　　　　　移动操作系统的常见安全问题及其解决方案

常见安全问题	可能原因	可能的解决方案
移动设备信号弱或没有信号	当前位置的手机信号塔数量不足	将移动设备移到人口更多、信号塔更多的地方
	当前位置不在运营商网络覆盖区域内	将移动设备移到运营商网络信号覆盖范围内
	你所在的大楼挡住了信号	将移动设备移到大楼其他位置或室外
	握持移动设备手挡住了信号	调整握持移动设备的位置
移动设备的耗电速度比平常快	设备正在信号塔和覆盖区域之间漫游	将移动设备移到运营商网络信号覆盖区域内
	显示屏亮度设置得太高	降低显示屏亮度
	正在运行占用大量资源的应用	关闭所有不必要的应用
	使用的射频信号太多	关闭所有不必要的射频信号
		重启移动设备
移动设备的数据传输速度很慢	连接的信号塔距离太远，无法高速传输数据	将移动设备移到离信号塔更近的地方
	移动设备正在漫游	将移动设备移到运营商网络信号覆盖区域内
	数据传输量超过了上限	调高数据传输量上限
	移动设备资源使用率高企	让移动设备停止传输数据
		关闭所有不必要的应用
		重启移动设备
移动设备无意间连接到了 Wi-Fi	移动设备被设置成自动连接到未知 Wi-Fi 网络	设置移动设备，使其只连接到已知 Wi-Fi 网络
移动设备无意间与蓝牙设备配对	移动设备被设置成自动与未知设备配对	设置移动设备，使其默认不进行蓝牙配对
		关闭蓝牙
移动设备泄露了个人文件和数据	移动设备丢失或被盗	远程锁定或擦除设备
	移动设备遭到恶意软件入侵	在移动设备上扫描并清除恶意软件
移动设备账户被未经授权者访问	移动设备被设置成默认存储凭证	设置移动设备，使其默认不存储凭证
	未使用 VPN	使用 VPN 连接

常见安全问题	可能原因	可能的解决方案
移动设备账户被未经授权者访问	移动设备未设置密码	在移动设备上设置密码
	密码被人知道了	将密码修改为更复杂的
	移动设备遭到恶意软件入侵	在移动设备上扫描并清除恶意软件
	存储账户凭证的提供商数据库遭到入侵	要求提供商需要加强安全措施
应用在未经授权的情况下具备根用户权限	移动设备遭到恶意软件入侵	在移动设备上扫描并清除恶意软件
移动设备在未经允许的情况下被跟踪	开启了 GPS，但没有任何应用使用它	在不用时关闭 GPS
	有应用被允许使用 GPS	关闭或卸载所有被允许使用 GPS 的不必要应用
	移动设备遭到恶意软件入侵	在移动设备上扫描并清除恶意软件
移动设备的相机或麦克风在未经许可的情况下被访问	有应用被允许使用相机或麦克风	关闭或卸载所有被允许使用相机或麦克风的不必要应用
	移动设备遭到恶意软件入侵	在移动设备上扫描并清除恶意软件

3. Linux 和 macOS 操作系统的常见问题及其解决方案

表 12-12 概述了 Linux 和 macOS 操作系统的常见问题及其解决方案。

表 12-12　　　　Linux 和 macOS 操作系统的常见问题及其解决方案

常见问题	可能原因	可能的解决方案
未启动自动备份操作	在 macOS 中关闭了 Time Machine	在 macOS 中开启 Time Machine
	在 Linux 中关闭了 Déjà Dup	在 Linux 中开启 Déjà Dup
目录看起来是空的	该目录是另一个磁盘或分区的挂载点	在 macOS 中，使用 Disk Utility 将磁盘重新挂载到正确的目录
		在 Linux 中，使用 Disks 将磁盘挂载到正确的目录
	无意间删除了该目录中的文件	使用 Time Machine 或 Déjà Dup 从备份恢复删除的文件
	文件被隐藏	在文件浏览器中，选择复选框 "Show Hidden Files"（显示隐藏的文件）
macOS 应用程序没有反应	该应用程序停止工作了	使用 "Force Quit"（强行退出）终止该应用程序
	该应用程序正使用的资源不可用了	使用 "Force Quit"（强行退出）终止该应用程序
在 Ubuntu 系统中无法使用 Wi-Fi	未正确地安装无线网卡驱动程序	从制造商网站安装 Linux 驱动程序
		从 Ubuntu 仓库安装 Linux 驱动程序
		查看该 Linux 发行版的无线网卡硬件兼容性列表

续表

常见问题	可能原因	可能的解决方案
在 macOS 系统中无法使用 Remote Disc 读取远程光盘	当前 Mac 安装了光驱	将介质插入本地光驱
	启用了要求确认才能使用光驱的选项	确认要使用光驱
Linux 系统启动失败，并出现消息 "Missing GRUB"（缺失 GRUB）或 "Missing LILO"（缺失 LILO）	GRUB 或 LILO 损坏	从安装介质启动 Linux，打开一个终端，并使用 sudo grub-install 或 sudo lilo-install 命令安装引导管理器
	GRUB 或 LILO 已被删除	
Linux 或 macOS 启动失败，并在屏幕上显示内核严重错误消息	驱动程序损坏	从制造商网站更新所有的设备驱动程序
	硬件出现故障	更换出现故障的硬件

12.5 总结

通过阅读本章，你了解到与台式计算机和便携式计算机一样，移动设备也使用操作系统来与硬件交互以及运行软件。在移动操作系统中，常用的两种是 Android 和 iOS。你了解到，Android 是一种可定制的开源操作系统，而 iOS 是闭源的，未经 Apple 许可不能修改或重分发。这两种操作系统都使用应用来提供功能。

移动设备很容易丢失或被盗，因此作为 IT 专业人员，你必须熟悉移动安全功能，如屏幕锁定、生物特征身份验证、远程锁定与远程擦除以及升级和打补丁。你了解到，移动设备可通过面部识别、指纹、密码和滑动图案解锁；你还了解到，可对移动操作系统进行配置，使其在用户登录尝试失败次数过多时锁定设备，以挫败猜测密码的企图。另一项安全措施是，对于丢失或被盗的设备，可进行远程锁定和远程擦除，以防设备上的数据被人获取。

你还学习了 Linux 和 macOS 操作系统以及它们之间的不同之处。Linux 支持文件系统 ext3、ext4、FAT 和 NFS，而 macOS 支持文件系统 HFS 和 APFS；macOS 自带备份工具 Time Machine，而 Linux 没有内置备份工具。macOS 和 Linux 之间的另一个重要差别是，Linux GUI 可被用户轻松地替换。

最后，你学习了移动、Linux 和 macOS 操作系统故障排除过程包含的 6 个步骤。

12.6 复习题

请完成以下所有的复习题，检查你对本章介绍的主题和概念的理解程度，答案见附录。

1. Android 和 iOS 移动设备的哪个特点有助于防止恶意程序感染设备？（　　）

　　A. 手机运营商禁止移动设备应用访问智能手机的某些功能和程序

　　B. 密码让移动设备应用无法访问其他程序

　　C. 移动设备应用运行在沙箱内，从而将应用与其他资源隔离

　　D. 远程锁定功能可防止恶意程序感染设备

2. 下面哪些是 Android 操作系统的特点（双选）？（　　）

　　A. Android 是开源的，任何人都可为其发展和演变做贡献

B. Android 已被用于相机、智能电视、电子阅读器等设备

C. 所有 Android 应用都需经过 Google 测试和批准，才能在这款开源操作系统中运行

D. 每种 Andriod 实现都需向 Google 支付版权费

E. Android 应用只能从 Google Play 下载

3. 在 iOS 设备上，可使用 Home 按钮完成下面哪些任务（双选）？（　　）

A. 唤醒设备 B. 响应警报

C. 显示导览图标 D. 返回到主屏幕

E. 打开音频控件 F. 将应用放入文件夹

4. 下面哪些是供移动设备使用的云服务（双选）？（　　）

A. 定位器应用 B. 远程备份

C. 密码配置 D. 屏幕校准

E. 屏幕应用锁定

5. 有家公司正创建一个托管在 Linux 服务器上的新网站。系统管理员创建了 webteam 组，并将团队成员加入了其中；然后，该管理员创建了用于存储文件的网页目录，但不久后，有位团队成员报告说，无法在网页目录或其子目录中创建文件。该管理员使用命令 ls -l 查看文件权限，结果为 drwxr-xr-。为让团队成员能够添加和编辑文件，该管理员该如何做？（　　）

A. 将该团队成员加入 webteam 组

B. 执行命令 chmod 775 -R webteam

C. 执行命令 chmod 775 -R webpages

D. 让该团队成员成为网页目录及其子目录的所有者

6. 下面哪些术语指的是消除 Android 和 iOS 设备的限制，让用户对文件系统和内核模块有完全的访问权（双选）？（　　）

A. 打补丁 B. root

C. 远程擦除 D. 沙箱技术

E. 越狱

7. 用户同时按住 Android 设备的电源键和音量键将设备关闭，再启动设备。请问该用户对设备执行的是哪种操作？（　　）

A. 正常关机 B. 重置为出厂设置

C. 备份到 iCloud D. 标准的设备重置

E. 操作系统更新

8. 判断对错：Android 和 macOS 都基于 Unix 操作系统。（　　）

A. 对 B. 错

9. 下面哪些方法可用来解锁智能手机（三选）？（　　）

A. NFC B. 密码

C. 加密 D. 滑动图案

E. 二维码扫描 F. 生物特征信息

10. 在 Android 智能手机上，用户轻按"Recent Apps"（最近使用的应用）图标，会显示最近使用的应用列表。要将应用从该列表中删除，用户可如何做？（　　）

A. 上扫该应用 B. 双按该应用 C. 下扫该应用 D. 侧扫该应用

11. iOS 设备用户忘记解锁密码时该如何办？（　　）

A. 用户必须致电 Apple 以重置密码

B. 用户可通过 Apple 网站发出密码重置请求

C. 用户必须从保存在 iTunes 或 iCloud 的备份进行全面还原

D. 用户可使用网站 www.icloud.Com 上的 "Find My iPhone"（查找我的 iPhone）服务 重置密码

12. 下面哪个 Linux CLI 命令用于删除文件？（　　）

A. rm B. man
C. ls D. cd
E. mkdir F. moves

13. 在移动设备上，GPS 功能可提供下面哪些与位置相关的服务（双选）？（　　）

A. 播放本地歌曲 B. 投放地方性广告
C. 显示当地的天气信息 D. 规划两个地点之间的路线
E. 在行车期间显示目的地城市的地图

14. 在 Linux 服务器上，系统管理员使用命令 crontab 编辑表项时实际上是在做什么？（　　）

A. 编辑要在服务器启动时运行的外壳脚本
B. 在有新的 BIOS 更新时安装它
C. 指定一个要在特定时间和日期运行的任务
D. 在 Web 浏览器关闭后删除缓存和 cookies

15. 下面哪些预防性维护任务应通过调度使其自动执行（双选）？（　　）

A. 备份 B. 扫描病毒特征文件
C. 更新操作系统软件 D. 将设备重置为出厂设置
E. 检查磁盘坏扇区

第13章

安全

　　本章介绍让计算机及其所含数据安全的攻击类型。在组织中，计算机及其数据的安全由 IT 技术人员负责，为保护计算机及其数据，IT 技术人员必须知道物理设备（如服务器、交换机和布线）面临的威胁，还有数据面临的威胁，如未经授权的访问、盗窃和丢失）。

　　在本章中，你将学习计算机和网络面临的各种威胁，其中严峻、常见的是恶意软件。你将学习常见的计算机恶意软件类型（如病毒、木马、广告软件、勒索软件、rootkit、间谍软件和蠕虫）及其防范方法。你还将学习 TCP/IP 攻击，如 DoS、欺骗（Spoofing）、SYN 泛洪攻击和中间人攻击。网络犯罪分子经常利用社会工程攻击骗取机密信息或账户登录凭证，你将学习各种社会工程攻击（如网络钓鱼、假托、诱饵和垃圾搜寻）及其防范方法。

　　你还将学习安全策略的重要性；所谓安全策略，指的是一系列安全目标，旨在确保组织中网络、数据和计算机的安全。良好的安全策略做了如下方面的规定：哪些人被授权访问网络资源；密码必须满足的最低要求；可以通过什么样的方式使用网络资源；远程用户如何访问网络；如何处理安全事故。此外，你将学习基于主机的防火墙（如 Windows Defender），以及如何配置这种防火墙，以禁止或允许访问特定的程序或端口。

　　最后，你将学习安全故障排除过程包含的 6 个步骤。

13.1　安全威胁

　　本节介绍威胁着计算机及其数据的攻击类型。组织中计算机及其数据的安全由技术人员负责，你将学习如何与客户合作，确保客户采取了最佳的保护措施。

13.1.1　恶意软件

　　本节讨论各种恶意软件。恶意软件是一种统称，涵盖了各种可能破坏计算机系统和数据的软件。

1. 恶意软件简介

　　旨在破坏计算机和网络的威胁类型众多；计算机及其所含数据面临的严峻、常见的威胁是恶意软件。所谓恶意软件，指的是网络犯罪分子开发的，用于执行恶意行为的软件。

　　恶意软件通常在用户不知情的情况下被安装到计算机中。感染主机后，恶意软件便可能执行恶意行为。

- 修改计算机配置。

- 删除文件或损坏硬盘。
- 在未经用户同意的情况下收集计算机上存储的信息。
- 在计算机上打开额外的窗口或重定向浏览器。

恶意软件是如何进入计算机的呢？网络犯罪分子使用各种方法来感染主机，用户的系统在如下情况下将面临感染的风险。

- 访问已被感染的网站。
- 使用过期的防病毒软件。
- 使用未针对新漏洞打补丁的 Web 浏览器。
- 下载"免费"程序。
- 打开"不请自来"的邮件。
- 通过文件共享网站交换文件。
- 连接到已被感染的其他主机。
- 使用在公共领域发现的 U 盘。

网络犯罪分子根据要达成的目标使用不同类型的恶意软件，具体使用哪种恶意软件取决于要攻击的目标以及网络犯罪分子想要得到什么。

不合规系统和遗留系统特别容易受到漏洞利用攻击。所谓不合规系统，指的是操作系统不是最新的、未安装应用程序补丁或未安装防病毒和防火墙安全软件的系统；所谓遗留系统，指的是厂商不再提供支持或漏洞修复的系统。

2. 你对恶意软件了解多少

恶意软件类型众多，你必须知道七大类恶意软件：间谍软件、广告软件、rootkit、勒索软件、病毒、蠕虫和木马。请看下面的场景，并指出每个场景涉及的恶意软件类型。

（1）场景。

场景1：你刚下载并安装一款免费游戏，浏览器中就出现了新的"搜索"工具栏。

场景2：计算机启动后显示一个页面，指出你的文件已被加密，要解密硬盘，必须提供比特币。

场景3：网络犯罪分子在你的计算机上安装了很难检测到的恶意软件，已获取系统级权限，能够远程控制你的计算机。

场景4：每当你在计算机上访问安全网站时，有个程序会秘密地获取登录凭证，并将其发送给网络犯罪分子。

场景5：访问一个免费的游戏网站后，你的计算机显示一个弹出窗口，指出发现了多种病毒，要清除这些病毒，必须下载并运行一款免费的防病毒软件。你下载该软件并使用它扫描计算机，而它指出所有的病毒都已清除。然而，这款免费的防病毒软件安装了一个后门应用程序，让网络犯罪分子能够访问你的计算机。

场景6：你打开一个邮件附件后，计算机突然关闭了。你尝试重启计算机，但始终以失败告终。

场景7：公司网络突然变得非常慢且反应迟钝。

（2）答案。

场景1：广告软件。这种恶意软件可能使用 Web 浏览器弹出窗口或新的工具栏显示"不请自来"的广告，或者从网页重定向到其他网站。

场景2：勒索软件。这种恶意软件将目标计算机上的文件加密，并将支付"赎金"作为提供文件解密密钥的条件。

场景3：rootkit。网络犯罪分子使用这种恶意软件获取管理员权限，并远程控制目标计算机。

场景4：间谍软件。这种恶意软件像键盘记录器那样监视用户活动，并将相关的信息发送给网络犯罪分子。

场景5：木马。这种恶意软件混在合法软件中，在用户安装合法软件时被激活。

场景6：病毒。这种恶意软件需要用户采取合适的行动才能传播并感染其他主机。病毒力图复制自己并加以传播。

场景 7：蠕虫。这种恶意软件利用网络应用程序来消耗带宽、导致设备崩溃或安装其他恶意软件。

3. 恶意软件类型

恶意软件类型众多，详细情况如下所述。

（1）广告软件。

- 广告软件通常是通过在线软件下载进行分发的。
- 广告软件可能使用 Web 浏览器弹出窗口和新的工具栏显示"不请自来"的广告，或者从网页重定向到其他网站。
- 弹出窗口可能难以控制，因为弹出新窗口的速度可能高于用户关闭它们的速度。

（2）勒索软件。

- 勒索软件通常将文件加密，让用户无法访问它们，并显示一条消息，指出想要解密密钥就支付赎金。
- 如果用户没有最新的备份，就只能支付赎金以便解密其文件。
- 赎金通常是通过电汇或以支付加密数字货币（如比特币）的方式支付的。

（3）rootkit。

- 网络犯罪分子使用 rootkit 来获取计算机的管理员级访问权。
- rootkit 很难检测到，因为它能够修改防火墙、防病毒保护、文件系统甚至操作系统命令，从而将自己隐藏起来。
- rootkit 可向网络犯罪分子提供后门，让他们能够访问 PC、上传文件以及安装用于发起 DDoS 攻击的软件。
- 要清除 rootkit，必须使用 rootkit 专杀工具，或者重装整个系统。

（4）间谍软件。

- 间谍软件类似于广告软件，但用于在未经用户同意的情况下收集有关用户的信息，并将其发送给网络犯罪分子。
- 间谍软件带来的威胁可能不大（如只是收集有关浏览方面的信息），也可能很大（如收集个人信息和金融信息）。

（5）蠕虫。

- 蠕虫是一种自我复制程序，利用合法软件中的漏洞在没有用户配合的情况下自动传播。
- 蠕虫利用网络查找存在同样漏洞的受害者。
- 蠕虫的意图通常是使网络运行缓慢甚至停顿。

（6）病毒。

病毒是常见的计算机恶意软件，需要用户采取合适的行动才能传播并感染其他计算机。例如，受害者打开邮件附件、打开 U 盘中的文件或下载文件时，其计算机可能感染病毒。

病毒将自己隐藏在计算机代码、软件或文档中，用户打开计算机代码、软件或文档时，病毒将被执行并感染计算机。病毒感染主机可能出于如下目的。

- 修改、损坏或删除文件，或者擦除计算机驱动器的全部内容。
- 导致计算机出现启动问题以及损坏应用程序。
- 收集敏感信息并将其发送给攻击者。
- 通过访问并使用邮件账户进行传播。
- 潜伏下来，等待攻击者召唤。

现代病毒是出于特定恶意目的而开发的。表 13-1 列出了一些主要的病毒类型。

表 13-1　　　　　　　　　　　　　　　　　　病毒类型

病毒类型	描述
引导扇区病毒	攻击引导扇区、文件分区表或文件系统
固件病毒	攻击设备固件
宏病毒	恶意地利用 Microsoft Office 宏功能
程序病毒	将自己插入可执行的程序中
脚本病毒	攻击用于执行脚本的操作系统解释器

（7）木马。

网络犯罪分子还利用木马来攻击主机。所谓木马，指的是看似有用但携带恶意代码的程序。木马通常隐藏在免费在线程序（如计算机游戏）中，不知情的用户下载并安装游戏时，便同时安装了木马。

木马分多种类型，如表 13-2 所示。

表 13-2　　　　　　　　　　　　　　　　　　木马类型

木马类型	描述
远程访问木马	让人能够在未经授权的情况下远程访问计算机
数据发送木马	向攻击者提供敏感数据，如密码
破坏性木马	损坏或删除文件
代理木马	将受害者的计算机作为源设备来发起攻击或实施其他非法活动
FTP 木马	在终端设备上启用未经授权的文件传输服务
禁用安全软件的木马	让防病毒程序或防火墙停止运行
DoS 木马	导致网络活动减慢或停顿
键盘记录器木马	记录用户填写 Web 表单时的按键操作，力图窃取机密信息，如信用卡号

被网络犯罪分子利用的恶意软件不只病毒和特洛伊木马这两种，还有许多为特定目的而设计的其他类型的恶意软件。

要修复病毒引起的一些问题，可能需要使用 Windows 产品光盘启动计算机，然后使用 Windows 恢复控制台，以便在"干净"模式的命令环境中运行命令。恢复控制台能够执行一些功能，比如修复引导文件和写入新的主引导记录或卷引导记录。

13.1.2　防范恶意软件

必须对计算机系统和网络加以保护，以防被入侵。技术人员需要了解恶意软件、应采取的预防措施以及可用来防范攻击的技术。

1. 恶意软件防范程序

恶意软件是为侵犯隐私、盗取信息、破坏操作系统或让黑客能够控制计算机等而设计的。务必使用声誉良好的防病毒软件对计算机和移动设备加以保护，这很重要。

为消除恶意软件，可采取下面的包含 7 步的最佳实践规程。

第 1 步：识别和研究恶意软件症状。

第 2 步：隔离被感染的系统。

第 3 步：禁用系统还原（在 Windows 中）。

第 4 步：修复被感染的系统。

第 5 步：定期扫描并运行更新。

第 6 步：启用系统还原并创建还原点（在 Windows 中）。

第 7 步：教育最终用户。

防病毒程序通常被称为恶意软件防范程序，因为这种程序大都同时能够检测并防范木马、rootkit、勒索软件、间谍软件、键盘记录器和广告软件，如图 13-1 所示。

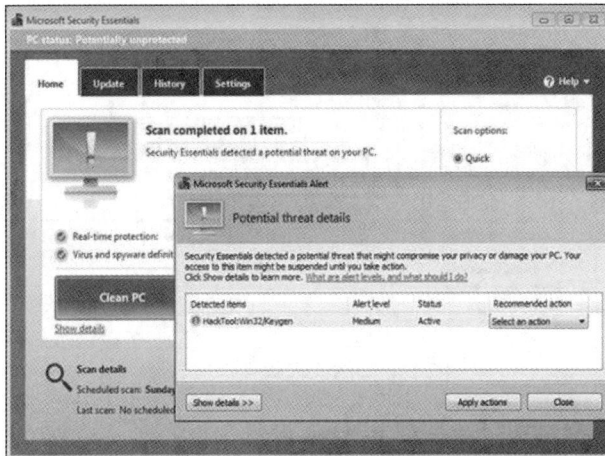

图 13-1　恶意软件防范程序

恶意软件防范程序是抵御恶意软件的最佳防线，因为它们会根据已知恶意软件特征码数据库不断地查找已知模式。它们还可能使用启发式恶意软件识别技术，这种技术能够检测与某种恶意软件相关联的行为。

恶意软件防范程序在计算机启动时启动，并对系统资源、驱动器和内存进行检测，查看其中是否存在恶意软件，然后持续地在后台运行，不断扫描恶意软件特征码。检测到恶意软件后，恶意软件防范程序显示类似于图 13-1 所示的警告。它还可能自动隔离或删除恶意软件，是否会这样做取决于其设置。

很多知名组织，如 McAfee、Symantec（Norton）、Kaspersky、Trend Micro 和 Bitdefender，都提供用于 Windows、Linux 和 macOS 的恶意软件防范程序。

注　意　同时使用多种恶意软件防范解决方案可能给计算机性能带来负面影响。

邮件是常见的恶意软件传播途径；邮件过滤器是抵御邮件威胁（如垃圾邮件、病毒和其他恶意软件）的一道防线，它在邮件进入用户收件箱之前对其进行过滤。恶意软件防范程序可在用户打开邮件附件前对其进行扫描。

大多数邮件应用程序都提供邮件过滤功能，也可在组织的邮件网关上安装该功能。除检测并过滤垃圾邮件外，邮件过滤器还让用户能够创建黑名单（其中包含已知的垃圾邮件发送域）和白名单（其中包含可信或安全的域）。

恶意软件还可通过安装的应用程序进行传播：安装来源不可信的软件可能导致恶意软件（如木马）

的传播。为降低这种风险，厂商利用各种方法来限制用户安装不可信软件。为防止用户安装不可信软件，Windows 使用了管理员账户和标准用户账户等概念，还实现了 UAC 和系统策略。

在 Internet 上"冲浪"时，谨防伪装成反病毒软件的恶意产品。这种产品可能显示类似于 Windows 警告窗口的广告或弹出窗口（见图 13-2），并宣称计算机感染了病毒，必须加以清除。只要用户在这种窗口中单击，就会开始下载并安装恶意软件。

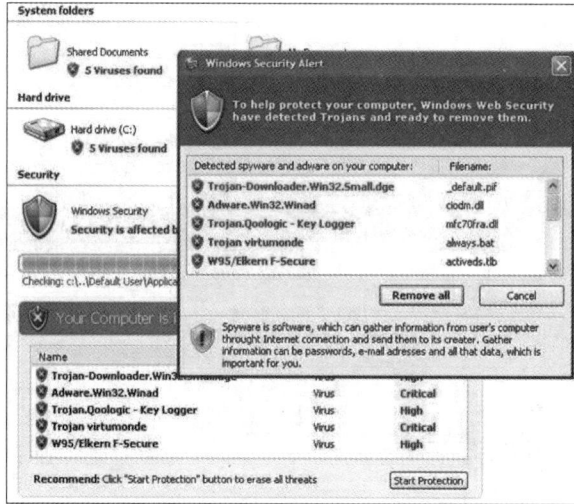

图 13-2　防病毒软件伪装者

出现可疑的警告窗口时，千万不要单击。相反，请关闭选项卡或浏览器，看看警告窗口是否消失。如果无法关闭选项卡或浏览器，就按 Alt + F4 组合键关闭窗口，或者使用任务管理器终止程序。如果警告窗口没有消失，就使用声誉良好的防病毒程序或广告软件防范程序对计算机进行扫描，确保计算机不受感染。

在 Linux 中，用户试图安装不可信的软件时，系统会加以提醒。软件使用加密私钥进行了签名，并且需要使用相应的公钥才能安装软件。

为防止用户安装不可信的软件，移动操作系统厂商采用围墙花园模型。在这种模型中，应用是通过获得批准的应用商店（如 Apple App Store 或 Microsoft Windows Store）分发的。

2. 更新特征码文件

新的恶意软件层出不穷，因此恶意软件防范程序必须定期更新。通常，恶意软件防范程序会自动启动更新过程，但技术人员必须知道如何手动更新恶意软件防范程序的特征码文件。

要手动更新特征码文件，推荐采取如下步骤。

第 1 步：创建一个还原点，以防加载的文件损坏。创建还原点让你能够使其恢复到以前的状态。

第 2 步：打开恶意软件防范程序。如果该程序被设置成自动执行或自动获取更新，可能需要关闭自动功能，以便能够手动执行这些步骤。

第 3 步：单击"Update"（更新）按钮。

第 4 步：程序更新后，使用它来扫描计算机，再查看是否存在病毒或其他问题的报告。

第 5 步：设置恶意软件防范程序，使其自动更新特征码文件并定期地扫描计算机。

务必从制造商网站下载特征码文件，确保更新是真实的，而不是经过恶意软件篡改的。在新的恶意软件出现时，这可能给制造商网站带来沉重的负担。为避免过多的流量涌向同一个网站，有些制造商会将特征码文件放在多个网站上，这些网站被称为镜像网站。

警 告 从镜像网站下载特征码文件时，务必确保镜像网站是合法的。务必从制造商网站链接到镜像网站。

---

3. 修复被感染的系统

发现计算机受到感染时，恶意软件防范程序会将威胁清除或隔离，但计算机很可能依然面临风险。

在家庭计算机上发现恶意软件时，务必更新恶意软件防范程序，并对所有存储介质进行全面扫描。可设置恶意软件防范程序，使其在系统加载 Windows 前运行，这让它能够访问磁盘的所有区域，而不受操作系统和任何恶意软件的影响。

在企业计算机上发现恶意软件时，务必将计算机与网络断开，以防其他计算机被感染，为此可拔掉计算机的所有网络电缆，并禁用所有的无线连接。接下来，遵照现行的事故响应策略行事，这可能包括通知IT人员、将日志文件保存到可移动介质中或关闭计算机。

要清除恶意软件，可能需要在安全模式下重启计算机，这样可避免加载大多数驱动程序。为消除有些恶意软件，可能需要使用防恶意软件厂商提供的专用工具；在这种情况下，务必从合法网站下载这种工具。

为应对特别顽固的恶意软件，可能需要与专家联系，确保将其从计算机中完全清除了。如果无法确保这一点，就可能需要重新格式化硬盘、重装操作系统并从最新的备份恢复数据。

在操作系统还原服务生成的还原点中，可能包含受到感染的文件，因此将计算机中所有的恶意软件都清除后，应删除系统还原文件，如图 13-3 所示。

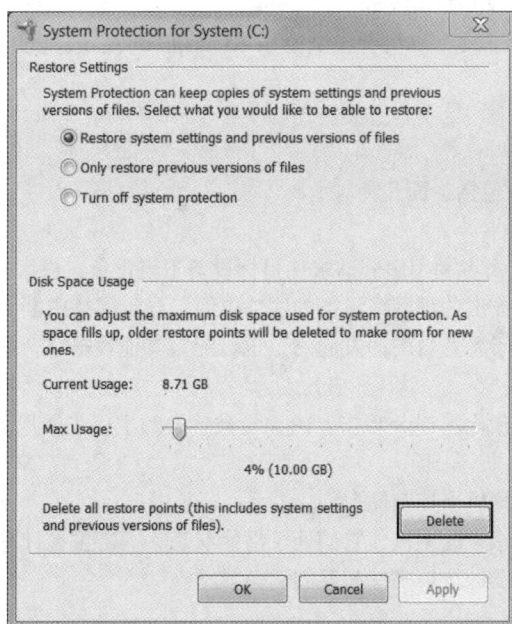

图 13-3　删除系统还原文件

修复计算机后，可能需要修复恶意软件造成的一些问题。为此，可能必须使用 Windows 安装介质启动计算机，并使用 Windows 恢复控制台（Recovery Console）在"干净"的环境中执行命令。恢复控制台可用于执行诸如修复引导文件、写入新的主引导记录或卷引导记录等功能。

13.1.3　网络攻击

网络攻击有不同的形式和不同的阶段，但有一个共同之处，那就是网络攻击是对网络基础设施发起的攻击，旨在破坏或中断网络系统，以及在未经授权的情况下访问数据和系统。

1. 作为攻击目标的网络

为控制 Internet 上的通信，网络使用 TCP/IP 协议簇。TCP/IP 协议簇是事实上的标准协议簇，被广泛使用，但存在一些已知漏洞，这让使用它的网络成了攻击者的主要目标。

攻击者寻找 TCP/IP 漏洞，并利用它们来攻击网络，使网络或其设备响应缓慢，或者让攻击者能够访问网络内部资源。在 TCP/IP 协议簇中，很多协议都以明文方式传输信息，这让它们很容易遭受各种攻击。

攻击者通常对目标网络进行侦察。侦察也被称为足迹探测，是攻击者力图尽可能多地了解目标网络的一个攻击阶段。为完成踩点，攻击者可能采取如下步骤。

第 1 步：搜集有关目标的信息。攻击者使用各种工具（如 Google 搜索、目标组织的网站、whois 等）在网上搜索有关目标的信息。

第 2 步：对目标网络发起 ping 扫描。攻击者对获悉目标的公有网络地址发起 ping 扫描，确定哪些 IP 地址处于活动状态。

第 3 步：发起活动 IP 地址端口扫描。攻击者使用诸如 Nmap、SuperScan 等工具确定活动端口上有哪些服务。

第 4 步：运行漏洞扫描程序。攻击者运行 Nipper、Secuna PSI 等漏洞扫描程序，确定目标主机上运行的应用程序和操作系统的类型和版本。

第 5 步：运行漏洞利用工具。攻击者尝试使用 Metasploit、Core Impact 等工具发现易受攻击的服务。

2. TCP/IP 攻击类型

TCP/IP 攻击类型众多，包括下面几种。

（1）DoS 攻击。

- 在 DoS 攻击中，攻击者利用虚假请求让目标设备不堪重负，进而拒绝为合法用户提供服务。
- 攻击者可能切断或拔出关键网络设备的网络电缆，导致网络中断。
- DoS 攻击可能是出于恶意目的而发起的，也可能与其他攻击结合起来使用。

（2）DDoS 攻击。

- DDoS 攻击是一种增强型 DoS 攻击，由大量被感染的主机（僵尸）发起，导致目标网络不堪重负。
- 攻击者使用主控计算机来控制僵尸。
- 僵尸网络是一大群感染的主机，它们处于潜伏状态，等待主控计算机发出指令。
- 僵尸网络还可用来发送垃圾邮件和发起钓鱼攻击。

（3）DNS 投毒攻击。

- 在 DNS 投毒攻击中，攻击者通过感染主机，使其接受指向恶意服务器的伪造 DNS 记录。
- 通过将流量引向这些恶意服务器来收集机密信息。
- 攻击者从恶意服务器处获取机密信息。

（4）MITM 攻击。

- 在 TCP/IP MITM 中，攻击者拦截主机之间的通信。

- 如果得逞，攻击者就可获取数据包并查看其内容、操纵数据包等。
- 可通过 ARP 投毒欺骗攻击来实现 MITM 攻击。

（5）重放攻击。

- 重放攻击是一种欺骗攻击，攻击者拦截并篡改已通过身份验证的数据包，并将其发送到原来的目的地。
- 旨在让目标主机认为篡改后的数据包是真实的。

（6）欺骗攻击。

在 TCP/IP 欺骗攻击中，攻击者伪造 IP 地址。例如，攻击者可能伪造受信任的主机的 IP 地址，以便获取资源访问权。

（7）SYN 泛洪攻击。

- SYN 泛洪攻击是一种 DoS 攻击，利用 TCP 三次握手存在的漏洞。
- 攻击者不断向目标主机发送伪造的 SYN 请求。
- 目标主机最终不堪重负，无法处理合法的 SYN 请求，从而实现 DoS 攻击效果。

3. 零日攻击

下面两个术语常用来描述威胁出现的时间。

- **零日**：有时也被称为零日攻击、零日威胁或零日漏洞利用，指的是厂商发现未知漏洞的那一天。该术语是衡量厂商在多长时间内消除了漏洞的参考点。
- **零时**：发现漏洞的那一刻。

从零日开始到厂商找到修复漏洞的解决方案前，网络处于易受到攻击的状态。

在图 13-4 所示的示例中，软件厂商发现了新的漏洞，在消除该漏洞的补丁出现前，软件将可被用来发起攻击。请注意，在这个示例中，多天后厂商才推出一些用于缓解攻击的补丁。

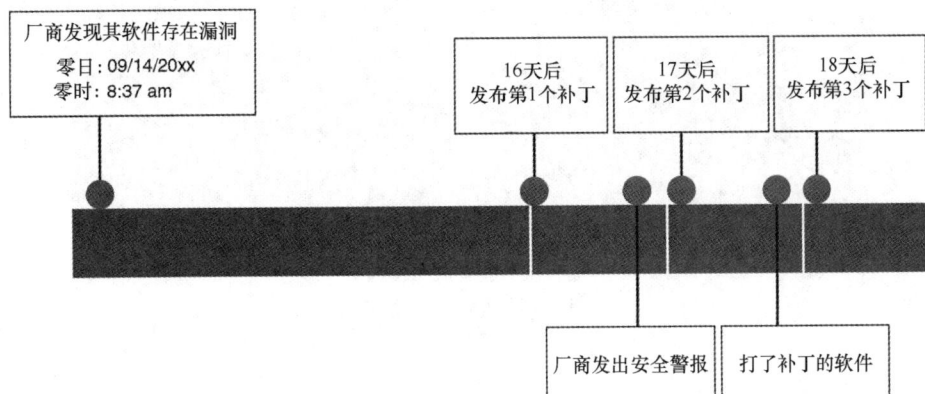

图 13-4　缓解零日攻击

接下来讨论如何保护网络，使其免受威胁和零日攻击。

4. 防范网络攻击

很多网络攻击都变化迅速，因此网络安全专业人员必须对网络架构有深入的认识。没有任何一种解决方案能够防范所有的 TCP/IP 攻击和零日攻击。

为确保安全，一种办法是采取纵深防御方法（也被称为分层防御方法），这要求网络设备和服务协同工作。

如图 13-5 所示，可使用多种安全设备和服务来保护用户和资产，使其免受 TCP/IP 威胁。

- **VPN**：可使用路由器来提供安全的 VPN 服务，让远程场点和远程用户能够使用经过加密的安全隧道远程访问公司网络。
- **ASA 防火墙**：提供有状态的防火墙服务，确保内部流量能够外出且响应流量能够进入，但无法从外部连接到内部主机。
- **IPS**：监视着出入的流量，检查其中是否有恶意软件、网络攻击特征码等。如果发现威胁，可立即采取措施，禁止流量通过。
- **AAA 服务器**：包含一个安全数据库，其中列出了被授权访问和管理网络设备的用户。网络设备使用这个数据库来验证管理型用户的身份。
- **邮件安全设备（ESA）和 Web 安全设备（WSA）**：ESA 过滤垃圾邮件和可疑邮件，WSA 过滤已知和可疑的 Internet 恶意网站。

还可加固包括路由器和交换机在内的所有网络设备，以防攻击者破坏它们。

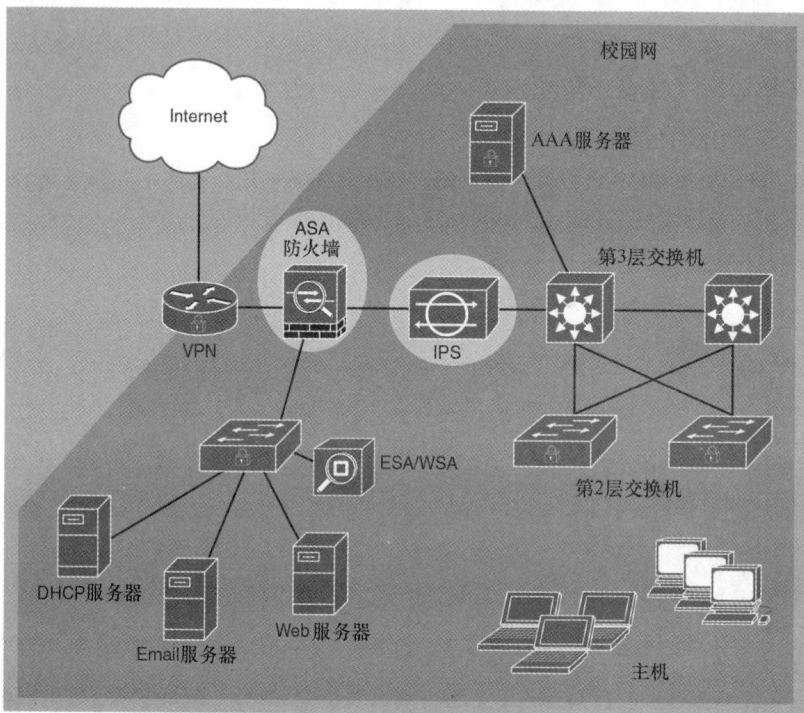

图 13-5　防范网络攻击

13.1.4　社会工程攻击

社会工程攻击是通过人际交往达成恶意目标的活动。这是一门获取信任和说服人的艺术，让人在不知不觉间泄露可用来发起安全攻击的信息。社会工程攻击正是以这样的方式发起的。利用人性的弱点而非技术手段，常常能够成功地规避安全障碍。

1. 社会工程攻击简介

为保护网络主机，组织通常会部署网络安全解决方案，并为主机部署恶意软件防范解决方案。与此同时，组织还需考虑最薄弱的"环节"——用户。

对配置良好、保护措施完善的网络来说，最大的威胁可能就是社会工程攻击。网络犯罪分子利用社会工程攻击欺骗没有戒备心的目标，让他们泄露机密信息或违反安全策略（以达到窃取信息的目的）。社会工程攻击是一种访问攻击（Access Attack），试图通过欺骗目标采取特定的行动或泄露机密信息。

社会工程攻击者利用了人性的弱点，常常依赖于人类乐于助人的本性。

注 意 社会工程攻击通常与其他网络攻击结合起来使用。

---

2. 你对社会工程攻击了解多少

社会工程攻击方法众多，包括假冒、诱饵、假托、垃圾搜寻、网络钓鱼、垃圾邮件、肩窥、尾随、鱼叉式网络钓鱼和互惠互利。请看下面的场景，看看每个场景都涉及哪种社会工程攻击。

（1）场景。

场景 1：你在停车场发现一个 U 盘，并将其插入便携式计算机，却在不知不觉间安装了恶意软件。

场景 2：攻击者在垃圾桶中搜寻，找到了最近淘汰的设备的配置文件硬拷贝。

场景 3：有人自称是供暖和通风承包商的员工，询问能否让他进入受保护的区域。

场景 4：你收到号称来自银行的邮件，说你的账户被攻陷，需要单击邮件中的链接来修复问题。如果你单击该链接，便会在设备上安装恶意软件。

场景 5：号称银行的人给你打电话，说你的账户被攻陷，并让你确认身份，方法是提供个人和金融数据。

场景 6：主管输入登录凭证时，你注意到有位同事有意识地越过其肩膀偷看。

场景 7：你收到一份通过电子邮件发送的调查问卷，声称只要提供个人身份信息，就可免费获得一件超酷的 T 恤。

场景 8：攻击者随机地向大量人员发送包含有害链接、恶意软件和欺骗性内容的邮件。

场景 9：攻击者开发了一种专门为某大型组织的首席执行官量身定做的钓鱼攻击。

场景 10：素未谋面者跟随你进入受保护的大楼入口，并声称忘带安全工卡了。

（2）答案。

场景 1：诱饵。在这种社会工程攻击方法中，攻击者将感染了恶意软件的闪存放在公共场所（如公司洗手间），指望有人发现并将其插入公司的便携式计算机，从而在该计算机上安装恶意软件。

场景 2：垃圾搜寻。在这种社会工程攻击方法中，攻击者在垃圾桶中翻寻，希望能够找到机密文档或废弃的存储介质。

场景 3：假冒。在这种社会工程攻击方法中，攻击者假冒他人（如新员工、同事或者厂商/合作伙伴的员工），以此来获得受害者的信任。

场景 4：网络钓鱼。在这种社会工程攻击方法中，攻击者发送声称来自合法而可信的来源的伪造邮件，欺骗收件人安装恶意软件或提供个人或金融信息。

场景 5：假托。在这种社会工程攻击方法中，攻击者声称需要与之交流者的个人或金融信息，以便能够确认对方的身份。

场景 6：肩窥。在这种社会工程攻击方法中，攻击者越过受害者的肩膀偷窥，以窃取密码。

场景 7：互惠互利（也被称为交换条件）。在这种社会工程攻击方法中，攻击者以某种物品（如礼物）为诱饵换取受害者的个人信息。

场景 8：垃圾邮件。在这种社会工程攻击方法中，攻击者向数千乃至数百万人发送不请自来的邮件，企图欺骗收件人单击受到感染的链接或下载受到感染的文件。

场景 9：鱼叉式网络钓鱼。这是一种专门针对特定的人员（如首席执行官）或组织的网络钓鱼攻击。

场景 10：尾随。这种社会工程攻击方法也被称为捎带，攻击者利用这种方法进入受保护的区域。

3. 社会工程攻击方法

社会工程攻击多种多样，有些是以面对面的方式实施的，有些是通过电话或网络实施的。例如，黑客可能致电某位获得授权的员工，声称出现了紧急问题，需要立刻访问网络。黑客能够利用员工的虚荣心、借权威之名施压或利用员工的贪婪。

下面是常见的社会工程攻击方法。

- **假托**：攻击者假称需要个人或金融信息，以便确认对方的身份。
- **网络钓鱼**：攻击者发送伪造的邮件（伪装成来自合法、可信的来源），欺骗收件人在其设备上安装恶意软件或者提供个人或金融信息（如银行账号和 PIN）。
- **鱼叉式网络钓鱼**：攻击者专门为特定个人或组织量身打造的网络钓鱼攻击。
- **垃圾邮件**：这种不请自来的邮件常常包含有害链接、恶意软件或欺骗性内容。
- **互惠互利**：这种攻击也被称为交换条件，攻击者以某种物品（如礼物）为诱饵，要求提供个人信息。
- **诱饵**：攻击者将感染了恶意软件的闪存留在公共场所（如公司洗手间），受害者发现后将其插入便携式计算机，在无意间安装了恶意软件。
- **假冒**：在这种攻击中，攻击者冒充他人（如新员工、同事或者厂商或合作伙伴的员工），以此获取受害者的信任。
- **尾随**：这是一种面对面的攻击，攻击者紧跟在获得授权者的身后，以便能够进入受保护的区域。
- **肩窥**：这是一种面对面的攻击，攻击者有意识地越过人的肩膀进行窥视，试图窃取密码或其他信息。
- **垃圾搜寻**：这是一种面对面的攻击，攻击者在垃圾桶中翻寻，试图找到机密文档。

4. 防范社会工程攻击

企业必须对用户展开社会工程风险方面的培训，并制定有关通过电话、邮件或面对面的方式与人交流时，该如何验证对方身份的策略。

所有用户都必须遵循如下推荐的做法。

- 切勿向任何人提供用户名和密码等凭证。
- 切勿将用户名和密码等凭证留在很容易找到的地方。
- 切勿打开来自不可信来源的邮件。
- 切勿在社交媒体网站上发布与工作相关的信息。
- 切勿在其他地方使用与工作相关的密码。
- 离开计算机时务必锁定或注销。
- 务必举报形迹可疑之人。
- 务必按照组织制定的策略销毁机密信息。

13.2 安全规程

安全规程是建立在安全策略的基础之上的，包含实施安全策略指定的安全规则时，必须遵循的详细说明和步骤。

13.2.1 安全策略

安全策略类似于公司安全计划蓝图，概述了高层管理人员制定的安全目的、目标和规则。该计划旨在确定公司的安全方针和态度。

1. 何为安全策略

安全策略是一组安全目标，旨在确保组织中网络、数据和计算机的安全性。安全策略随技术、业务和员工需求的变化而不断发展变化。

安全策略通常由管理人员和 IT 人员组成的委员会制定，并涵盖如下方面。

- 哪些资产需要保护？
- 可能存在的威胁有哪些？
- 出现安全事故时如何处理？
- 需要向最终用户提供哪些培训？

另外，安全策略还应包含与组织运营相关的内容。IT 人员负责在网络中实施安全策略规范，例如，要在 Windows 主机上实施推荐的做法，IT 人员可使用"本地安全策略"（Local Security Policy）功能。

2. 安全策略类别

安全策略包含如下典型内容。

- **身份和身份验证策略**：指出哪些人员被授权访问网络资源，并概述身份验证过程。
- **密码策略**：指出密码必须满足的最低要求，并要求定期更改密码。
- **可接受的使用方式策略**：指出对组织来说，以什么样的方式使用网络资源是可接受的。还可能指出什么样的使用方式有悖公司安全策略。
- **远程访问策略**：指出远程用户如何访问网络以及通过远程连接可访问哪些资源。
- **网络维护策略**：包含网络设备操作系统和最终用户应用程序更新规程。
- **事故处理策略**：描述出现安全事故时该如何处理。

3. 保护设备和数据

安全策略旨在确保网络环境安全和保护资产，而组织的资产包括数据、员工和物理设备（如计算机和网络设备）。

安全策略应指出可使用哪些硬件和设备来防范盗窃、蓄意破坏和数据丢失。

13.2.2 保护物理设备

本节讨论信息系统安全中一个经常被忽视的方面：物理安全。物理安全是安全计划的重要组成部分，是其他所有安全努力取得成效的基石，包括人员安全、大楼安全和设备安全。

1. 物理安全

物理安全与数据安全同等重要，例如，如果计算机被人拿走，可能会导致数据被盗乃至丢失。

物理安全涉及如下方面。

- 进入组织营业场所。
- 进入限制区域。

■ 计算和网络基础设施。

要实施的物理安全程度因组织而异，因为物理安全需求因组织而异。例如，请想想数据中心、机场和军事单位如何确保安全。这些组织采取边界安全措施，包括有保安人员值守的围栏、门岗和检查点。对于办公大楼和限制区域的入口，采取一种或多种锁定装置加以保护；建筑内的大门通常使用自闭和自锁机制。采用的锁定装置因要求的安全级别而异。来宾要进入建筑大楼，可能只能经由有安保人员把守的安检口，安保人员可能对来宾及其携带的物品进行扫描，还可能要求来宾出入时在访客登记簿上签名。

安全要求较高的组织要求全体员工佩戴贴有照片的身份识别卡，这种身份识别卡可能是智能卡，包含进入限制区域所需的用户信息和安全许可证。如果有更高的安全要求，可使用 RFID 身份识别卡和读卡器，以监控人员所处的位置。

2. 安全锁类型

安全锁类型众多，包括如下类型。

■ **传统锁**：与门把手是一体的，通常插入钥匙来开锁，如图 13-6 所示。
■ **防盗插销锁**：这种锁独立于门把手，也通过插入钥匙来开锁，如图 13-7 所示。

图 13-6　传统锁　　　　　　　　　　　　　图 13-7　防盗插销锁

■ **电子锁**：通过使用键盘输入复合密码或 PIN 来开锁，如图 13-8 所示。
■ **令牌锁**：通过刷安保卡或使用近距离阅读器检测智能卡或无线钥匙扣来开锁，如图 13-9 所示。

 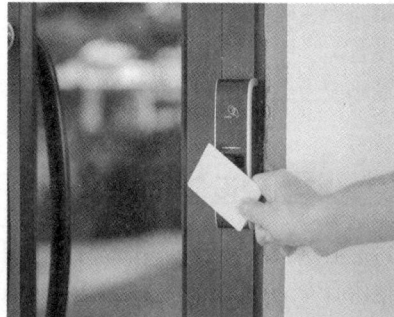

图 13-8　电子锁　　　　　　　　　　　　　图 13-9　令牌锁

■ **生物特征锁**：使用生物特征扫描仪（如指纹阅读器）来开锁，如图 13-10 所示。其他生物特征扫描仪包括声纹扫描仪和视网膜扫描仪。
■ **多因子锁**：结合使用多种机制。例如，用户必须输入 PIN 并验证指纹才能开锁，如图 13-11 所示。

图 13-10　生物特征锁

图 13-11　多因子锁

3. 陷阱

在安全要求很高的环境中，常常使用陷阱来限制进入限制区域以及防范尾随。陷阱是有两扇门的小房间，仅当其中一扇门关闭后才能打开另一扇门。

通常，用户可通过解锁一扇门进入陷阱。用户进入陷阱后，这扇门将立即关闭，此时用户必须解锁第二扇门，以便进入限制区域。

图 13-12 说明了如何使用陷阱来限制人员进入限制区域。

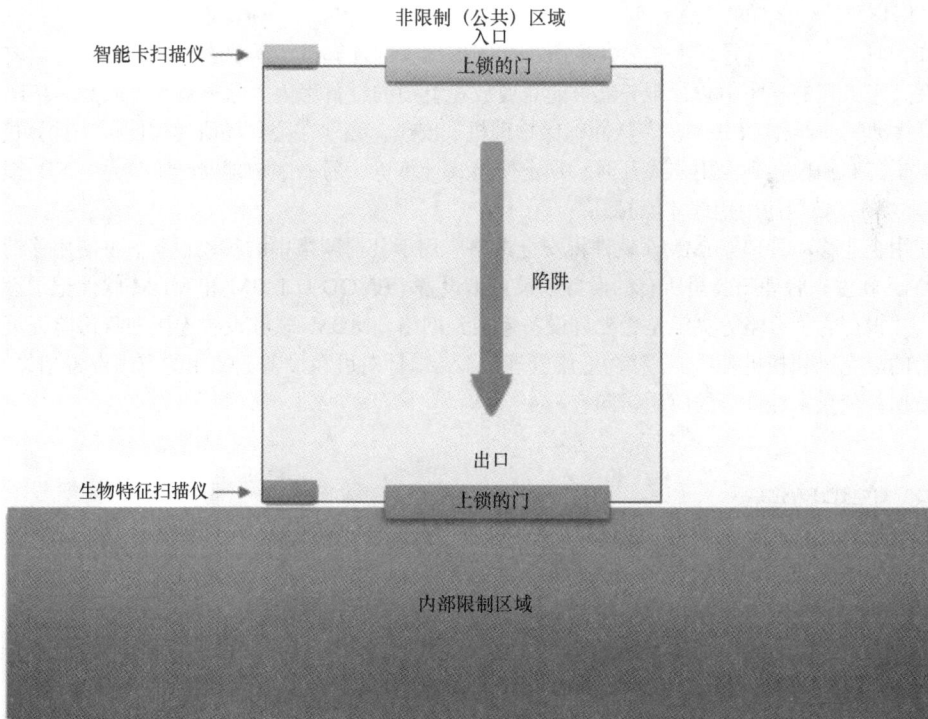

图 13-12　陷阱

如图 13-12 所示，人员必须使用智能卡打开通往陷阱的门，以便人员进入陷阱。人员进入陷阱后，这扇门将关闭并加锁；此时必须使用生物特征验证打开第二扇门：通过验证指纹将通往内部限制区域的这扇门打开。

4. 保护计算机和网络硬件

组织必须对其计算机和网络基础设施加以保护，包括布线、电信设备和网络设备。

要在物理上保护计算机和网络基础设施，有多种方法。

- 使用安装了运动检测和监视软件的网络摄像头。
- 安装由运动检测传感器触发的物理警报器。
- 在设备上安装 RFID 传感器。
- 将设备放在加锁柜子或安全货笼中。
- 使用安全螺丝固定设备。
- 给通信机房加锁。
- 给设备加上钢缆锁。

网络设备必须安装在受保护的区域内。另外，所有布线都必须封闭在导管或墙体内，以防未经授权的接入或破坏。导管是一种保护壳，可防止基础设施介质受损或未经授权的接入。

为防止未经授权者接触到交换机端口和交换机硬件，组织可使用安全服务器机房和加锁的硬件机柜。为防止有人将未经授权的客户端设备连接到交换机端口，组织应使用交换机管理软件禁用交换机端口。

在保护设备和数据方面，什么样的安全设备最有效呢？这取决于如下因素。

- 设备的使用方式。
- 计算机设备所在的位置。
- 用户要以什么样的方式访问数据。

例如，对于位于人流量较大的公共场所（如图书馆）的计算机，需要额外保护，以防被盗或蓄意破坏；在人来人往的呼叫中心，服务器可能需要放在上锁的设备房内。服务器锁可限制人接触到电源开关、可移动驱动器和 USB 端口，从而确保物理机架安全。必须在公共场所使用便携式计算机时，使用安全电子狗和钥匙扣确保用户离开时，锁定便携式计算机。另一个物理安全工具是 USB 锁，它给 USB 端口加锁，必须使用钥匙才能打开。

可使用企业移动管理（EMM）软件将安全策略应用于公司网络中的移动设备。可使用移动设备管理（MDM）软件来管理归公司所有的设备以及自带设备（BYOD）。EMM 和 MDM 软件记录设备的使用情况，并根据管理策略等决定是否允许设备连接到网络。MDM 软件设置连接和身份验证策略，并使用设备的麦克风和相机等功能。移动应用管理（MAM）针对可在设备上使用的应用设置相关的策略，以保护数据，禁止未经许可的应用访问它。

13.2.3 保护数据

信息安全的最重要目标之一是保护数据。对于存储、处理和传输的数据，务必加以保护，这至关重要。程序损坏后可以重新安装，但用户数据是独一无二的，不可替代。

1. 数据——最重要的资产之一

数据很可能是组织最有价值的资产之一；组织的数据包括研发数据、销售数据、财务数据、人力资源与法务数据、员工数据、承包商数据和客户数据。

数据可能因盗窃、设备故障或灾难而丢失或损坏。术语“数据丢失”和“数据泄露”指的是数据因有意或无意而丢失、被盗或向外泄露。

数据丢失可能在多个方面给组织带来负面影响。

- 品牌形象受损和声誉下降。

- 失去竞争优势。
- 客户流失。
- 收入损失。
- 导致罚款和民事处罚的法律诉讼。
- 为通知受影响的各方而耗费巨大的财力和物力。
- 为从安全事故恢复而耗费巨大的财力和物力。

无论在什么情况下，丢失数据都可能给组织造成不利甚至灾难性影响。

要保护数据以防丢失，可采用数据备份、文件与文件夹加密以及文件与文件夹权限等方法。

数据丢失防范（DLP）指的是防止数据丢失或泄露的过程。DLP 软件使用字典数据库或算法来识别机密数据，进而禁止以不符合预定策略的方式将其传输到可移动介质或通过电子邮件发送。

2. 数据备份

数据备份是防止数据丢失的最有效方式之一。所谓数据备份，指的是将计算机上的数据复制到可移动的备份介质中，并将介质放在安全的地方。这样，如果计算机硬件发生故障，可根据备份恢复数据。

应根据安全策略的规定定期执行数据备份。数据备份通常异地存放，旨在避免主设施出现事故时殃及备份介质。Windows 自带一个备份和还原实用程序，可帮助用户将数据备份到其他驱动器或基于云的存储提供商；macOS 自带实用程序 Time Machine，用户可使用它来执行备份和恢复任务。

对于数据备份，有很多需要考虑的重要方面。

- **频率**：务必按安全策略的规定定期备份。完全备份可能需要很长的时间，因此可每周或每月做一次完全备份，同时以更高的频率进行部分备份（备份发生变化的文件）。
- **储存**：根据安全策略的要求，每天、每周或每月将备份转运到批准的异地存储地点。
- **安全性**：使用强密码（恢复数据时需要提供）保护备份。
- **验证**：务必验证备份，确保数据是完整的，同时对文件恢复流程进行验证。

3. 文件和文件夹权限

权限是配置的规则，用于限制单个或一系列用户对文件夹或文件的访问。在 Windows 环境中，定义了如下文件夹或文件权限。

- **完全控制**：用户可查看文件或文件夹的内容、修改和删除既有文件和文件夹、创建新的文件和文件夹以及运行文件夹中的程序。
- **修改**：用户可修改和删除既有文件和文件夹，但不能创建新的文件或文件夹。
- **读取和执行**：用户可查看既有文件或文件夹的内容，以及运行文件夹中的程序。
- **读取**：用户可查看文件夹的内容以及打开文件和文件夹。
- **写入**：用户可创建新的文件和文件夹以及修改既有文件和文件夹。

无论在哪种版本的 Windows 中，都可这样配置文件或文件夹权限：在文件或文件夹上单击鼠标右键并选择"属性"（Properties），再依次单击"安全"（Security）标签和"编辑"（Edit）按钮。

应对用户的权限进行限制，使其只能访问需要的网络或计算机上的资源，例如，对于只需访问服务器上单个文件夹的用户，不应授予访问所有文件的权限。授予用户访问整个驱动器的权限虽然更容易，但更安全的做法是，只授予用户访问完成工作所需文件夹的权限。这被称为最小权限原则。通过限制用户对资源的访问，还可在用户的计算机被感染时，限制恶意程序访问这些资源。

有管理权限的用户可使用文件夹重定向将本地文件夹的路径重定向到网络共享上的文件夹。这样，用户登录到网络共享所在的网络中计算机时，便可使用该文件夹中的数据。通过将本地用户数据重定向到网络存储，管理员可备份网络数据文件夹来备份用户数据。

可将文件和网络共享权限授予用户或组。这些共享权限不同于文件和文件夹级 NTFS 权限；如果用户或组被禁止访问某个网络共享，这种设置将优先于其他权限设置，例如，如果用户被禁止访问某个网络共享，即便该用户为管理员或 Administrators 组的成员，他也无权访问该网络共享。在本地安全策略中，必须大致地描述每个用户和组可访问的资源以及可以什么样的方式访问。

修改文件夹权限时，可使用相关的选项将同样的权限应用于所有子文件夹，这被称为权限传播，让你能够快速将权限应用于众多文件和文件夹：设置父文件夹的权限后，在父文件夹中创建的文件夹和文件都将继承父文件夹的权限。

另外，数据的位置以及对数据执行的操作也决定了权限将如何传播。

- 在卷内移动数据时，将保留原来的权限。
- 在卷内复制数据时，将继承新权限。
- 在卷间移动数据时，将继承新权限。
- 在卷间复制数据时，将继承新权限。

4. 文件和文件夹加密

经常通过加密来保护数据，所谓加密，指的是使用复杂的算法将数据变为不可读。要将无法理解的数据转换为可以理解的，必须使用特殊的密钥。通常使用软件来加密文件、文件夹甚至整个驱动器。

Windows 提供了"加密文件系统"（EFS）功能，可用于加密数据。EFS 直接关联到特定用户账户：使用 EFS 加密数据后，只有加密数据的用户才能访问它。要使用 EFS 加密数据，在所有的 Windows 版本中都可采取如下步骤。

第 1 步：选择一个或多个文件或文件夹。

第 2 步：在选择的文件或文件夹上单击鼠标右键，并选择"属性"（Properties）。

第 3 步：单击"高级"（Advanced）按钮。

第 4 步：选择复选框"加密内容以便保护数据"（Select the Encrypt Contents to Secure Data），并单击"确定"（OK）按钮。Windows 将显示一条消息，指出正在应用指定的属性。

已使用 EFS 加密的文件和文件夹显示为绿色，如图 13-13 所示。

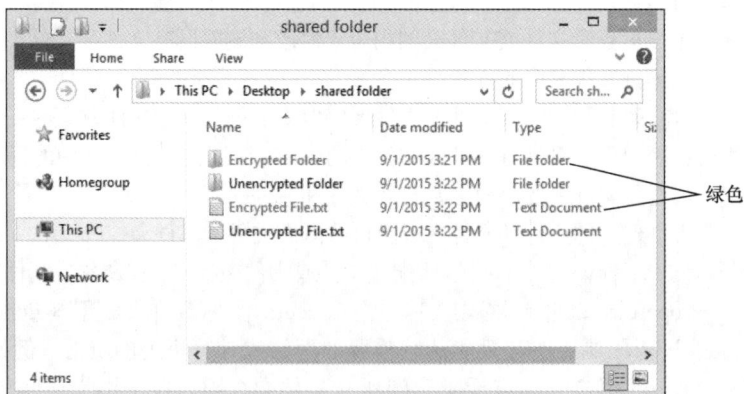

图 13-13　加密文件系统

5. Windows BitLocker 和 BitLocker To Go

可使用 BitLocker 加密整个硬盘。要使用 BitLocker，硬盘必须至少包含两个卷，其中系统卷是未加密的，空间不能小于 100 MB，用于存储 Windows 启动时所需的文件。

注 意 Windows 企业版、Windows 7 旗舰版、Windows 8 专业版和 Windows 10 专业版都内置了 BitLocker。

要使用 BitLocker，必须在 BIOS 中启用 TPM。TPM 是主板上的一个专用芯片，存储了主机特有的信息，如加密密钥、数字证书和密码。诸如 BitLocker 等加密应用程序都需要使用 TMP 芯片。下面是在联想便携式计算机上启用 TPM 的步骤。

第 1 步：启动计算机并进入 BIOS 配置界面。

第 2 步：在 BIOS 配置界面中查找 TPM 选项，详情请参阅主板用户手册。

第 3 步：选择"启用"（Enable）或"激活"（Activate）芯片安全。

第 4 步：保存对 BIOS 配置所做的修改。

第 5 步：重启计算机。

在所有 Windows 版本中，都可采取如下步骤来启用 BitLocker 全盘加密。

第 1 步：在控制面板中，单击"BitLocker Drive Encryption"（BitLocker 驱动器加密）。

第 2 步：在"BitLocker Drive Encryption"界面中，单击操作系统驱动器部分的"Turn On BitLocker"（启用 BitLocker）。如果没有初始化 TPM，请按向导进行初始化。

第 3 步：在"Save the Recovery Password"（保存恢复密码）界面中，选择将密码保存到 U 盘、网盘或其他位置，或者将其打印出来。保存恢复密码后，单击"Next"（下一步）按钮。

第 4 步：在"Encrypt the Selected Disk Volume"（加密选择的磁盘驱动器）界面中，选择复选框"Run BitLocker System Check"（运行 BitLocker 系统检查），再单击"Continue"（继续）按钮。

第 5 步：单击"Restart Now"（立即重启）按钮。

完成这些步骤后，系统将显示状态栏"Encryption in Progress"（正在加密）。计算机重启后，你可验证 BitLocker 是否处于活动状态，如图 13-14 所示。

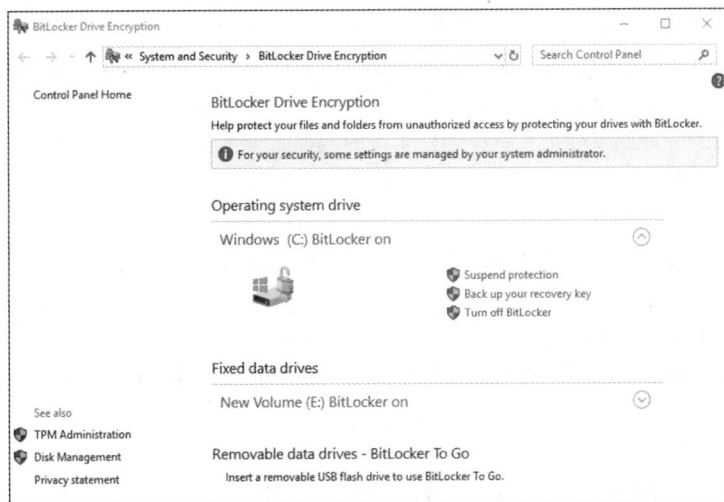

图 13-14 验证 BitLocker 是否处于活动状态

可单击"TPM Administration"（TPM 管理）以查看 TPM 详细信息，如图 13-15 所示。

BitLocker To Go 用于对可移动驱动器进行 BitLocker 加密，它不使用 TPM 芯片，但可对数据进行加密，并需要使用密码才能解密。

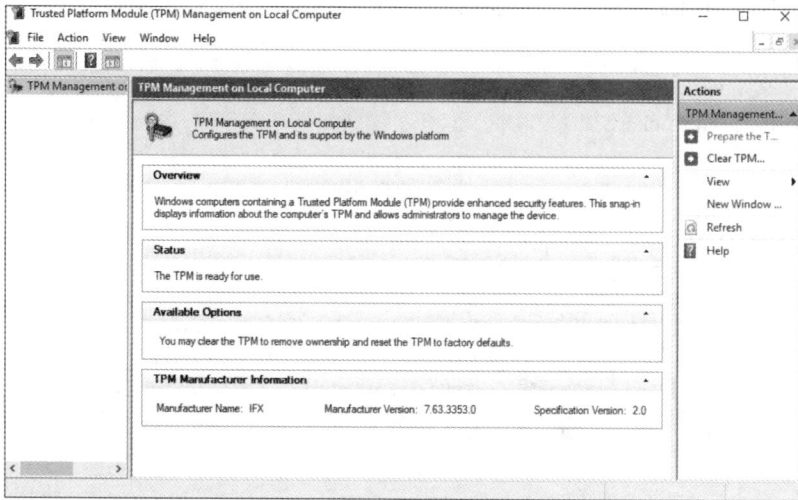

图 13-15   查看 TPM 详细信息

13.2.4 数据销毁

数据销毁也被称为数据处置，是安全计划中至关重要的组成部分。对于不再需要的数据，必须制定妥善的处置策略，确保将其删除且无法恢复，以防有人访问或将其用于未经授权的目的。

1. 擦除磁性介质中的数据

将不再需要的文件从存储设备中删除也是数据保护的一环，但只是将文件删除或重新格式化驱动器可能不足以保障数据隐私，例如从磁性硬盘中删除文件并不能让它们完全消失，因为操作系统只删除了文件分配表中的文件引用，而实际数据还在驱动器上，仅当硬盘在同样的位置存储新数据时，这些被删除的数据才会被覆盖。

可使用软件工具来恢复文件夹、文件甚至整个分区；这种工具在你不小心删除了数据时提供了极大的便利，但落到恶意用户手里就可能带来灾难性后果。

务必使用下面的一种或多种工具将存储介质中的数据完全擦除。

- **数据擦除软件**：也被称为安全擦除软件，专门设计用于多次覆盖既有数据，使其无法被读取。
- **消磁棒**：强力磁铁棒，通过将其置于硬盘裸露的硬盘盘片上，可消除硬盘中的磁场。硬盘盘片必须暴露在消磁棒下大约 2 min。
- **电磁消磁设备**：用于同时擦除多个驱动器中的数据，它配备了带电流的磁体，形成的强大磁场可消除硬盘中的磁场。使用这种设备的费用高昂，但速度很快，可在几秒内擦除驱动器中的数据。

> **注　意**　数据擦除和消磁都是不可逆的，数据无法恢复。

2. 擦除其他介质中的数据

SSD 由闪存而不是磁性盘片组成，常用的数据擦除方法（如消磁）对闪存无效。务必执行安全擦除，确保 SSD 或 SSHD 中的数据根本不可能恢复。

其他存储介质（如光盘、eMMC 和 U 盘）中的数据也必须销毁，为此可使用专为销毁文档和各种介质而设计的切碎机或焚烧炉。需要保留敏感文档（如包括机密信息或密码的文档）时，务必将其放在加锁的安全场所。

确定哪些设备需要擦除数据或销毁时，别忘了除计算机和移动设备外，还有其他存储了数据的设备。打印机和多功能设备也可能有硬盘，其中缓存了打印或扫描过的文档。在有些情况下，可禁用这种缓存功能，如果不能禁用，就必须定期地擦除这些设备上的数据，以保障数据隐私。一种不错的安全做法是，尽可能在设备上启用用户身份验证，以防未经授权者修改与隐私相关的设置。

3. 硬盘的回收利用和销毁

拥有敏感数据的公司制定并遵守明确的存储介质处置策略。对于不再需要的存储介质，有两种处置方式。

- **回收利用**：将其中的数据擦除后，可将其用于其他计算机中。可重新格式化硬盘并安装新的操作系统。
- **销毁**：销毁硬盘可确保其中的数据根本不可能恢复。需要销毁大量的硬盘时，可使用专门为此设计的设备，如硬盘压碎机、硬盘切碎机和焚化炉；销毁少量的硬盘时，用锤子砸碎是一种有效的方式。

可执行两种类型的格式化。

- **低级格式化**：在磁盘表面添加扇区标记，以标识磁盘中实际存储数据的磁道。这种格式化通常在工厂用于刚组装好的硬盘。
- **标准格式化**：也被称为高级格式化，它创建引导扇区和文件系统。仅当低级格式化后才能执行标准格式化。

公司可能选择将存储介质销毁工作外包，承包商通常是有担保的，会严格遵守政府法规。它们还可能提供用于证明介质已彻底销毁的销毁证书。

13.3 保护 Windows 工作站

工作站保护是组织安全策略的重要组成部分。很多组织都存储了可用来访问网络系统其他部分的敏感信息。

13.3.1 保护工作站

要保护工作站，需要考虑它面临的各种风险。本节讨论物理安全、用户登录保护、用户权限等众多方面。

1. 保护计算机

需要保护计算机和工作站，以防被盗，为此公司通常将计算机放在加锁的房间内。

为防止未经授权者访问本地计算机和网络资源，请在离开时将工作站、便携式计算机或服务器锁定。除密码安全措施外，物理安全措施也很重要。需要将计算机留在开放的公共场所时，务必加上钢缆锁，以防被盗。

对于计算机屏幕上显示的数据，需要予以保护，在机场、咖啡馆或客户现场等场所使用便携式计算机时，尤其需要这样做：使用防窥屏来保护便携式计算机显示的信息，以防被窥探。防窥屏是安装在计算机屏幕上的透明塑料面板，使得只有正对着屏幕的用户才能看到显示的信息。

还需限制对计算机的访问。在计算机上，可使用 3 种级别的密码保护。

- **BIOS 密码保护**：防止启动操作系统和修改 BOIS 设置。
- **登录密码保护**：防止未经授权者访问本地计算机。
- **网络密码保护**：防止未经授权者访问网络资源。

2. 保护 BIOS

恶意用户可绕过 Windows、Linux 或 macOS 登录密码保护措施：使用包含其他操作系统的光盘或闪存启动计算机。启动计算机后，恶意用户便可访问或删除其中的文件。

通过设置 BIOS 或 UEFI 密码，可防止他人启动计算机，还可防止他人修改配置。例如，在图 13-16 所示的界面中，用户必须输入配置的 BIOS 密码才能进入 BIOS 配置界面。

在同一台计算机上，所有用户的 BIOS 密码都相同。UEFI 密码可以因用户而异，但需要有身份验证服务器。

> **警 告** BIOS/UEFI 密码重置起来比较麻烦，因此务必牢记。

3. 保护 Windows 登录

常见的密码保护是计算机登录密码保护——要求用户输入密码（有时还需输入用户名），如图 13-17 所示。

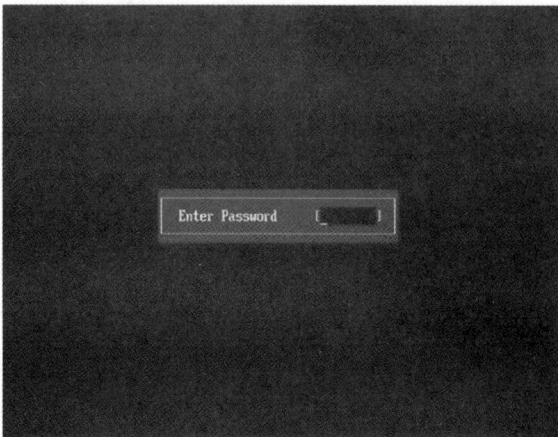

图 13-16　BIOS 身份验证

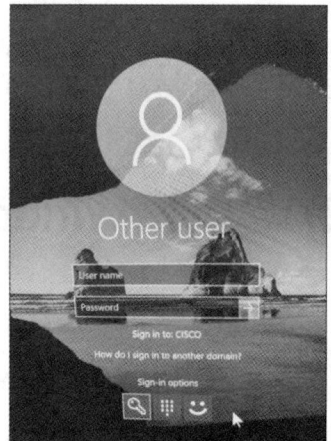

图 13-17　Windows 10 登录密码保护

根据具体的计算机系统，Windows 10 还可能支持其他登录方式。具体地说，Windows 10 支持如下登录方式。

- **Windows Hello**：用户通过面部识别或指纹登录 Windows。
- **PIN**：用户通过输入预配置的 PIN 来登录 Windows。
- **图片密码**：用户可结合使用图片和手势来创建独一无二的密码。
- **动态锁**：让 Windows 在配对设备（如手机）与 PC 的距离超过指定值时锁定 PC。

图 13-18 展示了 PIN 身份验证界面，在这个界面中，用户可选择登录方式为密码登录、指纹登录或面部识别登录。

如果用户选择使用指纹进行登录，就需要验证指纹，如图 13-19 所示。

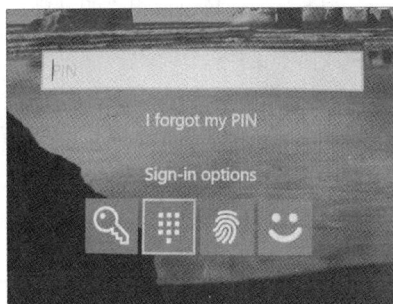

图 13-18　Windows 10 PIN 登录

图 13-19　便携式计算机上的指纹扫描仪

在 Windows 10 中，要修改登录方式，可在 "Start"（开始）菜单中选择 "Settings"（设置），再依次选择 "Accounts"（账户）和 "Sign-in"（登录选项）。在出现的界面中（见图 13-20），可修改密码、设置 PIN、启用图片密码或选择使用动态锁。

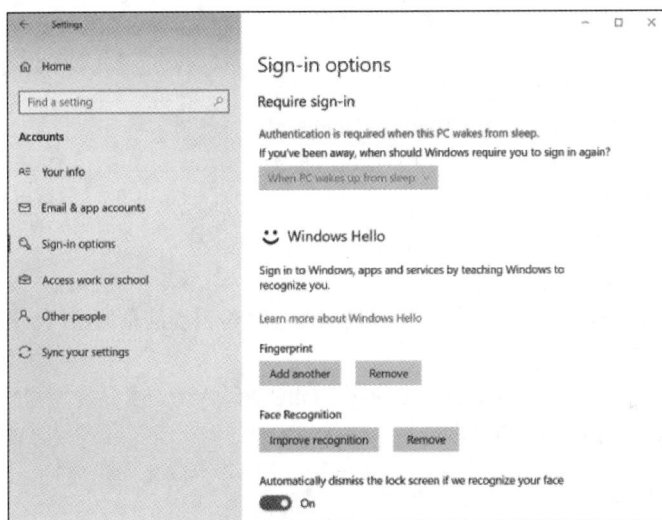

图 13-20　Windows 10 登录方式

4．本地密码管理

对于独立的 Windows 计算机，可使用 Windows 工具 "User Accounts"（用户账户）在本地设置密码管理，如图 13-21 所示。要在 Windows 中创建、删除或修改账户，可在控制面板中选择 "User Accounts"。

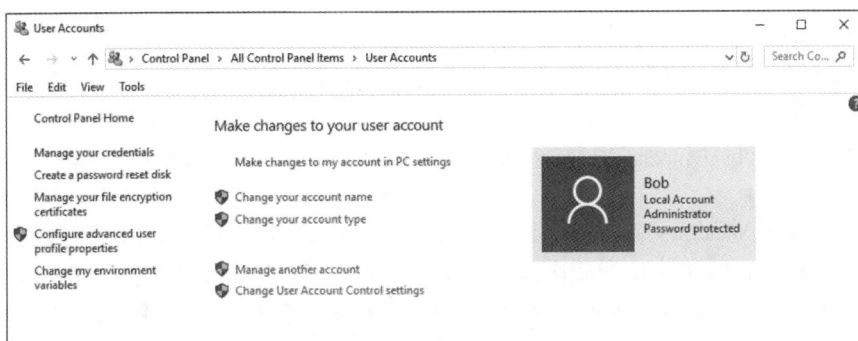

图 13-21　工具 "User Accounts"

务必确保用户离开后计算机是安全的，这很重要。在安全策略中，务必包括相关的规则，要求在屏幕保护程序启动时锁定计算机。这可确保用户在短时间内未使用计算机后，将启动屏幕保护程序，同时，用户必须再次登录才能使用计算机。

在所有的 Windows 版本中，都可在控制面板中依次选择 "Personalization"（个性化）和 "Screen Saver"（屏幕保护程序）来打开图 13-22 所示的对话框。在这个对话框中，选择一个屏幕保护程序，再选择复选框 "On Resume, Display Logon Screen"。

5. 用户名和密码

创建网络登录账户时，系统管理员通常会遵循某种用户名命名约定。一种常用的约定是，使用用户名字的首字母和整个姓氏来生成用户名。命名约定务必简单，以方便用户记住其用户名。与密码一样，用户名也是重要信息，不应让人知道。

密码指南是安全策略的重要组成部分。任何用户要登录计算机或连接到网络资源，都必须提供密码。密码有助于防范数据盗取和恶意行为，还可确保用户的身份准确无误，从而确保日志事件是有效的。

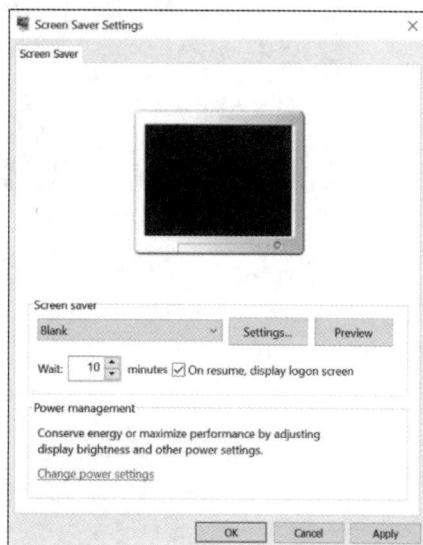

图 13-22　设置屏幕保护程序锁定

下面是一些强密码创建指南。

- **最小长度**：密码至少包含 8 个字符。
- **复杂性**：包括字母、数字和符号。不要使用基于身份识别信息的密码；有意识地使用拼写不正确的密码。
- **变化多端**：在不同的场所或计算机中使用不同的密码，切勿重复使用相同的密码。
- **有效期**：定期修改密码；有效期越短，密码越安全。

13.3.2　Windows 本地安全策略

Windows 工具"本地安全策略"让你能够管理本地计算机的众多系统设置、用户设置和安全设置，如密码策略、审计策略和用户权限。"本地安全策略"让你还能够控制和维护根据组织策略标准化的安全策略。

1. Windows 本地安全策略概述

在使用 Windows 计算机的大多数网络中，都在 Windows 服务器上使用域配置了活动目录。Windows 计算机是域的成员；管理员配置域策略，该策略应用于加入域的所有计算机；用户登录 Windows 时，将自动设置账户策略。

对于不属于活动目录域的独立计算机，可使用 Windows 工具 "Local Security Policy"（本地安全策略）来实施安全设置。

在 Windows 7 和 Windows Vista 中，要访问工具 "Local Security Policy"，可在"开始"菜单中选择 "Control Panel"（控制面板），再依次选择 "Administrative Tools"（管理工具）和 "Local Security Policy"（本地安全策略）；在 Windows 8、Windows 8.1 和 Windows 10 中，可在搜索框中输入 "secpol.msc"，并单击搜索结果中的 secpol，这将打开工具 "Local Security Policy"，如图 13-23 所示。

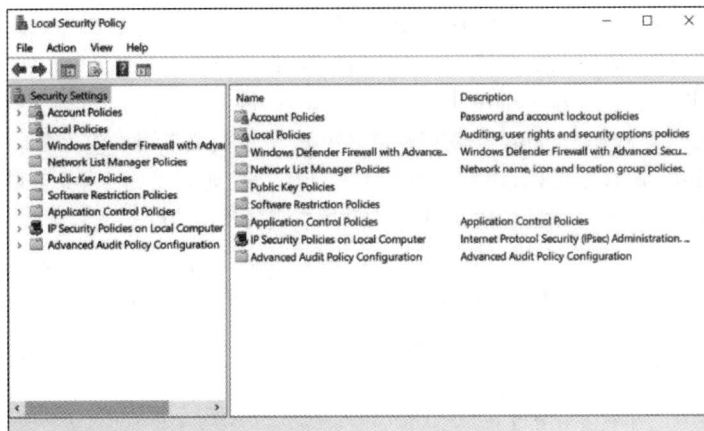

图 13-23   Windows 工具 "Local Security Policy"

> **注　意**　在所有的 Windows 版本中，都可运行 secpol.msc 命令来打开 "Local Security Policy" 工具。

2. 安全策略之密码策略

在安全策略中，务必包括密码策略。可使用 Windows 中的 "Local Security Policy" 工具来设置和实施密码策略；指定密码时，密码控制级别应与所需的保护级别相称。

> **注　意**　请尽可能使用强密码。

要指定密码要求，可依次选择 "Account Policies"（账户策略）和 "Password Policy"（密码策略），如图 13-24 所示。

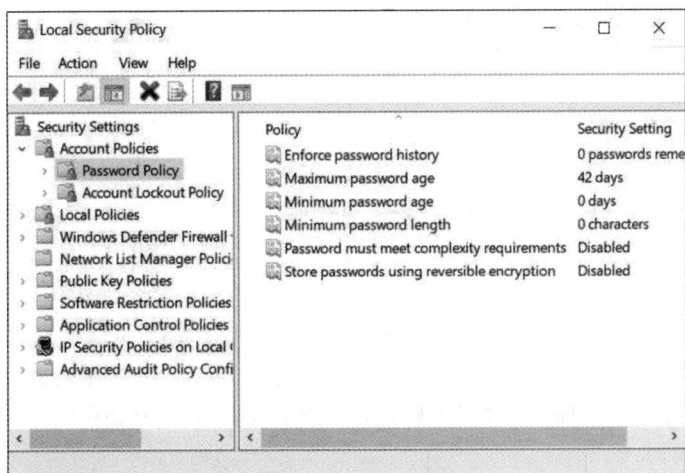

图 13-24   指定密码要求

对于图 13-24 所示的密码策略设置，请遵循如下配置指南。

■ **"Enforce Password History"（强制密码历史）**：用户可在保存 24 个不同的密码后重复使用以前的密码。

- ■ **"Maximum Password Age"**（密码最长使用期限）：用户必须在 90 天后修改密码。
- ■ **"Minimum Password Age"**（密码最短使用期限）：用户必须在 1 天后才能再次修改密码，这可防止用户为再次使用以前的密码而输入 24 次不同的密码。
- ■ **"Minimum Password Length"**（密码长度最小值）：密码必须至少包含 8 个字符。
- ■ **"Password Must Meet Complexity Requirements"**（密码必须符合复杂性要求）：密码不能包含用户的账户名，也不能包含用户全名中两个以上的连续字符。密码必须包含如下 4 类字符中的 3 类：大写字母、小写字母、数字和符号。
- ■ **"Store Passwords Using Reversible Encryption"**（用可还原的加密来存储密码）：用可还原的加密来存储密码与存储密码的明文版本没两样，因此除非应用程序的需求比密码信息保护需求更重要，否则切勿启用该选项。

为防范暴力攻击，可使用"Account Policies"（账户策略）中"Account Lockout Policy"（账户锁定策略）下的设置，如图 13-25 所示。

对于图 13-25 所示的账户锁定策略设置，详细描述如下。

- ■ **"Account Lockout Duration"**（账户锁定时间）：用户尝试登录次数超过账户锁定阈值后，将账户锁定 30 min。
- ■ **"Account Lockout Threshold"**（账户锁定阈值）：用户输入错误的用户名和/或密码 5 次后锁定账户。
- ■ **"Reset Account Lockout Counter After"**（重置账户锁定计数器）：30 min 后将尝试次数重置为 0，用户可再次尝试登录。

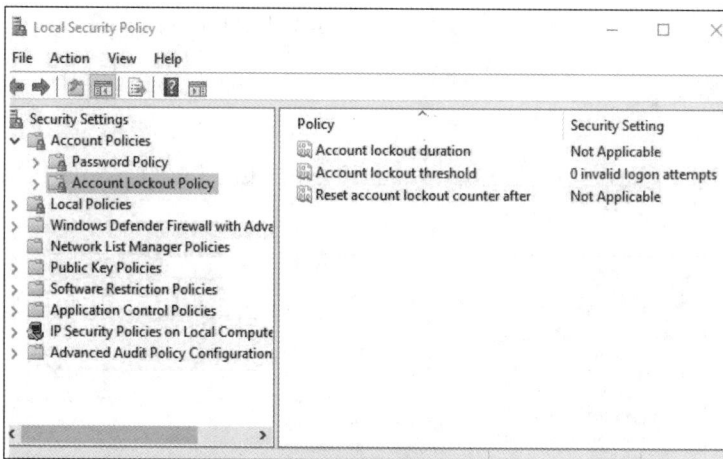

图 13-25　配置账户锁定策略

图 13-25 所示的账户锁定策略可防范暴力攻击，暴力攻击即攻击者使用软件尝试各种可能的字符组合，企图破解密码。账户锁定策略还可防范字典攻击。字典攻击是一种暴力攻击，它尝试使用字典中的每个单词，企图获得访问权。攻击者还可能使用彩虹表，这是字典攻击的改进版，预先计算出了一个查找表（其中包含所有可能的明文密码和对应的散列值），并通过在该表中查找存储的密码散列值来确定相应的明文密码。

3. 安全策略之本地策略

工具"Local Security Policy"的"Local Policies"（本地策略）部分用于配置审核策略、用户权限策略和安全策略。

将成功和失败的登录尝试写入日志很有用，为此可依次选择"Local Policies"（本地策略）和"Audit

Policy"（审核策略），并启用相关的审核策略，如图 13-26 所示。在图 13-26 所示的示例中，对所有的账户登录事件启用了审核。

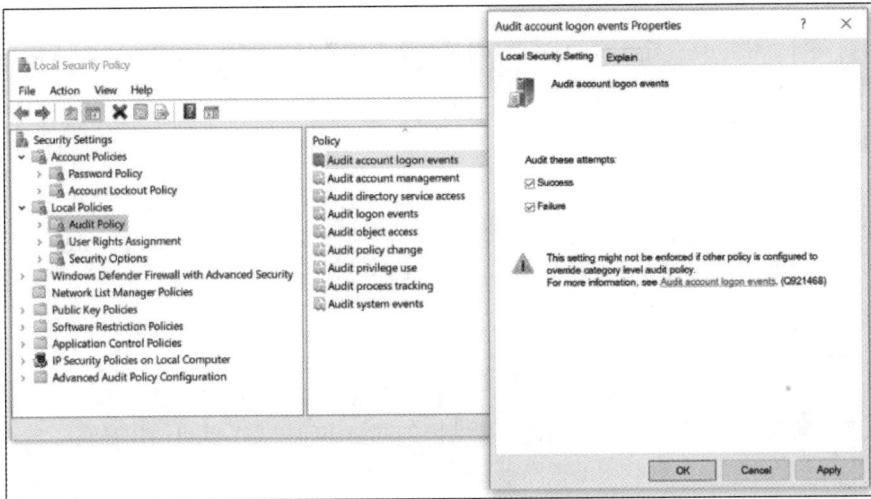

图 13-26　安全策略之本地策略

工具"Local Security Policy"的"User Rights Assignment"（用户权限分配）和"Security Options"（安全选项）部分，包含各种安全选项，但这些不在本书的讨论范围内。

4．导出本地安全策略

在用户权限和安全选项方面，管理员可能需要实施涵盖广泛的本地策略，在大多数情况下，需要将这种策略复制到每个系统。为简化这种工作，可导出本地安全策略，并将其复制到其他 Windows 主机。

要将本地安全策略复制到其他计算机，可采取如下步骤。

第 1 步：在安全主机上，选择菜单"Action"（操作）→"Export Policy"（导出策略）导出本地安全策略，如图 13-27 所示。

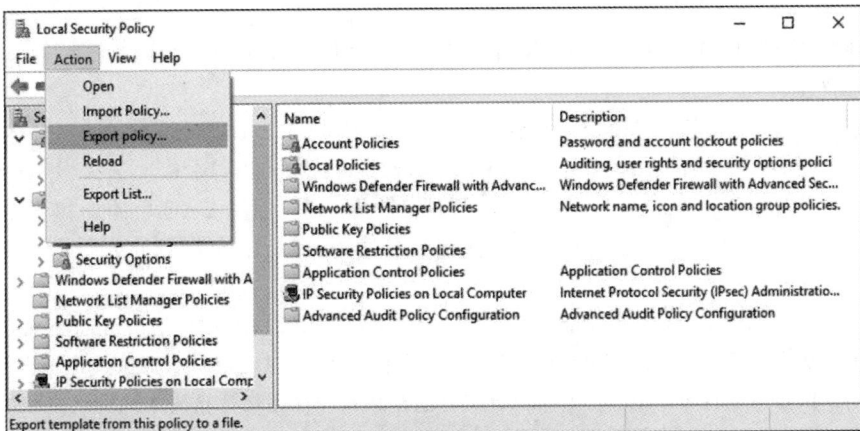

图 13-27　导出本地安全策略

第 2 步：将策略保存到外部介质，并使用类似于 workstation.inf 这样的文件名。

第 3 步：在其他独立计算机上导入前述本地安全策略文件。

13.3.3 管理用户和组

谁可以访问计算机以及有什么样的访问权限是安全策略的一个重要组成部分。管理用户和组时，可通过分配权利和权限来禁止或允许用户和组执行特定的操作。

1. 维护账户

不同的企业员工通常需要有不同的数据访问权限，例如，可能只有经理和会计能够访问薪水文件。

可按照职位要求将员工分组，并根据组权限授予文件访问权。这种做法有助于管理员工的网络访问权。对于需要短期访问权的员工，可为其创建临时账户。通过对网络访问权进行封闭式管理，可减少病毒或恶意软件进入网络的漏洞区域。

与用户和组管理相关的任务有多种。

- **终止员工访问权**：员工离职后，立即禁用其账户或修改该账户的登录凭证。
- **来宾访问权**：临时员工和来宾可能需要有限的网络访问权，为此可使用来宾账户。可根据需要创建和禁用具有额外权限的特殊来宾账户。
- **跟踪登录时间**：员工可能只能在特定时段（如上午 7 点到下午 6 点）登录，在其他时段被禁止登录。这被称为登录时间限制。身份验证服务器会定期地检查员工是否有权继续使用网络；如果没有，将激活自动注销程序。
- **记录失败的登录尝试**：配置一个阈值，指定用户可尝试登录多少次。在 Windows 中，可尝试登录的次数默认设置为 0，这意味着尝试登录次数不受限制。
- **配置空闲超时和屏幕锁定**：配置一个空闲定时器，在空闲指定时间后自动注销账户。用户必须重新登录才能解除屏幕锁定。
- **修改默认用户账户 admin 的凭证**：重命名默认账户（如默认用户账户），防止攻击者使用已知账户来访问计算机。Windows 默认禁用了默认用户账户 admin，并将其替换为操作系统安装期间创建的具名账户。有些设备使用默认密码，如 admin 或 password，在设备初始化期间应修改这些密码。

2. 用户账户管理工具和用户账户管理任务

管理员的日常维护任务包括创建和删除用户账户、修改账户密码以及修改用户权限。要管理用户，必须有管理员权限。

要完成这些任务，可使用“用户账户控制”（UAC）或“Local Users and Groups Manager”（本地用户和组管理器）。要访问 UAC，可在“Control Panel”（控制面板）中依次选择“User Accounts”（用户账户）和“Manage Another Account”（管理其他账户）。使用 UAC 可添加和删除用户账户以及修改用户账户的属性；以管理员身份登录后，可使用 UAC 来配置，防止恶意代码获得管理权限。

要访问“Local Users and Group Manager”，可在“Control Panel”中选择“Administrative Tools”（管理工具），再依次选择 Computer Management”（计算机管理）和“Local Users and Groups”（本地用户和组）。使用“Local Users and Groups Manager”可创建和管理存储在计算机本地的用户和组。

用户账户管理任务包括创建账户、重置账户密码、禁用或激活账户、删除账户、重命名账户、给账户指定登录脚本以及给账户指定主文件夹。

3. 本地用户和组管理器

在工具“Local Users and Groups Manager”中，可通过分配权利和权限来指定用户和组能否执行特定的操作。

- **权利**：授予用户在计算机上执行某种操作的权限，如备份文件和文件夹以及关闭计算机。
- **权限**：与对象（通常是文件、文件夹或打印机）相关联的规则，规定了哪些用户可访问对象以及以什么样的方式访问。

要使用工具"Local Users and Groups Manager"配置计算机上的所有用户和组，可在搜索框中输入"lusrmgr.msc"或使用"Run"实用程序。

"Local Users and Groups"（本地用户和组）窗口的"Users"（用户）界面中，显示了计算机中所有的用户账户，其中包括内置账户 Administrator 和 Guest，如图 13-28 所示。

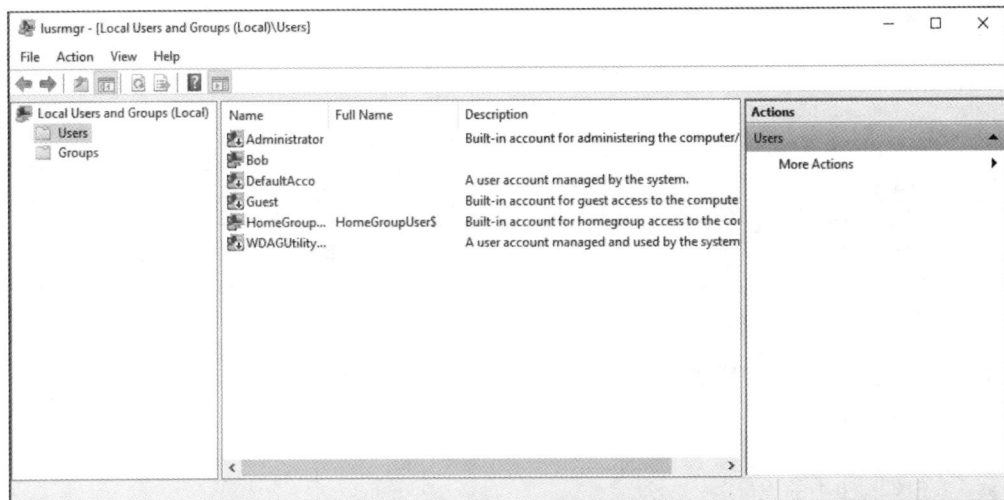

图 13-28 "Local Users and Groups Manager" 窗口

图 13-28 所示的用户账户 Administrator 具有如下特点。

- 能够全面控制计算机，同时是 Administrators 组的成员。
- 能够给用户分配权利和访问控制权限。
- 可被重命名或禁用，但不能被删除，也不能从 Administrators 组中删除。
- 默认被禁用。

图 13-28 所示的用户账户 Guest 具有如下特点。

- 供在计算机上没有账户的用户使用。
- 是默认组 Guests 的成员，这让使用该账户的用户能够登录计算机。
- 默认情况下没有密码。
- 默认被禁用。

要打开用户账户的属性对话框（见图 13-29），可双击用户账户，或在用户账户上单击鼠标右键并选择"Properties"（属性）。在这个对话框中，可修改创建用户时定义的用户选项，还可锁定账户、将用户加入组［使用"Member Of"（隶属于）选项卡］以及控制用户可访问哪些文件夹（使用"Profile"（配置文件）选项卡）。

要创建新用户，可选择菜单"Action"（操作）→"New User"（新用户），这将打开"New User"（新用户）对话框，如图 13-30 所示。在这个对话框中，可指定用户名、全名、描述和账户选项。

注　意 有些版本的 Windows 还包含内置的超级用户账户，这种账户拥有管理员的大部分权限，但出于安全考虑，缺少管理员的某些权限。

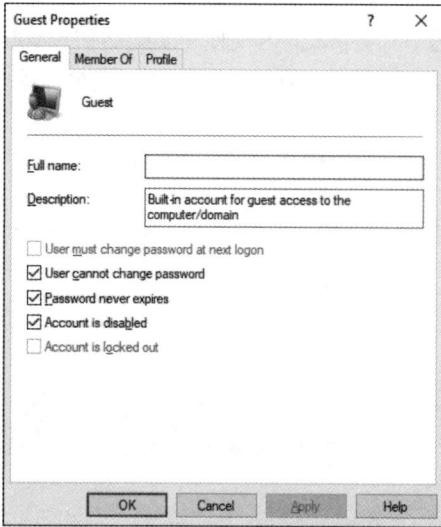

图 13-29　用户账户的属性对话框

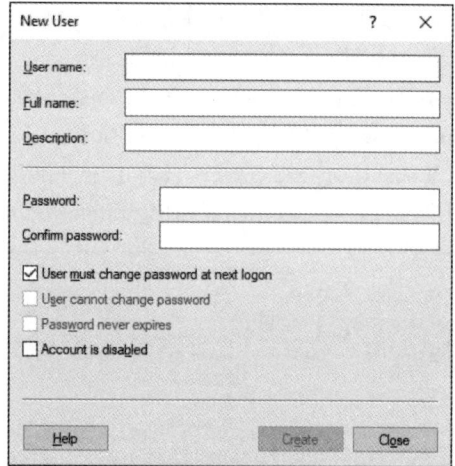

图 13-30　创建新用户

4. 管理组

为方便管理，可将用户加入组。本地组管理任务包括如下任务。

- 创建本地组。
- 将用户加入组。
- 确定本地组中的成员。
- 删除组。
- 创建本地用户账户。

在 Windows 计算机中，可使用工具"Local Users and Groups Manager"来管理本地组。要打开这个工具，可在控制面板中切换到图标视图并选择"Administrative Tools"（管理工具），再依次选择"Computer Management"（计算机管理）和"Local Users and Groups"（本地用户和组）。

单击"Groups"（组），这将列出计算机上所有的本地组，如图 13-31 所示。

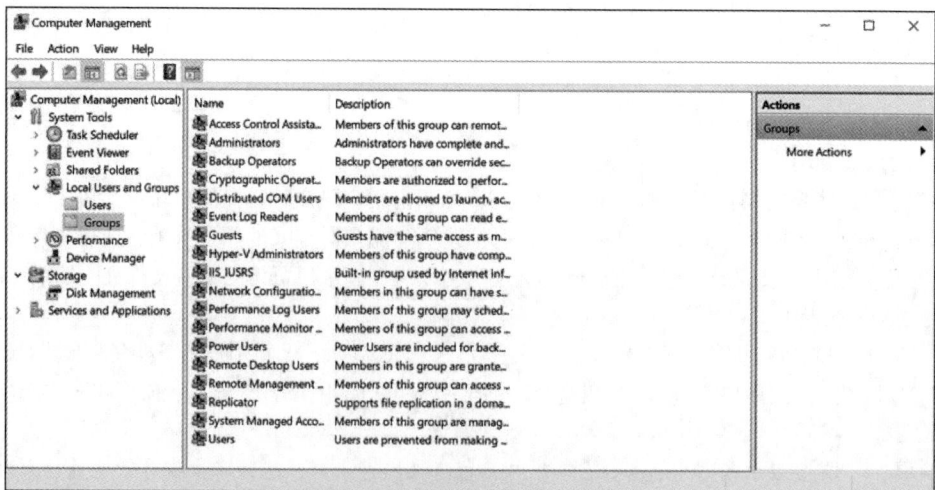

图 13-31　计算机上所有的本地组

常用的本地组有下面 3 个。

- **Administrators**：其成员能够全面控制计算机，以及给用户分配权利和访问控制权限；用户账户 Administrator 默认为该组的成员；务必谨慎地将用户加入该组。
- **Guests**：其成员登录时，系统会为其创建临时配置文件，并在注销时删除该配置文件。用户账户 Guest（默认被禁用）是该组的默认成员。
- **Users**：该组的成员可执行常见任务，如运行应用程序、使用本地和网络打印机、锁定计算机，但不能共享目录或创建本地打印机。

需要注意的是，以 Administrators 组成员的身份登录将导致计算机容易遭受木马攻击和其他安全风险。对于域用户账户，建议只将其加入 Users 组（而不加入 Administrators 组），使其能够执行日常任务，包括运行程序和访问网站。需要在本地计算机上执行管理任务时，可使用管理凭证以管理员身份启动程序。

要查看组的属性，可双击它。图 13-32 显示了 Guests 组的属性。

要创建新组，可选择菜单"Action"（动作）→"New Group"（新建组），这将打开"New Group"对话框，如图 13-33 所示。在这个对话框中，可创建新组并将用户加入其中。

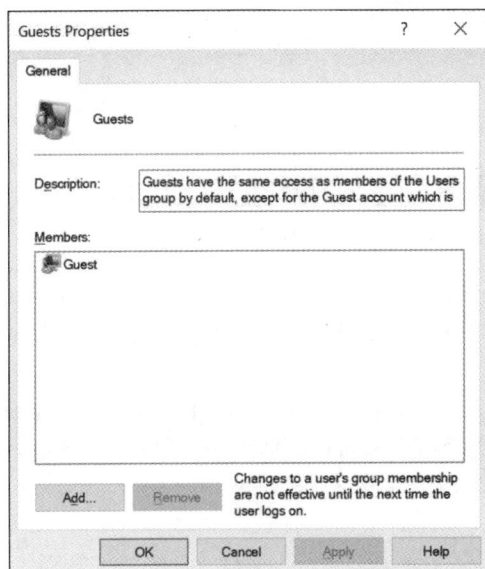

图 13-32　本地组 Guests 的属性

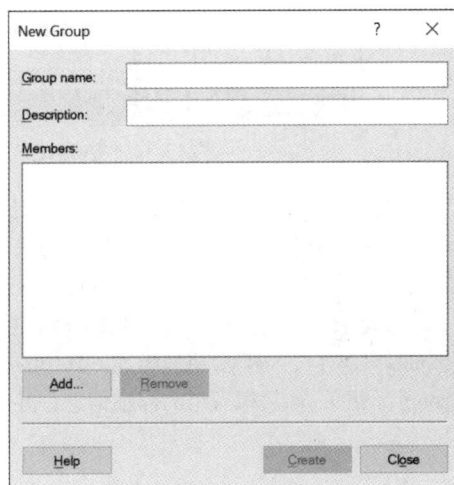

图 13-33　创建新组

5. 活动目录用户和计算机

本地账户存储在本地计算机上的"Local Security Accounts"（本地安全账户）数据库中，而域账户存储在 Windows 服务器域控制器（DC）上的活动目录中，可以加入了域的任何计算机进行访问。只有域管理员能够在域控制器上创建域账户。

活动目录是一个数据库，包含活动目录域中所有的计算机、用户和目录。在 Windows 服务器上，可使用"Active Directory Users and Computers"（活动目录用户和计算机）控制台来管理活动目录用户、组和组织单位（Organizational Unit，OU），如图 13-34 所示。OU 提供一种将域划分为更小管理单元的方式；通过使用"Active Directory Users and Computers"，管理员可创建新 OU 并将账户加入其中，还可将账户加入既有 OU 中。

要创建新的用户账户，可在要将新账户加入其中的容器或 OU 上单击鼠标右键，并选择"New User"（新用户），再输入用户的信息，如名字、姓氏和登录名。然后，单击"Next"（下一步）按钮，并设置用户的初始密码。默认情况下，选择要求用户首次登录时重置密码的复选框。如果用户账户因尝试登录次数太多而被锁定，管理员可打开"Active Directory Users and Computers"窗口，在用户对象上单击鼠标右键并选择"Properties"（属性），再选择复选框"Unlock Account"（解锁账户）。

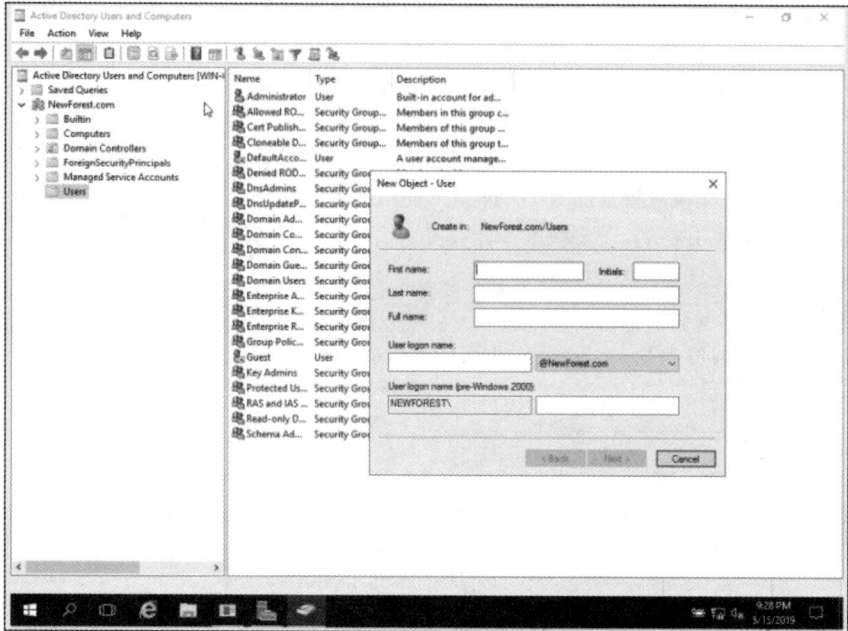

图 13-34　"Active Directory Users and Computers"窗口

要删除用户账户，只需在相应的用户对象上单击鼠标右键，并选择"Delete"（删除）。然而，需要注意的是，账户一旦被删除，可能就无法检索它。可禁用账户，而不是将其删除。账户被禁用后，相应的用户就不能访问网络，直到管理员重新启用它。

在活动目录中创建新组的方法与创建新用户的方法类似：打开"Active Directory Users and Computers"窗口，选择要将新组加入其中的容器，再选择菜单"Action"（动作）→"New"（新建）→"Group"（组），然后填写组的详细信息，并单击"OK"（确定）按钮。

13.3.4　Windows 防火墙

防火墙禁止某些流量进入计算机或网段，通常通过打开和关闭各种应用程序使用的端口来完成其工作。通过在防火墙上只打开必要的端口，可实现限制性安全策略：任何未被明确允许通过的数据包都将被禁止通过。相反，允许性安全策略允许数据包穿过所有端口，但被明确禁止通过的端口除外。

1. 防火墙

防火墙禁止不受欢迎的流量进入内部网络，以保护计算机和网络。例如，图 13-35（a）所示的拓扑表明，防火墙允许内部网络主机发送的流量离开网络，同时允许对这些流量的响应进入内部网络。图 13-35（b）所示的拓扑表明，从外部网络（即 Internet）主动发送的流量被禁止进入内部网络。

防火墙允许外部用户以受限制的方式访问特定服务，例如，外部用户可访问的服务器通常位于被称为 DMZ 的特殊网络中，如图 13-36 所示。

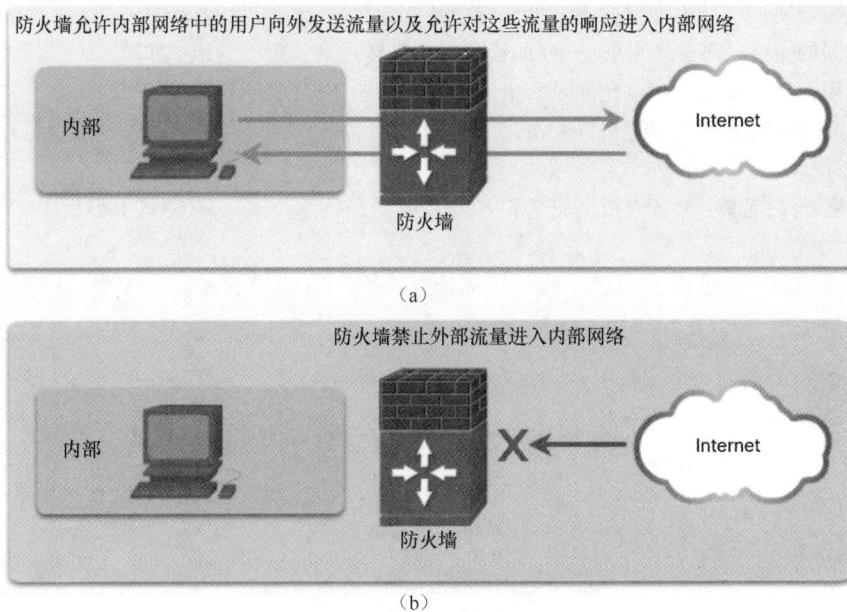

图 13-35 防火墙控制对网络的访问

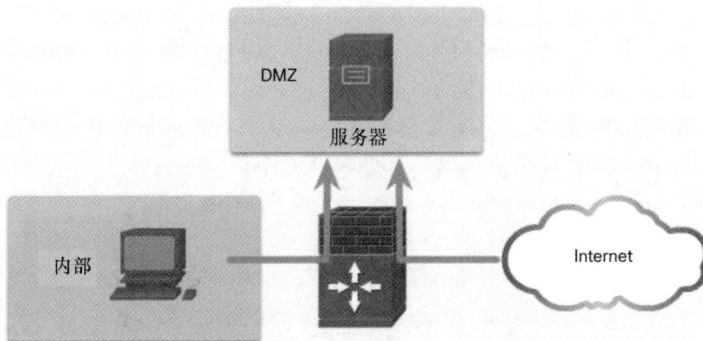

图 13-36 访问 DMZ

　　DMZ 让网络管理员能够对其中的主机应用特定的策略（如 Web、FTP 和邮件服务）。防火墙只允许访问这些服务，对其他所有外部请求（如从外部地址发送给服务器的流量、入站 ICMP 回应请求流量、入站 Microsoft 活动目录查询或入站 Microsoft SQL Server 查询），都禁止通过。

　　可以通过如下方式提供防火墙服务。

- **基于主机的防火墙**：使用软件（如 Windows Defender）实现的。
- **SOHO 防火墙**：使用 SOHO 无线路由器。这些设备不仅提供路由选择和 Wi-Fi 服务，还提供 NAT、DHCP 和防火墙服务。
- **中小型组织防火墙**：使用专用设备（如 Cisco ASA）或在 Cisco Integrated Services Router（ISR）上启用的防火墙。这些设备使用 ACL 和高级功能根据报头信息（如源和目标 IP 地址、协议、源和目标 TCP/UDP 端口等）过滤数据包。

路由器可能还提供如下众多设置。

- **端口地址转换（PAT）**：重载分配给路由器的公有 IP 地址的 NAT 版本，让使用私有 IP 地址的内部主机能够使用路由器的公有地址来访问 Internet。将返回到路由器的流量重新转换为内部私有 IP 地址。

- ■ **端口转发**：也被称为目标网络地址转换（DNAT），在小型路由器中添加了一个可从 Internet 访问的主机。对于来自 Internet 的流量，将被转发到特定的主机/端口号。
- ■ **禁用端口**：可选择性地允许或禁止访问特定的 TCP/UDP 端口。
- ■ **MAC 地址过滤**：可将已知的 MAC 地址加入白名单，并只允许使用白名单中 MAC 地址的设备连接。
- ■ **黑名单/白名单**：黑名单根据域名和 IP 地址禁止访问恶意或口碑不佳的网站，白名单用于标识允许访问的网站。
- ■ **家长控制**：也被称为内容过滤，让你能够根据不可接受的关键字或网站评分对流量进行过滤。

2. Windows 防火墙

软件防火墙是在计算机上提供防火墙服务，从而允许或禁止流量进入计算机的程序，它通过检查和过滤数据包将一系列应用到数据传输中。

Windows Firewall 是一种软件防火墙，旨在防止网络犯罪分子和恶意软件获取计算机访问权。安装 Windows 操作系统时，默认会自动安装 Windows Firewall。

注　意　在 Windows 10 中，Windows Firewall 已改名为 Windows Defender Firewall（Windows Defender 防火墙）。本节所说的 Windows Firewall 包含 Windows Defender Firewall。

Windows Firewall 是使用"Windows Firewall"窗口配置的。要修改 Windows Firewall 的配置，必须以管理员身份打开"Windows Firewall"窗口。

要打开"Windows Firewall"窗口，可在"Control Panel"（控制面板）中选择"Windows Firewall"。图 13-37 展示了 Windows 10 中的"Windows Defender Firewall"窗口。

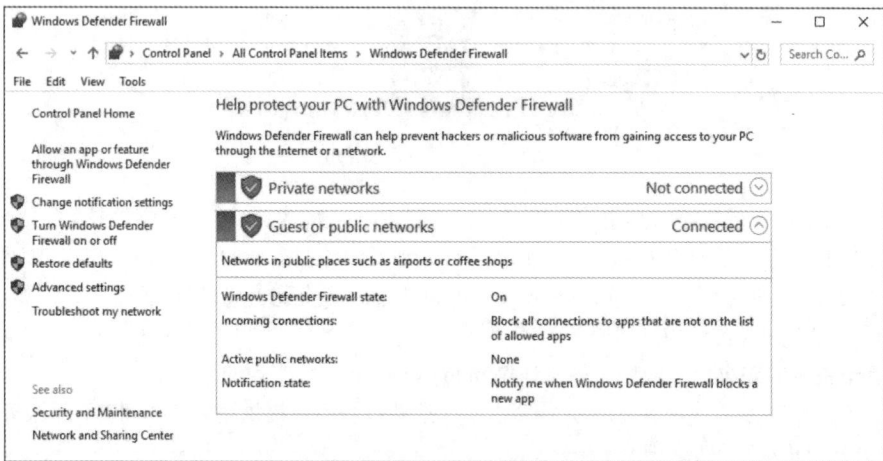

图 13-37　"Windows Defender Firewall"窗口

软件防火墙功能应用于网络连接；软件防火墙根据连接的网络的位置启用一系列标准的入站和出站规则。

在图 13-38 所示的示例中，为专用网络、来宾网络、公用网络和公司域网络启用了防火墙规则。在图 13-38 所示的窗口中，显示的是当前已连接网络的专用的设置，要显示域网络或者来宾或公用网络的设置，可单击"Not connected"（未连接）标签旁边的下拉箭头。

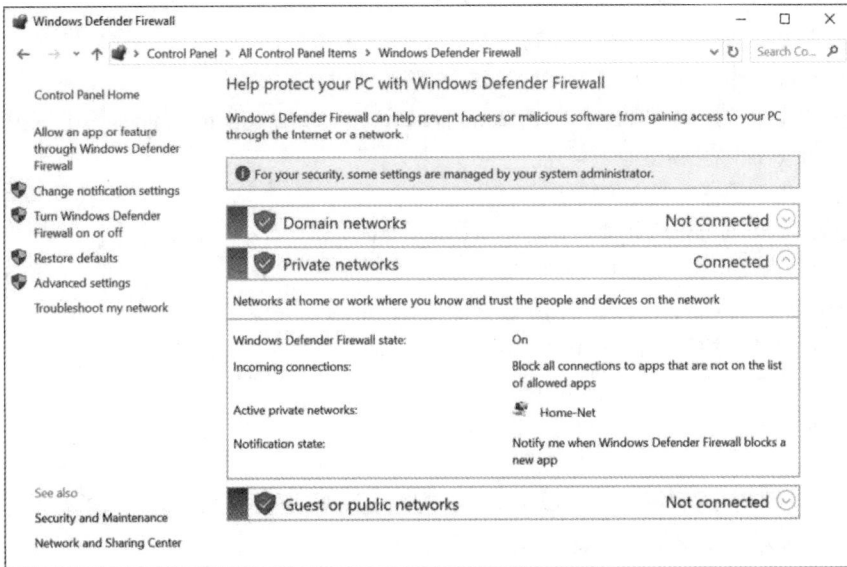

图 13-38 为专用网络启用了防火墙规则

在这个"Windows Firewall"窗口中，可启用或禁用 Windows Firewall、修改通知设置、允许应用程序通过防火墙、进行高级配置以及恢复防火墙默认设置。

要更改通知设置或者禁用或重新启用 Windows Firewall，可单击"Change notifications settings"（更改通知设置）"Turn Windows Defender Firewall on or off"（启用或关闭 Windows Defender 防火墙），这将打开图 13-39 所示的"Customize Settings"（自定义设置）窗口。

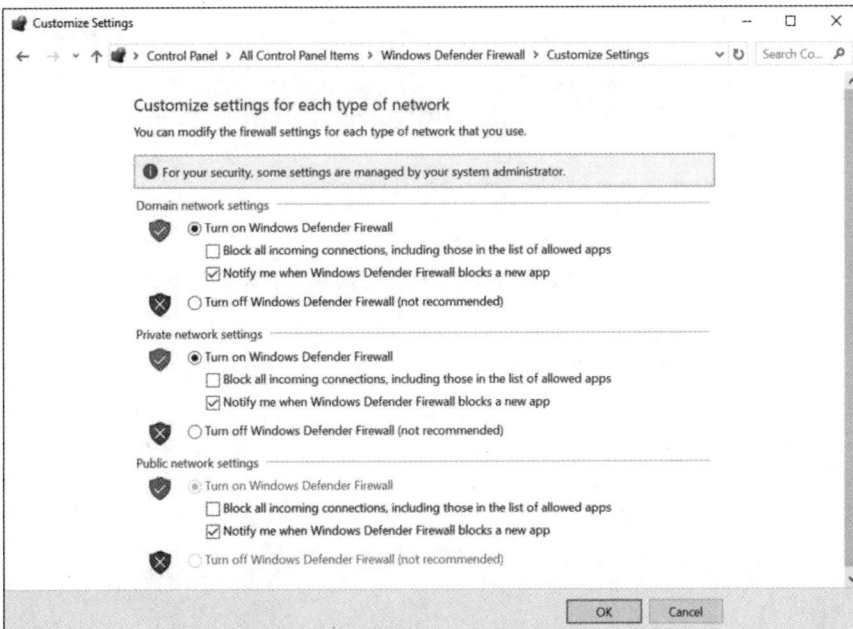

图 13-39 "Customize Settings"窗口

如果要使用其他的软件防火墙，就需要禁用 Windows Firewall。

在 Windows 10 中，要禁用 Windows Defender Firewall，可采取如下步骤。

第 1 步：打开"Control Panel"（控制面板），并依次选择"Windows Defender Firewall"和"Turn Windows Defender Firewall on or off"。

第 2 步：单击单选按钮"Turn Off Windows Defender Firewall (not recommended)"［关闭 Windows Defender 防火墙（不推荐）］。

第 3 步：单击"OK"（确定）按钮。

在 Windows 7 和 Windows 8 中，要禁用 Windows Firewall，可采取如下步骤。

第 1 步：打开"Control Panel"（控制面板），并依次选择"Windows Firewall"（Windows 防火墙）和"Turn Windows Firewall on or off"（启用或关闭 Windows 防火墙）。

第 2 步：单击单选按钮"Turn Off Windows Defender Firewall (not recommended)"［关闭 Windows Defender 防火墙（不推荐）］。

第 3 步：单击"OK"（确定）按钮。

注　意　"Windows Firewall"默认被启用。在 Windows 主机上，除非启用了其他防火墙软件，否则不要禁用"Windows Firewall"。

---

3. 在 Windows 防火墙中配置例外情况

在"Windows Firewall"窗口中，还可允许或禁止对特定的程序或端口的访问。要进行例外情况下的配置，从而禁止或允许特定程序或端口通过防火墙，可单击"Allow an app or feature through the Windows Firewall"（允许应用或功能通过 Windows 防火墙），这将打开图 13-40 所示的"Allowed apps"（允许的应用）窗口。

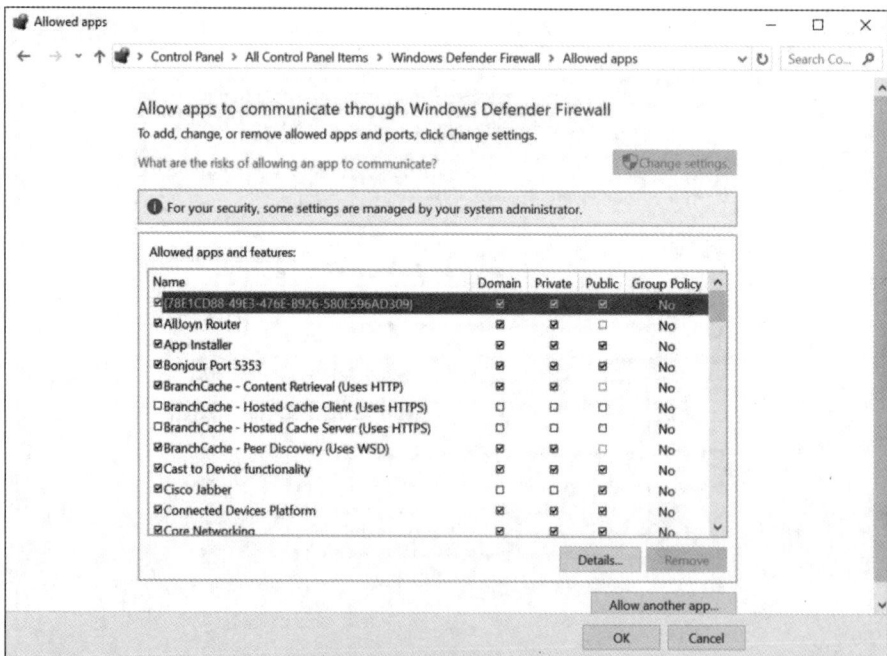

图 13-40　进行例外情况下的配置

在这个窗口中，可添加、修改或删除各种网络允许的程序和端口。

在 Windows 10 中，添加允许通过 Windows Defender Firewall 的程序，可采取如下步骤。

第 1 步：打开"Control Panel"（控制面板），并依次选择"Windows Defender Firewall"和"Allow an app or feature through the Windows Firewall"。

第 2 步：如果要添加的程序已列出，就选择其复选框；如果未列出，就单击"Allow Another Program"（允许其他应用）按钮。

第 3 步：单击"OK"（确定）按钮。

在 Windows 7 和 Windows 8 中，要添加允许通过 Windows 防火墙的程序，可采取如下步骤。

第 1 步：打开"Control Panel"（控制面板），并依次选择"Windows Firewall"和"Allow an App or Feature Through the Windows Firewall"。

第 2 步：依次选择"Change Settings"（更改设置）和"Allow another app"（允许其他应用）。

第 3 步：单击"OK"（确定）按钮。

4. 高级安全 Windows 防火墙

Windows 还提供了另外一个工具，让你能够使用 Windows 防火墙进行更细致的访问控制，它就是"Windows Firewall with Advanced Security"（Windows 高级功能防火墙）（在 Windows 10 中名为"Windows Defender Firewall with Advanced Security"（Windows 高级功能 Defender 防火墙，见图 13-41）。要打开这个工具，可在"Windows Firewall"窗口中单击"Advanced Settings"（高级设置）。

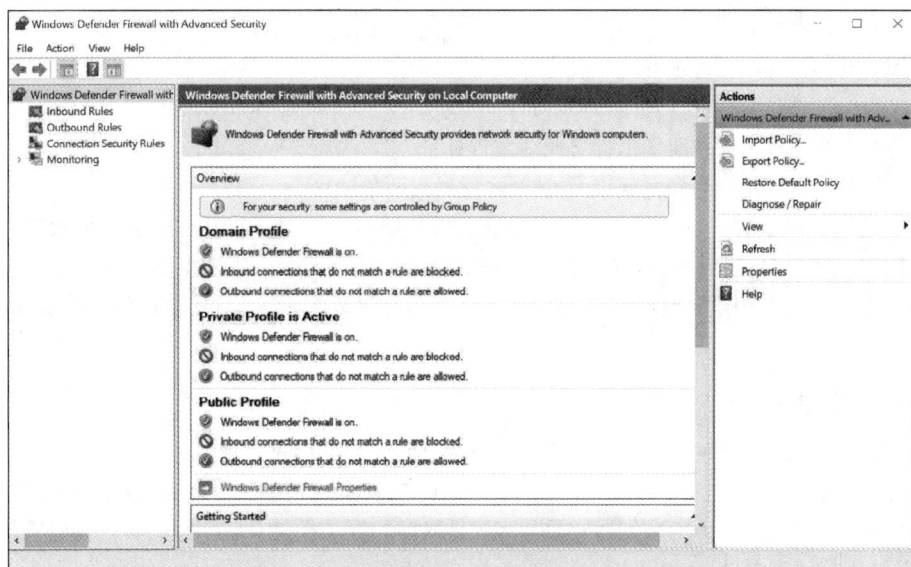

图 13-41　"Windows Defender Firewall with Advanced Security"窗口

注　意　要打开这个工具，也可在搜索框中输入"wf.msc"并按 Enter 键。

"Windows Firewall with Advanced Security"提供了如下功能。

- **入站规则和出站规则**：可配置入站规则和出站规则，其中前者针对从 Internet 传入的流量，而后者针对离开计算机前往网络的流量。这些规则可指定端口、协议、程序、服务、用户或计算机。
- **连接安全规则**：保护两台计算机之间的流量，因此两台计算机必须定义并启用相同的规则。
- **监视**：可显示活动的防火墙入站或出站规则以及活动的连接安全规则。

13.3.5　Web 安全

攻击者可能利用各种 Web 工具在计算机上安装恶意程序。Web 安全旨在应对来自 Internet 的威胁，因为 Internet 从很大程度上说是一种不安全的数据交换途径。要实现 Web 安全，需要对安全漏洞有清晰的认识，并采取未雨绸缪的防范措施。本节介绍一些常见的 Web 漏洞，以及减弱它们带来的威胁所采取的方式。

1. Web 安全概述

Web 浏览器不仅用于浏览网页，还用于运行其他应用程序（如 Microsoft 365 和 Google Docs）以及用作远程访问 SSL 用户的界面。为支持这些额外的功能，浏览器引入了插件，但有些插件可能带来安全问题。

浏览器已成为攻击目标，必须加以保护。下面是一些 Web 浏览器保护功能。

- InPrivate 浏览。
- 弹出窗口阻止程序。
- SmartScreen 过滤器。
- ActiveX 筛选。

用户使用 Web 浏览器时，很多网站和服务都要求通过身份验证后才能访问。近年来，已普遍要求进行多因子身份验证（而不使用传统的用户名和密码）。所谓多因子身份验证，指的是结合使用多种技术（如密码、智能卡、生物特征）来验证用户的身份，例如，双因子身份验证结合使用用户拥有的（如智能卡）和用户知道的（如密码或 PIN）；三因子身份验证结合使用全部 3 类：用户知道的、用户拥有的和某种生物特征（如指纹或视网膜）。

最近，多因子身份验证日益普及。服务可能要求提供密码和注册的电话号码或邮件地址；访问服务时，身份验证应用程序向注册的电话号码或邮件地址发送一次性密码（One-time Password，OTP），用户必须提供其账户的用户名和密码以及 OTP 才能通过身份验证。

用户通过身份验证后，系统可能向用来进行身份验证的应用程序或设备授予一个软件令牌。软件令牌让用户无须反复进行身份验证就可在系统上执行操作。如果令牌系统不安全，第三方就可能获取令牌，进而假扮成用户，这被称为重放攻击。为防止重放攻击，令牌应该有时间限制或者是一次性的。

2. 浏览器扩展和插件

有很多种用于添加功能的浏览器增效工具，下面介绍主要的增效工具。

- **插件**：通常与网页上的多媒体对象（如视频或使用 Flash 创建的内容）相关；相比于扩展，它们的交互性有限，因为它们通常只与多媒体对象交互。插件有较多漏洞，现在已很少使用，HTML 5 较常用。
- **扩展**：通过使用 API 给浏览器添加功能。例如，扩展可能阻止弹出窗口，防止网站使用用户的计算资源用于“挖矿”，或者仅仅是修改浏览器的一个菜单项。默认情况下，必须授予扩展执行预期操作的权限。扩展执行的脚本可能是恶意的，进而威胁浏览器的安全。务必只安装来自可信来源的合法扩展，这非常重要。
- **主题**：影响浏览器的外观，它改变颜色并向浏览器提供自定义图像。然而，存在的风险是，主题可能使用威胁者创建的图像在浏览器中注入恶意代码。
- **应用**：让用户能够在浏览器中编辑文档。其功能与电子表格、字处理器或图像编辑器相同。
- **默认搜索提供商**：很多网站都提供了搜索功能，用户可指定默认使用哪个网站来搜索。指定恶意网站可能将用户重定向到伪造的网站，威胁浏览器的安全。

务必从可信的来源安装浏览器、扩展和插件；同时确保软件是最新版本。可信商店提供恶意软件的情况也发生过，因此务必确保软件是最新版本，以降低它们是恶意软件的可能性。

（1）浏览器设置。

浏览器包含用户可能经常修改的设置；要访问浏览器设置，可通过浏览器菜单或内部 URL（如 about:preferences 或 chrome://settings）实现。还有用于调整高级设置的内部 URL，它们类似于 about:config 或 chrome://flags。

现代浏览器的另一个特征是，用户可以登录各种设备并同步浏览器设置（包括历史记录、密码、书签和其他数据）。

（2）密码管理器。

要记住所有需要登录的网站使用的各种密码几乎是一项不可能完成的任务，考虑到大多数网站都要求使用比以往任何时候都更复杂的密码这一点后尤其如此，在多个网站使用相同的密码存在巨大的安全风险。为解决这些问题，可在本地使用密码管理器来保护密码，以防被破解。用户登录浏览器后，密码管理器可在用于输入凭证的区域填充密码。密码管理器并非在任何时候都会自动填充密码，如果没有自动填充，用户可从密码管理器中复制密码，并将其粘贴到用于输入凭证的区域中。

3. 连接保护和证书验证

诸如 TLS 和数字证书等技术常用于保护 Internet 上的连接，这些技术确保运行网站的主机是合法的，并对服务器和浏览器之间传输的数据进行加密。认证中心（Certificate Authorities，CA）向域颁发证书，其中包含公钥，让颁发证书的 CA 能够在签署前进行验证。网站使用 HTTPS 时，浏览器可提供与证书相关联的信息。图 13-42 显示了证书信息。

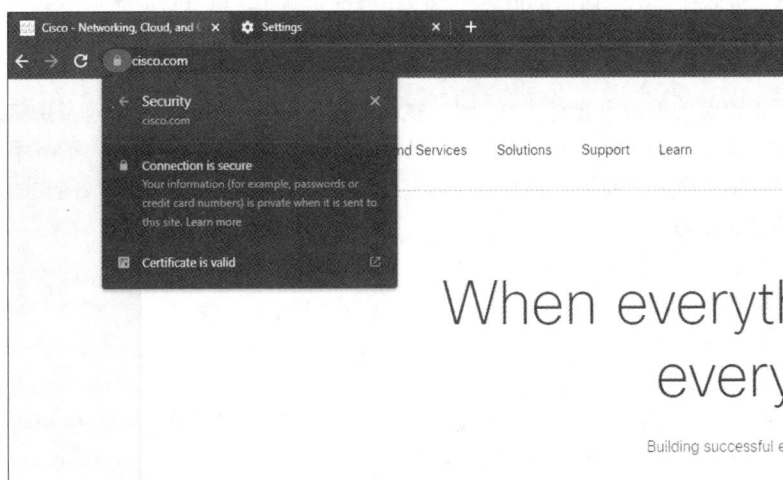

图 13-42　证书信息

曾经发生过由于在证书中使用弱密钥，CA 的证书被盗的案件，因此务必只安装或更新确定是安全且合法的根证书。根证书必须是可信的，如果安装的是伪造证书，在浏览器和 Web 服务器之间传输的加密数据就可能被威胁者破解。Microsoft Edge 使用 Windows 证书存储，但其他浏览器是独立存储的。要使用内部浏览器和第三方浏览器，务必将内部 CA 根证书直接加入浏览器中。证书管理器可在浏览器设置中找到，如图 13-43 所示。

4. 浏览器隐私设置

很多公司都试图创建包含用户习惯的配置文件，如用户的搜索习惯和浏览习惯。隐私控件可监视用于跟踪在线活动的跟踪工具（如 Cookie）的使用情况。Cookie 是一种存储浏览器会话数据的文本文件，这些数据可能是用户停留在网页的什么位置或者用户的信息。第三方 Cookies 常被用来在用户不知情的情况下向各种网站提供信息。

可使用隐私设置来启用或禁用 Cookie，或者仅仅禁用第三方 Cookie。下面的功能可用来阻止其他跟踪方法。

- **广告阻止程序**：一种扩展，可用于禁止显示不想看到的广告。这种扩展使用规则和算法阻止不属于网站主内容的项目。需要指出的是，有些网站检测广告阻止程序，并禁止使用广告阻止程序的用户查看网站。

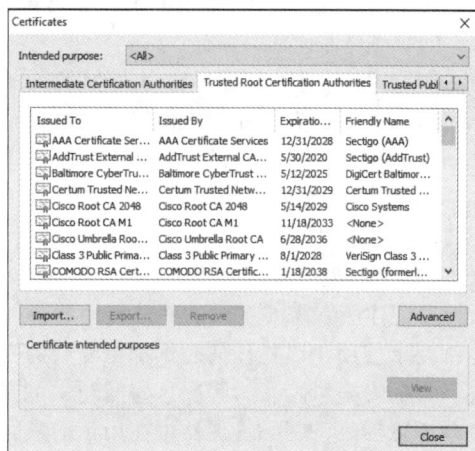

图 13-43　浏览器证书管理器

- **弹出窗口阻止程序**：禁止网站创建并非用户请求的窗口。

浏览器还会存储有关用户及其活动的数据。要对其进行这方面的配置，可使用如下两种方式。

- **保护隐私浏览器**：禁止浏览器缓存信息，如历史记录、表单信息和 Cookie，因此浏览器关闭时，将删除所有的数据。这并不能让用户成为匿名的，因为网站依然能够看到隐私保护会话未阻止的 IP 地址和其他信息。
- **清除缓存**：将删除所有的浏览历史记录，同时将删除为改善用户体验而缓存的所有文件。安全起见，最好在每次会话后都将缓存删除；可手动删除，也可自动删除。

5. InPrivate 浏览

Web 浏览器保留有关被访问的网页的信息、执行的搜索以及用户名和密码等身份信息；在个人计算机上，保留这些信息提供了极大的方便，但在公共计算机（如图书馆、酒店、商务中心或网吧的计算机）上保留这些信息会带来隐患。Web 浏览器保留的信息可被恢复并用来窃取用户的身份和钱财，或者修改重要账户的密码。

使用公共计算机时，为提高安全性，务必：

- 清除浏览历史记录；
- 使用 InPrivate 模式。

（1）清除浏览历史记录。

所有 Web 浏览器都提供了清除浏览历史记录、Cookie、文件等内容的途径。在 Microsoft Edge 中，清除浏览历史记录的步骤如下（另请参考图 13-44）。

① 单击 Microsoft Edge 右上角的 "More Actions"（设置及更多）图标。

② 选择 "Settings"（设置），再单击 "Privacy, Search, and Services"（隐私、搜索和服务）。

③ 在副标题 "Clear Browsing Data"（清除浏览数据）下方，单击 "Choose What to Clear"（选择要清除的内容），这将打开 "Clear Browsing Data"（清除浏览数据）列表。

④ 选择一个时间范围以及要清除的内容，再单击 "Clear Now"（立即清除）。

（2）使用 InPrivate 模式。

所有 Web 浏览器都支持匿名地浏览 Web 网站——不保留任何信息。使用 InPrivate 模式时，浏览器将暂时存储文件和 Cookie，并在 InPrivate 会话结束后删除它们。

要在 Microsoft Edge 中打开 InPrivate 窗口，可采取如下步骤。

① 单击 Microsoft Edge 右上角的 "More Actions"（设置及更多）图标。

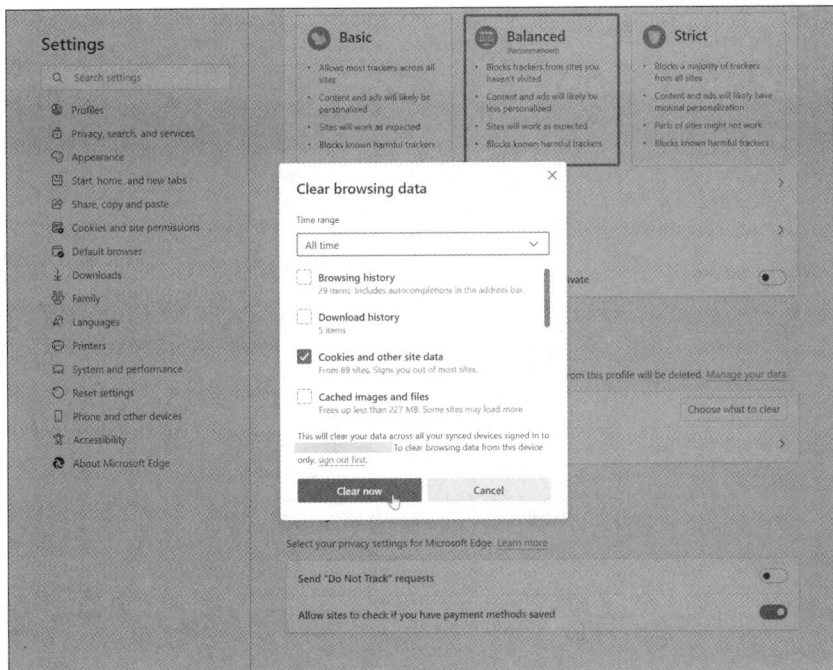

图 13-44　清除 Microsoft Edge 中的浏览历史记录

② 选择"New InPrivate Windows"（新建 InPrivate 窗口），打开一个新的 InPrivate 窗口。这个新窗口的右上角有 InPrivate 标签，如图 13-45 所示。

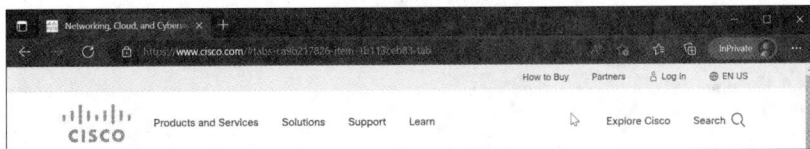

图 13-45　在 Microsoft Edge 中打开 InPrivate 窗口

6. 弹出窗口阻止程序

弹出窗口是一个 Web 浏览器窗口，出现在另一个 Web 浏览器窗口的前面。有些弹出窗口是在浏览时出现的，如单击网页上的链接时，打开一个弹出窗口，其中包含额外的信息或图片特写。其他一些弹出窗口是网站或广告商显示的，常常是用户不想看到或令人讨厌的，在网页上同时出现多个弹出窗口时尤其如此。

大多数 Web 浏览器都提供了弹出窗口阻止功能，让用户能够限制或阻止浏览网页时出现的大多数弹出窗口。要在 Microsoft Edge 中阻止弹出窗口，可采取如下步骤。

① 单击 Microsoft Edge 右上角的"More Actions"（设置及更多）图标。

② 选择"Settings"（设置）。

③ 选择"Cookies and Site Permissions"（Cookie 和网站权限），再单击"Pop-ups and Redirects"（弹出窗口和重定向）。

④ 确保开启了开关"Block (recommended)"［已阻止（推荐）］，如图 13-46 所示。

7. SmartScreen 过滤器

Web 浏览器可能提供了 Web 过滤功能，例如，Microsoft Edge 提供了 SmartScreen 过滤器，它用于检测钓鱼网站、分析网站的可疑内容、根据包含已知恶意网站和文件的列表检查下载等。

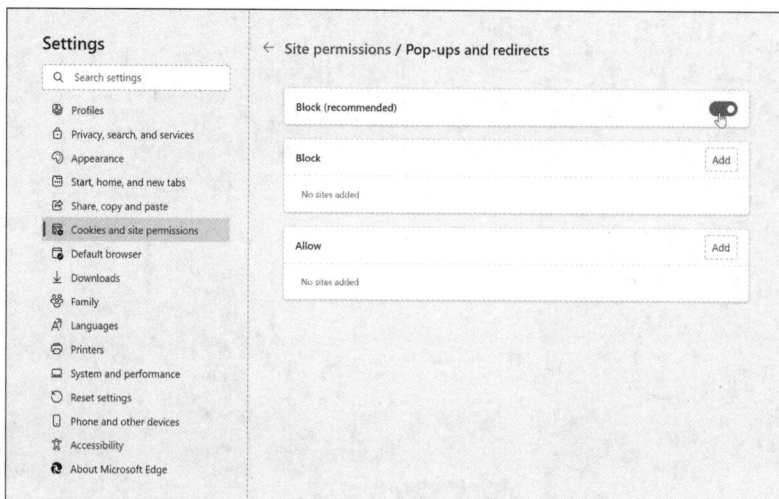

图 13-46　在 Microsoft Edge 中阻止弹出窗口

要在 Microsoft Edge 中启用 SmartScreen 过滤器，可采取如下步骤。

① 单击 Microsoft Edge 右上角的"More Actions"（设置及更多）图标。

② 选择"Settings"（设置）。

③ 选择"Privacy, Search, and Services"（隐私、搜索和服务）。

④ 向下滚动到"Security"（安全性）部分，并确保启用了"Microsoft Defender SmartScreen"，如图 13-47 所示。

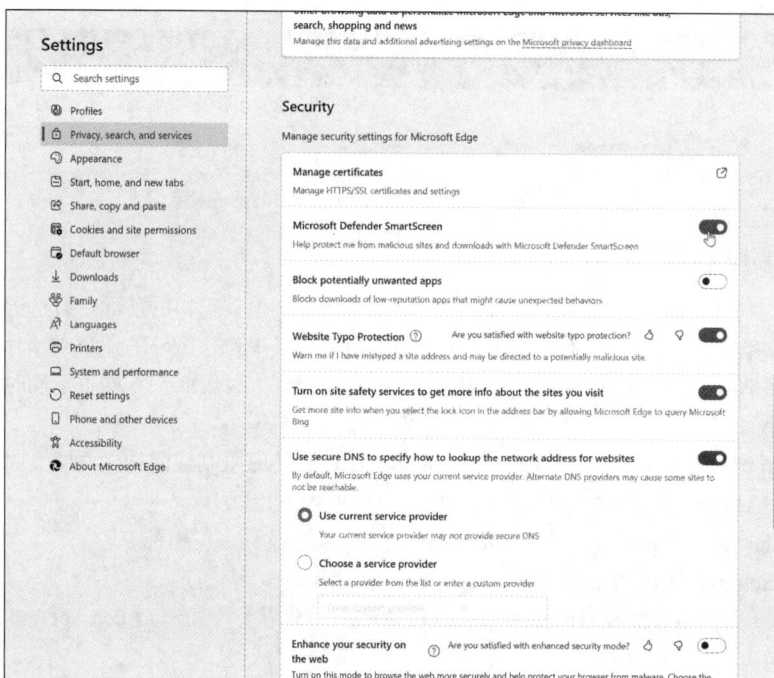

图 13-47　在 Microsoft Edge 中启用 SmartScreen 过滤器

8. ActiveX 筛选

有些网站要求用户安装 ActiveX 控件，但 ActiveX 控件可用于实现恶意目的。

为网站安装 ActiveX 控件后，该控件也将在其他网站上运行，这可能降低性能或带来安全风险。ActiveX 筛选让用户能够在不运行 ActiveX 控件的情况下浏览网页；在启用了 ActiveX 筛选的情况下，用户可选择哪些网站可运行 ActiveX 控件。未经许可的网站不能运行 ActiveX 控件，同时浏览器不会显示通知，让用户安装或启用 ActiveX 控件。

要在 Internet Explorer 11 中启用 ActiveX 筛选，可选择菜单"Tools"（工具）→"ActiveX Filtering"（ActiveX 筛选）。在图 13-48 所示的示例中，启用了 ActiveX 筛选。要禁用 ActiveX 筛选，可再次选择菜单"Tools"（工具）→"ActiveX Filtering"（ActiveX 筛选）。

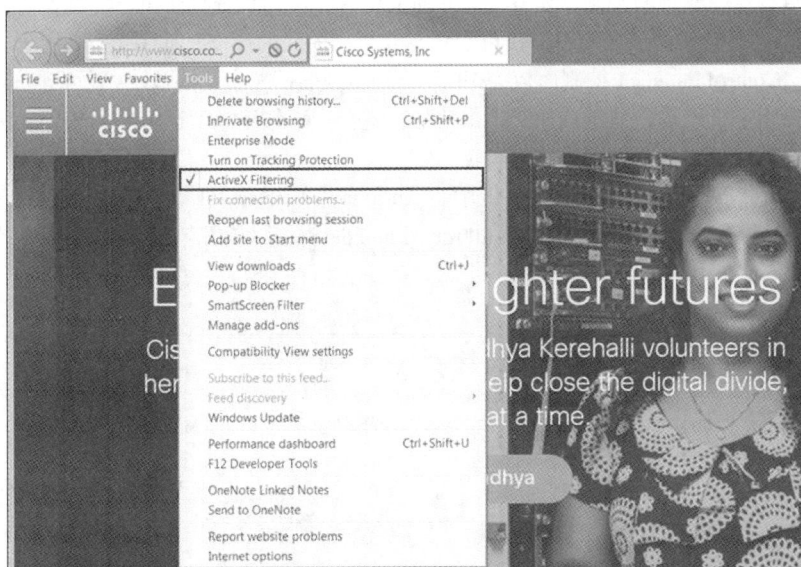

图 13-48　启用 ActiveX 筛选

要在启用了 ActiveX 筛选的情况下查看包含 ActiveX 内容的网站，可单击地址栏中蓝色的 ActiveX 筛选图标，再单击"Turn Off ActiveX Filtering"（关闭 ActiveX 筛选）。

查看内容后，可采取前述步骤对网站启用 ActiveX 筛选。

注　意　Microsoft Edge 不支持 ActiveX 筛选。

13.3.6　安全维护

为确保设备和网络平稳而正确地运行，采取未雨绸缪的安全措施至关重要。安全维护是一个没有终点的过程，需要规划和调度。

1. 限制性设置

设备的安全功能常常未被启用或保留为默认设置，例如，很多家庭用户出于方便考虑保留了无线路由器的默认密码和默认的无线身份验证方法。

有些设备出厂时包含允许性设置：除被明确禁止通过的端口外，其他端口都允许通过。默认的允许性设置让众多设备暴露在攻击者的视野下；相比于限制性设置，允许性设置更容易实现，但更不安全、更容易遭受攻击。

现在，很多设备出厂时都包含限制性限制，即必须被明确允许通过的数据包才能通过，未被明确允许的数据包都将禁止通过。相比于允许性设置，限制性设置更难实现，但更安全、更不容易遭受攻击。

确保设备安全并尽可能配置限制性设置是技术人员的职责所在。

2. 禁用自动播放

较旧的 Windows 主机使用自动运行功能，旨在改善用户体验。将介质（如闪存、CD 或 DVD）插入计算机时，系统将自动在其中查找特殊文件 autorun.inf 并执行它。恶意用户可利用这种功能快速感染主机。

较新的 Windows 主机使用类似于自动运行的功能"自动播放"，让用户能够指定哪些介质将自动运行。自动播放提供了额外的控制，还可根据介质的内容提示用户选择要执行的操作。

在"AutoPlay"（自动播放）窗口中，可配置与介质相关联的操作，如图 13-49 所示；要打开这个窗口，可进入"Control Panel"（控制面板），并选择"AutoPlay"（自动播放）。虽然自动播放存在的问题没有自动运行得那么严重，但用户只要单击一下，就会在不知不觉间运行恶意软件，因此安全的解决方案是关闭自动播放，为此可采取如下步骤。

① 在"Control Panel"（控制面板）中选择"AutoPlay"（自动播放）。

② 取消选择复选框"Use AutoPlay for all media and devices"（为所有媒体和设备使用自动播放）。

③ 单击"Save"（保存）按钮。

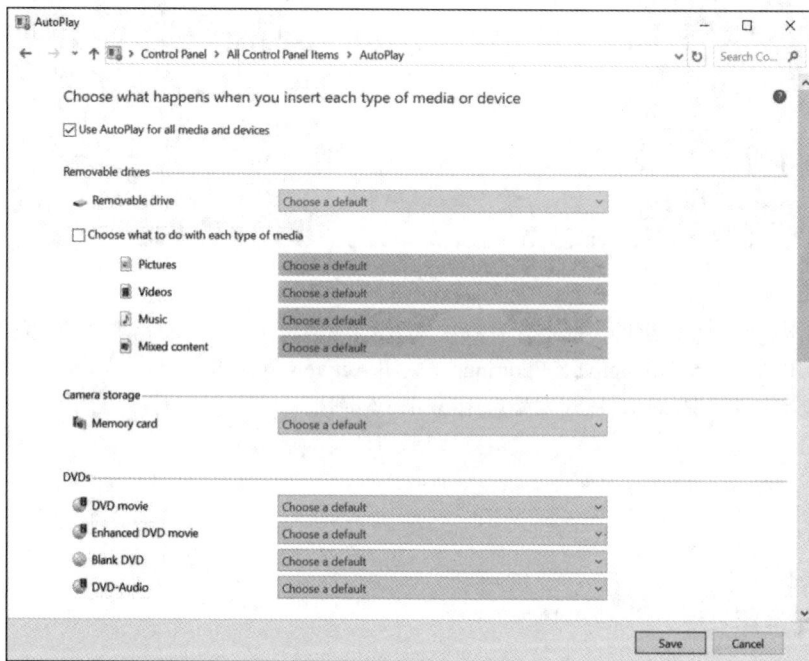

图 13-49　配置自动播放

3. 操作系统服务包和安全补丁

补丁是制造商提供的代码更新，旨在防止新发现的病毒或蠕虫攻击得逞。有时，制造商会将补丁和升级合并为一个综合性更新应用程序——服务包。

务必尽可能应用安全补丁和操作系统更新，这至关重要。如果有很多的用户下载并安装了最新的服务包，很多毁灭性病毒攻击就可能不会造成严重的后果。

Windows 定期地检查 Windows 更新网站，看看是否有新发布的高优先级更新，以帮助保护计算机免受最新的安全威胁。这些更新包括安全更新、关键更新和服务包。根据你所做的设置，Windows 可能自动下载并安装计算机需要的所有高优先级更新，也可能在发现有这些更新时通知你，如图13-50所示。

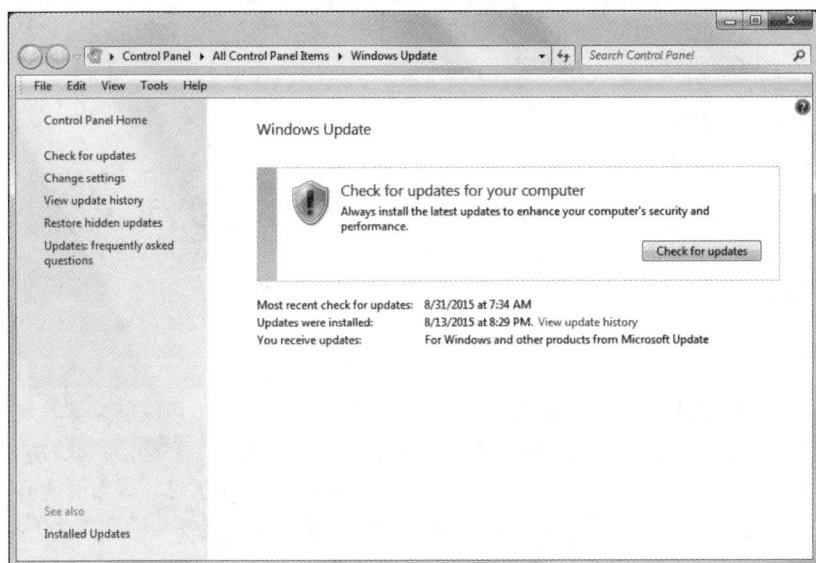

图 13-50 Windows 更新

13.4 无线安全

由于无线网络更易于实现、更易得、更便宜，因此在家庭和企业环境中部署的无线网络数量在不断增多。有鉴于此，技术人员需要知道如何保护无线网络，以防未经授权和恶意地访问。

无线网络的部署给网络基础设施带来了新的安全风险，无线通信特有的安全问题需要引起特别重视。

1. 你对无线安全了解多少

务必保护网络及其连接的设备，这很重要。对有线网络来说如此，对无线网络来说亦如此。你需要熟悉如下与无线安全相关的术语：SSID、WPA、UPnP、固件和防火墙。

请看下面的场景，看看各个场景与上面哪个术语联系得最为紧密。

（1）场景。

场景1：在当地的一家餐厅，你看到了"免费Wi-Fi"标记，而在手机中，你看到一个名为ForOurGuests的网络。

场景2：你注意到一个名为StaffOnly的网络带加锁符号，你试图连接到该网络时被提示输入密码。

场景3：网络犯罪分子请求通过端口转发访问你的内部网络打印机。

场景4：你收到一封来自无线路由器制造商的邮件，邮件警告说发现一个新漏洞，并建议你更新设备。

场景5：了解远程漏洞后，你决定安装一台设备，对网络流量进行严密监视和过滤。

（2）答案。

场景1：SSID。可通过配置对无线网络的名称进行广播，让所有设备都看到。

场景 2：WPA。可使用密码对无线网络访问进行限制和加密。

场景 3：UPnP。方便起见，该协议开放端口，而不进行身份验证。

场景 4：固件。可直接从制造商那里下载这种文件，以更新无线路由器。

场景 5：防火墙。网络面临的来自内部和外部的威胁，推荐在所有设备上都对网络流量进行过滤。

2. 常见的通信加密类型

对于两台计算机之间的通信，可能需要加以保护。在安全通信方面，有两大要求：收到的信息未被人拦截并修改；即便拦截了信息，也无法读懂。为满足这些要求，可使用下面的技术。

- 散列编码。
- 对称加密。
- 非对称加密。

（1）散列编码。

散列编码可确保消息的完整性，这意味着消息在传输过程中未被损坏或篡改。散列编码使用数学函数生成数字值——消息摘要。消息摘要随数据而异，即便只修改一个字符，函数的输出也将不同。这种函数是单向的，攻击者即便知道消息摘要，也无法重新生成原始消息，因为根据不同的消息将生成完全不同的散列输出。图 13-51 说明了散列编码。常用的散列算法是安全散列算法（SHA），它正逐步取代较老的算法消息摘要 5（MD5）。

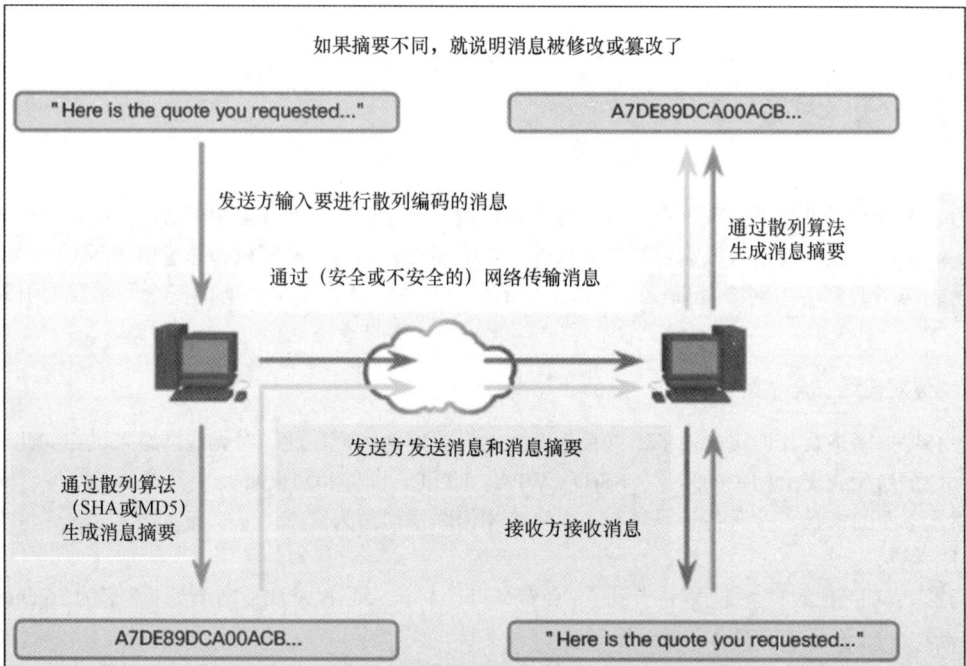

图 13-51　散列编码

（2）对称加密。

对称加密可确保消息的机密性，即便拦截了经过加密的消息，也无法看懂。要对消息进行解密（使其能够看懂），必须使用加密时使用的密码（密钥）。对称加密要求加密会话的双方使用加密密钥对数据进行编码和解码，且发送方和接收方必须使用相同的密钥。图 13-52 说明了对称加密。AES 和较老的三重数据加密算法（3DES）都属于对称加密算法。

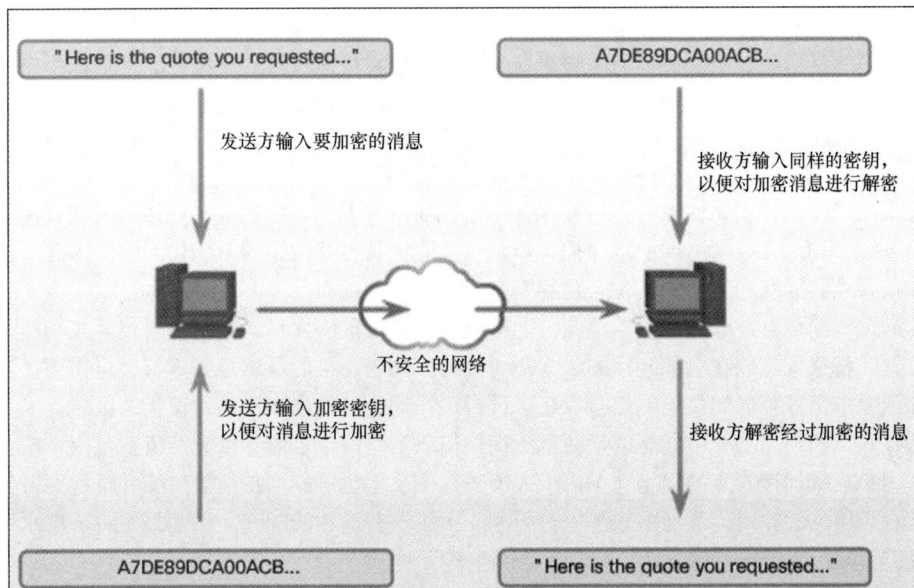

图 13-52　对称加密

（3）非对称加密。

非对称加密也可确保消息的机密性，但使用两个密钥——私钥和公钥。公钥可广泛分发，如通过电子邮件以明文方式分发，或者发布到网站上；但私钥由个人保留，且不能让任何人知道。可以通过如下两种方式使用这些密钥。

- 需要从多个来源接收加密文本时，使用公钥加密。在这种情况下，公钥可广泛分发，并用于加密消息。私钥用于解密消息，只有接收方知道。图 13-53 说明了使用公钥的非对称加密。

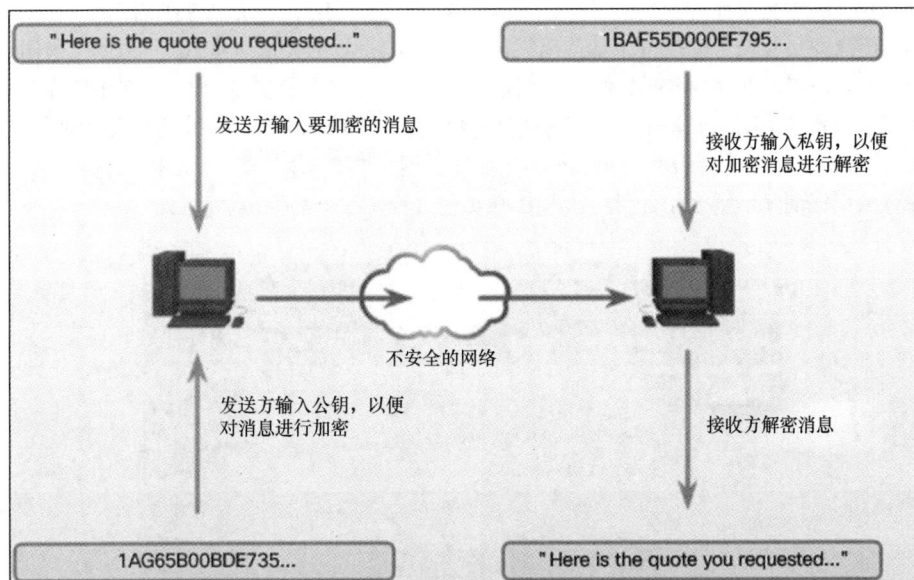

图 13-53　非对称加密

- 在数字签名中，使用私钥加密消息，并使用公钥解密消息。这种方法让接收方能够确定消息来源没有问题，因为仅当消息是使用发送方的私钥加密的，才能使用公钥解密。RSA（Rivest-Shamir-Adleman）是常见的非对称加密算法。

智能卡使用非对称加密。数字证书和私钥一起存储在智能卡硬件令牌中，进行身份验证时，智能卡将证书提供给身份验证服务器，后者检查证书是否有效且可信。然后，服务器使用证书中的公钥生成加密的质询，并将其发送给用户；智能卡使用私钥对挑战进行解密，并向服务器发送合适的响应。

3. Wi-Fi 配置最佳实践

在无线网络中，使用无线电波来传输数据，这让攻击者无须以物理方式连接到网络就能轻松地监视并收集数据。如果无线网络未加以保护，攻击者只要在其覆盖范围内就能访问它。因此，技术人员需要配置接入点和无线网卡，以实现合适的安全等级。

健壮的无线网络有足够大的覆盖范围，能够覆盖各个位置的用户，为此需要将天线和接入点放在合适的位置。将接入点放在电缆允许的最大距离处时，如果提供的覆盖范围不够，可使用扩展器和中继器来加强原本信号较弱的位置的信号。还可进行现场调查，找出未被信号覆盖的区域。

降低接入点的输出功率可能有助于防范沿街扫描攻击，但也可能导致无线覆盖范围不够大，无法覆盖合法用户。增加接入点的输出功率可增大覆盖范围，但也可能增加信号反弹和干扰的可能性。另外，可能有相关的法律对无线功率水平进行限制。由于这些潜在的问题，通常最好将功率水平设置为"自动协商"（Auto-Negotiate）。

安装无线服务时，请采用无线安全方法，以防止不受欢迎的网络访问。对于无线接入点，应进行与既有网络安全兼容的基本安全配置。设置 Wi-Fi 网络中的无线接入点时，管理软件会提示你输入新的管理员密码，还可修改管理员账户默认用户名，从而稍微提高安全性。另外，在小型网络中，可静态地分配 IP 地址，而不使用 DHCP。这样，除非计算机配置了正确的 IP 地址，否则无法连接到接入点。

无线路由器还可能提供了其他的安全服务，如家长控制和内容过滤。通过使用这些安全服务，可将访问 Internet 的时间限制为指定的小时数或天数，可阻止来自特定 IP 地址的流量，还可阻止包含特定关键字的流量。具体在什么地方配置这些功能，因路由器品牌和型号而异。

要给 Wi-Fi 网络提供基本安全，一种方式是修改默认的 SSID，并禁用 SSID 广播，如图 13-54 所示。接入点厂商在每种型号的设备中都使用某种默认 SSID，技术人员应将默认 SSID 改为用户能够识别的名称，以防与附近网络的 SSID 混淆。默认情况下，接入点大都广播 SSID，通过禁用 SSID 广播，可防止无线网卡找到该网络（除非它们配置了该网络的 SSID），从而实现一定程度的隐私保护。然而，禁用 SSID 广播提供的安全性极其有限，因为只要知道网络的 SSID，就能手动输入它。另外，无线网络会在计算机扫描期间广播 SSID，并且 SSID 在传输过程中很容易拦截。

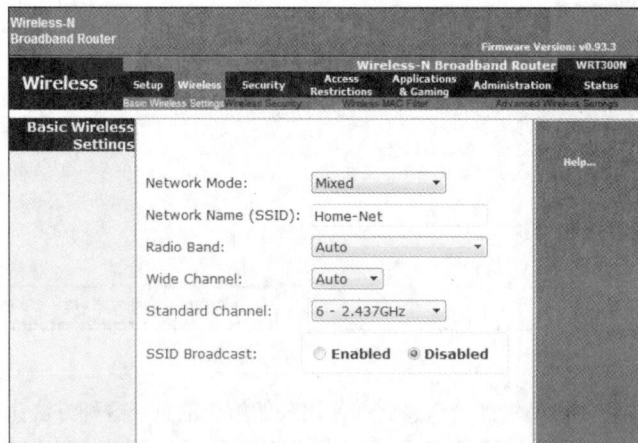

图 13-54　启用 SSID 广播

4．身份验证方法

有很多身份验证方法，如图 13-55 所示。下面详细介绍这些身份验证方法。

- **开放**：任何无线设备都可连接到无线网络。仅当不关心安全性时，才应使用这种方法。
- **共享密钥**：提供了身份验证机制，还有对无线客户端和 AP（或无线路由器）之间传输的数据进行加密的机制。
- **有线等效保密（Wired Equivalent Privacy，WEP）**：最初的 802.11 WLAN 保护规范；在 WEP 中，交换数据包时加密密钥始终不变，因此很容易破解。
- **Wi-Fi 保护接入（Wi-Fi Protected Access，WPA）**：一种标准，它使用 WEP，但采用强大得多的加密算法时限密钥完整性协议（Temporal Key Integrity Protocol，TKIP）来保护数据。采用 TKIP 加密每个数据包时都更换密钥，因此破解难度很大。
- **WPA2/WPA3**：WPA2 是当前的 WLAN 保护行业标准。WPA2 使用 AES 进行加密，而 AES 被认为是当前最强的加密协议。从 2006 年起，带 Wi-Fi 认证徽标的设备都通过了 WPA2 认证。WPA3 是 2018 年获得批准的，从那时起，所有 Wi-Fi 认证设备都必须获得 WPA3 认证。WPA3 在 WPA2 的基础上添加了众多安全功能，但当前大量的 WPA2 设备（包括物联网设备）都不太可能更新。另外，很多用户不熟悉 WPA3，也不知道如何实现它。因此，截至 2023 年，WPA3 的使用率一直非常低。

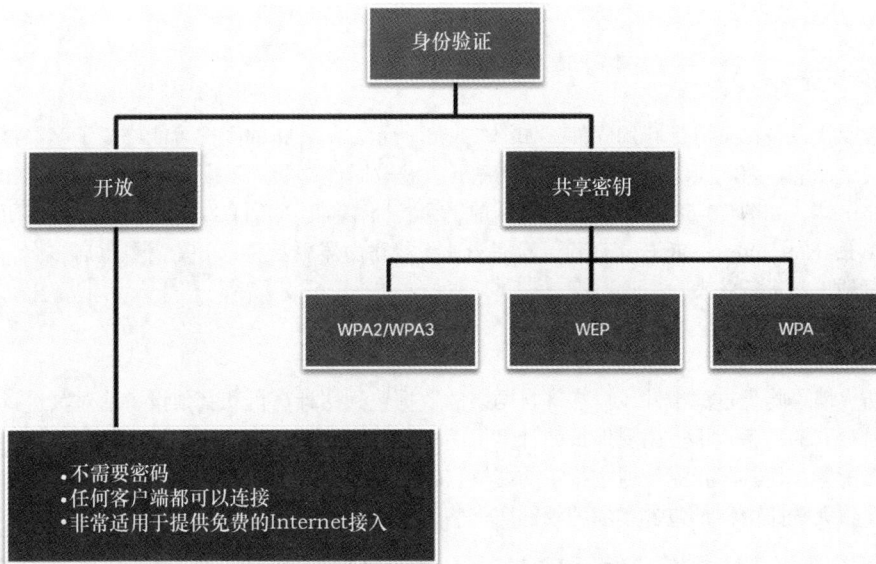

图 13-55　无线网络身份验证方法

5．无线安全模式

Wi-Fi 保护设置（Wi-Fi Protected Setup，WPS）和 WPA 是不同的技术。WPS 用于简化将设备连接到无线家庭网络的过程，可为用户自动完成设置密码的过程。WPA 是一种安全和访问控制技术，包括 WPA 和 WPA2，可与众多协议结合起来使用。用户使用 WPA 来创建和加密密码；WPA2 是十分安全的，因为它在 WPA 的基础上添加了很多安全功能，还提供了企业选项。

（1）WPA2。

务必使用无线加密系统对通过无线网络传输的数据进行编码，以防未经许可的人获取和使用数据，这很重要。大多数无线接入点都支持多种安全模式，你应尽可能使用强大的安全模式 WPA2（见图 13-56），这在前面讨论过。

（2）WPS。

很多路由器都提供了 WPS，如图 13-57 所示。支持 WPS 的路由器和无线设备都有一个相关的按钮，用户按这个按钮时，将在设备之间自动配置 Wi-Fi 安全。使用 PIN 的软件解决方案也很常见。WPS 并非完全安全，它很难抵御暴力攻击，知道这一点很重要。作为一种安全最佳实践，应关闭 WPS。

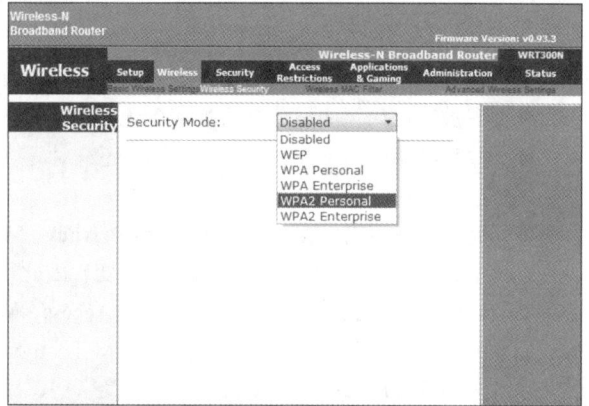

图 13-56　WPA2

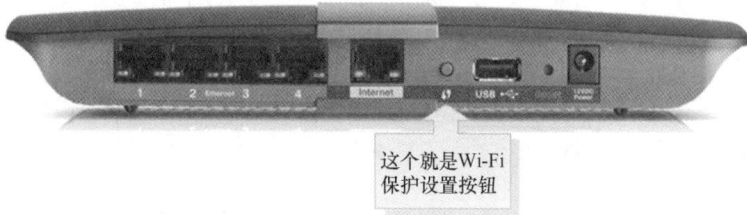

这个就是Wi-Fi
保护设置按钮

图 13-57　WPS

6. 固件更新

大多数无线设备都有可更新的固件，如图 13-58 所示。新发布的固件可能修复了客户报告的常见问题以及安全漏洞，因此应定期查看制造商网站，以获取固件更新。下载固件后，可使用 GUI 将其上传到无线路由器，如图 13-58 所示。安装更新前，请将路由器连接到有线网络，因为安装更新时，路由器将与 WLAN 和 Internet 断开，直到更新完毕。无线路由器更新后，可能需要重启多次，无线路由器才会恢复到正常运行状态。

7. 防火墙

硬件防火墙是物理过滤组件，可在来自网络的数据包到达计算机和其他设备前对其进行检查。硬件防火墙是独立的设备，不占用受保护的计算机的资源，因此不会影响计算机的处理性能。可对硬件防火墙进行配置，使其阻止流量通过特定的端口、特定范围内的端口，或者阻止前往特定应用程序的流量。大多数无线路由器都包含集成的硬件防火墙，如图 13-59 所示。

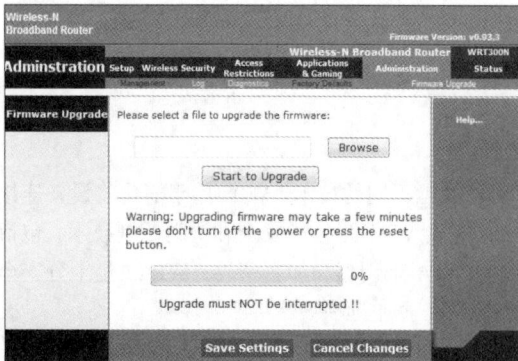

图 13-58　固件更新

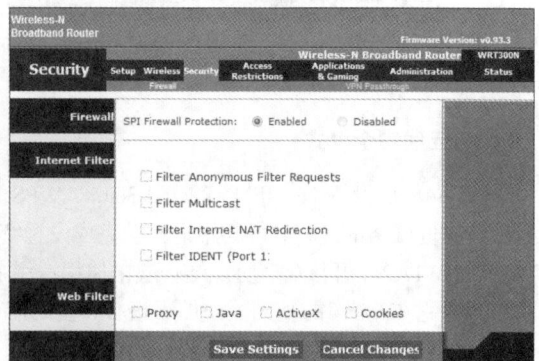

图 13-59　SPI 防火墙保护

硬件防火墙让两种类型的流量进入网络。

■ 对始发于网络内部的流量的响应。

■ 前往有意打开的端口的流量。

硬件防火墙和软件防火墙都可保护网络中的数据和设备，以防未经授权者访问。除安全软件外，还应使用防火墙。表 13-3 对硬件防火墙和软件防火墙做了比较。

表 13-3   比较硬件防火墙和软件防火墙

硬件防火墙	软件防火墙
专用硬件组件	以第三方软件的方式提供，费用各异
硬件购置费用和软件更新费用可能很高	Windows 操作系统提供了免费的软件防火墙
可保护多台计算机	通常只能保护安装它的计算机
不影响计算机的性能	使用计算机资源，因此可能影响计算机的性能

表 13-4 描述了各种防火墙配置。

表 13-4   各种防火墙配置

类型	描述
数据包过滤器	除非与防火墙中配置的规则集匹配，否则数据包不能通过防火墙。可根据各种属性对流量进行过滤，如源 IP 地址、源端口、目标 IP 地址或目标端口；还可根据目标服务或协议（如 WWW 或 FTP）对流量进行过滤
有状态数据包检查（SPI）	SPI 防火墙跟踪穿过它的网络连接的状态，并丢弃不属于已知连接的数据包。在图 13-59 所示的界面中，启用了 SPI 防火墙
应用层	拦截所有前往或来自应用程序的数据包，防止所有来自外部的不受欢迎的流量到达受保护的设备
代理	安装在代理服务器上的防火墙，它检查所有的流量，并根据配置的规则禁止或允许流量通过。代理服务器是在客户端和 Internet 上服务器之间转发流量的服务器

DMZ 是一个子网，向不可信的网络提供服务，如图 13-60 所示。Email 服务器、Web 服务器和 FTP 服务器通常都放在 DMZ 中，这样使用服务器的流量就不会进入本地网络内部。这可保护内部网络，使其免受前述流量的攻击，但不能给 DMZ 中的服务器提供任何保护。通常使用防火墙和代理来管理前往和来自 DMZ 的流量。

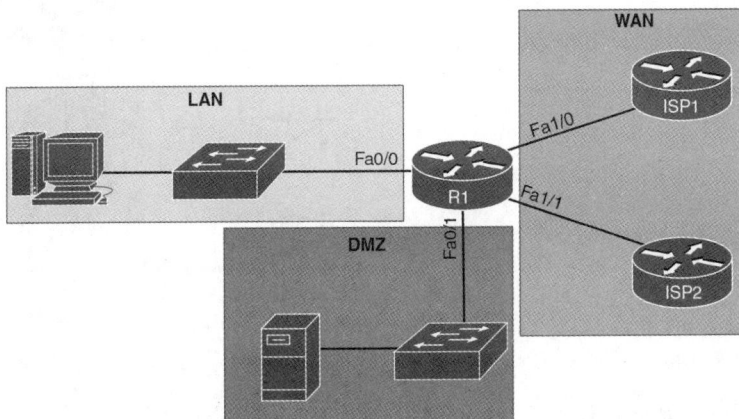

图 13-60   DMZ

8. 端口转发和端口触发

可使用硬件防火墙来阻断 TCP 和 UDP 端口，从而防止未经授权的流量进出 LAN。然而，在有些情况下，必须打开特定的端口，让某些程序能够与其他网络中的设备通信。端口转发（见图 13-61）是一种基于规则的方法，用于引导在不同网络中设备之间传输的流量。

流量到达路由器后，路由器根据流量的端口号决定是否要将流量转发到目标设备。端口号与特定服务（如 FTP、HTTP、HTTPS 和 POP3）相关联；配置的规则决定了哪些流量将被转发到 LAN。例如，路由器可能被配置为转发端口 80 的流量（即 HTTP 流量）：收到目标端口 80 的数据包时，路由器将把它转发给网络中提供网页的服务器。例如，可对端口 80 启用端口转发，并将其关联到 IPv4 地址为 192.168.1.254 的 Web 服务器。

端口触发（见图 13-62）让路由器暂时将经特定端口入站的流量转发给特定设备。通过使用端口触发，可仅在满足如下条件时将数据转发给计算机：指定范围内的端口被用来向外发送请求。例如，视频游戏可能使用端口 27000～27100 连接到其他玩家；可将这些端口指定为触发端口。聊天客户端可能使用端口 56 连接到相同玩家，以便能够与他们交互。在这个示例中，如果有使用触发端口范围内端口的出站游戏流量，就将端口 56 上的入站聊天流量转发给用来玩视频游戏和聊天的那台计算机。游戏结束后，将不再使用触发端口，因此不再允许通过端口 56 将任何类型的流量发送给这台计算机。

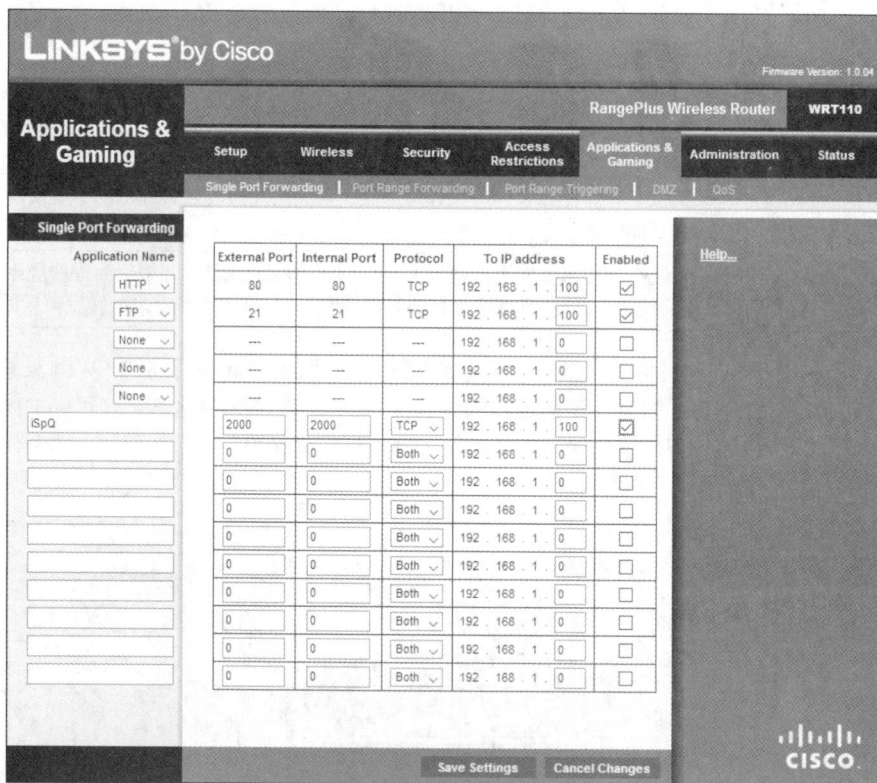

图 13-61　端口转发（1）

9. UPnP

UPnP 协议让设备能够动态地加入网络，而不需要用户干预或预先配置。在家庭和小型企业网络中，通常使用端口转发来支持流式媒体、托管游戏或提供服务，如图 13-63 所示。

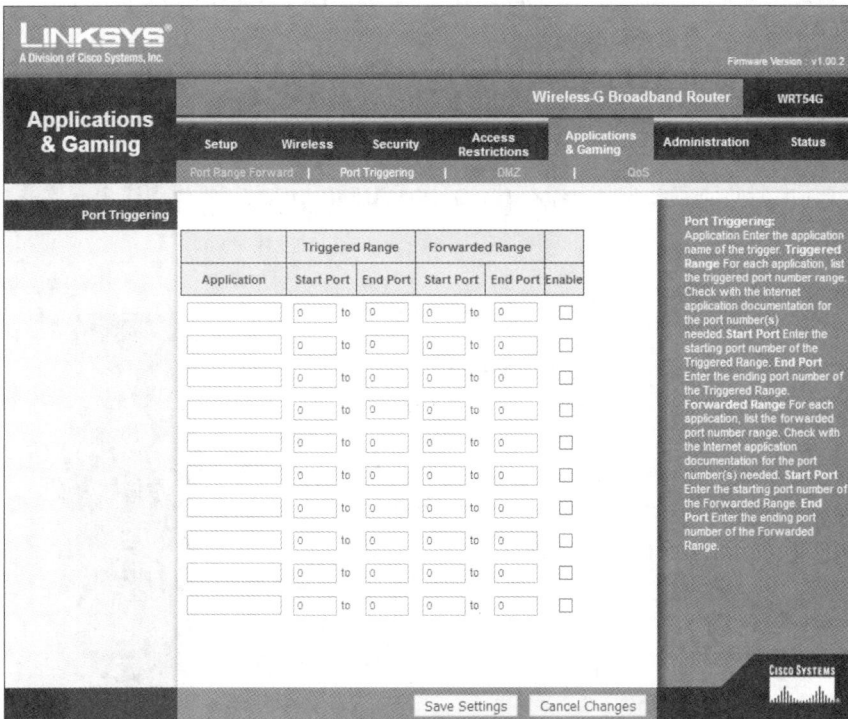

图 13-62　端口触发

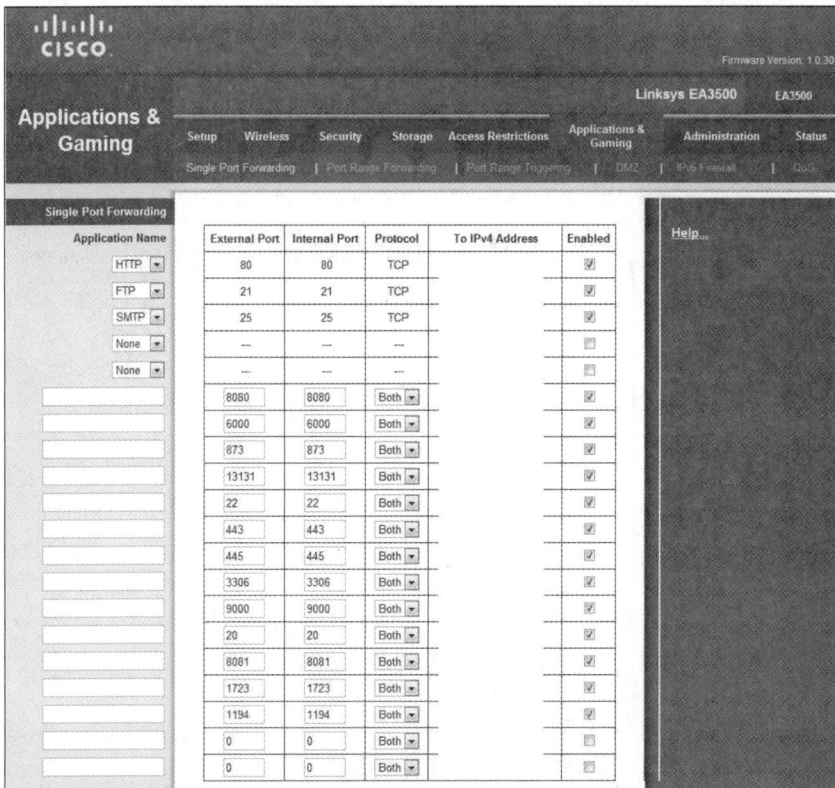

图 13-63　端口转发（2）

UPnP 虽然提供了便利，但不安全。UPnP 协议没有提供对设备进行身份验证的方法，将每台设备都视为可信任的。另外，UPnP 协议存在很多安全漏洞，例如，恶意软件可利用 UPnP 协议将流量重定向到当前网络外部的其他 IP 地址，从而将敏感信息发送给黑客。

很多网站都有各种基于浏览器的免费漏洞分析工具，请在网上搜索"UPnP 路由器测试"，并使用搜索到的工具扫描你的无线路由器，看看它是否存在 UPnP 漏洞。

很多家庭和小型办公室无线路由器都默认启用了 UPnP，因此需要找到这个配置并禁用它，如图 13-64 所示。

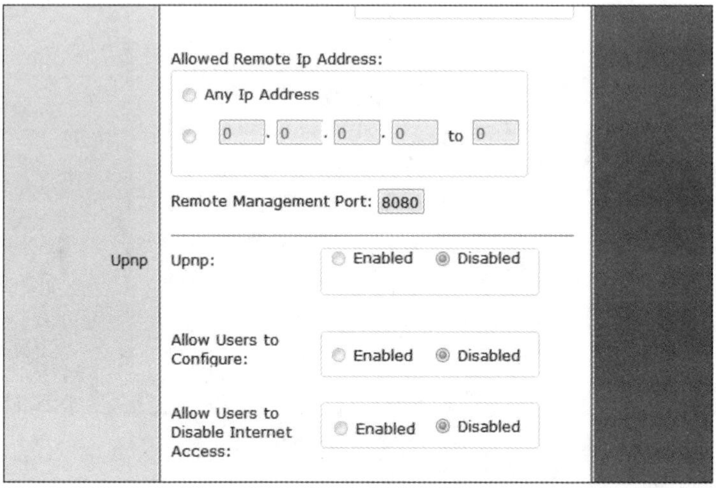

图 13-64 禁用 UPnP

13.5 基本的安全故障排除过程

技术人员必须能够有效地排除安全故障。通过故障排除流程来确定和排除安全故障，有助于安全人员以一致的方法来管理和应对数据和设备面临的威胁。

13.5.1 安全故障排除过程

可通过故障排除过程来解决安全问题。

1. 故障排除过程的 6 个步骤

故障排除过程包含如下 6 个步骤。

第 1 步：确定问题。

第 2 步：列出可能的原因。

第 3 步：逐个检查可能的原因，找出确切原因。

第 4 步：制订解决问题的行动计划并实施解决方案。

第 5 步：全面检查系统功能并在必要时采取预防措施。

第 6 步：记录问题、措施和结果。

2. 确定问题

与安全相关的问题解决起来可能像防范肩窥一样简单，也可能很复杂，如必须从多台联网的计算机中删除受感染的文件。通过故障排除步骤，有助于诊断并解决与安全相关的问题。

计算机技术人员必须能够分析安全威胁，并采取合适的方法来保护资产和修复损坏。故障排除过程的第 1 步是确定问题，表 13-5 列出了可向客户提出的开放性问题和封闭性问题。

表 13-5　　　　　　　　　　第 1 步：确定问题

开放性问题	封闭性问题
问题是什么时候开始出现的？	安全软件是最新的吗？
出现了什么问题？	最近是否对计算机进行过病毒扫描？
最近访问了哪些网站？	是否打开过疑似恶意邮件的附件？
计算机上安装了哪种安全软件？	最近修改过密码吗？
最近有哪些人使用了你的计算机	是否与人分享过密码

3. 列出可能的原因

与客户交流后，可开始列出可能的原因。你可能需要根据客户对症状的描述做更多的内部或外部研究。表 13-6 列出了一些可能导致安全问题的常见原因。

表 13-6　　　　　　　　　　第 2 步：列出可能的原因

导致安全问题的常见原因	病毒、木马、蠕虫、间谍软件、广告软件、灰色软件或恶意软件、网络钓鱼计划、密码被破解、设备房未受到保护、工作环境不安全

4. 逐个检查可能的原因，找出确切原因

列出可能的原因后，逐个检查以找出确切原因。表 13-7 列出了一些简单措施，它们可帮助你确定导致问题的确切原因甚至解决问题。如果利用这些简单措施解决了问题，就可全面检查系统功能；如果未能解决问题，就需要进一步研究问题，找出确切原因。

表 13-7　　　　　　　第 3 步：逐个检查可能的原因，找出确切原因

找出确切原因的常用措施	将计算机与网络断开。
	更新病毒和恶意软件防范程序的特征码文件。
	使用保护软件扫描计算机。
	检查计算机是否安装了最新的操作系统补丁和更新。
	重启计算机或网络设备。
	以管理员身份登录并修改用户的密码。
	保护设备房。
	保护工作环境。
	实施安全策略

5. 制订解决问题的行动计划并实施解决方案

找出导致问题的确切原因后，就可制订解决问题的行动计划并实施解决方案。如果没有找到原因，就需要进一步研究问题，表 13-8 列出了一些信息源，可从中收集解决问题所需的额外信息。

表 13-8　　　　　　　　　第 4 步：制订解决问题的行动方案并实施解决方案

如果前一步未能解决问题，需要利用这里的信息源做进一步研究，以寻找解决方案	服务台维修日志。 其他技术人员。 制造商提供的常见问题解答。 技术网站。 计算机手册。 设备手册。 在线论坛。 互联网搜索。

6. 全面检查系统功能并在必要时采取预防措施

解决问题后，全面检查系统功能并在必要时采取预防措施，表 12-8 列出了全面检查系统功能的步骤。表 13-9 列出了验证解决方案的步骤。

表 13-9　　　　　　　　　第 5 步：全面检查系统功能并在必要时采取预防措施

验证解决方案并全面检查系统功能	再次扫描计算机，确认没有遗漏的病毒。 再次扫描计算机，确认没有遗漏的间谍软件。 检查安全软件日志，确认没有遗漏的问题。 检查计算机是否安装了最新的操作系统补丁和更新。 测试网络连接性和 Internet 连接性。 确认所有的应用程序都运行正常。 确认能够访问获得授权的资源，如共享打印机和数据库。 确认对入口进行了保护。 确认实施了安全策略

7. 记录问题、措施和结果

故障排除过程的最后一步是记录问题、措施和结果，表 13-10 列出了为此必须完成的任务。

表 13-10　　　　　　　　　第 6 步：记录问题、措施和结果

记录问题、措施和结果	与客户讨论实施的解决方案。 让客户核实问题是否得到了解决。 将所有必要的文件交给客户。 在工单和技术人员日记中记录解决问题的步骤。 记录维修中使用的所有组件。 记录为解决问题花费了多长时间

13.5.2 常见安全问题及其解决方案

知道一些常见的安全问题及其解决方案后，可更快地排除故障。

导致安全问题的原因有很多。有些安全问题比其他的安全问题更常见，表 13-11 列出了一些常见的安全问题及其解决方案。

表 13-11 常见的安全问题及其解决方案

常见问题	可能原因	可能的解决方案
出现安全警报	Windows 防火墙被禁用	启用 Windows 防火墙
	病毒定义已过时	更新病毒定义
	检测到恶意软件	清除恶意软件
用户每天都收到大量垃圾邮件	邮件服务器未提供垃圾邮件检测和防范功能	安装/更新防病毒软件或垃圾邮件防范软件
在网络中发现未经授权的无线接入点	为增大公司网络的覆盖范围，用户擅自添加了无线接入点	断开并没收未经授权的设备
		对违反安全策略的人员采取措施
发现有不认识的打印机维修人员在键盘下和桌面上搜寻	未妥善地监控访客或用于进入办公区域的用户凭证被盗	联系保安或警察
		教育用户切勿将密码藏在办公区域附近
系统文件被重命名、应用程序崩溃、文件消失或文件权限被修改	计算机感染了病毒	使用防病毒软件清除病毒
		使用备份还原计算机
用户使用闪存导致网络上的计算机感染病毒	网络计算机访问闪存时，防病毒软件未对闪存进行扫描	设置防病毒软件，使其可对可移动介质进行扫描
邮件联系人指出发现来自你的垃圾邮件	你的邮件账户被劫持	修改邮件账户密码
		与邮件服务支持人员联系，并重置邮件账户
使用128位 WEP 加密的无线网络被攻陷	使用常见的黑客工具就可解密 WEP	升级到 WPA 加密
		对于较旧的无线客户端，使用 MAC 地址过滤
用户被重定向到恶意网站	域名解析服务被攻陷或遭受了 DNS 欺骗攻击	使用 ipconfig/flushdns 刷新本地 DNS 缓存，以清除其中的恶意条目
		检查 HOSTS 文件，看看其中是否有伪造的条目
		检查名称解析服务的优先顺序
		检查客户端 IP 地址配置中的主 DNS 和辅助 DNS
用户尝试打开文件时，出现禁止访问错误	恶意软件修改了文件权限	隔离感染的系统并深入调查
浏览器打开的页面并非用户要访问的	被植入了间谍软件	检查 HOSTS 文件，看看其中是否有恶意条目；同时检查客户端使用的 DNS 服务器是否正确

13.6　总结

本章介绍了众多导致计算机和网络瘫痪的威胁，其中严峻、常见的威胁是恶意软件。恶意软件是网络犯罪分子开发的，用于实施恶意行为的软件，通常在用户不知情的情况下安装到计算机上。你学习了常见的计算机恶意软件类型，如病毒、木马、广告软件、勒索软件、rootkit、间谍软件和蠕虫，还学习了防范恶意软件的方法。你学习了各种 TCP/IP 攻击，如拒绝服务、欺骗、SYN 泛洪和中间人攻击。

为保护网络，组织通常会部署网络安全解决方案和最新的恶意软件防范解决方案。然而，这些措施无法应对社会工程攻击——配置和保护措施良好的网络面临的严峻威胁。你了解到，网络犯罪分子利用社会工程攻击对没有戒心的人进行欺骗，使其泄露机密信息或账户登录凭证等。社会工程攻击形式多样，包括网络钓鱼、假托、诱饵和垃圾搜寻。

你学习了安全策略的重要性，因为它定义了安全目标，旨在确保组织中网络、数据和计算机的安全。你了解到安全策略应包含如下规定：哪些人被授权访问网络资源、密码必须满足的最低要求、哪些使用网络资源的方式是可接受的、远程用户如何访问网络、如何处理安全事故。在安全策略中，有一部分是针对物理设备的；在这方面，你学习了各种安全锁，还有可限制进入限制区域和防范尾随的陷阱。

数据很容易因盗窃、设备故障或发生灾难而丢失或受损，为减小数据丢失风险，可使用数据备份、文件和文件夹权限以及文件和文件夹加密。

你学习了如何保护 Windows 工作站：设置 BIOS 密码，以限制启动操作系统和更改 BIOS 设置；设置登录密码，以限制对本地计算机的访问；设置网络密码，以限制对网络资源的访问。你还学习了如何在 Windows 中设置本地安全策略。

你学习了 Windows 自带的基于主机的防火墙——Windows Defender，以及如何配置它以允许或禁止访问特定的程序或端口。你还学习了高级安全 Windows 防火墙，它让你能够使用 Windows 防火墙策略（如入站规则、出站规则、连接安全规则和监控）实现更细致的访问控制。

无线网络特别容易遭到攻击，必须妥善保护。无线网络使用无线电波来传输数据，这让攻击者无须以物理方式连接到网络就能轻松地监视和收集数据。为给 Wi-Fi 网络提供一定程度的安全，一种方式是修改默认 SSID 并禁用 SSID 广播；要进一步提高安全性，可使用身份验证和加密。

最后，你学习了安全故障排除过程的 6 个步骤。

13.7　复习题

请完成以下所有的复习题，检查你对本章介绍的主题和概念的理解程度，答案见附录。

1. 你收到一封看似来自合法发件人的邮件，要求你访问特定的网站并输入机密信息。请问这属于哪种安全威胁？（　　　）

    A. 网络钓鱼　　　　　　　　　　　　B. 隐形病毒

    C. 广告软件　　　　　　　　　　　　D. 蠕虫

2. 技术人员加入组织后，入职的第一周就发现了安全违规情况，请问技术人员应实施哪种策略？（　　　）

A. 可接受的使用方式策略　　　　　　B. 身份和身份验证策略

C. 事故处理策略　　　　　　　　　　D. 远程访问策略

3. 技术人员发现，有位员工将未经授权的无线路由器连接到公司网络，以确保出去休息时依然在 Wi-Fi 覆盖范围内。面对这种情况，技术人员应采取哪些措施（双选）？（　　　）

A. 创建一个来宾账户，供该员工在办公大楼外时使用

B. 确保该无线路由器不广播 SSID

C. 立即将该无线路由器与网络断开

D. 新添一个经过授权的无线接入点，扩大网络覆盖范围，以方便该员工使用

E. 根据公司安全策略确定要对该员工采取的措施

4. 在排除系统安全故障的过程中，技术支持人员在记录问题前应采取哪项行动？（　　　）

A. 询问客户出现了什么问题　　　　　B. 在安全模式下启动系统

C. 确认所有应用程序都运行正常　　　D. 断开系统与网络的连接

5. 公司高管要求 IT 部门提供一个解决方案，以确保被带离办公场所的可移动驱动器的数据安全。在这种情况下，建议采取哪种安全解决方案？（　　　）

A. TPM　　　　　B. VPN　　　　　C. BitLocker　　　　　D. BitLocker To Go

6. 有位公司员工最近参加了规定的安全意识和安全术语正确使用培训。请问浏览 Internet 时，可能出现由目标网站发动的哪种问题？（　　　）

A. 自动运行　　　B. 弹出窗口　　　C. 网络钓鱼　　　D. 防窥屏

7. 配置 Windows 安全时，下面哪个术语指的是与文件夹或打印机等对象相关联的规则？（　　　）

A. ActiveX　　　B. 权限　　　　　C. 权利　　　　　D. 防火墙

8. 网络技术人员将公司防火墙配置成数据包过滤器后，将监视网络流量的哪些特征（双选）？（　　　）

A. 数据包传输速度　　　　　　　　　B. 端口

C. MAC 地址　　　　　　　　　　　　D. 协议

E. 数据包长度

9. 小型企业的技术人员给计算机配置本地策略时，为要求用户在 90 天后修改密码，应使用哪种配置？（　　　）

A. 强制密码历史　　　　　　　　　　B. 密码必须符合复杂性要求

C. 密码最长使用期限　　　　　　　　D. 密码长度最小值

10. 要判断主机是否被攻陷并向网络泛洪，可采取下面哪项行动？（　　　）

A. 在主机上查看设备管理器，看看是否存在设备冲突

B. 检查主机的硬盘，看看是否存在错误和文件系统问题

C. 拆卸硬盘连接器并重新连接

D. 断开主机与网络的连接

11. 对于存储在本地硬盘上的数据，可采取哪种方法来防止未经授权的访问？（　　　）

A. 数据加密　　　　　　　　　　　　B. 双因子身份验证

C. 删除敏感文件　　　　　　　　　　D. 复制硬盘

12. 在工厂组装好硬盘后，通常对其进行哪种格式化？（　　　）

A. 标准　　　　　B. 低级　　　　　C. EFS　　　　　D. 多因子

13. 下面哪项属于社会工程攻击？（　　　）

A. 计算机被木马携带的病毒感染

B. 计算机显示未经授权的弹出窗口和广告

C. 自称技术人员不明身份者向员工收集用户信息

D. 匿名程序员向数据中心发起 DDoS 攻击

14. 一名技术人员最近从一家小型公司跳槽到一家大型公司,并加入了安全小组。为保护工作站,大型公司使用哪两种密码(双选)?(　　　)

A. 同步密码　　　　B. BIOS 密码　　　　C. 多因子密码　　　　D. 登录密码

E. 加密密码

15. 用户在周三开机后,PC 显示一条消息,指出所有的用户文件都被锁定,要解密这些文件,用户必须发送一封邮件,并在邮件标题中包含特定的 ID。该邮件还列出了购买和提交作为文件解密赎金的比特币的方式。查看这封邮件后,技术人员明白发生了安全事故。请问这个事故涉及的是哪种恶意软件?(　　　)

A. 木马　　　　B. 勒索软件　　　　C. 间谍软件　　　　D. 广告软件

第14章

IT 专业人员的职业能力与素养

IT 专业人员必须熟悉 IT 行业固有的法律问题和道德要求。无论是在现场、办公室还是通过电话与客户打交道，都必须考虑一些与隐私和保密相关的问题；即便是坐店技术人员，也需要访问客户的私人和机密信息，虽然不会直接与客户打交道。本章介绍一些常见的法律问题和道德要求。

呼叫中心的技术人员只通过电话与客户交流，本章介绍通用的呼叫中心规程以及与客户交流的流程。

IT 技术人员需要诊断并修复计算机故障，因此经常需要同客户和同事交流。实际上，对故障排除而言，客户沟通技巧与知道如何修复计算机故障一样重要。在本章中，你将学习如何得心应手地使用沟通技巧。

你还将学习如何在各种操作系统中使用脚本来自动完成流程和任务。例如，可使用脚本自动完成备份客户数据的任务，或在受损的计算机上运行一系列标准诊断操作。使用脚本可节省大量时间，需要在众多计算机上执行相同的任务时尤其如此。你将学习脚本语言以及一些基本的 Windows 和 Linux 脚本命令，还将学习一些重要的脚本编程术语，如条件变量、条件语句和循环。

14.1　IT 专业人员的沟通技巧

本节介绍与客户打交道时适用的沟通技巧，技术人员为何要研究这个主题呢？因为它会影响客户服务：与客户建立融洽的专业关系有助于收集信息并解决问题。

14.1.1　沟通技巧与故障排除

无论身处企业的哪个层级（从 IT 人员到 CEO），良好的人际沟通能力都必不可少，对面向客户的岗位人员（如 IT 服务台或呼叫中心的人员）来说更是如此。无论是在排除计算机故障还是管理团队的过程中，知道如何与组织的各级人员进行良好的互动和沟通都很重要：需要能够熟练地说明问题和传达解决方案以及高效地管理团队。本节介绍与组织内部或外部的客户打交道时适用的沟通技巧。

1. 沟通技巧和故障排除之间的关系

想一想你不得不打电话让维修人员来维修的情景，是不是感觉特别着急？也许有维修人员给你带来过糟糕的体验，在这种情况下，你还会再次给这个维修人员打电话，让他来解决问题吗？在与你沟通的过程中，这位维修人员有哪些需要改进的地方呢？有维修人员给你带来过良好的体验吗？这位维修人员是不是在你说明问题时积极倾听，等你说完后再提问以获取更多的信息？你还会再次给这位维修人员打电话，让他来解决问题吗？

解决计算机问题时，第一步通常是直接与客户交流，因为要解决计算机问题，需要向客户了解问题的详细情况。有计算机问题需要解决时，大多数人都会有些紧张，如果你能够与客户建立融洽的关系，客户可能会放松些。不紧张的客户更有可能提供相关的信息，让你能够确定问题根源，进而解决问题。

为提供优质的客户服务，请遵循如下指南。

- 设定并实现预期目标、遵守商定的时间表并将进度通报给客户。
- 必要时提供其他的维修或更换选项。
- 提供相关的文档，其中记录了你提供的服务。
- 提供服务后跟进客户和用户，了解他们是否对服务满意。

2. 沟通技巧与专业素养之间的关系

无论是通过电话与客户沟通，还是面对面的沟通，良好的沟通技巧和专业素养都很重要。

面对面的沟通时，客户能够看到你的肢体语言；通过电话沟通时，客户能够听到语气和语调变化，还能感觉到你是否面带微笑。很多呼叫中心技术人员都在办公桌上放一面镜子，以便能够看到自己的面部表情。

优秀的技术人员能够控制自己的反应和情绪，使其不受上一个电话的影响；所有技术人员都必须遵守一条重要的规则，那就是：每个电话都是一个全新的开始，绝不能让上一个电话带来的挫败感影响下一个电话。

14.1.2 与客户合作

客户为何要寻求计算机技术人员的支持？通常是因为遇到了问题。技术人员负责确定问题，并通过关心、尊重和共情给客户带来良好的体验。在沟通中，倾听至关重要，务必要心无旁骛地倾听。本节讨论如何确定客户所属的类型，以及如何拉近与客户的关系，进而提供高品质支持。

1. 认识、拉近关系和领会

技术人员的首要任务之一是确定客户的计算机出了什么问题。表 14-1 列出了与客户交谈时的 3 条通用规则：认识、拉近关系和领会。

表 14-1　　　　　　　　　　客户服务中的认识、拉近关系和领会规则

规则	定义	示例
认识	用名字称呼客户。询问客户喜欢你怎么称呼他	如果客户说自己是约翰逊夫人，询问是否可以这样称呼她。她可能给出肯定回答，也可能将自己的名字告诉你。在任何情况下，都只使用客户喜欢的称呼
拉近关系	与客户建立一对一的关系	找到你和客户的共同之处，但不要提供太多的相关信息。如果听到后院有狗叫，而你也养狗，可简单地谈谈客户的狗。如果你也曾寻求技术支持，跟客户说说这多让人气馁，并告诉客户你会竭尽所能地提供帮助。然而，不要让电话交流偏离轨道
领会	确定客户对计算机的熟悉程度，进而确定以什么样的方式与客户交流最合适	对计算机一无所知的客户不太可能知道你每天都在使用的行业术语，因此描述其计算机的各个方面时，务必使用能够想到的通俗易懂的语言。经验丰富的客户可能知道一些你日常使用的行业术语

2. 积极倾听

为能够更准确地判断客户计算机存在的问题，务必积极倾听。让客户详细说明问题，其间不时地插入简短的词语，如"理解""是的""明白""好的"，让客户知道你在认真倾听。

然而，技术人员不应用问题或长篇大论打断客户，这不仅粗鲁且失礼，还可能带来紧张气氛。很多时候，你可能发现对方还没说完，自己就在考虑如何回应了；当你这样做时，就不可能积极地倾听。相反，客户说话时务必细心倾听，并让客户说完其想法。

让客户说明问题时，你提出的是开放性问题，而开放性问题很少有简单的答案。在向你说明问题的过程中，客户可能提供相关的信息，让你知道客户当时正在做什么、想要做什么以及为何感到气馁。

听客户详细地说明问题后，对其描述进行总结，让客户知道你不但听了，还听明白了。理清问题的一种不错的做法是改变客户的措辞，并以"我可以这样理解吗"开头。这种做法很有效，可向客户证明你不但听了，还听明白了。

让客户确信你搞明白了问题后，接下来可能需要提出一些问题。确保问题切中要害，切勿提出客户在描述时回答过的问题，这可能会激怒客户，同时说明你没认真倾听。

追问的问题是有针对性的封闭性问题，是根据收集到的信息提出的。封闭性问题用于获取特定的信息，客户可给予肯定或否定回答，或通过提供事实型信息（如"Windows 10"）予以回答。

最后，使用从客户那里收集到的所有信息来填写工单。

14.1.3　专业素养

在工作场所，行为必须谦恭有礼，这也是专业素养的一部分。专业素养还表现为仪容整洁、态度积极。你表现出的专业素养会让客户安心，同时乐意与你打交道。

1. 向客户展现专业素养

与客户交流时，务必态度积极，告诉客户你能做什么，而不要将重点放在你无能为力的事情上。随时准备向客户介绍可提供的其他帮助方式，如通过邮件发送信息和分步操作指南、使用远程控制软件解决问题。

与其指出与客户打交道时该如何做，不如指出哪些事情不能做。下面列出了与客户交流时不能做的事情。

- 不要淡化客户面临的问题。
- 不要使用专业术语、缩写、首字母缩写和俚语。
- 不要采取消极态度或使用消极的语气。
- 不要与客户争论或做过多的辩解。
- 不要发表容易冒犯他人的言论。
- 不要在社交媒体上公开与客户的经历。
- 不要对客户品头论足、进行侮辱或直呼其名。
- 与客户交谈时不要分心或打断。
- 与客户交谈时不要接听私人电话。
- 与客户交谈时不要与同事谈论无关的话题。
- 不要唐突地让客户持机等待。
- 不要在没有解释且未经客户同意的情况下转接电话。

- 不要与客户谈及对其他技术人员的负面评价。

技术人员无法按时到达时，应尽快告知客户。

2. 电话保持和转接小贴士

与客户打交道时，必须在方方面面都展现出专业素养。你必须给予客户及时的关注，让客户感觉得到了尊重。通过电话交流时，必须知道如何让客户持机等待以及如何转接客户的电话，为此可参考表 14-2 和表 14-3。

表 14-2 如何让客户持机等待

务必	切勿
让客户完整地说明问题。 说明必须让客户持机等待的原因。 得到许可后再让客户持机等待。 得到客户许可后表示感谢，并指出你稍后就会回来。 指出你在此期间将做什么。 让客户持机等待后，如果在预期的时间过后才回来，向客户说明原因。 感谢客户在你解决问题期间耐心等待	打断客户。 不加说明就让客户持机等待。 未经许可就让客户持机等待。 假装或表现得你的时间比客户的时间宝贵

表 14-3 如何转接客户的电话

务必	切勿
让客户完整地说明问题。 简单地说明必须转接客户电话的原因。 告诉客户将把电话转接给谁（其姓名和编号）。 得到客户许可后再转接电话。 得到客户许可后表示感谢并开始转接电话。 将你的姓名、工单号以及客户姓名告知要将电话转接给的新技术人员	打断客户。 不加说明就转接电话。 未经许可就转接电话。 假装或表现得你的时间比客户的时间宝贵

3. 网络礼仪知多少

身为技术人员，你必须在与客户沟通的整个过程中都表现得很专业：尊重他人的时间和隐私、宽容对待他人的错误以及分享你的专业知识。通过电子邮件或短信交流时，有一套个人和商务礼仪，这被称为网络礼仪。下面列出了一些常见的网络礼仪。

- 即便对方不礼貌，也要彬彬有礼。
- 务必在邮件开头使用合适的问候语。
- 发送邮件或短信前，务必检查语法和拼写。这在任何情况下都是个不错的主意，因为很可能存在被你忽略的严重错误。
- 要讲究道德，不仅通过电子邮件或短信交流时要如此，以其他任何方式与人交互时都应如此。
- 不要通过电子邮件发送或转发连锁信。

- 不要发送充满愤怒的指责性邮件。
- 不要回复指责性邮件。指责性邮件解决不了问题，只会让情况更糟。
- 不要在邮件中使用全大写单词，这种单词会被认为是在咆哮。
- 不要在邮件或短信中包含任何你不会当面对人说的话。这样做不仅不符合道德，而且可通过邮件或短信追溯到你。

14.1.4 与客户通话

对你、客户和公司来说，给予客户良好的体验很重要，因为你是连接公司和客户的纽带。回答问题及帮助客户解决问题时，要改善客户的体验，良好的倾听和沟通技巧必不可少。

接听电话时，你的工作职责之一是让客户专注于问题，这样你才能掌控通话。下面的做法可有效地利用你和客户的时间。

- **使用合适的语言**：务必清晰明了，不使用客户可能无法明白的技术语言。
- **倾听并提问**：让客户讲话并细心倾听；提出开放性问题和封闭性问题，以便获悉客户面临的问题的详细情况。
- **给予反馈**：让客户知道你搞明白了问题，并以友好、积极的方式交流。

计算机问题多种多样，客户也多种多样。通过积极倾听，或许能够获得一些线索，让你知道与你通话的客户是什么类型的，如客户对计算机是一无所知还是了如指掌？客户是否很气愤？不要做任何个人评价，也不要对任何评价或指责进行反驳。只要能够冷静地面对客户，就能将通话的重点放在寻找问题的解决之道上。知悉客户的特质可能有助于你采取相应的措施来掌控通话。

14.2 作业流程

作业流程是公司向员工提供的指南，具体说明了该如何完成任务，可帮助员工知悉公司的期望：通过采取哪些措施确保工作得以按预期高效地完成。

14.2.1 文档

文档有多种用途，包括但不限于将信息转达给同事、用于法律事务、记录问题和解决方案以供以后使用等。文档还是一个良好的沟通渠道。

1. 文档概述

不同类型的组织有不同的作业流程和业务职能管理流程，文档是将这些流程和规程传达给员工、客户和供应商的主要途径。

文档的用途如下。

- 使用图表、描述、手册页和知识库文档说明产品、软件和硬件是如何工作的。
- 对规程和做法标准化，确保能够重复而准确地执行。
- 制定组织资产使用规则和限制，包括有关 Internet、网络和计算机的可接受的使用方式。
- 减少混淆和错误，以节省时间和资源。

- 遵守政府或行业法规。
- 培训新员工或客户。

编写文档很重要，确保它们与时俱进同样重要。策略和规程不可避免地需要修订，在不断变化的 IT 领域尤其如此。就文档、图表和合规性策略制定标准的审核时间表，确保需要时能够找到正确的信息。

2. IT 部门文档

即便是对管理良好的 IT 部门来说，确保文档与时俱进也很难。IT 文档形式多样，包括图表、手册、配置和源代码。一般而言，IT 文档都可划归到四大类：策略文档、运维和规划文档、项目文档和用户文档。

（1）策略文档。

- **可接受的使用方式策略**：说明在组织内将如何使用技术。
- **安全策略**：概述信息安全的各个方面，包括密码策略和安全事故响应方法。
- **合规性策略**：指出适用于组织的所有联邦、州、地方和行业法规。
- **灾难恢复策略和流程**：提供详细的计划，指出出现服务中断故障时，必须采取哪些措施来恢复服务。

（2）运维和规划文档。

- **IT 策略和规划文档**：概述部门的近期目标和远期目标。
- 未来项目提案和项目批准书。
- 会议演示文稿和会议记录。
- 预算和采购记录。
- 资产清单管理，包括硬件和软件资产清单、许可证和管理方法（如使用资产标签和条形码）。

（3）项目文档。

- 变更、更新和新服务请求。
- 软件设计和功能需求，包括流程图和源代码。
- 逻辑和物理网络拓扑图、设备规格和设备配置。
- 变更管理表。
- 用户测试和验收表。

（4）用户文档。

- IT 部门提供的软件、硬件和服务的特性、功能和工作原理。
- 硬件和软件的最终用户手册。
- 服务台工单（含解决方案）数据库。
- 可搜索的知识库文档和常见问题解答。

3. 报告和规程

（1）可接受的使用方式策略。

可接受的使用方式策略（Acceptable Use Policy，AUP）是多方达成的协议，规定了用户访问资源和服务的合适方式。用户必须同意 AUP 并遵循 AUP 概述的策略，才会被授予访问权。

例如，可使用启动画面来显示规则并将处理数据规程告知用户，然后允许用户访问工作站或应用程序。

（2）事故报告。

事故报告也被称为事后报告（After-action Report，AAR），可用来记录重大事故（如安全违规）。

这种报告可包含调查信息以及利益相关方对事故的分析，用于确定潜在的问题、提供改善方面的洞见，以及采取纠正措施以免再出现类似的事故。事故报告应以清晰且专业的方式及时编写，并采取不偏不倚的态度，不包含个人的想法、情绪或解决方案。

（3）标准操作规程。

标准操作规程（Standard Operating Procedure，SOP）是分步说明，指导员工如何高效且安全地使用计算机和网络服务，并指出用户应承担的职责。SOP 的主要目标是在全公司实现一致性、打造高品质作品以及减少错误传达。自定义软件包安装规程就属于 SOP。

自定义软件包安装规程如下。

① 核实系统需求：核实可将自定义软件包集成到既有的计算机和 IT 基础设施中。

② 验证安装文件：下载安装文件后，将本地生成的散列值同下载源提供的散列值进行比较，确认这些文件未损坏。

③ 确认软件许可证：软件许可证是软件公司和最终用户签订的契约，规定了软件的使用方式以及可在多少台设备上安装。务必查看软件许可证，确定可让预期数量的用户以预期的方式使用软件。

④ 更新流程：将新软件纳入既有的变更控制和监视流程中。

⑤ 编写与时俱进的培训和支持文档：安装软件后相应地更新支持和培训文档。

4. 用户清单

用户清单也是一种 SOP，下面对新用户开启清单和最终用户终止清单这两个用户清单示例。

（1）新用户开启清单。

正规的入职流程可帮助新员工转换到工作角色，典型的入职流程包含如下步骤。

- 创建具有必要权限和安全许可的用户账户。
- 分配设备以及根据需要接受培训。
- 学习安全策略和数据保密协议。

（2）最终用户终止清单。

员工退休、换岗或离开组织时，在离职流程中应执行最终用户终止清单列出的任务。下面是典型的用户终止清单包含的一些任务。

- 收回设备并擦除其中所有的数据。
- 转让或收回软件许可证。
- 禁用账户并撤销账户的所有权限。

5. 知识库和文章

知识库是包含文章和文档的中央仓库，让整个组织的员工都能够创建、分享和管理知识。知识库中的文档可能提供如下常见类型的数据。

- 常见问题解答。
- 故障排除案例。
- 提供自助服务支持的内部数据库。
- 培训文档。
- 指向外部合法且可验证知识库文章的链接。

6. 合规性要求

地方和行业法规可能就公司需要记录哪些内容有额外的要求，监管和合规性策略通常规定了必须收集哪些数据以及这些数据必须保留多长时间；有些法规还对公司内部流程和规程提出了要求，还有些法规要求保留大量有关数据访问和使用情况的记录。

不遵守法律、法规可能带来严重的后果，包括罚款、解雇甚至监禁。务必熟悉对组织和从事的工作适用的法律和法规，这很重要。

7. 资产数据库

资产管理指的是跟踪和管理资产，确保资产得到妥善地使用、维护、升级和处置。组织必须编写清单，在其中列出其部署的所有硬件资产、耗材、备用组件（供硬件出现故障时更换）以及软件资产（如保修信息、许可证和知识产权）。

（1）数据库系统。

有很多软件解决方案可供企业用来管理和跟踪资产。资产管理软件可帮助管理资产，让企业更清楚其拥有哪些资产，进而降低硬件和软件方面的开销。

使用简单的电子表格就可跟踪资产，但难以实时地维护和提供准确的资产情况。为跟踪资产并存储相关的信息，如设备类型、序列号、资产 ID、部署位置、用户历史记录、许可证数量、保修信息和服务信息，可搭建集中式资产管理数据库系统。对于有些资产管理软件，可对其进行配置，使其执行网络发现——扫描网络并获取硬件信息，如品牌、型号和序列号以及设备配置和监控数据。

（2）资产标签。

通过结合使用资产标签和资产管理数据库系统，可获悉有关资产的准确且最新的信息。资产标签使用独特的序列号、条形码、二维码或 RFID 标识设备，通常粘贴在资产上。RFID 标签包含经过编码的数字数据，这些数据可被使用无线电波的扫描仪获取。

通过使用资产标签，公司可在从购买到处置的整个流程中跟踪资产，并简化维护工作。通过结合使用资产标签和数据库系统，可确保资产的安全，并对资产情况一目了然。

8. 资产采购

（1）采购生命周期。

资产采购生命周期包括如下几个阶段。

- **计划**：分析组织当前和未来的需求以及潜在资产对业务、网络、日常运营的影响，还有购置或升级资产前需要安装哪些设备。
- **采购**：确定预算以及提供所需资产的供应商或厂商。
- **部署**：安装采购的资产或将其与企业既有的其他工具集成；所有这些操作都必须在确保安全的情况下进行。
- **维护**：确保资产在最佳状态下运行，以最大限度地提高其使用价值。维护任务包括安全更新、数据备份、零件更换等。
- **处置**：资产报废后，需要擦除其中所有的数据，然后才可以出售、回收利用、捐献或销毁。同时，应更新资产管理数据库，将资产的状态变化情况反映出来。

（2）保修和许可。

对于每项硬件资产，都应确保其发票、保修证、支持合约、厂商联系信息随时都可找到；对于每项软件资产，都应确保随时能够找到其许可信息、订阅详情以及可供多少设备或用户使用等信息。

（3）分配给用户。

根据资产的类型，可将资产分配给特定用户或在整个组织的员工之间共享。

由个人管理的典型资产如下。

- 工作站。
- 便携式计算机。
- 移动设备，如智能手机和平板电脑。
- 软件许可证。

由部门的个人或安全小组管理的共享资产如下。

- 服务器。　　■ 路由器。　　■ 交换机。　　■ 接入点。

14.2.2 变更管理

本节所说的变更管理专指 IT 变更管理。IT 变更事件指的是在 IT 基础设施运行正常时的变更，导致变更的原因不是意外的服务中断、故障或为提高效率和性能必须做的设计调整，而是基础设施中各种系统依赖性。需要仔细规划变更，以最大限度地降低变更给网络服务或业务运营带来的影响。

在 IT 环境中，要控制变更可能很难。变更可能微不足道，如更换打印机，也可能很重要，如将所有企业服务器都升级到最新的操作系统版本。大型企业和组织大都有变更管理规程，旨在确保安装和升级工作能够平稳地进行。

更新、升级、更换和重新配置是常规的 IT 运维任务，良好的变更管理流程可防止它们给业务职能带来负面影响。变更管理通常始于利益相关方或 IT 组织内部发出的变更请求，大多数变更管理流程都包含如下阶段。

- **确定**：要变更什么？为何要变更？涉及哪些利益相关方？
- **评估**：变更会影响哪些业务流程？实施变更的开销是多少以及需要哪些资源？实施（或不实施）变更存在哪些相关的风险？
- **规划**：实施变更需要多长时间？是否会导致服务中断？如果变更失败，将采取什么样的回滚或恢复流程？
- **批准**：必须由谁授权进行变更？变更是否获得了批准？
- **实施**：如何通知利益相关方？为实施变更，需要采取哪些步骤？如何测试结果？
- **验收**：验收标准是什么？谁负责验收变更结果？
- **记录**：因变更需要对变更日志、实施步骤或 IT 文档做哪些修改？

所有结果都必须记录在属于 IT 文档的变更请求文档或变更控制文档中。有些代价高昂或复杂的变更会影响必要的业务职能，需要获得变更委员会的批准才能开始实施。

图 14-1 展示了一个变更控制工作表。

变更控制工作表

项目名称	Windows 10 升级	创建日期	
项目经理	IT 经理	批准日期	
技术人员	PC 支持技术人员	开始日期	
利益相关方	工资单制作部门经理 工资单管理助理 工作单制作文员	完成和验收日期	

图 14-1 变更控制工作表示例

（续表）

项目描述	
提议的变更	对提议变更的详细描述 将 6 台 Windows 7 PC 升级到 Windows 10 专业版
变更的目的	详细描述必须做这种变更的原因 Windows 7 已停产，且 2020 年 1 月 4 日后对其提供的支持有限
变更的影响范围	描述受该变更影响的所有部门和服务 工资单制作部门当前有 6 台 Windows 7 PC 运行自定义的工资单制作程序，这些 PC 将在周末升级到 Windows 10，以最大限度地缩短停机时间
预期结果	概述变更将带来的好处 工资单制作部门的 PC 将运行最新、最安全的操作系统版本，当前所有的程序都将正常运行
预计时间范围	准备、通知、实施、测试和批准的总时间 从开始到结束总共一周的时间，实际的停机时间为一个周末
风险分析	详细分析与变更相关的潜在风险 重大风险： • 升级后自定义工资单制作程序无法正常运行，影响工资单交付 • 升级失败，导致 PC 无法使用 • 软件包无法加载或运行 轻微的风险： • 系统运行速度比升级前的慢 • 外围设备无法识别或不能正确地运行
回滚或恢复	详细描述变更失败时为让系统恢复到正常状态需要采取的措施 • 从升级前映像恢复受影响的系统 • 通知利益相关方并重新安排升级 • 继续研究并测试，找出存在的问题
项目实施计划	
变更计划	为变更做好准备所需的步骤 升级前的准备工作： 1）检查工资单制作部门全部 6 台 PC 的硬件规格，确认它们满足 Windows 10 的最低系统需求 2）必要时获取 Windows 10 映像和许可密钥 3）获取工资单制作部门的用户名、计算机名和安装的软件清单 4）对安装的软件进行研究，确认它们与 Windows 10 兼容。记录在 Windows 10 下需要升级或安装新版本才能运行的软件。必要时订购软件 5）与用户协商并安排升级时间

图 14-1　变更控制工作表示例（续）

（续表）

项目实施计划	
计划的实施步骤	实施变更的步骤 现场升级步骤： 1）制作要升级的系统的备份映像 2）执行 Windows 10 就地升级 3）核实 PC 运行正常，包括软件和外围设备 4）与用户一起审核变更 5）获取用户对升级的认可
实际执行的步骤	实际执行变更的详细信息。如果为完成变更需要执行计划外的步骤，或者有步骤无法完成，请注明 执行如下步骤： 1）为工资单制作部门的所有 PC 制作备份映像 2）核实每台 PC 的软件清单 3）核实硬件兼容性。请注意：PC 118 的签名板需要更换，因为该签名板的制造商已经停业，无法获取驱动程序 4）执行 Windows 10 就地升级 5）将打印机驱动程序更新到最新版本 6）测试安装的软件。请注意，工资单制作部门将继续测试和监视工资单制作应用程序 7）与工资单制作部门的人员一起审核变更 8）获得工资单制作部门用户的认可
文档和跟进	提供由于此变更需要更新的当前文档的列表： 1）用新信息更新帮助台数据库 2）更新资产清单，以反映这次操作系统变更 3）更新用户配置文件中的操作系统版本 4）在一周内与工资单制作部门进行跟进
授权和批准	
请求者	变更请求者签名　　　　　　　　　　　　　　　签名日期
项目经理	项目经理签名　　　　　　　　　　　　　　　　签名日期
程序员/技术人员	变更实施人员签名　　　　　　　　　　　　　　签名日期
最终批准人	有最终审批权的人签名　　　　　　　　　　　　签名日期

图 14-1　变更控制工作表示例（续）

14.2.3　灾难预防与恢复

企业的运营越来越依赖于信息系统，在 IT 灾难恢复计划（IT DRP）中，必须包含企业 IT 基础设施保护策略，使其免受任何负面事件的影响，同时需包含灾难恢复规程，用以让 IT 基础设施和企业运营快速恢复到正常状态。

1. 灾难恢复概述

通常认为灾难会带来灾难性后果，如地震、海啸或火灾造成的破坏，但在 IT 领域，从影响网络基础设施的自然灾害，到网络本身受到的恶意攻击，都被视为灾难。硬件故障、人为错误、黑客攻击或恶意软件都会导致意外的宕机，而这种宕机引起的数据丢失或受损可能带来严重的影响。

灾难恢复计划是综合性文档，描述了在灾难发生时或发生后如何快速恢复运营并确保关键 IT 功能不中断。灾难恢复计划可能包含如下信息：可将服务迁移到的异地位置、如何更换网络设备和服务器以及备用的连接方式。

有些服务可能需要在灾难期间依然可用，以便向 IT 人员提供信息，并向组织的其他人员提供最新情况。需要在灾难期间可用或灾难后立即可用的服务如下。

- Web 服务和 Internet 连接。
- 数据存储和备份。
- 目录服务和身份验证服务。
- 数据库服务器和应用程序服务器。
- 电话、电子邮件和其他通信服务。

除制订灾难恢复计划外，大多数组织还会采取措施，确保为灾难的到来做好了准备。这些预防性措施可减轻计划外的服务中断给组织运营带来的影响。

2. 预防停机和数据丢失

有些企业的应用程序连短暂的停机也无法承受，这种企业使用同时运行的多个数据中心，其中每个数据中心都能够满足所有的数据处理需求，并在数据中心之间建立数据镜像或同步数据。通常，这些企业在云服务器上运行其应用程序，以最大限度地减轻因其场点遭受物理破坏带来的影响。

（1）备份数据和操作系统。

如果没有最新的数据和操作系统环境备份，即便有最好的灾难恢复计划，也无法快速恢复服务。相比于重建数据，根据可靠的备份恢复数据要容易得多。用于灾难恢复的备份有两大类：映像备份和文件备份。映像备份包含创建映像时存储在计算机中的所有信息，而文件备份只包含备份时指定的文件。无论创建的是哪种备份，都需经常测试恢复过程，确保在需要的时候备份能够发挥作用。

发生意外停机时，负责恢复系统的必须能够获取备份。备份介质可异地存放，也可将备份存储在在线位置，如云服务提供商处。在通信服务中断，无法访问 Internet 时，本地存储的文件可派上用场；而在线存储的备份的优势是，可从任何地方访问，条件是能够接入 Internet。表 14-4 概述了云备份和本地备份的优缺点。

表 14-4 比较云备份和本地备份

备份	优点	缺点
云备份	可靠性：云服务提供商使用最新的技术，并可提供其他相关服务，如压缩和加密。 可伸缩性：云备份易于扩容，因此企业无须因备份增大而操心存储容量或存储介质不足。 可访问性：云备份可从任何能够接入 Internet 的地方访问	时间：备份数据和恢复文件所需的时间取决于 Internet 连接的速度和可靠性；发生地区性自然灾难时，网络拥塞可能导致连接时不时地中断。 服务中断或价格上涨
本地备份	控制权：组织能够控制数据文件的存储位置以及谁能够访问它们。 可访问性：发生影响网络连接性的灾难时，本地备份介质的可访问性可能更高。 文件恢复速度：从本地连接的介质恢复文件时，速度通常比通过 Internet 恢复要快	可伸缩性：为保存本地备份介质，常常需要手动干预和处理。介质本身存在容量限制，随着数据文件不断增大，这可能带来问题。 需要异地存放、防火和控制环境

（2）控制电力供应和环境。

通过确保数据中心和关键通信基础设施的电力供应，可防止因电力中断或电压突增导致数据丢失。在有些情况下，即便是轻微的自然灾难也可能导致电力中断超过 24 h，小型电涌保护器和 UPS 可防止轻微的电力问题造成的损坏，但面对大面积的电力中断问题时，可能需要发电机。在数据中心，不仅需要给计算设备供电，还需要给空调和消防设备供电。在燃油发电机能够供电前，可由大型 UPS 装置供电，确保数据中心正常运行。

3. 制订并实施灾难恢复计划的步骤

要制订灾难恢复计划，第 1 步是找出需要快速恢复的重要的服务和应用程序，再据此制订灾难恢复计划。灾难恢复计划的制订和实施过程包括 5 个主要阶段，如图 14-2 所示。下面来描述这些阶段。

制定网络设计恢复策略

建立目录和文档

制定验证流程

批准和实施

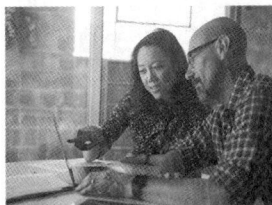
审查

图 14-2 灾难恢复计划的制订和实施过程包含的 5 个阶段

（1）第 1 阶段：制定网络设计恢复策略。

对网络设计进行分析，并制定网络设计恢复策略。下面是灾难恢复计划需要涵盖的网络设计方面。

- 网络设计能否抵御重大灾难？是否有备用的网络连接方式？网络设计是否实现了冗余性？
- 是否有异地服务器或云服务提供商为邮箱和数据库等应用程序提供支持。
- 是否有备用的路由器、交换机和其他网络设备？
- 网络所需的服务和资源是否分散在不同的地理区域？情况紧急时能否轻松地访问备份？

（2）第 2 阶段：建立目录和文档。

建立一个目录，其中包含所有的地方、设备、厂商、服务和联系人姓名。核实风险评估阶段所做的成本估算。

（3）第 3 阶段：制定验证流程。

制定验证流程，用于核实灾难恢复计划是否管用。进行灾难恢复演练，确保灾难恢复计划是与时俱进且切实可行的。

（4）第 4 阶段：批准和实施。

获取高级管理层的批准，并制订实施和维护灾难恢复计划的预算。

（5）第 5 阶段：审查。

灾难恢复计划实施 1 年后，对其进行审查。灾难恢复计划中的信息必须是最新的，否则灾难真的发生时，有些关键服务可能无法恢复。

14.3 道德和法律注意事项

随着公司在业务的各个方面都使用计算机和计算机网络，将出现很多法律和道德问题。企业需要收集并存储有关业务流程以及客户和员工的各种数据，因为在刑事调查、审计和诉讼期间，可能需要提供这些数据。本节讨论了为了合法对数据进行处理的各种方式。

IT 人员通常能够访问机密信息以及有关个人和公司网络与系统的信息，这让 IT 专业人员面临着众多道德决策和挑战，涉及隐私和保密事项时尤其如此。

14.3.1 IT 职业中的道德和法律注意事项

对 IT 专业人员来说，道德和法律方面的注意事项与技术技能同样重要。在能够访问客户个人和专业信息的同时，IT 人员也承担着相应的道德责任和义务，认识到这一点很重要。

1. 道德和法律注意事项概述

与客户交流以及处理其设备时，必须遵守一些通用的道德习俗和法律规定，这些习俗和规定常常是重叠的。

在任何情况下，都必须尊重客户及其财产。计算机和显示器都是财产，但财产还包括各种信息和数据。

- 电子邮件。
- 电话列表和联系人列表。
- 计算机上的记录或数据。
- 办公桌上的文件、信息或数据的硬拷贝。

使用计算机账户（包括管理员账户）登录前，务必得到客户的许可。排除故障时，你可能收集到一些机密信息，如用户名和密码。如果要记录这种机密信息，就必须做好保密工作。将客户信息泄露给任何人都是不道德的，还可能违法。不要无故地给客户发邮件，也不要无故地给客户发送群发邮件或连锁信件；切勿发送伪造或匿名邮件。通常，服务等级协定（Service Level Agreement，SLA）详细说明了何种使用客户信息的方式非法；SLA 是客户和服务提供商签订的契约，规定了客户将获得的服务或商品以及服务或商品必须符合什么样的标准。

2. 个人识别信息

要特别注意做好个人识别信息（Personally Identifiable Information，PII）的保密工作。PII 指的是可用于识别特定人员的数据；NIST 特别出版物（Special Publication）800-122 对 PII 所做的定义如下：由代理机构保管的有关个人的任何信息，包括任何可用于辨别或跟踪个人身份的信息，如姓名、社会保障号、出生日期和地点、母亲的婚前姓氏或生物特征记录，以及任何与个人相关联的其他信息，如医疗信息、教育信息、财务信息和就业信息。

PII 示例包括但不限于：

- 姓名，如全名、婚前姓氏、母亲的婚前姓氏或别名；
- 个人识别码（如社会保障号、护照编号、驾驶证编号、纳税人识别码、财务账号、信用卡号）和地址信息（如街道地址或电子邮件地址）；
- 个人特征，包括照片（尤其是面部或其他识别特征的照片）、指纹、笔迹或其他生物特征数据（如视网膜、语音签名、面部几何特征）。

在美国，PII 违规行为由多家组织监管，具体由谁监管取决于数据类型。欧盟的《通用数据保护条例》也规定了个人数据（包括财务信息和医疗信息）的处理方式。

3. 支付卡行业

支付卡行业（Payment Card Industry，PCI）信息被视为个人信息，需要加以保护。我们经常听到有关信用卡信息泄露影响数百万用户的新闻，通常企业在信息泄露后数天或数周后才发现。所有的企业和组织（无论规模大小）都必须遵守严格的标准，以保护消费者信息。

PCI 安全标准委员会由 5 家主要的信用卡公司于 2005 年组建，致力于保护全球范围内用于交易的账户的号码和有效日期以及磁条和芯片数据。PCI 安全标准委员会与包括 NIST 在内的组织合作，制定与信用卡交易相关的标准和安全规程。

在历史上最严重的一次信息泄露事故中，恶意软件感染了一家大型零售商的销售点系统，给数百万名消费者带来了影响。如果有适合防范数据泄露的软件和策略，这次数据泄露事故是可以避免的。作为 IT 专业人员，你必须熟悉 PCI 合规性标准。

4. 受保护的健康信息

受保护的健康信息（Protected Health Information，PHI）是一种特殊的 PII，需要加以保护以确保其安全。PHI 包括患者姓名、地址、就诊日期、电话号码与传真号以及电子邮件地址。随着从纸质病历转向电子病历，受保护的电子健康信息（electronic PHI，ePHI）也被纳入监管。对于泄露 PHI 和 ePHI 的行为，处罚非常严厉，相关的法规为《健康保险可携带性和责任法案》（HIPAA）。

在网上很容易查到 ePHI 泄露事故，可惜这种信息泄露可能数月后才被发现。在这些事故中，有些是因为将信息提供给了未经授权的人。人为错误会导致信息泄露，如不小心将健康信息传真给了错误的人；遭到攻击也会导致信息泄露，例如，一家位于加州的健康计划中心就遭到了网络钓鱼攻击，但该中心在将近一个月后才发现并告知其 37000 名患者的信息被泄露的消息。作为 IT 专业人员，你必须有保护 PHI 和 ePHI 的意识。

5. IT 行业的法律注意事项

相关的法律随不同的国家和法律管辖区而异，但一般而言，下面的行为被视为违法。

- 未经客户许可，修改系统软件或硬件配置。
- 未经许可访问客户或同事的账户、私人文件或电子邮件。
- 在版权协议、软件协议或相关法律禁止的情况下，安装、复制或分享数字内容（包括软件、音乐、文本、图像和视频）。
- 将客户的 IT 资源用于商业领域。
- 将客户的 IT 资源提供给未经授权的用户。
- 有意识地将客户的资源用于从事非法活动。非法活动通常包括淫秽、儿童色情、威胁、骚扰、版权侵犯、网络盗版、大学商标侵权、诽谤、盗窃、身份盗窃和未经授权的访问等。
- 分享敏感的客户数据（对于这种数据，必须保密）。

这里并未列出所有的违法行为。所有企业及其员工都必须熟悉并遵守所在法律管辖区的所有相关法律。

6. 许可

作为 IT 技术人员，你可能遇到非法使用软件的客户，因此必须知道常见软件许可证的类型和用途，这样才能判断使用软件的方式是否非法。公司的最终用户策略通常说明了你的职责，在任何情况下，你都必须遵循最佳安全实践，包括文档记录和证据保全链。

软件许可证是一种契约，概述了哪些使用或重新分发软件的方式是合法的。大多数软件许可证都授予最终用户使用一个或多个软件副本的权限，还规定了最终用户的权利和受到的约束。这确保软件所有者的版权能够得到维护。在没有合适许可证的情况下使用软件是非法的。

（1）个人许可证。

大多数软件都是许可而不是出售的。有的个人许可证指定可在多少台计算机上运行软件，有的指定软件可供多少用户使用。大多数个人许可证都只允许在一台计算机上运行软件，有的个人许可证允许将软件复制到多台计算机中，但通常禁止同时使用这些副本。

一个个人软件许可证的例子是最终用户许可协议（End User License Agreement，EULA），EULA 是软件所有者与单个最终用户签订的契约，最终用户必须接受 EULA 中的条款。在有些情况下，打开软件 CD 的物理包装或下载并安装软件就意味着接受 EULA 中的条款；接受 EULA 中的条款的常见示例是更新平板电脑或智能手机上的软件。要在设备上更新操作系统或者安装/更新软件，最终用户必须接受 EULA 中的条款，如图 14-3 所示。

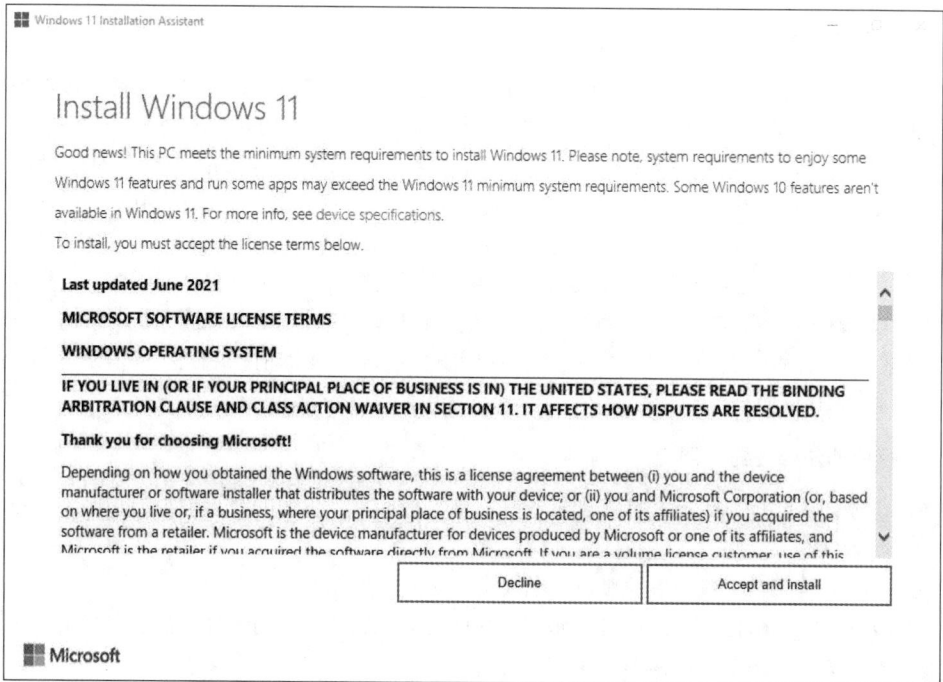

图 14-3　Windows 11 许可协议

（2）企业许可证。

企业许可证是公司持有的软件站点许可证（Software Site License）。公司通常通过购买企业许可证为其员工支付软件使用费用；对于以这种方式许可的软件，并非每次在其他员工的计算机上安装时都需要注册，但在有些情况下，员工可能需要使用密码来激活软件副本。

（3）开源许可证。

开源许可证是软件的版权许可证，允许开发人员修改和分享软件的源代码。开源许可证有时意味着所有用户都可免费使用，有时意味着用户可购买软件。无论是哪种情况，用户都可访问源代码。Linux、WordPress 和 Firefox 都属于开源软件。

个人只要不是将开源软件用于盈利，就拥有该软件的个人许可证。个人软件许可证通常是免费的或者价格低廉的。

（4）商业软件许可证。

个人为盈利而使用软件时，必须购买商业软件许可证；商业软件许可证的价格通常比个人许可证的高。

7. 数字权利管理

有帮助对非法使用软件和内容进行控制的软件，数字权利管理（Digital Rights Management，DRM）软件设计用于防止非法访问数字内容和设备，可供硬件与软件制造商、出版社、版权持有人和个人用来防止有版权的内容被随意复制。这有助于版权持有人对相关的内容进行控制，确保只有付费后才能访问。

14.3.2 法律程序概述

虽然相关的法律随不同的国家和法律管辖区而异，但有很多行为在所有的地方都是非法的。要妥善地完成工作，必须了解你所在法律管辖区的法律，这至关重要。

1. 计算机取证

在刑事调查过程中，可能需要从计算机系统、网络、无线通信和存储设备中收集数据并对其进行分析，这被称为计算机取证。在计算机取证过程，需要同时考虑 IT 和法律方面的因素，以确保收集的所有数据都能够作为证据被法庭采纳。

根据所在的国家或地区，非法使用计算机或网络的行为可能包括：

- 身份盗窃；
- 使用计算机销售假冒商品；
- 在计算机或网络上使用盗版软件；
- 使用计算机或网络在未经授权的情况下复制受版权保护的内容，如电影、电视节目、音乐和视频游戏；
- 使用计算机或网络销售未经授权的有版权保护的内容的副本；
- 传播色情内容。

这里并没有列出所有的非法使用计算机或网络的行为。务必熟悉非法使用计算机或网络的行为的特征，这可帮助你识别可疑的非法行为，进而向有关部门举报。

2. 计算机取证中收集的数据

在计算机取证过程中，收集的数据分为两大类。

- **持久性数据**：存储在本地驱动器（如内置或外置硬盘）或者光盘中，即便计算机关机，这些数据也会被保留下来。
- **易失性数据**：内存、缓存和注册表包含易失性数据；在存储介质和 CPU 之间传输的数据也是易失性数据。在你举报非法活动或者成为事故响应团队的一员时，知道如何获取这些数据很重要，因为计算机关闭后它们就会消失。

如图 14-4 所示，计算机取证专家正在检查硬盘是否受损，然后再检查硬盘是否存在永久性数据。

3. 网络法

并没有名为网络法的具体法律条文。所谓网络法，指的是影响计算机安全专业人员的国际法、国家法、地方法等。IT 专业人员必须熟悉网络法，这样才能明白自己在打击网络犯罪的行动中承担的职责和义务。

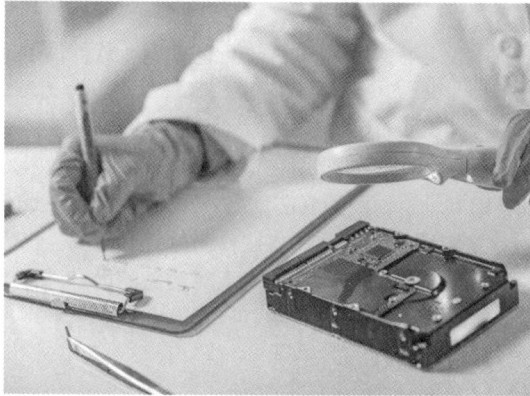

图 14-4 计算机取证

网络法规定了在什么情况下从计算机、数据存储设备、无线通信中收集的数据可作为证据，还规定了需要以什么样的方式收集数据。在美国，网络法主要有下面 3 部。

- 《Wiretap Act》（窃听行为）。
- 《Pen/Trap and Trace Statute》（录音笔/信息存储设备和追踪法规）。
- 《Stored Electronic Communication Act》（存储电子通信法）。

IT 专业人员必须熟悉其所在国家、地区或地方的网络法。

4. 第一响应

所谓第一响应，指的是有资格收集证据的人采取的正规流程。就像执法人员、系统管理员通常是犯罪现场的第一响应者；如果明显存在非法活动，将由计算机取证专家介入。

日常管理任务可能影响取证流程，如果没有正确地执行取证流程，收集的证据可能不被法庭采纳。

作为现场或坐店技术人员，你可能是发现计算机或网络非法活动的人。在这种情况下，请勿关闭计算机。有关计算机当前状态的易失性数据包括正在运行的程序、打开的网络连接以及登录网络或计算机的用户信息；这些数据有助于确定合乎逻辑的安全事故时间表，还可能有助于确定从事非法活动的人。计算机一旦关闭，这些数据就会消失。

务必熟悉公司的网络犯罪打击策略，这样才能知道给谁打电话、该做什么，同样重要的是，知道不该做什么。

5. 文档

系统管理员和计算机取证专家需要创建的文档非常详细，他们不仅要记录收集到的证据，还要记录证据是如何收集到的以及收集时使用了什么工具。在事故文档中，对于取证工具的输出，应遵循一致的命名约定；为日志加盖时间、日期和取证者身份的印章；同时，尽可能详尽地记录有关安全事故的信息。这些最佳实践可为信息收集过程提供审计线索。

即便你不是系统管理员或计算机取证专家，详细记录所做的所有工作也是一个值得养成的好习惯。在你处理的计算机或网络中发现非法活动时，至少应该记录如下信息。

- 访问计算机或网络的原因。
- 时间和日期。
- 计算机连接的外围设备。
- 所有网络连接。

- 计算机所在的物理区域。
- 找到的非法材料。
- 看到（或怀疑）的非法活动。
- 在计算机或网络上采取的措施。

第一响应者想要知道你做了什么以及没做什么；你的文档可能成为用于起诉罪犯的证据的一部分。如果你要修改该文档或增添内容，务必告知所有相关方，这至关重要。

6. 证据链

要想证据在法律诉讼中被采纳，必须证明它是真实的。虽然系统管理员可就收集的证据作证，但还必须证明如下方面：证据的收集方式；证据的存储位置；从收集到提交给法庭期间谁能够访问证据。这被称为证据链。为形成证据链，第一响应者必须按既定规程跟踪收集的证据，如使用图 14-5 所示的证据袋。这些规程还可防止证据被篡改，从而确保证据的完整性。

请将计算机取证规程纳入计算机和网络安全事故处理方法中，以确保数据的完整性。发生网络安全事故时，这些规程有助于获取必要的数据。确保收集的数据管用且完整，有助于起诉入侵者。

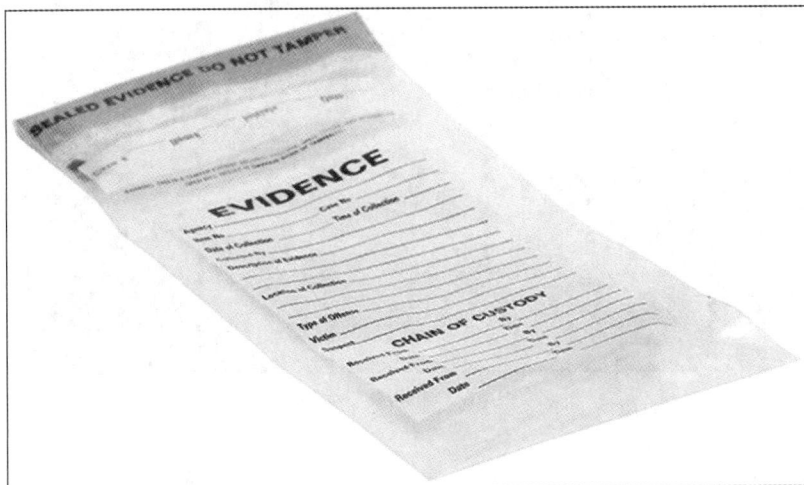

图 14-5　证据袋

14.4　呼叫中心技术人员

除技术技能外，呼叫中心技术人员还必须有出色的书面和口头沟通技巧。本节介绍呼叫中心以及呼叫中心技术人员的职责。

14.4.1　呼叫中心及一级技术人员和二级技术人员

呼叫中心技术人员负责接听客户的电话，并分析、诊断和解决客户提出的技术问题。不同类型的电话由不同级别的技术人员接听，以提供从初级到中级的技术支持。

1. 呼叫中心

呼叫中心通常组织有序且专业，客户通过拨打电话来寻求帮助以解决与计算机相关的具体问题。呼叫中心的典型工作流程始于呼叫台显示的客户来电。一级技术人员按来电到达的顺序接听电话，如果一级技术人员无法解决问题，问题将被交给二级技术人员。在任何情况下，技术人员都必须提供客户 SLA 概述的支持等级。

呼叫中心可能在公司内，并同时向公司员工以及购买公司产品的客户提供服务。呼叫中心也可能是独立的企业，向外部客户出售计算机支持服务。无论是哪种情况，呼叫中心都是繁忙的快节奏工作环境，通常每天 24 h 不停地运转。

呼叫中心通常有大量的隔间，如图 14-6 所示。每个隔间都有一把椅子、至少一台计算机、一部电话和一副耳机。在这些隔间中工作的技术人员的计算机方面的经验各异，其中有些专攻特定类型的计算机、硬件、软件或操作系统。

图 14-6　呼叫中心示意图

电话进入呼叫中心后，必须确定轻重缓急，确保先接听最紧急的电话。表 14-5 展示了电话优先级。

表 14-5　　　　　　　　　　　　　电话优先级

问题类型	定义	优先级
瘫痪	公司所有的计算机设备都无法正常运行	1（最紧急）
硬件	公司的一台或多台计算机无法正常运行	2（紧急）
软件	公司的一台或多台计算机出现了软件或操作系统方面的错误	2（紧急）
网络	公司的一台或多台计算机无法访问网络	2（紧急）
改进	公司要求添加额外的计算机功能	3（重要）

呼叫中心所有的计算机都安装了支持软件，供技术人员管理众多工作职能。技术人员使用支持软件来完成如下任务。

- **记录并跟踪事故**：支持软件可能管理呼叫队列、设置呼叫优先级、分派呼叫和提升呼叫。
- **记录联系信息**：支持软件可能存储、编辑、调出数据库中的客户姓名、电子邮件地址、电话号码、位置、网站、传真号和其他信息。
- **研究产品信息**：支持软件可能向技术人员提供有关要支持的产品的信息，包括特征、局限性、新版本、配置约束、已知的 bug、是否在售、指向在线帮助文件的链接以及其他信息。
- **运行诊断实用程序**：支持软件可能有多个诊断实用程序，其中包括远程诊断软件，这种软件让技术人员坐在呼叫中心的办公桌前就能接管客户的计算机。
- **研究知识库**：支持软件可能包含知识数据库，其中存储了常见问题及其解决方案。随着技术人员不断更新自己的问题和解决方案记录，这个数据库可能不断增大。
- **收集客户反馈**：支持软件可能收集有关客户对呼叫中心产品和服务的满意度的反馈。

2. 一级技术人员的职责

有些呼叫中心赋予了一级技术人员不同的名称，称其为一级分析师、调度员或事故分级人员。无论怎么称呼，在不同的呼叫中心，一级技术人员的职责都极其相似。

一级技术人员的主要职责是从客户那里收集相关的信息，并将这些信息准确地输入工单。一级技术人员必须收集的信息如下。

- 联系人信息。
- 计算机的制造商和型号。
- 计算机使用的操作系统。
- 计算机使用墙面插座供电还是电池供电？
- 计算机连接到了网络吗？如果连接到了网络，使用的是无线连接还是有线连接？
- 问题发生时是否正在使用某个应用程序？
- 最近是否安装了新的驱动程序或更新？如果安装了，是哪些驱动程序或更新？
- 客户对问题的描述。
- 问题的优先级。

有些问题很容易解决，一级技术人员就能处理，无须将工单上报给二级技术人员。

问题需要具备二级技术人员的专业知识才能解决时，一级技术人员必须在工单上用一两句话言简意赅地描述问题。描述准确很重要，这有助于其他技术人员快速了解情况，而无须再向客户提出同样的问题。

3. 二级技术人员的职责

与一级技术人员一样，在不同的呼叫中心，二级技术人员也可能有不同的名称；这些技术人员可能被称为产品专家或技术支持人员。在不同的呼叫中心，二级技术人员的职责通常没什么不同。

相比于一级技术人员，二级技术人员通常知识更渊博、经验更丰富，或者在公司工作的时间更久。无法在预定时间内解决问题时，一级技术人员将制作一个上报工单，如图 14-7 所示。收到包含问题描述的上报工单后，二级技术人员给客户回电话，提出一些其他的问题，以便解决问题。

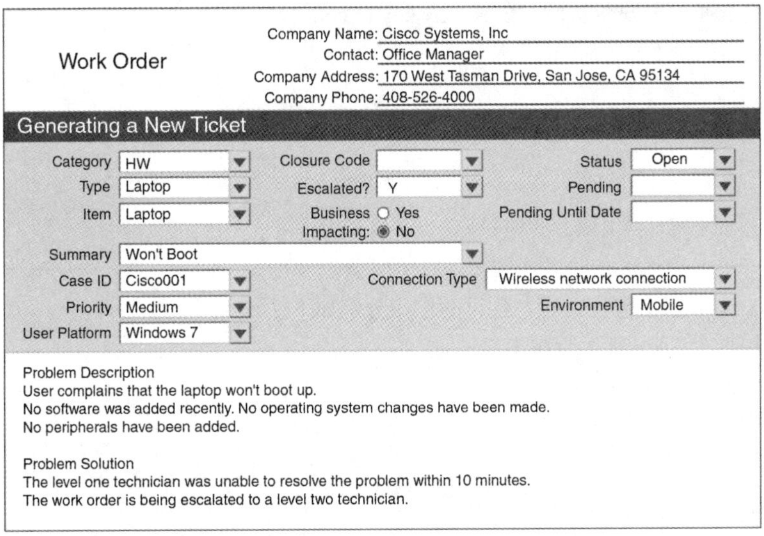

图 14-7 工单示例

二级技术人员还可能使用远程访问软件连接到客户的计算机，以更新驱动程序和软件、访问操作系统、检查 BIOS 以及收集其他诊断信息，从而将问题解决。

14.4.2　IT 专业人员脚本编程基础

本节介绍如何编写脚本。通过脚本可自动执行各种任务，为技术人员或管理员节省时间。

1. 脚本示例

IT 专业人员会接触到很多种文件，其中一种非常重要的是脚本。脚本是使用脚本语言编写的纯文本文件，可用于在操作系统中自动执行流程或任务。在支持现场，技术人员可能使用脚本来自动备份客户数据，或在出现问题的计算机上运行一系列标准诊断操作。脚本可为技术人员节省大量时间，需要在众多计算机上执行相同的任务时尤其如此。你还必须能够识别众多不同类型的脚本，因为脚本可能是导致计算机在启动或发生其他事件期间出现问题的罪魁祸首，因此禁止脚本运行就可能避免出现问题。

可在命令行以每次一个的方式执行脚本命令，但更有效的做法是将它们放在脚本中。脚本是使用命令行解释器逐行执行的，让你能够执行各种命令。要编写脚本，可使用文本编辑器（如记事本），但更常见的做法是使用集成开发环境来编写和执行脚本。示例 14-1 展示了一个 Windows 批处理脚本。

示例 14-1　Windows 批处理脚本

```
@echo off
echo My first batch script!!
echo My hostname is: %computername%
pause
```

这个 Windows 批处理脚本包含 4 行，各行的作用分别如下。

① 关闭命令回显。

② 在终端中回显 "My first batch script!!"。

③ 在终端中回显 "My hostname is:" 以及变量%computername%的值。

④ 暂停执行脚本，并显示提示 "Press any key to continue…"。

示例 14-2 展示一个 Linux Shell 脚本。

示例 14-2　Linux Shell 脚本

```
 #!/bin/bash
echo My first batch script!!
echo My hostname is: $(hostname)
sleep 2
```

这个 Linuux Shell 脚本包含 4 行，各行的作用分别如下。

① 指定使用哪个 Shell 来运行脚本。

② 在终端中回显 "My first batch script!!"。

③ 在终端中回显 "My hostname is:" 以及变量$(hostname)的值。

④ 让脚本暂停 2 s。

2. 脚本语言

脚本语言与编译型语言的区别在于，脚本运行时，将逐行地解释并执行。脚本语言包括 Windows 批处理文件、PowerShell、Linux Shell 脚本、VBScript、JavaScript 和 Python。对于使用编译型语言（如 C、C++、C#和 Java）编写的代码，需要先使用编译器将其转换为可执行代码，再由 CPU 直接读取。

对于使用脚本语言编写的代码，将由命令解释器或操作系统解释为可供 CPU 以每次一行的方式读取的代码。有鉴于此，脚本语言不适用于性能要求高的场景。表 14-6 列出了各种脚本语言及其文件扩展名。

表 14-6 脚本语言及其文件扩展名

脚本语言	文件扩展名	描述
Windows 批处理文件	.bat	Windows 命令行解释型语言
PowerShell	.ps1	基于任务的 Windows 的 Shell 命令行和脚本语言
Linux Shell 脚本	.sh	Linux Shell 解释型语言
VBScript	.vbs	Windows Visual Basic 脚本语言
JavaScript	.js	在浏览器中运行的客户端脚本语言
Python	.py	面向对象的解释型高级语言

表 14-7 列出了各种脚本语言的注释风格。

表 14-7 注释风格

脚本语言	注释风格
Windows 批处理文件	REM comment
PowerShell	# comment 或<# comment #>
Linux Shell 脚本	# comment
VBScript	'comment
JavaScript	// comment
Python	# comment

3. 基本脚本命令

在每种操作系统的终端，都可执行各种命令。有些 Windows 命令基于 DOS 时，可在命令提示符窗口下执行，其他的 Windows 命令可通过 PowerShell 执行。表 14-8 所示的 Windows 命令都是从 DOS 那里继承而来的，可在 Windows 命令提示符窗口下执行，也可在批处理脚本中使用。

表 14-8 Windows 基本命令

命令	描述
dir	查看当前目录的内容
cd	切换到其他目录
mkdir	创建目录
cls	清屏
date	显示/设置日期
copy	复制一个或多个文件

Linux 命令与 Unix 命令兼容，通常可通过 BASH（Bourne Again shell）访问。大多数 Linux 发行版都支持表 14-9 所示的 Unix 命令。请注意，在这些命令中，有些与相应的 DOS 命令相同。

表 14-9 <span></span> Linux 基本命令

命令	描述
ls	查看当前目录的内容
cd	切换到其他目录
mkdir	创建目录
clear	清屏
date	显示/设置日期
cp	复制一个或多个文件

4. 变量和环境变量

变量和环境变量是在程序占用唯一内存的位置。

（1）变量。

变量是计算机中用于存储信息的位置，计算机的一个主要功能便是操作变量。在示例 14-3 中，首先列出了一个脚本，该脚本提示用户输入其姓氏（LNAME）和故乡（PLACE）。然后，显示了该脚本的执行情况。

示例 14-3 在脚本中使用变量

```
 User@Linux:~$ cat ./script1.sh
#1/bin/bash
echo -n "What is your last name? "
read LNAME
echo -n "Where are you from? "
read PLACE
echo Hello, $LNAME from $PLACE
User@Linux:~$ ./script1.sh
What is your last name? Smith
Where are you from? Michigan
Hello, Smith from Michigan
```

（2）变量类型。

表 14-10 列出了变量使用的常见数据类型。在有些脚本语言中，必须将变量定义为整数（数字）、字符、字符串或其他数据类型。字符串通常包含多个字符，其中的字符可以是数字或空格。定义字符串时，通常使用引号来指出字符串的开头和结束位置（如"Dan sold 3 cars yesterday"）。

表 14-10 <span></span> 变量使用的常见数据类型

数据类型	描述	示例
整型	整数	-1、0、1、2、3
浮点型	小数	1234.5678
字符型	单个字符	S
字符串型	多个字符	He77o!
布尔型	True 或 False	True

（3）环境变量。

有些变量属于环境变量，被操作系统用来跟踪重要的信息，如用户名、主目录和语言。示例 14-4 展示了一个使用环境变量的 Shell 脚本。

示例 14-4 使用环境变量的 Shell 脚本

```
 User@Linux:~$ cat ./script2.sh
#1/bin/bash
echo The current directory is $PWD
echo The language used is $LANGUAGE
echo The shell being used is $SHELL
User@Linux:~$ ./script1.sh
The current directory is /home/User
The language used is en_US
The shell being used is /bin/bash
```

用户登录终端时，便设置了 Linux 变量 PWD、LANGUAGE 和 SHELL。要列出所有的环境变量，可使用 env 命令。有些很有用的 Windows 环境变量包括%SystemDrive%（系统文件夹所在的驱动器）和%WinDir%（Windows 文件夹的准确位置）。

5. 条件语句

要在脚本中做决策，需要使用条件语句，这种语句通常为 if-else 或 case。要让条件语句能够做出决策，必须使用运算符进行比较，这些运算符随脚本语言而异。

表 14-11 列出了各种脚本语言中的关系运算符。进行比较时，使用关系运算符。还有其他类型的运算符，其中包括算术运算符（+、-、*、/、%）、逻辑运算符（与、或、非）、赋值运算符（+=、-+、*=）和按位运算符（&、|、^）。

表 14-11 　　　　　　　　　　　　　　　　关系运算符

运算符	Windows 批处理文件	PowerShell	BASH	Python
等于	==或 EQU	-eq	-eq	==
不等于	!=或 NEQ	-ne	-ne	!=
小于	<或 LSS	-lt	-lt	<
大于	>或 GTR	-gt-	gt	>
小于或等于	<=或 LEQ	-le	-le	<=
大于或等于	>=或 GEQ	-ge	-ge	>=

（1）If-Then 语句。

示例 14-5 所示的 Shell 脚本判断当前时间是上午还是下午。

示例 14-5 If-then 语句

```
User@Linux:~$ date | cut -f 4 -d ' '
09:36:24
User@Linux:~$ cat ./script3.sh
#!/bin/bash
TIME=$(date | cut -f 4 -d ' ' | cut -f 1 -d ':')
declare NOON=12
if [ $TIME -ge $NOON ]
  then echo "Afternoon"
  else echo "Morning"
fi
User@Linux:~$ ./script3.sh
Morning
```

在这个脚本中，使用管道将 date 命令的输出作为 cut 命令的输入，cut 命令将时间剪切到只剩下小时部分。然后，将剪切结果存储在一个变量中。if 语句使用运算符-ge 比较变量$TIME 和$NOON，以决定输出 "Afternoon" 还是 "Morning"。

（2）case 语句。

示例 14-6 所示的 Shell 脚本判断用户输入的字母是元音字母还是辅音字母。

示例 14-6　case 语句

```
 User@Linux:~$ cat ./script4.sh
#!/bin/bash
read -p "Give me a letter. " LETTER
case $LETTER in
a|e|i|o|u) echo "$LETTER is a vowel." ;;
*) echo "$LETTER is a consonant." ;;
esac
User@Linux:~$ ./script4.sh
Give me a letter. e
e is a vowel.
User@Linux:~$ ./script4.sh
Give me a letter. b
b is a consonant.
```

case 语句可将多种比较归并。请注意，在这个脚本中，没有同字母 b 比较。

6. 循环

循环可用于反复执行命令或任务。在脚本中使用的循环主要有 3 类：for 循环、while 循环和 do-while 循环。

for 循环重复执行代码段指定的次数；while 循环检查变量为 True 还是 False，再决定是否重复地执行代码段，这被称为前测循环；do-while 循环先执行代码段，再检查变量为 True 还是 False，进而决定是否再次执行代码段，这被称为后测循环。

（1）for 循环。

示例 14-7 所示的 Shell 脚本输出 5 个随机生成的二进制数。

示例 14-7　for 循环

```
User@Linux:~$ cat ./script5.sh
#!/bin/bash
for COUNT in 'seq 1 5'; do
  let NUMBER1 = "$RANDOM % 256"
  let NUMBER2 = "$(echo "obase=2; $NUMBER1" | bc)"
  echo $NUMBER1 = $NUMBER2
done
User@Linux:~$ ./script5.sh
160 = 10100000
71 = 1000111
43 = 101011
187 = 10111011
7 = 111
```

这个脚本中的 for 循环重复地执行代码段 5 次。变量 NUMBER1 为随机生成的 0～255 中的数字；变量 NUMBER2 为 NUMBER1 的二进制表示。在有些脚本语言中，for 和 done 命令之间的间隔是可选的，使用间隔有助于程序员明白哪些代码包含在循环中。

（2）while 循环。

示例 14-8 所示的 Shell 脚本不断地运行，直到随机选择的数字大于 8。

示例 14-8　while 循环

```
User@Linux:~$ cat ./script6.sh
#!/bin/bash
NUMBER=1
while [ $NUMBER -le 8 ]; do
  let NUMBER="$RANDOM % 10+1"
  echo -n "$NUMBER "
done
  echo "> 8 .. loop broken."
User@Linux:~$ ./script6.sh
5 7 9 > .. loop broken.
```

这个脚本中的循环不断地运行，直到随机生成的数字大于 8。请注意，在循环开始前，将变量 NUMBER 设置成 1，这旨在避免下一行的测试[$NUMBER -le 8]以失败告终。

（3）do-while 循环。

示例 14-9 所示的 Shell 脚本与示例 14-8 所示的脚本的作用类似。

示例 14-9　do-while 循环

```
User@Linux:~$ cat ./script7.sh
#!/bin/bash
while true ; do
  let NUMBER="$RANDOM % 10+1"
  echo -n "$NUMBER "
  if [ $NUMBER -gt 8 ]; then break; fi
done
  echo "> 8 .. loop broken."
User@Linux:~$ ./script7.sh
3 7 4 1 5 7 6 7 1 7 9 > 8 .. loop broken.
```

不同于大多数编译型语言，有多种脚本语言不支持 do-while 循环。为实现后测功能，这些语言在循环中结合使用 if 和 break 语句。

7．分支

可使用分支根据公式的结果或逻辑路径执行代码，通常在循环中测试多个结果时这样做。在逻辑语句满足条件时，就执行相应的分支。这种结构用于检查语句或逻辑测试的结果，让循环能够执行不同的代码段。

14.5　总结

在本章中，你学习了沟通技能和故障排除技能之间的关系，要成为合格的 IT 技术人员，必须兼具这两种技能。你学习了处理客户的计算机和财产时涉及的法律层面和道德层面的知识。

你了解到，与客户和同事打交道时，务必展现你的专业素养。专业素养可让客户安心，并让你自己更值得信赖。你学习了如何识别难缠客户，以及通过电话与这种客户交流时该做什么和不该做什么。

你必须熟悉并遵守与客户签订的 SLA；如果问题不在 SLA 规定的范围内，请以积极的方式告诉客户你能提供什么样的帮助，而不要说自己无能为力。除遵守 SLA 外，还必须遵循公司的业务策略，这些策略包括如何确定来电的优先级、在什么情况下需要将来电上报给管理层和如何上报，以及休息和午餐时间。

你学习了 IT 领域的道德和法律注意事项。你必须熟悉公司的策略和习惯做法，还可能需要熟悉所在国家或地区的商标法和版权法。软件许可证是一份契约，概述了哪些使用或重新分发软件的方式合法。你学习了各种软件许可证，包括个人许可证、企业许可证、开源许可证和商业软件许可证。

网络法解释了在什么情况下从计算机、存储设备、网络和无线通信设备中收集的数据将被采纳为证据。第一响应指的是有资格收集证据的人采用的正规流程。你了解到，即便不是系统管理员或计算机取证专家，详细记录所做的全部工作也是值得养成的一个好习惯。证明证据是如何收集的以及证据从收集后到进入司法程序期间存放在什么地方被称为证据链。

最后，你学习了脚本：使用脚本语言编写的、在各种操作系统中用于自动执行流程和任务的文件。使用脚本可为技术人员节省大量时间，需要在众多计算机上执行相同的任务时尤其如此。你学习了脚本语言以及一些基本的 Windows 和 Linux 脚本命令，还学习了变量（计算机中存储信息的位置）、条件语句（让脚本能够做出决策）和循环（用户重复地执行命令或任务）。

14.6　复习题

请完成以下所有的复习题，检查你对本章介绍的主题和概念的理解程度，答案见附录。

1. 程序员要编写一个脚本，用于计算精确到小数点后两位的公司账户余额，请问在脚本中应使用哪种数据类型的变量来表示余额？（　　　）

    A. 布尔型　　　　　B. 整型　　　　　C. 浮点型　　　　　D. 字符型

2. 哪类技术人员使用远程访问软件来更新客户的计算机？（　　　）

    A. 一级技术人员　　　　　　　　　　B. 二级技术人员

    C. 现场技术人员　　　　　　　　　　D. 坐店技术人员

3. 通过电话帮助客户排除计算机故障时，哪种做法是正确的？（　　　）

    A. 提出个人问题以更好地了解客户

    B. 始终展现出专业素养

    C. 详细说明每个步骤，帮助客户搞明白故障排除过程

    D. 从客户那里收集信息，再将问题上报

4. 主管收到投诉，说一位技术人员粗鲁无礼。这位技术人员很可能有哪种行为导致客户投诉？（　　　）

    A. 将客户电话转接给了二级技术人员

    B. 技术人员多次打断并提问

    C. 技术人员偶尔地确认他听明白了

    D. 技术人员没有说"祝你今天快乐"就挂断了电话

5. 接到焦虑的客户的电话时，技术人员应采取哪种做法？（　　　）

    A. 将客户的电话转接给二级技术人员，后者将再次要求客户说明问题

    B. 力图与客户建立融洽的关系

    C. 让客户不那么焦虑时再打过来

D. 让客户持机等待 5 min，让客户冷静下来

6. 下面哪种对呼叫中心的描述最准确？（　　）
   A. 一个服务台环境，客户将计算机拿到这里来维修
   B. 一个向客户提供计算机技术支持的地方
   C. 一个服务台，客户通过它预约报告计算机问题的时间
   D. 一个繁忙、快节奏的工作环境，技术人员在那里解决计算机问题并将其记录下来

7. 在哪种情况下，技术人员对客户计算机中的个人和机密信息进行备份是合适的？（　　）
   A. 技术人员觉得有必要备份时
   B. 技术人员忘记在工单上签名时
   C. 在客户的计算机上发现了非法内容时
   D. 得到客户许可时

8. 下面哪种编程语言用于编写运行时被逐行解释并执行的脚本？（　　）
   A. C++　　　　　B. Java　　　　　C. PowerShell　　　　　D. C#

9. 与客户交谈时，下面哪些做法展示了专业的沟通技能（双选）？（　　）
   A. 积极倾听，偶尔说"明白"或"了解"
   B. 打断客户并提问，以收集更多的信息
   C. 让客户解释其所做的说明
   D. 将重点放在你无能为力的地方，让客户知道问题的严重性
   E. 客户说完后，对客户说的进行澄清

10. 搞清楚客户面临的问题后，通常需要提出一些封闭性问题。请问下面哪个问题属于封闭性问题？（　　）
    A. 错误发生时出现了哪些错误消息？　　B. 这种错误是第一次出现吗？
    C. 错误发生后出现了什么情况？　　D. 错误发生前出现了什么情况？

11. 处理计算机时，技术人员发现它可能被用来从事非法活动，请问此时应立即记录哪些信息（三选）？（　　）
    A. 详细记录以前都有哪些用户使用过该计算机
    B. 计算机所在的位置
    C. 该计算机的技术规格
    D. 技术人员为何访问该计算机
    E. 证明可疑非法活动的证据
    F. 可疑非法活动的持续时间

12. 客户向技术人员说明计算机存在的问题，但还没等客户说完，技术人员就知道了问题所在，此时技术人员该如何做？（　　）
    A. 让客户再说一遍，以便能够记录并验证所有的事实
    B. 打断客户并让客户知道技术人员已经知道问题所在了
    C. 彬彬有礼地等客户把话说完
    D. 一边听客户说，一边开始着手修理计算机

13. 客户很沮丧，点名要求与某位技术人员交流，希望问题能马上解决，但这名技术人员外出了，1 h 后才会回来。面对这样的电话，最佳的处理方式是什么？（　　）
    A. 对客户的要求置之不理，并按部就班地做，希望这样能够让客户冷静下来，进而让问题得到解决
    B. 告诉客户他点名的技术人员不在办公室，并坚持由你来尝试帮助解决问题
    C. 将客户交给主管

      D. 提出由你立即给予客户帮助的建议，并指出被点名的技术人员两小时后才会回来，如果一定要找到他，届时该技术人员会回电话

14. 与客户沟通时，技术人员的哪种行为是合乎道德的？（　　　）

      A. 向客户发送群发邮件　　　　　　　　B. 仅向客户发送他要求的邮件

      C. 向客户发送伪造的邮件　　　　　　　　D. 向客户发送连锁邮件

15. 在哪种情况下，服务台应将来电的优先级设置为最高？（　　　）

      A. 来电说有多台计算机出现操作系统错误

      B. 来电说有些计算机无法登录网络

      C. 来电说由于系统故障，整个公司都瘫痪了

      D. 来电说有两位用户要求改善应用程序

      E. 来电说有位用户要求升级内存

16. 与健谈的客户打交道时，技术人员应避免哪种做法？（　　　）

      A. 进行干预，让客户重新回到说正事的轨道上来

      B. 提出封闭性问题，以夺回谈话控制权

      C. 问些礼节性问题，如"你今天怎样"

      D. 给客户 1 min 的时间

17. 下面哪些任务与二级技术人员相关（双选）？（　　　）

      A. 编写在服务器启动时运行的 Shell 脚本

      B. 安装新发布的 BIOS 更新

      C. 调度任务，使其在特定日期和时间运行

      D. 设置 Web 浏览器，使其在关闭时删除缓存和 cookie

18. 程序员在程序中使用运算符来比较变量。变量 A 的值为 5，变量 B 的值为 7，请问下面哪个条件测试的结果为 True？（　　　）

      A. A == B　　　　　B. A > B　　　　　C. A != B　　　　　D. A >= B

附录

复习题答案

第1章

1. A 和 B。
诸如 BIOS、硬盘驱动器和扩展槽等组件通过南桥芯片组与 CPU 通信。

2. C。
高端台式计算机和游戏计算机使用 EPS 12V 电源，这种电源还用于服务器。

3. C。
AR 实时叠加图像和音频在现实世界中。它允许环境光进入用户眼帘，且并非在任何情况下都需要头盔。

4. D。
生物特征识别设备是能够根据独特的物理特征（如指纹或语音）识别用户的输入设备。数字转换器与触控笔一起用于设计和绘制图像或蓝图。扫描仪用于数字化图像或文档。KVM 切换器可将多台计算机连接到同一套键盘、显示器和鼠标。

5. D。
Mini-ATX 主板是最小的（17 cm×17 cm，即 6.7 in×6.7 in），用于瘦客户端和机顶盒。

6. D。
6/8 引脚的 PCIe 电源连接器用于给各种计算机组件供电。

7. B。
NVMe 规范定义了 SSD、PCIe 总线和操作系统之间的标准接口。

8. C。
积聚了电荷（静电）的表面与另一个带不同电荷的表面接触时，可能发生 ESD。通过将计算机的内部组件连接到机箱来实现接地，可缓解 ESD 的危害。

9. E。
KVM 切换器是一种硬件设备，让用户能够使用单套键盘、显示器和鼠标控制多台计算机。KVM 切换器是使用单套键盘、显示器和鼠标控制多台服务器的经济且高效的方式。

10. C。
HDMI-to-VGA 转换器用于将数字信号转换为模拟信号。

11. D。
为防止 ESD 带来损害，在工作台上铺设接地的垫子，并在工作区域铺设接地地垫。
还可佩戴防静电腕带避免 ESD 电击，但在电源或 CRT 显示器内部操作时例外。

12. C。
雷电端口支持使用 DisplayPort 协议传输高清视频。

13. C 和 D。
北桥芯片让最快的组件（如内存和显卡）能够以前端总线速度与 CPU 通信。

14．A、B 和 F。

耳机、显示器、打印机、音箱、扫描仪、传真机和投影仪都是输出设备。

15．A。

SSHD 组合了磁性 HDD 和充当非易失性缓存的板载闪存，其价格比 SSD 低。

16．C 和 E。

指纹扫描仪、键盘和鼠标都是输入设备，但鼠标和键盘是常见的。

第 2 章

1．B 和 E。

升级网卡可能是为了能够连接到无线网络或提高带宽。

2．D。

550W 指的是电源的输出功率。

3．C。

内置 SATA 硬盘驱动器的两种外形规格是 3.5 in（8.9 cm）和 2.5 in（6.4 cm），但占主流的是 3.5 in。

4．C。

在技术人员的职位描述中，通常包含"能够抬举 18 kg 的重物"。抬举重物时，务必双膝弯曲，以免背部受伤。

5．C。

操作设备前，摘掉手表和首饰，并紧固松开的物品，如领带和胸牌。

6．D。

RAID 卡（RAID 控制器）在内置和外置驱动器的基础上扩充存储容量，并为存储设备提供容错功能。I/O 卡用于给计算机添加 I/O 端口。采集卡用于将视频信息导入计算机并存储到存储设备中。SD 卡是一种可移动的存储设备，被广泛用于移动设备。

7．A 和 D。

总线的数据部分被称为数据总线，用于在计算机组件之间传输数据；总线的地址部分被称为地址总线，用于传输内置地址（CPU 读写数据的位置）。

8．A。

购买声卡时需要考虑的因素包括插槽类型、是否有 DSP、端口与连接类型以及 SNR。

9．B。

凭借其高速度和高容量，CompactFlash 卡依然被用于摄像机中。

10．A 和 B。

组装计算机时，选购功率足够高、能够向所有组件供电的电源。计算机中的每个组件都有一定的功耗；要获悉组件的功耗情况，可参阅制造商提供的文档。选购电源时，务必确保其功率足够高，能够给当前所有的组件供电。主板、电源和其他内部组件通常决定了要选购的机箱的外形规格。

11．A。

安装内存模块前，核实没有兼容性问题很重要。DDR3 内存模块无法插入 DDR2 插槽。为进行这样的核实，最佳的方式是参阅主板文档或访问制造商网站。

12．正确。

安装硬盘驱动器时，先用手轻轻地拧紧所有的螺钉，以方便进一步拧紧所有螺钉。使用螺丝刀拧紧螺钉时，不要拧得太紧。

13. C。

考虑到智能手机的尺寸，只能使用非常小的存储设备，如 MicroSD 卡。CompactFlash 卡是一种较旧的存储设备，对智能手机来说太大了，但其凭借高速度和高容量，被广泛用于相机和摄像机中。对智能手机来说，USB 闪存驱动器和硬盘驱动器也太大了。

14. A。

FSB 是 CPU 和北桥之间的通路，用于连接各种组件，如芯片组、扩展卡和内存。FSB 可双向传输数据。

15. B。

这是使用大量内存的服务器和高端工作站专用的内存；无缓冲内存是计算机的常规内存。对于无缓冲内存，计算机直接从内存中读取数据，这让无缓冲内存的速度比缓冲内存快。缓冲内存中有一个控制芯片，可帮助内存控制器管理大量的内存。在游戏计算机和普通工作站中，不要使用缓冲内存，因为控制芯片会降低内存的速度。

第 3 章

1. D。

UPS 可为计算机或其他设备提供稳定的电压，帮助防范潜在的电压波动带来的问题。在 UPS 使用期间，将一直给电池充电。断电或电压降低时，UPS 依然能够提供稳定的电压。很多 UPS 设备能够直接与计算机操作系统通信。这让 UPS 能够在电池电量耗尽前安全地关闭计算机。

2. A。

欧姆（Ω）用于度量电路对电流的阻力；安（A）用于度量通过电路的电子数；瓦（W）用于度量移动电子使其通过电路需要做的功；伏（V）用于度量将电荷从一个地方移到另一个地方需要做的功。

3. A。

BIOS 配置数据保存在一种特殊的存储器芯片——CMOS 中。

4. D。

RAID 0 和 RAID 1 都需要至少两个磁盘，但 RAID 0 不能提供容错功能。RAID 5 和 RAID 6 分别需要至少 3 个和 4 个磁盘。

5. D。

用于编辑音频和视频的计算机需要专用的录制和播放设备，这要求使用能够满足各种输入和输出需求的音频和视频卡。

6. B。

超频指的是让处理器以高于额定速度的速度工作。超频并非改善计算机性能的可靠方式，可能导致 CPU 受损。

7. A。

借助于超线程技术，单个核心可同时处理两条指令，而双核处理器有两个可同时处理指令的核心。

8. A。

较快的内存有助于处理器同步所有数据，因为处理器执行计算所需的数据可马上获得。计算机的内存越多，计算机需要从较慢的存储设备（如硬盘驱动器或 SSD）中读取数据的可能性越小。

9. A 和 E。

添加内存模块、存储设备和适配卡后，可使用 BIOS 设置程序来修改设置。大多数制造商都提供如下功能：修改引导设备选项以及安全和电源设置；调整电压和设置时钟。

10．B。

安全数据表汇总了有关材料识别的信息，包括可能危害个人健康的有害成分、火灾隐患和急救要求。

11．D。

计算机上的时间和日期存储在 CMOS 中，这要使用小电池给 CMOS 供电。如果电池电量很低，系统时间和日期可能不正确。

12．D。

前往主板制造商网站下载更新 BIOS 的软件。

13．D。

原始分辨率是显示器的最佳分辨率。在 Windows 10 中，用关键字"Recommended"（推荐）标识原始分辨率。

14．A 和 D。

要改善计算机的性能，方法之一是提高处理速度，为此可升级 CPU。然而，新 CPU 必须满足如下条件。

- 与现有的 CPU 插槽兼容。
- 与主板芯片组兼容。
- 与现有主板和电源兼容。

新 CPU 可能与原来的散热器和风扇套件不兼容，在这种情况下，需要购买新的散热器和风扇套件，并确保其外形与 CPU 和 CPU 插槽兼容，且散热能力能够满足新 CPU 的需求。

15．D。

闪电连接器是苹果移动设备（如 iPhone、iPad 和 iPod）使用的一种小型 8 引脚专用连接器，可用于充电和传输数据。闪电连接器的外形类似于 USB C 型连接器。

第 4 章

1．C。

机箱前面的每个指示灯都由主板通过一条电缆供电。如果电缆松动了，机箱前面相应的指示灯将不工作。

2．B。

故障排除过程包含如下步骤。

第 1 步：确定问题。

第 2 步：制定原因查找流程。

第 3 步：按制定的流程找出原因。

第 4 步：制订解决问题的行动计划并实施解决方案。

第 5 步：全面检查系统功能并在必要时采取预防措施。

第 6 步：记录问题、措施和结果。

3．A。

在未通电的情况下旋转风扇叶片，可能损坏风扇，用压缩空气吹风扇更是如此。确定风扇运行正常的最佳方式是，在通电的情况下通过目测检视。

4．B。

电源故障也可能导致计算机意外地重启。如果电源线没有连接好，很可能是使用了错误类型的电源线。

5. C。

确定导致问题的原因后，技术人员应研究可能的解决方案，有时这是通过访问各种网站和查看用户手册进行的。

6. C。

CMOS 电池确保 CMOS 设置（包括正确的日期和时间）不丢失。如果 CMOS 电池电量耗尽或连接不正确，这些设置可能丢失。

7. D。

虽然便携式计算机能够在更大的温度范围内工作，但最低温度低于冰点时，便不是计算机最佳的工作环境。

8. C。

预防性维护包括如清洁设备等任务，这有助于延长设备的使用寿命。

9. A。

要清除计算机内部的灰尘，可使用压缩空气罐。

10. B。

升级故障单之前，将执行过的每项检查都记录下来。将问题交给更高一级的技术人员时，这些信息非常重要。

11. C 和 D。

预防性维护计划可提高 IT 基础设施的可靠性、性能和效率；如果没有预防性维护计划，可能导致停机时间更长、维修费用更高的问题。预防性维护计划有助于将这些代价高昂的问题扼杀在摇篮中。

12. B。

使用压缩空气罐清洁计算机内部时，按住风扇叶片，以免转子转动速度过快或风扇沿错误的方向转动。

13. C。

存储设备问题通常与电缆松动或连接不正确相关。

14. D。

着手排除故障前，务必备份数据。在这个案例中，虽然数据已备份到另一个分区，但还是在当前硬盘驱动器中。如果该驱动器崩溃，数据可能无法恢复。

15. D。

硬件维护计划包括如下任务。

- 清除风扇通风口的灰尘。
- 清除电源上的灰尘。
- 清除计算机内部的灰尘。
- 清洁鼠标和键盘。
- 检查并固定所有松动的电缆。

诸如磁盘碎片整理和硬盘驱动器错误扫描等维护任务属于软件维护计划。

16. A。

完成所有维修工作后，故障排除过程的最后一步是记录问题、措施和结果。

第 5 章

1. A 和 B。

T568A 和 T568B 用于以太网 LAN 布线的接线方式。IEEE 802.11n 和 802.11ac 都是无线 LAN 标准。

ZigBee 和 Z-Wave 是智能家居标准。

2. B。

PAN 用于连接鼠标、键盘、打印机、智能手机和平板电脑等设备；这些设备通常使用蓝牙来连接，而蓝牙让设备能够进行近距离通信。

3. D。

WAN 将分布在不同地理区域的多个 LAN 连接起来；MAN 将位于大型园区或城市内的多个 LAN 连接起来；WLAN 覆盖的地理区域很小。

4. A、D 和 E。

802.11b 和 802.11g 使用 2.4 GHz 频段，802.11n 使用频段 2.4 GHz 或 5 GHz，而 802.11a 和 802.11ac 只能使用频段 5 GHz。

5. B。

ZigBee 协调器使用频段 868 MHz～2.4 GHz，它管理着所有的 ZigBee 客户端设备，以创建 ZigBee 无线 PAN。

6. A。

集线器有时被称为中继器，因为它再生信号。带宽由连接到集线器的所有设备共享，这不同于交换机（给每台设备提供专用带宽）。

7. B。

IDS 被动地监视网络流量。IPS 和防火墙都主动监视网络流量，并在满足预定义的安全条件时立即采取措施。在作为防火墙的情况下，代理服务器也主动监视穿过它的流量，并在必要时立即采取措施。

8. A。

DHCP 可用于让终端设备能够自动配置 IP 信息，如 IP 地址、子网掩码、DNS 服务器和默认网关。DNS 用于提供域名解析功能——将主机名映射到 IP 地址。Telnet 是一种远程访问交换机或路由器的 CLI 会话的方法。traceroute 是一个命令，用于确定数据包穿过网络时经由的路径。

9. B 和 E。

TCP/IP 模型包含 4 层：应用层、传输层、网络层和网络接入层。每层都有不同的协议，其中传输层包含协议 TCP 和 UDP。

10. A。

HTTP 使用 TCP 端口 80，而 HTTPS 使用 TCP 端口 443。HTTP 和 HTTPS 是访问网页时常用的协议。

11. B 和 D。

常见的网络介质包括铜质电缆、由玻璃或塑料制成的光纤和无线介质。

12. C。

交换机维护着一个交换表，其中包含网络中可达的 MAC 地址。交换机检查每个入站帧的源 MAC 地址，并将其记录到交换表中。

13. D。

有线电视公司和卫星通信系统都使用铜质或铝质同轴电缆来连接设备。

第 6 章

1. B 和 C。

使用 Web 服务器的 IP 地址能够访问它，这表明 Web 服务器运行正常，Web 服务器和工作站之间的连接性也没问题，但 Web 服务器的域名没有被正确地解析为其 IP 地址。导致这种问题的原因可能是，工作站上配置的 DNS 服务器地址不正确，或者 DNS 服务器中有关该 Web 服务器信息不正确。

2. A。

如果在计算机上配置了 DHCP，但该计算机无法与 DHCP 服务器通信以获取 IP 地址，Windows 操作系统将自动分配一个位于范围 169.254.0.0～169.254.255.255 内的链路本地 IP 地址。在这种情况下，这台计算机只能与网络 169.254.0.0/16 中的其他计算机通信，而不能与其他网络中的计算机通信。

3. B。

强制 PC 释放 DHCP 绑定将发起新的 DHCP 请求。命令 net、tracert 和 nslookup 对 DHCP 配置没有任何影响。

4. B。

端口转发根据转发规则在网络之间引导流量，WPA 加密无线信息，MAC 地址过滤禁止未经授权者访问 WLAN，端口触发是一种用于 NAT 配置中的技术。

5. B。

无线路由器出厂时通常有默认设置：默认的 IP 地址通常为 192.168.0.1，而默认的用户名和密码通常都是 admin。为保护路由器，务必修改 IP 地址、用户名和密码。

6. E。

白名单和黑名单分别指定允许或禁止哪些 IP 地址，这通常是使用访问列表和访问策略实现的。

7. D。

命令 ping 使用 ICMP 来检查网络主机之间的连接性；ARP 用于将 IP 地址映射到 MAC 地址；DHCP 用于给网络主机动态地分配 IP 地址；TCP 是一种可靠的协议，用于将应用层数据分段以便进行传输。

8. A。

如果计算机自动地配置了范围 169.254.x.x 内的 IP 地址，就昭示着 DHCP 服务器不可达或出现了故障。

9. A。

制造商会提供最新的驱动程序。

10. A。

工作站被配置成自动获取 IP 地址，但 DHCP 服务器没有响应请求时，工作站可给自己分配一个位于网络 169.254.0.0/16 中的 IP 地址。

11. B。

无线路由器使用网络地址转换将内部（私有）地址转换为可在 Internet 上路由的公有地址。

12. C。

这个 IPv6 地址的前缀长度为/64，这表明开头 64 位为网络部分，后面 64 位为主机部分，因此网络部分为 2001:0db8:cafe:4500。

13. B。

命令 nslookup 让用户能够手动查询 DNS 服务器，请求它解析指定的主机名。命令 ipconfig/displaydns 只显示以前解析过的 DNS 条目。命令 tracert 用于查看数据包在穿越网络时所经过的路径，它自动查询 DNS 服务器，要求解析指定的主机名。命令 net 用于管理网络计算机、服务器、打印机和网络驱动器。

14. D。

这个工作站能够使用网络打印机打印文档，这表明 TCP/IP 栈运行正常。然而，这个工作站不能与外部网络通信，这表明问题很可能是默认网关地址不正确。即便这个工作站被配置成自动获取 IP 地址，也不需要配置 DHCP 服务器地址。

第 7 章

1. B。
便携式计算机默认使用自带的显示器。在便携式计算机连接了外置显示器或投影仪时，要输出到外置视频端口，可结合使用 Fn 键和合适的多功能键，将输出切换到外置视频端口，或同时显示到自带显示器和投影仪。

2. D。
CRU 是没有高超技能的人也能安装的部件，包括便携式计算机的电池和内存。

3. A。
蓝牙是一种低功耗、短距离的无线技术，常用于连接诸如音箱、耳机和麦克风等设备。

4. A。
故障排除过程的前 3 步是确定问题、列出可能的原因、找出确切原因。在第 3 步中，技术人员逐个检查可能导致问题的原因，如使用交流适配器给便携式计算机供电。技术人员向用户提问是为了确定问题。技术人员怀疑电池没电、不能蓄电或电缆连接松动时，实际上是在列出导致便携式计算机出现问题的常见原因。

5. D。
读卡器通常连接到 USB 端口或被集成到便携式计算机中，用于读写各种尺寸的闪存介质，如 SD 卡。

6. B。
便携式计算机使用专用的主板外形规格，因此主板外形规格随制造商而异。

7. D。
移动设备通常使用蜂窝网络或 Wi-Fi 网络连接到 Internet。Wi-Fi 连接是首选，因为它功耗低且在很多地方都是免费的。

8. C。
使用 POP 时，客户端从服务器下载邮件，并将其从服务器中删除。SMTP 用于发送或转发电子邮件。不同于 POP，用户通过 IMAP 连接时，将邮件复制并下载到客户端，而原件将留在服务器上，直到手动将其删除。HTTP 用于传输 Web 流量，被认为是不安全的。

9. C。
SODIMM 是专门针对便携式计算机有限的空间而设计的。

10. B。
LCD 的功耗高于 LED 显示器和 OLED 显示器。LCD 和 LED 都使用背光灯，但 LCD 可使用 CCFL 或 LED 背光灯。

11. A。
GPS 是一种基于卫星的导航系统，将信号传回地球上的 GPS 接收器。

12. C。
为减少产生的热量、降低功耗，可使用 CPU 降频。CPU 降频指的是降低 CPU 的速度。

13. C 和 D。
移动设备通常配备了 GPS 接收器，这让它们能够计算自己所处的位置。有些移动设备没有 GPS 接收器，只能使用来自 Wi-Fi 网络和蜂窝网络的信息进行定位。

14. C。
ACPI 标准支持的电源状态对移动设备（如便携式计算机）来说至关重要。

15. A。
拆卸 SODIMM 前，务必先断开与交流适配器的连接，并拆卸电池。然后，向外按住固定夹，并将 SODIMM 内存从内存槽中取出。

第 8 章

1. B。

打印的结构越复杂，需要的打印时间越长。草稿照片级图片、高质量文本和草稿文本都没有数字彩色照片复杂。

2. C 和 D。

非制造商推荐的组件虽然可能更便宜且更易得，但使用它们可能导致打印质量低劣以及违反制造商保修条款。另外，对清洁方面的要求也可能不同。

3. B 和 C。

激光打印机的一些缺点包括前期投入高、碳粉盒价格昂贵、维护要求高。

4. C。

硬件打印服务器让多个用户能够连接到同一台打印机，且不需要计算机共享打印机。

USB 集线器、LAN 交换机和扩展坞都不具备功能打印机的功能。

5. B。

有些打印机能够双面打印——在纸张的两面打印。红外打印是一种使用红外技术进行无线打印的方式。缓存指的是使用打印机内存来存储打印作业。后台处理指的是将打印作业加入打印队列。

6. D。

如果打印机连接到了错误的计算机端口，打印作业将出现在打印队列中，但打印机不会打印文档。

7. D。

对于喷墨打印机的打印头，通常没有有效的物理清洁方法。推荐使用制造商提供的打印机软件工具来进行清洁。

8. B。

虚拟打印指的是将打印作业发送到文件（.prn、.pdf、.xps 或图像文件）或云端的远程目的地。

通过使用诸如 Google Cloud Print 等应用程序将打印机连接到 Web，让用户能够在任何地方进行虚拟打印。

9. A。

启用打印共享意味着让计算机通过网络共享打印机。安装 USB 集线器让计算机能够连接到大量外设。打印机驱动程序没有提供打印机共享功能。

10. D。

维护打印机、计算机或外围设备前，务必断开电源，以防暴露于危险的电压之下。

11. C 和 D。

其他计算机无须通过电缆直接连接到打印机是共享打印机的一个优点。要共享打印机，各台计算机无须运行相同的操作系统。多台打印机可同时向共享打印机发送打印作业。然而，与打印机直接相连的计算机必须处于开启状态，即便在不用的时候。这台计算机用自己的资源来管理发送给打印机的所有打印作业。

12. A。

打印机忙于打印文档时，可能收到多个其他的打印作业，因此必须暂时存储这些作业，等待打印机有空时再打印。这被称为打印缓存。

13. B。

每英寸的点数越多，图片的分辨率越高，因此打印质量越高。

14. C。

打印机驱动程序是一款软件，让计算机和打印机能够相互通信；配置软件让用户能够设置和修改打印机选项；固件是一组存储在打印机中的指令，控制着打印机如何运行；字处理程序用于创建文本文档。

15. C 和 D。

封闭性问题要求做出肯定或否定回答；开放性问题要求用户详细描述问题情况。

第 9 章

1. D。

路由器、交换机和防火墙都是可在云端提供的基础设施。

2. D。

每个虚拟机都运行自己的操作系统；可创建的虚拟机数量取决于宿主计算机的硬件资源；与物理计算机一样，虚拟机也易受威胁和恶意攻击；为连接到 Internet，虚拟机使用虚拟网卡，虚拟网卡使用宿主计算机中的物理网卡建立到 Internet 的连接。

3. C。

Windows Virtual PC 属于 2 类虚拟机监控程序，由宿主操作系统托管。

4. A。

云计算涉及位于远程场点的计算机、软件、服务器、网络设备和其他服务。云计算服务提供商使用虚拟化向客户提供服务器、网络、应用程序、操作系统等，客户无须购买这些设备。例如，服务器虚拟化让一台物理服务器可提供多个服务器，并在必要时让每个服务器都供不同的客户使用。

5. B。

组织使用基于云的应用程序来提供按需软件服务。用户请求使用应用程序时，将把少量的代码转发到客户端，而客户端将根据需要从云服务器拉取其他代码。

6. D。

要运行 Windows 8 Hyper-V，至少得有 4GB 系统内存。

7. B。

ITaaS 扩展了 IT 服务功能，让公司无须投资购买新的基础设施。ITaaS 提供商还提供公司需要的新人培训和软件许可服务。可在任何地方通过任何设备按需使用这些服务，它们经济实惠，却不以牺牲安全性和功能为代价。

8. A 和 D。

1 类（裸机式）虚拟机监控程序直接安装在宿主计算机上，因此 1 类虚拟机监控程序可直接访问宿主计算机的硬件资源、抽象层数更少、效率更高。然而，1 类虚拟机监控程序需要使用管理控制台软件来管理虚拟机实例。

9. A 和 D。

OneDrive 和 Google Drive 是基于云的文件存储解决方案；Gmail 和 Exchange Online 是基于云的邮件服务；虚拟桌面解决方案将数据中心服务器中的整个桌面环境部署到客户端。

10. D。

云计算用于将应用程序或服务与硬件分离；虚拟化用于将操作系统与硬件分离。

11. C 和 D。

对于关键任务服务，应利用采用 1 类虚拟机监控程序的服务器虚拟化技术来提供，VMware vSphere 和 Oracle VM Server 都是 1 类虚拟机监控程序；VMware Workstation、Oracle VM VirtualBox 和 Windows 10 Hyper-V 都是 2 类虚拟机监控程序。

12. A 和 C。

Gmail 和 Exchange Online 是基于云的邮件服务；OneDrive 和 Dropbox 是基于云的文件存储解决方

案；虚拟桌面解决方案将数据中心服务器中的整个桌面环境部署到客户端。

13. D。

根本没有所谓的 BaaS。IaaS 指的是向提供商租用路由器和防火墙等关键网络设备。WaaS 指的是提供商以包月方式提供无线连接服务。

14. A。

云计算让用户能够访问应用程序、备份和恢复文件以及执行其他任务，而不需要额外的软件或服务器。云用户只要有 Web 浏览器就可访问实时资源，收费方式是基于订阅的或按使用量付费。

15. A。

云服务提供商使用一个或多个数据中心来提供服务和资源，如数据存储服务。数据中心是数据存储场所，可能位于公司内，由公司 IT 人员负责维护，也可能位于托管提供商处，由提供商或公司 IT 人员负责维护。

第 10 章

1. A。

被标记为活动分区的主分区必须包含两种操作系统的引导文件。在这里，数据可存储在扩展分区中创建的 3 个逻辑驱动器中，因此还余下一个主分区，可用于存储其他内容。

2. B。

MBR 包含有关硬盘驱动器分区情况的信息；BOOTMGR 从 VBR 中加载一个小型软件；CPU 是计算机中执行程序指令的电子电路；注册表是一个数据库，包含有关计算机的所有信息。

3. A。

在硬盘上，最多可创建 4 个主分区，或者最多创建 3 个分区和一个扩展分区，如果需要，可将这个扩展分区进一步划分为多个逻辑驱动器。不能同时将多个主分区指定为活动分区；操作系统使用活动分区来引导 PC。

4. A。

在 Windows 8.1 安装期间，会自动创建管理员账户；其他所有账户都必须手动创建。

5. B。

硬盘驱动器由多个逻辑部分和物理部分组成。分区是硬盘的逻辑部分，可将其格式化以存储数据。分区由磁道、扇区和簇组成。磁道是磁盘表面的同心圆，被分成扇区，而多个扇区组成簇。

6. E。

在引导扇区标准中，MBR 支持最大 2TB 的分区；MBR 允许硬盘驱动器最多包含 4 个主扇区。GPT 可支持大量的分区，支持的最大分区容量为 9.4 ZB（9.4×10^{21} 字节）。GPT 支持在每个驱动器中最多创建 128 个主分区。

7. A。

NTFS 可存储的最大文件为 16TB；文件系统 exFAT 也被称为 FAT64，旨在解决 FAT32 的一些缺陷，主要用于 USB 闪存驱动器；CDFS 用于光盘驱动器；FAT32 可存储的文件最大为 4GB。

8. A。

32 位操作系统不能升级到 64 位操作系统；Windows XP 和 Windows Vista 都不能升级到 Windows 10。

9. A。

在引导过程中，用户可按 F8 键打开"Windows 高级启动选项"（Windows Advanced Boot Options）菜单，并从中选择"最后一次的正确配置（Last Known Good Configuration）"。

10. C。

术语 32 位和 64 位指的是操作系统可寻址的内存空间。32 位操作系统可寻址 2^{32} 字节（即 4GB）的内存，而 64 位操作系统可寻址 2^{64} 字节的内存。

11. C。

管理员账户用于管理计算机，权限非常大，因此建议仅在必要时使用它，以免无意间对系统做出重大修改。

12. B 和 D。

文件系统不影响访问或格式化驱动器的速度，是否易于配置也与文件系统无关。

13. C。

NFS 用于通过网络访问其他计算机上的文件；Windows 操作系统支持多种文件系统；FAT、NTFS 和 CDFS 用于访问存储在本地驱动器上的文件。

14. C 和 D。

有两种计算机操作系统用户界面：CLI 和 GUI。在 CLI 中，用户使用键盘在提示符下输入命令。在 GUI 中，用户通过图标和菜单与操作系统交互。要与 GUI 交互，用户可使用鼠标、手指或光笔。PnP 是操作系统给计算机硬件组件分配资源的过程。其他两个答案都是 API。

第 11 章

1. B。

这里列出的命令的功能如下。

- **tasklist**：显示当前正在运行的应用程序。
- **gpresult**：显示组策略设置。
- **gpupdate**：刷新组策略设置。
- **runas**：以不同的权限运行程序或工具。
- **rstrui**：启动实用程序"系统还原"。

2. A 和 D。

文件属性包括只读、归档、隐藏和系统。"详细信息""安全"和"常规"都是文件的"属性"对话框中的选项卡。

3. D。

Windows 远程桌面和远程协助让管理员能够通过网络将本地计算机连接到远程计算机，并像与本地计算机交互那样与远程计算机交互。管理员能够看到远程计算机的桌面并与之交互。借助于远程桌面，管理员可使用既有的用户账户登录远程计算机，并开始新的用户会话；且在远程计算机处，不需要用户干预。远程协助让技术人员能够与远程计算机交互，但需要远程用户的协助。远程用户必须允许远程访问当前用户会话，且能够看到技术人员的所作所为。

4. D 和 E。

导致 BSOD 错误的常见原因是设备驱动器错误；内存故障也会导致 BSOD 错误。诸如浏览器等软件问题和反病毒问题不会导致 BSOD 错误。电源故障会导致计算机无法启动。

5. D。

在任务管理器的"性能"选项卡中，可看到 CPU 和内存使用情况的可视化表示。这对确定是否需要添加内存很有帮助。要终止没有反应的应用程序，可使用"应用程序"选项卡。

6. B。

文件夹 C:\Users 包含所有的用户配置文件；文件夹 C:\Application Data 包含与所有用户相关的应

用程序数据；32 位程序文件位于文件夹 C:\Program Files (x86)中，而 64 位程序文件位于文件夹 C:\Program Files 中。

7. A。

这里列出的命令的功能如下。

- **ping**：检查到目标 IP 地址或主机的基本连接性。
- **nslookup**：解析主机名。
- **tracert**：确定数据包经过的路由。
- **ipconfig**：确定主机上配置的默认网关。

8. B 和 E。

封闭性问题通常只有固定或有限的答案，如是或否；开放性问题着位于答案不是有限或固定的，通常用来让回答者提供更有意义的反馈。

9. C。

系统还原所做的修改都是可逆的。还原点只包含有关系统和注册表设置的信息，因此不能用来备份或恢复数据文件。

10. B。

UAC 用来修改用户账户设置；Windows 7 不能安装在 FAT16 文件系统中；更新显卡驱动程序解决不了这个问题；在 Windows 7 中，使用兼容模式可运行针对以前的 Windows 版本开发的程序。

11. D。

在 Windows 10 中，可在应用程序"设置"的"账户"部分设置将 PC 从休眠或睡眠状态唤醒的密码。

12. B。

VPN 用于通过公有网络安全地连接远程场点。

13. C。

服务器在 TCP 端口 3389 和 UDP 端口 3389 上侦听远程连接请求。

14. B。

安装 Windows 10 时，为每个用户创建 6 个默认库。

15. B。

Windows 任务调度器是一款帮助调度重复性任务（如备份、病毒扫描等）的工具。

16. B。

在这里，已经列出可能的原因并找到了确切原因；记录问题、措施和结果是故障排除过程的最后一步，是在核实实施的解决方案解决了问题后进行的。

17. C、D 和 F。

导致操作系统出现问题的典型原因包括系统文件损坏或缺失、设备驱动程序不正确、更新或服务包安装失败、注册表损坏、硬盘故障、密码不正确、病毒感染和间谍软件。

18. A。

需要调度的任务类型包括操作系统和防病毒软件更新以及硬盘备份。

第 12 章

1. C。

移动设备应用运行在沙箱（一个被隔离的位置），因此恶意程序很难感染移动设备。密码和远程锁定功能用于保护移动设备，防止未经授权者使用它。运营商可能根据服务合同禁止使用某些功能和程序，但这属于商业功能，而非安全功能。

2．A 和 B。

作为一款开源的操作系统，Android 允许任何人为其发展和演变做贡献。Android 已被用于各种设备和平台，其中包括相机、智能电视、和电子阅读器。无须向 Google 支付版权费，Google 也不测试并批准 Android 应用。Android 应用可从各种来源下载。

3．A 和 D。

利用 iOS 设备上的 Home 按钮可执行很多功能，具体执行哪种功能，取决于用户如何使用它。在设备屏幕关闭时按 Home 按钮将唤醒设备，运行应用时按 Home 按钮将返回主屏幕；屏幕锁定时双按 Home 按钮将显示音频控件，让用户无须输入密码以进入系统就能调整音量。

4．A 和 B。

定位器应用和远程备份是可供移动设备使用的云服务；密码配置、屏幕校准和屏幕应用锁定是用户直接在设备上执行的，并未使用云服务。

5．C。

权限 drwxr-x-r-表明，该目录的所有者可读取、写入和执行其中的文件，组成员可读取和执行该目录中的文件，但不能在其中创建文件，而其他用户可读取该目录中的文件。通过执行命令 chmod 775 -R webpages，管理员让组成员能够在目录 webpages 及其子目录中创建和修改文件。该团队成员已经是组成员，因为他能够导览目录 webpages 及其子目录。

6．B 和 E。

root 和越狱指的是解除 Android 和 iOS 移动设备的限制，让用户对文件系统和内核模块有全面访问权。远程擦除、沙箱技术和打补丁都是与设备安全相关的移动操作系统功能。

7．D。

Android 设备出现问题时，如果正常重启不能解决，用户可尝试重置设备。对大多数 Android 设备来说，一种重置方法是同时按住电源键和音量键，等设备关机后再启动。

8．A。

macOS 和 Android 操作系统都是基于 Unix 操作系统的。

9．B、D 和 F。

智能手机应使用锁屏功能来保护敏感信息，这样必须知道密码才能解锁设备。智能手机还支持图案锁或滑动锁。图案锁避免了为输入密码或 PIN 而花费时间，用户只需将键盘上的点或数字连接成特定图案就可解锁手机。很多现代移动设备都支持使用生物特征身份验证来解锁设备，如指纹传感器和人脸识别。

10．D。

通过轻按系统栏中的 "Recent Apps" 图标，用户可查看最近使用的应用列表。要将应用从该列表中删除，用户可侧扫。

11．C。

在 iOS 设备上，密码是用于整个系统的加密密钥的一部分。密码根本没有被存储，因此如果不知道密码，包括 Apple 在内的任何人都无法访问 iOS 设备上的用户数据。忘记密码将无法读取用户数据，因此用户必须从保存在 iTunes 或 iCloud 的备份恢复设备。

12．A。

命令 rm 用于删除文件，命令 man 用于限制与特定命令相关的文档，命令 ls 用于显示目录中的文件，命令 cd 用于切换当前目录，命令 mkdir 用于在当前目录创建目录，而命令 move 用于将文件移到其他目录中。

13．B 和 C。

GPS 服务让应用厂商和网站能够获悉设备的位置，进而提供与位置相关的服务，如当地天气和地方性广告。

14．C。

在 Linux 和 OS X 中，cron 服务负责调度任务。cron 在后台运行，并在指定的时间执行任务。cron 使用被称为 cron 表的调度表，要编辑这种表，可使用命令 crontab。

15．A 和 E。

为避免丢失不可替代的信息，定期地进行备份和硬盘检查至关重要。防恶意软件的程序经常扫描特征码文件；必要时应更新操作系统，但不应自动进行。鉴于将设备重置为出厂设置将删除所有的设置和用户数据，因此仅当出现严重问题时才应这样做。

第 13 章

1．A。

网络钓鱼攻击利用社会工程攻击来骗取用户的个人信息；病毒携带恶意的可执行代码，可在目标机器上运行；蠕虫通过网络传播，旨在消耗带宽资源；广告软件显示弹出窗口，诱导用户访问恶意网站。

2．C。

公司的安全策略通常包含发生安全漏洞发生时应遵循的事故处理程序。

3．C 和 E。

在公司网络中添加未经授权的无线路由器或接入点会带来严重的安全隐患，应立即将这种设备与网络断开，以消除这种威胁。另外，还应惩罚这位员工。经过员工同意的公司安全策略规定了威胁公司安全的行为将受到什么惩罚。

4．C。

在故障排除过程中，记录问题的前一步是全面检查系统功能，其中包括确认所有应用程序都运行正常。

询问用户遇到了什么问题属于第 1 步，即确定问题；断开与网络的连接以及在安全模式下重启都属于第 3 步，即逐个检查可能的原因，找出确切原因。

5．D。

BitLocker To Go 支持对可移动驱动器进行加密，且不需要 TPM 芯片，但需要密码。

6．B。

大多数 Web 浏览器都自带弹出窗口阻止程序；在 Internet Explorer 中，可使用"工具"图标来启用这种程序。

7．B。

权限是与特定对象（如文件、文件夹或打印机）相关联的规则；权限让用户能够在计算机上执行特定的操作，如备份数据。

8．B 和 D。

硬件防火墙可配置为数据包过滤器、应用层防火墙或代理。应用层防火墙读取所有的流量，并查找不需要的流量。代理充当中继者，对流量进行扫描，并根据指定的规则允许或禁止流量通过。数据包过滤器只关心端口、IP 地址和目标服务。

9．C。

"密码最长使用期限"规定了过多少天必须修改密码。

10．D。

如果网络中出现了极高的流量，可断开主机与网络的连接，以确定主机是否被攻陷，进而向网络泛洪。其他问题都是硬件问题，通常与安全无关。

11. A。

数据加密指的是对数据进行转换，使得只有经过授权、可信且知道密钥或密码的人才能对数据进行解密，进而访问原始数据。

12. B。

对于机械硬盘，可执行两种类型的格式化——低级格式化和标准格式化。低级格式化通常在工厂执行，而标准格式化只重建引导扇区和文件分配表。

13. C。

社会工程攻击者试图获得员工的信任，进而欺骗他们，使他们泄露机密信息和敏感信息，如用户名和密码；DDoS 攻击、弹出窗口和病毒都属于基于软件的安全威胁，与社会工程攻击无关。

14. B 和 D。

可使用 3 种密码来保护工作站，它们是（通过 BIOS 设置程序配置的）BIOS 密码、登录密码（如PIN 或图片密码）和保存在服务器上的网络密码。

15. B。

勒索软件要求提供赎金才能访问计算机或文件；比特币是一种数字货币，无须通过银行就能完成转账。

第 14 章

1. C。

在脚本中使用的基本数据类型包括表示整数的整型（int）、表示字符的字符型（char）、表示小数的浮点型（float）、表示字母数字字符的字符串（string）以及表示 True 或 False 的布尔型（bool）。

2. B。

一级技术人员和二级技术人员主要在呼叫中心工作，但只有二级技术人员使用远程访问软件。坐店技术人员通常在中心维修站或维修点提供计算机保修服务。现场技术人员在现场（私人住宅、企业和学校）工作。

3. B。

通过电话与客户交谈时，技术人员必须表现得很专业，这很重要。另外，良好的沟通技能也能提高客户的信任度。

4. B。

与客户交谈时，技术人员必须让客户把话说完，且不能打断客户，因为这样做可能让人觉得你粗鲁无礼，并可能导致客户和技术人员之间关系紧张。

5. B。

遭遇计算机问题时，客户可能感到焦虑，技术人员应与客户建立融洽的关系，这或许能让客户放松点。放松后的客户可能提供更多有助于排除故障的信息。

6. B。

呼叫中心可能在公司内，并同时向公司员工以及购买公司产品的客户提供服务。呼叫中心也可能是独立的企业，向外部客户出售计算机支持服务。无论是哪种情况，呼叫中心都是繁忙的快节奏工作环境，通常每天 24 h 不停地运转。

7. D。

备份客户计算机中的任何数据前，都必须获得客户的书面许可，这很重要。

8. C。

脚本语言与编译型语言的区别在于，脚本运行时，将逐行地解释并执行。脚本语言包括 Windows 批处理文件、PowerShell、Linux Shell 脚本、VBScript、JavaScript 和 Python。

9. A 和 E。

让客户感觉到你在倾听很重要。请与客户互动，并使用一些插入语让客户知道你在听，同时改变客户说法的措辞，让客户知道你在听。打断客户、让客户重复说过的话或强调你无能为力的地方都会激怒客户。

10. B。

排除故障时，技术人员通过倾听搞明白问题后，可能需要提出一些问题，以收集更多的信息。追问的问题是有针对性的封闭性问题，是根据客户提供的信息提出的。封闭性问题用于获取特定的信息，客户可给予肯定或否定回答，或通过提供事实型信息予以回答。

11. B、D 和 E。

对技术人员来说，访问计算机的原因、可疑的非法内容或活动以及计算机的位置是显而易见的，是应该记录下来的重要细节。诸如以前都有哪些用户使用过该计算机、非法活动持续的时间等细节很重要，但将由合适的调查人员来确定。计算机的技术规格与非法使用计算机没有多大关系。

12. C。

务必让客户完整地说明当前的问题，这很重要。务必专心、积极地听客户说，不要打断，同时偶尔进行确认，让客户知道你在积极地倾听。

13. D。

如果客户要与特定技术人员交谈，尝试联系这位技术人员，看看他能否接听电话。如果该技术人员没空，尝试尽力给客户提供帮助，并告诉客户，如果他愿意等待，他点名要求的技术人员稍后会与他联系。

14. B。

发送不请自来的邮件、连锁邮件和伪造邮件都是不道德的，还可能违法，因此技术人员千万不要向客户发送这样的邮件。

15. C。

对呼叫中心来说，确定呼叫的优先级是一项非常重要的任务。通过确定呼叫优先级，可优先解决最严重的问题，从而节省时间。导致公司瘫痪的故障应得到最优先的处理。

16. C。

与健谈的客户打交道时，技术人员不应鼓励对方做与问题无关的交流，相反，应尽力让客户重新将谈话重点放在问题上。

17. B 和 C。

一级技术人员的主要任务是从客户那里收集相关的信息，再将这些信息准确地输入故障单或工单。在问题需要较多的专业知识才能解决时，一级技术人员必须将其上报给二级技术人员。

18. C。

==表示等于；!=表示不等于；<表示小于；>表示大于；<=表示小于或等于；>=表示大于或等于。5 不等于 7，因此 A != B 的结果为 True。